U0281392

夜观星空

大众天文学观测指南

（第4版）

THE BACKYARD ASTRONOMER'S GUIDE

[加] 特伦斯·迪金森　艾伦·戴尔　编著

石子君　译

中国科学院国家天文台 苟利军　审校

電子工業出版社

Publishing House of Electronics Industry

北京·BEIJING

版权贸易合同登记号　图字：01-2024-1620

图书在版编目（CIP）数据

夜观星空 : 大众天文学观测指南 : 第4版 / (加)特伦斯·迪金森 (Terence Dickinson), (加) 艾伦·戴尔 (Alan Dyer) 编著 ; 石子君译. -- 北京 : 电子工业出版社, 2025. 1. -- ISBN 978-7-121-48986-0

Ⅰ. P12-49

中国国家版本馆CIP数据核字第2024D0E601号

责任编辑：高　鹏
印　　刷：北京利丰雅高长城印刷有限公司
装　　订：北京利丰雅高长城印刷有限公司
出版发行：电子工业出版社
　　　　　北京市海淀区万寿路173信箱　　邮编：100036
开　　本：889×1194　1/16　　印张：26　　字数：957 千字
版　　次：2025 年 1 月第 1 版（原书第4版）
印　　次：2025 年 1 月第 1 次印刷
定　　价：148.00 元

凡所购买电子工业出版社图书有缺损问题，请向购买书店调换。若书店售缺，请与本社发行部联系，联系及邮购电话：（010）88254888，88258888。

质量投诉请发邮件至 zlts@phei.com.cn，盗版侵权举报请发邮件至 dbqq@phei.com.cn。

本书咨询联系方式：（010）88254161 ～ 88254167 转 1897。

在《夜观星空》中触摸星空的温度

夜空，是人类通向未知宇宙的第一扇门。每当我们仰望星空，浩瀚且深邃的宇宙仿佛跨越了时空与文化的界限，激起我们对未知的好奇与探索的渴望。《夜观星空：大众天文学观测指南》（*The Backyard Astronomer's Guide*）一书可谓这一旅程的起点。自1991年首次出版以来，这本书历经多次更新和完善，已成为全球天文爱好者的经典入门书籍。如今的第四版增添了最新的观测技巧、设备使用指导和未来十年的天文事件预测，为读者带来前所未有的观星体验。这不仅是一本实用的观测指南，更是一把解锁宇宙奥秘的钥匙，引导初学者和资深观星者深入探索星空的奥妙。

本书的两位作者——特伦斯·迪金森（Terence Dickinson）和艾伦·戴尔（Alan Dyer）是天文科普和天文摄影领域的资深专家，他们凭借丰富的天文观测和摄影经验，合力打造了这本天文学入门书。迪金森是国际知名的天文科普作家，以其作品的生动性和易读性闻名（很遗憾他于2023年去世），而戴尔则是一位天文摄影师，他用精美的图片向读者展示了宇宙的非凡之美。在本书中，两位作者不仅详细指导了如何进行天文观测，还分享了拍摄和后期处理图片的方法，帮助读者拍摄出属于自己的星空影像。两位作者将各自的专业知识相结合，以通俗易懂的文字和视觉震撼的图片呈现，使得《夜观星空：大众天文学观测指南》成为天文观测指导的权威之作。

在我小时候，也就是20世纪八九十年代，中国的市面上很难找到天文观测方面的大众科普书，更不要说系统讲解观测器材和观测方法的天文学书籍了，即便偶有一两本，内容也多半是过于简略或晦涩难懂。而如今，虽然天文学的普及和发展仍处在成长阶段，但中国的天文爱好者群体正在迅速增长，天文观测、星空摄影等活动也逐渐普及。越来越多的年轻人和家庭开始关注天文学，并对夜空的奥秘充满好奇。对中国的读者来说，本书的出版正逢其时，特别是对刚刚入门的观星者而言。《夜观星空：大众天文学观测指南》不仅提供了科学而系统的指导，更满足了中国读者对优质天文学内容的迫切需求，从设备选择、拍摄技巧到后期处理，全方位帮助读者掌握观测技巧，带领他们深入探索宇宙的广袤与奥秘。

近年来，一些罕见的天象激发了人们对夜空的兴趣。就在最近，北京附近难得一见的极光和紫金山-阿特拉斯彗星的亮相让无数人惊叹不已，宇宙的神秘与壮丽清晰地呈现人前。不过，全球的光污染愈加严重，尤其是在经济发达的城市，甚至难以见到清晰的夜空星象。《夜观星空：大众天文学观测指南》不仅能帮助读者了解如何在受限的环境中实现观测，还提供了寻找黑暗天空的策略，使人们能够不受光污染的影响，依然享受观星的乐趣。

本书的内容结构清晰、由浅入深，帮助读者循序渐进地掌握从肉眼观测到使用望远镜观测的多种技巧。书中详细说明了各种观测设备的选择和操作，并从不同预算和需求出发，推荐适合的双筒望远镜和天文望远镜。对初学者而言，书中提供的观测要领能帮助他们少走弯路，迅速掌握操作要点；而对于有经验的观星者，书中提及的镜头特性、拍摄技巧和影像处理等知识，能进一步提升观测效果与拍摄质量。这种系统性指导不仅适用于天文摄影新手，也为已有观测经验的天文爱好者提供了进阶之路。

本书不仅涵盖了观测技巧和设备使用，还特别强调了如何拍摄和后期处理天文影像。两位作者以多年的经验为基础，从设备选购到图像拍摄，再到后期处理的每个步骤，均给予了细致且实用的建议。书中特别讲解了如何在后期处理过程中调整曝光、提升细节，使每张照片都能尽显夜空的独特之美，帮助读者创作出既具科学价值又极富艺术感染力的作品。

天文观测专家和科普作家肯·休伊特-怀特（Ken Hewitt-White）以深入浅出的写作风格和实用的观测技巧闻名。两位作者特意邀请他为本版书撰写了三个关键部分：双筒望远镜天空之旅示例、月球之旅示例和天文望远镜之旅示例，为初学者提供了从双筒望远镜观测到天文望远镜观测、从月球观测到深空摄影的详尽指导。这些内容详尽且实用，无论是刚接触天文器材的新手，还是希望深入研究天文摄影的爱好者，都能有所收获。

此外，书中针对不同的星空奇观，制定了“人生愿望清单”，列举多种值得终身追寻的天文奇观，如极光、银河、流星雨等。中国地广物博、地貌多样，为星空观测提供了得天独厚的条件。我们可以在青藏高原观赏银河，也可以在新疆沙漠中追逐流星雨……本书提供了详尽的观测指南，读者能够在科学知识与自然之美中收获探索宇宙的体验。

在现代科技的推动下，观星活动比以往更加便捷。自动寻星望远镜、高灵敏度相机、功能齐全的观星应用程序等，让我们能够更轻松地捕捉夜空之美。本书详细介绍了如何利用这些现代设备进行基础的夜空摄影乃至深空天体的记录，为观测者提供了清晰的操作步骤和实用技巧。更为独特的是，书中深入讲解了如何使用软件进行影像后期处理，包括调整曝光、增强色彩和突出星体细节，从而让每张照片都能更完美地呈现。所以，《夜观星空：大众天文学观测指南》不仅是一部实用的参考书，更是一位专业而贴心的“宇宙向导”，帮助观星者以最低门槛进入星空世界，开启属于自己的探索之旅。

透过望远镜观看宇宙，让我们知道天文学不仅仅是一门科学，更是一种触动心灵的体验。观星活动让我们在探索自然奥秘的同时，也探索人类与宇宙的关系。无论是夏夜划过的流星，还是冬季浩瀚的银河，星空的每处景象都在传递宇宙的故事。本书通过清晰的讲解与深刻的文化思考，让每个天文爱好者都能体会到夜空中的宁静与深邃，并在这一过程中找到内心的平和。

对中国的读者来说，尤其是那些刚刚入门的观星者，本书是不可或缺的观星指南。它不仅提供了详尽的观测方法，更为每个热爱星空的人带来宝贵的文化和科学资源。星空不再遥远，观星不再复杂。无论是新手还是资深观星者，都可以从中找到最合适的指导。我希望，这本书不仅能成为天文学爱好者的伴侣，也能为每个观星者点燃探索星空的热情。读者能够通过这本书，在星空中找到属于自己的那一抹星光。

天文学是通向未知的桥梁，而《夜观星空：大众天文学观测指南》是这条路上的一盏明灯。愿这本书，能陪伴你们在星光下发现宇宙的壮美与人类的勇气，在夜空中找到自我的位置与未来的方向。

苟利军

中国科学院国家天文台研究员

中国科学院大学天文学教授

《中国国家天文》执行总编

重要提醒：

本书正文中涉及了多个天文网站，这些资源对于拓宽您的天文学知识视野、提升观测体验具有极其重要的价值。为了方便读者快速访问这些网站，我们建议您扫描二维码关注“有艺”公众号，进入“有艺学堂”在“资源下载”中输入“48986”，即可下载“链接列表”文档。在该文档中，按照正文中提到的“链接列表条目”即可找到对应的网络地址。

扫一扫关注“有艺”

天空属于我们每个人

每次抬头看向星星时，我都会想象围绕着它们旋转的星球会是什么样子的。每颗星星都是恒星，天文学家已经发现了数千颗围绕着其他恒星运转的行星，并将它们称为太阳系外行星。也许在遥远的某颗行星上，也有一种智慧生命，正一边回望向我们的太阳（对他们来说太阳就是一颗恒星而已），一边思考着同样的问题。如果我们知道该看向哪里以及怎么看的话，就会发现夜空是那么的广阔、神秘而绮丽，充满了迷人的胜景。

我深爱天文学的一个原因就是，不论我身在何方，总是能够找到可以观看的景致。即使身处一座存在着光污染的城市，我们依然能够辨认出猎户座和其他星座，观察月相的阴晴圆缺，追踪金星、木星和土星这些明亮的行星在数天或者数周的时间里慢慢划过夜空的身影。当有幸身处一片黑暗的夜空下时，我们能够观赏到壮丽的银河或欣赏一场流星雨。在这本《夜观星空：大众天文学观测指南》中，我最喜欢的就是其中对肉眼所能见到的天空的描述。这部分内容穿插了各个天体目标，尤其是震撼人心的星座图片，并用多项图表列出了部分转瞬即逝的天文事件，例如未来十年或更长时间内会发生的行星相合和月食。这些内容都经过艺术性排版和编辑，以便我们能对天空有一个更好的了解。

对我的人生起决定性作用的时刻之一，便是年幼时第一次透过天文望远镜观月的那一刻。那时我正和父亲一起参加一个星空聚会（Star Party），不是那种好莱坞明星聚集的活动，而是业余天文学家架设起他们的望远镜，邀请大众一起观星的活动。当视线透过天文望远镜望出去时，我简直不敢相信自己的眼睛——我看到的月球完完全全是另一个世界！后来，成长为一名青少年的我用第一份暑期打工得来的薪酬买下了一架带有赤道仪支架的100毫米反射式天文望远镜。我还能回忆起多伦多冬夜里清透得令人难以置信的夜空以及极度寒冷的天气，那时我正尝试给望远镜进行极轴校准。到今天，我们家拥有一架300毫米口径的多布森式望远镜、一架200毫米口径的施密特－卡塞格林式望远镜，以及一架130毫米口径的折射式望远镜。而经过《夜观星空：大众天文学观测指南》这本书的熏陶后，我的丈夫、业余天文学家查尔斯已经成为一名架设这些仪器的专家。这本参考书中包含了人们可能想了解的关于观测工具的所有知识，从双筒望远镜的选择到传统天文望远镜及其附件的介绍，也会提及那些最新和最复杂的可选设备。

身为一名专业的天文学家，我的研究领域是系外行星，这是一个依赖科技进步的研究领域，对计算机的运算能力和观测的灵敏度都有要求。而对业余天文学家来说，科技的进步同样影响深远。我们能够通过手机应用在夜空中导航，获取精确到小时的天气预报，甚至能够订阅消息，以便在太阳活动预示一场可能会发生的极光时，及时得到通知。在进行了准确校准的前提下，具有自动导星功能（简称GoTo）的望远镜能够让我们轻松地找到特定的天体并进行观测。对天文摄影而言，不管是硬件设备还是图像处理软件上的技术进步，都能帮助专注的业余天文学家获取永不会令人停止赞叹的美丽图像。

在这本经久不衰的天文学指南的最新版中，作者特伦斯和艾伦会继续用他们令人惊叹的图像和点评引导我们，带领我们深入地了解那些能够让夜空变得真正“触手可及”的知识，同时进一步印证那句话：“天空属于我们每个人。”

——萨拉·西格（Sara Seager）教授
美国麻省理工学院

目录

第三部分 | 天文望远镜中的宇宙

第四部分 | 捕捉宇宙风景

后记

附录

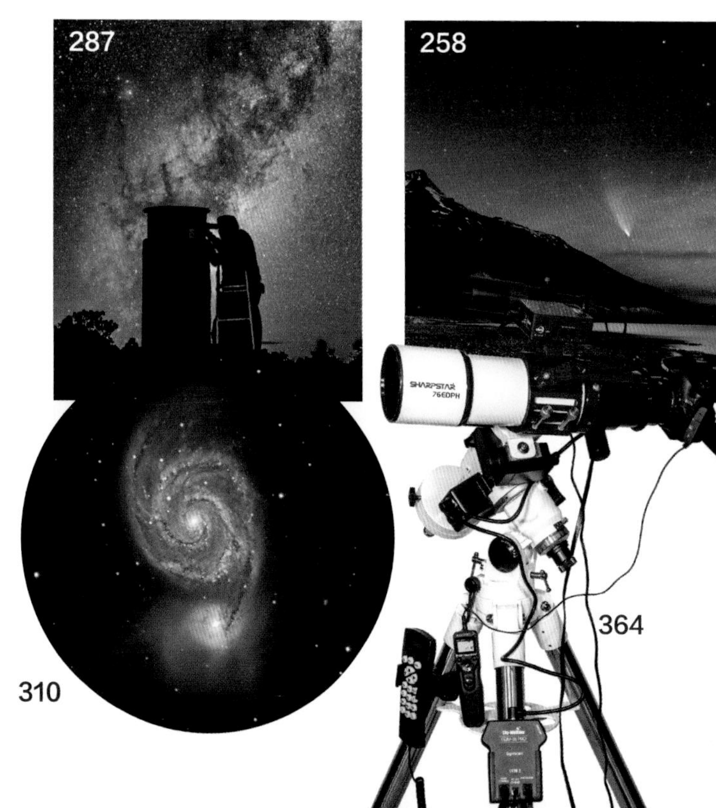

旧爱换新颜

自从 1991 年《夜观星空：大众天文学观测指南》的第一版出版之后，业余天文学在许多重要的领域都有了发展和突破。这促使我们在 2002 年的第二版和 2010 年的第三版中进行了大量的改写和重新编排。现在，经历了又一个十年的发展和变迁，我们满怀喜悦地献上经过充分扩充和修订的全新版本——第四版，其中增加了 48 页的内容，以提供更详细的说明和更新的信息。

在编写这一版本时，我们借机调整了内容的结构，以使其能够与我们的建议相契合，即人们在培养这个爱好时应采取的步骤：从学习用肉眼观察天空开始，然后学习使用双筒望远镜观测天空。首先对天空熟悉起来，随后在星空聚会上通过各种不同的天文望远镜观测天空。这样在你购买一架属于自己的天文望远镜时会更有准备。我们把天文摄影相关的内容留到了最后介绍，而你也应该如此。不要从摄影开始构建你的天文学爱好。

我们对涉及天空中景致的内容进行了更新，更换了大部分图片和插图，添加了更多图表，用以列出未来十年甚至更远时间内会发生的天文事件。为了在天文观测方面提供更多建议，我们增添了新的章节来介绍月球上那些最显著的特征和夜空中最适合使用双筒望远镜或天文望远镜进行观测的天体目标。我们很开心能够请到专业的观测者肯·休伊特－怀特（Ken Hewitt-White）先生来撰写这些章节。

介绍市面上的双筒望远镜、天文望远镜及附件和其使用教程的章节一直颇受欢迎，因此在这一版本中我们尽可能地对这一部分内容进行了修订。同时，我们注意到如今天文摄影比以往任何时候都更为流行，因此这部分内容也扩充到了两章的篇幅，其中介绍了如何使用日常的数码相机来捕获超凡的图像，并补充了如何进行图像处理的最新指导。除了那些另作说明的，本书所有照片都是我们自己拍摄的，并且在捕获和后期处理时使用的也都是书中描述的技术。

一如既往，这本书是迪金森所著的《夜观星空：天文观测实践指南》（*Night Watch: A Practical Guide to Viewing the Universe*，简称《夜观星空》）一书的续集。《夜观星空》重在为绝对的新手提供信息。而在这本指南中，我们旨在向天文学爱好者们提供更有深度的解说、指导和资源。

想要获取更多建议和更新信息，尤其是涉及望远镜和相机方面的内容，我们邀请读者登录网站（网址见链接列表 01 条目）进行查看。

——特伦斯 · 迪金森和艾伦 · 戴尔

加拿大落基山脉，鲍湖上方被月光照亮的夜空中，北斗七星闪耀。

第一部分 | 从这里开始

第一章

业余天文学的时代已到来

庆贺黑暗

得克萨斯州星空聚会的地点位于一片纯净的天空之下，在这样的天空下观星，是一种独特的体验。当大多数人都待在室内的时候，我们这些“夜晚的自然主义者”却沉浸于只有在夜幕降临后才能看到的自然奇观之中。

夜晚的自然主义者

十九世纪的美国诗人和散文家拉尔夫·沃尔多·爱默生（Ralph Waldo Emerson）曾写道：“街上的人连天上的星星都不知道。”当然，不管是在当时还是现在，这话都没错。

好吧，是基本没错。近些年，越来越多的人开始想要了解星空。当下，天文学书籍、软件和望远镜的选择范围及整体质量都远远好于以往。专注于天文学科学研究及业余爱好的网站和 Facebook 群组能够吸引大量的点击量和关注者。一些天文学家成为受欢迎的“传媒明星”，在礼堂里举办一场场大受欢迎的讲座，每次都座无虚席。印刷广告和电视广告中频频出现全家人一起观赏夜空的场景。这样的潮流绝没有第二种解读：天文学已经成为一种主流的休闲娱乐活动。

而人们对天文学兴趣的增长与环境意识的提升是同步发生的，这并非巧合。我们开始意识到自己生活在一个资源有限的星球上，而且接触原始自然的机会变得越来越少，这一认知促使各类拥抱大自然的活动激增：观鸟、郊游、徒步、露营、自然摄影和自然景观游览等。娱乐性天文学也属于这一类。业余天文学家是“夜晚的自然主义者”，被只有在黑暗天空下才能看到的浩瀚宇宙的神秘感所吸引。

不幸的是，城市和村镇中人造灯光的使用范围正在不断变大，世界各处 LED 灯的使用越来越普遍，天文学爱好者梦寐以求的黑暗天空在光污染的攻势下节节败退。我们居住的很多地方，明亮的银河横跨星光熠熠的夜空的景象已经永不复存。然而即便如此，业余天文学家这个群体仍旧以前所未有的速度活跃起来。为什么？也许这是那个广为人知的人类行为倾向模式的又一例证：我们总是对身边抬眼就能看到的名胜古迹漠不关心，但是不远万里去到某处游玩时，却想要把那里游览个遍。现在，很多人都把星空视为某种陌生而迷人的存在，而不像祖辈们年轻的时候那样，不过是抬头就能看到的平凡景色。

这无疑是答案的一部分，不过还要考虑到业余天文学这个领域有了多少改变。在 20 世纪 60 年代，业余天文学家的典型形象通常是一名男性，且是独自一人开展这个爱好。他会对物理、数学和光学表现出强烈的兴趣。他会花费好几个周末的时间，遵照《科学美国人》出版社的天文望远镜制作步骤，研磨他自埃德蒙科学公司（Edmund Scientific）购买的口径 150 毫米的反射式天文望远镜的镜面。这架约 1.2 米长的天文望远镜架设在一座由管道组件组装成的赤道仪支架上，这种支架又被亲切地称为“水管工的噩梦”。在某些情况下，有必要在夜幕的掩盖下拖出这架望远镜，以避开邻居们的嘲笑。

在 20 世纪 60 年代，实用性的参考资料几乎没有。仅有的一些资料中，大部分来自英国，且几乎都是由已故的帕特里克·摩尔（Patrick Moore）爵士所编写。那时的指南强调的往往是业余爱好者可以通过哪些有用的“工作”来为科学事业添砖加瓦。

今天的业余天文学家

幸好，那些都已经成为历史了！当今的天文爱好者囊括了不同性别、职业和教育水平的人，能够代表一个完整的社会。业余天文学也已经发展成一种成熟且正当的休闲方式，而不仅仅是只属于男性科学怪人和书呆子们的古怪消遣。事实上，业余天文学在大众眼中已成为一种颇具声望的休闲娱乐活动。

业余天文学也变得极其多元化，不仅是指参与者的身份，还有他们所做的事情。如今，没有哪个单独的个体能完全掌握这一领域，它的体系太过庞大，有太多的活动和选择。

然而，总体而言，我们认为业余天文学家可以分为四个主要群体：理论天文学家、技术狂人、摄影师（或成像师）和观测者。

理论天文学家指的是那些主要通过书籍、杂志、讲座和互联网或者帮助组织俱乐部活动来间接追求这一爱好的人。他们通常是自学成才的专家，主要研究诸如宇宙学或天文学史这类无须进行天文观测的学科。

技术狂人曾经主要指天文望远镜的制

观星活动的前世今生

下方左图：那些对自己 20 世纪 60 年代的青葱岁月还有印象的老前辈表示，现在的小孩只对电子游戏感兴趣了。其实在 60 年代也有分散人们注意力的事物，不过不是游戏机而是电视机。这则经典的电视广告中提到：“约翰尼放弃了 610 毫米屏幕上稍纵即逝的刺激，换取了夜空永恒的兴奋和庄严。”看，一点都没变！

下方右图：与 60 年代那些孤独的观星者不同，如今的观星活动常常是以家庭或者群体为单位进行的。像图上这样的观星聚会会有各个年龄层的情侣或家庭成员参加，他们会一起享受晴朗的天空，欣赏恒星和行星在暮色中渐次出现。智能手机上的 APP 能够帮助观星者们识别头顶的星体。

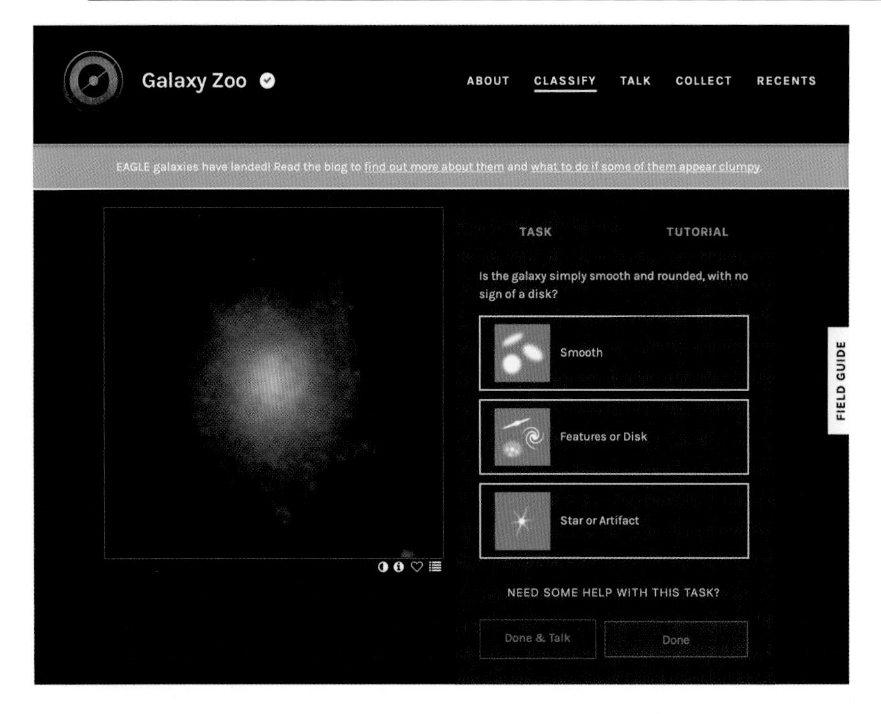

过去和现在的技术

上图：星系动物园项目使任何人都能足不出户便有所发现，在多云的夜晚，这真的是一件再好不过的事了。

上方右图：这是一架在 20 世纪 60 年代非常经典的天文望远镜——自制的 150 毫米反射式望远镜，安装在由管道组件和回收的汽车零件组装成的支架上。

造者和工匠，但现在已经逐渐成为擅长编程和使用计算机进行成像和远程望远镜操作的人的代名词。就像过去的望远镜制造商一样，他们的满足感通常来自让仪器或程序运作起来，而不一定涉及亲自对天空进行观测和成像。

相比之下，摄影师的大部分业余时间都花在了拍照上。因此他们的天文望远镜上可能只会连接一部相机，而很少会连接目镜。他们可能从来没有真正观测过他们拍摄的物体。（我们对此也有些内疚！）随着远程遥控望远镜的出现，摄影师甚至可能连所使用的天文望远镜都不看，更不用说上方的天空了。他们的目的通常只是收集几个小时的所谓的星空数据。

需要明确的是，业余天文学这个爱好是面向所有人的。我们不会批判任何人的兴趣或其表现方式。

不过，虽然本书中也包含了摄影相关的章节，但这本书主要是为第四类业余天文学家，即目视观测者所写的，他们的主要兴趣是用眼睛和望远镜探索可见的宇宙。对我们来说，观测就是一切。当我们探索夜空，亲眼看到遥远的行星、星云和星系（在极其遥远的距离外真实存在着的巨物）时所感受到的欢欣振奋，是业余天文学的精髓所在。

业余爱好者和专家

对观测者这个群体而言，业余天文学的“业余”二字可以指偶尔的娱乐消遣，也可以指全身心的痴迷。当后者达到极致，一些业余爱好者会发展成第五类：研究者。他们往往会在天文学上投入比其他人更多的时间和精力，努力程度仅次于那些最敬业的（且可以领工资的）专业天文学家。

这些“专业的业余爱好者”所专注的是被专业的天文学者所忽视的领域，这种忽视可能是出于个人选择，也可能是由于缺乏资源。其中包括搜寻彗星、确定小行星的运行轨迹、跟踪变星的亮度变化、寻找超新星，甚至是探索那些围绕其他恒星运转的行星。

诚然，一部分研究实践可以通过肉眼直接观察来完成，但现在大多数研究都是在摄像机和数字探测器的辅助下进行的，而且所使用的天文望远镜通常可以与小型专业天文台可能使用的望远镜相媲美。例如，在 2019 年，业余天文学家根纳季·鲍里索夫（Gennadiy Borisov）使用自己建造的 0.65 米口径天文望远镜，发现了彗星 2I，这也是第一颗被人类所知的星际彗星。

今天，研究者也可以是一名理论天文学家，利用著名的 zooniverse 程序（网址见链接列表02条目）来做出有价值的贡献。即使在计算机的帮助下，专业学者也很难对这些程序提供的庞大数据进行分析。而事实证明，人的眼睛可以在一颗恒星的亮度曲线图中发现系外行星存在的隐晦痕迹，或者对星系进行分类，在诸如此类的事情上，任何自动化机器的学习程序都比不过人类的思维。

无论使用望远镜还是台式电脑，研究者都是真正的业余天文学家——不会为此获得任何酬劳的民间科学家，从事天文学研究仅仅是出于心中的热爱，这也正是"业余爱好者"一词的含义——一个真正热爱的人。天文学是为数不多的民间科学家可以做出有意义的贡献的科学领域之一，即使他们的研究成果不是直接的发现，但也值得在学术期刊上发表。

然而，无论他们的工作多么值得称赞，这本书既不是关于研究者，也不是为他们而写的。这本书是为绝大多数的观星者准备的，对这些人，更准确的称呼应该是娱乐性天文爱好者。就像数以百万计的观鸟者（或者叫鸟类爱好者）中99%的人不会把自己定义为业余鸟类学家一样，99%的业余天文爱好者也是如此。虽然我们的朋友可能会有这种误解，但我们并不是在发现新的恒星或行星，也不是在收集数据，更不是在做科学研究。那么，我们到底是为了什么而站在星空下？引用加拿大皇家天文学会渥太华中心的通讯期刊*AstroNotes*中的一句话，我们的目标是"大胆地去看人类从未看过的地方……主要是为了玩得开心"。

对天空的激情

乐趣固然非常重要，但我们中的一些人为了追求这种幸福而不惜一切代价的行事风格，可能会让那些没有感受过这种激情的人感到非常困惑。为了说明这一点，我们要讲述一个故事，这个故事我们在本书的每个版本中都讲过，因为它是一个无比经典的例子：伟大的彗星追逐战。

1976年3月，20世纪所能见到的最明亮的彗星之一——韦斯特彗星正处于最佳观测期。不消说，北美大部分地区的天气都糟糕透顶。天文爱好者每晚都凝望云层，

成功十步曲

我们的建议是一步接一步地逐步进入天文学的殿堂。我们这本书的内容结构也是按照下面建议的十个步骤来编排的。

第1步：使用简单的星图开始认识那些明亮的恒星和星座。

第2步：查看杂志或网站（见附录），获取天文活动的时间信息。

第3步：使用双筒望远镜找到我们挑选出的最适合使用双筒望远镜观测的十大目标（见第六章），即使身处城市中也同样适用。

第4步：找到一个当地的天文俱乐部，与其他爱好者面对面聊一聊。

第5步：谨慎对待互联网小组；互联网上可能到处都是错误的信息和相互矛盾的建议。

第6步：参加当地城市的夜晚观星活动，在那里你有机会使用天文望远镜观测天空。

第7步：参加在乡村地区举办的星空聚会，探索更黑暗的天空。

第8步：只有当你完全了解天文望远镜能让你看到什么之后，再考虑是否要购买一架。

第9步：观测一下月球；探寻一颗行星；寻找我们列出的二十个最适合天文望远镜观测的目标（见第十六章）。

第10步：要先确保你已经对天空非常了解，再考虑是否要涉足天文摄影领域。

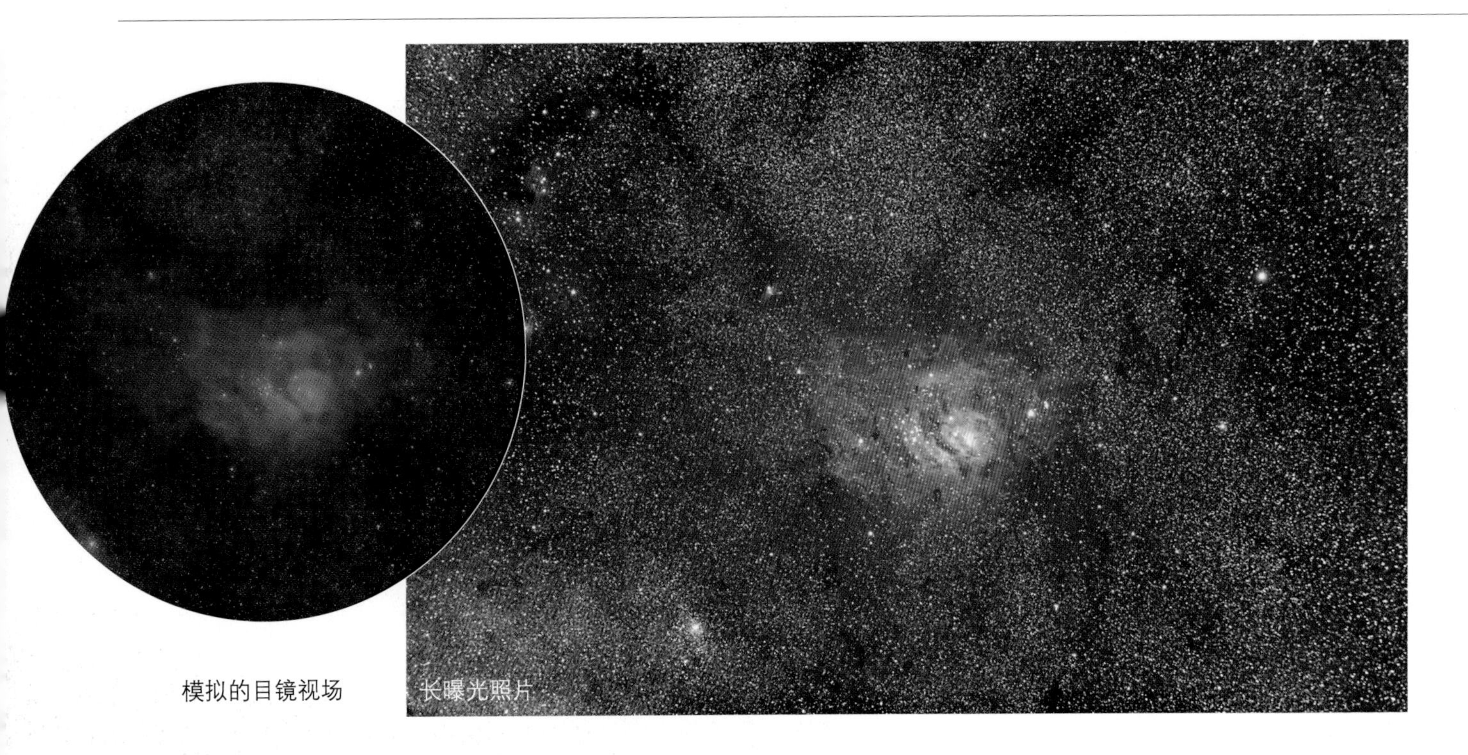

模拟的目镜视场

面对现实吧

虽然你可能期望通过目镜看到色彩鲜艳的星云，但现实是，除极少数外，大部分星云展现出的形态都是暗淡的灰色，不同区域在明暗上有略微差异。需要使用相机才能显现更多色彩。话虽如此，能够在天文望远镜的目镜中看到任何宇宙物体的实体，仍会让人格外激动。

险些要看出戒断症状，因为他们知道彗星就在云层之后，只是他们看不见。在温哥华，几个爱好者决定不再忍受了。“彗星的亮度达到了峰值。我们必须做点什么。”我们的特邀作者肯·休伊特-怀特回忆道。

他们租了一辆野营车，开始驶往山区。根据预报，到凌晨4:30，也就是彗星将会出现在视野的时刻，山区上方的云层将会消散。而在温哥华，天气预测会继续下雨。“我们有五个人，把天文望远镜、照相机和双筒望远镜都打包好放在车里。”肯说道，“由于小组的第六个成员要在第二天早起工作，所以不得不留在原地。

“那场经历就像噩梦一样，从一开始便是——我们遭遇了一场刮得人睁不开眼的暴风雪。‘一定会放晴的’，我们这样互相打气。我们开出了200英里（约322千米），但雪还在下。我们在险峻的山路上发生了几次千钧一发的险情，最后终于决定折返。然后，就在我们越过海岸山脉的山巅时，天空奇迹般地开始放晴。这时正好是4:30。我们把车停在路边，它立马陷进了淤泥里。但我们走得还不够远，一座山峰挡住了我们的视线。

“五个穿着运动鞋的为彗星疯狂的家伙开始争先恐后地爬上最近的悬崖上的雪堆，希望能站得更高一点。当我们到达应该能看到彗星的地方时，晨光已经太亮，我们不可能看到彗星了。身上滴着水、冻得半死的我们把野营车推出泥坑，开始驶回温哥华。短短几分钟，我们就离开了风暴的范围，看到了城市上空万里无云的蓝天。等回到家时，我们听到了最令人懊恼的消息：被迫留下来的那个人看到了彗星，当时他就坐在离他家一个街区的公园长椅上。”

你准备好了吗?

尽管我们在本书中用了好几章的篇幅来讨论如何选择和使用设备，但请不要搞错了——你是不可能通过花钱买设备来步入天文学的殿堂的。事实上，我们在“令人惊叹的要素”程度表中罗列的许多天文胜景都是不花一分钱就能欣赏到的，你所需要的只有一双眼睛。在下一章中，我们便是从这种肉眼观测技巧开始学习。

但即使是欣赏裸眼视角下的天空也需要知识和经验，而这些都需要时间来积累。业余天文学并不是一个有即时回报的爱好。然而，随着你获得的知识和经验越来越多，天文学将能极大丰富你的生活，成为你的终身所爱，很少有哪种爱好能做到这一点。

1

2

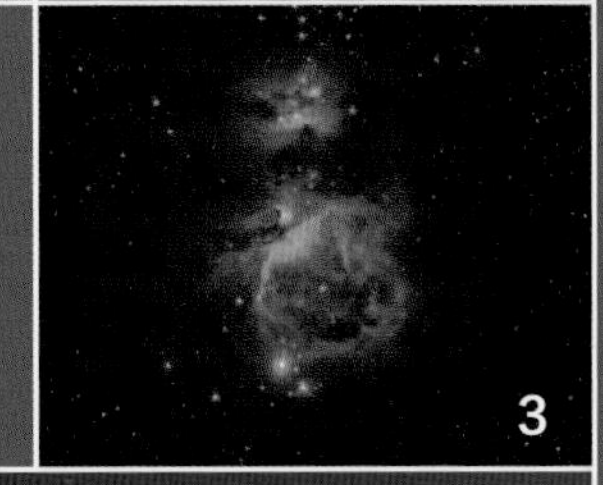
3

4

5

令人惊叹的要素

我们在此提供一个“令人惊叹的要素”程度表，划分天文景象令人惊叹的程度，从 1 级到 10 级。等级为 1 的景象能够让人露出一个小小的微笑。等级 10 的目标则能激发令人语无伦次的狂喜。如果每晚都能记录一个等级 2 或 3 的景象，那会是一件很美好的事。而等级 8 到 10 的胜景足以写到人生目标清单上，值得我们用一生去追寻！

1

任何通过天文望远镜或双筒望远镜观测到的天文景象；一颗转瞬即逝的流星

2

找到水星；通过天文望远镜观测月球；观测木星的云带；看到国际空间站

3

通过天文望远镜观测猎户星云；在黑暗的观测点欣赏星空穹顶；看到木星的大红斑或美丽的双星系统

4

第一次看到仙女星系；一次月偏食；金星合月或两颗行星相合；双筒望远镜中看到的地球反照光

5

第一次通过双筒望远镜辨认出木星的卫星；通过双筒望远镜观测一颗中等亮度的彗星；用天文望远镜才能看清的火星上的细节；一场美妙的流星雨

6

第一次辨认出一个星座，如猎户座；全景视角下的球状星团；观看木卫二的卫影过境；明亮的地平线极光

7

第一次通过天文望远镜看到土星；从一个非常黑暗的地点看到银河系的中心；一次月全食

8

一颗燃烧的火流星；一颗肉眼可见的彗星，如 1997 年的海尔 - 波普彗星；一场罕见的流星雨

9

多彩的全天空极光

10

一次完整的日全食

6

7

8

9

10

第二章

肉眼所见的天空

我们从最容易接近的天空开始探索观星者的宇宙，也就是你只用肉眼就能看到的天空。

当你展现出某些特征之后，你就已经成为一名业余天文学家了，比如……好吧，有很多迹象。但能体现出你已经“上钩”的最主要特征是，每当你走出家门，你都会抬头看看天空。业余天文学家都学会了驻足观赏那些几乎所有人都错过的美景。你很快就会认识到天空中蕴含着多少奇迹，而且这个认知会伴随你一生。

在白天，天空与我们玩着光与影的游戏，到了夜晚，它又向我们奉上月光和星光，这微妙又戏剧性的节目交替上演，共同编织了一场永不停歇的天空秀。你只需要知道要去寻找什么。而这正是本章的重点。

这是你能用肉眼看到的最美妙的天文景象，在9月的一个傍晚，一道弧形的北极光在渐渐变暗的暮色中显现。观测点是加拿大西北地区耶洛奈夫附近的普雷鲁德湖。

在星空下使用星图

当你站在夜空下，使用一张简单的星图观测真正的星体时，你的天文学生涯便正式开始了。此处的星图可以是可调节的活动星图，或者像图片中一样，使用迪金森的书《夜观星空》中的星图。使用容易识别的星座当作“锚点”，比如这张照片中就是使用猎户座来寻找其他的恒星和星座。

开始了解天空吧

活动星图

这张“星轮”可以用来描述任何季节的天空，但只适用于特定的纬度范围。大多数活动星图是为北纬 40 度到 50 度的地区设计使用的。由大卫·钱德勒设计的夜空活动星图，其背面有一个独立的南地平线视图，比其他星图更接近真实。

让我们就如何在星空下开启你的探索之旅提供一些建议，以此作为开始。作为一个有抱负的业余天文学家，你应该学习的第一件事就是如何仅用一双肉眼和一张星图来识别明亮的恒星和星座。这是一个持续不断的过程，因为恒星的位置会随着季节的变化而变化。请抓住机会在每个晴朗无霾的夜晚去了解天空，即使是在城市里。事实上，对新手来说，在城市里观星要比在黑暗的乡村更好，因为城市的天空不会让你被整片繁星“淹没”而不知所措。

不过，一个适合的观星地点是会有很大帮助的，最好能远离街道，避免路灯的光直接干扰你的视线，同时天空的遮挡越少越好。在保证安全的前提下，附近的公园或城中的高楼会是完美的选择。我们将在下一章中讨论如何选择观星地点，并在第四章讨论更多关于天空的运动和季节性变化的问题。

使用简单的星图

我们还在第四章中提供了一些基础的四季星图，对北半球和南半球都适用，作为我们在第六章和第十六章中介绍的双筒望远镜和天文望远镜观星之旅的背景知识。虽然这些四季星图可以帮你入门，但我们得承认，在观星时把手中这本 416 页厚的大部头举到半空作为参考工具是不太现实的。我们建议使用轻便的星图，它们在夜间也能很方便地携带和使用。选择之一是活动星图，也被称为星轮。萤火虫图书、菲利普公司、米勒公司、肯·格劳恩（Ken Graun）和大卫·钱德勒（David Chandler）提供的星图都非常优秀。使用活动星图时，只需旋转星盘来显示当前的日期和时间，这时星盘上显示的便是此时此刻所能看到的天空。

大多数活动星图都有一个缺点：由于绘图时所使用的投影方式，在图表的周边，也就是靠近地平线的地方，星座的形状会被拉长扭曲。

我们推荐的另一个选择是（此处我们确实有所偏颇！）迪金森非常受欢迎的参考书《夜观星空》。这本书完全是为新手准备的，其中包含了一些你能找到的最好的裸眼天穹星图。这本书的螺旋装订方式使其易于在野外打开和使用。

还有一个选择是参考任意一本天文学杂志出版的最新一期刊物。这些杂志在许多国家都可以买到，里面包含了当月天空的全天星图。这些星图上通常也会显示行星的位置，这是书本上的图表和活动星图所不能表现的，因为行星的位置时刻在变化。

使用移动应用程序

我们将在本书后面详细介绍应用程序和高科技辅助工具。之所以在这里提到它们，是因为通常情况下，人们首先想到的就是手机或平板电脑上适用的许多免费或收费低的天文应用程序。在你的应用商店中搜索“观星”，会有几十个结果跳出来。虽然部分应用是免费的，但要留意其中一些应用存在二次收费，还有一些会内置占据屏幕的广告。

对新手来说，我们推荐 SkySafari 的基本版本（免费）或付费应用 Sky Guide，后者所呈现的天空界面非常吸引人。移动应用程序的优势在于，它还可以显示当晚的月球和行星，甚至还可能显示出彗星和人造卫星。可以点击一个天体，调出更多信息和图像。利用设备中的 GPS、倾角仪和罗盘，当移动设备时，应用程序会交互地呈现出相应部分的天空视图，就像一个展现天空的魔法窗口。

但缺点是，很难将小屏幕上显示的星座的大小与头顶上真实的（且庞大的！）穹顶联系起来。而且当你盯着一个明亮的屏幕时，你也正在制造影响自己的光污染。

寻找星空导游

手机应用和星图固然很好，但你可能会发现，在导游的带领下观测天空会更有帮助。如果你所在的社区有一个天文馆，我们建议你参加一次它举办的星空秀，在那期间，主持人会使用光学或数字投影系统在圆顶屏幕上重现夜空的形态。天文馆的优势在于，它可以展示我们头顶的天空的运行轨迹。虽然移动设备或者电脑上的程序都能做到这一点，但天文馆所呈现的天空及其变化更加真实，就像你正站在真正的天空下。可以安排全家人在一次午后外出活动时参观一场星空秀。如果天文馆提供观星知识的课程，你可能还会发现这是一次向专家请教的好机会。

但是没有什么比身处真正的天空下更有意义。天文馆也好，应用程序和星图也好，它们都面临一个问题，那就是规模不够大。将它们展现的虚拟图像与真实的夜空联系起来总有些艰难。即使在天文馆中，你能看到的星座也不总能像现实生活中的一样大。

激光引导

在许多公众观星夜和周末的观星聚会上，都会使用绿色激光指示器来引导人们观测天空，当然前提是这些激光指示器在该地点是可以合法使用的。此图展示了作者戴尔在卡尔加里大学的罗斯尼天体物理天文台进行的一次星空导游。

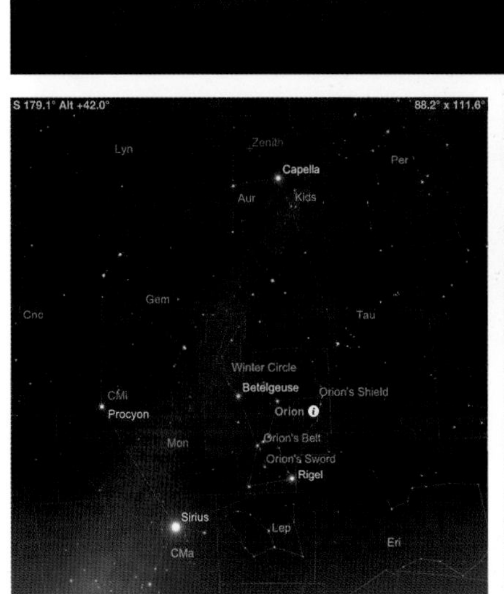

天文移动应用程序

移动应用程序可以显示出你的手机所对准的那片天空的形态。此处展示了我们最喜欢的两个应用程序——SkySafari（iOS 系统和 Android 系统都适用；基本版免费）和付费的 Sky Guide（仅 iOS 系统可用）是如何展示猎户座区域的。

依照我们在第一章中列出的“成功十步曲”，建议你去搜罗一下当地的观星活动，可能是在城市中举行，也可能是在附近的乡郊公园或保护区里举办，主办方可能是一个天文俱乐部，也可能是天文馆或自然中心。在活动中，你会有机会通过天文望远镜观测天空，同时主办活动的业余天文学家可能会给参与者们导游，指出天空中天体的名字，并引导你观测当前季节的星座。

日间的天空

偏振带

这张鱼眼视角的照片展现了一个晴朗早晨的天空，太阳在东边（左边），在离它90度的地方（右边），沿着偏振带的那一片天空颜色是最深的。在这条偏振带里，可以看到一轮下弦月，它与太阳之间的夹角总是成90度。在一个晴朗的日子里，即使不借助相机上的偏振滤光片（拍摄这张照片时便没有用到）或偏振太阳镜，也能观察到天空颜色的深浅对比。

虽然业余天文学的主要内容是在晚上认识和了解星体，但是你完全可以在白天就开始欣赏天空之美，此时依旧有着一连串的光影角逐在不断上演。所有这些现象都是肉眼可见的，而且很多在城市中也能观察到。

蓝天

深蓝的天空能让所有业余天文学家心生欢喜，因为它预示着当天夜里会出现壮观的星空。但就其本身而言，一片蓝天也非常值得欣赏。

天空之所以是蓝色的，是因为蓝光和紫光在所有可见光中波长最短，波长短的光最容易被大气层中的空气分子散射。想象一下，一群次重量级的摔跤手试图强行穿过一排重量级的相扑冠军，在这样一场疯狂的混战中，这些倒霉的次重量级选手会被随机地撞向四面八方。蓝光也是如此，它们“被撞开”的过程叫作瑞利散射。

天空看起来有多蓝，取决于空气有多干净和干燥，以及你上方的空气含量有多少。水蒸气会散射所有波长的光，从而使天空的颜色变浅。灰尘和污染即使没有达到让空气变棕或变灰的程度，也会使白天的天空呈现出淡蓝色。相比山顶地区，低海拔地区的空气中更容易含有更多杂质。

在一个无云的清晨或傍晚，请看一看周围的蓝色天幕：哪处天空的颜色是最蓝的？你可能会认为是正上方，因为那里的光线穿过的水蒸气和污染物最少。但是再仔细观察一下，你会发现最蓝的天空位于与太阳成90度角的地带。经过天空散射的光会成为偏振光（即光波都朝同一方向振动），在与太阳成直角时，光偏振的程度最大。

彩虹

如果一场暴雨刚刚过去，明媚的阳光破空而来，那么是时候寻找一下彩虹了。当一束阳光照射在雨滴上，并在雨滴内进行一次反射后，会沿着与射入时大致相同的方向射出。雨滴具有类似棱镜的特性，因而在这个过程中，太阳光会被分散成不同的颜色。当数以百万计的雨滴同时展现出这个效果，其结果就是在太阳正对面的天空中形成一条弯曲的颜色带。准确来说，彩虹总是处于距对日点42度的半径范围内。要找到对日点，请背对着太阳站立，想象有一条线从太阳出发，穿过你的头顶，延伸到你前方的地面上。

站在地面上看，对日点总是位于地平线以下。因此，我们从来没有看到彩虹呈现出一个完整的圆——我们只能看到上半部分，一道七彩的弧线。太阳距离地平线越近，这条弧线就越长。然而，如果从飞机或山顶上看，是有可能看到一个完整的圆形彩虹的。要想在天空中看到彩虹，太阳不能在地平线以上超过42度。由于这个原因，彩虹是一种只在临近傍晚或清晨后不久时才会发生的现象。

当太阳光特别强烈，且空气中的水滴浓度达到饱和时，便会出现双彩虹的奇观。第二道彩虹的出现是由于光线在雨滴内部经过两次反射。颜色较浅的副彩虹显

示在主彩虹之外，具体位置是在距对日点51度的半径处，它的颜色顺序与主彩虹相反——主彩虹红色在外，紫色在内；而副彩虹红色在内，紫色在外。

当双彩虹出现时，还有其他与彩虹有关的现象值得观察：主虹内的天空会变亮，而主虹和副虹之间的天空会变暗，这种现象被称为“亚历山大暗带”，是以公元200年首次对其进行描述的希腊科学家的名字命名的。另外，还要注意主虹内侧边缘出现的额外的弧线——紫色和绿色的光带。光束在雨滴内反射后，射出时的角度会有轻微差别，大量光束间的干涉效果造成了这种紫色和绿色的光带，只有在主虹的颜色特别浓烈时才能观察到这个现象。

晕和幻日

天文馆和天文台经常接到人们的电话，报告太阳或月球周围有一个光环或光晕。日晕或月晕是光线经由六边形的冰晶折射后形成的，每个冰晶都像是一个微小的棱镜。与彩虹不同，大多数日晕（月晕）现象都是以太阳（月球）为中心出现的，而不是在其相反的方向。在夏季或冬季，当天空被高空卷云或冰雾覆盖时，光环就会出现。

晕最常见的情况是出现在距离太阳或月球22度的位置，形如一个光圈。个别时候，也可以在距离太阳46度的地方看到一个更大、更暗的日晕。幻日则是出现在太阳两侧的亮斑，偶尔会带有色彩。幻日还有一个不正式的英文名字——“sundog”（太阳狗）。当太阳处于低空时，比如在冬季时分，幻日会紧贴着22度日晕内部出现。当太阳在天空中的位置较高时，幻日就会出现在22度日晕之外。（如果是在晚上，可以试着找找罕见的幻月）。

另一种较为常见的光环现象在民间被谬称为“火彩虹”。正确的叫法是环天顶弧，它的形态与彩虹类似，位于高空中，弧线

雾中彩虹

左上图：只有当太阳的位置靠近地平线时，彩虹才会接近半圆形。注意，此时主彩虹内部的天空较亮，主彩虹和副彩虹之间的天空较暗。

右上图：在夜晚，月光也可以形成彩虹。这张由高坂雄一（Yuichi Takasaka）拍摄的长曝光照片展示了月虹的色彩，这是单凭肉眼看不到的。

下图：当空气中充满细小的雾滴时，试着寻找白色的“雾虹”。雾虹的规模比彩虹小，在太阳或其他明亮光源的对面也会出现。

冰晶和水滴导致的现象

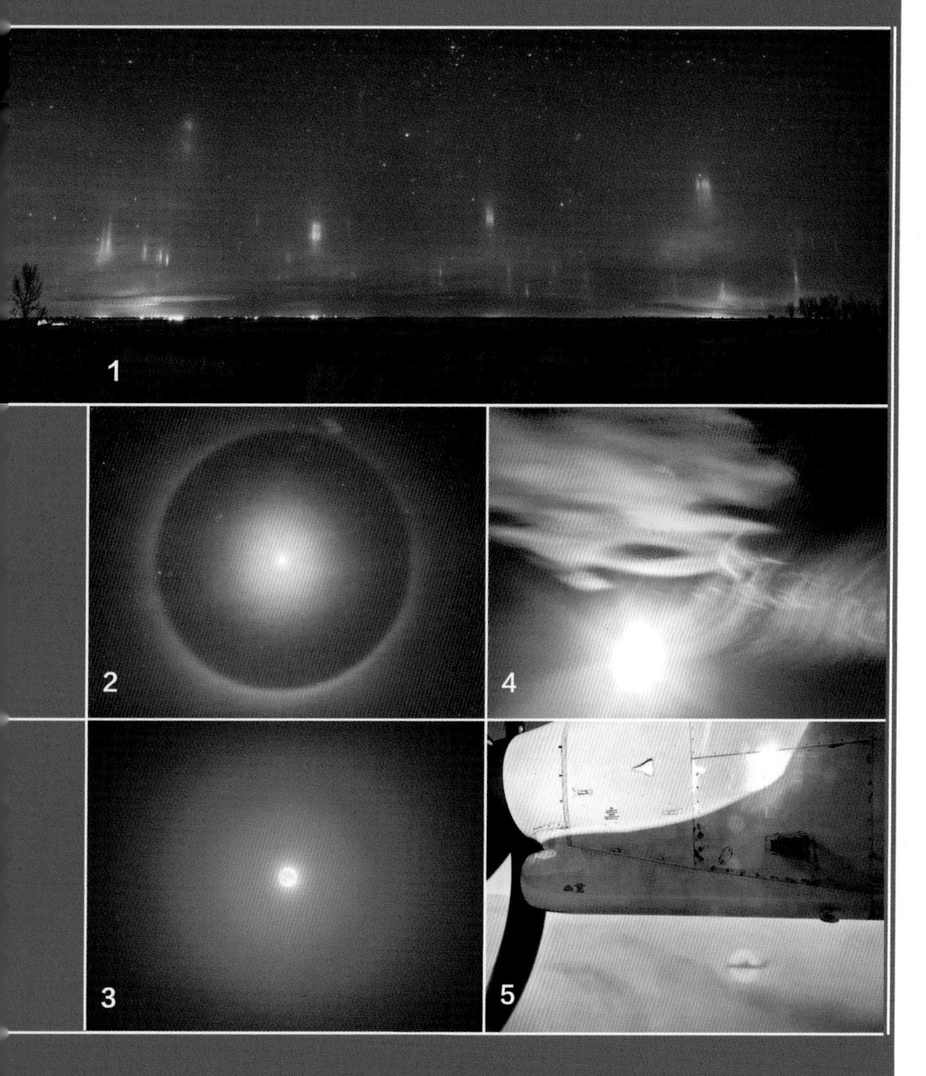

1 光线可以在雾霾和云层中的扁平冰晶上发生反射，形成从下方的亮光中升起的光柱；在这张照片中，光柱来自远处的城镇路灯和农场的灯光。

2 夜晚，冰晶可以在月亮周围形成月晕。虽然月晕通常只在满月时出现，但这张照片中月晕环绕着的是一轮上弦月。人类的肉眼无法分辨出这轮月晕的颜色。

3 薄云中的细小水滴会衍射月光，紧贴着月轮并给它围上一圈被称为月华的彩环。

4 在白天，水滴产生的衍射效应可以在太阳附近制造出彩色的云。为了能观赏到它们的最佳形态，请戴上一副深色的太阳镜。在高纬度地区的平流层中也会形成类似的但更少见的珠母云，这种闪亮的云彩仅出现在日出前或日落后。

5 当你位于飞机上远离太阳的一侧，且太阳位置较低时，看看飞机在附近云层上投下的阴影，其周围或许会包裹着彩色的光圈，那是由衍射形成的宝光。

的方向背对着太阳。环天顶弧是以天顶为中心的彩色光圈的一部分，经常出现在与46度日晕相切的位置。

有时候还可以观测到一道与地平线平行的幻日环越过太阳的现象，这道幻日环是由太阳光在冰晶的垂直表面反射形成的。在这道水平的彩色弧线上还可能会出现亮斑，位置与太阳成90度或120度，甚至有时会与太阳直接相对。偶尔还可以看到与内外日晕的侧面、底部或顶部相切的光弧。阳光经由冰晶的水平面反射，还会产生垂直的光柱。想要获取关于这些千姿百态的光环的全面解释和更多相关知识，请登录由莱斯·考利（Les Cowley）创建的网站（网址见链接列表03条目）。

华和宝光

华和宝光是当光线被空气中的水滴、冰晶甚至花粉粒衍射后形成的彩色光环。

华是围绕着太阳或月球的圆形光辉，角半径通常不超过10度。它有时是纯白色的，有时也会进一步显现出一系列彩色的光环——折射环，和通过望远镜在恒星周围看到的光环十分相像。只有当太阳或月球周边存在薄雾时，才可能形成华光。当华光的附近有形状清晰的云朵时，这些云朵的边缘也会沾染上色彩，这也是日华或月华的一部分。深色的太阳镜有助于你在耀眼的太阳周围明亮的天空中辨认出日华和彩云。

宝光或佛光与华类似，却是在与太阳相对的位置出现。飞机是你最有机会目击到宝光的地点。坐在飞机上远离太阳的那一侧，当你穿过附近的云层时，看看飞机在云层上投下的影子。这个影子可能被彩色的环状物所包围。

宝光还有一种形态，被称为圣光。它的英文名称heiligenschein来自德语，也是“神圣之光”的意思。在清晨时分，观察一下你投射在沾着露水的草坪或贴近地面的雾气中的影子，你也许会看到自己影子的头部周围有一圈柔和的光晕。

日间的景色

一个很多人都有的误解是，月球只在

寒冷而复杂的现象

左图：在加拿大马尼托巴省北部丘吉尔火箭研究场的这个严寒的日子里，“钻石尘”冰晶弥漫在空气中。

这些临近的晶体创造出一幅壮景：内部的22度日晕、外部的46度日晕、日晕上的幻日、水平的幻日环、垂直的光柱、与内部的日晕上侧相切的环状弧以及最上方与外部日晕相切的环天顶弧。

晚上才出现。然而，每个月里大约有15天都可以在白天看到月球。例如，在上弦月期间的较晚的下午，向太阳以东90度看去，你会看到蓝天上正在升起的月球。在下弦月期间的清晨，向太阳以西90度看去，你会看到正在落下的月球。上弦月和下弦月都是非常适合在白天用天文望远镜观测的天文目标。使用红色滤光片，更好的选择是用偏振滤光片，可以让背景的天空变暗，增加对比度。

当金星运行到接近其大距的位置，大约在太阳以东或以西45度时，这颗灿烂的行星也成了一个绝佳的日间观测目标。挑战难点在于如何才能找到它。当然，你可以使用预先校准过的GoTo望远镜，但还有一种对科技要求较低的方法：等，等待一弯蛾眉月出现在其附近的那一天。首先找到蛾眉月，然后让它引导你找到金星。其中的诀窍是让眼睛聚焦。一旦你的眼睛能够“自动对焦”到无限远，金星就会变得显而易见了。

更具挑战性的是木星。当它与太阳相距90度（即它的四分之一相位上）时，这颗巨大的行星位于天空的暗偏振带中。首先用双筒望远镜确定它的位置，然后试着用眼睛去辨认出它，你所获得的景观会是独一无二、值得铭记一生的。

白天的金星和月亮

上图：在一个非常晴朗的早晨，天空中一弯残月在金星的右边微微闪耀。首先，用双筒望远镜找到金星。一旦你确定了它的方位，这颗行星马上就会变得肉眼可见了。

悉尼的日晕

左上图：这轮日晕在一个温暖的秋日出现于澳大利亚悉尼的上空，证明了日晕并不是只在冬季才会发生。我们头顶高处大气的状态才是决定性因素。

日落时的天空

你为了在星空下度过一个夜晚而开车来到一处山顶。太阳马上就要下山了，你正忙着架设天文望远镜。但是，请你花点时间观赏一下日落。用心观察，你会发现在我们都很熟悉的红色余晖之外，还蕴含着无比美丽的景致。

绿闪

当太阳落下时，日面会变暗和变红，让我们能够用双筒望远镜对它进行观测，有时甚至可以用上天文望远镜。不过要格外小心：如果发现自己看太阳时情不自禁地眯起眼，就说明它的亮度过高了。

通常情况下，在太阳沉到地平线以下的过程中，日面会变红变平，并显示出一个“沸腾”的上边缘。注意观察这个边缘，你可能会看到它变成蓝色或绿色。有时，在太阳完全落下前的最后时刻，会有一个鲜明的绿色光团出现在日面的顶部然后很快消失，持续的时间只有一到两秒钟。这种现象就是绿闪。

绿闪的成因是大气层像棱镜一样折射了阳光，使其发生色散，夕阳的底部变成红色，而顶部变成蓝色——也不完全是蓝色。一般情况下，位于夕阳顶部的短波长的蓝光被分散得太厉害，以至于完全消失了，使得顶部的边缘显现出绿色。如果地球的大气层因为温度差异而出现了分层，就像海市蜃楼出现时那样，这层薄薄的绿光就会在太阳的顶部伸展并分离出一个存在时间很短的绿色亮斑。

在这种情况下，太阳底部也会分离出一片红光，形成极为罕见的红闪现象。同样的现象在日出时也能看到，但很容易被忽视，因为迅速升起的太阳总是让观察者大为惊叹。

日落的效果

右图：想要目击到绿闪，你所观测的地平线要平缓没有阻挡，且天空无云，无论观测点是在地面还是在水上。在这张图片中，太阳在沉入加勒比海之前的最后一点残余上显现出了绿色。

下图：一轮凸月在粉色的维纳斯带和深蓝色的地影上方升起，同时云层投下的暮光在西边的对日点上汇聚。这张照片的拍摄地点是美国亚利桑那州的奇里卡瓦山。

曙暮辉

当阳光从云层或远处的山丘后方照射过来时，可能会出现另一种现象：曙暮辉。曙暮辉通常被视为阳光穿过云层上的孔洞照射下来的一束束光轴。在太阳落下或升起的时候，曙暮辉现象尤其明显，一道道阳光和阴影从日落点或日出点向外射出，跨越整个天际。有时，光束的汇聚点在太阳的对立点处，这时它们被称为反曙暮辉。这种发散或汇聚的差异其实是由透视导致的，因为这些光束和阴影实际上是互相平行的。

晨昏蒙影的色彩和地影

一旦太阳完全落下山，注意观察西方天空的颜色变化。如果大气层清透且无云，你会看到天空呈现的颜色涵盖了整个光谱，在靠近地平线处是红色和黄色，往上几度是绿色和蓝色，到20度及以上时则变成了深蓝色和紫色。如果天空非常清澈，这种紫色的暮光可以持续 30 分钟之久。

现在转向东方。你会看到一道深蓝色的弧线从地平线上缓缓升起。这是地球投射到大气层的影子，这道地影与月球轨道相交，形成了月食。地影之上的一道粉红色光弧，是名字有些奇特的维纳斯带，那是太阳的最后一抹红光照亮了高处的天空形成的。

太阳消失在西方的地平线下后不久，地影就会从东边的地平线上升起。太阳位于地平线下 5 度左右时，地影会更容易被观测到。随着天空变暗，地影的边界逐渐看不见，但它仍然存在，其对轨道卫星的影响就是证明（见第 30 页）。

升起的月球

在满月之夜，月球会在地球投下的蓝色阴影中升起。满月升起的时刻正好就是太阳落下的时刻，也就是说，满月在地平线上正对着太阳的位置升起。和位于低空的太阳一样，正在升起的月球常常因大气折射而显得扁平，同时因大气吸收了波长较短的蓝光而显得偏红。如果空中的月面看上去像蛋糕一样分层且泛着涟漪，请注意观察绿闪和红闪现象。

虽然每轮初升的满月都很值得一看，但每年都会有两次特别的满月成为头条新闻。最接近秋分的那次满月被称为获月。由于秋天的黄道角度较低，此时月球只用 20 多分钟就能完全升起（相比之下，一年中的其他时候要用时一个多小时）。连续两三个晚上，我们都能看到一轮金色的明月于傍晚时分在几乎正东的方向爬上地平线。秋收时节大气中的灰尘或烟雾也会使月球显现出明亮的金色。

每年至少有一次满月比其他时候的满月更接近地球、直径更大，这就是所谓的"超级月亮"。这个术语是占星家创造的，但是大多数天文学家都不喜欢这个称呼。当满月与近地点（月球每个月在其公转轨道上最接近地球的地方）重合，且这个近地点还是一年中离地球最近的，就会出现超级月亮。然而，近地点满月和平常的满月之间的大小差异非常小（大约只有 7%），你是无法用肉眼发现其中的差别的。人们觉得月亮看起来比平时更大，是因为他们被告知它应该更大。

为什么初升的月亮看起来这么大？

你也这么觉得吧！但这其实是一种视觉错觉。你可以通过拍摄月亮升起（或落下）时及其悬挂在高空时的照片来证明这一点。无论在什么位置，月面的大小都是一样的（直径大约为 0.5 度）。然而大多数人都会说，升起或落下过程中的满月看起来是平常挂在半空中的满月的 1.5 至 2 倍大小。是什么导致了这种错觉？

虽然还没有任何一种理论被广泛接受，但有一种解释认为，这是蓬佐错觉的一种体现，即当一个物体处于较远的位置时，人们会觉得它看起来更大。在右边的插图中，上面的月亮看起来更大，因为透视线使它看起来更遥远。然而实际上，两个月亮的大小是一样的。

蓬佐错觉

位于地平线附近的云层确实比在头顶上的云层离我们更远，也许这就是为什么当月亮位于地平线时，我们会觉得它更远，因此也就显得更大。

月亮并不是唯一让人产生这种错觉的物体。一个正在上升中的星座看起来也比它在几个小时后爬升到最高点时看起来要大。就像我们不会把头顶的天空看作是一个球形的圆顶，而是一个扁平的弧形——在头顶上空离我们很近，但在地平线处却离得很远。

晨昏蒙影的定义

在黄昏和黎明时分，晨昏蒙影都可分为三个阶段：民用、航海和天文。根据其高度，大多数轨道卫星只在日出前或日落后的这些阶段是可被观测到的。

渐暗的天空

晨昏蒙影中的黄道

晨昏蒙影的颜色从红色渐变成深蓝色，其间还点缀着排成一列的三颗行星：木星、金星和土星（从右到左）。沿着三星连线延伸出去，更远处是被地照照亮的盈月，这道连线就是黄道，即行星运行的轨道。

电影摄影师将晨昏蒙影的初始阶段称为魔法般的“蓝色时段”。对天文学家来说，这种神奇的魔力会一直持续到黄昏或黎明更晚的时刻。而且作为天文学家，我们比大多数人更熟悉晨昏蒙影的三个阶段。

晨昏蒙影的不同阶段

太阳在地平线下 0 度到 6 度的时间段被称为“民用晨昏蒙影”。在日落之后，民用晨昏蒙影的最后时刻通常就是路灯亮起来的时间。民用晨昏蒙影与摄影师口中的“蓝色时段”相吻合，此时大部分自然光来自“冷酷”的蓝色天空。

太阳在地平线下 6 度到 12 度的时间段被称为“航海晨昏蒙影”。在航海晨昏蒙影结束时，天空的颜色会暗到无法与海面区分开来，使得航海者无法看到地平线（海平面），因此也就无法使用传统的六分仪。

而当太阳位于地平线下 12 度到 18 度时，我们就有了“天文晨昏蒙影”。此时很多恒星都变得可见，甚至可能看到银河，但天空还没有完全黑下来。深蓝色依然存在，但也许只有在照片上才能看出来。想要拥有真正天文意义上的黑暗，太阳必须在地平线以下 18 度的位置。这时的夜晚是最黑暗的，可以开始进行长时间曝光摄影了。

在高纬度地区的夏季，天文意义上的黑暗永远不会到来。太阳总是处于地平线以下不到 18 度的位置。你所在的位置越靠北，这一阶段的晨昏蒙影持续的时间就越长，夜空就越明亮。例如，从北纬 49 度往北（或南纬 49 度往南），在夏至前后的两个星期内，天空永远不会出现天文意义上的黑暗。北纬 66.5 度以北，也就是北极圈以北（或南纬 66.5 度以南，也就是南极圈以南），在夏至甚至连黄昏都没有，因为太阳整晚都不会降到地平线以下，而是“化身”午夜太阳缓缓掠过地平线。

地照和新月

一轮蛾眉月悬挂在西边的天空上。太阳只照亮了月球的一小部分，但我们仍然能看清整个月面。月亮的“暗面”也隐约可见，这种现象被称为“新月抱旧月”，也被称为“达·芬奇之光”，因为达·芬奇在 1510 年首次对这种现象做出了解释。

月面的黑暗部分正在经历月球上的夜晚。此时在月球的夜空中，一个巨大而夺目的地球几乎显示出完整的形态。阳光从海洋、云层和极地冰盖上反射后，蓝白色的光照亮了月球的夜空。其中一些地照又被反射回地球，使我们能够看到月球的“暗面”。但其实，我们在地球上看不到的月球另一面和我们看到的这一面所接受的阳光是一样多的，所以正确的称呼应该是月球的“背面”，而非“暗面”。

春天是最适宜在盈月上欣赏地照的季节。这时，蛾眉月将到达它在西边地平线以上的最高点，其周围的空气也更清透，而且天空完全变暗后，它仍能“挂”在天空中。

春天也是观测最细的月亮的最佳季节。新月会在天空西边的低处出现，好似一枚超薄的细牙嵌在明亮的暮色中，要找到它是一项艰难的挑战。根据美国海军天文台的资料，用肉眼观测到新月的最快纪录是在其正式出现后的15.5小时。在借助天文设备进行观测时，这一纪录是11.6小时。大多数人会把看到“年龄”小于24小时的新月当作一种成就。先用双筒望远镜来找到新月，然后试着用肉眼去观测吧。

合和连珠

当行星在洒满星光的夜幕上“游荡”时，它们偶尔会彼此相遇，至少我们从移动的地球上看，它们好像是相遇的。这种天体间互相接近的现象被称为“合”。在通常的用法中，就像我们在第42页的表格中列出的一样，“合”可以指代任何行星之间或行星与月球间的相互接近。（从技术上来说，这两个天体不会真正相合，除非它们处在同一条南—北线上，且拥有相同的赤经或黄经坐标）。

肉眼可见的带外行星（火星、木星和土星）可以在黑暗天空的高处发生相合。移动缓慢的木星和土星之间的相遇很罕见，每20年才发生一次，上一次是在2020年。

大多数的相合，当然也包括所有涉及水星或金星的相合，都发生在黎明或黄昏时的晨昏蒙影中。金星和木星这两颗最明亮的行星在晨昏蒙影中的相合是最为壮观的。

当三颗、四颗，甚至五颗（罕见）肉眼可见的行星聚集在早晨或傍晚天空的同一区域时，这样的场景绝对能上头版头条。虽然不会相合，但这些行星会在晨昏蒙影中沿着行星的路径（黄道）排成一队。当这个队列中再加上月球，你将经历一个值得铭记的夜晚。

卫星和国际空间站

自1957年发射人造地球卫星斯普特尼克一号以来，人类已将数以千计的有效载荷发射到太空中。随着私营企业也开始着手建设用于网络服务的超级星座卫星，预计卫星的发射速度将从每年100颗增加到数百颗。除了搭载进行实际工作的有效载荷，还有用过的火箭助推器，它们最终会被留在轨道上，正式成为太空垃圾。截止到2021年，北美防空司令部已经在绕地轨道上追踪到上万个直径大于100毫米的太空垃圾。太空已经变得如此拥挤，以至于已经有卫星相撞的事件发生，这引发了人们对连锁反应凯斯勒效应的担忧，2013年的电影《地心引力》中就有凯斯勒效应的情节。

如何对迅速壮大的卫星集群进行管理是业余和专业天文学家都非常关注的一个问题。即便如此，我们中的大多数人仍旧很喜欢观测那些不经常出现的明亮物体，例如国际空间站（ISS）和其他我们可以在应用程序和网站的帮助下识别的卫星。想要预测当地何时能观测到国际空间站，可以登录美国国家航空航天局（NASA）的网站（网址见链接列表04和05条目），并输入你所在的位置。在Heavens Above

月球的暗面

在5到6天的盈月上，地照现象通常会十分明显。在这样一个夜晚，地球在月球上显现的相位与月球显现给我们的正相反，也就是说，一轮明亮的近乎全盈的地球照亮了月球的夜晚。从月球正面看地球，在它绕地旋转一周的一个月里，地球在天空中的位置几乎保持静止。

黎明时分的行星三重奏

两颗行星相合是值得关注的景象，但三颗行星的相遇是罕见的。2015年10月，天空中最亮的两颗行星，金星（最亮）和木星，一起出现在天空中，而且相距不远，这本身就是一个了不起的场面。令人惊喜的是，较暗的火星也在附近闪耀。这是从加拿大艾伯塔省贾斯珀国家公园的安妮特湖上拍到的画面。

观测国际空间站

上图：在这张拍摄于2013年2月10日的长曝光照片中，可以看到空间站的运行轨迹跨越夜空，消失在照片的左侧，它进入了地影中，同时经历一次日落。国际空间站一天内会经历16次日落。

上图：在北纬51度和南纬51度之间的地区进行观测，国际空间站可以从你的头顶上方直接越过，就像这张拍摄于2019年12月2日的照片中所显示的景象一样。

右上图：我们推荐一个名叫GoSatWatch Satellite Tracking的应用程序来对国际空间站进行预测。它能够显示国际空间站的经过时间和路径，表现为图中所示的轨道模拟图。

网站上还可以查到其他许多明亮的卫星的预测情况。

作为迄今为止在绕地轨道上运行的最大物体，国际空间站对光的反射是最强的，其视星等最高能达到–3到–4等，亮度介于木星和金星之间，同时又因其宽大的金色太阳能电池板而显现出一抹黄色。（更多关于星等的信息请见第62页。）国际空间站的轨道倾角为51.6度，轨道高度为400千米，所以地球上介于北纬60度和南纬60度之间的任何地点都可以观测到它。

有时，我们可以看到国际空间站旁边伴随着一个无人补给飞行器（如俄罗斯的“进步”号、日本的HTV、美国的“龙”号和“天鹅”号飞行器）或载人航天器（如“联盟”号、SpaceX新设计的“龙”飞船太空舱和波音的Starliner载人太空船）。在进行对接的前后两天里，这些飞行器会在国际空间站之前或之后划过天空，表现为较暗的小点。如果你能将天文望远镜对焦到国际空间站并追踪它，就能看清它的形状。即使仅用双筒望远镜观测，也能看到其翼状的太阳能电池板显现的“H”形。

虽然国际空间站的亮度比其他所有卫星的都高，但也有数以百计的卫星的亮度达到了肉眼可见的等级。它们的光芒来自反射的太阳光，而不是自身发光，所以你并非在任意时刻都能目测到卫星。在太阳下山后或日出前的90分钟内，是对卫星进行观测的最好时间。对地球上的观测者来说，这时的太阳在地平线以下，但它发出的光还能照射到卫星所在的高度。

在近地轨道（轨道高度低于2000千米）上的卫星的亮度可以达到1等或2等。卫星穿越天空的速度取决于其轨道高度：高度越高，它的移动速度就越慢。近地轨道上的卫星在90到200分钟内即可绕地球运转一圈，只需要2到5分钟就能跨越你头顶的天空。大多数卫星都是自西向东移动（它们从不自东向西运动），但极轨道上的卫星，如地球观测卫星和间谍卫星，运行方向是自北向南或自南向北。

当卫星向东运行时，偶尔会因为受光照面积的增大而变亮，原理和月球运行到正对太阳时会变成满月一样。在某些时刻，太阳光会照射到卫星的反光面上，使卫星发出闪光。如果你观测到一个飞行器的亮度来回变化，那它很可能是一个正在翻滚的火箭助推器或一颗废弃的卫星。在很多年的时间里，观星者都很喜欢捕捉铱卫星上的可预测的闪光，这些卫星的天线像镜子一样。但是最后一颗一代铱卫星已经在2019年脱离了轨道。

当一颗卫星进入地影时，它可能会在东边的天空中变红并逐渐消失。它已经运行到地球夜晚的那一边，并且刚刚经历一次日落。随着夜幕降临，地影越升越高，逐渐吞噬整个天空，所以没有卫星能继续受到阳光的照射。然而，生活在高纬度地区（北纬45度以北或南纬45度以南）的人在夏季可以整夜看到卫星在天空中纵横交错，甚至在当地午夜时分，太阳仍能够照亮高空的物体。在短暂的夏夜里，有可能一个晚上连续三次目睹国际空间站划过天空，每次间隔90分钟。

卫星超级星座

如果说光污染问题还没到特别严重的程度，那么在 2019 年，当互联网亿万富翁埃隆·马斯克（Elon Musk）的 SpaceX 公司开始向近地轨道发射计划由数万颗卫星组成的超级星座卫星中的第一颗卫星后，天文学家便不得不开始关注这个问题了。在卫星发射后的夜晚，人们能看到每组由 60 颗卫星组成的星联天文网络像排成一列的亮点一样游荡过天幕。在最开始，这算得上一种新奇的景观，但是想象一下，为了在全球范围内实现互联网覆盖，天空中每时每刻都会充斥着数百颗这样的卫星。

私营企业正在单方面改变夜空的外貌，而这些改变并不是朝着好的方向，无论是对专业的还是业余的天文摄影师来说，卫星的轨迹都可能扰乱每张摄影作品的呈现效果，更不用说我们肉眼看到的原始星空了。作为对全世界范围内的抗议的回应，SpaceX 承诺会减少其卫星的反光面，这些努力似乎起了些效果，因为后来发射的卫星可见度确实大大降低了。

星联天文网络“列车”

左图：在这个没有月亮的夜晚，一些新发射的星联天文网络卫星构成了一个星座，从画面的右侧向左侧运行。

左上图：一颗 SpaceX 卫星的外观。

夜光云

夜光云也被称为极地中层云，顾名思义，夜光云是在夜间出现的。它们是横跨北方地平线的银蓝色波状云，发出不同于其他云的乳白色微光。通常情况下，夜光云只出现在北纬（或南纬，对南半球的观测者来说）45 度至 60 度的区域，最靠南的观测纪录是在科罗拉多州。夜光云只在夏至前后出现，从高纬度地区看，此时的太阳即使在午夜时分也位于地平线以下 6 度至 16 度的位置，所以仍然可以照亮夜光云。

夜光云在 80 千米的高度形成，是地球上 99% 的天气系统所在位置的 5 倍高。这一惊人的高度意味着它们处于地球大气层的边缘地带。所以这些云可不是普通的云。

它们可能是由冰晶构成的，这些冰晶的内核来自落入地球的流星的尘埃，或者是飘入中间层并被困在寒冷的极地地区的污染物。如果你身处 6 月底或 7 月的高纬度地区，一定要在午夜至凌晨 4 点之间看看北方的天空，寻找那些缓慢移动的神秘的夜光云。

夜光云

2019 年 6 月 19 日，一大片令人印象深刻的夜光云闪耀在北边的天空。虽然可能看起来像是夜光云从内部发光，但实际上其光芒来自反射太阳光。延时摄影短片展现了它们缓慢、起伏的运动模式。

暗夜

当天空完全黑下来后，一连串全新的光影变幻会在天穹上演。有些画面壮观瑰丽，能让人情不自禁地发出感叹；而有些画面则是微妙而平静的。

流星

每天大约会有 1000 吨的灰尘和岩石进入地球的大气层。我们所说的“流星”是当一个不比沙粒大的颗粒在大气中燃烧时产生的现象。我们看到的光其实来自颗粒周围发光的大气，而不是来自颗粒本身。

一个棒球大小的物体可以制造出一颗辉煌的、能在地面上投射出影子的流星，并在以星空为背景的穹顶上持续几秒钟。这种天文表演是如此的罕见和短暂，要恰好在适当的位置看向适当的方向才行。如果你在一生中目击过不止一两次这样的流星，那你真的格外幸运。

在任何一个长时间的夜晚观测中，你都会不可避免地看到少数零星的流星随机出现在天空中。大多数都很暗淡。罕见的明亮的流星，亮度大约达到 -1 等的，常常会在身后留下一道电离的痕迹，在流星本身消逝后还会长久地发出微光，直到被高空的风慢慢吹散。

大多数流星物质来自年代久远的彗星，它们一边在太阳系漫游，一边抛撒出一道道尘埃碎片。当一颗彗星运行到火星轨道之内，其与太阳的距离便足够近，太阳辐射开始汽化彗星表面的冰层。自太阳系在 46 亿年前形成以来，包裹在冰中的灰尘和碎片被释放到太空中。其中一些碎片最终会与地球相撞，并在大气层中燃烧殆尽。

流星雨

除了日食和明亮的彗星，最受关注的天体事件便是流星雨了。一年中会发生哪些流星雨是可预测的。通常情况下，流星是稀疏出现的，但也会有那么一两个夜晚，流星出现的频率飙升到每小时 20 到 80 颗。在北半球，每年可以看到大约 8 次大规模的流星雨。而位于南半球的观测者每年只

双子座流星雨

2017 年的双子座流星雨奉上了一场格外精彩的表演。在这张合成图片中，靠近辐射点的流星看起来比离辐射点较远的流星更短（移动速度更慢）；在此处，辐射点位于双子座。

每年的大规模流星雨

	峰值时间	流量（颗 / 小时）
象限仪座流星雨	1 月 3 日	10—50
天琴座流星雨	4 月 21 日	5—25
宝瓶座 η 流星雨 *	5 月 4 日	5—20
宝瓶座 δ 流星雨 *	7 月 27 日—29 日	10—20
英仙座流星雨	8 月 11 日—12 日	30—70
猎户座流星雨 *	10 月 20 日	10—30
狮子座流星雨 *	11 月 16 日—17 日	10—20
双子座流星雨 *	12 月 13 日—14 日	30—80

表格中的流量是对你在黑暗、无月的天空下所能观测到的流星数量的整体预估，而非那些经常被引用的不切实际的峰值流量（ZHR）。

标注 * 的流星雨是在南半球观测的

有 5 场大规模流星雨可看。

在流星雨发生期间，地球的运行轨道会与一颗彗星曾经经过的轨迹相交，穿过彗星在绕太阳旅行时留下的尘埃碎片。英仙座流星雨被认为是由斯威夫特－塔特尔彗星留下的尘埃所引发的，这颗彗星上次回归是在 1992 年。双子座流星雨则是来自小行星法厄松的碎片，这颗小行星在形态上更像是一颗没有尾巴、燃烧殆尽的彗星。

流星雨会让许多第一次观看的人感到失望。追求流量的新闻和社交媒体对每次流星雨都进行了炒作，标题上信誓旦旦地说“这是一场令人眼花缭乱的演出”，即便有时天空中还悬挂着耀眼的满月，流星雨也会 “照亮整个天空”。然而抱歉！观测流星雨最理想的时间是月光暗淡的时候，与之相比，在满月时期，即便是达到顶峰的规模最大的流星雨，也只有极少数的流星能被观测到。

在乡村没有月亮的天空下观测，像英仙座流星雨（8 月 11 日—12 日）和双子座流星雨（12 月 13 日—14 日）这样的大型流星雨，平均每分钟也只有一颗流星划过天际。当然，流星是不会按照每分钟一颗的时间表依次登场的。在流星雨的高峰期，可能会有好几分钟没有任何流星出现，然后在一两分钟内，可能会有四五颗流星几乎同时出现。欣赏流星雨需要耐心。

年度最壮观的演出由双子座流星雨献上，英仙座流星雨紧随其后。但是，要想观测到一场流星雨的最佳状态，你的观测地点必须是黑暗的，不能有月亮。你所需要的装备很简单：一把躺椅、一条毯子或一个睡袋、一杯热饮和一些喜欢的音乐。你要做的仅是躺下，看向天空。还有注意别睡着了！

将流星绘制在星图册上，你会发现流星雨中所有流星的轨迹都指向天空中的同一个点，这个点被称为辐射点。英仙座流星雨的辐射点在英仙座，它也因此而得名。双子座流星雨的辐射点则在双子座。在 1 月初发生的象限仪座流星雨，是以象限仪座命名的，但这个星座的名字现在已经不再使用。在以前的星图中，象限仪座位于天龙座与牧夫座之间。

向外辐射的英仙座

每年发生英仙座流星雨时，其间所有的流星都会从英仙座的一个点辐射出去。但是不要指望看到如图所示的烟花般的景象，这是从 3 个小时内拍摄的数百张照片中挑选出来并进行合成处理的图片，记录了 15 颗流星的轨迹。

偶遇火流星

2014 年 12 月 20 日，在艾伯塔省班夫国家公园拍摄冬季夜景时，布雷特·阿伯内西（Brett Abernethy）偶然拍到了一颗能照亮地面的火流星划过猎户星座的景象。能目击到一次随机出现的火流星是非常难得的，能拍摄到一张火流星的照片更算得上是一生一次的成就。如果你看到，或者更好的是拍到一颗火流星，请向美国流星协会（网址见链接列表06条目）报告。来自三个方位的报告可以帮助追踪陨石可能坠落的地点。

流星轨迹间发生明显的辐合是透视的缘故。实际上，地球所穿过的流星粒子间的运行轨迹是相互平行的。但是，一颗流星在天空中经过的路径可能超过 160 千米，而且这条轨迹的终点位置比起点更接近地球表面，也更接近你，所以流星的路径表现出与铁轨或任何延伸到远处的平行线一样的透视效果。一颗流星在辐射点上迎面进入大气层，会出现短暂的类似恒星的闪光。

经验丰富的流星观测者的一个普遍做法是等到午夜（如果是夏令时，则是凌晨 1 点）之后。不管是流星雨还是零星的流星，更多是出现在午夜之后的天空。在那个时候，我们所在的地球的一面正朝向地球绕太阳运转的方向，因此，我们此时算是“迎风前进”。我们遇到的流星碎片都会以更快的速度撞击大气层，从而产生更明亮、更炽热的轨迹。

流星爆发和流星暴雨

每隔几年，关于罕见的流星爆发的预测都会成为新闻，这时，通常平静的流星雨，流星出现的频率异常提高。研究人员现在已经能够准确地模拟出流星群的位置和地球穿越尘埃碎片密度增加的区域时的情景。例如，天文学家成功预测了 2007 年 9 月 1 日的御夫座流星雨的短暂爆发，以及 2019 年 11 月 21 日的麒麟座 α 流星雨的小规模爆发。

但是，这些偶尔发生的爆发都无法与 1998 年和 2001 年 11 月的狮子座流星雨爆发相提并论。在 1998 年，狮子座带来了一场“火球雨”表演，流星异常明亮。而在 2001 年，观测者们带着无比震惊的心情观赏到了每分钟多达 20 颗流星的暴雨般的流星雨。每个经历过 2001 年狮子座流星雨的人都仍对那个夜晚念念不忘。

然而，即使是 2001 年那样的场面，与 1833 年、1866 年和 1966 年发生的超大型狮子座流星雨相比，也不免相形见绌。当时的天空化身为耀眼的天幕，每分钟有数百到数千颗流星源源不断地落下。其母彗星 55P/ 坦普尔 – 塔特尔彗星每隔 33 年回归地球附近时，狮子座流星雨的流量就会激增。不幸的是，下一次这样的狮子座流星暴雨预计要到 2099 年才会出现。

火流星和陨石

当你用一整晚的时间观测一场流星雨后，会不可避免地开始思考这个问题：“有没有流星曾经落到地球上？”答案是：没有。没有任何已知的流星雨的残余物曾经击中地球的表面。引发流星雨的颗粒是由细小又松软的彗星尘埃构成的，它们在 60 至 120 千米的高度上便会燃烧殆尽了。

当然，每个人都听说过陨石，这是那些真正撞到地球上的物体的正确名称。这些岩石块的来源与大多数流星不同。它们是小行星在火星和木星的轨道之间的某个地方相互碰撞后形成的碎片。

任何比 –4 等，即金星的亮度更亮的流星都被称为火流星，英文为 fireball，直译为火球。其中很少一部分会成为陨石。一颗看起来像烟花一样炸裂的流星在中文里也被称作火流星，英文名则是 bolide。如果一颗火流星在爆炸后分裂成了好几块，且这些碎块还继续在天空中发光下落，那么可能有一些小碎片会幸存下来落到地面上。如果你目击到了这样的场景，请记得向当地的天文馆、观测站或大学的天文系报告；请记录流星行进的方向，其在地平线以上的高度（以度数计，或把你的手臂

黄道光

上图：在冬末春初，黄道光的金字塔形轮廓在西边的天空中延伸得最高。这张全景照片中还包含了冬季银河的拱顶。照片拍摄于2017年2月28日的艾伯塔省立恐龙公园，地处北纬51度。照片的最左侧还展示了对日照。

左图：最容易观测黄道光的时刻是在夏末和秋初的早晨。这张照片拍摄于2013年10月，木星（照片上部最亮的那颗星）和火星（位置稍下，靠近狮子座的轩辕十四）都沐浴在黄道光中，并沿着黄道的方向排列。

平举，用手指比量一下这个高度，记住这个数据），以及其轨迹起点和终点的基本方位；记录火流星发生的时间和你目击时的位置。

许多火流星的目击都发生在移动的汽车上（所以要记录你的位置和行进方向），或者更好的情况下，行车记录仪和户外安全摄像头也会留下影像资料。对于后者，即便只拍摄到了移动的影子，也能提供有价值的信息。当亲身目睹时，还要记录是否听到任何声音，如嘶嘶声、隆隆声、呼哨声或者音爆，以及看到景象和听到声音之间的时间延迟。

请牢记一点，虽然火流星可能看起来只落在几百米开外，但它们实际上是在12到25千米的高空爆炸的，这样的高度早已到达平流层，所以虽然看起来好像就在附近的山头，但有可能已经是在隔壁州了。

该如何分辨这是一颗天然的火流星还是一颗正重返地球的人造卫星呢？卫星和空间站碎片的燃烧速度比火流星慢，持续时间更长（至少30秒），穿越的角度更大（100度或更大）。因为火流星进入大气层的速度远远大于人造卫星，所以它们中的大多数都会发生短暂而剧烈的爆炸，然后快速燃烧。

捉摸不定的对日照

对日照的微弱光芒（位于照片左边）在秋季或春季最容易看到，此时它所在的位置远离银河系，正如这张拍摄于2013年3月的照片所展示的一样，当时其位于狮子座中。在太阳对面的方向，寻找一大片弥漫着微光的天空，那就是对日照。

黄道光和对日照

行星间的尘埃还能造成一种更微妙的效果，且可以在春天的晚上和秋天的早晨看到（南北半球都是如此）。比如说，在春天一个没有月亮的夜晚，等候西方的天空上最后一抹暮色消失，这时如果你所在的地方很黑，几乎不受城市灯光的影响，那么请试着寻找一种微弱的光芒，形如金字塔，以西方的地平线为底向上延伸至20度至30度的高度（关于如何进行度数测量的更多信息，见第93页）。黄道光比银河系最亮的部分要暗淡，常常被误认为是大气中残留的最后一抹余晖。

这种光芒实际上是太阳光在绕太阳运行的尘埃上发生反射形成的，这些尘埃是彗星瓦解后的产物。其之所以被称为黄道光，是因为它出现在黄道平面及其近旁。你居住的地方越靠近赤道，你就越有机会观测到这种金字塔形的光芒，无论是在早晨还是晚上，因为黄道在低纬度地区的角度更高。不过，在晴朗无月的夜晚，即使是位于北纬60度这样的高纬度地区，观测者如果细心的话，也可以在天空中发现黄道光的踪影。

其他一些黄道光效应则更难观测到：对日照和黄道带。对日照是指在与太阳相反的方向上一大片（大约10度宽）天空隐隐变亮的现象（它的英文名称gegenschein在德语中意为“对面的光亮”）。它是由太阳光在地球轨道以外的流星尘埃上发生散射所产生的。2月、3月和10月初是观测对日照的最佳时间，因为那时它被投射到的那片天空远离银河，恒星十分稀疏。想要肉眼观测到这种难以捉摸的光芒是一项挑战。比这更加难的是观测黄道带，这是一条连接东、西方金字塔形黄道光和对日照的辉光。与其说能真正看到它，还不如说是靠想象！

气辉

尽管在19世纪60年代人们就认识到了大气辉光（简称气辉）的存在，但直到最近，业余观星者才对它熟悉起来，这是因为它如今很容易就能在我们的数字影像中显现出来。我们经常能够用镜头捕捉到在天空上缓慢移动的红色和绿色的色带，甚至是在极光很少发生或从不发生的低纬度地区。但是，气辉通常很暗淡，以至于无法用肉眼观测到，人们顶多是感觉到天空并不像自己以为的那样黑暗，尽管所在的场地非常黑暗，空气也很清新。

气辉不是极光。氧、氮和羟基分子在夜间会释放它们在白天吸收的太阳辐射，由此发出光芒，所以气辉是一种化学荧光。在90至100千米的高度由氧原子产生的绿色气辉通常是最突出的，但在150至300

微弱的气辉

上图：明亮的8月银河横跨在华盛顿州的桌山观星聚会上空，给一道道微弱的绿色气辉镶了一层亮边。在这个夜晚，只有透过相机镜头才能看到气辉，肉眼是完全看不见的。

比较明显的气辉

左图：在2016年英仙座流星雨夜，加拿大萨斯喀彻温省草原国家公园上空的气辉非常明亮，以至于用肉眼就能看到，钠原子发出的罕见的黄色气辉和氧原子发出的常见的绿色气辉都很明显。

千米处，氧原子会散发红色的光，天空也因此呈现红色。在80至105千米处发光的钠原子偶尔会给天空增添黄色色调。

极光

极光之城

位于卵形极光下方的地区，如加拿大北部的耶洛奈夫，在大多数晴朗的夜晚都能看到覆盖部分或整个天空的极光。这张 300 度的全景照片展示了 2019 年 9 月 6 日一次亚暴发生时，天空被狂野的极光笼罩了几分钟。

高纬度地区的观测者经常能观测到来自北方或南方的亮光——北极光或南极光。极光算得上是所有肉眼可见的天文现象中最具观赏性的了，能目睹一次令人瞠目结舌的梦幻极光，是狂热观星者和许多可能只对天文学抱有一丝转瞬即逝的兴趣的人的一生所愿。

何处何时能看到极光

近些年来，极光旅游产业确实经历了一场蓬勃的发展。北美洲的一些地方，如美国阿拉斯加州的费尔班克斯，加拿大育空的怀特霍斯、西北地区的耶洛奈夫和马尼托巴的丘吉尔，都是观赏极光的天堂，游客们乐于忍受冬夜的严寒，只为一睹极光的风采。

在大西洋的另一边，冰岛、挪威北部、瑞典和芬兰也是非常受欢迎的目的地。但是在这些欧洲地区追逐极光时，需要比在北美洲更往北一些（进入北极圈）。这是因为北极光在一道卵形环上出现的频率最高，而这个卵形环以北地磁极为中心，边缘到北地磁极的距离大致为 2400 千米。注意，是以地磁极为中心，而不是地极，也不是磁极，磁极是你的指南针指向的点。北极正迅速向着远离北美洲的方向移动。

但与磁极不同，北地磁极并没有进行任何快速或远距离的移动，几十年来，它一直位于加拿大的高纬度地区。那些声称北极光正在向北移动、远离北美洲的报道是错误的。

与欧洲相比，北极光在北美洲上空向南延伸的范围要大得多，尤其是在加拿大西部地区。本书的作者戴尔经常能从他所处的艾伯塔省的农村地区观测到极光；而另一位作者位于安大略省的南部，比戴尔的位置更靠东南，他看到极光的次数就少很多。

在南半球，极光在位于南极洲的南地磁极周围形成一个卵形带。由于南极光区所在的陆地人烟稀少，所以大多数南极光都不为人所见。不过，当极光变得活跃并向北移动时，在新西兰的南岛、澳大利亚的南部海岸和塔斯马尼亚岛上，也有机会在南边的地平线上观测到低矮的极光。南美洲和非洲的最南端极少能看到南极光，因为它们距离南极光的卵形带实在太远。

关于极光的一个常见的误解是，它们最常或只出现在冬季。事实上，最壮观的极光通常发生在 3 月的春分和 9 月的秋分前后，那时地球的磁场似乎与来自太阳的太阳风有更密切的联系。

灿烂的极光也可以在夏天出现，但不会出现在高纬度地区，因为那里的天空在

夏天不会完全变暗。举例来说，在位于北纬 62 度的耶洛奈夫，戴尔最喜欢的观测点之一，适合观赏极光的暗夜季从 8 月底持续到翌年 4 月底。而挪威北部的特罗姆瑟处于北纬 69 度，其暗夜季则是 10 月到翌年 3 月。

与太阳的关联

除了会被云层遮挡住观测视线，极光与地球上的天气状况没有任何关联，天气不是极光的成因，也不会影响它的效果。极光的触发因素是来自地磁尾的电子像雨点一般落入大气层。这条地磁尾逆着太阳的方向绵延数千千米。就像机场的风向标一样，地磁尾也在太阳风的“吹拂”下不断地舞动和拍打，太阳风是由从太阳中释放出的电子流和质子流构成的。

当太阳风强度增加的时候，极光活动也会增强。太阳风随着太阳活动的变化而变化，而太阳活动的激烈程度在大约 11 年的周期内消长，以可见太阳黑子的数量为标志。前几次太阳活动高峰期是在 1991 年、2002 年和 2013 年。发生在 2009 年和 2019 年的两次低谷期都漫长而明显，在连续几周或几个月的时间里一个太阳黑子都没有出现。在太阳活动的高峰年，太阳表面的耀斑有更大的概率在日冕物质抛射中把太阳的部分大气层（日冕）吹到太空中。在其他时候，日冕上一个持续时间较长的冕洞也能使太阳风变得剧烈起来。

极光之河

从位于卵形极光外侧的地点观测，北极光通常以光弧的形态出现在北方地平线上，南极光则是出现在南边的地平线上。绿色帷幕的顶端往往还点缀着红色或品红色的亮光，不过通常只有通过相机镜头才能看到，这两种颜色都是由氧原子发光产生的。

无论是通过哪种方式被强化的太阳风，在经过地球时都会将能量转移给被困在地球周围磁场中的电子。这些被充能的电子从地球夜晚那半边的地磁尾处开始加速，沿着地幔发射的磁场线方向朝着地球飞来。这些电子在北极和南极上空的卵形环上被大气层拦截，然后就像一个老式的阴极射线电视屏幕一样，这部分被电子束击中的大气层开始发亮。

极光最典型的形态宛若垂直悬挂的帘幕，最高能向上延伸到 500 千米的高度（比空间站的位置高），最低也不低于 80 千米。即使是在高纬度地区，极光通常会先沿着北边的地平线出现，如同一条绿色的缎带。在一场活跃的极光中，道道光柱直冲高空，用泛着涟漪的光之帷幕和飘带填满整个天

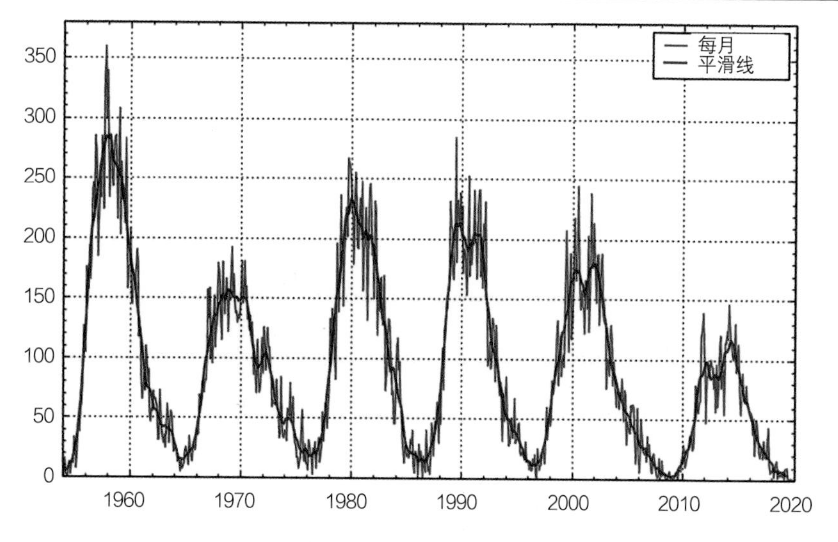

光的科学

上图：作为太阳活动的主要指标，太阳黑子的数量变化展现了自 20 世纪 50 年代末以来的 11 年太阳活动周。根据一组预测，下一个周期，即周期 25 的峰值将发生在 21 世纪 20 年代中期，强度与周期 24 的相对低峰值类似。

右上图：令许多游客感到失望的是，极光的这些丰富的颜色往往只能在相机中见到。在极光非常明亮的时候，肉眼也能看到一些彩色的光芒，其中绿色最为明显。

右下图：在形形色色的与极光相关的应用程序中，挪威斯瓦尔巴大学中心开发的 Aurora Forecast 3D 为我们提供了独特的视野，以三维形式呈现当前的卵形极光。左上角的天空小图标显示了从你选择的地点是否能看到极光。在图中，橙色圆点标记的地点是马尼托巴的丘吉尔。是的，他们当晚能看到极光，尽管这晚的 Kp 指数只有 2。

空。当这些飘带在你正上方的天顶处汇聚时，就形成了一次冕状的爆发，这是你能目睹到的最壮观的天文盛况之一。在这样的一次爆发之后，极光往往会演变为一片片光斑，在天空中闪烁起伏。

极光中占主导的绿色，其波长为 557.7 纳米，来自 80 至 200 千米高度的发光的氧原子。一些活跃的极光会显现出血红色的色调，它们同样来自氧原子发光，不过较为暗淡，波长为 630 纳米，通常在极光“帷幕”的顶端，200 至 500 千米的高度出现。在 80 千米高度，由氮分子电离发出的蓝绿色和红色光相组合，可以为极光“帷幕”的底部镶上一层粉红色的边框。

预测极光

预测我们何时能观测到极光的首要参考数据是行星 Kp 指数，这是一个衡量地球磁场干扰强度的标准，数值从 0 到 9。Kp 指数可以在预测极光的应用程序和网站上查到。即使 Kp 指数只有 1 或 2，在极光经常发生的卵形环的下方区域，还是有可能观测到清晰的极光的。如果 Kp 指数达到 4 或 5，那么在加拿大南部和美国北部也可以观测到极光。当 Kp 指数上升到 6 至 9 时，身处美国南部（以及澳大利亚和新西兰）的观测者也可以做一些观测的准备了。而想要在英格兰南部和欧洲大部分地区看到极光，Kp 指数需要达到极为罕见的 7 至 9。

此外，Bz 指数也很重要。Bz 指数用来表现太阳发出的磁场的方向。想要其在最佳角度与地球磁场相连接进而引发极光，Bz 应该指向南方，或者说为负值。Bz 可以在几分钟内翻转方向，使得极光在短时间里突然变亮。

尽管有一组卫星在对太阳和行星际磁场进行持续观察，但未解的谜团依然存在。2016 年 1 月，科学家和“艾伯塔省极光追逐者”小组的成员聚集在卡尔加里的基尔肯尼爱尔兰酒吧喝啤酒。研究人员在审阅这个小组拍摄的照片时，发现了一种奇特的现象：在卵形极光的赤道方向有一条粉色光弧。这种现象被称为 STEVE（Strong Thermal Emission Velocity Enhancement，强热发射速度增强）。卫星测量数据表明，

STEVE 现象是由水平流动的高温气体引起的，而不像普通极光那样由垂直方向上降落的电子引起。但 STEVE 的确切性质仍是一个正在持续研究的课题，业余科学家的报告和照片为研究提供了很大帮助。你也可以通过 Twitter 向 @TweetAurora 发布目击报告。更多细节，可以访问链接列表 07 条目的网站。

然而，大多数人只要能看到和拍摄到极光便很开心了，单纯为了娱乐。想要对极光观测活动做一些展望的话，可以访问链接列表 08 条目的网站，也可以使用那些搭载在移动设备上的应用程序。

红色警报！

上图：大多数预报极光的应用程序和网站都会有这样的表现卵形极光的 OVATION 图。当它像图中那样亮起红色的时候，你最好开始祈祷晚上的天空清澈无云且你能够出门。在这个时候，即使是在低纬度地区的观测者也有概率观测到极光，尽管可能只是地平线上的一些光芒。

边缘和爆发

右上图：明亮的极光“帷幕”的下边缘经常会显现出一抹粉红色，这种颜色是肉眼可见的。这抹粉红色还经常伴随着极光快速波动起伏，但只有视频能记录下来。这种效应是由发光的氮分子引起的。这幅鱼眼图拍摄于马尼托巴的丘吉尔北方研究中心。

右图：当极光充斥整个天空时，帷幕似乎在天顶汇聚并旋转。你会情不自禁瞠目结舌地凝望这一幕。注意观察，绿色的“塔顶”上会有氧原子发出的红光。只有在最明亮和最壮观的极光中，才能用肉眼观测到红色，而且通常需要比较高的 Kp 值。

经典的 STEVE 现象

右图：2017 年 9 月，在艾伯塔省佩托湖拍摄的这张精彩的全景照片中，莫妮卡·德瓦特（Monika Deviat）捕捉到 STEVE 现象，展示了其标志性的粉色和白色光带，及其下方的绿色光束。绿色的“栅栏”由降落到大气层的电子引发；流动的粉色和白色光带则不是。所以从本质上来说，它们并非极光。图片还显示了 STEVE 通常出现的位置，在卵形极光的南部。STEVE 持续的时间很短暂，不超过一个小时，通常是在北部的极光开始消退之后出现。

2020—2030 年最棒的天体相合

这张清单列出了近期和即将到来的不容错过的星球相合事件。

日期	年份	涉及的星球
12.21	2020	木星和土星，在夜空中的距离只有令人惊奇的 6 角分
1.10	2021	水星、木星和土星在夜晚的低空中构成一个 2 度宽的三角形
4.30	2022	金星和木星同时出现在黎明的低空，相距 0.5 度
3.1	2023	金星和木星悬挂在夜空中，相距 0.5 度；2 月 16 日那天，月球也在附近
8.14	2024	火星和木星在黎明的天空中相距 1/3 度。
6.9	2026	金星和木星在夜空中相距 0.5 度，水星在离它们不远处
11.26	2026	火星和木星在黎明的天空中相距 1 度，在它们的下方是水星和金星
3.18	2027	在双筒望远镜视场内能同时观测到火星、木星和月球，整晚都是如此，4 月 15 日也是如此。
11.24	2027	金星和火星相距 0.25 度，位于晚间天空的低处
2.28	2028	傍晚时分，金星、土星和月亮同时出现在双筒望远镜视场内
11.6	2028	晨曦中，金星和木星相距 1 度
7.17	2029	夜空中，火星、木星和月亮同时出现在双筒望远镜视场内
9.5	2029	金星、木星和角宿一连成线，长 4 度，位于夜空的低处
11.8	2029	夜空中，金星、火星和月球同时出现在双筒望远镜视场内
11.25	2029	金星和火星相距 2 度，位于晚间天空的低处
6.25	2030	金星和土星在晨曦中相距 0.5 度，它们上方是昴星团
8.5	2030	金星和火星在早晨的天空中相距 0.75 度

人生愿望清单
十大最壮观的裸眼景致

我们在此列出了与天文景象有关的人生愿望单之一（在这张清单中，所有的景象都是肉眼可见的），大致是按照越来越稀有的顺序排列的。

1 头顶的银心

2 对日照

3 夜光云闪烁的微光

4 一次复合的日晕现象

5 一场充斥天空的极光

6 同时出现的三到四颗行星和月球

7 一颗绚丽的火流星

8 一颗肉眼可见的新星（或超新星！）

9 一颗肉眼可见的彗星

10 一场强烈的流星暴雨

银河

只有一种横跨天空的天文景象可以与壮观的极光相媲美。与北极光不同，这种奇妙的景象几乎在一年中的每个夜晚都会出现，然而遗憾的是，大多数天文学家没法在自家后院里直接欣赏到这一景象。但是在一个远离光污染的地方，没有什么场景能比得过肉眼看到的银河。

我们在银河系的位置

银河看起来像是一条精美、缥缈的光带，其上点缀着明亮、发光的星云，被黑暗、混沌的道道星际尘埃所分割。将任意一种光学仪器对准银河，就能发现银河是由成千上万颗恒星组成的，正如伽利略在1609年发现的那样，这些恒星太遥远，其光芒太微弱，我们无法用肉眼单独辨认出它们。

当你看向银河时，其实是在从其侧边观察一个巨大的旋涡星系——也是我们所在的星系。你在晚上用肉眼能看到的每颗恒星都属于银河系，并且跟我们离得相对较近，与太阳的距离在几千光年之内。但是整个银河系的直径约为10万光年。那些位于银河系各条旋臂上的距离我们更加遥远的恒星的光芒汇聚在一起，构成了一道朦胧的光带，也就是我们所说的银河。

太阳系距离银河系的中心大约26,000光年，大致是从银河系中心到其可见边缘的距离的一半。当你想象银河系中的太阳系时，脑海中出现的画面可能是地球和其他行星在与银河系的星系盘相同的平面上围绕太阳运行。这画面并不算错，但是宇宙并没有要求太阳系和银河系的平面必须保持一致。

事实上，太阳系相对于银河系星系盘倾斜了大约60度。这就是为什么黄道（表现了太阳系所在平面的一道轨迹）是从西向东穿过天空，而在北方的仲夏和冬季的晚上，银河的光带（标志着银河系星系盘）却是从北向南把天空一分为二，与黄道几乎垂直。

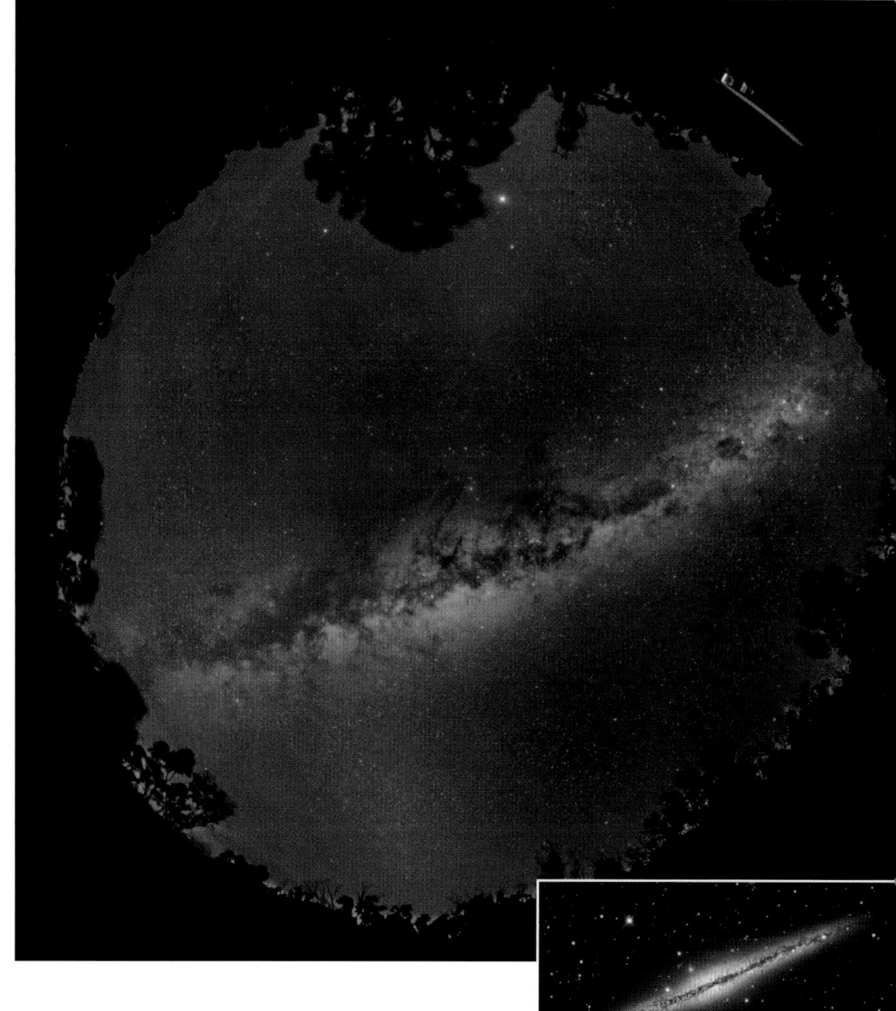

从侧边看到的银河

在南半球上观测时，我们便看到了银河系的真面目，一个从侧边视角看到的旋涡星系，其间交错着星际尘埃构成的暗带。它和我们在天文望远镜中观测到的其他星系形态类似，例如NGC 891（小图）。不过对于银河系，我们能看到它横跨整个天空。当银河系的中心位于我们头顶上方时，它的真实属性就变得一目了然了，就像这张拍摄于澳大利亚的照片，它经过处理，模拟了肉眼所能看到的景象。

什么时候观测银河

在地球带着我们绕太阳公转的过程中，我们得以从不同的角度看向银河的旋臂，就像坐在旋转木马上向外望去。从6月到8月，地球的夜面被转向银河系中心。我们能从人马座中看到银河系发光的中心，午夜时分，从北半球看，它位于天空的南边，但从南半球上看，它高挂在头顶的位置。

因为这时我们看向的是银河系中恒星分布最密集的区域，所以银河看起来最亮。每年这个时候，可见的许多星团和星云都位于船底－人马臂，它是天鹅－猎户臂（又称为猎户射电支）在朝内方向上的下一条旋臂。

6个月后，从12月到翌年2月，地球的夜面朝向了相反的方向，正对着银河系的外缘以及猎户座和双子座。因为我们生活的星球位于一个靠外的旋臂中，所以在

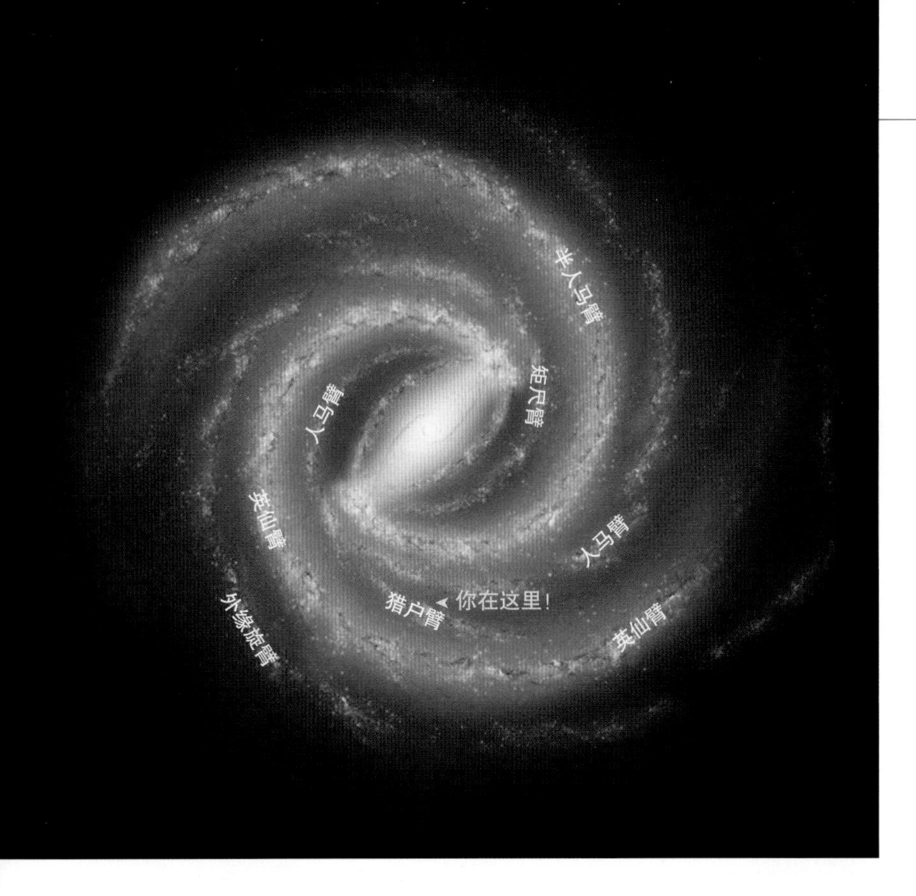

银河系地图

在通过射电望远镜和红外卫星进行了数十年观测后，这张银河系地图终于诞生了，它显示了我们的银河系是一个棒旋星系，从中央短棒的两端相对地延伸出两条主臂。虽然具体细节仍有争议，但我们似乎位于两条主臂之间的一条较小的支臂上。我们在夜空中用肉眼甚至天文望远镜所能看到的大部分天体，都属于银河系的猎户臂。从6月到9月，我们的视线朝向银河系的中心；从12月到翌年3月，我们能够观测到银河系的外缘。在北半球的春天，我们看到的是银河系上方的宇宙（见下页）；而在北半球的秋天或南半球的春天，我们看的是银河系底部的宇宙，在这两段时间之间，我们的视线与盘形的银河系的平面垂直。

这个方向上，我们和深邃黑暗的星系际空间之间并不存在多少恒星系。天空中银河系所在的区域显得稍许暗淡。猎户座及其周围的那些明亮的恒星都离我们很近，相距1500光年左右，它们产生自我们所在的旋臂中恒星形成较为活跃的区域。从麒麟座到英仙座的许多星云和星团，都属于从我们所在处朝外方向上的下一条旋臂——英仙臂。

在春季和秋季之间，地球的夜面转到了与银河系垂直的方向。我们在3月到5月能望向银河系顶部的宇宙，从9月到11月则看向银河系底部的宇宙。在秋天，银河系不会完全从我们的视野中消失。随着天空角度的变化，银河系扭转成一条横跨天空的东西向光带。如果想要对银河系旋臂进行持续一段时间的探索，秋季的夜晚是最好的选择，对两个半球来说都是如此（北半球是9月到11月，南半球是3月到5月）。

然而，不管在哪个半球的春天，我们都会失去银河的踪迹。在春天的夜晚，银河的位置与地平线平齐，360度全方位环绕着我们。当我们抬头，看向的是银极：在北半球的春天看向北银极，在南半球的春天看向南银极。正是在银极的附近，远离了银河系模糊的尘云，我们才得以窥探到太空的更深处。在这里，我们发现了比银河系更为庞大、丰富的星系集群。对拥有天文望远镜的人来说，春天是进行星际探索的季节，无论你是住在加拿大新斯科舍省的悉尼市，还是住在澳大利亚东南沿海的悉尼市。

想要规划你的银河探险，请参阅第四章，进一步了解银河的位置在一年四季中是如何变化的。

在什么地方观测银河

想看到银河系的最佳状态，就要尽可能远离城市的灯光，也许可以去当地的暗夜保护地（见下一章）。举例来说，在8月最黑暗的天空中可以看到银河系朦胧的光芒从主星云远远延伸到海豚座和天琴座等星座。由星际尘埃形成的大暗隙变得清晰可见，它穿过天鹅座并向南延伸，将银河系“撕开一道裂口”。蛇夫座南部和人马座的对角方向的暗带看起来像一匹奔跑的黑马。在极度适宜的条件下，构成这匹黑马的一条前腿的暗带可以一直追溯到天蝎座的心宿二。

在人马座和天蝎座方位看到的银河是最壮观的，那里也是银河系的中心所在。从加拿大和北欧所处的纬度地区观察，这些星座始终在南边的地平线上“爬上爬下”，使“北方人”无法领略到银河系最壮丽的部分。要想更好地观赏这片区域的天空，请往南走。在美国南部或地中海所处的纬度上，人马座中发光的星云爬升到了足够的高度，它们明亮的光芒成为黑暗的夏季夜空中最吸睛的裸眼景观。

然而，即使已经走到了热带地区，你也还是连南方天空全貌的一半都看不到。真正能让你见证奇迹的纬度是南纬30度：智利中部、澳大利亚和非洲南部所处的纬度。在那里，在干燥的沙漠天空下，银河系的中心在冬季的夜晚（6月至8月）从头顶掠过，它散发出的光芒是那么明亮，甚至可以在地面上投下阴影。请躺下，仰望银河中心，享受这独一无二的三维视觉盛宴吧——这是其他天文景象都不具备的。当我们抬头看银河系的中心时，能明显感受到我们位于这个旋涡星系的外围，正在从侧边视角观望。

然而，由于许多天文学家一直被他们在北半球的不完全视角所影响，直到 20 世纪初，银河系的大小和形状以及我们在其中的位置等问题才得以解决。对于所有身处北半球的人，我们强烈建议你进行一次跨越赤道的旅行，到南半球去，从正确的视角欣赏银河，感受我们在银河系中的位置。这是裸眼天文学所能展现的极致。改变看待宇宙的视角，也能改变你看待生活的视角。

银河系 vs. 黄道

由于太阳系所在的平面相对于银河系的平面有 60 度的倾斜，我们看到的银河系与黄道（表现为连接木星和土星的直线）相交的角度也是 60 度。这张照片拍摄于 2019 年 6 月，有两颗气态巨行星正分列在银河系两侧。

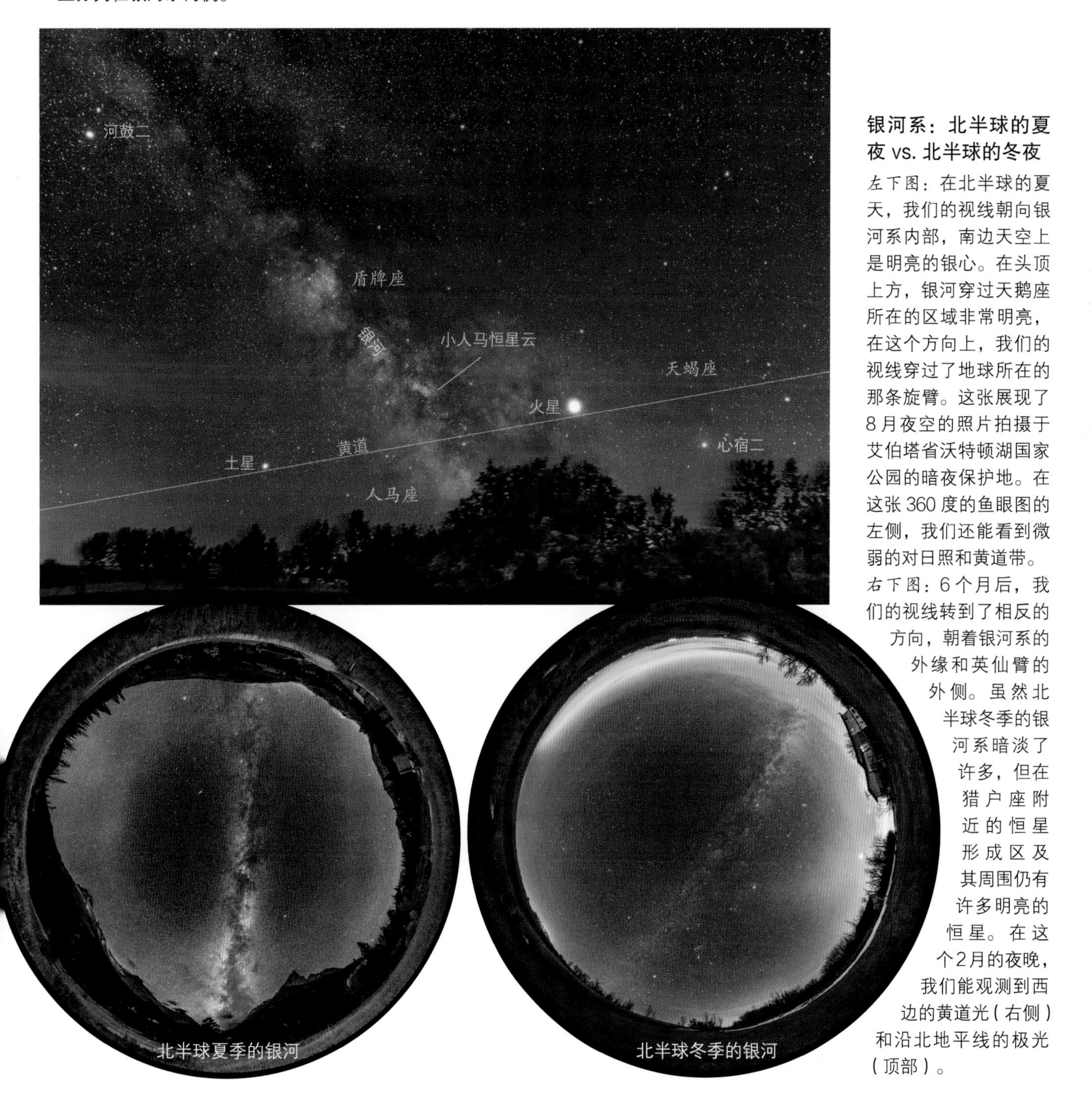

银河系：北半球的夏夜 vs. 北半球的冬夜

左下图：在北半球的夏天，我们的视线朝向银河系内部，南边天空上是明亮的银心。在头顶上方，银河穿过天鹅座所在的区域非常明亮，在这个方向上，我们的视线穿过了地球所在的那条旋臂。这张展现了 8 月夜空的照片拍摄于艾伯塔省沃特顿湖国家公园的暗夜保护地。在这张 360 度的鱼眼图的左侧，我们还能看到微弱的对日照和黄道带。右下图：6 个月后，我们的视线转到了相反的方向，朝着银河系的外缘和英仙臂的外侧。虽然北半球冬季的银河系暗淡了许多，但在猎户座附近的恒星形成区及其周围仍有许多明亮的恒星。在这个 2 月的夜晚，我们能观测到西边的黄道光（右侧）和沿北地平线的极光（顶部）。

裸眼景观

在天鹰座（左）到十字座（右）范围内，银河系密度最大、亮度最高的区域是人马座和天蝎座，分列于银心隆起的两侧。这幅全景图模拟了一个大体上呈黑白色的裸眼视野，明亮的星云间交错着暗尘带。在一个黑暗的观测场所，所有这些特征都可以用肉眼看到，不过在北半球中纬度地区，天蝎座右侧的银河系将隐没在地平线以下。请前往热带地区，可以看到半人马座 α 和南十字座。

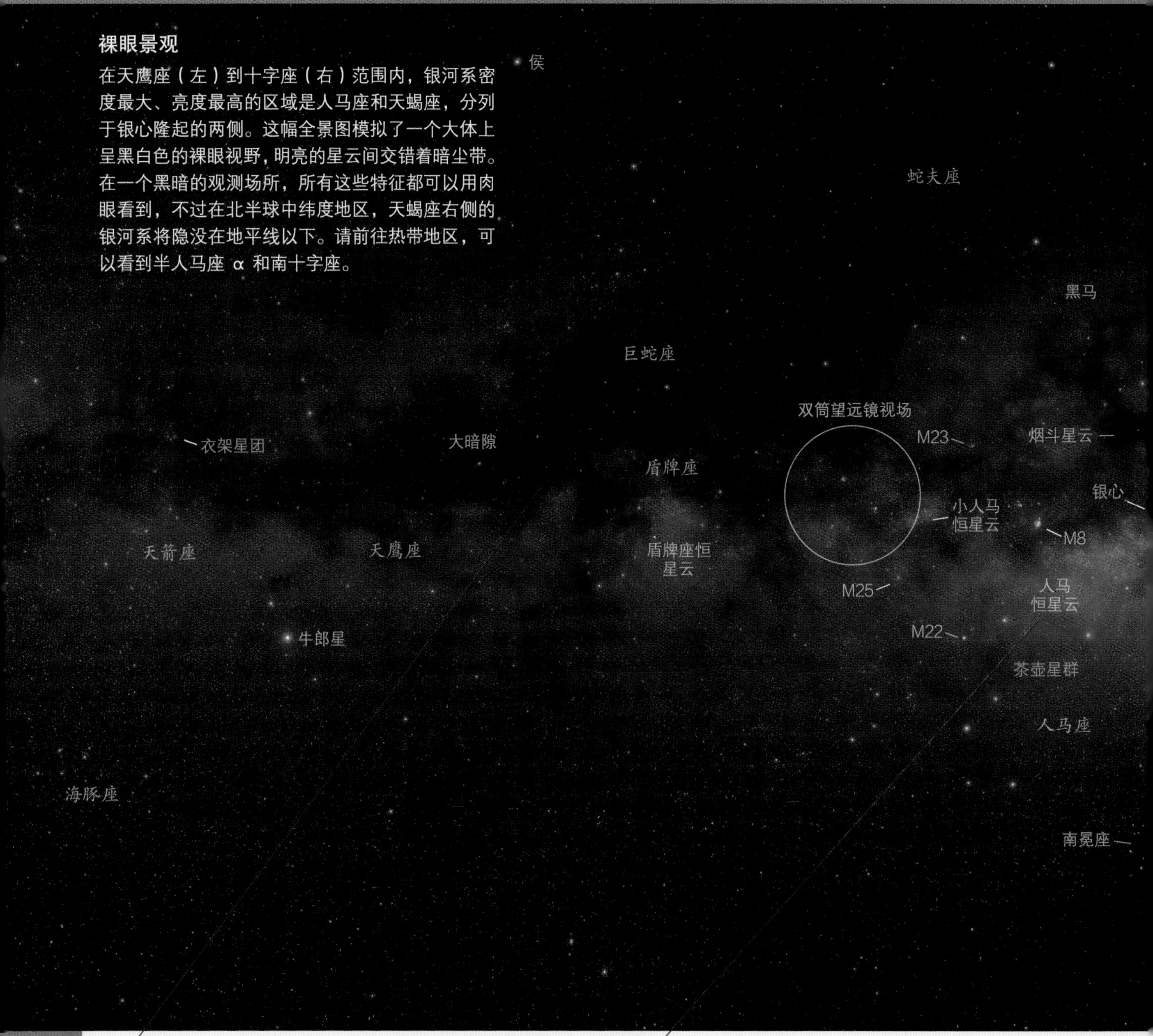

侯
蛇夫座
黑马
巨蛇座
双筒望远镜视场
衣架星团
大暗隙
M23
烟斗星云
盾牌座
银心
小人马恒星云
M8
天箭座
天鹰座
盾牌座恒星云
M25
人马恒星云
牛郎星
M22
茶壶星群
人马座
海豚座
南冕座

黑暗的特征

跨过天鹰座和蛇夫座，将银河系割开一道裂口的是由星际尘埃形成的大暗隙，又叫作碳烟带。在银心上重叠的尘埃带构成了一匹“黑马”，从它的前腿上还“长出”了一些“卷须”，最长延伸到位于天蝎座的心宿二。这匹马的后端被称为“烟斗星云”。天空完全变暗的标志之一，就是此时你能清晰地观测到这些尘埃带。由于它们的位置离我们较近，且周围没有多少恒星，它们看起来比其他部分的星空更暗，后者因为远处的星光而呈现出灰色。

星云

人马座中大大小小的星云作为银河系最明亮的所在而引人注目。银心就在人马恒星云的上方。盾牌座和矩尺座的星云对称地处于银心的两侧。盾牌－人马臂和矩尺臂上存在着没有星际尘埃的区域，这些星云便是由此形成的。这两条旋臂都在我们所处的旋臂的内侧。

弓箭手和蝎子

天蝎座，在图上垂直显示，看起来就像一只蝎子，是少数几个形如其名的星座之一。红黄色的心宿二是蝎子的心脏。在天蝎座下面，银河系的另一边是人马座。这个星群看起来像是一个茶壶，明亮的银河系星云就像从壶口升起的蒸汽。

黑暗鸸鹋

在澳大利亚，鸸鹋星座的黑暗轮廓很明显。鸸鹋是澳大利亚土生土长的一种鸟类。南十字座旁边的煤袋星云构成了这只鸟的头和喙。它的脖子是跨过半人马座的尘埃带，向上的弧度直达豺狼座和天蝎座。银河系发光的银心构成了它的身体，而它的腿则是盾牌座恒星云两边的尘埃带。身处南美洲的印加人将这些尘埃带看成一头横跨天空的黑色骆驼。

第三章

你的观测地点

身为一名有抱负的业余天文学家，首先想到的事情可能就是要购买一架专业的天文望远镜。别这么着急！需要考虑一个经常被忽视的问题：你的观测地点。你的大部分观星活动最有可能在哪里进行？在那里你能看到什么？这些问题的答案在最大程度上决定了你该购买什么样的望远镜。正如我们在第七章中强调的，当你选购天文望远镜（尤其是你的第一架天文望远镜）时，最好选择适用于你的主要观测地点的，而不是只在你很少去的某个偏远观星点才能用得上的天文望远镜。

当然，需要慎重选择观测地点的主要原因就是光污染，光污染会照亮夜晚的天空。然而，只要能看到天空，你还是能在城市的天空中观测到很多目标的。在这一章中，我们将探讨那些你在选择观测地点时需要考虑的因素，无论是在城市还是在乡村。

从最佳地点观测，肉眼看到的银河散发着一种质感，恒星的分布时疏时密，其间交错着暗星云导致的裂隙。这张照片是 2019 年 8 月在萨斯喀彻温省南部的草原国家公园拍摄的，该公园于 2009 年被设立为暗夜保护地。注意银心右侧明亮的木星和左侧较暗的土星，在人马座的茶壶星群的“把手”上方。

商业极光

在60英里（约96千米）开外，西边一个拥有百万人口的城市向天空投射的白色LED光形成的圆顶冲淡了银河的光芒，与右边自然形成的北极光“争辉”。难怪人们说现在看到的极光没有童年时那么多了。

被侵蚀的天空

当我们的祖父母还年轻的时候，黑暗的夜空中挂满了繁星，衬托在丝带般的银河系上，此等辉煌的景象和自家后门一样触手可及。现在不是了。每个城市在夜晚都被笼罩在巨大的光之穹顶中。那些重要大都市的灯光，在160千米外的地平线上仍能看到。它们毁掉了周围半径约64千米范围内绝大部分地区的暗夜。

为暗夜抗争

我们并不是说现代社会不需要夜间照明，问题出在被滥用的照明上。它们无处不在：空旷的停车场里泛光灯整晚都亮着；安全灯照向社区住户的窗户，而不是局限在目标区域；刺眼的路灯冲着侧面和上方溢光。为了回应人们对环境问题的关切以及提升城市审美的愿景，一些“暗夜社区”已经实施了严格的照明条例。亚利桑那州北部的弗拉格斯塔夫是一个典范，其被国际暗夜协会（IDA，网址见链接列表09条目）宣布为一处暗夜所在地。

该市通过了有关户外照明的细则，其序言中提到：“以帮助确保暗夜仍然是弗拉格斯塔夫社区及其游客所享有的资源，并提供安全和有效的户外照明法规，保护弗拉格斯塔夫的暗夜不被草率和浪费的照明行为所破坏。暗夜的星空，就像自然景观、森林、净水、野生动物和清澈无污染的空气一样，在方方面面都被这个社区的居民所珍视。”就算是我们，也说不出比这更动听的话了。

大多数其他社区的居民和官员可能会认同这种理念，然而他们很少会将照明滥用看成是一个环境问题。更多、更亮的灯光被认为是一种“可取的进步”。

如果照明滥用和浪费造成的牺牲品只有观星这一项，那么天文学家对于采取行动的呼吁绝对会被无视。然而对夜空的影响只是其中之一。光是在美国，IDA估计有30%的户外照明（街道、停车场和安全照明）是被浪费的，因为有一部分光线是向着上方照射。这相当于每年浪费33亿美元。仅照明浪费这一项就会导致每年有2100万吨额外的二氧化碳被排放到大气中。需要种植8.75亿棵树才能抵消这么大规模的温室气体的影响。

幸运的是，想要削减预算和应对气候变化的社群正在转向更环保的照明方式。在全球范围内，城市和乡镇都正在用节能LED灯取代低效的黄色钠蒸气灯，而且大多数新安装的灯具都完全阻隔溢光，最大程度地减少了对空照射导致的光浪费。

这是好消息。坏消息是，为了尽快完成向LED照明模式的转变，大多数城市选择了更便宜、更高效和更多的白色或蓝色灯具，他们把夜晚变成了白昼。这种照明也许能节约能源，但绝对于天空无益。因而光污染问题每年都在加剧。区别只在于曾经笼罩在城市上空的黄色光变成了白色光。

都市天文学

当然，我们还是更愿意保持乐观的态度。由于居民们对刺目的白色LED灯光提出了抗议，较新的、不那么刺眼的、颜色较暖的LED照明正变得越来越普遍。而且，如果你愿意努力的话，在明亮的天空下还是可以看到很多东西的。如果你打算只在月黑风高的周末去偏远的地方观星，你可能无论如何还是看不到天空，而那还不是因为光污染。问题在于你的日程安排和云层状况很少能够达成一致。

一个残酷的现实是，最晴朗的夜晚往往出现在工作日，或者同时伴随着一轮明月。关键是你得接受天气和天空的状况，并充分地利用它们，在你能去的任何地方，纵使可能会有光污染。要想在“机会主义”的城市观星活动中获得成功，你必须先找到一个没有什么阻挡的地方——没有建筑物和树木的遮挡，附近也没有耀眼的灯光。

公寓居民们也许只能在阳台上进行观测，因为周围的建筑挡住了他们的视野。然而，观测到太阳、月球和行星仍然是可能的，至少在一个朝南的公寓是可以的（对北半球的观测者而言）。如果你能到达所在公寓的楼顶，那就更好了。这个高度能让你避开地面上最刺目的路灯眩光。

如果你位于城市或郊区的房子带有一个院子，那就把你的天文望远镜放在有栅栏或树丛遮挡的地方，避开周围的路灯和门廊的灯光。等你的眼睛适应了半黑暗的环境后，就能观测很多东西了。通常情况下，在大城市的郊区可以观测到4等星，而在小城市的外围，5等星也是可见的。当然，这取决于月光的强度和每晚天空的清晰度，但如果你能使自己免受附近灯光的干扰，结果会让你感到惊喜的。

是否正确地选择观测地点和目标将决定你的城市观星体验能否成功。月球和行星不会受到城市照明的影响。事实上，城市上空的逆温层有时会使空气变得稳定，所以在城市中的观测效果有时会比在乡村更好。（我们在第十章和第十四章中解释了如何确保获得最清晰的月球和行星视场）。

虽然小型天文望远镜在城市中可能是最实用的，但更大型的天文望远镜确实有

城市观星

最左图：尽管有灯光的干扰，但在一个晴朗、干燥的夜晚，城市里是有可能观测到恒星的，这时猎户座等星座是可见的。最关键的是要避开附近刺眼的路灯。

左图：月光、路灯和云朵……我的天！当你能看到的只有月球时，那就看看月球吧！瞧，它正依偎在云层中，它们一起形成了光彩绚丽的月华，非常适合用双筒望远镜欣赏一番。

其优势。例如，一架 200 毫米口径的望远镜在明亮的郊区天空下所能观测到的非太阳系目标，与一架 80 毫米口径的望远镜在黑暗的乡村天空下所能观测到的大体一致。然而，大口径望远镜拥有更强的细节分辨能力，且不受光污染影响。你在城市中观测到的看起来和在乡村观测到的一样清晰。行星群看起来非常壮观。双星是另一类很适合在城市中观测的天体，比起黑暗的天空，分辨率和天空的稳定性在观测时更重要。

虽然城市的亮光使朦胧的星云和星系变得暗淡了，但在郊区，那些最明亮的星团仍旧是很不错的观测目标。能够减轻光污染的特殊滤光片（在第八章中讨论）可以使这些深空物体中的一部分变得更清晰。然而，它们无法将明亮的城市天空变得像在乡下那样黑暗。抱歉啦！

评估观测地点

除非没有其他选择，不然我们建议你不要完全依赖于一个偏远的观测地点，不管它的条件有多么理想。相比一个完美但你很少会去的观测点，一个不那么完美但是你能常去的观测点，看到的东西会多得多。在家里或离家很近的观测点有很大的便利性，比如，当晚上云层消散，你可以快速地开始在天空下的观测。对于一个城市中的观测点，请考量以下几点：

- 它是仅限于使用双筒望远镜，还是有足够空间让你私下里使用天文望远镜？如果你被邻居或路人看到在用一个可疑的管状装置，不要以为人们（比如警察）能立刻想到你是在进行天文探索。
- 那片区域安全吗？附近的城市公园或许能提供开阔的天空视野，但在晚上也可能招来一些邪恶的行为。

夜晚的地球

NASA 在 2016 年发布的“黑色大理石”图像显示了人类是如何通过点亮黑夜在这个星球上留下签名的。NASA 使用了来自索米国家极地轨道伙伴卫星的数据，合成了这幅地球夜间的全景图。

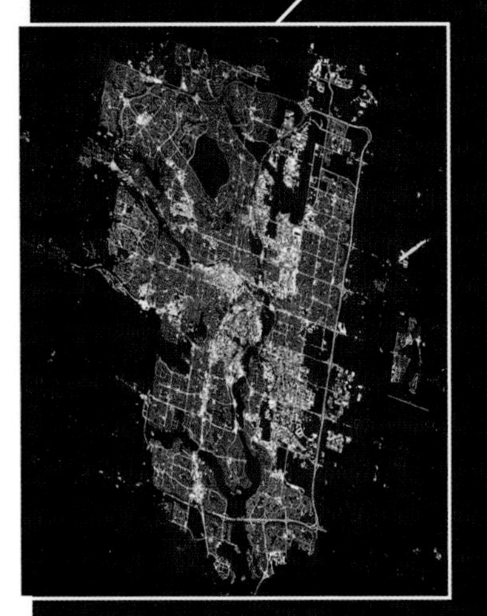

太空中看城市

2020 年 1 月，宇航员杰茜卡·迈尔（Jessica Meir）从国际空间站上拍下了这张艾伯塔省卡尔加里市的照片。与其他许多地区一样，在拍摄这张照片时，这座城市的照明已经基本完成了从黄色钠蒸气灯向 LED 灯的转换，无论这种转变是好还是坏。

过去和现在

左图：旧的眼镜蛇头式的钠蒸气灯会向各个方向射出耀眼的光，即使在很远的距离外也能看到。现在世界范围内的这种灯都换成了带有遮罩的 LED 灯，不过通常不是最好的 LED 灯。

左下图：通过使用截断式的遮罩，光线会向下照射，灯光也不会被传到远处了。最好的LED灯，就像图中这种，会以一种“温暖”的色温发光，同时真正的温度不超过 3000 开尔文。

心系全球，做好当下

虽然你想做的可能是改变世界，但当你为更好的光照而抗争时，很可能是从身边开始的，比如游说市政厅移除或遮盖你所在的街道上某处刺眼的灯光，或劝说附近的邻居关掉室外的安全灯。邀请他们来参加在你家后院举办的观星聚会，并提出把安全灯换成带遮罩的灯具，费用由你来承担。和大家分享关灯后能在暗夜里看到什么。关于不良照明的影响的科学解释、能够帮助你推进地方改革的示范章程、推荐使用的灯具列表和更多相关信息，请访问国际暗夜协会的网站。

我现在终于看清了

同一条街的两张照片，一张是在没有遮罩的刺眼路灯的照耀下（最左边），一张是停电时（左边），揭露了我们躲在讨厌的、滥用的灯光下时都错过了多少美好。

带遮罩的灯光

虽然照明灯具通常是带有遮罩的，但许多市政工程师选择的灯具发出的光是色温在 4000 到 5000 开尔文的偏蓝色光。白色的 LED 灯光扰乱了植物和动物的自然昼夜节律，对人类健康有潜在的影响。请确保你家安装的外部照明设备是“暗夜友好型”的，使用发出暖光但是实际温度只有 3000 开尔文的 LED 灯。下面列出了几种国际暗夜协会推荐的遮罩型灯具。

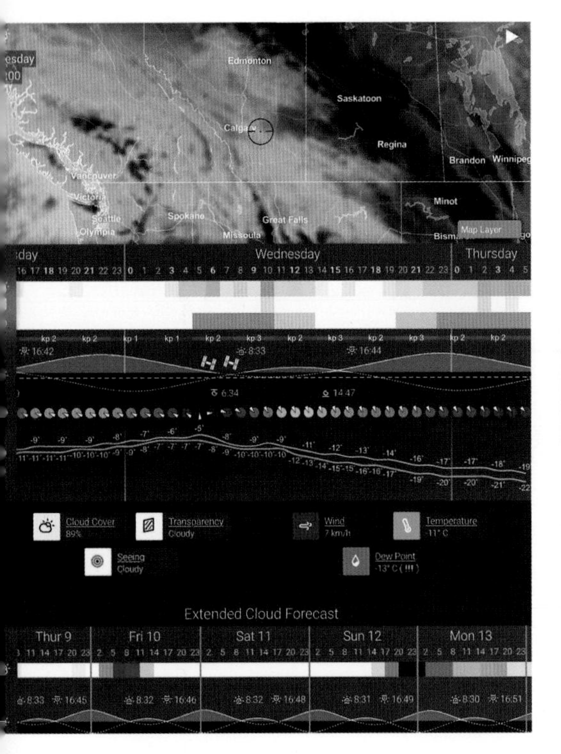

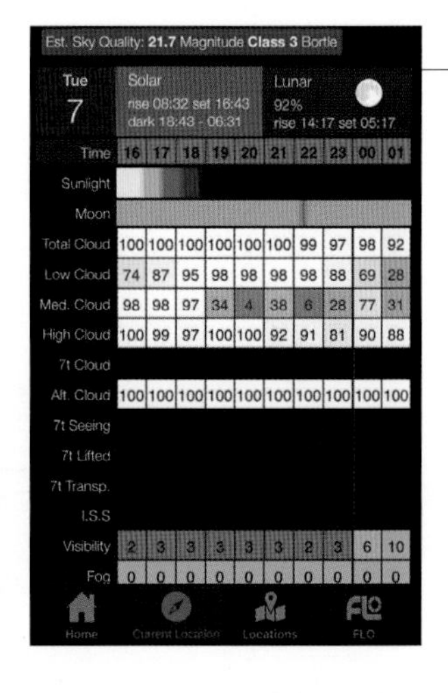

Clear Outside 应用程序

上图：这个英国的应用程序（这里显示的夜晚与最左图的 Astrospheric 应用相同）提供了每小时的低、中、高层云量的预测。

天气应用程序

左上图：Astrospheric 应用程序提供每小时的风、温度和云量预测（图上这一周的情况真是不怎么样！），以及大气透明度和视宁度，甚至对极光 Kp 指数和国际空间站的经过时间也进行了预测。

中上图：Scope Nights Astronomy Weather 应用程序以 5 小时为区间，预测当晚天文观测的前景，同时预测下一周的情况。同样，这里显示的天空状况看起来并不好！在很多时候，"糟糕"才是正常的。

- 如果你需要在观测点使用天文望远镜，而它放在家里，你需要带着它走多远？
- 通常情况下，在架设天文望远镜的过程中，你要在观测点和车或房子之间往返多少次？
- 当你组装和拆卸天文望远镜时，你的设备在无人看管的情况下安全吗？如果不安全，你能一次性搬运所有零件吗？

这样一来，问题就变成了：一架天文望远镜能否同时适用于家附近和偏远的观测点？一架不需要拆卸就可以带到外面的望远镜（一般称为"即拿即用"型）比一架需要多步骤组装和拆卸的望远镜的使用频率要高得多。你现在可能不这么觉得，但一旦对新买的大型天文望远镜的兴奋劲消退后，安装和拆卸它就会变成沉甸甸的现实。你会给自己找到各种理由不用它——即便是在家里。

因此，最适合家庭使用的天文望远镜可能是一架小型的望远镜，甚至是基础款，而不是一架复杂精致的梦想中的型号。另一种解决方案是购置两架天文望远镜：一架适合附近不那么理想的条件下使用的简单望远镜，以及一架大口径的"花哨又华丽"的天文望远镜，最适合在乡村的夜空下使用。在第七章中，我们为你提供了多种选择。

预测清澈的天空

当然，如果天空被云层遮盖，那你选择的观测点再完美也是徒劳。能够对天气状况进行预测的资源比比皆是，但大部分都达不到我们想要的精度。在进行天文探索时，我们希望能够得到精确到小时的云量的预测，最好还有地图。幸运的是，有不少服务是专门为天文学家提供的。对于北美洲的天文学家，一个名叫晴空图的网站（网址见链接列表 10 条目）提供了多项气象数据的预测，包括每小时的云量、湿度（用于判断露或霜的可能性）、大气透明度（对于能否一睹深空的模糊物体非常重要）和视宁度（决定了能否看到清晰的月球和行星）。这些数据来自加拿大环境部的天文学预报（网址见链接列表 11 条目）。

优质的 Astrospheric 移动应用程序（iOS 系统和 Android 系统都适用）及其网站（网址见链接列表 12 条目）也采用了这一资源来获取基础数据。我们每天都会用它查看天气预测，然后规划观测活动。其他地方的用户可以试用一下 Clear Outside 应用程序（iOS 系统和 Android 系统通用）及其网站（网址见链接列表 13 条目）。Scope Nights Astronomy Weather 应用程序（网址见链接列表 14 条目）和非常全面的 Xasteria（网址见链接列表 15 条目）只适用于 iOS 系统。南半球居民可以去 SkippySky 网站（网址见链接列表 16 条目）查看多层次的云量图及关于视宁度和大气透明度的图表。

给你的观测点打个分吧

我们列出了一张打分表，以 0 到 40 分的标准来对你的观测点进行评分。
一个就位于你家附近，所在地黑暗，很少有蚊子和降雪的观测点，可以获得最高分 40 分。
任何得分超过 20 分的观测点都很适合定期前往。

整体光污染：+10分
如果你能观测到头顶上6.5等的恒星，并且最近的城市的光穹最高不超过10度（在博特尔暗夜分类表中列为4等或更高等），则得10分。如果你无法看到任何暗于4等的恒星（博特尔暗夜分类表中的8等或9等），则得0分。见第59和60页。

局部光污染：+5分
如果在你的观测点看不到任何当地的灯光，给自己打满分；如果最亮的无遮挡的灯光亮度低于金星，则打4分。如果你需要在观测点中移动位置来使自己保持在阴影中，得2分；如果当地的灯光有月球那么亮且你无法避开，得0分。

地平线：+5 分
南方的清晰、平坦的地平线可得满分。如果南方有高度超过30度的障碍物，只能得2分。如果各个方向上都有类似的障碍物，得0分。

便利程度：+5分
如果你是舒服自在地在自家院子里观测，得满分；短途步行能到达的观测点得3分；短途开车，得2分；需开车一小时以上，得0分。

地平面：+5 分
如果你的设备就安置在地面平整的房间里，你赢了！得5分。如果需要装车运输，得3分；如果涉及搬运整层楼梯，就只有0分了。

设施：+5 分
如果你的观测点近旁有盥洗室和准备室，得5分；如果你的观测点非常简单和荒凉，得0分。

隐私性：+5 分
不会被人、动物或多余的车灯（或警察的探照灯）突然打扰的观测点，可得5分。如果你在观测点会感到紧张，得0分。

昆虫：−5 分（或更多！）
蚊子是你的死敌。每年这种烦人的昆虫可能出现几个月，就减去几分。

降雪：−5 分（或更多！）
雪会反射光线，增加光污染。每年有几个月的时间会有降雪，就减去几分。

不要放弃观星，就算……
尽管 2020 年初的这个夜晚观测条件非常差，但仍然可以用双筒望远镜观测猎户座，并查看参宿四，后者当时的亮度低到创下了纪录。

追寻黑暗

看向南方

只要能离开所在城市制造的光穹范围（假设另一个城市距离较远），你就有机会看到银河。位于城市的东南至西南方向的观测点是最适宜的，这样天空最黑暗的区域就位于南方，可以看到最美丽的银河。即使在南半球，这个建议同样适用。

只有很少人住在可以直接从后院观测到6等星（肉眼通常可以看到的最暗的星）的地方。大多数业余天文学家必须经过一番探寻才能找到这样的地点，如果你住在一个人口过百万的城市或其附近，那这番探寻会是一场远征。很遗憾地告诉你，开车整整90分钟只为得到一个还说得过去的银河视野，绝对算得上是稀松平常的经历。在本节中，我们将就如何找到一个暗夜下的观测点提供一些方法和建议。

寻找一个黑暗的观测点

即使在城市之外，阻碍依然存在。房主们喜欢在屋外安装从黄昏亮到黎明的安全灯，其灯光能从3千米之外射入天文学家的眼睛。而且除了乡村的照明，还有一个问题是，当你来到郊区之后，到底该往哪走。

在远郊的路边停车，用双筒望远镜进行观测是可行的，但架设天文望远镜和支架就不太理想了，它们可不能在几秒钟内就被放回车里。被误认为是居心叵测的入侵者，这种情况是真有可能发生的。业余天文学家讲述过不少可怕的经历：跟心生疑虑的土地所有者面对面对峙，有时还被用枪指着，或者撞见一整车来找麻烦的人。

独自出发寻找一个黑暗的地点以观察极光、流星雨或明亮的彗星，总是一场豪赌。然而有些时候，这是唯一的选择，特别是有些事件，例如彗星回归或罕见的行星在地平线附近相合，需要从某个特定的视角去观测。

为了长期使用，你需要找到一个不会被入侵者干扰的黑暗观测点。如果你的朋友或家人有别墅或农村的土地，那你就万事俱备只欠东风了。如果没有，那么可以去当地的天文俱乐部或者为观星者设立的社交媒体上提问，问清楚他们都是去哪里观测夜空的。俱乐部可能在某个安全的地方设有会员专用的天文观测站，也可能找到一个公园或保护区，允许他们在下班后进入和使用。

一个高质量的观测点需要具备哪些要素呢？银河应该是清晰可见的。在地平线以上5度以内的范围内，3等星应该是肉眼可见的，并且在真实地平线处的星体，用双筒望远镜也应该能观测到。想要在整个地平线上找不到任何一处来自附近城镇或较远城市的光穹是几乎不可能的。但如果最大的光穹朝向北方，那也算是最好的情况了——除非你想要观测北极光。从北半球的地点看，当下在天空北面的天体在两个季节后就会来到头顶上方，那时便可见了，所以观测点应该位于附近大城市的南边。如果你出城之后向北走，那你观测大部分目标时都是在回望城市的光亮。不过，在大城市以东或以西的观测点也能成为不错的选择。

位置很重要，地形也同样重要。降雪是一个不利因素，不仅是因为它所代表的寒冷天气，还因为它会把光线反射到天空，进一步加剧已有的不论何种形式的光污染。由于反射光，被雪覆盖的地区的天空可能至少要亮半个等级。寒冷、清爽的夜晚可能乍一看还不错，但北方冬夜里“璀璨的天空”在一定程度上只是明亮的猎户座和它周围那几个包含了很多恒星的星座使你产生的错觉。

最理想的观测点是一个与世隔绝的、位于高处的空地，周围有颜色较深的植被，如茂密的草地、灌木丛或树木（也有助于阻挡远处的光线）。针叶树比落叶树更好，不仅因为它们全年都能阻挡光线，还因为它们向大气中释放的水分（即露水）更少。基于同样的原因，要避免靠近开阔水域或沼泽地的低洼地区，因为那里的露水和雾气会大大缩短观测的时间。海拔越高的地点往往空气也越为干燥。

找寻最完美的观测点

当我们寻求离家较远的完美观测点和最佳的观测体验时，下面几个因素也是我们需要考虑的。

首先，其所在的位置必须是可到达的。如果你不能带着天文望远镜一起到达那里，那么它再完美也毫无意义。理想情况下，我们要避免在尘土飞扬或崎岖坎坷的道路上长途跋涉。尘土会给你的光学设备蒙上一层灰，还会钻进支架和驱动器，而摇晃的天文望远镜会让镜片和镜筒互相碰撞。

高度也很重要。但别走极端！虽然在海平面附近时，周围的空气可能是最干净清透的，但是大气层本身却能吸收至少 0.3 等的亮度，即使是在抬头直视最顶端的天空时。而在 2100 多米的高度，大气层只吸收 0.15 等的亮度。我们把这称为“大气消光”现象。

为什么不去更高的地方？除了让你感到头晕和呼吸困难，你会发现 2700 多米以上的空气中减少的氧气含量还会影响眼睛的暗适应能力——你在夜间会无法看到光芒比较微弱的物体。以夏威夷冒纳凯阿火山为例，在其海拔约 4267 米、遍布着大型天文台的山顶上，肉眼观测到的恒星数量要少于在海拔 2700 多米的游客中心观测到的。

干燥的空气也是好的，但不能有过多灰尘。灰尘颗粒会散射光线，还会使光学系统变得一团糟。水蒸气就更糟糕了，而那可不只是因为露水。北美洲东部区域因为湿度较高的空气而损失了至少 0.2 等的亮度。正是这种大气消光使得恒星在地平线处显得晦暗，因为从这个角度观测时，我们的目光透过大气层的厚度比我们仰视头顶时要大得多。在不考虑灰尘或烟雾的影响时，空气越干燥，大气消光效应就越弱。

因此，我们完美的暗夜观测点应该是介于海拔 600 到 2100 米之间，在干旱、湿度低的气候下，远离光污染源，并且可以通过已铺设的道路到达。符合这些描述的区域包括

暗夜圣地

在一个真正黑暗的观测点，比如得克萨斯州星空聚会，黄道光很明亮，而金星（本图中心偏下的位置，其上方是木星）会阻碍眼睛的暗适应。

天文野营

加拿大安大略省南部的斯塔费斯特是一个位置理想的露营地，周围绿树成荫，可以享受到良好的地平线视野。这张照片中，绚烂的夕阳和曙暮辉预示了一个美好的观星之夜。

星空聚会礼仪手册

1 在天黑前到达 不要在天黑后才到达，还开着大灯寻找停车位。

2 停车时尽量减少灯光 如果你计划在天黑时就离开，把车停在出口附近，面向外面。

3 关闭车内灯 确保你打开车门时，车内灯和警报器不会亮起。

4 只用暗淡的红光 最重要的是，所有的手电筒都应该只开红灯，而且要对着地面，不要对着人。

5 不带宠物，不听音乐 保持夜晚的安静，你能听到的只有观测者发出的喜悦的声音。

6 禁止使用激光 规则各不相同，但有些活动在天黑后就禁止使用绿色激光指示器。

7 注意脚下 电源线、三脚架、帐篷绳索和其他装备都可能会把你绊倒。

8 尊重他人的望远镜 永远都要先询问你是否可以使用，并且除非有人告知你如何调焦，否则不要上手触碰。

9 留意天文摄影家 要记住有些人正忙于拍摄图像，没有多余的时间和你分享视场。

10 保持清晨安静 在露营过夜时，要尊重别人想睡觉的意愿。

澳大利亚的大部分地区，智利的沙漠地区，美国西部和西南部的大部分地区以及夏威夷的部分地区。在加拿大，不列颠哥伦比亚省南部、艾伯塔省和萨斯喀彻温省也都符合。在更靠北的地方，天空是黑暗的，但是经常被时不时冒出来的极光照亮。

那些冒险去到一个真正黑暗的观测点的观测者，常常对天空看起来并不是完全漆黑的感到惊讶。在最好的观测点观测，夜空是灰色的。这些甚至在远离银河的区域都存在的背景亮度，来自遥远的无法分辨的恒星发出的亮光。在适宜的天空下，那些沿着银河分布的肉眼可见的暗星云（第二章中提到过的煤袋星云）要比天空的其他部分更暗，因为它们离我们距离更近，遮挡了遥远的星光。

还有同样在第二章中介绍过的大气辉光，往往会给天空增加一道自然的背景光。位于智利并靠近南大西洋异常区（地球磁场上的一个“洞”）的观测点，特别容易爆发大规模的大气辉光，使照片中的天空变成红色。在我们最爱的位于澳大利亚的观测点，气辉非常罕见。但是森林大火和洪水可是一点也不罕见！

星空聚会

一个流行的观测天空的方式是，在一个适宜的地点，和其他人一起观星。这样的活动被称为星空聚会。这种聚会可以是在附近公园里度过一个晚上或一整个周末，甚至可以是历时一周的露营，其间人们在星空下架设起他们的装备，进行长时间的观测。

星空聚会的主要目的是与业余天文爱好者一起愉快地观测和聊天。仅仅在北美洲，就有至少十几个大型的星空聚会（参加人数超过 300 人），以及另外三十几个爱好者数量在 50 到 200 名不等的聚会。其中肯定至少有一个聚会的地点是距离当地居民一天车程内的。欧洲（如英国）和澳大利亚也会在暗夜观测点举办星空聚会和天文野营活动。

相比之下，截止到 20 世纪 70 年代，全世界只有一个重要的星空大会，在佛蒙特州南部的 Stellafane 举办。这是第一个，也是目前北美洲最著名的业余天文学家的聚会。每年夏天，他们都会聚集在一个名为 Stellafane（拉丁语，意为“参拜星星”）的花岗岩山丘上度过一个周末。1926 年第一次聚会时，大会的核心成员只有 20 名天文望远镜制造者，而现在已经发展到几千人的规

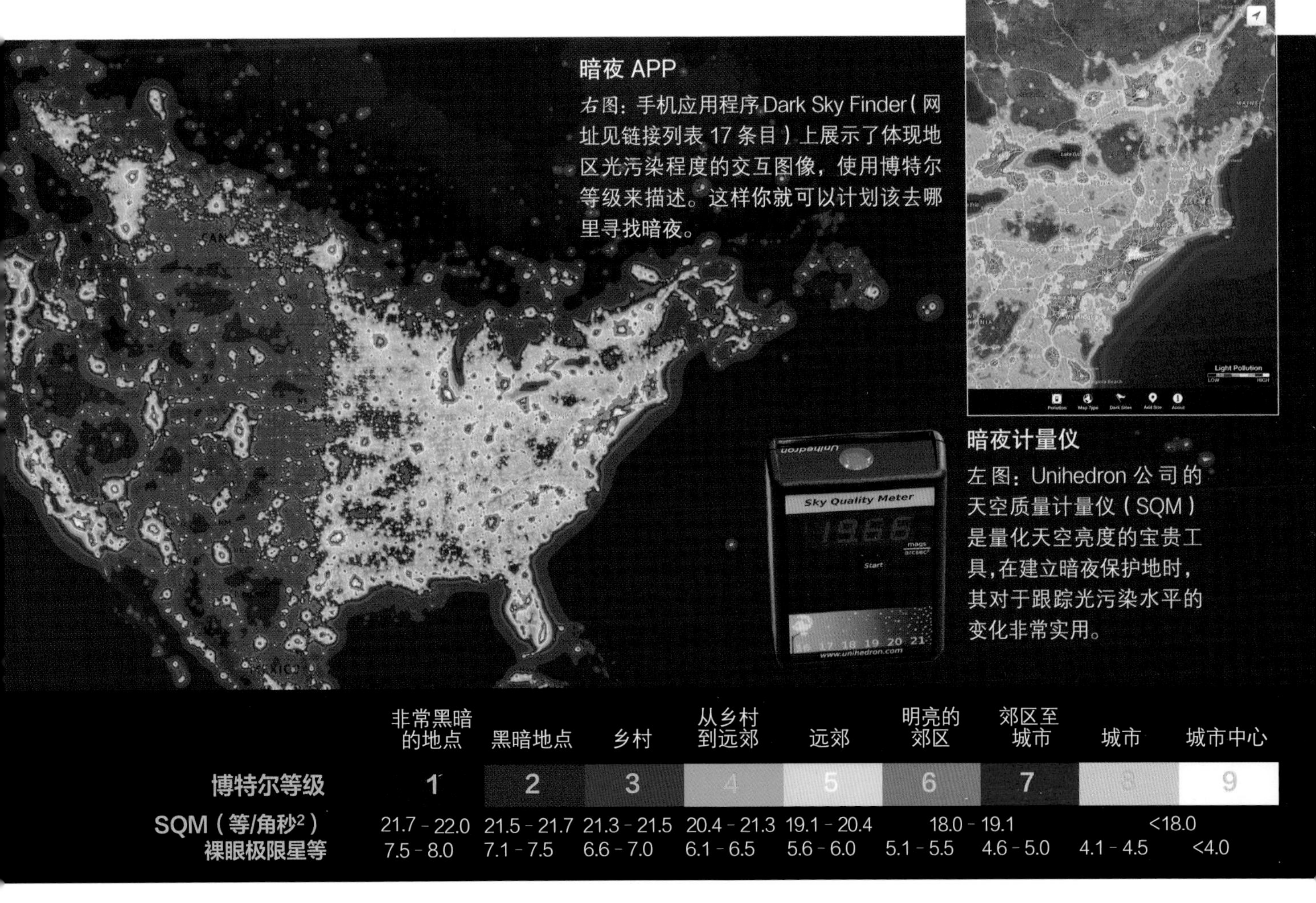

暗夜 APP

右图：手机应用程序 Dark Sky Finder（网址见链接列表 17 条目）上展示了体现地区光污染程度的交互图像，使用博特尔等级来描述。这样你就可以计划该去哪里寻找暗夜。

暗夜计量仪

左图：Unihedron 公司的天空质量计量仪（SQM）是量化天空亮度的宝贵工具，在建立暗夜保护地时，其对于跟踪光污染水平的变化非常实用。

	非常黑暗的地点	黑暗地点	乡村	从乡村到远郊	远郊	明亮的郊区	郊区至城市	城市	城市中心
博特尔等级	1	2	3	4	5	6	7	8	9
SQM（等/角秒^2）	21.7 - 22.0	21.5 - 21.7	21.3 - 21.5	20.4 - 21.3	19.1 - 20.4	18.0 - 19.1		<18.0	
裸眼极限星等	7.5 - 8.0	7.1 - 7.5	6.6 - 7.0	6.1 - 6.5	5.6 - 6.0	5.1 - 5.5	4.6 - 5.0	4.1 - 4.5	<4.0

模。参与者爬过岩石、钻出帐篷，一边消灭掉成千上万个汉堡和热狗，一边用宝石检验员一样犀利的目光检视那些手工制作的天文望远镜，毫无疑问，这些目光里一定还掺杂着一定程度的羡慕。

另一个年度天文聚会是为期一周的得克萨斯州星空聚会，每年 5 月在得克萨斯州西南部靠近戴维斯堡的普鲁德牧场举办。得克萨斯州星空聚会距离米德兰或埃尔帕索（最近的优质航空服务站点）两个半小时车程，是渴望暗夜的业余天文学家的聚会。其地理位置相对靠南（北纬 31 度），且与城镇地区相距较远，能够展现北美大陆上一些质量最好的夜空。还有一个额外的好处是它靠近麦克唐纳天文台。

美国其他主要的星空聚会有：2 月在佛罗里达群岛举行的冬季星空聚会；宾夕法尼亚州中北部的黑森林星空聚会；内布拉斯加星空聚会；俄勒冈州星空聚会；俄克拉何马州星空聚会；华盛顿州北部的桌山星空聚会。在加拿大，安大略省芒特福里斯特附近的斯塔费斯特和萨斯喀彻温省的夏季星空聚会也吸引了大量参与者。参加当地的星空聚会对任何一名观星者来说，往往都是那一年的天文日程中的高光时刻。

近年来，各种室内天文贸易展来来去去，但有一个始终是爱好者心中的另一个“圣地”。一年一度的美国东北天文论坛（NEAF）会持续一个周末的时间，供应商会在大厅里摆满诱人的玩具，供人们试用和购买，其间还有讲座和研讨会。东北天文论坛由洛克兰天文学俱乐部于每年的 4 月在纽约的萨芬举办。

在英国，除了在布雷肯山和基尔德森林等暗夜观测点举办的天文露营，还有一些室内天文贸易展，如伦敦的 AstroFest，以及户外科学节，如在卓瑞尔河岸天文台举办的蓝点科学节，都能吸引数百至数千人参加。关于世界各地天文活动的详细信息可以在天文学杂志或其网站上找到，也可以在互联网上搜索活动名称，找到这些活动的网站。

给你的天空打分

天空的黑暗程度通常划分为从 1 到 9

光污染地图

上图：北美洲西部的大部分地区是黑暗的，零星散布着城市灯光构成的“岛屿”。在人口更稠密的东半部，陆地十分明亮，但其中仍有黑暗的“绿洲”。

图例：不同博特尔等级的地区在光污染地图和应用程序上用不同颜色表示，黑色到深灰色代表最黑暗的博特尔等级为 1 级和 2 级的天空。蓝色和绿色是乡村的博特尔 3 级和 4 级的天空。城市内部的核心区域是明亮的灰色和白色，它们的博特尔等级为 8 级到 9 级。每 1 博特尔等级对应的天空质量计量仪（SQM）指数和裸眼极限星等（NELM）值的范围也进行了标示。

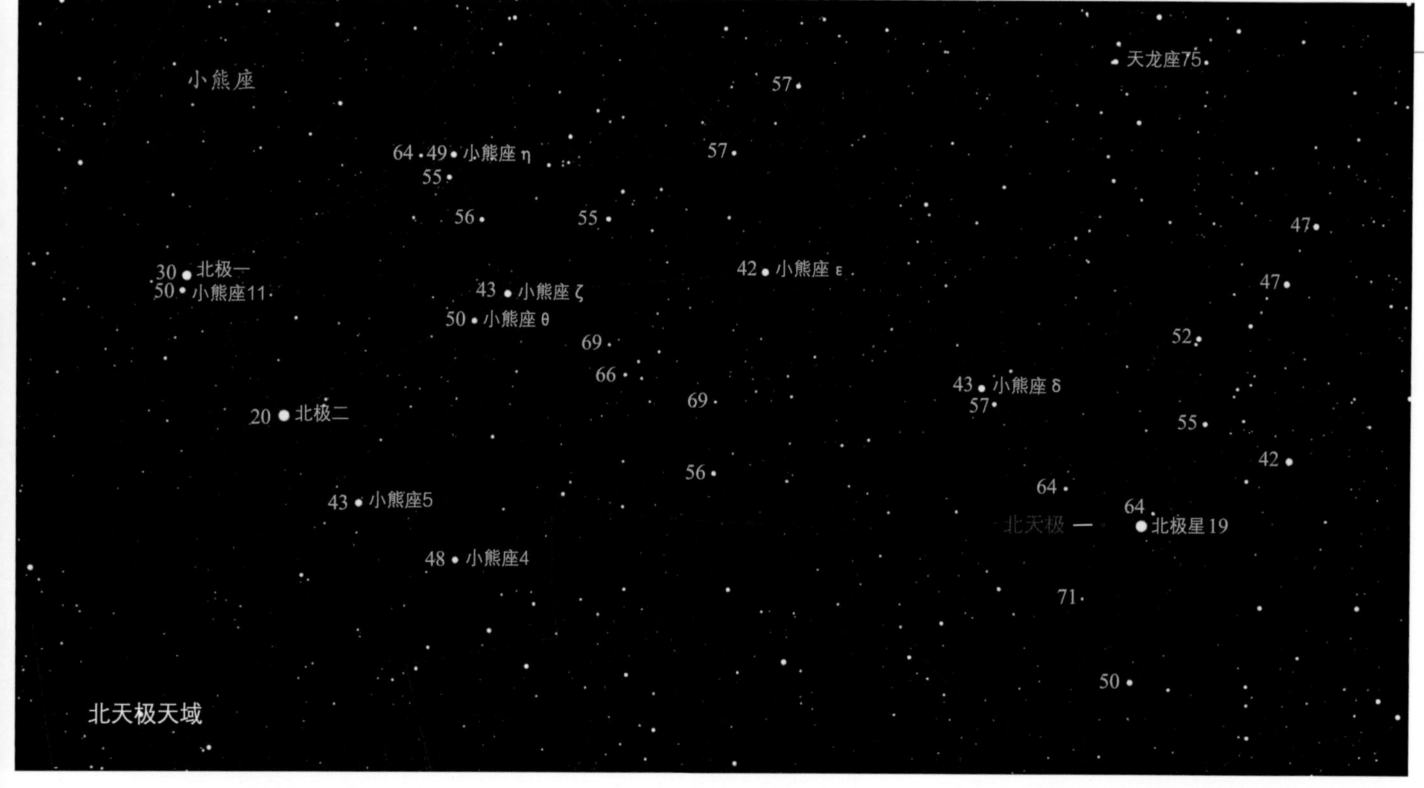

北天极天域

估计你的裸眼极限星等：北方

使用那些呈现了两个天极（全年都可观测到的区域）附近天域的星图，可以估计出从你所在的观测点能用肉眼看到的最低亮度的星体——即你的裸眼极限星等。上方的星图包含了小熊座北极星周围的北方天空。在这两张星图中，数字表示恒星的星等，其中的小数点不显示，以免与恒星相混淆。因此64表示的是6.4等，接近典型的裸眼极限。两张星图的视场宽度都是25度，大约是4个双筒望远镜的视场。

的九个级别，其评判标准是由美国天文学家约翰·博特尔（John Bortle）在2001年设计出的量表。

- 博特尔1级代表最黑暗的天空，可以看到对日照，甚至可能看到大气辉光。黄道带很明亮，也许还带有一丝黄色调。银心亮到能在地面上投出物体的影子，金星会影响你的眼睛对黑暗的适应能力。
- 博特尔2级几乎和1级一样好，只有当暗色物质遮挡星光时，才能隐约看到云层。想要见到这样的天空，你也许得飞到另一个国家甚至另一个大陆。
- 博特尔3级和4级代表的是比较典型的乡村天空，我们会把这些地方用作当地的观测点而频繁光顾，无论是独自前往还是用来举办星空聚会。黄道光清晰可见，银河看起来结构分明，但点缀在地平线上的光穹散发出明显的微光。远处的云层都显得较为明亮，因为它们反射了城镇的灯光。要好好享受博特尔3级或4级的天空可能需要一个周末或一周的假期。
- 博特尔5级和6级是城市附近的耕地和外围郊区的天空。在一个晴朗的夜晚，可以观测到银河，但最多也只表现为头顶上的淡淡光亮。低处的天空是明亮的，任何飘过此处的云也都显得明亮。然而，仙女星系还是可以用肉眼看到的，同时大多数深空物体通过天文望远镜观测也都令人印象深刻。进行深空摄影是可能的，尤其是在光污染滤镜的协助下。这样的观测点是“一夜游”的好去处。
- 博特尔7级可能是我们许多人居住的地方：郊区和城市核心区的外围。即使晴朗的夜空也是灰色的，看不到银河。4等或5等亮度的恒星是裸眼极限。虽然较亮的深空物体可以通过天文望远镜观测到，但它们与背景缺乏对比度，在博特尔等级比这稍高一点点的天空中，对比还是存在的。你能够看到星团，但是看不到星系。
- 博特尔8级和9级是城市和中心市区的天空。即使在一个条件很好的夜晚，也只有最亮的1等、2等星可以被观测到，而大多数星座的图案都是不可见的。月球和行星是天文望远镜的主要观测目标。

天空的亮度也可由另一个指数表示，即SQM，命名自天空质量计量仪，是由Unihedron公司（网址见链接列表18条目）制造的用于量化天空亮度的常用设备。其数值以“等每平方角秒”为单位。最黑暗的天空，博特尔等级为1级和2级，SQM指数为22到21.5（数字越小，天空越亮/越差）。离城市不远的地方，博特尔3级

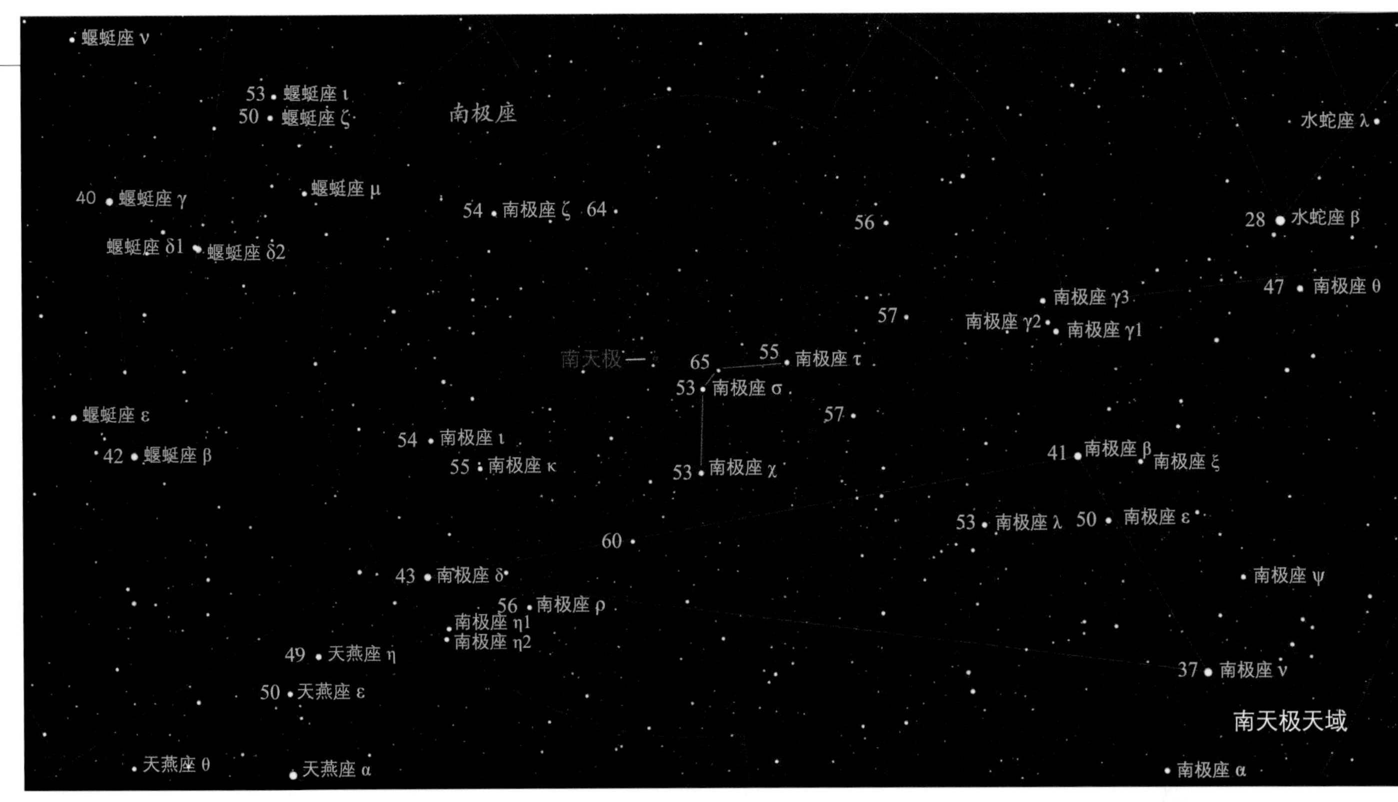

到 5 级，SQM 指数为 21.5 到 19。最明亮的城市天空的 SQM 指数只有 18 或更少。

暗夜保护地

在过去的 20 年里，我们为之鼓掌并大力支持的一项运动是建立包含现有州级、省级或国家公园在内的暗夜保护地。保护自然夜空与公园的目标相吻合。大多数情况下，公园的夜空已经足够黑暗，所需要的只是遮蔽仍有的少数灯光，然后通过法律法规正式认证它享有“暗夜”这一称号，并履行相应的义务。有了这个认证后，公园通常被要求开展更大范围的活动，比如在面向大众的科普活动中增加观星环节，以及宣传“公园的另一半景色只在天黑后可见”。

国际暗夜协会向美国和世界各地的候选地点授予暗夜称号，其类别下至采用了“夜空友好型”照明设施的暗夜社区，上至属于世界上最黑暗的几个观测点的暗夜保留地。介于这两个类比之间的是暗夜公园和暗夜保育区，后者的认证条件相比前者要严苛一些。截至 2020 年底，国际暗夜协会已经认证了 130 个暗夜地点。

在加拿大，加拿大皇家天文学会（网址见链接列表 19 条目）率先建立了暗夜保护地，并授予申请地官方认定的暗夜称号。其类别包括：夜间保护区，这一类别不要求接纳公众游客；暗夜保护地，其中包括对外开放的公园；城市星空公园，其照明受到控制，但天空不一定是完全黑暗的。加拿大有超过 25 个地点被认证。

随着越来越多的人开始追寻难忘的夜空体验，公园和社区也开始将其黑暗状态视为吸引游客的卖点。例如加拿大的贾斯珀国家公园是一个占地面积巨大的暗夜保护地，会在每年的 10 月举办暗夜节（网址见链接列表 20 条目），其间有世界知名的演讲者演讲，还有音乐会和大型星空聚会。在夏季高峰期和冬季滑雪季之间本该是淡季，酒店房间和餐馆却全部爆满。当地的商家爱死它了。许多其他公园和度假村纷纷开始效仿，举办暗夜节和他们自己的天空巡游项目，甚至为了应对那些阴天的夜晚而设立了小型天文馆。

天文旅游

不断扩展的天文旅游业务的核心活动是暗夜节。正如我们在第一章中陈述的，人们越是无法看到自然的夜空，就越是渴望看到它。没错，我们的祖父母在他们位于城市中的房子后院就能看到银河，但很有可能，他们在那时也从没专门去看过。现在，仅仅是一睹银河的真容，便能被列入“人生愿望”的清单中，将来自世界各地的人吸引到暗夜保护地。

估计你的裸眼极限星等：南方

这张用于南半球的星图描绘了位于南极座的南天极周围的天空。无论你在哪个半球，在至少是博特尔 5 级的天空下，大多数人的裸眼极限星等是 6 等。在极少数情况下，在博特尔 3 级和更好的天空下，视力异常好的人可以看到 7 等甚至 7.4 等，但这取决于天空条件。干燥的天空相比潮湿的天空能看到更多的星体。城郊天空的裸眼极限星等可能被限制在 4 等甚至更差。

暗夜保护地

位于萨斯喀彻温省西南部的赛普里斯丘陵省际公园是首批被认证的暗夜保护地之一。每年夏天，观星者都会聚集在这里，欣赏银河（左图），也许还能额外看到极光（右图）。

星等标

一颗恒星的亮度，或者说星等的数值代表的意义可能与你所预期的相反。恒星越亮，其星等值就越低。5 个星等的差异相当于 100 倍的亮度差异。肉眼所能看到的最暗的星体是 6 等。

璀璨的猎户座

猎户座中最亮的两颗星（淡红色的参宿四和蓝白色的参宿七）的星等在 0 等到 +0.5 等之间，不过在 2020 年初拍摄这张照片时，参宿四已经暗淡到 +1.4 等，几乎与右上方的参宿五相当。猎户座的三颗腰带星亮度都在 2 等左右。

明亮

星等	天体
−27	太阳
−13	满月
−4.7	在其最亮时刻的金星
−2.9	在其最亮时刻的木星
−1.4	天狼星（亮度仅次于太阳的恒星）
0 至 +1	15 颗最亮的恒星
+1 至 +6	8500 颗肉眼可见的恒星
+6 至 +8	双筒望远镜可观测的深空天体
+6 至 +11	业余天文望远镜可观测的较明亮的深空天体
+12 至 +14	业余天文望远镜可观测的较晦暗的深空天体
+15 至 +17	大型业余天文望远镜可观测的天体
+18 至 +22	大型专业天文望远镜可观测的天体
+24 至 +28	地面上最大的天文望远镜拍摄的最晦暗的天体
+31	哈勃太空望远镜拍摄的最晦暗天体

晦暗

为了吸引游客，许多位于暗夜地的度假村、民宿和农舍现在都提供天文学课程和望远镜出租服务。甚至那些专业的天文台也在寻求吸引更多游客，不仅是在白天，还有晚上。例如，在亚利桑那州图森附近的基特峰国家天文台（网址见链接列表 21 条目），游客可以预约导游环节或是预订 508 毫米口径的天文望远镜，以便在晚上进行个人观测或摄像。2019 年，亚利桑那州弗拉格斯塔夫的洛厄尔天文台（网址见链接列表 22 条目）完成了对其外展设施的重大升级，现在，乔瓦里露天天文台上装备了数架最精致、最先进的天文望远镜，即使是最老练的业余天文学家也不可能不心动。

在世界各地，许多旅游公司专门从事科学和天文学旅行，这在很大程度上迎合了日益壮大的高龄人群市场，活跃的中老年旅行者渴望开发新的爱好，看到更广阔的世界。两种天空景观吸引了最多的游客：极光和日食。正如前一章所描述的，游客不惜冒着凛冽的寒冬去北极和亚北极地区旅行，以期看到北极光。他们通常都会得偿所愿。在英国和加拿大，甚至有历时一个晚上的极光航班，把游客带到云层之上，从平流层观赏极光。不过，南极光就没那么容易见到了。

自 20 世纪 70 年代以来，日食旅行一直是天文旅游机构的主要项目。现在，不管月影经过的路径有多偏，人们都不会放过任何一次观看日全食或日环食的机会，哪怕是要去往遥远的南极洲。（第十二章有更多关于日食的内容。）日食旅行是一种很好的休闲方式，你既进行了一次终生难忘的异国旅行，又目睹了一次终生难忘的盛况：太阳在白天突然“熄灭”。对于完全沉迷于此的人，未来的日食路径地图可以成为其终生的度假计划表。要查看这些地图，请访问链接列表 23 条目的网站。

在白天追寻黑暗的人

每次发生日全食，都会吸引成千上万的“日食追逐者”，他们追寻的是一种特殊的黑暗形式，一种在正午时分月球遮挡太阳时突然降临的黑暗。这些照片是 2013 年 11 月 3 日在大西洋中部的 m/v Star Flyer 帆船上拍摄的。

第四章

进一步了解天空

我们已经带你看向了天空，不管是夜晚的还是白天的，我们还探讨了如何选择观测点。下一步就是让你对天空有一个更全面的了解，并学习天空在一晚和一年中分别是如何变化的。毕竟，熟悉夜空的地理和运动才是作为一名业余天文学家的意义所在。

虽然我们的书可以作为指导，但想要真正掌握这些知识，只有一种方式，那就是亲自观测天空以获取真实的经验（通常只需要用到肉眼），同时对你观测到的物体有一个切实的认知，在这之后再去购买一架天文望远镜。

这个建议太容易被忽视了。总有人购买那种能根据一个指令就自动对准成千上万个不同物体的望远镜，但他们却连一个星座都无法辨认。如果不能了解天空中都有什么，或者知道它是如何运动的，你也许只会在崭新的天文望远镜旁度过几个倍感挫败的夜晚，然后就把它丢在一边了。我们希望你能一直保持这个爱好，而非浅尝辄止。

在华盛顿州桌山星空聚会的红色灯光中，拱极星们围绕着北天极旋转。学习天空如何在每个夜晚和每个季节中像这样移动，是享受天空和你的天文望远镜的关键所在。

冬天的标志

12 月的一个晚上，猎户座及其周围的恒星从东方升起，预示着冬天的到来。到了 2 月，猎户座在正南的方向闪耀，如图所示。

使用星图

我们的全天星图就像天空的鱼眼图，周边一圈是 360 度的地平线。天顶（头顶正上方）位于星图的正中心。南方，也就是我们观星时通常面朝的方向，位于底部。想要看另一个方向的话，只需旋转手中的星图，使你所面对的那个方向在底部。例如，当面向北方时，把星图上下颠倒即可。

认识星座

在接下来的几页中，我们介绍了使用 Stellarium 软件制作的四季全天星图：北半球的四张可用于北纬 45 度的天空，南半球的四张可用于南纬 30 度的天空。由于每个季节只有一张星图，不是每个月都有，所以在你观星的那个特定的夜晚和时间，它只是大致准确的。不过，我们提供这些星图主要是为了向你展示如何找到一个关键的“锚”星座，然后通过它找到周围的其他星座，以此来认识天空。

北半球冬季的天空

夜空中最亮的恒星都闪耀在南方的天空上，位于猎户座内部或其周围。那是一片璀璨的天域。

- 北斗七星构成的大长柄勺（英国人认为是犁形）属于大熊座，在天空的东北方向，勺头的两颗“指极星”指向正北方向的北极星。
- 正南方向上是猎户座，其独特的腰带三星排成一列。在腰带的上方和下方分别是著名的恒星：红色的参宿四和蓝白色的参宿七。
- 从猎户腰带延伸出的线指向了夜空中最亮的恒星：大犬座的天狼星。
- 从猎户腰带延伸出的另一条线指向了毕宿五，位于金牛座“金牛的脸”上。将这条线继续往西北方向延伸，在毕宿五的上方，可以找到肉眼可观测到的昴星团。
- 经过参宿七和参宿四的连线向上指向了双子座中的一对恒星：北河二和北河三。
- 在双子座和天狼星之间的是南河三，位于小犬座。
- 在头顶正上方的是五车二，位于五边形的御夫座。北斗七星勺头顶部的两颗星的连线正指向五车二。
- 你可以把这些明亮的恒星相连接，构成一个巨大的图案，这就是冬季六边形。
- 现在试试能不能看出天兔座和麒麟座的形状。

北半球冬季的天空

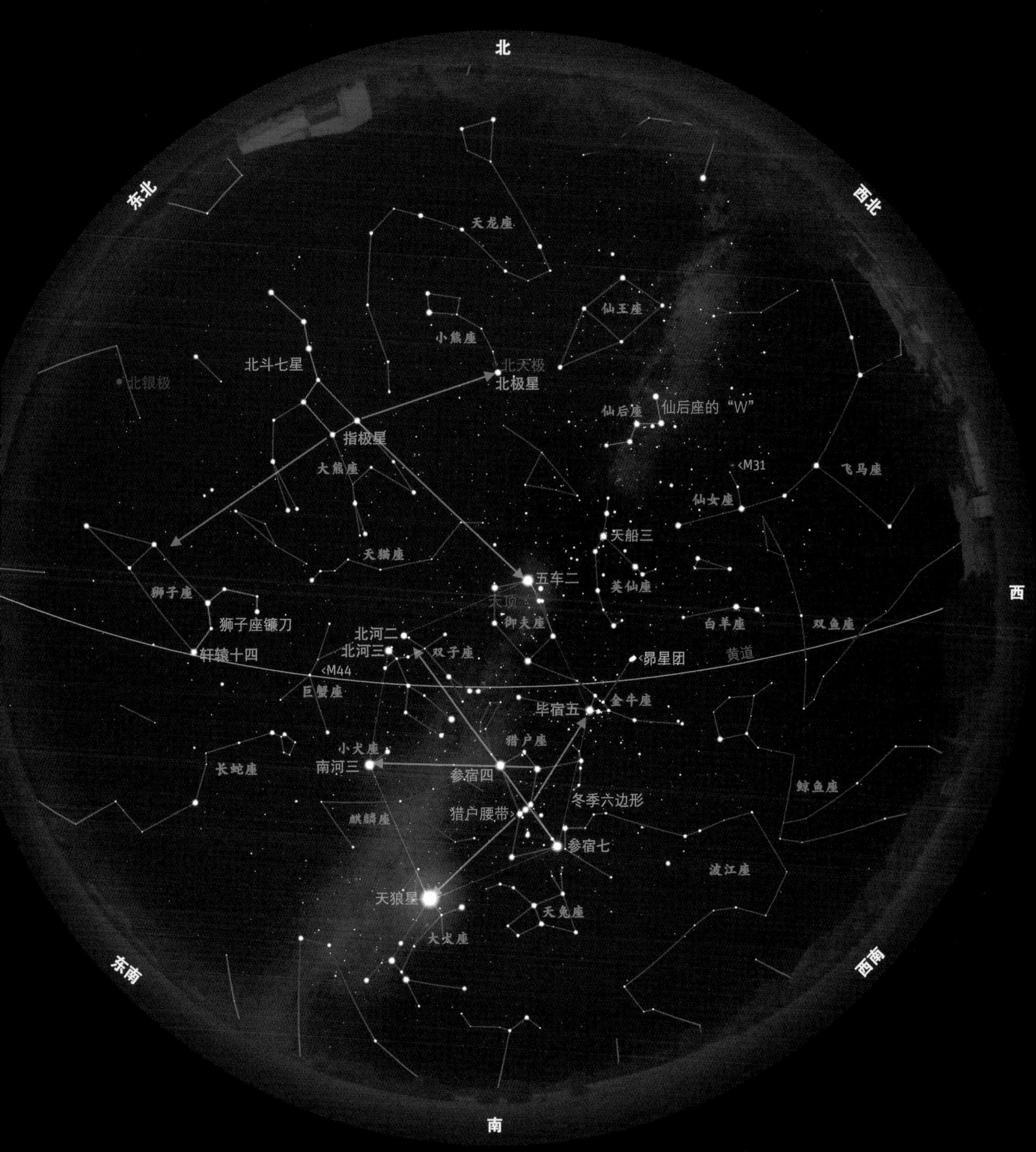

星图最佳使用时间

12 月中旬：凌晨 1 点
1 月中旬：晚上 11 点
2 月中旬：晚上 9 点

北半球春季的天空

当猎户座带着他的猎狗、公牛和野兔狩猎的场景沉入西方的地平线时，银河便也从视野中消失了。在春天，我们从银河系的平面看向其位于后发座的北银极（NGP）的方向。

- 北斗七星现在位于头顶上方。通过它的指极星可以找到北极星，位于小北斗，也就是小熊座中。
- 但是指极星的连线也指向一个相反的方向，也就是狮子座及其明亮的轩辕十四。狮子座脸部的 6 颗星又构成了镰刀星群。
- 北斗七星的长柄向下延伸的弧度指向了大角，位于牧夫座，我们经常把后者看成风筝的形状。大角是春季天空中最亮的星体；事实上，它是北半球天空中最亮的星体，以微弱的优势击败了五车二和织女星。
- 视线沿着同一条弧线继续延伸一段距离，你就会看到角宿一，位于室女座。在西方文化中，这个星座代表着收获女神。
- 继续前行，你会在角宿一的西南方向看到四边形的乌鸦座。
- 目光回到牧夫座，向东看去，你能找到北冕座的半圆形皇冠。
- 在东边更远处是“H”形的武仙座，也是英雄海格力斯的星座，它是春夏两季天空的过渡星座。
- 西南方向横亘着晦暗的长蛇座，星宿一是这个星座中唯一一颗明亮的恒星。
- 在北斗七星的柄下，坐着牧夫座的猎狗：猎犬座，在它们下面，狮子座和大角之间，是后发座，后发座的名称意为贝勒奈西王后的头发。
- 后发座中包含了一个大型的肉眼可见的星团和北银极，北极星之外是其他星系的领域。

北极星在哪里

观星者很快就能掌握这个诀窍：北斗七星勺头外边缘处的两颗星的连线指向北极星。找到这颗星，你也就找到了真正的北方和北天极（NCP）。夜色渐深渐浓，但北极星在天空中的位置一直不变。不过你在哪里找到北极星，取决于你在地球上的位置有多靠北或靠南。北极星在北半球地平线上的高度与你所在的纬度相当。

春天的标志

大角和轩辕十四的升起预示着春天的到来，同时北斗七星构成的长柄勺高悬在北极星上方。试着找找狮子座两侧的蜂巢星团（M44）和后发星团。

北半球春季的天空

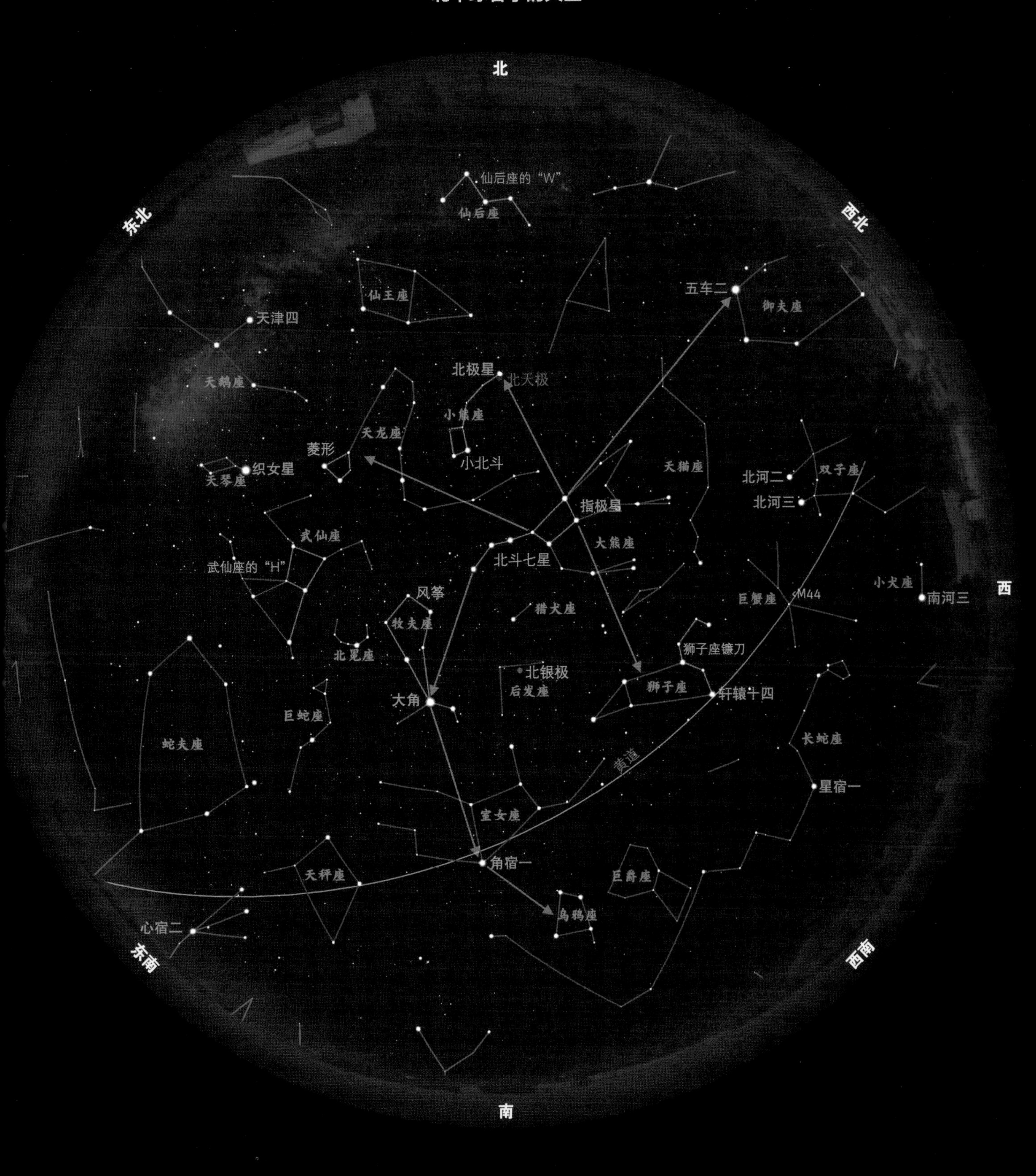

星图最佳使用时间

3 月中旬：夏令时凌晨 2 点

4 月中旬：夏令时午夜

5 月中旬：夏令时晚上 10 点

北半球夏季的天空

夏季夜空的标志是一年中最壮美璀璨的银河。最亮的部分在天空的南面，朝着银河系中心的方向，位于人马座。

- 找到大熊座中的北斗七星，它现在在西北方向的天空中。它的指极星仍然指向北极星，在小熊座，也就是小北斗的正北方。
- 视线沿着这条连线，看向“W”形的仙后座。
- 沿着北斗七星连接手柄和勺头的两颗星的连线方向，能看到天龙座菱形的头部。
- 视线沿着北斗七星手柄的弧线向下，找到位于牧夫座的大角，它这时正在向西方下沉。
- 在头顶上寻找现在可见的其他三颗亮星：织女星（最亮的那颗）、天津四和牛郎星（三颗星中最靠南的），它们构成了夏季大三角。
- 然后辨认一下它们所属的星座：织女星属于小小的平行四边形的天琴座；牛郎星是天鹰座的眼睛；而天津四是脖子长长的天鹅座的尾巴，北十字也包含在天鹅座中。
- 现在，为了填补天空中未被识别的空白，不如来辨认一下巨大的长方形的蛇夫座，以及被它分隔的巨蛇座，这条巨蛇被分隔成了巨蛇头和巨蛇尾两部分。
- 在天鹅座的下面，找寻一下形状小巧的天箭座和钻石形的海豚座——这两个星座形如其名，看上去就是箭矢和海豚的样子！
- 在银河系的南部靠近地平线处，寻找茶壶形状的人马座，以及呈独特曲线的天蝎座，红色的心宿二是这只蝎子的心脏。

星图的方向是不是颠倒了

不，没有颠倒。在这些星图和所有的天穹图中，你是抬头仰视天空，而不是像看地图那样俯视地面。当你在室外面向南方时（南方在所有这些图上都位于底部），哪边是东方？它在你的左边，而西方则在你的右边。所以在全天星图上，东在左边，西在右边，与地图相反。为了更好地匹配天空，帮你识别恒星和星座，请将所有这类星图在手中旋转，让你所看的方向位于底部。

夏天的星星

从夏日的露营地仰望星空，可以看到夏季大三角的三颗星在树木间闪耀，其中蓝白色的织女星最为明亮。

北半球夏季的天空

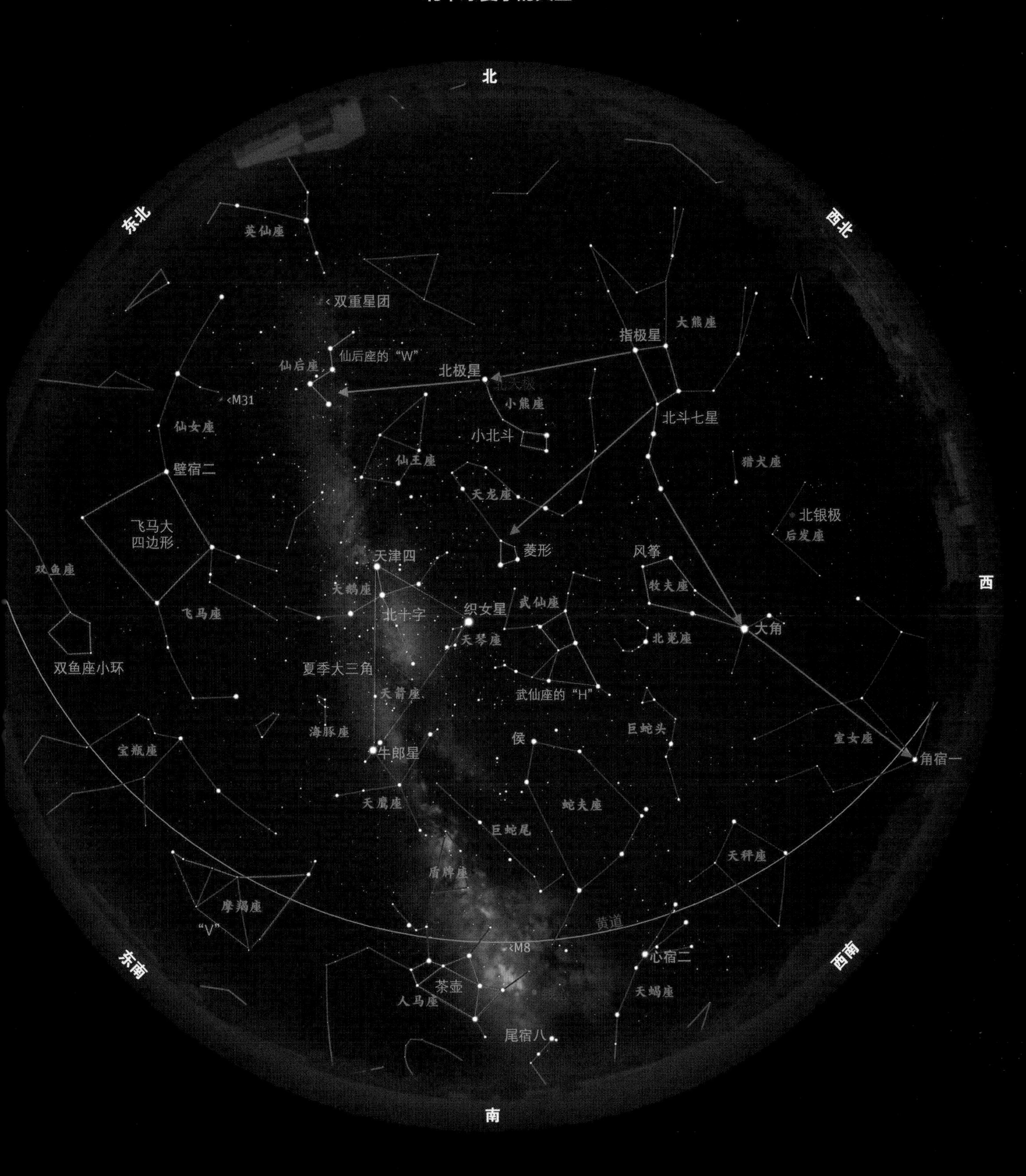

星图最佳使用时间

6 月中旬：夏令时凌晨 2 点

7 月中旬：夏令时午夜

8 月中旬：夏令时晚上 10 点

行星都在哪里

书上的星图不能显示行星的方位，因为行星每个月和每年都在移动。但你总是能在绿色的黄道的某处观测到行星，黄道标志着太阳系的平面。在21世纪20年代初期，木星和土星这两颗移动最慢的、肉眼可见的行星出现在北半球的夏季和秋季的天空中。直到2024年，木星才会向上爬升到北半球冬季的天空。

秋季的天空

没有什么比仙后座和仙女座更能代表秋季的天空了。在这张照片中，可以看到它们在月光照耀的夜晚从金色的杨树林上缓缓升起。

北半球秋季的天空

随着一个又一个夜晚过去，夏季大三角逐渐低沉，天也黑得越来越早了，使得那些属于夏季的星体的余光一直闪耀到12月。然而，南边的天空上早已铺开了一幅著名神话人物的全景图。

- 通常北斗七星是你观星时首先定位的天体，但现在它们只是低低地挂在北方的天空上。如果你身处偏南的纬度，那它们可能已经沉入地平线下。不过北极星仍然位于其恒定的高度上。
- 仙后座，其最醒目的特征是排列成“W”形的5颗恒星，现在位于头顶正上方。
- “W”形的一边指向飞马大四边形，这匹飞马是安德洛墨达的传说中的一个角色。安德洛墨达是仙女座的象征，她的母亲卡西奥佩娅则是仙后座的象征。
- 飞马座左上角的一串弧形星群便是仙女座，以明亮的壁宿二为标志。
- 视线继续向左移动，你会看到仙后座“W”形的左侧下方，一组恒星构成了一个倒置的“Y”形。那便是英仙座，象征着拯救了安德洛墨达的珀尔修斯。
- 接下来找到小小的白羊座及其明亮的娄宿三，旁边的三角座由三颗暗淡的恒星构成了一个三角形。
- 双鱼座（及其双鱼座小环）、鲸鱼座和宝瓶座都是由较为暗淡的恒星组成的庞大的星座。
- 在西南方向寻找摩羯座的“V”形图案。摩羯座的象征是一只海山羊，秋天南方天空中的所有星座在神话中都与水有关。
- 南方天空上唯二两颗亮星是鲸鱼座的土司空（英文名Diphda来自阿拉伯语，意为“第二只青蛙”）和南鱼座的北落师门（英文名Fomalhaut来自阿拉伯语，意为“南方之鱼的嘴”）。沿着飞马大四边形的两边分别向南看就可以找到它们。

北半球秋季的天空

星图最佳使用时间

9 月中旬：夏令时凌晨 1 点

10 月中旬：夏令时晚上 11 点

11 月中旬：夏令时晚上 8 点

赤道以南的夏季

在南半球的一个夏日深夜，猎户座沉入西边，南十字座和半人马座自东边升起。麦哲伦云在天空的高处现形，但很快就转向南天极以下。

翻转的季节

和北半球一样，在南半球观测猎户座的最佳时间也是从12月到翌年2月，不过那时是南半球的夏天。旅行者有时认为，如果他们处在世界的另一端，那他们将在6月或7月的夜晚看到猎户座。并不是这样的。在那几个月里，朝向猎户座的永远是地球的白昼侧，无论你身处哪个半球。所以南半球的猎户座是一个属于夏天的星座，不过那时是1月!

认识南半球的天空

为了与北半球相匹配，这里同样提供了四张来自 Stellarium 的四季星图，帮助你熟悉南半球的天空。这四张星图绘制于南纬 30 度，在澳大利亚南部和智利中部都适用。季节按照南半球的来。春天是 9 月到 11 月，秋天是 3 月到翌年 5 月。正如我们在这张图中所展示的，猎户座在盛夏时节到达其最高点。下一节（第 82 页）将解释为什么在南半球看到的天空会与北半球不同。

南半球夏季的天空

在南半球夏季的炎热夜晚，观星之旅从识别猎户座内部和周围的亮星开始，这时的猎户座高悬在北边的天空上，头部最靠近地平线。

- 猎户腰带向下冲着地平线的方向指向金牛座和淡红色的毕宿五，向上冲着远离地平线的方向指向大犬座和夜空中最亮的天狼星。
- 另一方面，在猎户座上下颠倒的位置上，组成其腰带和佩剑的恒星群又构成了一个“平底锅”形（见第 76 页的照片），这是一个在北半球看不到的星群。
- 南半球的夏季六边形的恒星全部位于地平线以上，其中五车二在北方天空的低处。
- 一条线沿着大犬座的背部顺着银河的方向指向了船尾座，它是古老的星座天舟座（又名南船座）的船尾。
- 天舟座的其他部分（代表船帆的船帆座和代表龙骨的船底座）并没有构成可明显识别的图案。
- 事实上，倒是有一个看起来很明显的图案，即赝十字，不过它被拆分开，分别构成了船帆座和船底座的一部分。
- 在天狼星与银河的下方是明亮的老人星，它在船底座中异常明亮，是夜空中仅次于天狼星的第二亮的恒星。
- 大麦哲伦云（LMC）和小麦哲伦云（SMC）高悬在南边的天空上，靠近水委一。水委一是蜿蜒的波江座的“河口”，波江座发源于猎户座的脚底。
- 象征着八分仪的暗淡的南极座呈三角形，南天极（SCP）就位于其间。

南半球夏季的天空

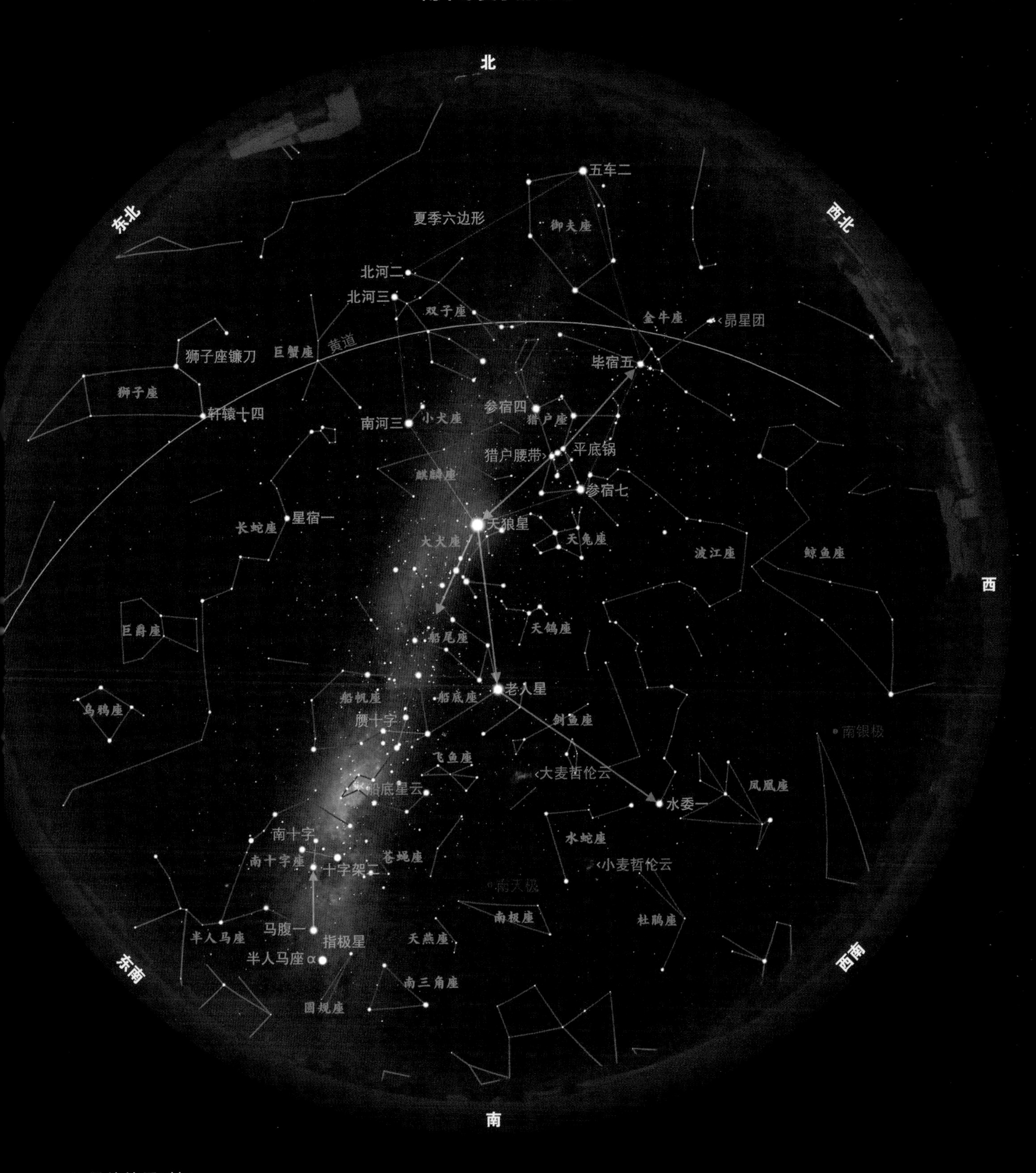

星图最佳使用时间

12 月中旬：凌晨 1 点

1 月中旬：晚上 11 点

2 月中旬：晚上 9 点

如果实行夏令时或夏时制，则加一个小时。并非所有地区都依照这一规定。

如何连点成线

1930 年，国际天文学联合会正式定义了各个星座的边界。但是对于我们应该如何“连点成线”来绘制出星座的图案，并没有统一的标准。Stellarium 软件将其绘制星图时所采用的系统称为“西式”。然而天文杂志和星图出版商都有他们自己的标准。

1952 年，H.A. 雷伊（H. A. Rey）出版了《观看恒星的新方式》，他在书中提出了一些非传统的连接方式，以使这些图案看起来更符合它们的名字，有些还不错，有些就很怪异。因此，一些程序如 Stellarium（如双子座）和《天空与望远镜》杂志使用了雷伊的一些绘制方式，但不是全部。

南半球秋季的天空

现在我们看到的是南半球天空最壮丽的景色。在一个黑暗的观测点，最显眼的是整条银河，而非某个明亮的星座。唯一的例外是南十字座，直立在南方天空的高处。它是个很小的星座，但很明亮。

- 把南十字座作为你的起点。东边的半人马座 α 和马腹一（即半人马座 β）这两颗指极星指向南十字座，确保你看到的是正确的南十字，而不是沿着银河向西边所看到的赝十字。它比真正的南十字更大，但光芒更暗淡。南十字座的长轴指向位于南极座的南天极。
- 天狼星现在正沉向在西边的地平线，西南边的老人星紧随其后。
- 现在，在一个黑暗的夜晚，花一个晚上追踪一下船尾座、船帆座、船底座和半人马座这几个星座的轨迹吧。如果你能做到的话！
- 它们中的每个都包含了适合用双筒望远镜和天文望远镜观测的显著天体，所以花时间了解一下是值得的。尽管在黑暗的观测点，许多壮观的星团和星云都可以用肉眼直接观测到。
- 秋季夜晚开始的时候，猎户座还位于天空的高处，并慢慢向西边沉落。东边天空中与其对立的位置上，他的克星——天蝎座正侧着身子向上爬升。在北半球，这对宿敌从未一起出现在天空中。
- 天蝎座上方是豺狼座，它的恒星与半人马座北部的恒星混在了一起。
- 在南十字座下方，试着分辨小型星座苍蝇座和圆规座；而在半人马座 α 和马腹一下方，可以找一找南三角座。

澳大利亚十二使徒岩上方的猎户座

在南半球秋夜的前期，猎户座和由他的腰带和佩剑构成的“平底锅”星群慢慢西沉，标志着凉爽夜晚的到来。

南半球秋季的天空

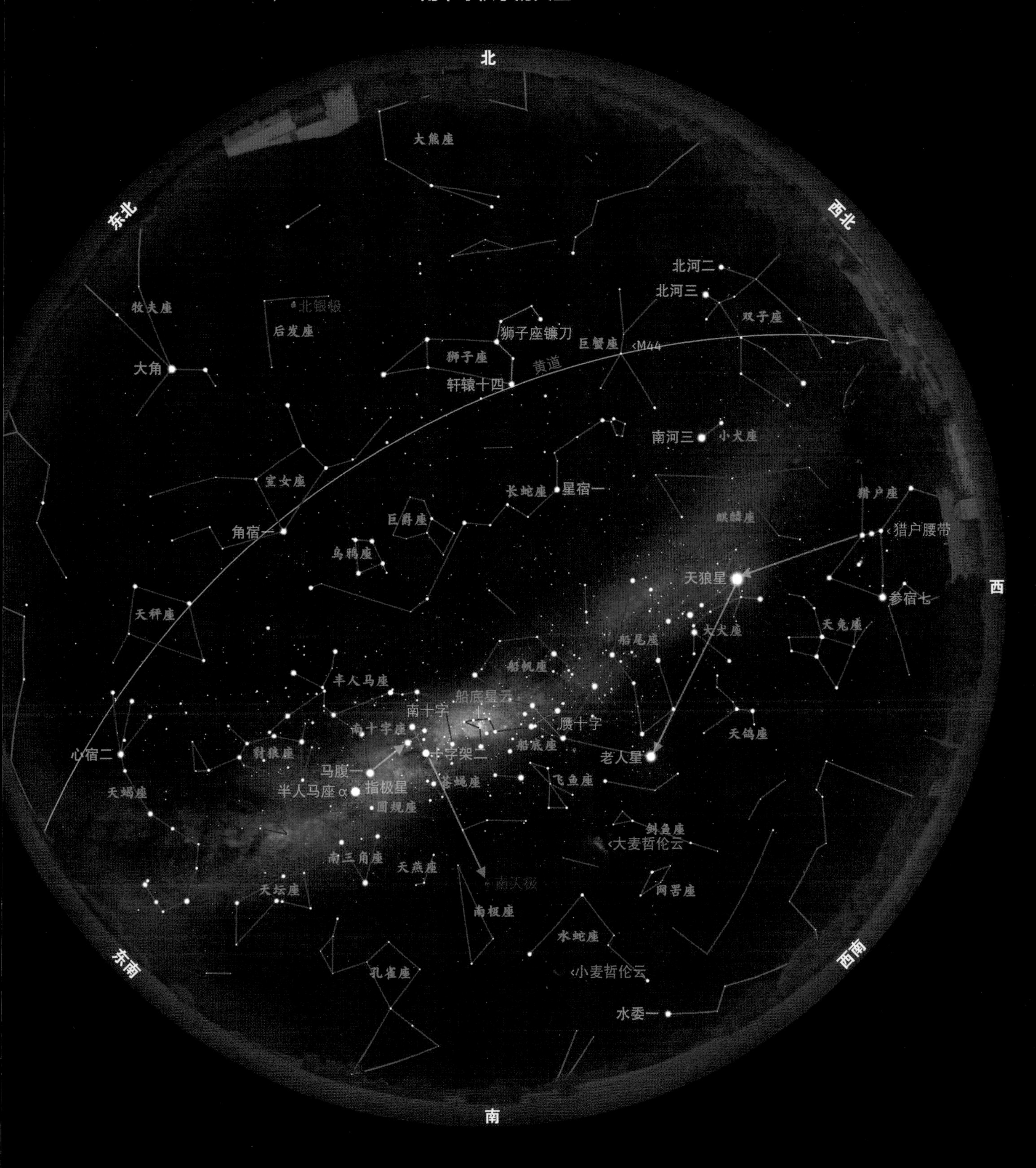

星图最佳使用时间

3 月中旬：午夜

4 月中旬：晚上 10 点

5 月中旬：晚上 8 点

如果实行夏令时或夏时制，则加一个小时。并非所有地区都依照这一规定。

南半球冬季的天空

我们不应该向北看吗

在这些南半球星图中，我们和绘制北半球星图时一样将南方放在了底部。这是你在观测南半球天空时通常要面对的方向，因为最壮观的景致都在那边！北半球观测者所熟悉的恒星和星座位于你身后的北方，与北半球的人看到的形状相比，它们是上下颠倒的。所以它们在星图上的朝向是正确的，但是如果你把南半球星图倒过来，把北方放在底部（就像我们建议你在面向南方时做的那样），朝向就不对了。

这是最宏伟壮观的天空。尽管在秋天的黎明前也可以看到，但在寒冷的冬夜里，这幅美到让人忘记呼吸的全景图就在我们的头顶上方。位于人马座和天蝎座的银心现在正位于天顶。

- 首先，在南边天空的高处找到人马座 α 和马腹一这两颗指极星。
- 它们指向了明亮的南十字座，现在正沉入西南方向。
- 在银心以西的高空，半人马座的其余部分和毗邻的豺狼座混合在一起，这两个星座都没有明显的形状。
- 同样高悬在头顶上的天蝎座则不然。卷曲的形状加上淡红色的心宿二，使它看起来确实像一只蝎子。
- 但是东边的人马座看起来并不像一个半人马弓箭手。找一下其间的“茶壶”星群。银心位于茶壶的壶嘴和天蝎座的“尾刺”星之间。
- 在茶壶的下方，寻找一下皇冠形状的南冕座。
- 沿着茶壶的两个边缘向下（非常靠下）是天鹤座和孔雀座这两个明亮的南方星座，它们在这里被绘制成了鸟的形状。
- 天空中还有一只主要由银河中的暗带组成的鸟，它的形态更加明显。寻找一下这只横跨天空的黑暗鸸鹋：它的头是南十字座附近的煤袋星云，脖子是穿过半人马座的拱起的尘埃带，身体是人马座和天蝎座的明亮星域，脚是天蝎座中的暗带。

头顶上的黑暗鸸鹋

在冬季的夜晚，黑暗鸸鹋的身形跨越了天空，它的身体轮廓被发光的星云凸显出来，这些星云围绕着现在正位于头顶上方的银心。

南半球冬季的天空

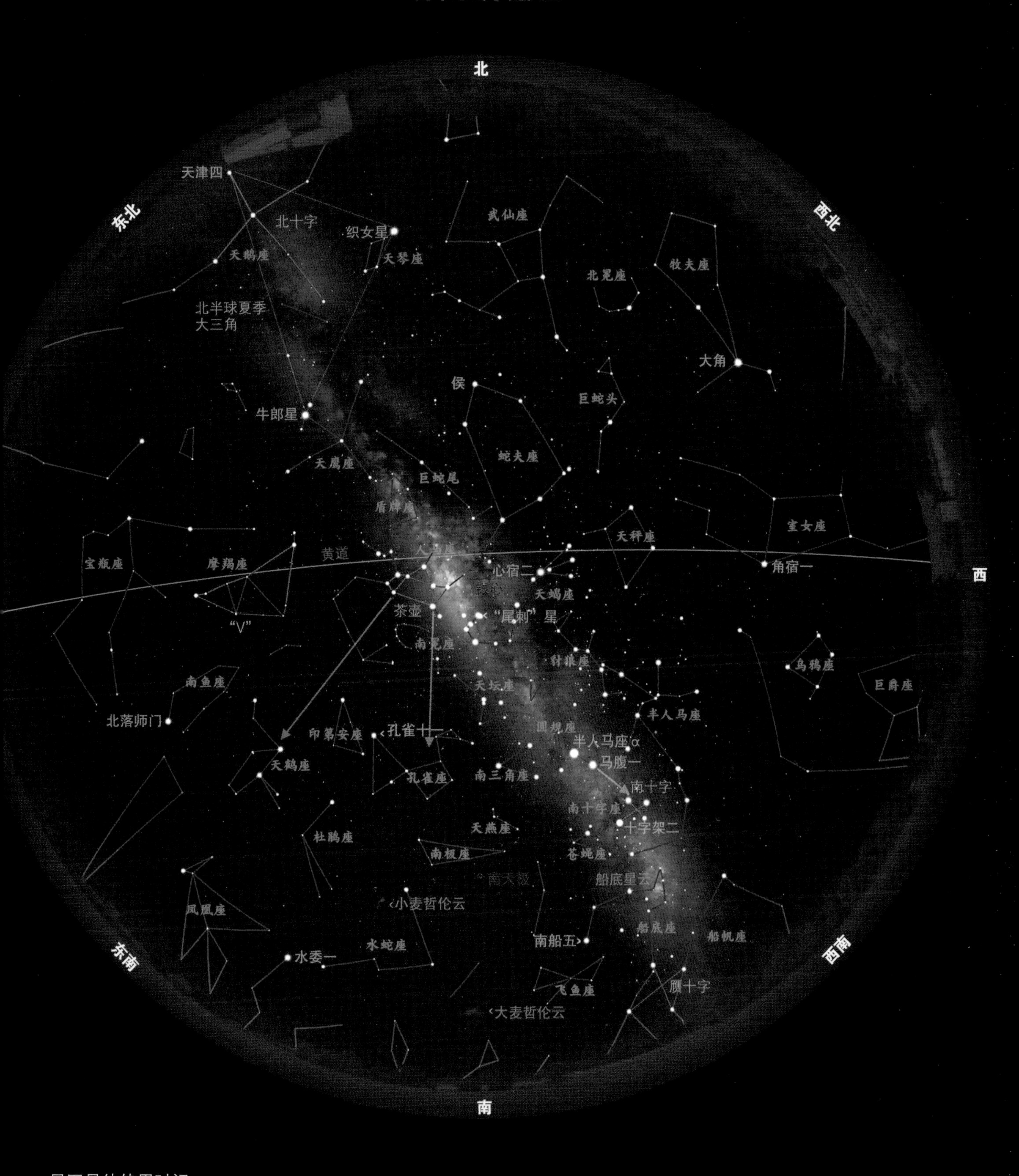

星图最佳使用时间

6 月中旬：午夜

7 月中旬：晚上 10 点

8 月中旬：晚上 8 点

南极星在哪里

与北半球的情况不同，南天极（SCP）附近没有亮星。离天极最近的肉眼可见的恒星是光芒微弱的5等星南极星，它所在的南极座是最暗淡和最不容易识别的星座之一。南十字座的长轴指向南天极，但在春天，南十字座位于地平线以下，这让寻找南天极变得更加困难。

属于星系的季节

大小麦哲伦云现在处于它们在天空中的最高位，每个星云都包含了丰富的星团和星云，适合使用任何双筒望远镜或天文望远镜进行观测。详见第十六章中介绍的旅程 17 和旅程 18。

南半球春季的天空

壮观的南天银河从视线中消失了，因为此时我们是从银河系的平面看向南银极（SGP）的方向，它位于玉夫座，当下就在我们头顶上方。和北半球春季时一样，在南半球的春季把双筒望远镜或天文望远镜对准天空，也能观测到标志性的南天星系。

- 除了现在高悬在天空中的北落师门和位于波江座“河口”的水委一，南半球春季的天空中很少有亮星。
- 从北落师门开始，辨认一下南鱼座的长方形轮廓。
- 孔雀座的光芒比较暗淡，其中只有一颗亮星，名为孔雀十一（又名孔雀座 α）。
- 我们的星图中显示，孔雀十一与北落师门和水委一一起构成了一个“南半球春季大三角”（我们自创的名称）。它涵盖了大部分的天鹤座，这个星座形如其名，看起来像一只鸟。
- 在水委一的北边，神话传说中的神鸟凤凰座冉冉升起，其中最明亮的星叫作火鸟六。
- 水委一的南边是另一条水中蛇——水蛇座，注意别把它和长蛇座混淆了。
- 从水委一开始，视线沿着波江座行进，直到来到它的源头猎户座，后者正侧着身子从地平线上升起。
- 在东南方天空的低处闪耀着天狼星和老人星，它们分别是夜空中第一和第二亮的恒星。
- 黑暗的天空中，在老人星以西和水委一以南，大麦哲伦云和小麦哲伦云表现为两个模糊的亮斑，用肉眼就能轻松观测到。
- 小麦哲伦云大部分都在杜鹃座内，而大麦哲伦云则横跨剑鱼座和山案座（命名自南非的桌山）之间的边界。这是探索星云和其他南部星系的最佳季节，但对探索银河来说就不是那么适宜了。

南半球春季的天空

星图最佳使用时间

9 月中旬：凌晨 1 点

10 月中旬：晚上 11 点

11 月中旬：晚上 9 点

如果实行夏令时或夏时制，则加一个小时。并非所有地区都依照这一规定。

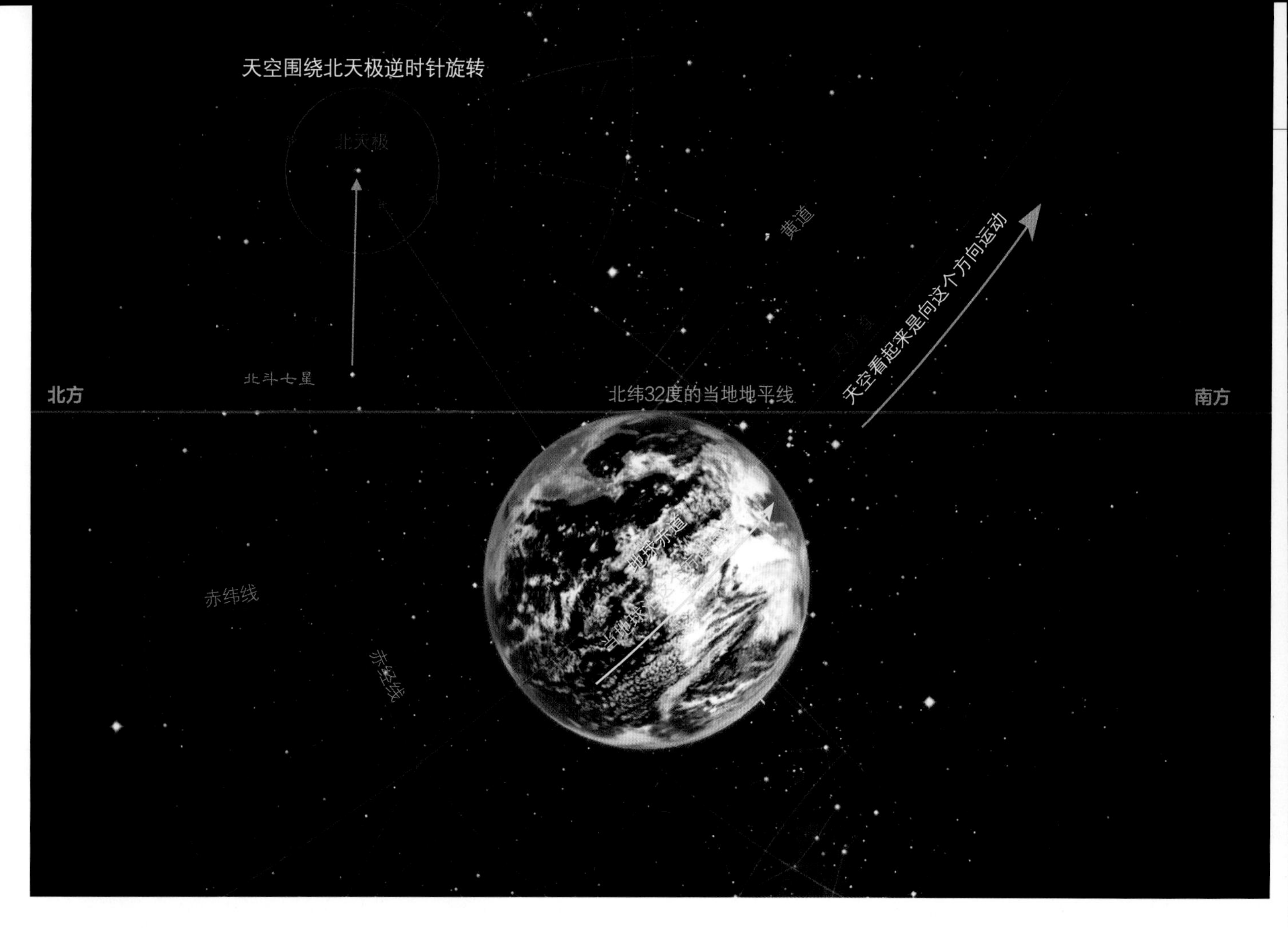

天空是怎么运动的

北半球的天空

把天空想象成一个在我们头上旋转的穹顶。从北半球上看，这个穹顶看起来是倾斜的，使得穹顶的北极位于正北方向；在上图中，北天极便是位于北方地平线以上 32 度。当地地平线是由一条与地球表面相切的线构成的。天空中所有在这条地平线以南，也就是低于该地平线的物体，从该纬度都是看不到的。

对宇宙的个人探索当然都是始于对北斗七星、猎户座、狮子座、天蝎座以及具有明显图案的星系的识别，比如夏季大三角、飞马大四边形、人马座的茶壶和南十字座等。然后利用它们，同时按照前面提供的星图，找到那些不太明显的星座。

但是，当你在星空下度过一整夜，或者花费一年的时间来熟悉恒星之后，你会发现天空是在运动的。事实上，业余天文学的重点不仅仅是学习如何寻找天上的物体，更在于了解并欣赏天空的运动。在你度过身为天文学见习生的最初几个月后，你就会开始察觉到天体全景的周期性变化。你会察觉到每晚在我们上方运转的天球，并逐渐了解它。在你对“天空是如何随时间变化而运转的”有基本认知之前，试图用一架天文望远镜观测天空只会引起困惑和混乱。所以，在带你了解天空的这一步里，我们先解释“夜空的运动”。

天球之下

如果你在天空下会感到无所适从，试着在脑海中想象这个画面：你正站在一个看起来绕着轴线旋转的大穹顶之下。在你的天空中，这个由天体构成的穹顶以一定的角度倾斜，具体倾斜多少取决于你所在的位置。在北纬 32 度，正如上图所示，天球倾斜，使得其球面的旋转中心点（北天极）位于北地平线以上 32 度的位置。当地球绕着地轴自西向东转动时，天空的圆顶看上去也在围绕这个极点自东向西转动。当你的视线朝向北方时，天空呈逆时针旋转。

这个穹顶被天赤道划分为南北两部分，天赤道是地球赤道在太空中的投影，向南倾斜。天空同时还被坐标线网格化。赤纬用于衡量一个物体在天赤道以南或以北的位置，类似于地球上的纬度。赤经则相当于天球的经度，用于衡量一个天体在本初子午线以东的位置。太阳在 3 月春分时经过天赤道，穿过这个交点的赤经便是本初子午线。关于天体坐标的更多信息，详见第 197 页。

夜空的运动：北半球（北纬 32 度）

天空每天从东到西的运动模式在白天看起来是很明显的：我们看到太阳从东方升起，在西方落下。之所以会有这种运动，是因为地球绕着地轴自转。我们在晚上也能看到同样的运动，此时是星空在我们头上旋转。这组长时间曝光的星像迹线（俗称“星轨”）图像拍摄于北纬 32 度的美国亚利桑那州南部，展示了当地的天空是如何运动的。

向北看： 天空围绕着天极旋转，后者此时位于地平线以上 32 度。天球看上去是围绕着北极星做逆时针旋转，同时北极星在天极附近近乎静止。北极星周围的恒星和星座是拱极星，即它们从不转到地平线以下，而是无休止地在天极附近围绕其旋转。

向南看： 当我们从北半球的任意一个地方注视正南方时，恒星在天空中从左到右（自东向西）移动。这个天空区域包含了季节性的星座，与全年都可以看到的拱极星不同，这些星座一年四季都在变化。

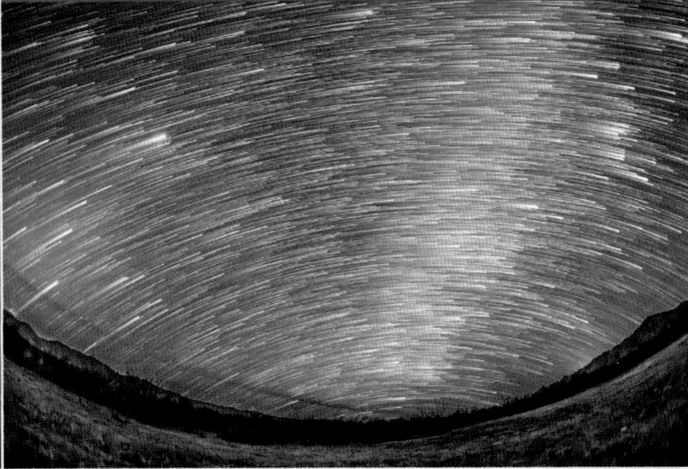

向东看： 将视线转向东方，我们看到恒星与地平线成一定角度升起，在天空中爬升的同时向右侧移动。这个鱼眼视角可以展现足够大面积的天空，所以我们能看到左边的北极星。恒星上升的角度取决于你所在的纬度。在赤道上，纬度为 0 度，恒星和太阳都是以与地平线垂直的角度竖直升起。

向西看： 夜空中的天体都在西方落下，随着它们向西方地平线沉降而向右侧移动。图中的视角同样包含了右上方的北天极。当你在纬度上向南走时，恒星上升和下降的角度也变得更陡；当你向北走时则正相反，恒星上升和下降的角度会趋于平缓。

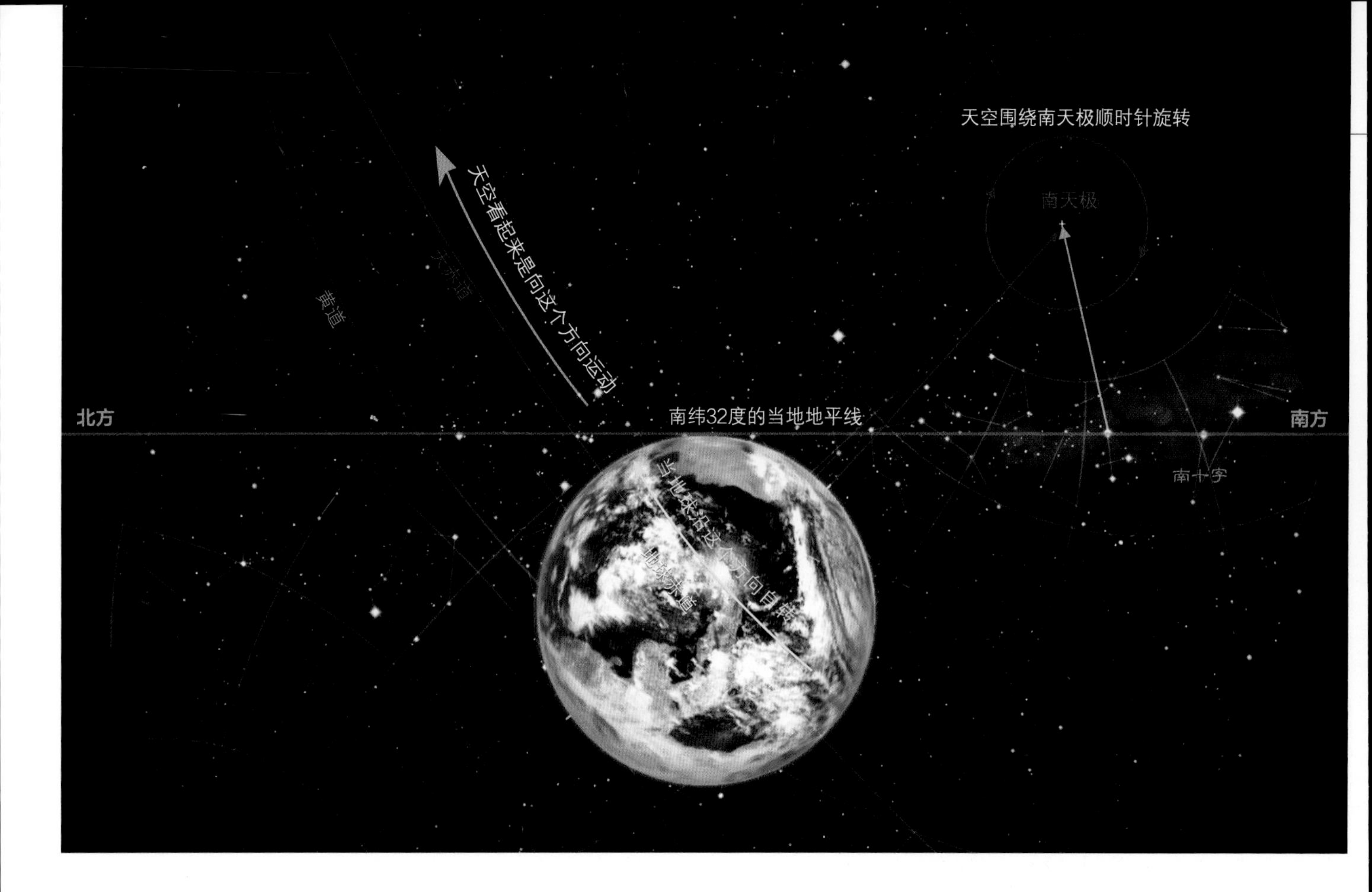

南半球的天空

从南纬 32 度开始，北极星将一直处于地平线以下。天空围绕着周围空旷的南天极（南十字座指向它）顺时针转动，南天极位于正南方，其在地平线以上的角度等于该地的南纬度，图中所示为南纬 32 度。天赤道和黄道现在在天空的北半部分别划出一道弧线。南半球的人想要看到太阳、月球和行星，需要望向北方。

改变你所在的纬度

接下来，你需要在脑海里做一点几何运动了。如果你住在北极，天空会如何移动？这时北天极（和北极星）将在你头顶上方的天顶处，整个天空也会变成与地平线平行的角度。那么在赤道上呢？这时天空的两极将分别位于地平线的正北和正南方向。天空会与地平线向垂直，在东边竖直上升，在西边竖直下落。这就是为什么热带地区的黄昏总是很短暂，夜幕很快就降临。

当你旅行到赤道以南时，北天极沉落到北方地平线下更远的地方，而南天极则在南方天空上升得更高。这时你所看到的北方天空较少，而南方天空较多。在上图和右边的照片中，我们将自己置于南纬 32 度。这些运动看起来与北纬 32 度的相似，但方向相反。来到地球的端点阿蒙森－斯科特南极站，此时南天极就在头顶正上方。跟在北极时一样，天空旋转时与地平线平行，不过方向与在北极时相反。

天极的高度

从北纬 58 度看，北极星和北天极位于天空中的高处，在正北方 58 度的高度。从北纬 32 度看，北极星的位置要低一些，只有 32 度高，但仍在正北方向上。两张照片都是用同一个鱼眼镜头拍摄的，所以比例是相同的。

夜空的运动：南半球（南纬 32 度）

在南半球，地球旋转的方向和北半球是一样的，所以天空还是从东向西转。但是从赤道以下的地方看，天空的极点在南方，而不是北方。我们向南看，可以看到拱极星，向北看，可以看到季节性的恒星。这组照片显示了在南纬 32 度处，澳大利亚上方的天空是如何运动的。

向南看： 天空围绕天极旋转，此时的天极位于地平线以上 32 度，与在北半球同一纬度时一样。但是从澳大利亚或任何位于南半球的观测点观测，天极在南方，同时天空在夜间围绕一片相对空旷的区域顺时针旋转。

向北看： 当我们从南半球的任何地方向北看时，恒星仍然是自东向西移动，不过变成了从右向左移动。太阳在白天也是如此，运动的方向与北半球的人所习惯的方向相反。在天空的北半部，我们能找到全年变化的季节性星座。

向东看： 转身看向正东方，我们会看到恒星以一定的角度从地平线上升起，与位于北纬 32 度时的角度相同。但在澳大利亚，恒星在上升的同时是向左移动的。这个鱼眼视图呈现了足够大的天空，所以右上方的南天极也得以显示。照片中心那片明亮的区域是位于人马座的银心的星云，这是一个秋天的夜晚。

向西看： 在南半球，天体仍然是从西边落下，但它们在向着地平线下沉时呈弧形向左侧移动。在这个鱼眼视图中，我们看到了左上方的南天极和拱极星。这组照片是在 OzSky Star Safari 星空聚会上拍摄的，位于新南威尔士州的库纳巴拉布兰附近，因此你能在照片的前景中看到大型天文望远镜。

猎户座的巡游

在 11 月的夜晚，猎户座于晚上 9 点左右自东方升起。到了 1 月，它在下午 5 点（日落前）升起，并在晚上 10 点左右在正南方的天空中闪耀。到了 3 月，猎户座在下午 6 点便出现在白天的天空中，位于正南方向，并随着夜幕降临而逐渐沉入西方的暮色中。

星座的运动

地球的自转导致天空每日每夜的转动。而地球围绕太阳的公转造成了天空的另一个宏大的运动，即星座的季节性巡游。我们不能在 6 月看到猎户座，也不能在 12 月看到人马座。每个星座都有其现身的特定季节。事实上，这些星座很快就成为人们熟知的季节标志。

在下面的插图中，我们俯视着地球在 12 月 21 日的轨道位置。越过地球向太阳看去，我们能看到太阳显然是位于人马座中。此时人马座中的恒星和银心都位于我们白天的天空中，无论你住在地球的什么地方，都无法看到它们。

然而，随着地球围绕太阳公转，太阳看上去也在相对于背景中的恒星向东移动，每天移动大约 1 度的距离。从人马座开始，太阳沿着黄道逐渐向摩羯座移动，然后继续移动到宝瓶座。在一年的时间里，太阳走过了构成黄道带的 12 个星座以及第 13 个星座：蛇夫座。

地球每年的运动（以及由此产生的太阳向东的行进）使原来的星座在西边的天空消失在太阳之后，同时让新的星座从东边的天空进入人们的视野。事实上，恒星和星座每天晚上都会比前一天提前 4 分钟升起。这样累积起来，每个月便提前两小时，或者说 6 个月后便提前了 12 小时。举个例子，银心所在的人马座，在 3 月 1 日大概在标准时凌晨 5 点升起，但到了 4 月 1 日，它在标准时凌晨 3 点便升起了；到了 6 月下旬，人马座和银心在午夜时分在正南方的天空中闪耀，等到 12 月，人马座又回到正午天空中太阳的后面。

经过 12 个月的累积，星座行进的提前量加起来达到了 24 个小时，我们也已经走完了整个周期——在 6 月的午夜出现在正南方天空中的星座，比如人马座，一年后又会出现在相同的位置。把一年中的星座都了解一遍，就相当于是为往后的每一年做好了准备。

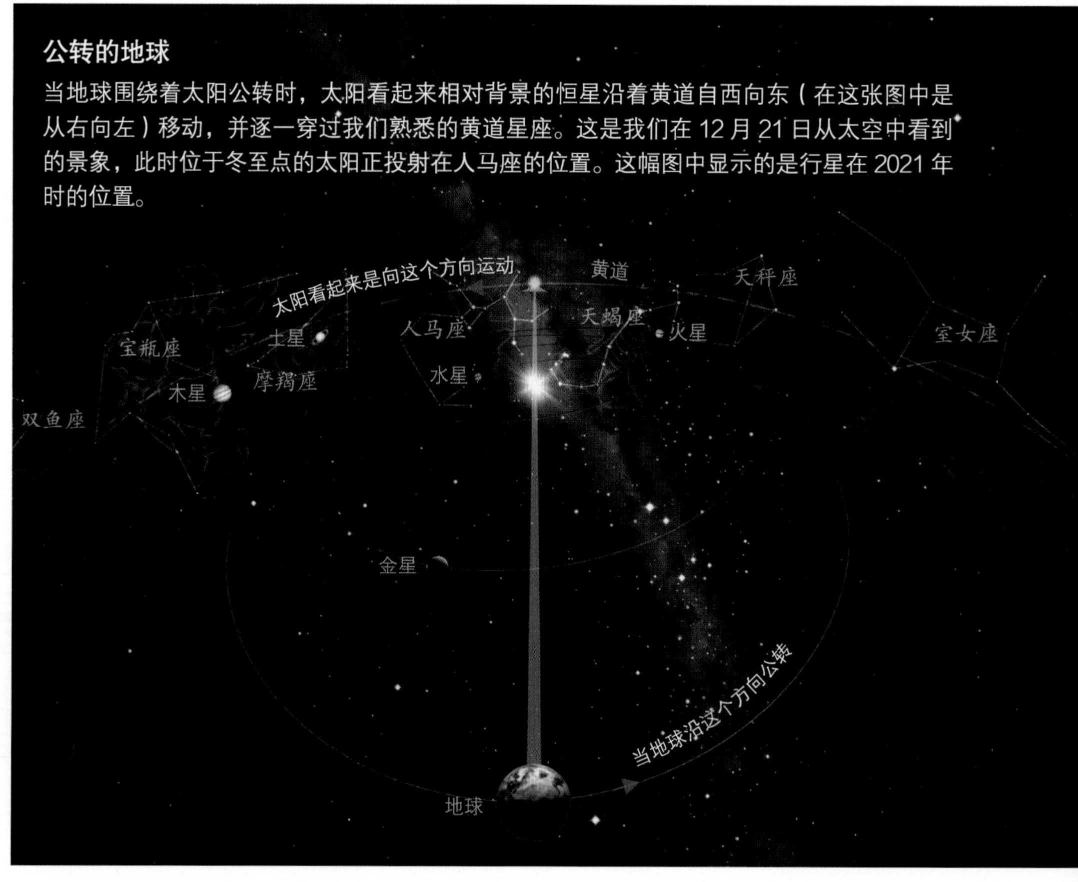

公转的地球

当地球围绕着太阳公转时，太阳看起来相对背景的恒星沿着黄道自西向东（在这张图中是从右向左）移动，并逐一穿过我们熟悉的黄道星座。这是我们在 12 月 21 日从太空中看到的景象，此时位于冬至点的太阳正投射在人马座的位置。这幅图中显示的是行星在 2021 年时的位置。

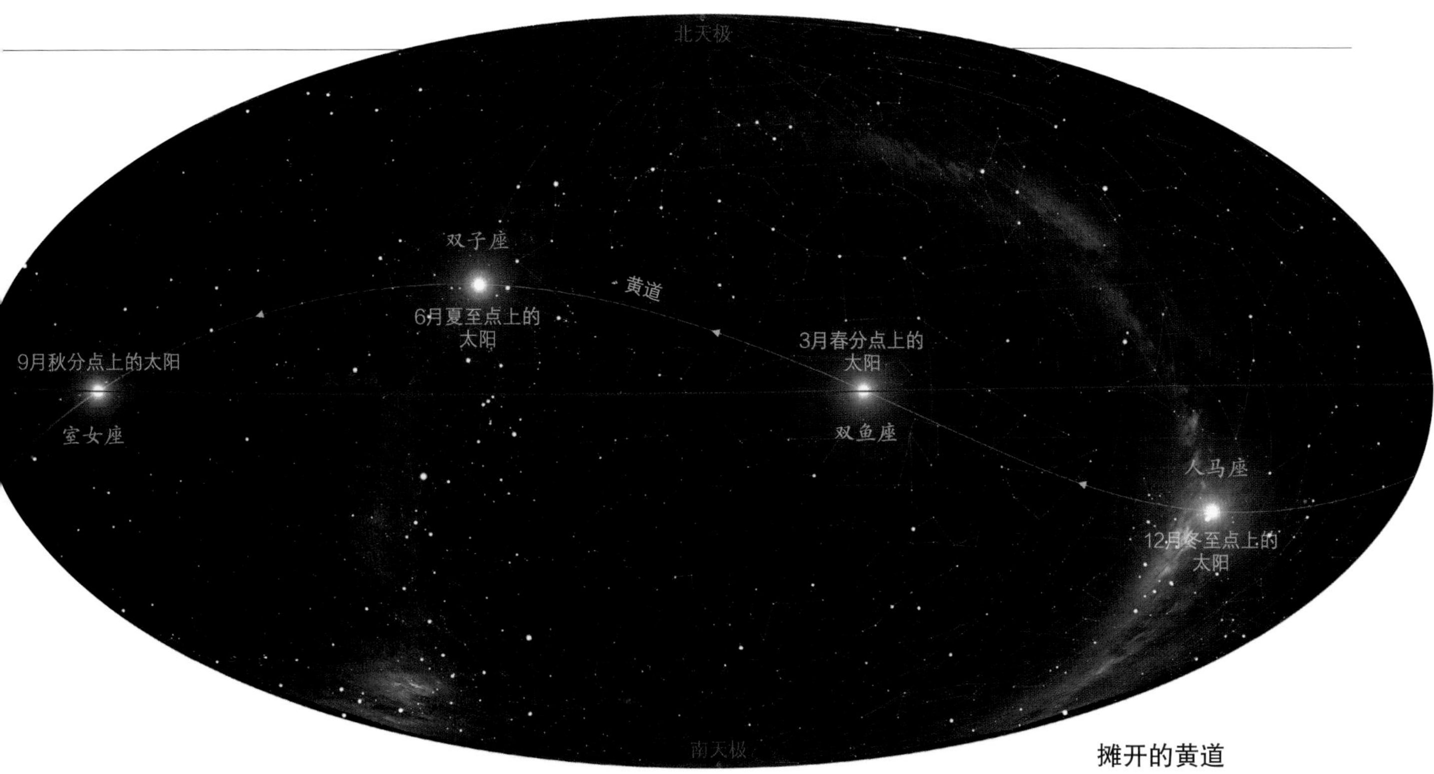

摊开的黄道

把整个天空摊开展示，我们看到两个天极分别位于地图的顶部和底部，而天赤道将地图一分为二。由于地球有一个23.5度的倾斜，黄道（地球公转轨道所在的平面）是一条在天赤道上方和下方23.5度范围内波动的线。太阳看上去在一年中沿着黄道向东（在图中是从右到左）移动。

行星的轨迹

恒星和星座每过一年都会回到天空中的同一位置，但行星不会。就像地球在围绕太阳公转一样，其他行星也是如此，而且每颗行星都有着自己的公转速度。在五颗肉眼可见的行星中，水星围绕太阳公转的速度最快，土星的速度最慢。

行星绕太阳的轨道运动使它们与背景的恒星相区别，这种区别甚至在几天之内就可以察觉到。例如，木星绕着太阳（和我们的天空）运行一周需要12年的时间，因此它在每个黄道星座中要运行大约一年的时间，它在每个星座中的运动在几周内会变得很明显。

带内行星——水星和金星从未远离过太阳，所以它们只会出现在早晨或傍晚的曙暮光中。地球轨道以外的行星，自火星向外，都可以出现在太阳的对立面，也就是我们午夜的天空中。但是所有的大行星（不包括冥王星！）总是在距离黄道几度的范围内被观测到，至于原因，这还得从太阳系的形成说起（太阳系的前身是一个由气体和尘埃组成的扁盘）。想要了解更多关于行星的运动和如何找到它们的信息，见第十四章。

然而，与大多数行星一样，地球的自转轴相对于黄道并非完全垂直，而是有所倾斜。地球的倾斜角度是23.5度。由于这个原因，黄道与天赤道并不重合。当太阳在一年中沿着黄道运行时，它在6月21日达到天赤道以北的最大值23.5度（此时太阳位于双子座），在12月21日达到天赤道以南23.5度（此时太阳位于人马座）。这就是二至点。太阳在3月21日（位于双鱼座）向北越过天赤道，然后在9月22日（位于处女座）向南越过天赤道，这就是二分点。如果是闰年，二至点和二分点都可能提前或推后一天。

夕阳的移位

太阳沿黄道向北和向南运动产生的一个效应便是日出点和日落点（图中所示为后者）会沿着地平线“漂移”。在北半球的夏至日，太阳会在遥远的北方升起和落下，但在冬至日，它却在南方落下，正如这张合成照片所示。太阳只在两个分点时才会从正东方向升起，在正西方向落下。

黄道的角度

太阳在天赤道南北的高度变化造就了季节的变化。当太阳位置高的时候，我们便得到更多的太阳能、更长的白昼和夏季。当太阳位置低的时候，白天就变得短暂而寒冷。

但月球和行星也是沿着黄道运行的。当月球与太阳位置相对（如满月时），当任何行星与太阳位置相对时，它们都会出现在我们夜空的黄道上，且出现的位置与太阳在相反季节的白天出现的位置相同。

例如，处于太阳相对位置的满月和带外行星在11月到翌年1月时出现的位置最靠北，而在5月到7月时出现的位置最靠南。冬天的满月处于天空的高位，而夏天的满月处于天空的低位。如果火星在6月至8月间到达冲日的位置（详见第265页），对北半球的观测者来说，它位于南方的低空，而在冬季11月至翌年1月发生的火星冲日，对北半球的观测者来说，火星在天空中的位置很高。

春天晚间的黄道

在春天的晚上，黄道在天赤道上方的部分位于西边的天空中。这使得晚间的黄道在地平线以上的角度达到了一年中的最高值，同时暮光中的行星也到达了它们的最大高度，正如这张拍摄于2015年5月的照片中的水星和金星。上蛾眉月也在春天来到最高点，因而春季也是观测新月和地照的最佳季节。

秋天晨间的黄道

秋天的黄道在夜晚低低地跨过天空（如本书封面的照片所示），但到了黎明时分，情况便反了过来。黄道在天赤道上方的部分现在位于天空东边，将早晨的行星摆到了其最高位置，就像这张拍摄于2015年11月的照片所示，金星、火星和木星沿着黄道排成一列。

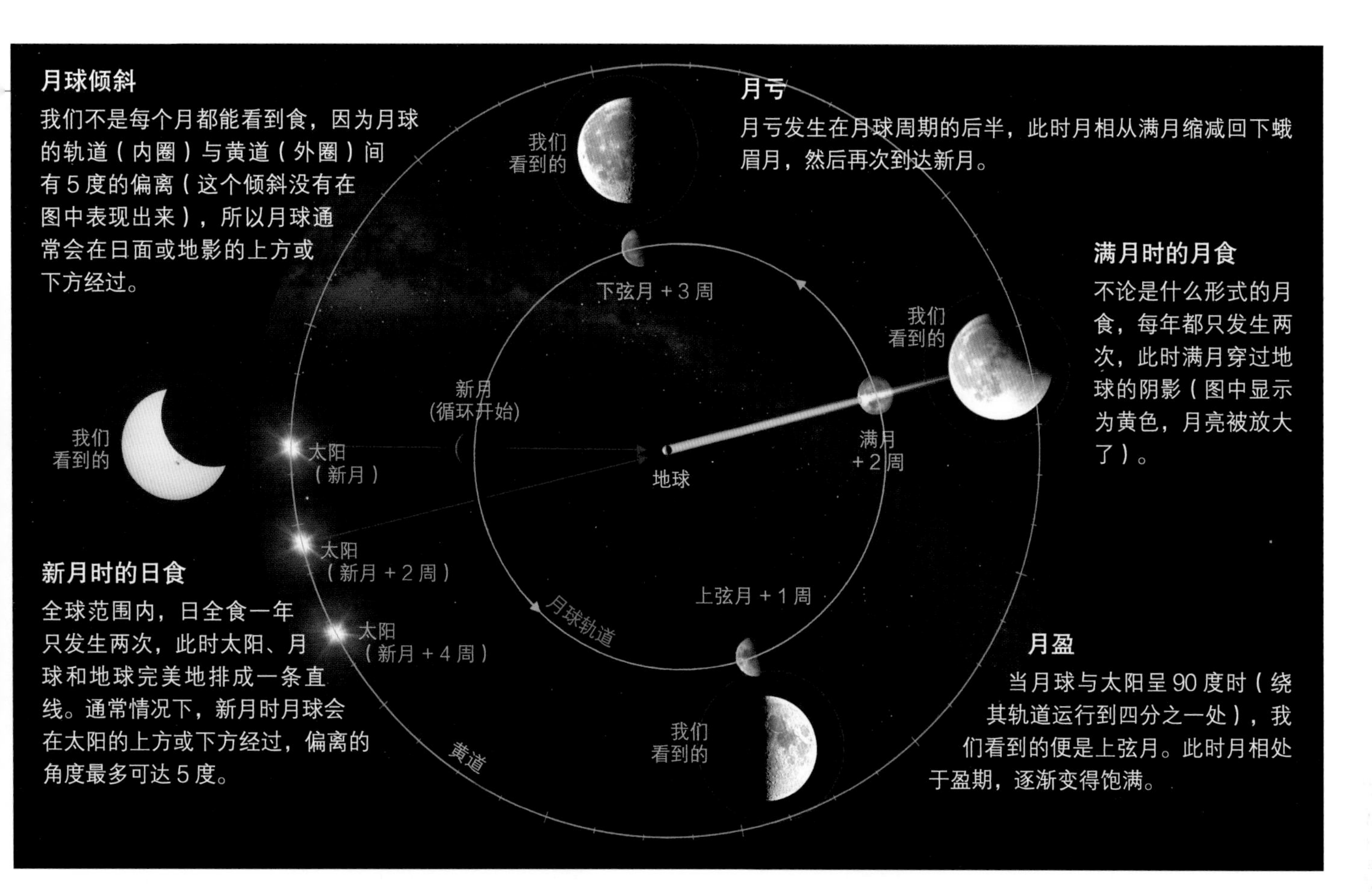

月球的运动

月相是由月球围绕地球旋转时，月球和太阳之间的角度变化所引起的。当月球运行到地球和太阳之间时，月球的夜面便朝向我们。这就是新月，一个我们平时看不到的月相，除非是月球从太阳前面穿过引发日食的时候，就像上方的图表中展示的那样。当月球与太阳成180度相对时，月球面向地球的一面完全被太阳照亮。这时我们会看到一轮满月在日落时升起，在日出时落下。如果它穿过地球阴影，我们就会看到月食，如上图所示。

在这两个位置之间，当月球与太阳呈90度时，我们看到的是半边被照亮的上弦月或下弦月。虽然月球绕地球运行一周需要27.3天（恒星周期），但一个月的时间要比这个时间长。当月球回到27天前新月时的同一位置时，太阳已经在天空中向东运行了近30度（360度的十二分之一），如上图所示。月球需要再花费两天时间才能再次与太阳呈180度相对。因此我们便得到了熟悉的月球周期：从一个新月到下一个新月之间29.5天的会合周期。

月球周期

上图：在本图中，我们自上方俯视地球，把地球保持在中心位置，同时月球绕其公转。在新月时，太阳、月球和地球在一条直线上。一周后，因为月球绕着地球逆时针移动，它与太阳之间相距90度。又一周后，日、地、月再次排成一列，迎来了满月，尽管太阳在这期间也在相对于背景中的恒星向东移动。满月后一周，月球再次与太阳相距90度。当太阳、月球和地球在29.5天后的新月时再次排成一列时，新的周期便又开始了。

盈月

这张照片显示了在五个秋天的夜晚间，新月在月相盈的变化。月球围绕地球的轨道运动使其每晚都向东偏离13度。照片中，它在傍晚的暮色中闪耀。到了满月时，它将在日落时分升起，与落日的位置相对。注意，此时的月球位于黄道之上，但正在向黄道靠近。

银河在哪里

尽管太阳、月球和行星都在黄道上出现，但月球的轨迹会相对黄道发生上下偏移，偏移的角度最多能达到 5 度。每个月，月球的路径都会穿越黄道两次，但这种轨道交叠只有发生在临近新月或满月时，我们才能观测到日食或月食，它们每年都会发生至少两次。（关于日食和月食的更多信息，请见第十二章）。

黄道在天空中大致沿东西方向。然而太阳系的平面与我们所处的扁平星系的平面并不重合。太阳系的平面，也就是黄道，与银河系的平面呈 60 度的倾斜。由于这 60 度的倾斜，银河带经常沿南北方向横亘在天空中，几乎与黄道垂直。

和我们向南穿过赤道来到南半球时观测到的情形类似，银河的能见度和我们能看到的部分在一年中的变化同样很大。下图和右页的图片展现了银河的四季变化，北半球的视图（每组图的左图）对比一年中同一时间但季节相反的南半球的视图。

6 月到 8 月

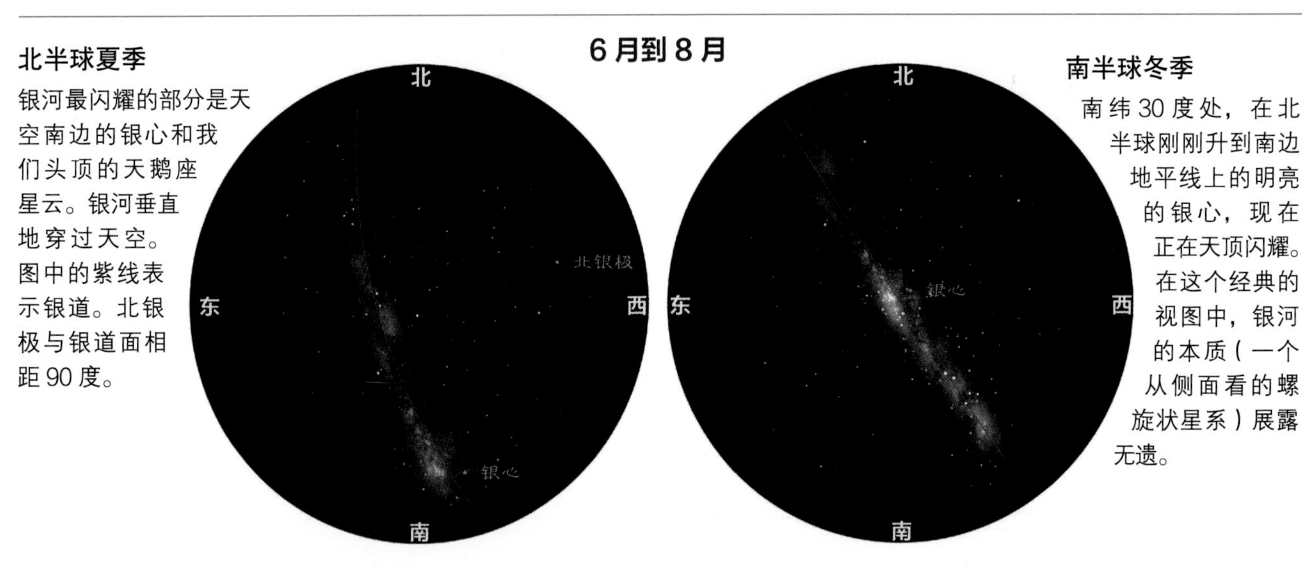

北半球夏季

银河最闪耀的部分是天空南边的银心和我们头顶的天鹅座星云。银河垂直地穿过天空。图中的紫线表示银道。北银极与银道面相距 90 度。

南半球冬季

南纬 30 度处，在北半球刚刚升到南边地平线上的明亮的银心，现在正在天顶闪耀。在这个经典的视图中，银河的本质（一个从侧面看的螺旋状星系）展露无遗。

9 月到 11 月

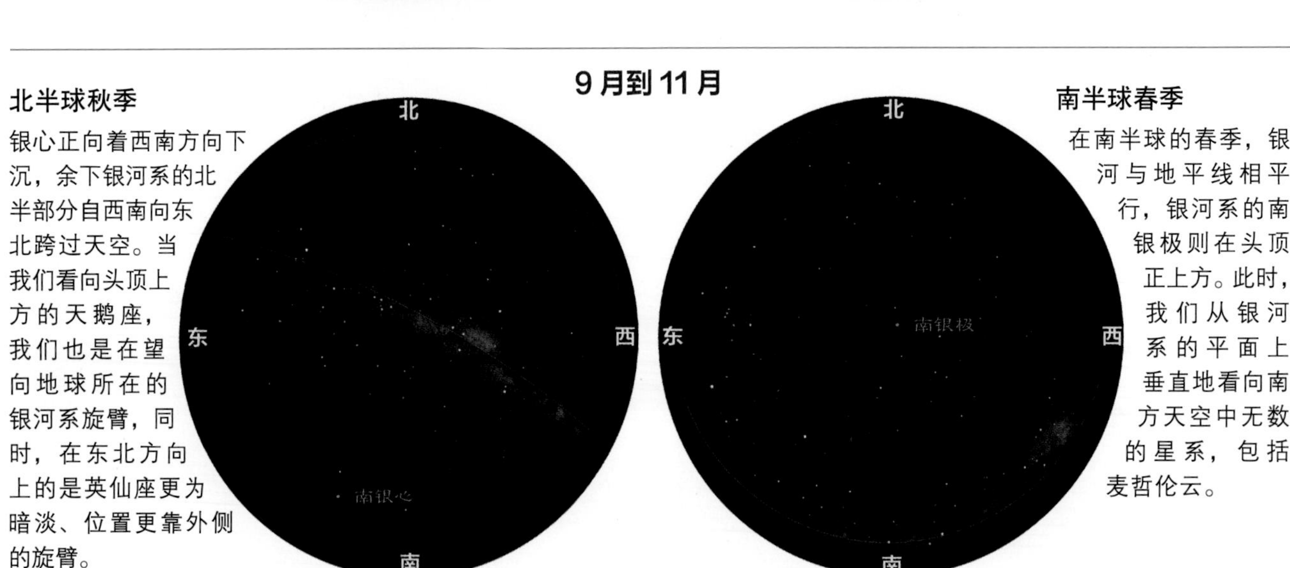

北半球秋季

银心正向着西南方向下沉，余下银河系的北半部分自西南向东北跨过天空。当我们看向头顶上方的天鹅座，我们也是在望向地球所在的银河系旋臂，同时，在东北方向上的是英仙座更为暗淡、位置更靠外侧的旋臂。

南半球春季

在南半球的春季，银河与地平线相平行，银河系的南银极则在头顶正上方。此时，我们从银河系的平面上垂直地看向南方天空中无数的星系，包括麦哲伦云。

在北半球春季，地球的夜侧朝向北银极

朝向北天极

23.5°

三月
春分

朝向北银极

朝向南天极

6月
夏至

60°

12月
冬至

银河系圆盘所在面

在6月，地球的夜侧
朝向银心

在12月，地球的夜侧
朝向银河系外边缘

地球轨道平面
（黄道面）

朝向南银极

9月
秋分

在南半球春季，地球的夜侧朝向南银极

朝向的季节变化

地球公转轨道的平面——黄道，与银河系的平面呈60度的倾斜。地球的夜侧从6月到8月朝向银心，从12月到翌年2月朝向银河系外缘。在北半球春季，我们看向北银极，而在南半球春季，我们看向南银极。

12月到翌年2月

北
北银极
东
西
南

北
东
西
南银极
南

北半球冬季

6个月后，地球已经绕太阳旋转了180度，来到了其另一侧，所以此时我们的视线与银心相对，朝着银河系的外缘。这时的银河比较暗淡，但包含了我们所处旋臂中猎户座区域的明亮恒星。

南半球夏季

注意，在左边北半球视图中位于南边天空的猎户座此时不仅高悬头顶，且位置在北边天空。猎户座的南边、银河较明亮的区域是船尾座、船帆座和船底座，朝向半人马臂，与北半球夏季的天鹅座区域相对。

3月到5月

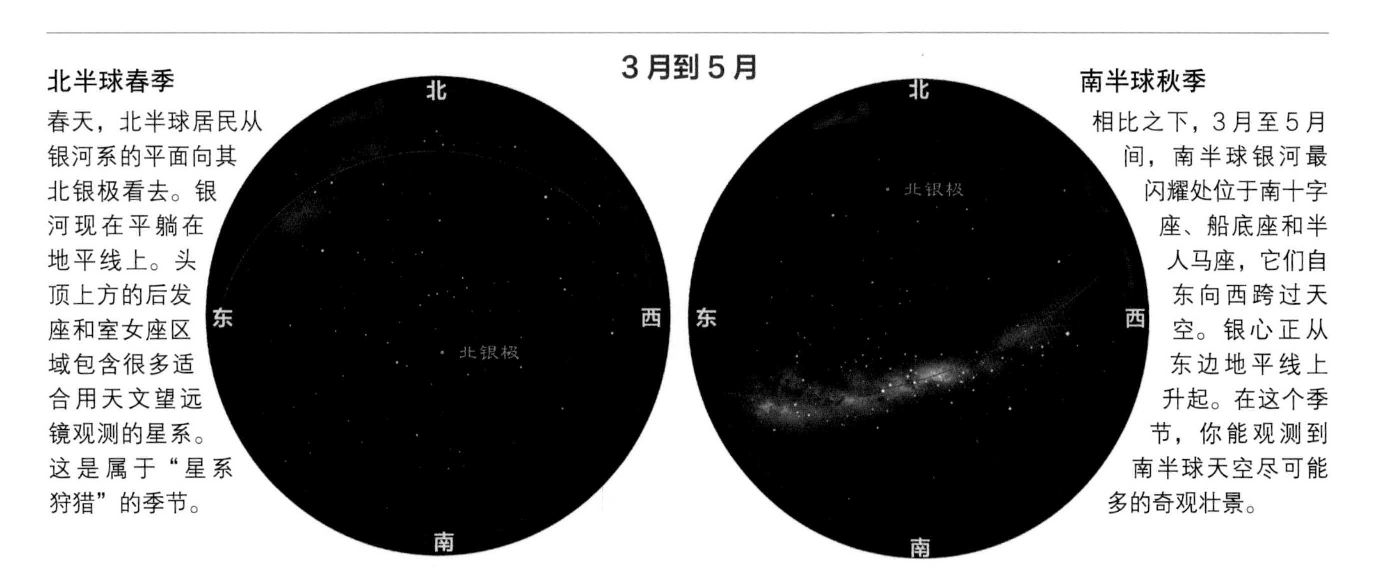

北半球春季

春天，北半球居民从银河系的平面向其北银极看去。银河现在平躺在地平线上。头顶上方的后发座和室女座区域包含很多适合用天文望远镜观测的星系。这是属于“星系狩猎”的季节。

南半球秋季

相比之下，3月至5月间，南半球银河最闪耀处位于南十字座、船底座和半人马座，它们自东向西跨过天空。银心正从东边地平线上升起。在这个季节，你能观测到南半球天空尽可能多的奇观壮景。

星桥法

即便手中只有一张活动星图或者简易的星图，但在星空下度过的夜晚也足以让你逐渐了解天空的布局及其每晚和每年的运动规律。但是，当你开始用双筒望远镜观星时（我们下一章的主题），首要的问题便成了：我该如何找到这些天体？

一个简单的答案是：使用星桥法。这是每一位业余天文学家都要掌握的技巧，你需要学会如何阅读星图，即夜空的地图，我们在下一节介绍。为了能够自如地阅读星图，我们建议你先花费几个月使用双筒望远镜进行观星，获得使用星图“搭桥”到目标的经验。

先用双筒望远镜来学习星桥法，这样你在开始用天文望远镜（其视场窄小而且看到的图像是颠倒的）解读星图时就不会觉得那么困难，不会像其他新手那样觉得是一项艰巨的挑战。这也是为什么我们会在第六章中用一个精心策划的双筒望远镜观天之旅来结束本书的“入门”部分。

如何运用星桥法

寻找诸如仙女星系和猎户星云等天体的关键在于，从明亮的引导星连接到你所寻找的目标。而这其中的关键则是辨认图案。在我们举例的双筒望远镜和天文望远镜观测目标的导游（第六章和第十六章）中，我们提供了一些关于如何使用图案来锁定目标的小技巧。我们提供的导游会帮助你学习这个过程。

但是一旦你开始自己的冒险之旅，你将使用星图集（见第 94—97 页）来选定目标附近的一颗亮星，然后找到从这颗引导星连接到目标星的路径。寻找多颗恒星构成的星链或者三角形，它们能够起到路标的作用。

诀窍是将你在脑海中规划的路径转移到天空中。这就体现出了解和熟悉天空、星座大小以及角距离的重要性了，换句话说，就是要掌握如何转动星图使其方向与天空一致。为此，你还要知道你头顶的天空是如何旋转的。比如，当你面朝东方时，你得知道北天极位于你的左边，因此，北方朝上的星图需要逆时针转动，才能与你所见的天空相匹配。

星桥法听起来好像挺麻烦的。正因如此，许多初学者会通过购买计算机控制的天文望远镜企图规避学习这一技术。在

星桥法指南

我们提供了一些星桥法路径的示例，但想要进一步探索天空的话，我们推荐你在以下书目中挑一本细读。盖伊·康索尔马诺（Guy Consolmagno）修士的《在猎户座左转》是一本畅销的经典之作。休·弗伦奇（Sue French）的《天体样本》和《深空奇观》都非常优秀。我们也喜欢彼得·比伦（Peter Birren）自行出版的袖珍版《天堂之物》（网址见链接列表 24 条目），因为在天文望远镜旁使用它很方便，并且对于每个星座的顶级的观测目标都列了详尽的清单。约翰·里德（John Read）自行出版的系列书，即上图的《用（小）望远镜看到的 50 个目标》，对初学者很有帮助，可通过亚马逊网站购买。

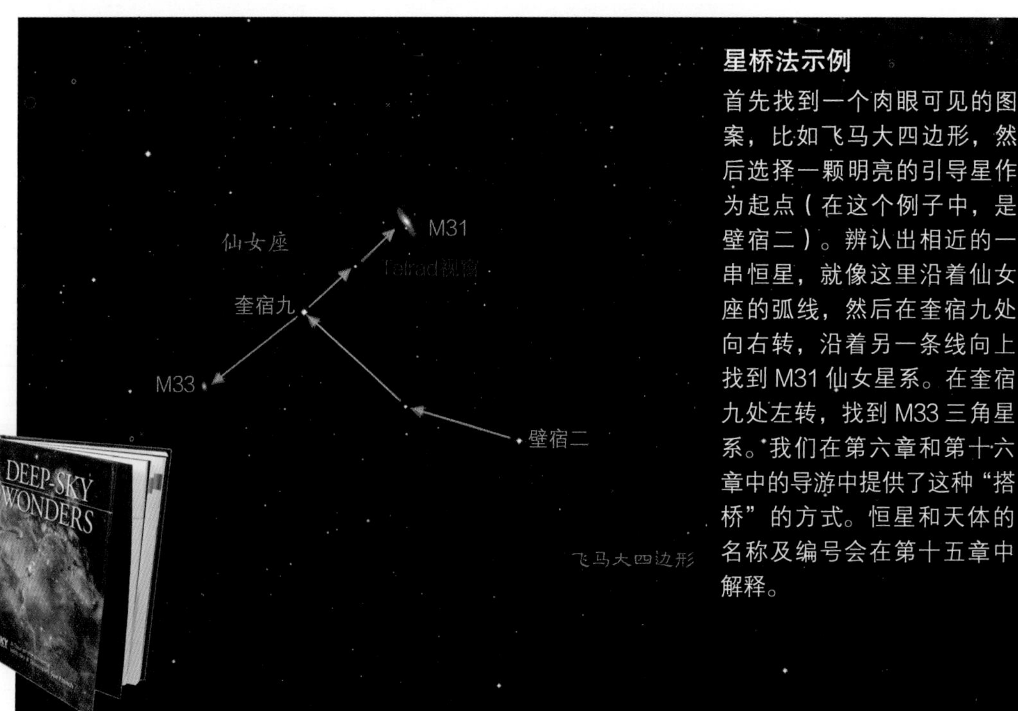

星桥法示例

首先找到一个肉眼可见的图案，比如飞马大四边形，然后选择一颗明亮的引导星作为起点（在这个例子中，是壁宿二）。辨认出相近的一串恒星，就像这里沿着仙女座的弧线，然后在奎宿九处向右转，沿着另一条线向上找到 M31 仙女星系。在奎宿九处左转，找到 M33 三角星系。我们在第六章和第十六章中的导游中提供了这种“搭桥”的方式。恒星和天体的名称及编号会在第十五章中解释。

你刚入门时不要这么做。请使用双筒望远镜来加深你对天空的了解。用不了多久，去往仙女星系等天体的星桥路径对你来说就会像家附近的小巷一样熟悉了。

先用视场方向正确的双筒望远镜进行练习，你很快就能做到仅用一个小型寻星镜或红点寻星器便把目标天体定位到天文望远镜的视场中心，这会让你的亲友（以及你自己）感到大为惊奇的。掌握这个技能可比单靠电脑帮你找到目标却连它在哪个位置都不知道要让人心满意足得多。

寻星辅助工具

我们将在第九章中讨论天文望远镜的附件时再次谈到这些工具，不过当下，只需一句话介绍就足够了：当使用天文望远镜在天体间"搭桥"时，一个优秀的低功率寻星镜是必不可少的。不过，许多新手使用的望远镜都附带一个简单的替代品，叫作红点寻星镜，或称 RDF。狩猎者也会把它装在步枪上。在使用红点寻星镜时，透过视窗可以看到未被放大的天空上叠加着一个红色的光点。

另一个选择是反射式寻星镜，如常见的 Telrad 和 Rigel QuikFinder，其在视窗中会呈现出一个红色的靶心图案。在黑暗的天空中，具备这些便足够你使用星桥法定位大多数目标。但在明亮的天空中，你可能还需要一个 6×30 或 7×50 的光学寻星镜来识别恒星的图案。然而大多数寻星镜呈现的视图都是上下颠倒或镜像翻转的，这就使得将星图的视图转换为寻星镜的视图更具挑战性了。

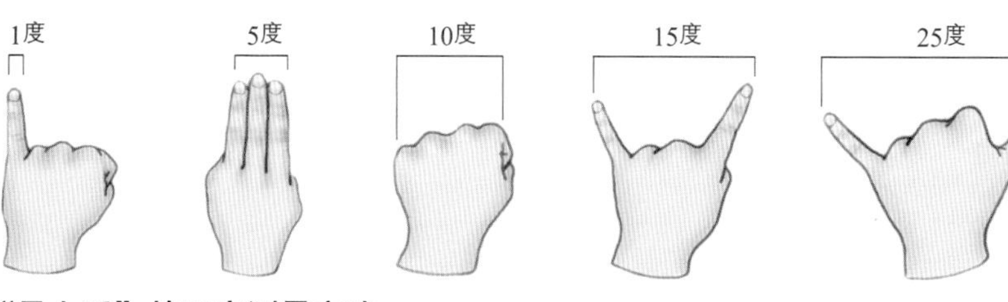

"易上手"的天空测量方法

如果你学会衡量天空中的角度大小和距离，寻找目标会变得容易许多。在双筒望远镜视场中一座 7 度的"星桥"到底有多大？一种便捷的测量方法是伸直手臂，用你自己的手作为标尺。上方的图例里标明了各个手势对应的角度，它们都是使用星桥法时经常会用到的经典角度。

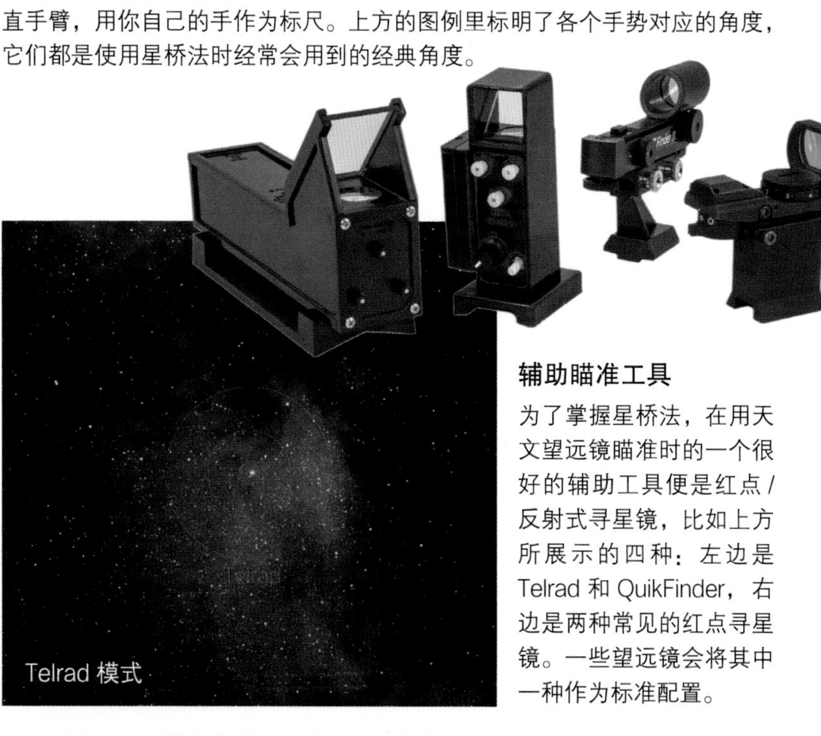

辅助瞄准工具

为了掌握星桥法，在用天文望远镜瞄准时的一个很好的辅助工具便是红点/反射式寻星镜，比如上方所展示的四种：左边是 Telrad 和 QuikFinder，右边是两种常见的红点寻星镜。一些望远镜会将其中一种作为标准配置。

北斗七星的比例

北斗七星为估计天空中的角距离提供了一个恒定的标尺。北斗七星勺头外边缘的两颗指极星相距刚超过 5 度，比大多数双筒望远镜和寻星镜的视场范围小 1 到 2 度。勺头顶部的两颗星相距 10 度，大于常见的双筒望远镜和寻星镜的视场。

实体星图集

无论你是否打算使用一架程控的自动寻星望远镜，我们都建议你配备一本星图集。或者两本！一本星图集对业余天文学家来说是必不可少的，就像公路地图集对于公路旅行者一样，即使是在这个有 GPS 卫星导航的时代。而且就像旅行者一样，天文学家也会因为没有选对正确的星图集而迷失方向。

当你规划一次跨国旅行，首先需要一幅全国地图来掌握概况，然后是一幅州或省的地图来了解更多细节，最后是区域或城市地图来获取关于易拥堵地区或你特别感兴趣的地点的信息。天文学家在用双筒望远镜或天文望远镜探索夜空时也会依照同样的流程。

为了掌握初始概况，整个天空必须显示在一张星图上。本章的开头就提供了这样的星图，每个季节一张。然而，正如第二章中提到的，天文杂志里的中心星图或一张活动星图也是不错的选择。移动应用程序也能用，但它们通常不能在一个屏幕里显示整个天空。

但是为了锁定特定的目标，即使只是使用双筒望远镜，你也需要一本更详细的星图集。电子地图集或许也能用得上，但印刷的实体星图集是不可或缺的。它将天空划分为独立的天区图，以令人印象深刻的细节描绘出其中的天体。印刷的星图集会按照其极限星等（即显示恒星的最低亮度）来分类。极限星等每增加一级，星图上所显示的恒星和其他天体的数量就会增加一倍多，星图集的体积也会大大增加。更多的细节也要求星图集的使用者具备更丰富的经验。因此不要在一开始就购买最详尽的星图集。

5 等星图集

对那些刚刚开始夜空之旅的人来说，有几本入门书提供了非常优秀的 5 等星图集以及大量的补充资料。当然，我们仍旧推荐迪金森的《夜观星空》（萤火虫书籍出版社），它包含了非常优秀的四季星图以及特别选出的值得探索的区域的天区图，此外还采用了实用的螺旋装订形式。

我们还很推荐伊恩·里德帕恩（Ian Ridpath）和星图制图师威尔·季里翁（Wil Tirion）编写的《每月天空指南》（剑桥出版社），以及由威尔·盖特（Will Gater）和贾尔斯·斯帕罗（Giles Sparrow）编写的《每月的夜空》（DK 出版社）。虽然不那么知名但同样值得推荐的是米尔顿·海费茨（Milton Heifetz）和威尔·季里翁的《漫步天际》（剑桥出版社），它可以带你一步步穿越星河，且对南半球的观星者同样适用。

较小型的书，如安德鲁·法泽卡斯（Andrew Fazekas）的《后院夜空指南》（《国家地理》杂志）同样很有吸引力，包含了很多有用的信息。但是在小型的书和夜空“野外指南”（通常与观鸟指南在同一系列）中，天空图很小，较难用于

5 等和 6 等的星图集

这些观星指南中都提供了有用的背景信息，以及四季星图或每月星图，能帮助你熟悉天空并进行基本的星座识别。其中任何一种都是开始你的天空探索之旅的好选择。在此列出的所有星图集的内页都展示了猎户座周围的同一片天空，以展示每本星图集所描绘的天空及其天体的深度。

实际操作中。

6 等星图集和 7 等星图集

每个业余天文学家都需要一本这一分类的星图集。我们的最爱是《天空与望远镜》杂志出版的《袖珍天空星图集》。更大的巨无霸版不那么容易打包携带，但更方便给视力开始老化的人在野外阅读。袖珍版和巨无霸版都包含成对的 80 张图表，以及 10 张特定区域详尽的天区图，它们采用螺旋式装订，可以摊开平放。恒星的亮度被标为 7.6 等，深空天体则被标为 11 或 12 等，包括赫歇尔 400 天体和 55 颗红色的碳星。大多数天文望远镜拥有者可能会需要的星图都被包含其中，并且售价只需 20 美元，每个人都应该拥有一本。

我们的另一个“最爱”是威尔・季里翁编写的全彩的《剑桥星图集》（剑桥出版社，30 美元），其中有 20 张极限星等为 6.5 等，且绘制了 900 个深空天体的星图。它分为普通版和詹姆斯・马拉尼（James Mullaney）编写的专业版，后者适合双星观测者，和想要观测赫歇尔深空天体进而完成赫歇尔 400 天体目标的人，赫歇尔深空天体是威廉・赫歇尔（William Herschel）创立的星表系统中的一个子集（具体解释见第 290 页）。

在几十年的时间里，《诺顿星图集》都是一个很受欢迎的选择。它首次出版于 1910 年，至今仍在印刷。不过，尽管近几年进行了修订，但它的星图和深空天体列表还是被更多新的出版物超越了。

8 等星图集

天文制图天才威尔・季里翁在他的《天空星图集 2000.0》（天空出版社和剑桥出版社）中绘制了权威的 8 等星图集。这是一部巨大的星图集——其中的 26 张星图都是 300 毫米 ×457 毫米的大小，展示了大约 40 度 ×60 度的天空区域。这些星图的尺寸不能再小了，不然就不能完全展现一个完整的星座，也不能体现所描绘的那部分天空的背景和位置。

该星图集提供了三种版本：螺旋式装订的豪华版（40 美元），其中的星图是全彩的；较小的桌面版，背景是白色的，恒星显示为黑色；野外版，黑底白星，有助于在使用天文望远镜时保持夜视能力。我们在家时经常使用豪华版。对于在天文望远镜上使用，我们建议使用塑料层压版的野外版（80 美元），它可以经受住露水和粗暴的用法。

9 等星图集

编制亮度低至 9.75 等的恒星星图集是一项庞大且艰巨的任务。为了迎合大口径反射镜的逐渐普及以及 20 世纪 80 年代以来业余爱好者更高的观测要求，需要绘制超过 280,000 颗恒星，以及 30,000 个 14 等的深空天体。1987 年，随着威尔・季里翁、巴里・拉帕波特（Barry Rappaport）和乔治・

6 等、7 等和 8 等的星图集

下左图：《剑桥星图集》有多个版本可供选择，但普装版的星图集是最适合大多数观测者使用的。所有版本的星图集都是螺旋式装订，可以平摊在望远镜前，每页绘制了一张星图，并在封面上呈现出天体表。

下右图：《天空星图集 2000.0》体积较小的野外版和桌面版中使用了黑白单色的星图（上图），以塑料层压板的形式出售，而大型的豪华版（下图）则将彩色的星图绘制在折页上，适合在家里使用。

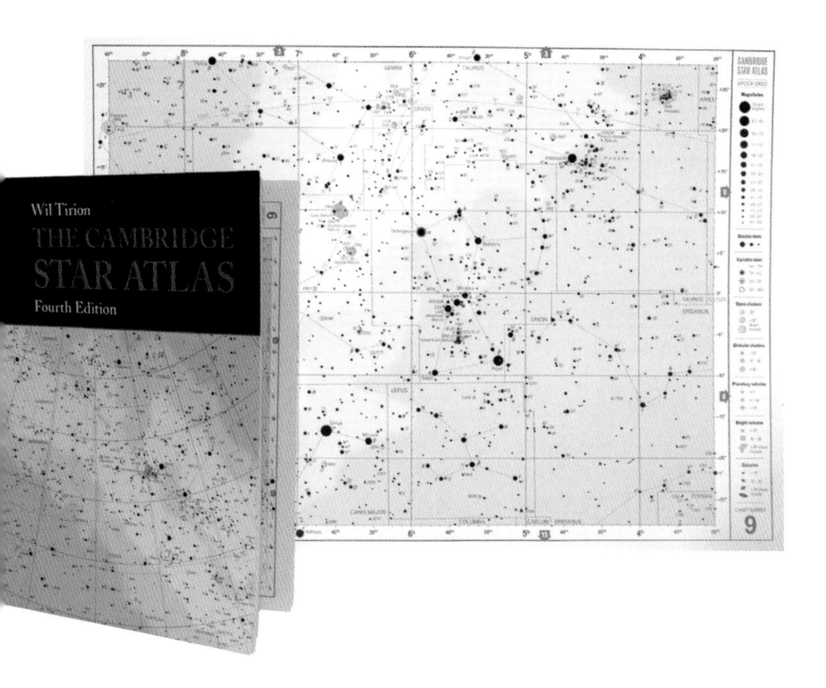

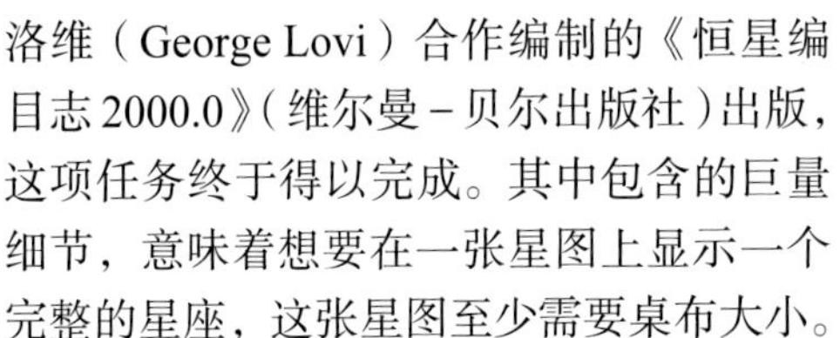

9 等星图集

上图：现今以单卷星图形式出售的《恒星编目志 2000.0》是最深入、最详细的印刷版星图集。单色的星图在相邻的两页上并排成对。然而，截至 2021 年初，《恒星编目志 2000.0》已经绝版，也许只能在二手书市场上买到了。

右上图：彩色的星图横跨螺旋装订的两页，按照能见度等级用不同的颜色描绘，这是新出版的《星际深空星图集》的一个独有特征。它已经成为我们在家中书桌上最喜欢使用的星图集，尤其是在辨别所拍摄的照片中暗淡的星云和星系时。

洛维（George Lovi）合作编制的《恒星编目志 2000.0》（维尔曼－贝尔出版社）出版，这项任务终于得以完成。其中包含的巨量细节，意味着想要在一张星图上显示一个完整的星座，这张星图至少需要桌布大小。

很明显，这是不现实的。结果是天空被分为 220 张双页的星图，再加上额外的 29 张特写天区图，全部为 228 毫米 ×300 毫米的大小，初次印刷时分为上下两部分。最新的版本将北半球和南半球的星图合并为单独一本全天星图集（60 美元）。其配套的《野外指南》（60 美元）中则包含了所绘制的所有天体详尽的数据表格。

很难想象会有一部星图集比《恒星编目志 2000.0》更先进，但多年后，《千禧年星图》确实做到了。这本星图集涵盖的天体范围达到了令人难以置信的 11 等，包括 1548 张星图，分为三卷，每卷都有 228 毫米 ×330 毫米那么大，尽管现在已经绝版，但仍然被星图集爱好者所珍视。这部星图集售价高昂且装帧豪华，以至于没有人愿意在户外使用它！

当 1997 年《千禧年星图》出版时，电子星图集软件如《以地球为中心的宇宙》《MegaStar 天空图》和《冥王星计划》（均搭载于 Windows 系统）也开始流行，并有取代印刷版星图集地位的势头，尽管截至 2020 年，所有这些曾经流行的程序都已经多年没有更新了。

幸运的是，印刷版星图集存活下来了！并且还新诞生了一本最佳星图集的竞争者。最初由罗纳德·斯托扬（Ronald Stoyan）和斯特凡·舒里希（Stephan Schurig）用德语编写，而后由剑桥出版社发行了英文版本，这本《星际深空星图集》绘制了亮度低至 9.5 等的 200,000 颗恒星和 15,000 个深空天体，包括 526 个暗星云、58 个星云、500 个星系群和 117 个星系团，以及 2950 个双星、371 个带有系外行星的恒星和 536 个星组。还标注了流行天体的昵称，例如，NGC 7479 被标注为“超人星系”，NGC 6905 被标注为“蓝闪星云”。大多数星图集都没有这类标注。

除了两张拱极星图外，桌面版中的 114 张星图都横跨两页，每页的大小为 250 毫米 ×279 毫米，采用了螺旋式装订。这本星图集有一个超凡的优点，即用不同的字体绘制天体的名称，以表明它们适合在多少口径的天文望远镜中观测：100 毫米、200 毫米、300 毫米或是更大。你可以只看一眼就知道某个天体是一个微弱的、具有挑战性的目标，还是一个璀璨明珠。

其配套的《星际深空指南》提供了所绘制的 2362 个深空天体的数据、图像和简要概述。每本的价格约为 80 美元，不过亚马逊网站上的价格差别很大。对严谨的深空观测者来说，《星际深空星图集》和《星际深空指南》共同构成一套了不起的参考书。我们向你强烈推荐它们——但前提是你要按照我们在第十五章中的建议，真正投入深空观测中。

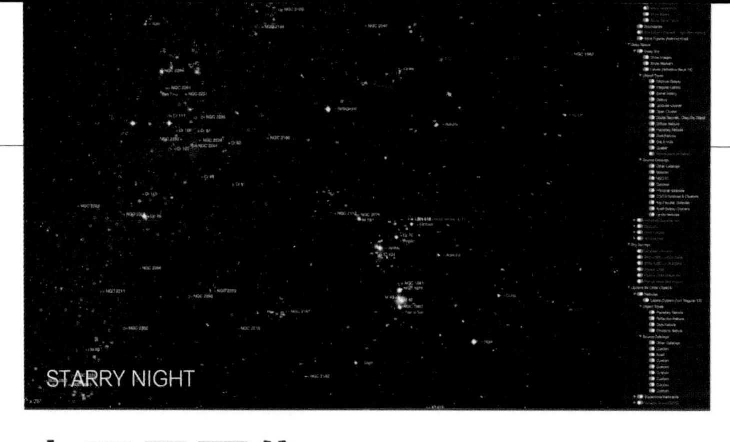

STELLARIUM

电子星图集

虽然《星际深空星图集》证明了印刷版星图集仍旧富有生命力，但电子星图集也很出色。此处的“星图集”指的是形形色色的星图软件，它们能够绘制亮度极低的恒星和天体的星图，并且能够像那些模拟天空的天象仪应用程序一样，以赤道上方为北的视角来展现星图，而不是只能展现上方为天顶的视角。

这些更先进的星图集应用相比印刷的星图集有几个优势。如果需要的话，它们可以被放大以获取更多的细节，比如可以显示 15 等的暗星，还可以进行过滤，只显示你感兴趣的天体或者高于某个星等的天体。平板电脑上的移动端版本可以连接到天文望远镜上——点击一个目标，你的天文望远镜就会自动转向它。我们将在第十一章中讨论计算机的控制。

电脑端

几十年来，历经多次迭代和发行商更替，我们仍旧坚持在电脑上使用的程序是 Starry Night Pro（网址见链接列表 25 条目）。它拥有非常优秀的数据库阵列，并且能够添加视场（FOV）指示器来展现你最喜欢的目镜、天文望远镜和相机镜头的视场。这对于规划照片拍摄和观星活动有很大的帮助。本书中的许多图表便是我们使用 Starry Night 制作的。

在那些操控程控望远镜和遥控望远镜的高阶天文摄影师中，TheSkyX 专业版（网址见链接列表 26 条目）很受欢迎。收费较低的 SkyX 严肃天文学家版也提供了天文望远镜控制和大多数用户需要的全部功能。从 2020 年起，TheSkyX 的所有版本，从严肃版到高级成像版，都需要在一次性付款的基础上每年续订。

Stellarium（网址见链接列表 27 条目）是一个适用于所有平台的免费开源程序，提供大量可扩展的数据库，并有非常吸引人的天空。我们用它制作了本书中的全天星图。许多观测者把它作为主要的使用程序，开发者社区为其补充了插件来增加功能，例如 FOV 指示器。

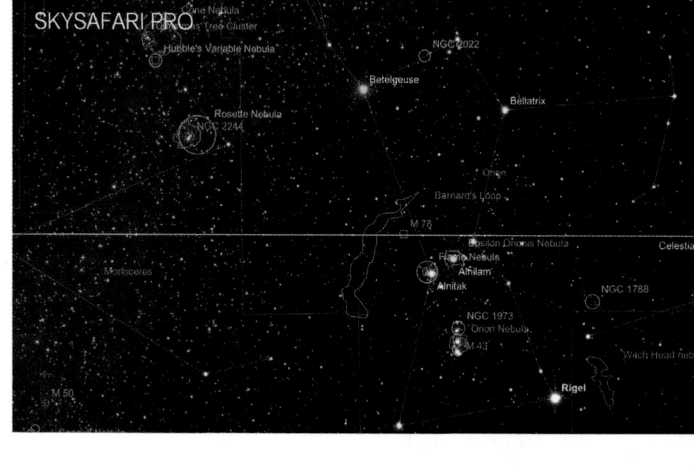

高阶的应用程序

从左上角开始顺时针方向：通过电子星图集，如 Starry Night，你可以选择要显示的天体类别，甚至是它们的标注方式。电脑端的 Stellarium 也可以从大量的天体目录和天体类型中过滤显示。iOS 系统和安卓版的 SkySafari 提供天文望远镜控制和大多数移动用户需要的所有细节。严肃的观测者则会想要拥有专业版，因为它有更庞大的数据库。

移动端

电子星图集在天文望远镜的使用中发挥了自己独特的作用，因为它们可以让你对星图进行放大和定格，以配合目镜视图，甚至对视图进行翻转或倒置，从而方便识别每个暗淡的天体。

星图集程序 TheSky Mobile（网址见链接列表 28 条目）和 Luminos（网址见链接列表 29 条目）都只适用于 iOS 系统，它们拥有深度数据库、赤道模式视图和天文望远镜控制功能。我们几乎每天都会用到的一个程序是 SkySafari Pro（网址见链接列表 30 条目），它拥有丰富的可单独选择的数据库和 FOV 指示器功能，并且可以按照观测列表来显示天体，这个列表可以从图书馆下载，也可以自己选择。所以如果你打算观测所有的 110 个梅西叶天体或者作者戴尔列出的 110 个最优秀的 NGC 天体，你都可以选择只突出显示这些天体，甚至可以记录你的观测结果。

SkySafari 和 StarryNight 来自同一个发行商，所以通过 LiveSky 云同步功能，这两个程序可以共享数据，如 FOV 指示器和观测列表以及你创建的日志。所有这些程序都非常强大，（基本上）没有漏洞，而且被很好地维护着。

第五章

选购双筒望远镜进行天文观测

经验丰富的业余天文学家总会把双筒望远镜放在触手可及之处。为什么？在性能、视场范围和便捷性上，双筒望远镜介于肉眼和专业天文望远镜之间。我们认为，在一名业余天文学家会用到的所有器材中，双筒望远镜是最通用和必要的。然而双筒望远镜的重要性经常被业余天文学家，尤其是新手们所低估。这很遗憾，因为相比一架小型的天文望远镜，双筒望远镜要容易使用得多。

尽管大部分家庭都有双筒望远镜，很多新手却想不到用它们来进行天文观测。他们认定如果想开展这个爱好，一定要购买一架专业的单筒望远镜，通常还是复杂的可以与计算机连接的那种，而不是使用他们早已具备的双筒望远镜来遥望夜空。下一章中将展示一些精心策划的天体观光之旅，其间便是使用双筒望远镜来观赏和了解天空。但在本章中，我们会就如何选购双筒望远镜提供一些建议，既适用于新手来购买他们的第一套设备，也适用于老手来给他们值得信赖的好伙伴进行一次升级。

身为一名业余天文爱好者，在你所有的经历中，很少有哪个能超越当你站在漆黑的夜空下，用手中仅有的一架双筒望远镜探查银河时所感受到的纯粹的欢愉。双筒望远镜能让老练的观测者们回归基础，也能让新手们领略基础。

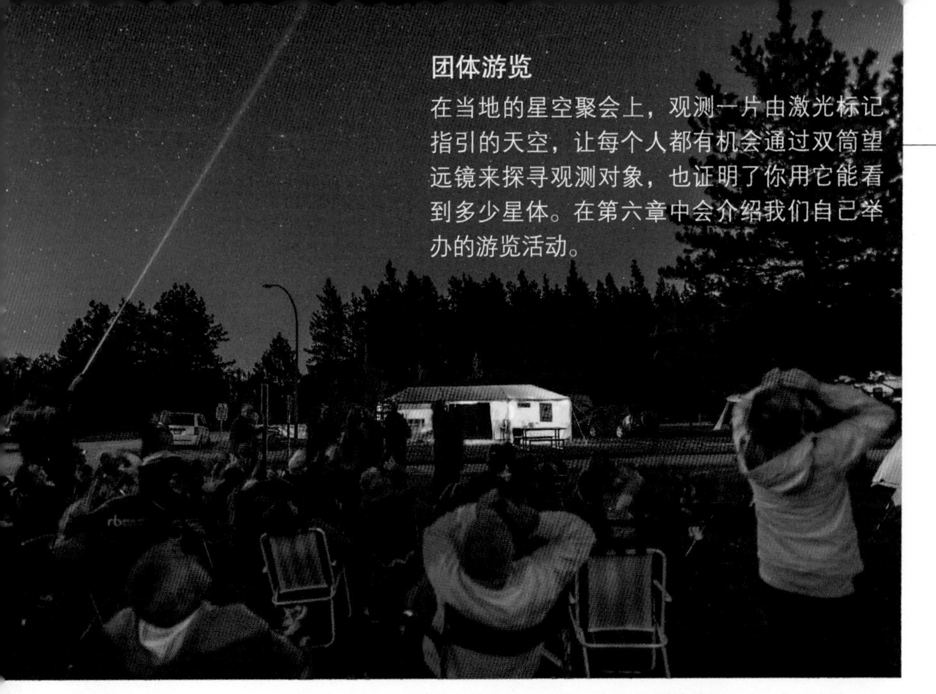

团体游览

在当地的星空聚会上，观测一片由激光标记指引的天空，让每个人都有机会通过双筒望远镜来探寻观测对象，也证明了你用它能看到多少星体。在第六章中会介绍我们自己举办的游览活动。

考虑一下平平无奇的双筒望远镜吧

你在夜幕下看向天空，即便使用的是最普通的观鸟用望远镜，也能体会到朦胧模糊的银河分化为成千上万颗星体的景象——这是一名业余天文爱好者所能受到的最棒的款待之一。在整个天空范围内，大约有4000颗恒星是肉眼可见的，而使用双筒望远镜能观测到10万颗以上。

相比单筒望远镜，双筒望远镜有几个优点：

- 使用方式简单直观。只需把它们举到眼前，然后凝神观看即可。
- 观测画面正面朝上，与你的裸眼视野和星图相匹配。
- 其观测视场更广阔，能让你更容易找到观测对象。
- 不需要安装。你不必费心去考量晚上的条件是否好到值得你大动干戈地把单筒望远镜架设到屋外。
- 最后，使用两只眼睛进行天体观测能让你看得更多。你的大脑习惯了接收来自两只眼睛的信息，并把模糊的图像处理为真实图像。双眼能多看多少呢？专家估计能比单眼视场多40%。

棱镜对

波罗棱镜双筒望远镜（下左图）以19世纪的光学仪器发明家伊尼亚齐奥·波罗（Ignazio Porro）命名，具有为人所熟知的N形光路。屋脊棱镜双筒望远镜（下右图）的镜筒是直的，这也是它们最显著的外形特征。它们绝大部分都应用了发明于1899年的施密特－佩汉棱镜设计。波罗望远镜都采用外部调焦，而屋脊望远镜使用的是内部调焦系统。

双筒望远镜的种类和术语

双筒望远镜的尺寸、倍率、型号和价格分类真是令人眼花缭乱，从供孩童玩耍的塑料玩具、徒步者口袋里的小型装备，到装载在战舰上的150毫米口径的双镜筒怪物（真的特别大！）。但是所有这些都有着共同的规格和特征。

口径和倍率

双筒望远镜上会印刻两个数字，例如10×50。第一个数字表示放大倍率；第二个数字表示前透镜的直径，以毫米为单位。因此，10×50意味着放大倍率为10倍，镜头直径为50毫米。

一些在其他方面值得称赞的网站，例如链接列表31和32条目的网站，经常声称天文观测望远镜的镜头直径至少要有70毫米，且具备很高的放大倍率。绝非如此！这是一种夸大的虚辞，后面我们讲到选购天文望远镜时会再次遇到这种说法。庞大的、放大倍率过高的双筒望远镜会将我们刚刚提到的优势全部抹杀。

在所有可选择的口径和放大倍率组合中，我们最常用也最推荐用于天文观测的望远镜，其镜头直径在42到56毫米，放大倍率在7到10倍。它们在聚光能力、放大倍率、便捷程度及重量等方面达到了绝妙的平衡。

屋脊棱镜 vs. 波罗棱镜

双筒望远镜应用棱镜系统是出于两个目的：通过折叠光路来减少光学系统的长度，以及产生一个便于观察的正向的图像。

波罗棱镜双筒望远镜是经典的设计，现在并非所有品牌都还出售波罗望远镜，仍在出售的那些也基本都是入门级型号。唯一的例外是视得乐（Steiner）等制造商生产的高级航海望远镜，它们在航海市场上占主导地位，因为在颠簸摇晃的船舶上，7×50的波罗型望远镜是在黎明或黄昏进行观测时的首要选择。而在天文领域，无论是7×50还是10×50的波罗棱镜望远镜都能以较低的价格提供出色的性能。

屋脊棱镜双筒望远镜则更受欢迎，因为它们的体积和重量都小，便携性高。但

双筒望远镜视场展览

这里列举了一些适合，甚至可以说最好是使用简单的双筒望远镜观测的天文景象。

太阳系

天文事件

深空天体

月球上的地照
（靠近蜂巢星团，2019年5月10日）

明亮的彗星
（新智彗星，2020年7月）

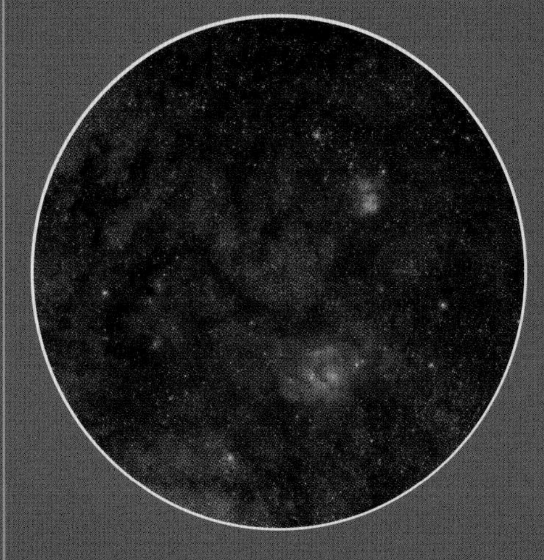

银河系的星域
（如礁湖星云和三叶星云）

合（新月在金星和水星下方，
2020年5月23日）

月食
（梅西叶35星团附近，2010年12月20日）

明亮的星团
（如毕星团）

木星的卫星
（在凸月之上，2016年2月23日）

日食
（2009年7月21日的日全食）

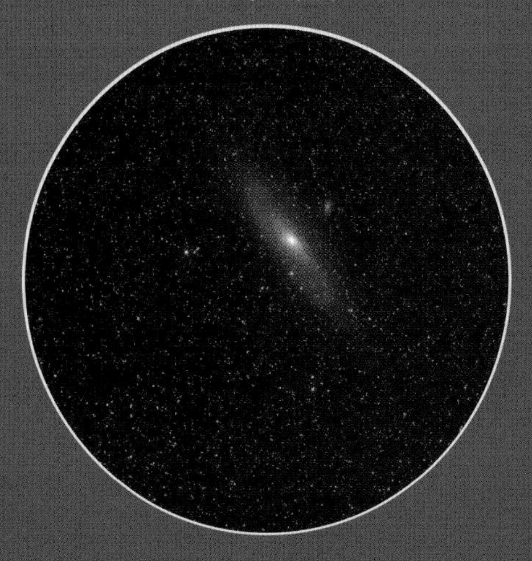

仙女星系，
即梅西叶31

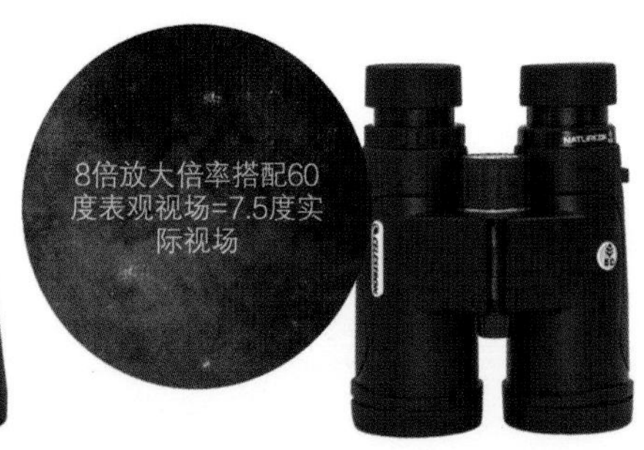

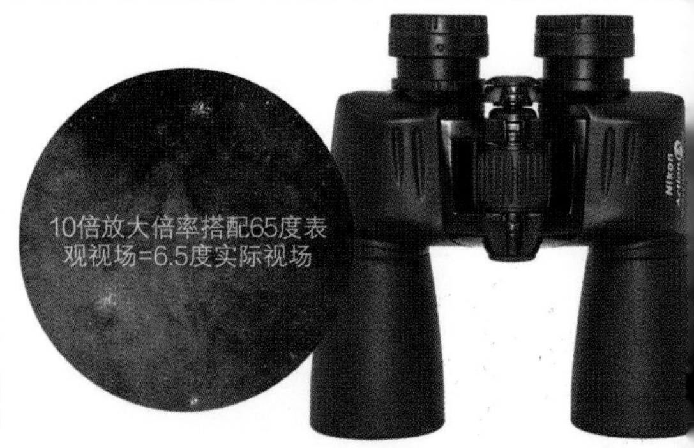

视场的对比

从左到右：模拟了50度表观视场的7×50双筒望远镜所展现的视场：一个小光圈中7.1度的天空。60度视场的8×42双筒望远镜展现了更大的光圈和更宽的7.5度实际视场。视场为65度的10×50（或10×42）望远镜呈现的光圈更宽一点，但由于其放大倍率较高，所以显示的实际视场反而较小（6.5度的天空）。

计算视场

实际视场有时候会用阔度来表示，即每千码多少英尺或每千米多少米。

- 英尺到角度的转化：每千码可视的英尺数除以52.5，即为实际视场的角度。
- 米到角度的转化：每千米可视的米数除以17.5，即为实际视场的角度。

它们比波罗棱镜型号更昂贵，屋脊型望远镜的最低价往往和波罗型望远镜的最高价齐平。从理论上来说，波罗棱镜有着更高的透光率，但大多数屋脊棱镜双筒望远镜都具备优秀的镀膜和光学器件，使得两者间成像亮度的差异变得微不足道。

出射光瞳 vs. 年龄

为了在夜间获得最明亮的图像，许多参考文献中都指出，从双筒望远镜目镜中射出的光锥的直径，即出射光瞳，应该与扩散的、适应了黑暗条件的眼睛瞳孔的直径相同，对年轻人来说，就是7毫米。

如何计算出射光瞳？很简单。只要用望远镜口径的毫米数除以放大倍率就可以了。例如，7×50的望远镜的出射光瞳是7.1毫米（50÷7）；这也是为什么长期以来，航海家和观星者都喜欢使用7×50的双筒望远镜。

然而，在30岁以后，随着眼部肌肉逐渐变得不灵活，我们的瞳孔直径大体上每20年左右就会减少一毫米。因此，将7毫米规则应用到全部观测者身上，便是忽略了年龄变化产生的影响。此外，每个人的眼睛的晶状体外缘都有一些与生俱来的差距，这也会产生光学偏差。

基于以上原因，同时经过我们的测试证实，在观测各种天体时都能显示出最多细节的望远镜，其出射光瞳在4到5毫米。这囊括了10×42和10×50这两种规格。

放大倍率 vs. 稳定性

大多数人发现，想要舒适自在地举起并使用双筒望远镜，放大10倍便是极限了，因为手臂的每次颤动也会被放大10倍。使用放大倍率为7倍或8倍的望远镜可以获得更稳定的视场。此外，7×50或8×42规格的望远镜，其出射光瞳也更大，使你的眼睛更容易在目镜上定位。如果你的头或手会颤抖，请继续使用7倍或8倍的型号。

适瞳距

必须佩戴眼镜来矫正散光的双筒望远镜使用者，或是偏爱在观测时戴眼镜的使用者，会受益于适瞳距较长的双筒望远镜。通常在佩戴眼镜的情况下，即使适瞳距达不到18或20毫米，至少也要有15毫米才够用。在早些年，你得经历一番苦寻，并支付高价，才能获得这样一架所谓的“高眼距”型望远镜。

今天则不然。我们为这本书的当前版本所测试的所有双筒望远镜，包括那些价格最低的型号，都具备出色的适瞳距，只有一两个例外。即使你不戴眼镜，较长的适瞳距也能让你在使用望远镜观测时感觉更舒服。你的眼睛不会被迫紧贴在目镜镜片上，而是可以靠于高且柔软的眼罩上。

表观视场和实际视场

透过双筒望远镜所看到的光圈的直径被称为表观视场，视场一词可缩写为FOV，以度为单位。表观视场的大小取决于目镜的结构设计，而与主镜片的直径没有关系。这个光圈的直径越大，视场也就越清晰和宽广。相应的代价是，在宽阔的视场中，靠近视场边缘的恒星的形态会变得扭曲和模糊。

即使是许多入门级的双筒望远镜现在也有60度至65度的宽阔视场。更优秀的型号与普通型号的区别在于，在更大比例的视场中，恒星的形态也能更加清晰。虽然标准的45度至50度视场的双筒望远镜能够保持视场边缘处仍然清晰，但

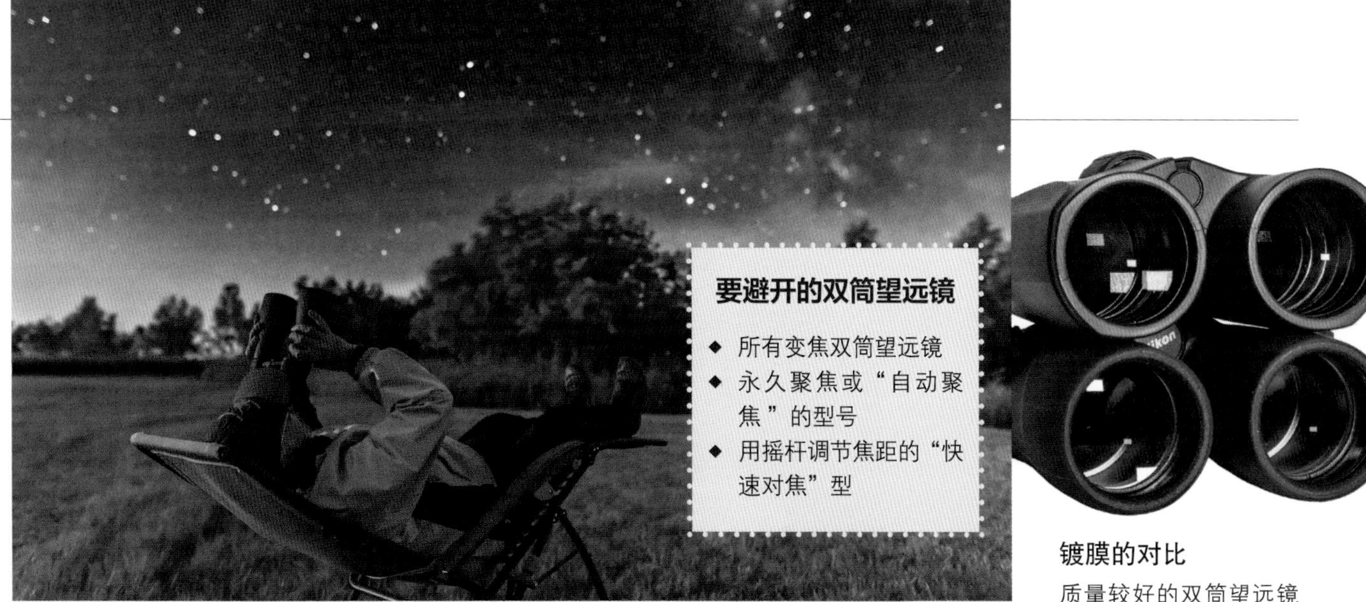

要避开的双筒望远镜

- 所有变焦双筒望远镜
- 永久聚焦或“自动聚焦”的型号
- 用摇杆调节焦距的“快速对焦”型

保持稳定

双筒望远镜最好的配件是一把“零重力”休闲椅，可以让你朝后躺倒，自由地扫视四周。

镀膜的对比

质量较好的双筒望远镜（顶图）在所有的光学表面上都有多层镀膜，以获得最大的透光率和对比度。它们的镜头玻璃看起来很暗，有深色的反射。镀膜较差的镜头（下图中的白色反光暴露了其较低的质量）所展现的视场昏暗，在看月球时会有鬼像或镜头光晕。

它们会让使用者有种通过管道往外看的逼仄感。

表观视场的概念并不常用。通常提供的数据是实际视场，表示的是双筒望远镜能显示多少天空，也是以度为单位。这个数值取决于目镜的表观视场和倍率。计算公式为：实际视场 = 表观视场 ÷ 放大倍率。

因此，一个放大倍率为 10 倍，表观视场为 65 度的双筒望远镜，可以显示 6.5 度（65 度 ÷10）的实际天空。一个能够显示 7 度天空的双筒望远镜确实涵盖了稍多面积的天空。但是，如果它的放大倍率只有 7 倍，那么它的表观视场便只有狭窄的 49 度（7 度 ×7），也就是 7×50 双筒望远镜的典型值，甚至一些少数仍在生产的高级型号也是如此。

口径 vs. 重量

虽然拥有大口径镜片的双筒望远镜能收集更多的光线，进而呈现更明亮的图像，但它们也因此变得更重，更难被举向天空，不管是举多长时间。出于这个原因，我们排除了那些坚固耐用的航海双筒望远镜型号，因为它们实在太重了。

在我们的调查中，口径为 42 毫米的双筒望远镜重量仅约 700 克，这是它们的一大优势。50 毫米型号属于下一个重量级别，在 850 至 1000 克。较大的 56 毫米双筒望远镜则更稍重一点，在 1050 克上下。大多数人在不得不休息一下手臂之前，可以举着这个重量足够长的时间来进行令人满意的观测。

结构特征

较为优质的双筒望远镜会采用全天候防水密封，并在内部填充干燥的氮气或氩气，以防止灰尘和水分的侵蚀。低成本的波罗型双筒望远镜中的棱镜仅仅通过胶水固定，不如大多数屋脊型望远镜中用金属框架固定的棱镜耐用。所有的屋脊棱镜双筒望远镜都有精密的内部聚焦系统；而波罗棱镜使用的是外部聚焦模式，使得其两侧镜筒之间容易产生弯曲变形。低成本双筒望远镜上使用的眼罩是折叠式的，时间久了会老化掉落。而旋升式眼罩更耐用、更方便，现在已经很普遍了。

价格 vs. 性能

质量合格的波罗型双筒望远镜，大约 100 美元就可以买到。屋脊型的价格会跃升到 400 美元，但同时你可以得到一架在各方面都明显更优秀的望远镜。在此基础上价格再翻两番，可以得到售价在 1600 美元的顶级型号，不过这次性能的提升就不易察觉了。对狂热的观鸟爱好者来说，他们的主要光学设备就是双筒望远镜，也许再加一个聚光镜，因此他们很乐意为终生使用的光学设备支付最高价格。

但是我们天文学家还有天文望远镜要买！所以我们在双筒望远镜上的预算很可能要节俭一些。因此，除了几个特例，我们的市场调查限制于 500 美元以下的型号。

如何调焦

考虑到左右眼之间焦点的差异，所有的双筒望远镜在一个目镜上都有精细的屈光度调节旋钮。想要获得最清晰的视场，首先盖上右镜头，调整主焦距轮，使左眼的图像看起来很清晰。然后用右眼重复这个过程。盖上左镜头，调节屈光度旋钮，使右眼图像看起来很清晰。注意此时的旋钮位置，之后就不要再碰它。对焦时仅调节中央的主焦距轮。

双筒望远镜选购指南

7×50 波罗棱镜型号

我们的调研从最实惠的型号开始。所有价格都是截至2020年，在美国较为公道的市价的近似值，不是建议售价。

廉价的 7×50 波罗棱镜型号

*从左到右依次为：*星特朗慧眼；猎户 Scenix；尼康阅野 A211。

入门级的波罗型

早期的指导书籍会在 7×50 和 10×50 的双筒望远镜之间进行辩论。如今，会选择 7×50 型号的人通常是那些希望花费最少的人，也许是在为一位年轻的天文学家购买设备。在剔除掉昂贵的航海双筒望远镜之后，剩下的少数几款 7×50 望远镜（都使用了波罗棱镜）都是入门级的，具有狭窄的 45 度到 50 度表观视场。这里列出的几个型号都有 18 毫米的适瞳距。

星特朗（Celestron）的慧眼（Cometron）视场比较暗淡、模糊，因为其使用了低成本的 BK7 棱镜，而不是更好的 BaK4 棱镜，并且只采用了最基础的镀膜。在 48 度的狭窄视场中，只有中央 50% 区域内的恒星是清晰的。但它只卖 40 美元！

猎户（Orion）Scenix（100 美元）的折叠式眼罩拉高时，适瞳距刚好足够佩戴眼镜时使用。虽然视场边缘的清晰度不如尼康阅野（Nikon Aculon）A211，但 Scenix 有更宽的 50 度视场，所以实际视场能达到 7.1 度，是 7×50 型号的典型规格。

尼康阅野 A211（110 美元）的旋升式眼罩要远远优于慧眼和 Scenix 的折叠式眼罩。阅野的视场边缘比 Scenix 更明亮，观测到的物体边缘更清晰，但表观视场只有管道视角般的 45 度，是我们评测的所有双筒望远镜中最小的。同时它还是 7×50 这组的三部中最重的，有 920 克。

在商店和家里进行测试的小技巧

☑ **重量和聚焦：** 它们会不会太重以至于难以举起？你能很容易地够到调焦旋钮吗？聚焦器摸上去是否感觉黏糊或油腻？

☑ **聚焦稳定性（波罗型）：** 连接两侧目镜的间桥是否容易上下摇晃？如果是的话，两个镜筒将不能维持在相同的焦点。

☑ **棱镜：** 对着光看时，如果出瞳光斑带有暗边切角（如图所示），其使用的就是质量较低、成像较暗的 BK7 棱镜。

☑ **清晰度：** 视场中心的清晰度应该达到纤毫毕现的程度。如果看到的图像从中心到边缘不到50%处就开始变模糊，请选择其他型号吧。

☑ **假彩色：** 观测明亮的天空映衬下的一根深色的树枝，其边缘会显示出一条蓝色或绿色的镶边，这种现象叫作色差。在质量较高的双筒望远镜中，色差现象是非常小的。

☑ **准校：** 如果使用几分钟后，你感到眼睛疲劳，不得不非常努力才能看清图像，那就是望远镜两侧的镜筒没有校直，即光轴不平行。这种情况需要避免。

☑ **观星测试（在轴）：** 一颗明亮的恒星在视场中应该是近乎点状的，四周有小而不规则的闪光。闪光越少，质量越好；但它们必须是对称的。如果你戴着眼镜还能看到不对称的闪光，说明这部双筒望远镜有问题。

☑ **观星测试（偏轴）：** 将亮星移向视场的边缘。它将开始“长出翅膀”，表明出现了像散，这种情况多少都是会发生的。不过双筒望远镜的质量越高，这种偏轴导致的像差就越不明显。

42毫米屋脊棱镜型号

如果你正在寻找一架既能用于天文观测又能满足日间使用的双筒望远镜，可以考虑42毫米的屋脊型。在测试中，我们在50毫米的双筒望远镜中看到的物体，在42毫米的望远镜中也都能看到，而且后者还有一个优势：重量更轻，只有700克。下列所有型号都有至少15至17毫米的适瞳距。8×42的型号显示了更稳定的图像和更宽的实际视场，但10×42的型号能够更好地分辨小型的目标——在被稳定地举起时。

8×42屋脊型

总部设在威斯康星州的沃特斯光学（Vortex Optics）在猎人和观鸟爱好者中非常有名。其交火（Crossfire）HD（140美元）是入门级系列。表观视场为62度，比自然（Nature）DX ED的60度略宽，但二者的视场边缘清晰度类似，都很优秀。

星特朗的自然DX ED（160美元）具有超低色散（ED）镜片，可以减弱明亮目标周围的色差。但是在8倍的放大倍率下，我们并没有看出自然DX ED和交火非ED镜片的成像在颜色上有明显区别。二者都很出色，非常清晰。

英国霍克（Hawke）公司是另一个为大多数天文学家所不知的名字。但霍克的开拓者（Frontier）ED X（450美元）是一款顶级的双筒望远镜，其棱镜上有相位校正和电介质镀膜，可以获得最清晰和最明亮的图像。表观视场有65度，其中80%的区域内显示的星体都非常清晰。

蔡司（Zeiss）这个名字是所有天文学家都知道的，但能买得起它的人却少之又少。其中国制造的陆地（Terra）ED 8×42（450美元）拥有20毫米的适瞳距，60度视场的80%范围内都能获得非常清晰的图像。陆地系列看起来和感觉上都很高级，但在价格上并不是特别高。

10×42屋脊型

米德（Meade）的雨林（Rainforest）Pro系列具有了不起的价值。10×42型号（160美元）有62度的表观视场，尽管没有使用ED镜片，但在视场中央60%的范围内成像都很清晰，而且几乎没有假彩色。

总部位于俄勒冈州的Leupold公司设计生产了Leupold BX-2 Alpine（250美元），这款使用了非ED镜片的双筒望远镜，其62度视场中超过70%的区域成像都非常清晰，并且采用了镁合金结构，重685克。

精嘉（Vanguard）是一个为观鸟爱好者所熟知的名字。其锐丽（Endeavor）ED Ⅱ（400美元）是缅甸制造的，两侧目镜之间的连接是架空的，便于握持。在65度的宽阔视场中，75%的成像都很清晰。这款产品重达775克，是42毫米口径这一组中最重的一款，但也是所有测评型号中唯一一款可以锁定屈光度调节设置的，见第103页。

尼康帝王7（Monarch 7，500美元）是300美元的帝王5的进阶版，后者的规格为10×42。虽然二者的反射式棱镜表面都有更明亮的电介质镀膜，但帝王7增加了ED镜片。在67度的视场中，80%区域里显示的恒星都纤毫毕现。这两款双筒望远镜的结构都坚固紧实，对焦也很顺畅。

低到中等价格的8×42屋脊棱镜型号

*从左到右：*沃特斯交火、星特朗自然DX ED、霍克开拓者ED X、蔡司陆地ED。

低到中等价格的10×42屋脊棱镜型号

*从左到右：*米德雨林Pro、Leupold BX-2 Alpine、精嘉锐丽ED Ⅱ、尼康帝王7。

低价的 10×50 波罗棱镜型号

从左到右：宾得 SP、博士能经典 WP、宝视德 MagnaView、猎户 UltraView、尼康 Action EX。

10×50 波罗棱镜型号

相比 42 毫米口径的目镜，50 毫米口径能够多收集 40% 的光线，且 10×50 型号的 5 毫米出射光瞳很适合年纪较大的观星者。此处列出的这几款波罗棱镜双筒望远镜的表观视场均在 63 度至 65 度。因此在 10 倍的放大倍率下，它们实际显示的天空大小在 6.3 度到 6.5 度，比 7×50 的波罗型略小一些，但视角更广阔，分辨率更高。更高的放大倍率也使背景的天空更暗，从而能显示出更暗的星体。总而言之，我们认为 10×50 的波罗型双筒望远镜兼具了令人满意的性能和可负担的价格。

全部在 200 美元以下

宾得（Pentax）SP（80 美元）的表观视场达到宽阔的 65 度，但其矮小的目镜罩不容易拉高，因而在佩戴眼镜时很难看到完整的视场。但其较短的 12 毫米适瞳距足以确保使用者在不戴眼镜的情况下获得良好的视场，而且它的价格很实惠。其防水（WP）版本售价 190 美元，视场只有 50 度。

在博士能（Bushnell）出品的众多双筒望远镜中，经典（Legacy）WP 10×50（110 美元）在天文学领域的表现最为突出。它的眼罩可以旋转升起或降下，适瞳距也非常优秀。在 63 度的视场中，星体在中央 50% 的区域内都很清晰。与任意一款经济型 7×50 波罗型双筒望远镜相比，我们都会更加推荐博士能经典 WP。

宝视德（Bresser/Alpen）的 MagnaView（120 美元）在美国通过探索科学（Explore Scientific）品牌销售，是所有 10×50 波罗型双筒望远镜中最轻的，只有 836 克。它经过良好的人体工程学设计，镜筒上下有放置手指的模压凹槽，配备 17 毫米的适瞳距、旋升式眼罩和 65 度的视场，星体在中央 50% 的区域内都很清晰。MagnaView 是一个优秀的、负担得起的选择。

猎户的 UltraView 10×50（140 美元）的视场与博士能经典 WP 相似，但其视场中央 60% 的区域内都能看到更清晰的恒星。精良的镀膜避免了观察月球时内部反射产生的鬼像。

尼康 Action EX（180 美元）是尼康阅野系列的防水版本，具有更大的适瞳距。虽然 EX 的视场与 UltraView 的视场相似，但前者视场中的星体在 70% 的区域内都很清晰，是我们评测的几款 10×50 波罗型中最好的。总的来说，UltraView 和 Action EX 不相上下，为这两款可以服务多年的天文双筒望远镜支付一些额外费用是值得的。

此外，Opticron 和 Helios 这两个品牌在英国很受欢迎，但它们的双筒望远镜在北美洲并不普及。另外，星特朗在 2021 年初推出了新的远方（Ultima）系列波罗棱镜双筒望远镜，其中 10×50 型号（此处未展示）的零售价为 140 美元。在测试中，我们发现它也是一款性能优秀且负担得起的双筒望远镜。

佳能防抖稳像双筒望远镜

如果你追求的是更高端、昂贵的型号，那你必须试一试佳能防抖稳像（IS）双筒望远镜。按下一个按钮，IS 光学系统就会神奇地自动对手部抖动进行补偿。许多人喜欢佳能的 10×42 L IS WP（1500 美元），认为它是进行天文观测的最佳选择，但它的重量高达 1040 克，对于一架 42 毫米口径的双筒望远镜来说是很重的。右边图中的 12×36 型号（800 美元）重 700 克，非常适合用来观测日食。但只有在最右边图中所示的原初的 15×45 型号，以及目前发售的 15×50 和 18×50 型号（1300 至 1500 美元）中，IS 的优势才能真正体现出来，这几款双筒望远镜的放大倍率是非 IS 型号所不可能达到的。它们的光学系统极为清晰，表观视场的宽度达到了令人印象深刻的 66 度到 68 度。1180 克的重量对于手持来说有些偏重。即便如此，我们都喜欢佳能 IS 双筒望远镜。

10×50 屋脊棱镜型号

虽然 10×50 屋脊棱镜双筒望远镜的售价更贵，但它们光学成像的清晰度和价格是成正比的。星体在其视场中看起来更像点状，因为避免了较差的光学系统中的残余像差带来的锐利闪光。内部对焦系统流畅且精确，在戴着手套的情况下更容易接触到中央调焦轮。随着价格的提高，视场变得宽阔，整个视场的清晰度也有所提升。

如果想要拥有 50 毫米级中最好的双筒望远镜，请了解一下 Kite Lynx HD+、徕卡（Leica）的 Ultravid HD、施华洛世奇（Swarovski）的 EL、沃特斯 Razor HD 或蔡司 Conquest HD。如果不考虑价格，尼康的 10×50 WX 双筒望远镜是为天文观测量身定制的，采用了独特的阿贝－柯尼棱镜，表观视场达到 76 度，且边缘处也非常清晰。它的成像质量达到了令人震惊的程度，但价格同样令人震惊：6400 美元！

在不那么夸张的价格范围内，以下几款 10×50 规格的双筒望远镜是我们亲身使用过并推荐的。注意：虽然公司每两三年就会重组产品线，但我们的调研应该能帮你选择一个最适合的品牌和型号。

低到中等价格的 10×50 屋脊棱镜型号

*从左到右：*尼康 Prostaff 5、星特朗自然 DX ED、沃特斯 Diamondback HD、宝视德 Apex、艾视朗 Midas G2 UHD.

全部都在 200 至 500 美元

尼康 Prostaff 5（200 美元）属于尼康的入门级屋顶棱镜系列。机身使用了耐用的聚碳酸酯，是我们测试的所有 10×50 规格中最轻的，只有 830 克。没有使用 ED 镜片，所以色差有时比较明显，但视场中央 60% 的区域都很清晰。适瞳距是极佳的 20 毫米。不过眼罩很容易被压塌。

星特朗自然 DX ED 的 10×50 版本（220 美元）具有与 Prostaff 5 类似的 56 度视场，但色差较少，且中央 70% 的视场都很清晰。我们认为自然 ED 系列的产品都是非常有价值的屋脊棱镜双筒望远镜。

沃特斯的 Diamondback HD（250 美元）比交火更胜一筹。在其 65 度的表观视场中，70% 区域中显示的星体都很清晰。这些双筒望远镜的镜头没有使用 ED 镜片，但色差非常小。顺滑的对焦机制可以实现快速精确地聚焦。沃特斯品牌的另一架 10×50 规格的双筒望远镜来自其 Viper HD 系列，使用了低色散镜片（550 美元）。

2020 年新推出的宝视德 Apex（370 美元）具有相位校正镀膜，但没有使用 ED 镜片，所以在观测金星时，会在成像两侧观察到些许假彩色。成像非常清晰；观测到的金星边缘分明。65 度的视场中央 70% 的区域显示的星体分辨率都极高。

第二代的艾视朗（Athlon）Midas G2 UHD（400 美元）也是 2020 年的新产品，提供了更好的镀膜来保护镜头外表面。66 度视场的 80% 区域都很清晰。这些双筒望远镜由镁合金制成，采用防水工艺并填充了氩气。物镜使用了 ED 镜片，棱镜有电介质镀膜，可以达到最大的透光率。它们是我们最喜欢的一款 10×50 规格双筒望远镜。

56 毫米型号

口径为 56 毫米的双筒望远镜是能够手持的极限。即便如此，也要选择 8 倍或 10 倍放大倍率的。口径 50 毫米和 56 毫米、放大倍率在 12 倍至 18 倍的双筒望远镜很受猎人的欢迎，还被鼓吹为天文学的好帮手，但在实际使用中，它们真的不是，在手持时更不是。

几年前，作者迪金森在教授他的成人天文学课程时，为学生们选择了星特朗天神系列 DX 8 × 56 波罗棱镜双筒望远镜（220 美元）。这款仍在生产的望远镜适瞳距为 20 毫米，视场的边缘非常清晰。缺点是其表观视场只有狭窄的 46 度，实际视场只有 5.7 度。

星特朗还提供了一款自然 DX 10 × 56 屋脊棱镜双筒望远镜，价格约为 220 美元，具有更宽广的 60 度视场和相位校正镀膜。没有使用 ED 镜片，所以一些假彩色比较明显。同时，星体在视场外侧 40% 处便显得模糊不清了，但其适瞳距有 18 毫米。

星特朗品牌 56 毫米规格的双筒望远镜

假设两者的镀膜都很优秀，56 毫米口径的双筒望远镜可以比 50 毫米口径多收集 25% 的光线。天神 DX 8 × 56 波罗款（左）的出射光瞳为 7 毫米，提供了更明亮的视场。自然 DX 10 × 56 尽管放大倍率更高，却具备更宽的表观视场（60 度）和实际视场（6 度）。

其他形形色色的双筒望远镜

双筒望远镜爱好者可能希望通过使用这些特殊型号的望远镜来让他们的观天之旅更加多样化。

星座镜

这些双筒望远镜并没有具备更高的放大倍率或更大的口径，正相反，用最容易理解的话来说，它们展现的视场更接近增强的裸眼视野。放大倍率很低，同时实际视场非常宽阔，达到 18 度到 25 度，因此可以展示整个星座。

与 Kasai、猎户和威信（Vixen）出品的类似规格的双筒望远镜一样，Omegon 2.1 × 42（180 美元）没有使用棱镜，而是采用了一种变体伽利略光学结构，因而用其观测时会感觉有些古怪。

你所看到的视场没有明确的边缘；你可以移动你的眼睛和头部的位置，以看到中心区域以外的更多东西。在伽利略设计中，视场由前镜片的大小决定。但由于出射光瞳接近 21 毫米，你并没有感受到 42 毫米口径的镜片该有的聚光能力；更像是只有 10 到 12 毫米口径所呈现的。不过，对你来说最重要的是视场大小。

猎户的 Super-Wide-Angle 4 × 21（80 美元）是一款更常规的波罗棱镜双筒望远镜，使用方便，提供了一个明确的 18 度实际视场，足以让你将大多数星座的完整轮廓一次性收入眼中。它是全塑料构造，但胜在便宜、独特，而且用起来很有趣。

放大倍率最低能有多低

Omegon（左）和猎户 Super-Wide（右）的首要目标是舍弃放大倍率，以提供尽可能宽的视场，同时展示出比肉眼能看到的至少暗淡一个星等的恒星。

大型双筒望远镜

这些双筒望远镜代表了尺寸和倍率的另一个极端。大多数业余天文学家最终会选购一架 70 毫米或 80 毫米口径、放大倍率在 11 倍至 20 倍的双筒望远镜。虽然通过大型双筒望远镜看到的景象很好，但也失去了手持的便利。为了保持稳定，大型双筒望远镜必须安装在三脚架上，最好再配备一个用于电影拍摄的平滑摇头。

15 × 70 规格的星特朗天神型号重 1380 克，价格为 90 美元，是一个非常好的选择。天神 Pro（200 美元）重 1670 克，具有更好的光学器件和机械结构，不过其调焦部件在冬天会变得很难转动，因为润滑的油脂会凝固。

然而，通过直上直下的镜筒观测任何高于 45 度的物体，都算得上是一种折磨，即便这架双筒望远镜是安装在特殊的平行四边形支架上的，如猎户的 Paragon-

56 毫米规格进阶款

购买弱光 56 毫米双筒望远镜的主力军是猎人，而非天文学家。德国视得乐公司制造了 8 × 56 规格的 Nighthunter（1000 美元），一款罕见的高价位波罗型。Blaser 和德国 Precision Optics 公司都会生产顶级的 56 毫米规格的屋脊型。施华洛世奇有 SLC；沃特斯有 Razor UHD；蔡司制造了 Victory HT（均为 1500 至 3000 美元）。这些双筒望远镜都采用了阿贝 – 柯尼棱镜，以发明这种屋脊棱镜设计的在蔡司任职的光学师命名，该设计在 1905 年获得专利。昂贵的阿贝 – 柯尼棱镜比施密特 – 佩汉棱镜更长、更重、更难制造，但它们能多透过 5% 到 10% 的光线。

Maven 10 × 56

这里展示的是 Maven B.4 的标准灰色和橙色涂装。但如果愿意支付额外的费用，就可以进行定制，选择机身主体和边缘的颜色，以及在机体上进行个性化的雕刻。

如果这些介绍让你动心了，可以浏览一下 Maven 的网站（网址见链接列表 33 条目），Maven 销售的高端光学仪器是工厂直供的，减少了中间商的加价。

Maven 的 B.2、B.4 和 B.5 双筒望远镜有 65 度至 67 度的宽阔视场，采用阿贝 – 柯尼棱镜设计，使用 ED 镜片或萤石镜片，物镜由四个部件组成。双筒望远镜的光学器件来自日本，但在加利福尼亚州组装。它们在各方面都表现优秀，但售价只有竞争对手的二分之一到三分之一。

Maven B.4 10 × 56（1100 美元）重达 1440 克，确实稍显笨重，但其质量能够减少细微的抖动。只瞄一眼就能感受到它的清晰度有多高，且几乎整个 67 度视场都很清晰。作者戴尔在一架演示模型上试用后大受震撼，马上买下了它。

Plus 或 Starlight Innovation 的 Para-Light。

猎户望远镜、Oberwerk、探索科学和威信出售大型双筒望远镜（1300 至 5000 美元），配备弯折 45 度或 90 度、可更换的目镜，这种配置在瞄准高处时更加实用。

当口径在 70 到 125 毫米时，这些双筒望远镜实际上可以看作一对单筒天文望远镜，必须安放在一个承重三脚架和平移头上，如猎户的 U 形架。这是一项郑重的投入，不仅是投入金钱，还有每晚为安装设置而投入的精力。但其回报也是丰盛的：独特的、几乎呈 3D 的视场。

大口径镜头

下图：安装在三脚架上时，一架 70 毫米口径的双筒望远镜，如星特朗的 15 倍的天神 Pro，可以提供银河系星域、仙女星系、明亮的彗星和更多天体的优秀视图。甚至月球也非常壮观，看起来是三维立体的。安装在顶部的红点寻星器有助于在 4.3 度的视场定位目标。

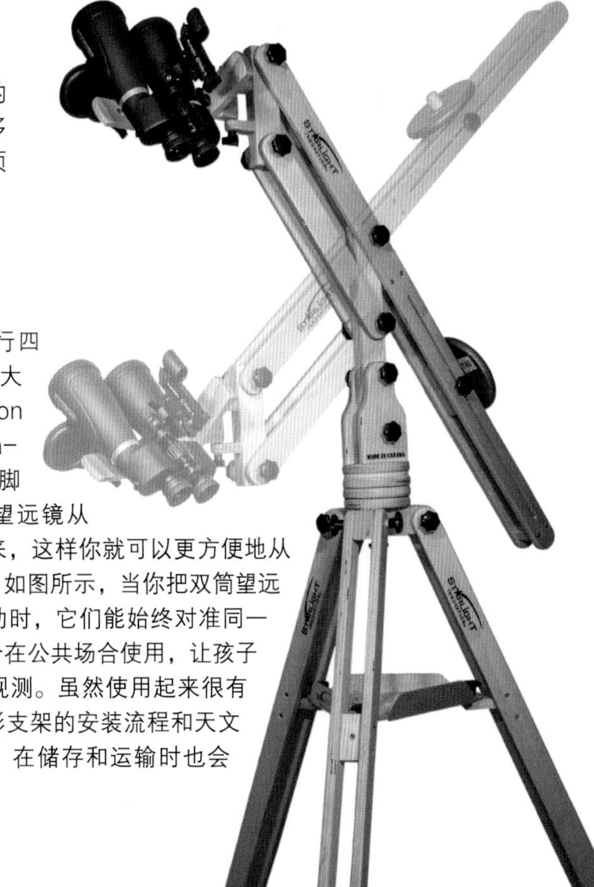

使用支架

右图：配重式平行四边形支架（如加拿大 Starlight Innovation 公司的木制 Para-Light 和配套的三脚架）可以将双筒望远镜从三脚架上悬吊起来，这样你就可以更方便地从它们下方抬头看。如图所示，当你把双筒望远镜向上或向下移动时，它们能始终对准同一个物体，非常适合在公共场合使用，让孩子和成人都能进行观测。虽然使用起来很有趣，但平行四边形支架的安装流程和天文望远镜一样繁复，在储存和运输时也会占用相似的空间。

第六章

双筒望远镜的天空之旅

遵循我们的建议，先用双筒望远镜了解天空再考虑购买天文望远镜，我们会在本章介绍十个最适合用双筒望远镜观测的目标，以及如何在天空中找到它们，以此来结束本书的“入门”部分。

在本章，以及后面的第十三章（天文望远镜的月球之旅）和第十六章（天文望远镜的天空之旅）中，我们很高兴地请到了我们的同事、天空观测的大师肯·休伊特－怀特先生来当向导，指导我们去往夜空中他最爱的目的地。

肯会亲自解释他为什么选中这些天体，我们在此只需告诉读者们一点，所有这些目标都是容易用双筒望远镜找到，并且非常美丽的，其中还有许多适合在城市附近的郊区观测。按顺序一一观测这些“入门级别”的天体，会帮助你掌握星桥法和天空观测的技巧。当你以后拥有一架天文望远镜时，这些技巧也会为你所用。在这个过程中，你还能学会辨认星座，而且不用花多少钱——只要花时间就行！而又有什么是比星空更值得花费时间的呢？

我们的双筒望远镜之旅从北半球冬季的天空以及最受双筒望远镜和天文望远镜欢迎的天体之一——猎户星云（M42）开始，即使在靠近城市的郊区也能观测到。不过像图中所示的乡村观测点，总是会让所有天空之旅的体验大大增强的。

更多双筒望远镜指南

不需要等到完全黑暗的天空或去到周末的乡村旅行才开始观星。即使是在被月光照亮的或是城郊的天空中，像猎户星云这样的明亮天体也是可以观测到的。此处，作者戴尔正在用他那本破旧的加里·塞罗尼克（Gary Seronik）编写的《双筒望远镜高光时刻》（见插图；天空出版社）来追踪冬季明亮天空中的天体。我们强烈推荐这本书，因为它有简洁的描述和清晰的图表。下面是其他一些我们喜欢的指导书。斯蒂芬·詹姆斯·奥马拉（Stephen James O'Meara）的两本书——《用双筒望远镜观测夜空》和《用双筒望远镜探索太阳系》（剑桥出版社），文字优美，图表清晰。克雷格·克罗森（Craig Crossen）和威尔·季里翁的《双筒望远镜天文学》（维尔曼－贝尔出版社）同样出色，其中还额外附带一本6等的《明星星图集2000.0》，不过现在很难找到它们了。

双筒望远镜天空之旅示例——肯·休伊特－怀特

欢迎来到我们的双筒望远镜天空之旅，这是为这版《夜观星空：大众天文学观测指南》特别编写的章节。我设计了这些较为随性的天空观测的练习（第十六章中会有更多为天文望远镜规划的练习），以帮助新手观测者将我们在第四章中介绍的星桥法应用到观星实践中。

在购买一架天文望远镜之前，你需要先学会如何在天空中“认路”。我是以一个终生天空观测者的身份来说这番话的，我从小便非常喜欢天文学，对天空有着无尽的向往——但是并没有自己的天文望远镜。我一边把送报纸赚到的钱攒起来准备购买一架“昂贵的”60毫米口径的折射望远镜，一边用我父亲的7×35双筒望远镜来自学如何定位天空中的各种天体。攒钱花费了我整整一年的时间，但是在用四个季节探索放大了7倍的天空后，且我完全为购买天文望远镜做好了准备——爸爸却把那架双筒望远镜送给我了！

如何聚焦

我经常被问道：哪些双筒望远镜最适合用于观测天空。我的回答是，几乎随便哪一架都比没有好。上一章内容为想要购买双筒望远镜的人提供了很多选择，但我个人最喜欢的是10×50规格的。根据我的经验，10倍的放大倍率足以让我们看清非常多的天体，而50毫米的口径可以保证我们拥有一个较为明亮的视场。

另一个需要考虑的因素是重量。我的尼康阅野10×50（我在设计这些天空旅程时使用的便是这款实惠的波罗棱镜型号）不会重到不便手持。此外，它拥有6.5度的实际视场，对于10倍放大倍率的双筒望远镜，算是比较宽阔的了。

除了那些最昂贵的型号，双筒望远镜最大的缺点就是恒星在视场边缘附近会失真。在观看陆地上的物体时，这种扭曲还不是太明显，但恒星总是有办法暴露出任何光学系统的“疲软”。在夜间观测时，我会把选定的观测目标保持在双筒望远镜视场中间的位置。在每次观测开始前，我都会对其进行调焦，这时我也会将一颗明亮的星体置于视场的中央。在这之后，有两个步骤要做。

首先，在遮住右镜头的情况下，通过左侧的目镜观测这颗星体，并转动中央调焦轮，使其尽可能的清晰。由于每只眼睛的焦点可能略有不同，所以这时再盖上左镜头，在右侧目镜中确认是否聚焦。右侧目镜通常有一个独立的屈光度调节装置，你只需设置一次即可。我会转动屈光度调节旋钮，直到这颗星体在我的右眼看来也非常清晰。然后，将两侧的目镜拉开到足够远的距离（注意不要太远），使两只眼睛都能看到整个视场。这样，我就准备好开始观星了。

三脚架的小技巧

不，还没有完全准备好。扫视夜空或快速窥视明亮的天体时，手持双筒望远镜的效果是不错的。但如果打算集中观测一小片天空或某个特定的天体的话，我还是更喜欢将双筒望远镜安装在一个坚固的三脚架上。我使用的是一个 L 形的双筒望远镜三脚架转接器，类似于右边照片中展示的那些。将双筒望远镜安装在三脚架上后，我就可以稳如磐石地观星了。

通过安装在三脚架上的双筒望远镜观测地平线以上 20 度到 30 度的物体时是最轻松方便的。(谨记，光芒比较微弱的天体如果不能高于地平线一段距离以避开那里的薄雾，是很难被观测到的。）我喜欢坐在一把小椅子上来保持观测时的舒适度。我会拉长三脚架的支脚到合适的高度，然后把其中一条支脚转到朝向我的正前方，另两条岔开的支脚拉到我的椅子上方，使望远镜位于与眼睛平齐的高度。

观测位置较高的天体时，我会把三脚架的支脚和中轴伸长到最大高度，而自己则向后靠在椅子上，抓住那两条最近的支脚，小心地把整个装置向着我倾倒下来，直到双筒望远镜朝上的角度足够大。这种双筒望远镜的平衡技巧要比用手举着更为稳定，同时能让我想看多高就看多高——绝大多数情况下，在头顶正上方的天顶区域可不在这个范围内。每次我忘记这一点，脖子处的疼痛都会狠狠地提醒我。

设计观星旅程

我们的双筒望远镜之旅的目的地是所谓的“深空天体”——那些位于太阳系之外的天体。这些天体在银河系中跟我们相距几十或几百光年。我甚至还在其中加入了一些其他的星系，它们不属于银河系，离我们有几百万光年的距离。是的，看似平平无奇的双筒望远镜所能展现的是如此令人惊奇。

如果你不能明确这些天体到底是什么，请参考第十五章，介绍了更多关于深空天体的性质和距离的知识。但就当下来说，想要开始领略双筒望远镜能够带给你的壮景，并不要求你深入地探究科学。

就位
我们的导游肯·休伊特－怀特演示了他偏爱的观星姿势，使用安装在三脚架上的双筒望远镜让他能保持坐姿，享受舒适的视场，尤其是在向上看的时候。

三脚架
大多数双筒望远镜的中央都有一个英制规格 1/4-20 的螺纹孔，可以连接到一个三脚架转接器上，后者的底座上也有一个 1/4-20 的孔，可以固定到任意一个三脚架头上。一些屋脊棱镜双筒望远镜（如上图中间的沃特斯 10×50）需要一个特殊的细支架，以适配其相距很近的两个镜筒。

我已经将这些天空之旅的路线分为冬、春、夏、秋四组，北半球的每个季节有两条路线，另外还有两个在南半球天空中进行的旅程，由环球旅行作家戴尔提供。

在设计这些旅行路线时，我想突出显示各种类别的天体（双星、疏散星团、球状星团、亮星云、遥远的星系）中那些顶级的、有代表性的部分。希望我为这十次旅行所挑选的二十多种天体能够给你一个示例，让你从中感受到双筒望远镜所能呈现的天空是什么样子，同时对业余天文观测有一个初步的认知，并渴求更多。

最后，关于应该在城市里还是在乡村中观星的问题：这是毫无争议的！一个真正黑暗的星空永远都比被光污染的城市天空要好得多。只要你有机会，尤其是在夏季，一定要带上双筒望远镜走出城市。在没有光污染的条件下，天空之旅和目标天体绝对会更美妙，即使是在月光明亮的夜晚。

话虽如此，只要我们在阳台、天井或郊区的院子里能看到一个晴朗的夜空，那么进行一次观测都是值得的。即使用最普通的双筒望远镜，在城市的天空中也有很多星体可以观测到。现在，开始我们的旅程吧！

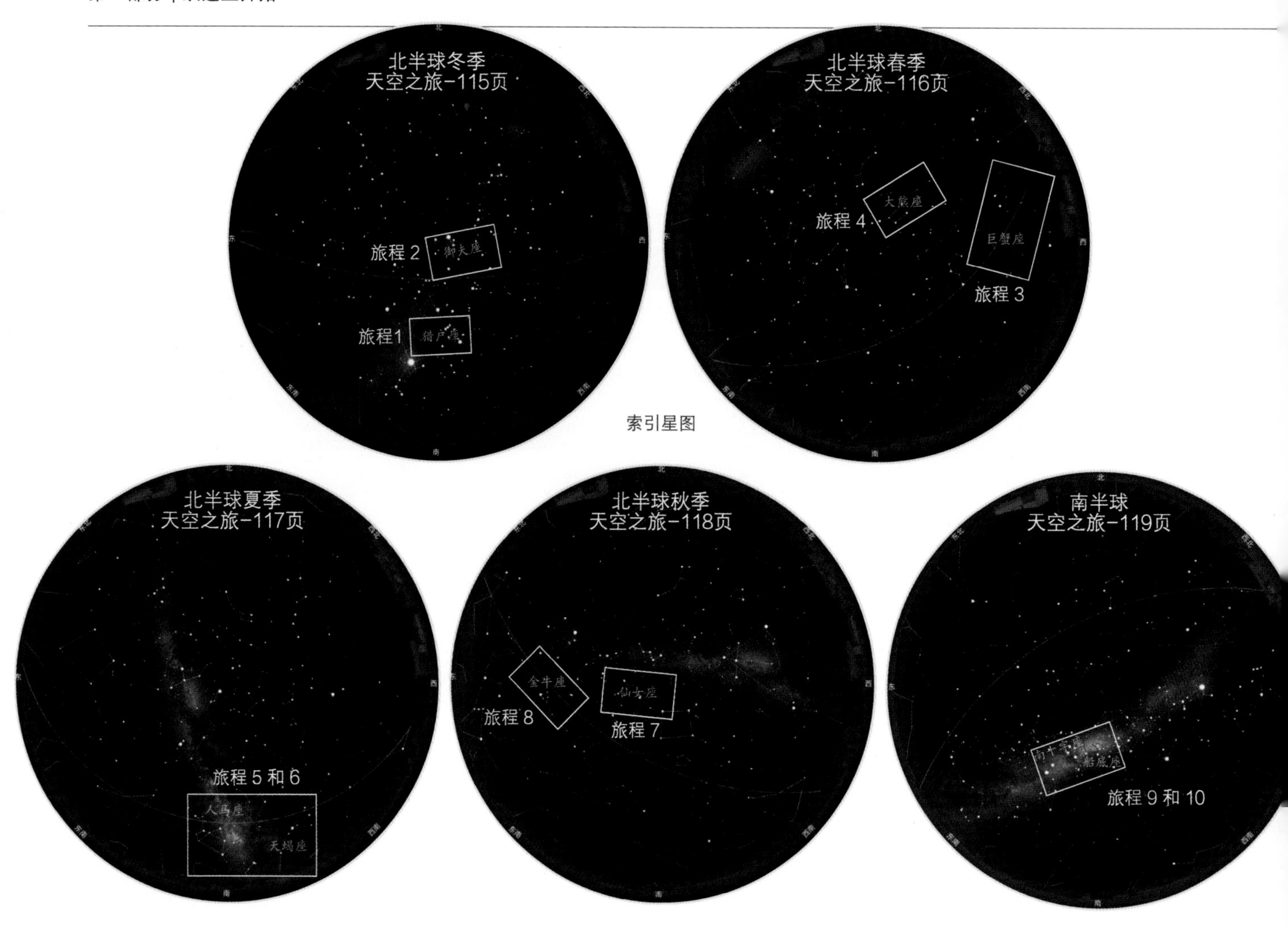

索引星图

我们要望向哪里

一个典型的双筒望远镜视场

右图：在这些天空之旅中，我们展示了一些图像，模拟了在双筒望远镜中看到的天体是什么样子。和用天文望远镜观测时一样，不要期许能看到颜色鲜艳的星云和星系。不过，明亮的恒星还是能够展现出明显的颜色对比的，比如图中天蝎座的红色巨星心宿二及其周围的天域。

在我们的十个双筒望远镜之旅中，每个都会使用星桥法进行短距离的“星跳”。我们从肉眼可观测到的恒星开始，进一步找到在双筒望远镜中容易看到的恒星，最终到达天空中我们选定的目标。在其中多个旅程中，我们会遇到不止一个天体。

典型6.5度
双筒望远镜视场

每个旅程所用到的星图都覆盖了 20 到 30 度宽的天域，大约是 3 到 5 个双筒望远镜的视场。一部典型双筒望远镜的视场宽度是 5 到 7 度；北斗七星斗勺中的两颗指极星之间相距大约 5.5 度，正如我们在第四章的插图中说明的。

如果你想明确每个旅程在天空中的位置，可以查看上方的几幅索引星图，这些星图的形式在第四章时也呈现过。你可以先在这些四季星图中确定明亮的恒星和主要星座（或者使用活动星图、手机应用程序等辅助设备），这会帮助你定位旅程所在的区域。

在我们的旅行星图上，以字母 M 加数字表示的天体来自夏尔 · 梅西叶（Charles Messier）在 18 世纪编写的记录了明亮天体的《星团星云表》，是新手中非常流行的“热门观测清单”。NGC 天体则是来自 19 世纪的《星云和星团新总表》。大多数恒星都用它们的希腊字母来表示，比如阿尔法（α）、贝塔（β）等。更多关于天体命名和目录的信息，请参见第十五章。

北半球冬季天空

旅程 1 猎户座的宝剑

在璀璨的参宿七和参宿四的点缀下，猎户座是最容易被识别出来的冬季星座。在猎户腰带的南面不远处，是其光芒较暗淡一些，但是更加迷人的猎户宝剑——从上到下四点闪光排成 2 度长的一列，每个都值得探索一番。在宝剑的最北端是 NGC 1981 星团，其中最明亮的七颗恒星大致构成了一个“W”形。在它下方是小一些的 NGC 1977。再往下是猎户星云，或者叫梅西叶 42（M42），它就像一口充满氢气的坩埚，里面孕育着新生的恒星。把双筒望远镜稳稳地举起来，你能在这团朦胧缥缈的恒星育儿室里看到三颗恒星（有着鹰隼一般的锐眼的人能看到更多）。宝剑上最亮的是 2.8 等的猎户座 ι，位于最南端。在猎户座 ι 附近有一个 5 等亮度的双星，Σ747。我用安装在三脚架上的 10×50 尼康观测它时，能看到两颗针尖一般的恒星。所有这些天体都是在同一个双筒望远镜视场里看到的！

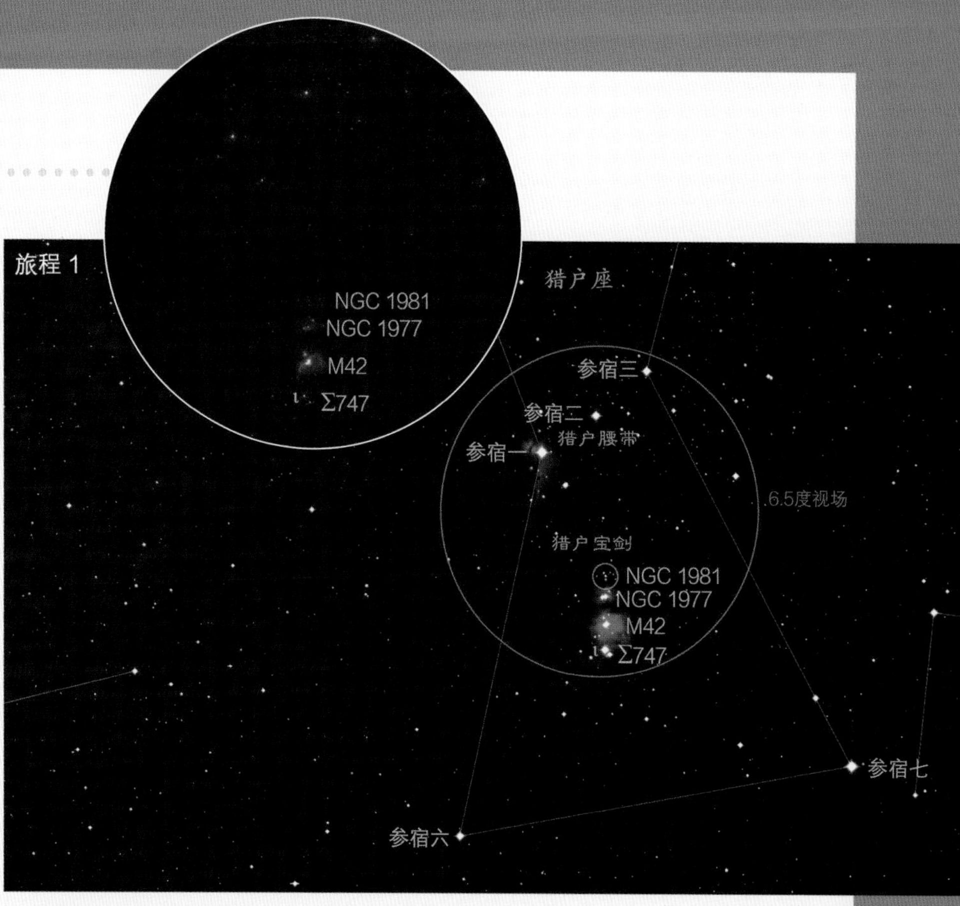

旅程 2 星团间的比较

远远位于猎户座之上，形如战车的御夫座里停泊着三个著名的星团。这三个星团在冬季的银河中形成了一条略微弯曲的线，长度将近 6 度；银河正流淌过御夫座的五角星图案，后者以 0 等的五车二最为显眼。虽然这些星团都是同一类型的天体——疏散星团，但它们的外观大不相同。每个都表现出独有的形状、大小和亮度，我很喜欢将它们进行比较。最容易观测到的是梅西叶 36（M36，因为它很紧凑），位于御夫座五角形的东侧。较暗一些的 M37 就在五角形的东部边界外。第三个星团 M38，位于五角形的深处，散发出暗淡的光芒。每次我难以直接观测到 M38 时，就会找到附近的一个星组——一组恒星构成的一条“小鱼”能为我指明方向。通常在郊区的院子里，我用 7 倍的双筒望远镜就能够发现这三个星团，尽管 10×50 规格的望远镜效果更好——尤其是对 M38 而言。

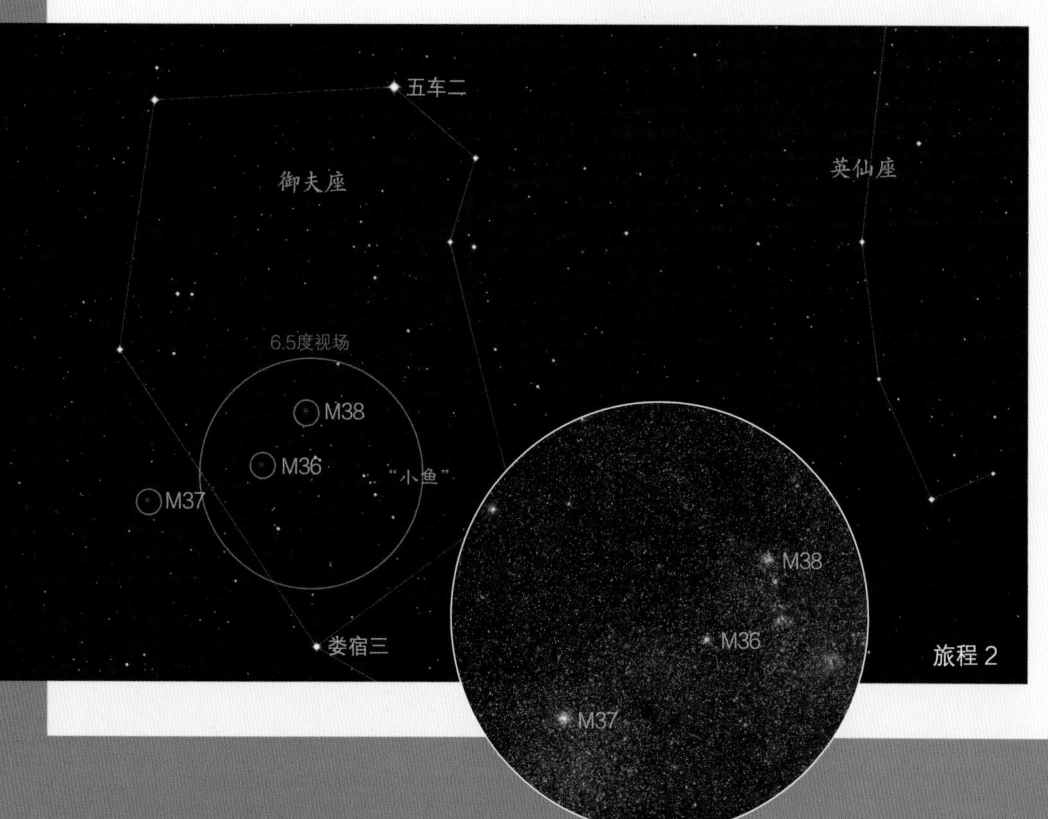

北半球春季天空

旅程 3
蜂巢星团

在位于城市郊区的观测者看来，双子座和狮子座这两个显眼的黄道星座之间的那块“天体房地产”里几乎没有恒星居民的存在。然而实际上，这片荒芜的天域容纳了另一个黄道星座：巨蟹座。在它的中心有一个大致为四边形的形状，宽约 3 度，由 4 等或 5 等亮度的恒星组成，在有光污染的城市天空中很难辨认出来。不过，以双子座中的北河三为首，狮子座中的轩辕十四为尾，将你的双筒望远镜对准两星连线的五分之二处，你会看到一个有些变形的小正方形，以及其中令人赞叹不已的蜂巢星团（M44）。庞大的蜂巢星团直径约为两个满月，里面嗡嗡飞舞着的蜜蜂是数十颗恒星，其中有 10 颗的亮度在 6 等至 7 等。我用安装在三脚架上的 10×50 尼康来看，这 10 颗带头的恒星和其他星团成员一起构成了各种引人注目的对子和三角形。在没有月光的夜晚，通过认真观测，我最多能够辨认出 30 多只“蜜蜂”。你又能看到多少呢?

旅程 4 搭桥到大熊星系对

在春天的夜晚直视头顶上方，你绝不会错过北斗七星的标志性图案。它的 7 颗星是巨大的大熊座的一部分。在熊头的北边是天空中最宏伟的星系：M81 和 M82。M81 是一个正面朝向我们的双臂旋涡星系；M82 是一个侧边朝向我们的不规则星系。这些星系距离我们大约 1200 万光年，算是比较近的了，但对双筒望远镜来说仍旧是个挑战。如果你的双筒望远镜有足够大的放大倍率（10 倍就够用了，15 倍更好），并且天空不是很明亮，你就能够瞥见这些“岛宇宙”。较大和较亮的是 6.9 等的 M81。在我的 10×50 尼康中，我通常可以在 M81 向北大约三分之二度的位置看到 8.4 等的 M82。为了捕捉到“大熊星系对”，请跟随我们提供的星桥法路径，从北斗七星的斗勺找到 υ，向上来到被标记为 23 的恒星，然后到由 ρ、σ^1 和 σ^2 构成的三角形，最后横穿视场找到 24。

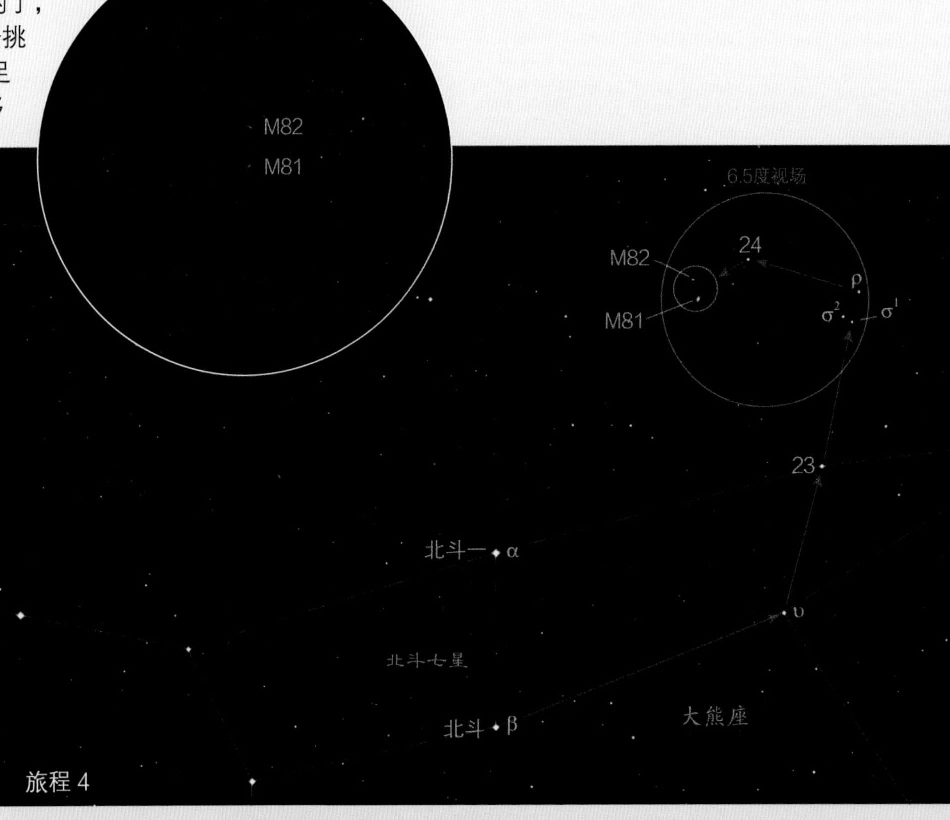

北半球夏季天空

旅程 5 茶壶上方的蒸汽

在特征明显的蝎子座东边、人马座的内部，是巨大的茶壶星群。在远离城市灯光的地方观测，人马座所在的那片银河好似茶壶口上方翻涌着的蒸汽。其中一块尤其明亮的“蒸汽”就是 M24，它还有一个更为人熟知的名字：人马恒星云。在双筒望远镜的视场中，这个星云是一个长 2 度，由暗淡的恒星群构成的暴风雪。在这一大块闪亮的天体两侧各有一个 6 等亮度的疏散星团：M23 和 M25，前者是星云西侧一团浓密的粉末，后者是星云东侧一片疏散的闪光。在星云的上方，我用 10 × 50 双筒望远镜能看到一道微弱而模糊的条纹，被称为天鹅星云（M17）。更靠近茶壶口的是礁湖星云（M8）。在茶壶盖上方堪堪保持平衡的是 5 等亮度的球状星团 M22。我在家里便能观测到所有这些“蒸汽弥漫”的天体，不过能在乡村观测的话，视野会好得多。

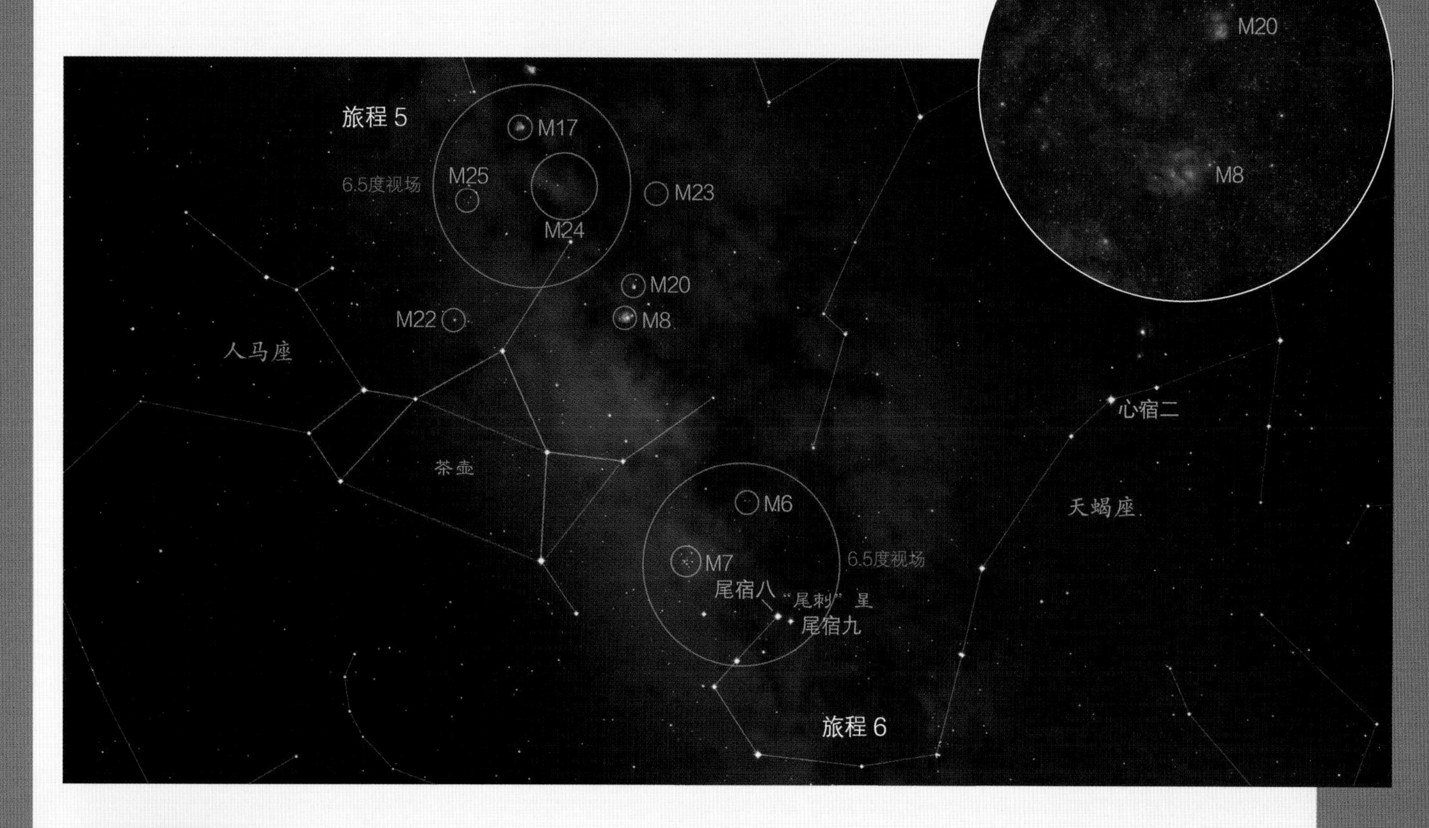

旅程 6 从尾刺上扫视

从我位于北纬 49 度附近的不列颠哥伦比亚省的家中观测，蝎子拖着弯曲的尾部跨越南部地平线（部分卷曲的尾部处于地平线以下）。我很少看到蝎子最亮的“尾刺”星——1.6 等的尾宿八或者近邻——2.7 等的尾宿九。好在一座位于乡村的山解决了这个问题。从山顶我能轻而易举地看到这两颗星。而在银河系中，在“尾刺”星的东北方向上，我可以看到一个呈现出颗粒状的光块——3 等亮度的疏散星团 M7，又叫作托勒密星团。我喜欢用 10 × 50 双筒望远镜从尾宿八慢慢扫到 M7。在这个 1 度宽的耀眼星团内部，我可以追寻到十几颗 6 到 8 等亮度的恒星，它们组成了一个类似残破的字母“X”的形状，另外还有许多较暗的恒星逐渐与银河系融为一体。在西北方隔着几度的地方是体积小一些但仍然令人印象深刻的 4 等亮度的蝴蝶星团（M6）。这两个星光闪闪的宝藏天体可以同时在一个双筒望远镜的视场中观测到。

北半球秋季天空

旅程 7
宇宙中的邻居

仙女座的纤细身影形如一个细长的字母“V”，以飞马大四边形东北角的壁宿二为起点向外展开。在仙女座内部用星桥法进行短途“星跳”，可以到达 M31，也就是仙女星系。M31 距离我们足足有 250 万光年，但它已经是离我们最近的大型旋涡星系了。每当我在一个真正黑暗的天空中看到这个宏伟的星系，都会有一种特别的感触。M31 多少有些向我们的视线方向倾斜，所以它看上去更接近椭圆形，而非正圆形。我的 10×50 双筒望远镜能够显现出它 4 等亮度的核心，核心的两侧是逐渐变窄的“翅膀”，在天空中伸展了至少 2 度。它有一个离得有些远的宇宙邻居：M33，又名风车星系。M33 位于 M31 东南方向上相距 15 度的地方，在三角座的内部。6 等亮度的风车星系是一个可爱的正面朝向我们的旋涡星系，比 M31 小一些，光芒也更散漫柔和。在远离城市灯光的地方，我用 10×50 双筒望远镜看到的它是一个苍白的椭圆形“污渍”。

旅程 8 不只是七姐妹

金牛座（很容易在猎户座的西北方找到）中包含了一对巨大的星团，最适合用双筒望远镜来欣赏。其中最有名的是 M45，即昴星团，通常被称为七姐妹星团。这七颗最主要的恒星形成了一个微型的北斗七星，但是那些 3 等和 4 等亮度的“宝石”只是数十颗蓝白色恒星中最亮的一部分，这些恒星都包含在这个 1 度宽的星团中。通过安装在三脚架上的 10×50 双筒望远镜，我能在昴星团中辨认出“七姐妹”之外至少 20 颗恒星。向东南方向移动两个双筒望远镜视场，你能看到“V”形的毕星团，它勾勒出了金牛座的脸部轮廓。这个大“V”形只能勉勉强强塞进我 6.5 度宽的双筒望远镜视场里。毕星团中最显著的是 1 等亮度的毕宿五（尽管这颗橙色的巨星只是一颗与星团无关的位置靠前的恒星，并不在星团内）。“V”形中包含毕宿五的那一边上装饰着几对恒星。在双筒望远镜的视场中显得尤为漂亮的是金牛座的 θ^1 和 θ^2。最后再说一句：这两个金牛座星团在双筒望远镜中美丽极了！

南半球的天空

旅程 9 南十字座和煤袋星云

在 2 月至 5 月的夜晚，从热带或南半球的纬度看去，壮观的船底座－南十字座区域正好位于南边的天空中。南半球天空的标志——南十字座充满了一个 6.5 度的双筒望远镜视场，能小到这种程度的星座只有少数几个。注意南十字座 γ（或名十字架一）的橙色光芒，它是南十字座中最顶端的恒星，与底部的白色十字架二（南十字座 α）以及蓝白色的十字架三（南十字座 β）和南十字座 δ 形成对比。南十字座中较暗的第五颗星——南十字座 ε 看起来偏红。明亮的南十字座与银河系中最黑暗的区域之一——煤袋星云形成鲜明对比，煤袋星云由星际尘埃组成，阻挡了我们看向其后方天体的视线。在肉眼看来，煤袋星云像是一团实体，但在双筒望远镜中，它主要分化成三道黑暗条纹，被暗淡的恒星构成的小岛分隔开。这片天域呈现出一种奇妙的质感。在煤袋星云和十字架三之间可以看到微小的星团 NGC 4755，即珠宝盒星团。

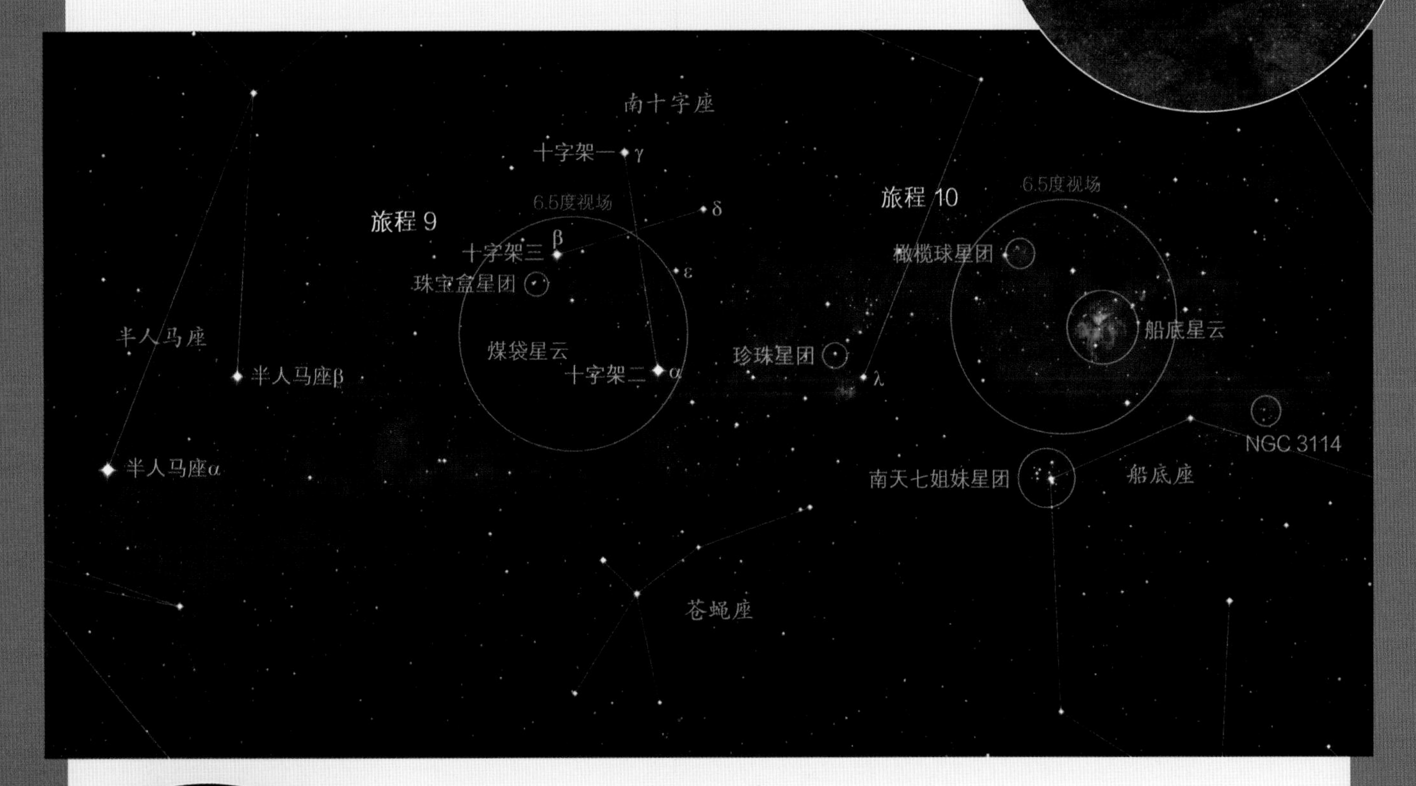

旅程 10 船底座和它的伙伴们

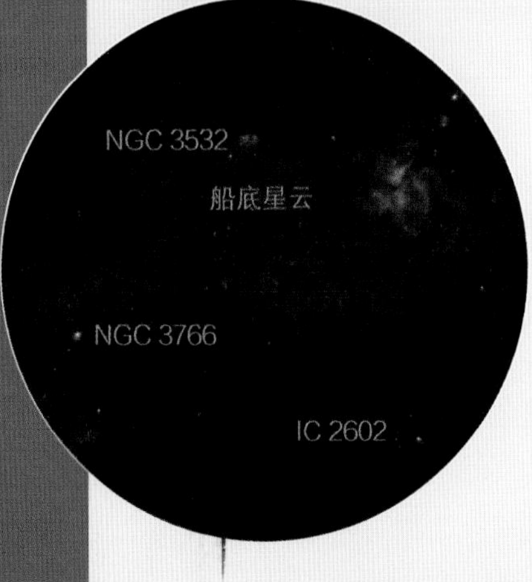

船底座包含了银河系最南端的部分。从黑暗的地方用肉眼就可以看到其中的船底星云（NGC 3372）。通过双筒望远镜可以观测到，以金黄色的船底 η 星云为起点辐射出三条暗带，将一团灰色的雾气分隔开。这个星云被三个肉眼可见的星团包围其中。西边是 NGC 3114，那是一片已然非常富饶的星域中的一个更加富饶的星团，其中又有两颗明亮的恒星。船底星云的下方则是明亮的南天七姐妹星团（IC 2602），有 5 颗星呈“X”形，旁边又有九颗星呈“C”形，都位于银河系的一个黑暗区域内。在船底星云的东北部坐落着椭圆形的橄榄球星团（NGC 3532），这是三个星团中最优秀的观测目标。在它下面是另一个类似煤袋的暗星云，暗星云的东侧是刚刚可以分辨出的珍珠星团（NGC 3766），位于半人马座 λ 周围的一片美丽天域中。双筒望远镜的观测没有比这更好的了！

第七章

选购一架天文望远镜

正如我们在第一部分中所描述的那样，使用双筒望远镜甚至是仅凭肉眼都能在天空中发现很多东西。但是天文望远镜无疑为我们提供了通往一个新宇宙的神奇传送口，因为它所显示的一切都超出了眼睛所能看到的范围。每个通过天文望远镜观测月球的人都会对目镜前呈现的外星景观感到惊奇。而望向土星的第一眼总是让人情不自禁地发出一声惊叹。

在通过天文望远镜观测时，你越是感到惊讶，就越想继续探索夜空。想要感受天文望远镜带给你的

安装在质量不错的赤道仪上的 90 毫米口径的折射镜是一款经典的入门级天文望远镜，能够呈现出行星（图中为金星）和银河系以及更远处的上百个天体的奇妙景

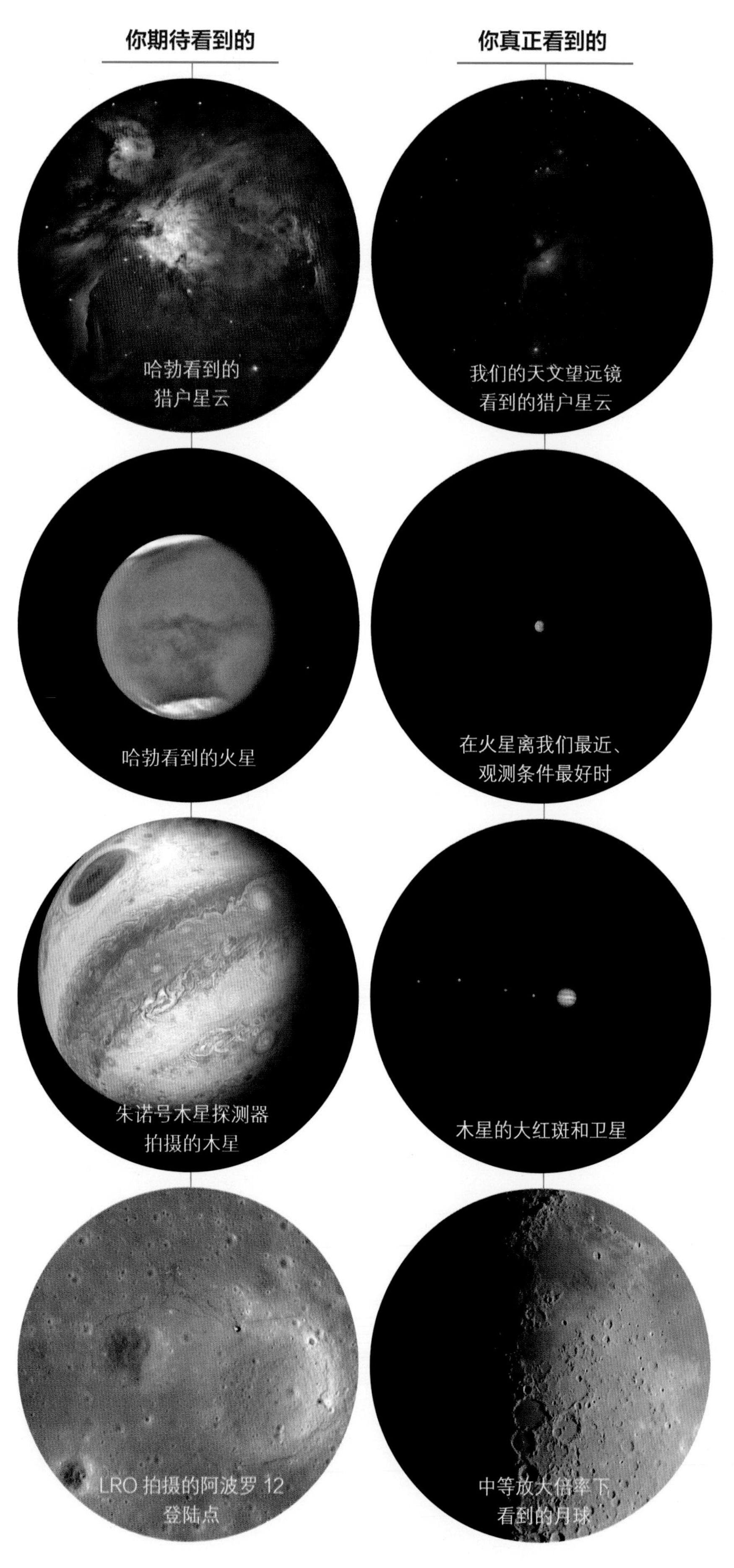

你能看到什么

在一头扎进市场寻找最好的天文望远镜之前，我们认为明智的做法是先弄明白一个问题：天文望远镜实际上能让你看到什么？答案是非常多！即使是一架最普通的入门级天文望远镜呈现出的天空，也足够你花费一生的时间去探索，其中包含所有主要的行星和数百个星团、星云和星系。然而，想要真正享受天文望远镜带来的乐趣，你可能得先调整一下期望值，了解哪些是你能用它看到的，而哪些不能。

你期望的和你能得到的

在第三部分中，我们将用几章的篇幅来介绍如何操作天文望远镜观测各种各样的天体。所以关于观测有非常多的内容要讲。

但正如我们已经提过且将再次提到的，许多人是抱着极大的期待来购买天文望远镜的，而他们期待看到的景象往往远超出任何业余天文望远镜，甚至是地球上现存的任何天文望远镜所能呈现的范围。

现实的情况是，行星能够看得很清晰，但也很小。星云和星系是单色的，其间微妙的区别要依靠黑暗的天空和训练有素的眼睛才能分辨出来。而且不论你把恒星放大多少倍，它们看起来都不会是巨大的发光球体，而是像柔和的光点。可以这么说，只有在观测月球时才能看到有可能满足新手们期待的令人惊叹的细节，当然也不可能看到宇航员所插的旗子！

理想 vs. 现实

你可能期望在自己的新天文望远镜中看到星云和行星，它们展现出丰富又鲜艳的色彩，占据整个视场；又或者是在月球的近距离特写中看到旗帜和着陆舱。抱歉了！想看到阿波罗登陆点，那是 NASA 的月球勘测轨道飞行器（LRO）才做得到的。我们的业余天文望远镜也不可能比得过哈勃太空望远镜或者 NASA 的行星探测器。不过，细节是可以观察到的——只需要足够的耐心去学习如何观察。（向 NASA/STScI 和 JPL 致谢）

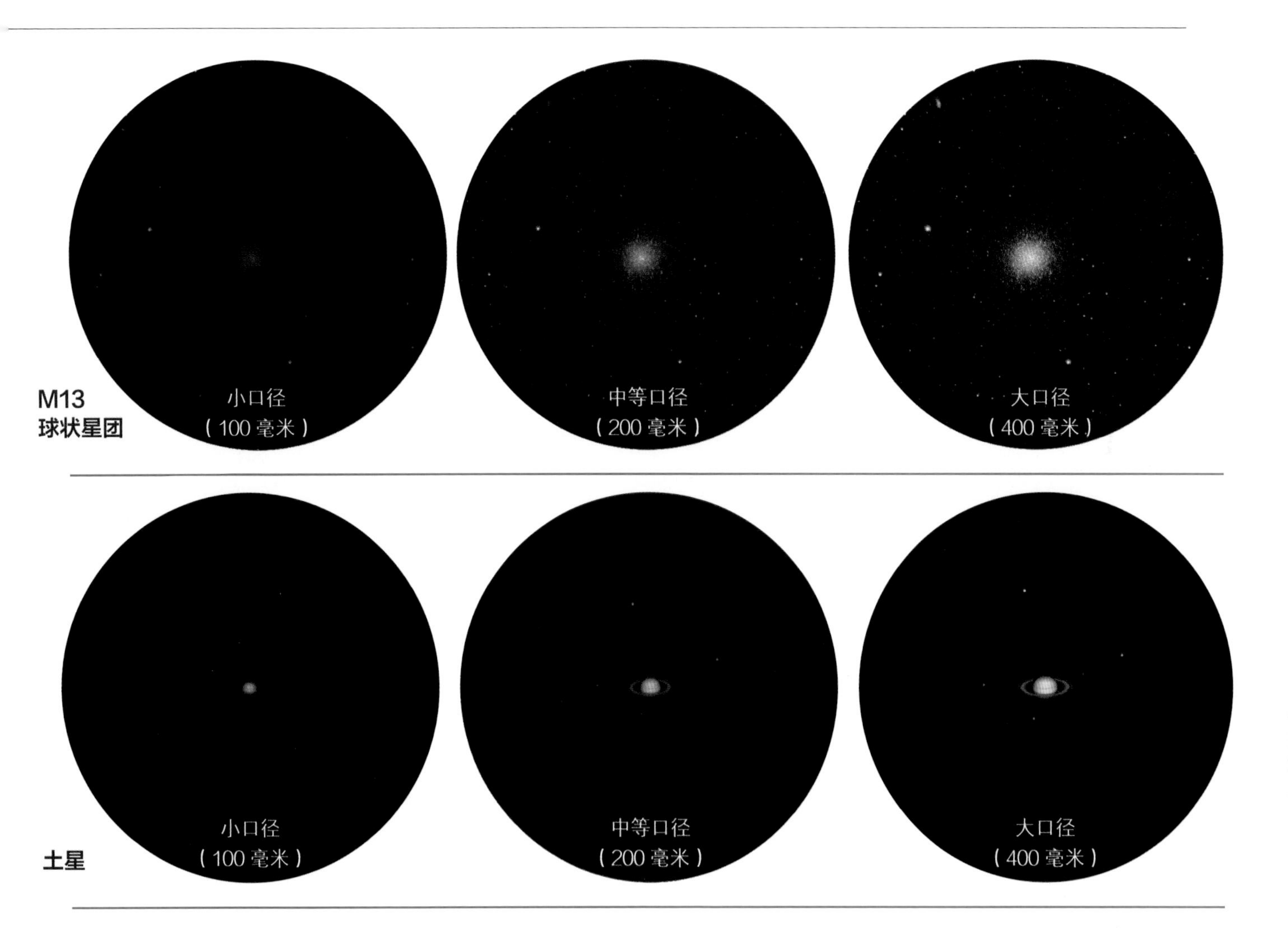

你准备好拥有天文望远镜了吗

在这个问题上，老手们意见不一。有的人说，如果你就是想要一架天文望远镜，那就直接去买吧，然后慢慢学习使用。这种方式也许会奏效。但在很多时候，我们发现不行。

我们对此一贯的观点是，以后再买。尽管所有的天文望远镜都非常美妙，但即便是高科技的计算机化的款式（事实上，尤其是计算机化的款式），想要真正了解并好好享受它们，你都需要先花时间把我们在第一部分（第一章到第六章）提到的指导进行一遍。学会用肉眼识别那些最明亮的星体和主要的星座，然后用一架普通的双筒望远镜来寻找我们在第六章的天空之旅中推荐的目标天体。

业余天文学并不是比拼购买装备的竞赛。在你了解天空的宏伟布局并搞懂它是如何运转之前，夜空中属于天文望远镜的奇观会一直等着你的。以下几个测试能帮助你准确判断自己是否已经准备好了：

- 你是否知道这些行星当前的位置以及它们何时在天空中可见？
- 你是否知道不同相位的月球会在何时出现在天空的何处？
- 你是否能辨认出每个季节的天空中最亮的星体，比如猎户座或夏季大三角中的恒星？
- 你是否能指出天空中的猎户星云、蜂巢星团、礁湖星云和仙女星系？（这些都是北半球不同季节的天空中热门的目标。）

如果你能通过这些测试，说明你已经准备好了。但是，在我们一起去购买天文望远镜之前，请先容我们从历史的视角回顾一下现代天文望远镜市场的发展。

口径大小是关键

一架天文望远镜的物镜直径（也就是口径）越大，它接收到的光线就越多，所呈现的物体就越明亮。随着口径的增大，深空天体，如M13球状星团也会显现出更清晰的轮廓和更多的细节。

对行星来说，越大型的天文望远镜能展现的细节越多，比如土星环的缝隙，并显现出更暗的卫星。大口径的天文望远镜能够接收更多的光线，也就能够适配更大的放大倍率。第三部分的章节模拟了更多从天文望远镜中观测到的天体的真实样貌。

天文望远镜简史

生活曾经如此简单。在过去，业余天文学爱好完全由一种类型的天文望远镜主导，这就使得购买仪器的选择变得非常容易：别人买什么你就买什么。事实上，你也没有其他选择。

观测目标的偏好也是按部就班。当下流行的天文望远镜擅长观测什么天体，大部分人就专注于什么天体。我们一直认为业余天文学的历史可以划分为几个时期，在每个时期里，单一类型的天文望远镜和观测模式定义了业余天文学家的宇宙。

1950 年以前：小型反射式镜时代

在 1950 年以前，如果想要拥有一架天文望远镜，很可能你得自己制作，通常情况下是一架 150 毫米口径的反射式望远镜，安装在由管道配件组装成的有“水管工噩梦”之称的底座上。如果你买得起一架天文望远镜，那很可能是一架口径在 50 至 76 毫米的铜制折射式镜，放在书房的橡木书架上看起来倒是不错。更大型的折射式镜也可能买得到，但是价格都非常高昂。市场上出售的天文望远镜对工薪阶层来说很昂贵，它们是为富裕又有闲暇的上流天文学家制作的。

这些业余爱好者的主要观测活动是观测月球和行星，并记录双星的颜色。少数高阶的观测者进行了技术性更强的工作，比如测量双星的位置和变星的亮度变化——这类任务非常适合用小型折射式镜完成。

1950 年到 1970 年：牛顿式镜时代

第二次世界大战后，美国的小型天文望远镜公司，如 Cave/Astrola、Criterion、Optical Craftsman 和 Starliner，开始以更合理的价格出售高质量的牛顿反射式望远镜。由于拥有相对较大的 150 至 300 毫米的口径，而且售价远低于 100 至 125 毫米的折射式镜，牛顿反射式镜成为当时最受欢迎的设备。

20 世纪 50 年代和 60 年代的牛顿反射式天文望远镜都是中长焦（f/7 到 f/10）的，在配备必要的赤道仪支架后，它们的体积更加巨大，因此极少会被带着旅行。但它们也不需要挪动，因为长焦的牛顿式天文望远镜至今仍旧是进行高分辨率行星观测的优秀选手，在城市里使用就可以了。就此，我们进入了业余天文学家开展行星研究的黄金时代，他们用素描描绘行星的特征，其中的细节在当下看来依然卓越。

深空天体依旧没得到太多关注，当时的书籍证明了这一点。《诺顿星图集》是 20 世纪 50 年代和 60 年代观测者的圣经，在 1959 年的版本中，只列出了 75 个深空天体。尽管当时的光污染程度很低，但星云和星系的领域几乎被无视了。

1965 年，NASA 的水手 4 号火星探测器成为第一个返回火星特写图像的行星际探测器，它返回的火星图像揭示了一个与天文望远镜观测者所见到或想象的都截然

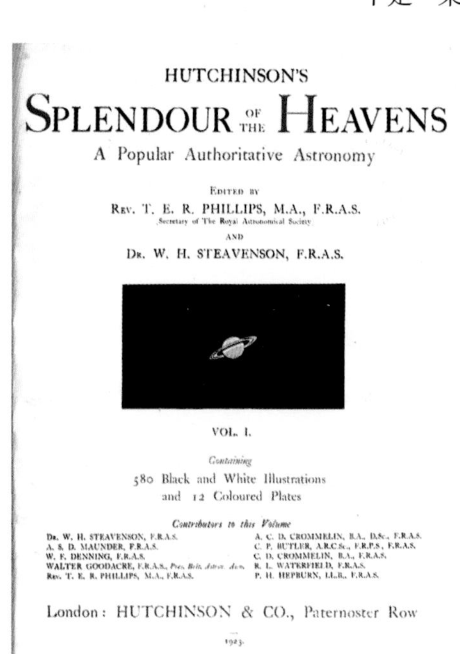
HUTCHINSON'S
SPLENDOUR OF THE HEAVENS
A Popular Authoritative Astronomy
EDITED BY
REV. T. E. R. PHILLIPS, M.A., F.R.A.S.
Secretary of The Royal Astronomical Society
AND
DR. W. H. STEAVENSON, F.R.A.S.
VOL. I.
Containing
580 Black and White Illustrations
and 12 Coloured Plates
Contributors to this Volume
DR. W. H. STEAVENSON, F.R.A.S. | A. C. D. CROMMELIN, B.A., D.Sc., F.R.A.S.
A. S. D. MAUNDER, F.R.A.S. | C. P. BUTLER, A.R.C.Sc., F.R.P.S., F.R.A.S.
W. F. DENNING, F.R.A.S. | C. D. CROMMELIN, B.A., F.R.A.S.
WALTER GOODACRE, F.R.A.S. | R. L. WATERFIELD, F.R.A.S.
REV. T. E. R. PHILLIPS, M.A., F.R.A.S. | P. H. HEPBURN, LL.B., F.R.A.S.
London: HUTCHINSON & CO., Paternoster Row
1923

THE MAN WHO KNOWS

uses a Watson Educational Telescope. With it all the principal objects of interest referred to in the "Splendour of the Heavens" may be clearly seen. The hills and valleys of the Moon, the marvellous rings of Saturn, mysterious Jupiter with its unique lunar system, and most of the double stars.

With your own Telescope realise, as never before, the perfect system, the grandeur and majestic glory of the Heavens.

A First Payment of 27s. 6d. brings you the Telescope, and eleven monthly payments of 22s. 6d. complete the transaction; or if you prefer to pay cash, the price complete is £12 10s.

Watsons' Maia Educational Telescope.

Specification: Solid brass body tube, as illustrated, rack and pinion focusing adjustment, sliding draw tube, fitted with specially selected 3-in. diameter object-glass, an astronomical eye-piece of any desired power, with dark glass for solar observation. The whole mounted on a stand of entirely new design, giving universal movements. Price complete as above, £12 10s.

ILLUSTRATED DESCRIPTIVE CATALOGUE AND SECOND-HAND LISTS SENT POST FREE ON REQUEST.

W. WATSON & SONS, LTD.
Telescope Manufacturers
Wholesale and Retail and to the British and many Foreign Governments
313, High Holborn, London, W.C.
Works: BARNET, Herts. ESTABLISHED 1837

铜制时代

只需首付 27 先令 6 便士，你就可以得到这架可爱的 76 毫米黄铜折射式望远镜（如右图所示），它可以带你看到哈钦森（Hutchinson）的《天际壮景》（上图所示）中提到的所有天体。《天际壮景》是一本流行于 20 世纪 20—30 年代的天文学指南，其中提到了“月球的丘陵和山谷、奇妙的土星环、神秘的木星及其独特的卫星系统以及大多数双星”。

ONLY $61 DOWN — and **YOU** can own this new
UNITRON MODEL 145C with Motor Clock Drive

Here is the 3" photo-equatorial refractor that the amateur astronomer has been waiting for . . . to combine both visual observations and astrophotography . . . **PLUS** the extra convenience of a synchronous motor clock drive. Using this model, the earth "stands still" for you or your astro-camera, leaving you free to devote your entire attention to observing. Optically excellent, this refracting telescope also has the precise mechanical adjustments so essential for serious work. Best news of all, the modest 10% down payment makes ownership well within the average budget.

Model 145C is supplied complete with equatorial mount and slow-motion controls, tripod, 2.4" photo-guide telescope with star diagonal and cross-hair eyepiece, 10x 42-mm. viewfinder, 6 eyepieces, choice of UNIHEX Rotary Eyepiece Selector or star diagonal and erecting prism system, Achromatic Amplifier, sun projection screen, sunglass, UNIBALANCE tube assembly, cabinets, etc. . . . all for **$610**, or only $61 down on UNITRON's Easy Payment Plan. (Press camera at upper right in picture not included.)

If your interest lies only in visual observations, you may want to consider the UNITRON 142C, the regular 3" Equatorial, with new Synchronous Motor Clock Drive, priced at only $495 complete (or $49.50 down on the time-payment plan).

In fact, there is even a 3" UNITRON for as little as $265 complete (Model 140 Altazimuth). **Other UNITRON Refractors are priced as low as $125. Whatever model you choose, you CAN BE SURE that you are getting the finest instrument in its class.**

NEW 3-inch PHOTO-EQUATORIAL with MOTOR CLOCK DRIVE

OTHER NEW MOTOR-DRIVE MODELS

The new Synchronous Motor Clock Drive is also available as standard equipment on other UNITRON Equatorial Refractors. To facilitate changes in right ascension while the clock is in operation, a second, supplementary slow motion has been added. And remember that setting circles are now included with the 2.4" Equatorial, at no increase in price. Typical motor-drive models include:

UNITRON 2.4" Equatorial Model 128C **$275**
UNITRON 3" Equatorial Model 142C **$495**
UNITRON 4" Equatorial Model 152C **$845**

MOTOR DRIVES AVAILABLE SEPARATELY

The new Synchronous Motor Clock Drive is also available as an accessory to add further convenience to UNITRON Equatorial Models purchased previously . . . or you may add it later, if you decide to buy a standard UNITRON Equatorial now. If for use on an earlier model, we can supply you with a new replacement right-ascension knob with drilled center, to accommodate the flexible cable, now regular equipment. There is no charge for the new knob. Just specify it on your order, and return your old R.A. hand-drive knob to assure a replacement with the correct size and threading.

For UNITRON 2.4" Equatorial Models . . **$50**
For UNITRON 3" and 4" Equatorials . **$60**

(See our other advertisement in this issue.)

UNITRON INSTRUMENT COMPANY — TELESCOPE SALES DIV.°
66 NEEDHAM STREET, NEWTON HIGHLANDS, MASS. 02161

对折射式镜的艳羡

这款折射式天文望远镜还配备了中型或大型胶片相机和最先进的功能：一个电动的马达，不需要靠拧发条来驱动。试问，谁不想拥有这样一套装备？Unitron 在 20 世纪 50—60 年代是不少人梦寐以求的一款天文望远镜。首付只需 61 美元！

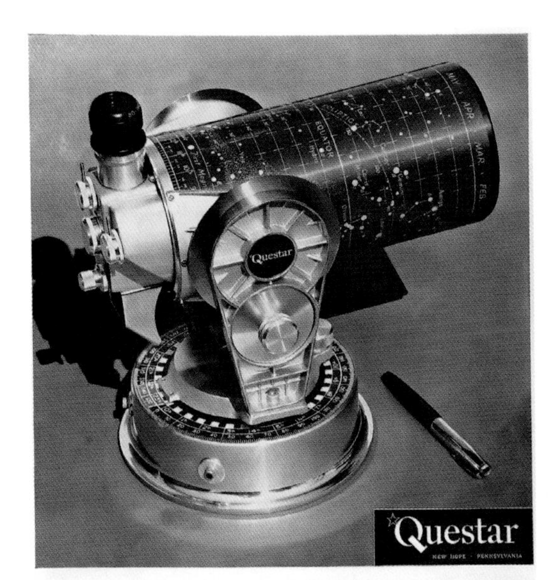

A WOMAN WRITES OF HER QUESTAR

"Since receiving Questar, I have been writing you mentally every day to say what you no doubt have heard many times, that Questar is an instrument of such jewellike quality that I fail to find words to express my feelings adequately. It is a pleasure just to lift it out of its case. It so outmodes other telescopes that it is like a leap from the Stone Age to the present time. I cannot praise it highly enough, and I begrudge every cloudy or foggy day that keeps it safely cased.

"To the men who designed this instrument my undying thanks, and that of many others, for Questar is truly progress, and way ahead of its time." (Miss) Julia Wightman, ——, New York

ENGINEERED FOR THE LAST WORD IN BREATHTAKING PERFORMANCE . . . PRICED FOR FIRST CHOICE IN VALUE . . . FULLY EQUIPPED WITH MANY EXTRA FEATURES!

You'll Marvel At How The Superb Optics Of This Portable RV-6

6-inch DYNASCOPE

Give The Same Exquisite Definition As Far More Expensive Instruments!

This staunch leader of the Dynascope line has won widespread recognition from schools, colleges, and professionals, as an outstanding achievement in a 6-inch telescope. Since it was introduced a few years ago, our files have become filled with complimentary letters from excited amateurs and professionals all over the country. Each one is truly amazed at the superior optical performance of this RV-6 6-inch Dynascope! Here is large aperture in a quality instrument at a price that compares with many 4-inch telescopes. *And this low cost includes such exclusive extra features as electric drive* (patented), *setting circles, and rotating tube!* There are no "extras" to run up your cost!

The superb optical system resolves difficult objects with definition that is absolutely breathtaking. The close tolerances of the precision construction assure an accuracy and smoothness of operation once associated only with the finest custom models. The heavy-duty mount, complete with electric drive, provides the stability so essential for satisfactory viewing, yet there is easy portability, because in a matter of minutes the entire telescope can be dismantled into three easy-to-handle sections.

Only Criterion's engineering ingenuity, coupled with volume production and modern manufacturing methods, makes this handsome 6-inch model available at such reasonable cost. You can order it with complete confidence that it will live up to your expectations in every way, for this assurance is *guaranteed* under our full-refund warranty. Send your check or money order today. Or use our liberal time-payment plan and take months to pay.

YOU COULD PAY $100 MORE WITHOUT GETTING ALL THESE SUPERIOR FEATURES (Except on Another Dynascope)

Including . . . • *ELECTRIC DRIVE (Patented)* • *SETTING CIRCLES* • *ROTATING TUBE*

A Complete Instrument, No Costly Accessories Needed!

Model RV-6 Complete with Dyn-O-Matic Electric Drive and All Features Described Below

$194.95

f.o.b. Hartford, Conn. Shipping Wt. 55 lbs. Express Charges Collect No Packing or Crating Charges

ENJOY IT NOW FOR ONLY $74.95 DOWN

No need to put off the thrills of owning this magnificent instrument! Send your check or money order today for only $74.95 as full down payment . . . pay balance plus small carrying charge in your choice of 6, 12, or even 24 monthly payments. Same unconditional guarantee applies, of course. Or order today by sending your check or money order with coupon below.

Sound too good to be true? Then read what these delighted DYNASCOPE owners have to say:

Criterion Manufacturing Co.
Dept. STR-16, 331 Church St., Hartford, Conn. 06101

☐ Please send me, under your unconditional guarantee, the RV-6 6-inch Dynascope. Full payment of $194.95 is enclosed.
☐ I prefer your easy terms! Enclosed is $74.95 as down payment with understanding that I will pay balance plus small carrying charges over 6..., 12..., 24... months (check choice).
☐ Send FREE ILLUSTRATED LITERATURE describing the RV-6 6-inch Dynascope and all the telescopes in the Dynascope line.

Name ....
Address ....
City .... State ....

CRITERION MANUFACTURING CO.
331 Church St., Hartford, Conn. 06101
Manufacturers of Quality Optical Instruments

对 Questar 的热爱

左图：从 20 世纪 50 年代到 80 年代，每期《天空与望远镜》上都有一整个版面用来刊登 Questar 的广告。在这则广告中，朱莉娅·怀特曼（Julia Wightman）小姐写道，她的“Questar……远远超过了其他天文望远镜，就像从石器时代到现代的飞跃”。事实也是如此。

反射式镜的典范

右图：20 世纪 60 年代的许多业余爱好者在磨炼他们的技能时，都会使用这款经典的 150 毫米 f/8 牛顿式望远镜—— Criterion RV-6 Dynascope，安装在德国制造的赤道仪支架上。其光学系统的性能非常出色，价格更是突破性地只需 195 美元，或首付 74.95 美元。

不同的坑坑洼洼的火星表面。

太空时代非常高效地降低了业余天文学家将月球和行星当作优质目标的可能性。行星际观测不再是一项主要活动。

与此同时，60 年代的太空竞赛大大提升了公众对天文学的兴趣。这种爱好逐渐从一个属于单身男性的小众爱好演变成一种主流的消遣活动，为下一个时代的到来奠定了基础。

20 世纪 70 年代：SCT 的突破

阿波罗时代让许多人对天文学产生了兴趣，从而大大增加了天文望远镜的销量，以至于天文望远镜公司都能引进大规模生产技术了。当时，加利福尼亚州的汤姆·约翰逊（Tom Johnson）是一名天文望远镜制造先驱。约翰逊被施密特-卡塞格林的理论中接近完美的恒星图像所吸引，进而为自己制造了一架482毫米的设备。1964年，他将电子公司更名为Celestron Pacific，并开始制造天文望远镜。

1970年，星特朗推出了一款结构紧凑的200毫米f/10施密特－卡塞格林式天文望远镜（简称施卡或SCT），即最初的橙色镜筒的“C8”（甚至颜色也很新颖）。这款天文望远镜的基础款零售价为795美元。考虑到当时200毫米牛顿式望远镜的价格为600美元，C8的价格算是比较高的了。但由于其尺寸袖珍，且便于使用，许多业余爱好者对这种新款式趋之若鹜。它被称为折反式镜，是反射式镜和折射式镜的混合体。

从许多方面来说，天文学这个爱好是从这款天文望远镜的出现才发展为我们如今所知道的形态的。施密特－卡塞格林式镜的便携性让业余天文学家能够带着大口径的天文望远镜去到暗天观测点，这在20世纪70年代光污染蔓延之前是很少见的做法。对深空天体的观测蔚然成风。

20世纪80年代：牛顿式镜的重生

观测深空的新兴趣激发了人们对更大口径的渴望。发烧友们如何才能在保持便携性的前提下用上更大的天文望远镜？

解决办法是：回归牛顿式镜，但牺牲了赤道仪支架的自动跟踪功能，改用简便而矮胖的经纬仪支架。这类天文望远镜经由加利福尼亚州的业余天文学家约翰·多布森（John Dobson）推而广之，所以现在被普遍称为多布森式镜。自1980年起，加利福尼亚州的库尔特光学公司（Coulter Optical）开始出售经典的多布森式天文望远镜，价格低至500美元。一股追求大口径望远镜的热潮席卷了整个大陆。

设备上的推陈出新再次将观测者们带入了新的领域。那些在200毫米的施密特－卡塞格林式镜中只能勉强显现出模糊的小点的天体，转而在流行于20世纪80年代初的330至444毫米的库尔特多布森式镜中展现出令人惊叹的景象。

20世纪90年代：折射镜的重生

施密特－卡塞格林式镜和多布森式镜并没有赢得所有人的青睐。观测者抱怨这些大型但低廉的“光桶”反射式镜所提供的视场太过模糊。还有一些人对在80年代

SCT和折射式镜的复兴

左下图：在20世纪70年代，星特朗C8和之后的C5都配备了砂铸的叉式支架和天鹅绒质地的涂漆镜筒。它们在最开始的一段时间里用起来棒极了，但很快就会出现灰尘和污垢。

右下图：折射式天文望远镜的复兴始于20世纪80年代中期，Tele Vue公司推出的天文望远镜致敬了过去的黄铜材质的望远镜，但采用了全新的镜片类型以消除色差。

多布森式镜的首次亮相

在 1980 年加利福尼亚州的里弗赛德望远镜制造商会议上，库尔特光学公司展示了第一架用于出售的多布森式天文望远镜，即 330 毫米的奥德赛 1 号，按照约翰・多布森的经典设计制造。

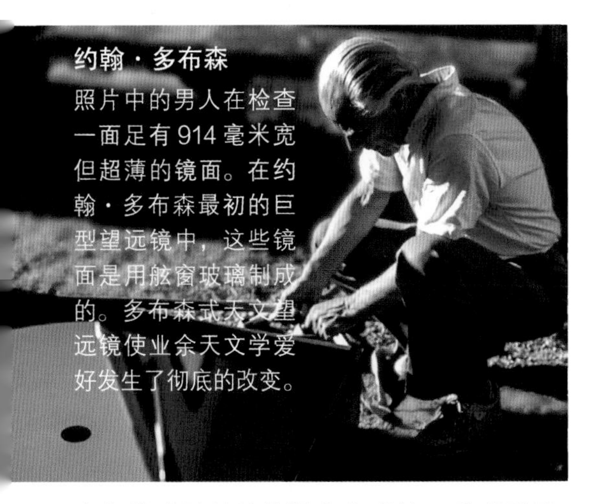

约翰・多布森

照片中的男人在检查一面足有 914 毫米宽但超薄的镜面。在约翰・多布森最初的巨型望远镜中，这些镜面是用舷窗玻璃制成的。多布森式天文望远镜使业余天文学爱好发生了彻底的改变。

中期的哈雷彗星热潮中出现的一系列质量低劣的施密特－卡塞格林式天文望远镜感到失望。在这种情形下，两位互无交集的天文望远镜设计师将业余天文学中用到的折射式望远镜进行了彻底的改革。

曾在NASA任职的光学设计师阿尔・纳格勒（Al Nagler）发明了一些方法来减少折射式镜筒的长度，同时又不会增加色差或假色，而这些是折射式天文望远镜一直以来的缺陷。他的 Tele Vue Renaissance 公司和 Genesis 系列天文望远镜在折射式镜的重构方面发挥了重要作用。

航空航天工程师罗兰・克里森（Roland Christen）也对色差进行了研究。从 20 世纪 80 年代末开始，克里森的 Astro-Physics 公司销售了第一台价格低廉的三重透镜复消色差天文望远镜。追求更大口径天文望远镜的竞赛让位于对质量更高的天文望远镜的渴望。

21 世纪初：计算机开始接管

到了 20 世纪末，三类天文望远镜——折射式、反射式和折反式（施卡式）在受欢迎程度上旗鼓相当。与之相似，业余天文学家也开始探索不拘一格的观测兴趣，从附近的月球到遥远的星系，享受宽广的目标天体范围。我们现在也是如此。

随着光学技术的高度发展，并可用于设计形形色色的天文望远镜，接下来还会出现什么呢？一个词回答：计算机。

虽然星特朗早在 1987 年就推出了一款计算机化的天文望远镜（以下简称程控天文望远镜）——CompuStar，但第一款真正产生影响的高科技望远镜是米德公司于 1992 年推出的 LX200（LX 代表 Long eXposure，即长曝光）。然而，在整个 90

高科技的天文望远镜

米德公司最初的 200 毫米 LX200 在 20 世纪 90 年代末售价2795美元。这一类别的天文望远镜被称为 GoTo 望远镜，自那以后演化出了多种多样的功能，包括连接 Wi-Fi、用智能手机远程操控。当初谁能预料得到呢?

更高科技的望远镜

eVscope 在目镜或智能手机中呈现的仅是数字图像。这到底算是观测还是天体摄影？下一代的望远镜购买者会关心其中的区别吗？

（图片来源：Unistellar）

年代中，程控天文望远镜始终属于高端型望远镜，针对的是那些愿意为之花费数千美元的狂热爱好者。

1999 年，米德公司推出了 ETX-90EC（“ET”是 Everyone's Telescope 的缩写，意为“属于每个人的天文望远镜”）及其手持式 Autostar 电脑，打破了程控天文望远镜的价格壁垒——只需 750 美元，你就可以拥有一架能自动瞄准目标的天文望远镜，解决了令许多新手望而却步的问题：如何找到目标天体。

21 世纪 20 年代：目镜不再是必需的

那么天文望远镜技术接下来会如何发展呢？ Unistellar 公司生产的售价 3000 美元的 eVscope 肯定是未来的一个标志。它和其他几款通过众筹开发的竞争对手，如 Vaonis Stellina 和 Vespera，在 GoTo（自动寻星）技术方面更进一步，能够在打开电源开关时自动校准，并从无线连接的应用程序中自动对焦到目标天体上。严格意义上说，它们呈现的视图并非完全真实，而是电子合成的，通过对大量短曝光的图像进行数字处理后生成。图像能传输到你的智能手机上，并可即时分享到社交媒体上。你能看到彩色的星云——不过是在电子屏幕上。

虽然 eVscope 也配备了一个目镜，但通过它看到的电子图像和在智能手机上接收到的是相同的。你所看到的并不是“真实的物体”，而是这个目标天体的一张照片，不过这反倒是不少天文望远镜的参观者所预想能看到的景象。

不管我们这些老前辈是怎么想的（毕竟 GoTo 望远镜曾经被传统主义者鄙视），天文望远镜终将继续发展，并出现更多令人兴奋的新特性和新功能。我们将来会有比现在还要多得多的选择。现在，就让我们来做这个选择吧。

复习一下基础知识

所有天文望远镜都可以被分为两个主要类型：

折射式（图中位于左边）通过使用一个透镜弯曲或折射光线来实现聚焦。伽利略在 1609 年首次使用的天文望远镜便是折射式的。它们在当下仍然很受欢迎，能够提供清晰的图像，同时它的设计使其无须经常的维护。

反射式 使用凹面镜来聚焦光线。艾萨克·牛顿（Isaac Newton）在 1668 年发明了反射式天文望远镜，该设计至今仍很流行。只要价格够高，牛顿式望远镜能够提供最大的口径，但其镜头确实需要时不时进行调整。

所有天文望远镜支架可以划分为两个主要类型：

经纬仪支架（图中左边）在高度上向下移动，在方位上左右移动。除非配备了计算机化的马达，否则它们不能自动跟踪天空的运动。你必须每隔几秒就调整一次支架以保持目标位于视场中心。

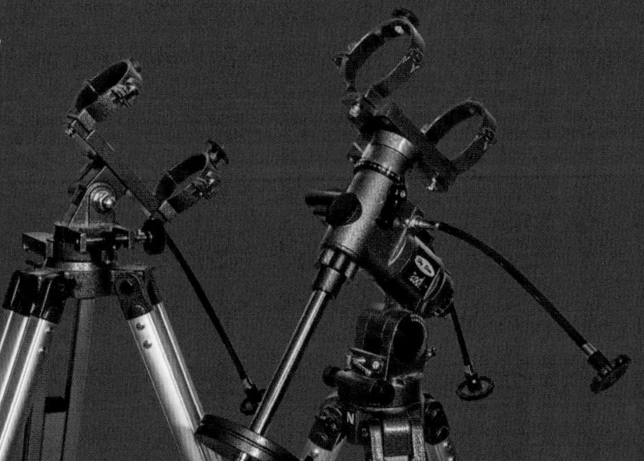

赤道仪支架 有一个对准天极的旋转轴，使用时需要极轴校准。校准后，一个简单的电池供电马达可以随天空运行的速度转动极轴，使观测目标在视场中保持不变。

天文望远镜的多样性

折射式、反射式和折反式……你会在星空聚会上看到各种类型的天文望远镜，拥有和操作这些天文望远镜的友好的观星者，会很乐意告诉你他们对所拥有的望远镜最喜欢（或者不喜欢）的点。

选择最好的天文望远镜

我们一而再再而三地被问到这样的问题："哪一款天文望远镜是最好的？"或是："你会买哪种天文望远镜？"如今没有哪一款天文望远镜能够在市场上占据主导地位了，因而当下的选择之多简直令人望而却步。而且我们为自己选择的天文望远镜也许并不是最符合你需求的。

我们在本章后面会提供具体的建议。但这个建议的范围必定是相当大的，因为没有单独一款天文望远镜能成为最好的。毕竟也没有单独哪一款车会是最好的。而天文望远镜的种类和汽车一样丰富，从小巧灵活的"跑车"到庞大载重的"卡车"，涵盖了所有"车型"。哪一款是最好的？这得视情况而定。

我们的建议是，当你做决定时，不是在折射式与反射式中选，也不是在经纬仪和赤道仪中选，而是根据其他更为重要的因素来选择，最终的目标是确保你能在星空下度过愉快的夜晚。我们会先对这些因素进行概述，然后深入讨论对各个款式的调研。

因素 1：忽略放大倍数的骗局

首先，有一个天文望远镜的参数你可以忽略：望远镜能放大多少倍。放大倍率没有什么实际意义。装备了正确的目镜，任何天文望远镜都可以放大数百倍。问题是放大了 450 倍的图像看起来如何？即使只放大 300 倍，看起来可能又昏暗又模糊。为什么？有两个原因：

- 光线不足。望远镜没有接收到足够的光线来确保图像能够被放大到这个程度。当图像被放大时，它被展开到更大的区域内，变得太过暗淡以至于毫无用处。这已经超过天文望远镜的极限。

一架天文望远镜最多可以放大多少倍？通常来说，口径以英寸为单位来表示时，放大极限是其数值的 50 倍；以毫米为单位时，则是 2 倍。例如，一架 60 毫米口径的天文望远镜的有效放大极限只有 120 倍。声称望远镜可以放大 450 倍是一种误导，目的只是引诱毫无戒心的买家。

- 模糊的大气层。地球的大气层总是在运动，使得通过天文望远镜看到的视场变得扭曲。有些夜晚会更加糟糕。在放大倍率较低时，这种影响可能还不明显，但在高倍率下，大气湍流（也就是我们所说的视宁度差）会使图像严重模糊。

在大多数夜晚，大约 300 倍的放大倍率是切合实际的上限，即使是昂贵的大口径天文望远镜。人们购买大型的天文望远镜并不是为了获得高倍率的图像，而是为了获得更明亮、更清晰的图像，以及看到更暗的物体。

因素 2：别被大口径冲昏头脑

天文望远镜最重要的参数就是其口径。当业余爱好者说起 90 毫米或 200 毫米望远镜时，他们指的是主镜片或镜面的直径。口径越大，图像就越明亮、越清晰。

随着放大倍率神话的破灭，你可能会认为自己需要的是能负担得起的尽可能大的口径。这在某种程度上倒也没错，我们

没有意义的放大倍率

这些视图模拟了木星在高倍率的小口径天文望远镜中所呈现的模样，这个放大倍率超过了望远镜"每英寸 50 倍"的极限，因而产生的图像暗淡且模糊。我们无法模拟在大气湍流和支架摇晃的影响下图像的持续运动。大型天文望远镜提供了足够的光线，能够施加较高的放大倍率，但也只有在气流最稳定的夜晚才能达到好的效果。

小型望远镜
（放大倍率过高）

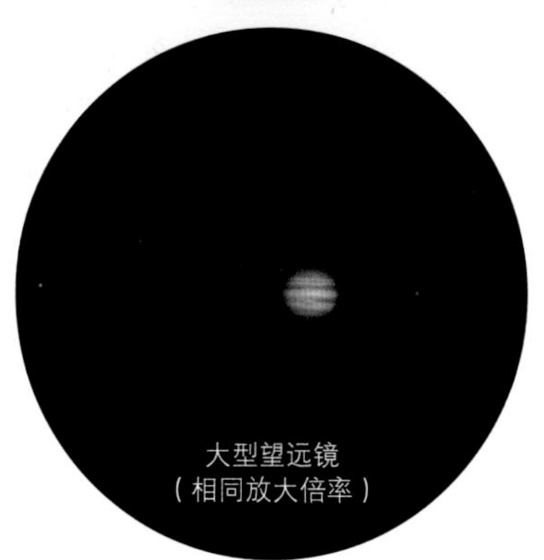

大型望远镜
（相同放大倍率）

口径的度量

作为一本科普书籍，我们在全书都使用公制单位。但即使在使用公制单位的国家，望远镜的口径也常常是以英寸为单位的。因此：
80 毫米 =3.1 英寸
114 毫米 =4.5 英寸
130 毫米 =5.1 英寸
150 毫米 =6 英寸
200 毫米 =8 英寸
250 毫米 =10 英寸
依此类推。在描述口径时，我们通常列出英制或公制单位的数值。

后面提供的一些建议也是遵循了这一点。但如果你不够小心，可能会被“大口径”所洗脑。在我们见过的放弃了这一爱好的人中，有多少是因为买得太少，就有多少是因为买得太过。

大口径的天文望远镜并不总是能增加观测宇宙时的满足感，这是出于以下几个原因：

- 便携性。一个经常被忽视的事实是，大型天文望远镜不适合放在小型汽车里。令人惊讶的是，许多业余天文学家在购买一架巨大的仪器时，完全没有考虑该如何运输或携带它。特别是对第一架天文望远镜来说，任何一架你不能很容易地一次性或者最多两次把它搬到后院的仪器，在新鲜感消失后，都不太可能再次使用了。
- 晃动。这是大型天文望远镜的另一个问题。一架大口径的天文望远镜如果安装在一个过小的支架上，可能会便于携带，但你看到的图像会随着每阵风吹过以及每次手的触摸而晃动，消磨你使用它的意愿。但反之，一个足以稳定望远镜的支架又可能过于笨重和累赘。那么这架天文望远镜最终也会被搁置。
- 价格。大型天文望远镜非常昂贵，导致很多新手对这个爱好失去了兴趣。原因往往可以追溯到要花费很大力气和时间来安装的大型望远镜。现在你已经把一个可观的投资绑在了一架天文望远镜上，而这架望远镜所做的仅仅只是占用你宝贵的存储空间。而且根据它的“年龄”，一架大型天文望远镜可能也很难卖掉。

我们的建议是：新手应该抵挡住诱惑，确保购买的第一架天文望远镜的口径不大于 200 毫米。对 250 毫米的施密特 - 卡塞格林式或牛顿式天文望远镜，一定要三思而后行。

因素 3：考虑你的观测地点

在挑选一架天文望远镜时，也许你最需要考虑的是观测地点。你能从家里观察吗？视野是否受到树木、房屋或路灯的限

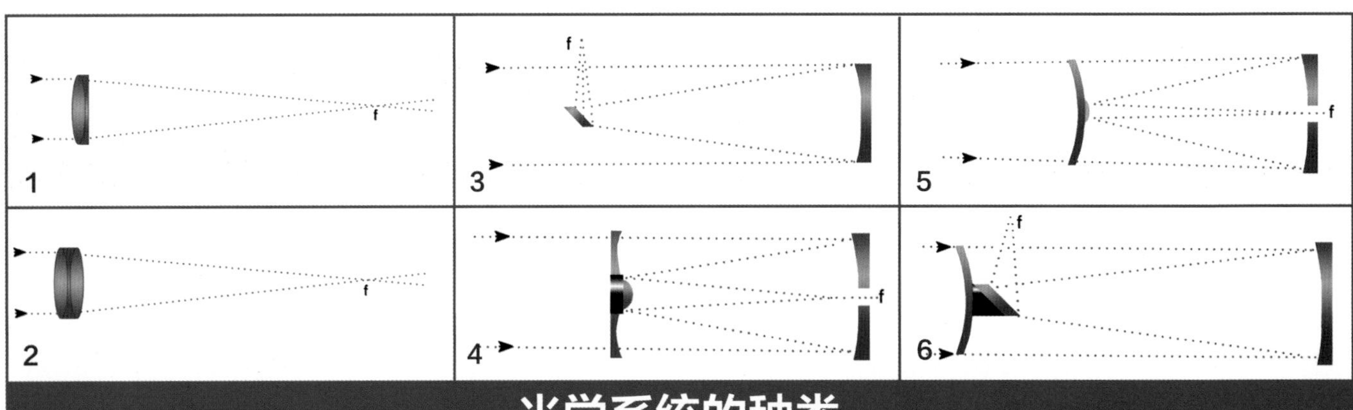

光学系统的种类

1 消色差折射式 经典的折射式镜使用的是由冕牌镜片和火石镜片制成的双合透镜。在f/10到f/15的焦比内，色差（蓝晕）可以忽略不计。在焦比为f/5到f/7的型号中，色差会变得很明显。

2 复消色差折射式 复消色差式镜的镜头中至少有一个元件是由超低色散镜片制成的，以消除明亮物体周围的彩色光晕。

3 牛顿反射式 以其发明者艾萨克·牛顿的名字命名，这种不受时间影响的经典设计使用一个凹面镜（其表面曲线应该呈抛物线）为主镜，副镜则是平面镜。目镜位于望远镜的顶部。

4 施密特–卡塞格林式 非球面的改正镜补偿了f/2球面主镜产生的像差。凸面的副镜将光路沿着短粗的镜筒反射回去。

5 马克苏托夫–卡塞格林式 这一类别使用了一个曲度较大的改正透镜。副镜通常是改正镜内侧的一个反射点。与所有的卡塞格林式镜一样，光线从主镜的一个孔中射出。

6 马克苏托夫–牛顿式 通常采用快速焦比，这种设计在放大倍率较低时拥有广阔且无像差的视场，在放大倍率较高时又能拥有清晰的图像。

制？望远镜需要从家里搬多远的距离到院子里？你需要走楼梯吗？一旦到了室外，你是否需要在院子里移动望远镜以便观察天空的不同区域？

如果你家附近有光污染的困扰，f/6 到 f/15 的望远镜是首选。一般来说，它们比大多数 f/4 到 f/5 的望远镜拥有更好的光学质量，同时在给定的目镜组下可以达到更高的放大倍率。这两个特点将为月球和行星提供更悦目的图像，而它们在有光污染的天空中是最好的目标。

如果你的天文望远镜几乎不可能在家里使用，那么你的选择就要基于其便携性和运输的便利性。90 至 125 毫米的马克苏托夫－卡塞格林式、125 至 200 毫米的施密特－卡塞格林式、150 至 200 毫米的牛顿式或 70 至 100 毫米的折射式望远镜，它们的使用频率可能都会比一个更庞大的设备高得多。对于一架大型天文望远镜，只有在条件都理想的情况下，你才能把它运到郊区的观测点。

另一方面，如果你有幸生活在黑暗的郊区天空下，并且可以方便地储存大型望远镜以进行快速安装，那么请考虑一架大口径的反射式望远镜——250 至 400 毫米的多布森式或 235 至 300 毫米的施密特－卡塞格林式望远镜都是不错的选择。

因素 4：别被照片热潮影响

第一次购买天文望远镜的人的一个很常见的要求是："我希望能够用新望远镜拍照。"这些潜在的买家说的通常是五彩缤纷的星云和星系的图像。然而想要实现这类摄影，仅在天文望远镜装备上就需要花费至少 3000 美元，而且用于摄影的最佳天文望远镜并不一定是观测时的首选。

有些类型的天体照片可以很容易地拍摄，而且设备的价格低廉（我们会在第十七章中进行指导），但星云和星系的特写图像不在其中。

因素 5：考虑你的年龄

许多买家会忽略这一点，但这是一个决定性的考量因素。你的膝盖和背部能否承受得住抬起和携带 18 至 23 千克重的天文望远镜到院子里或车上？一个人生进度与购买的天文望远镜之间的典型的曲线是这样的：年轻时，你的天文观测生涯始于一架小型、价廉的望远镜，因为那是你所能负担得起的全部了；随着可支配收入的增加，你会购买更大、更好的梦想中的天文望远镜，通常会买不止一架；然后，由于年龄的增长，你逐渐不想操控庞大且沉重的天文望远镜，转而再次购买小型望远镜，不过是高品质的款式。在本章中，我们鼓励你从最后那一类开始。

搬运和装车

考虑一下将大型天文望远镜运送到暗夜地点的现实问题。你能把它抬上或抬下支架或三脚架吗？打包好的望远镜能装进家庭用车吗？装车后还能给家人留出空间吗？这架 300 毫米的施密特－卡塞格林式镜就不能！

购买须知

我们提出了 5 条规则来对本章中列出的建议做一个总结，这些规则都是我们觉得大多数新手在选购第一架天文望远镜时会有所帮助的。

1 绕过特别强调倍率的型号 要避开任何以放大倍率为基础卖点的天文望远镜。这架博士能望远镜甚至把 565 的倍率包含在了名字里！这种声明坐实了这就是一个披着天文望远镜外皮的玩具。

2 注意支架 一个好的支架和光学器件同样重要。而相比于支架上有多少个转盘，更重要的是它有多结实和稳固。

3 便携性是重中之重 对你来说，最好的天文望远镜就是你最经常使用的那架。一个易于安装架设的小型设备要比一架大型天文望远镜好得多，后者会被一直放在仓库里落灰。

4 保持简洁 需要花费5到10分钟以上的时间来装到车上或安装架设的天文望远镜，在第一年后使用频率会持续下降。

5 能用眼观测 我们建议新手先别考虑天体摄影的问题。购买最清晰、最坚固的天文望远镜，享受用眼睛观测的乐趣。

因素 6：价格

这点很可能是你的首要考虑因素，虽然我们把它放在了最后。但显然大多数买家是有一个预算的。想要买到一款适用于成人或儿童的入门级天文望远镜，预算不要低于 200 美元。在 400 到 800 美元这个范围内，你能买到一架可以提供多年优质服务的天文望远镜。而一架售价在 1000 到 2000 美元的望远镜会拥有所有最新的高科技功能。简言之，天文望远镜划算得令人难以置信。你可以试试花这么少的钱去进行其他的户外活动或体育消遣。

解码天文望远镜的参数

放大倍率并不能代表天文望远镜最重要的光学特性，以下术语才能，并且是所有天文望远镜都适用的。

光圈和聚光能力 一架天文望远镜的等级是由口径决定的，并以直径来衡量。如下图所示，一架 200 毫米的天文望远镜和一架 100 毫米的天文望远镜，前者镜头的直径是后者的两倍，但表面积（同时代表了聚光能力）却是后者的 4 倍，因而前者的图像亮度也是后者的 4 倍。

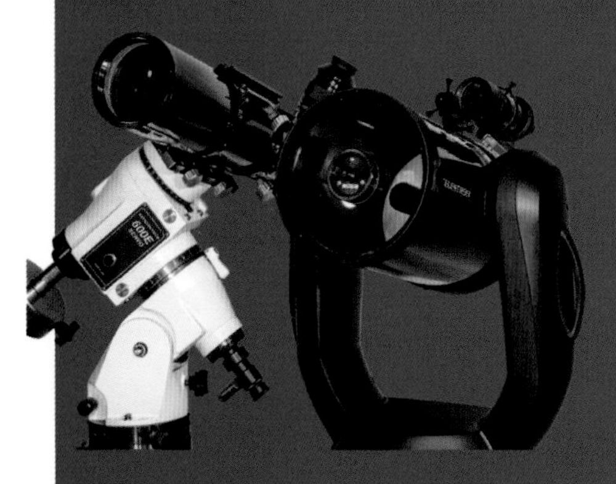

分辨率 一架 200 毫米的天文望远镜可以分辨的细节是 100 毫米的两倍。望远镜的分辨率是根据威廉・拉特・道斯（William Rutter Dawes）在 19 世纪设计的经验规则得出的。分辨率（以角秒为单位）=4.56÷口径（以英寸为单位）；或 116÷口径（以毫米为单位）。100 毫米的天文望远镜可以分辨出相隔 1.14 角秒的细节或双星；200 毫米的则可以分辨出相距 0.57 角秒的细节，其清晰度提高了一倍。

焦距 从主镜面或透镜到焦点（即目镜的位置）的光路长度便是焦距，几

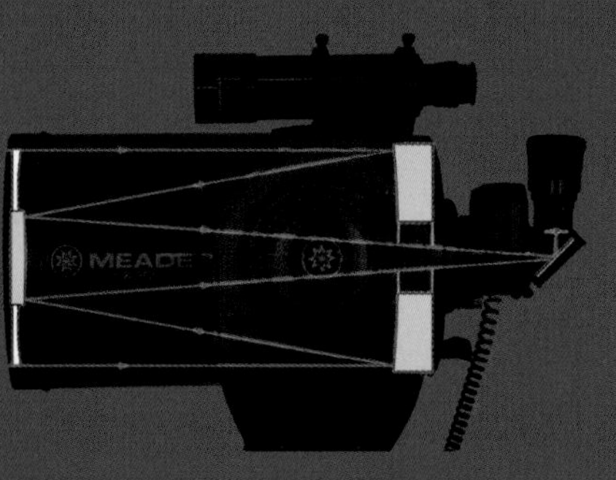

乎总是以毫米为单位，和相机镜头参数的表示一样。对马克苏托夫-卡塞格林式和施密特-卡塞格林式来说，如图所示，其光路在镜筒内部会有交叠，因而镜筒的长度比光学系统的焦距要短。

焦比 焦距比（或称焦比）= 焦距 ÷ 口径。例如，一架 100 毫米口径的天文望远镜焦距为 800 毫米，焦比则为 f/8。从摄影的角度来说，"更快的"焦比在 f/4 到 f/6 的系统所需要的曝光时间更短。但就视觉效果而言，天文望远镜呈现的图像亮度只取决于口径和使用的放大倍率，与焦比无关。

衍射受限 当一个光学系统是衍射受限系统时，意味着其图像的质量仅受限于光的波性，不会因光学器件的误差而降低。如果光学器件在目镜处造成的最终误差仅为光的波长的 1/4（波前误差），符合所谓的雷利标准（即最低标准），则可称其为衍射受限系统。高端的天文望远镜可以做得更好，其波前误差的有效值（不是峰谷值）仅为波长的 1/8 到 1/20，但这种性能上的优势在实际观测中带来的提升并不明显，成本却很高。

斯特列尔比 高级光学系统经常会提供的一个参数，代表光学系统实际成像的质量与理论上的完美光学系统的比值。光学系统的斯特列尔比在 0.80 或更高是极为优异的。

中央阻塞 虽然反射式望远镜的副镜阻挡了一些光线，但这种损失并不明显。能够察觉到的是副镜造成的光衍射使得成像的对比度降低。这种影响与副镜的直径成正比，而不是与其所阻挡的面积成正比，因而应该用直径来计算。一架 200 毫米的反射式镜，如图所示，有一个直径 70 毫米的副镜，则其中央阻塞为 34%。按直径计算，中央阻塞在 20% 及以下时，产生的影响可以忽略不计。

天文望远镜三件套

与其纠结选择哪一款完美的天文望远镜来达成所有需求，为什么不干脆买两架呢？一架可自动寻星的施密特－卡塞格林式望远镜或一架朴实无华的多布森式望远镜（左边）可以提供适合的口径用于人眼观测，而一架安装在德式赤道仪支架上的小型复消色差折射式镜（右边）是深空摄影的理想选择。

探寻天文望远镜市场

Facebook 上有些顾问会将某一类特定的天文望远镜设计或是某一款特定的型号吹捧为“最好的”。请直接无视这些人。并没有哪一款是最好的。想要挑选出适合的望远镜，你需要在我们前面列出的因素和市场所能提供的品质之间做权衡。以下是我们针对北美地区所能购得的天文望远镜型号进行的调研，按照光学系统设计进行分类。

消色差折射式镜

70 到 120 毫米

每到过节时，透镜直径为 60 毫米的折射式天文望远镜便在各大卖场和相机专卖店里涌现，但大部分都是所谓的“垃圾镜”。其缺点主要不在于镜片，而在于其他几乎所有方面：目镜质量差，寻星镜昏暗不清，没有慢动控制，支架也摇摇晃晃。多年来，我们所见到的值得推荐的 60 毫米天文望远镜少之又少。

当折射式镜的口径提升到 80 或 90 毫米时，其质量会大大改善。在这一口径范围内，大多数焦比在 f/7 到 f/11 的折射式天文望远镜都非常适合新手使用。由冕牌镜片和火石镜片组成的双合透镜具有非常优秀的色彩校正功能，随着焦距增大，焦比在 f/7 或更慢的时候，假彩色会减少。这类天文望远镜便于携带，经久耐用，基本无须维护，是给孩子购买望远镜时的首选。

我们为本版书所测试的天文望远镜价格在 200 至 250 美元，价格不高，但质量都很出色。选择安装在经纬仪支架上、有慢动控制的型号，且配备两个优质的凯尔纳或普洛目镜（见第八章），放大倍率不超过 100 倍或 150 倍，不是过度放大的那种。

比 80 到 90 毫米口径的型号质量差一些，不过尚可接受的是较小型的 70 毫米折射式镜（150 美元），但前提是一定要把它安装在坚固的支架上，和前面的要求一样，一个带有慢动控制的经纬仪支架即可。举个例子：米德的 StarPro 70mm。

消色差折射式镜

下图：以下是不同品牌、销售于世界各地的一些经典款入门级消色差式镜：左边是一架安装在坚固的 AZ-3 经纬仪支架上的 70 毫米 f/10 型号，中间是一架安装在稳固的 EQ3 赤道仪支架上的 90 毫米 f/10 型号。它们较为慢速的 f/10 焦比可以最大限度地减少明亮物体周围的假彩色。像右边的信达 Sky-Watcher 的 StarTravel 曝光较快的 102 毫米 f/5 消色差式镜，适合在黑暗的天空下进行低倍率观测。如果想要对月球和行星进行高倍率观测，请选择焦比在 f/6.5 或更快的型号，如米德 Infinity 102 和星特朗 StarSense Explorer DX 102AZ。

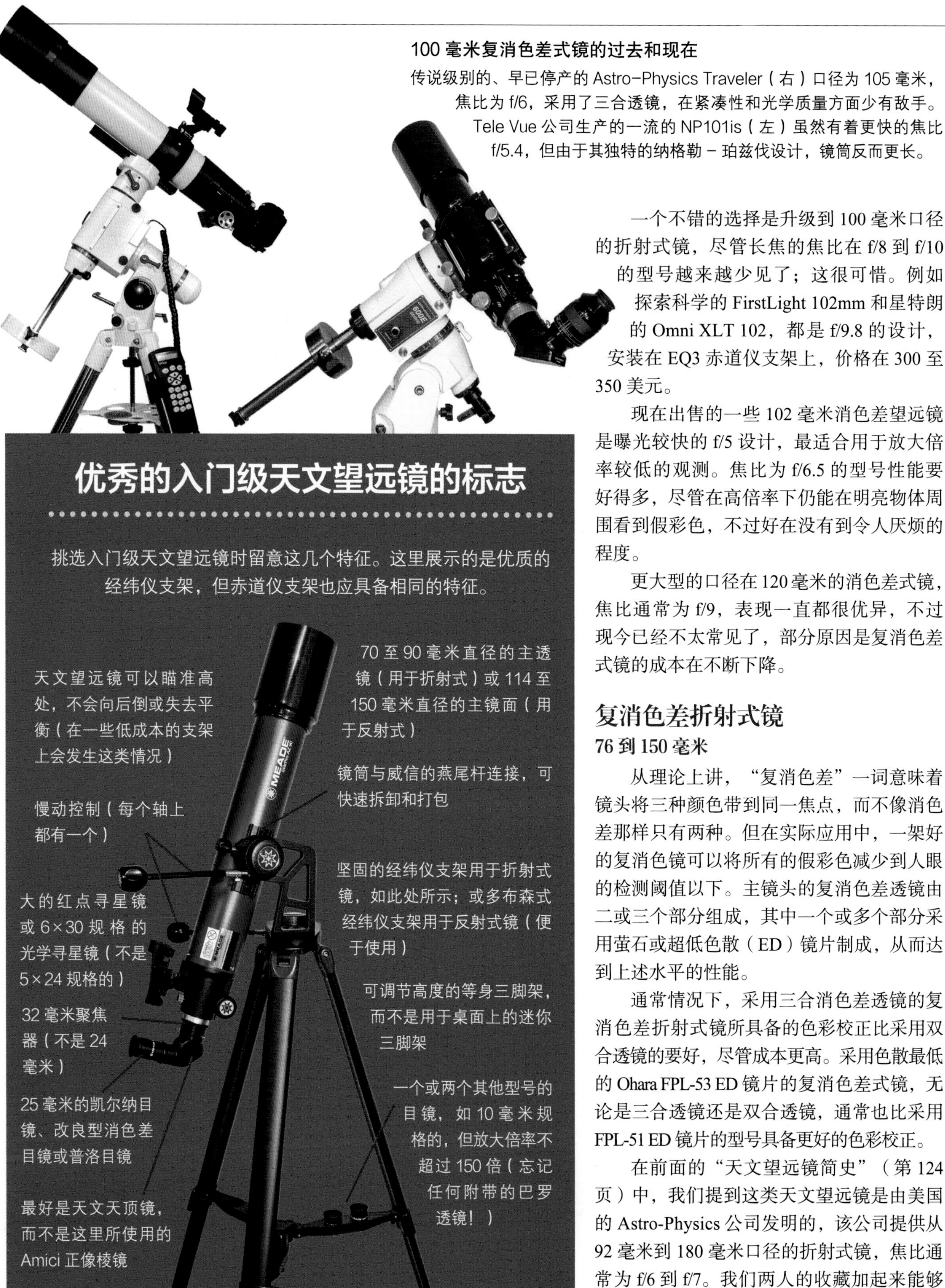

100毫米复消色差式镜的过去和现在

传说级别的、早已停产的Astro-Physics Traveler（右）口径为105毫米，焦比为f/6，采用了三合透镜，在紧凑性和光学质量方面少有敌手。Tele Vue公司生产的一流的NP101is（左）虽然有着更快的焦比f/5.4，但由于其独特的纳格勒－珀兹伐设计，镜筒反而更长。

优秀的入门级天文望远镜的标志

挑选入门级天文望远镜时留意这几个特征。这里展示的是优质的经纬仪支架，但赤道仪支架也应具备相同的特征。

一个不错的选择是升级到100毫米口径的折射式镜，尽管长焦的焦比在f/8到f/10的型号越来越少见了；这很可惜。例如探索科学的FirstLight 102mm和星特朗的Omni XLT 102，都是f/9.8的设计，安装在EQ3赤道仪支架上，价格在300至350美元。

现在出售的一些102毫米消色差望远镜是曝光较快的f/5设计，最适合用于放大倍率较低的观测。焦比为f/6.5的型号性能要好得多，尽管在高倍率下仍能在明亮物体周围看到假彩色，不过好在没有到令人厌烦的程度。

更大型的口径在120毫米的消色差式镜，焦比通常为f/9，表现一直都很优异，不过现今已经不太常见了，部分原因是复消色差式镜的成本在不断下降。

复消色差折射式镜

76到150毫米

从理论上讲，“复消色差”一词意味着镜头将三种颜色带到同一焦点，而不像消色差那样只有两种。但在实际应用中，一架好的复消色镜可以将所有的假彩色减少到人眼的检测阈值以下。主镜头的复消色差透镜由二或三个部分组成，其中一个或多个部分采用萤石或超低色散（ED）镜片制成，从而达到上述水平的性能。

通常情况下，采用三合消色差透镜的复消色差折射式镜所具备的色彩校正比采用双合透镜的要好，尽管成本更高。采用色散最低的Ohara FPL-53 ED镜片的复消色差式镜，无论是三合透镜还是双合透镜，通常也比采用FPL-51 ED镜片的型号具备更好的色彩校正。

在前面的“天文望远镜简史”（第124页）中，我们提到这类天文望远镜是由美国的Astro-Physics公司发明的，该公司提供从92毫米到180毫米口径的折射式镜，焦比通常为f/6到f/7。我们两人的收藏加起来能够涵盖所有大小和价格的Astro-Physics折射式镜。不过现在想要获得一架"AP"的唯一途径就是找到一位愿意放弃它的主人，因为这个品牌的天文望远镜已经停产了。该公司现在只生产高级支架。即使是二手的，其复消色差式镜依然价格高昂。

另一家开拓了复消色差折射式镜市场的美国公司是 Tele Vue Optics，提供了超便携的 60 毫米、76 毫米和 85 毫米的折射式天文望远镜（850 至 2200 美元）。这些产品使用双合透镜，具有非常优秀的色彩校正功能——只比最好的复消色差镜头略差一点。其最高端的 f/5.4 NP101is（4000 美元）和 f/5.2 NP127is（7000 美元）采用了独特的纳格勒－珀兹伐设计，前方的双合透镜与后方的直径较小的双合透镜相配合，使视场变平并消除色差。二者都是非常优秀的适用于人眼观测和天体摄影的器材。

位于科罗拉多州、由光学大师尤里·彼得鲁宁（Yuri Petrunin）领导的 Telescope Engineering 公司（TEC）在一定程度上取代了 Astro-Physics 公司，为正统主义者提供了美国生产的大口径复消色差式镜。这家公司生产的型号涵盖了 140 毫米 f/7 型号（7500 美元）到巨兽一般的 200 毫米型号（30,000 美元！）。我们通过 TEC 天文望远镜看到的景象与任意一款 Astro-Physics 公司的产品同样优秀。

另一个美国本土的优质复消色差式镜供应商是位于加利福尼亚州的 Stellarvue，由维克·马里斯（Vic Maris）领导，这家公司对他国制造的镜头进行加工和测试。虽然其出售的型号经常变化，但 Stellarvue 系列的口径通常在 80 毫米（1800 美元）到 152 毫米（9000 美元），大多数只需等待少量时间即可得到。我们测试过的 Stellarvue 折射式镜都很优秀。

再来看其他国家的市场。日本公司高桥（Takahashi）是复消色差折射式镜领域的领军公司。从我们推荐的小型 FS-60（900 美元）到巨型 TOA-150（13,000 美元），高桥生产的各个型号的折射式天文望远镜都能提供出色的图像。虽然价格昂贵，但它也有一个优点：现货充足。

同样来自日本，但比高桥实惠得多的是威信光学的折射式镜。其构造质量不能与高桥相比，但仍然十分出色。威信提供了从 ED80Sf（750 美元）到 SD115S（2700 美元）的复消色差式镜，大多数使用了双 ED 镜片，具备非常优秀的色彩校正功能。

近年来，我们看到大量光学器件在中国制造的复消色差式镜进入美国市场。它们被用于各种品牌中并销往世界各地。每英寸口径支付 1000 至 1500 美元曾经是复消色差式镜的标准，但新进的中国产品已使其降至每英寸 250 至 500 美元。虽然不像高桥、TEC 或 Tele Vue 等公司生产的复消色差型号那么有声望，但我们测试的所有新一代型号都是一流的，其三合透镜的色彩校正效果与高端的"精品"型号别无二致。

如果想买一架既适合观测又适合摄影的经济型复消色差式镜，可以看看 Astronomics（旗下的 Astro-Tech 品牌）、探索科学、Omegon、猎户和信达（Synta/Sky-Watcher）的设备。我们测试了探索科学的 FCD100 和信达的 Esprit 系列，这些产品主要针对天体摄影者，但也给我们留下了深刻的印象。这些型号都展现出了教科书般的图像，没有色差。

来自中国台湾的 William Optics 的复消色差式镜很受欢迎，我们拥有并测试过的早期型号都很出色。与 Stellarvue 一样，其型号经常变化，但 ZenithStar、Fluorostar 和 Gran Turismo 系列通常涵盖了 60 到 150 毫米的天文望远镜。

2020 年，SharpStar 推出并以其他品牌在全球销售的中国制造的复消色差系列包括了 61 至 140 毫米的三合透镜型号，价格很吸引人。在我们的测试中，它们的色彩校正和锐度可以与著名品牌的最佳产品相

梦寐以求的 APO

对折射式镜的爱好者来说，这是一个梦想组合：高桥 TSA-120，安装在信达 AZ-EQ6 双配置经纬仪 / 赤道仪 GoTo 支架上。在这个夜晚，通过高桥望远镜看到的火星非常美妙！

复消色差队列

下图中，我们看到了 SharpStar 复消色差式镜的 76 毫米、100 毫米和 140 毫米等不同型号的相对大小。小型和中型的尺寸容易携带，而 140 毫米型号是一个沉重的"野兽"，需要一个大型的赤道仪支架，这也是大多数大于 127 毫米的复消色差式镜所要面临的真实情况。

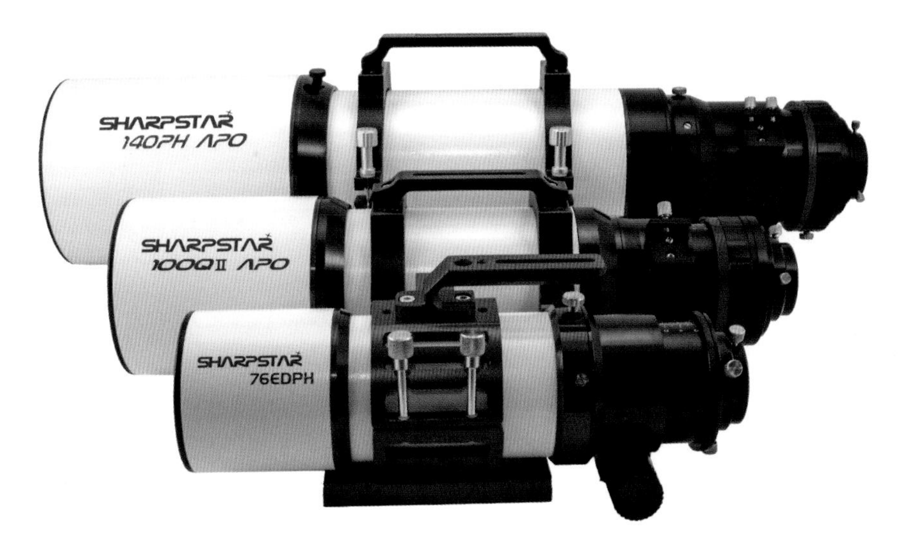

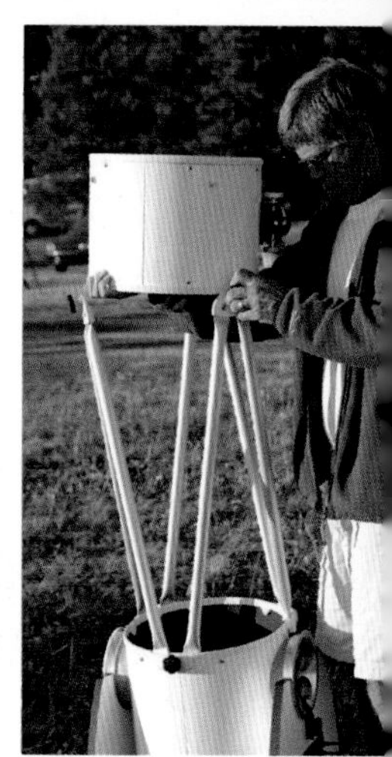

多布森式镜的选择和镜筒设计

上图：猎户 SkyQuest（左）和信达的 150 毫米多布森式望远镜的性价比都很高。尽管业余天文学家称这些天文望远镜是新手的最佳选择，但许多买家却无视了它们，转而选择安装在摇晃且令人眼花缭乱的赤道仪支架上的小型反射式镜。

右上图：在口径较小的型号中，一些品牌的多布森式镜提供了两种选择，一种是更实惠但也更笨重的封闭式镜筒，另一种是开放式镜筒，如照片前景中的信达 Flextube，其镜筒可伸缩，也可收起来以便运输和贮存。

右图：桁架式镜筒的多布森式镜，例如这款米德 Lightbridge，可以分解成比伸缩式镜筒更小的部件。但它们需要将成对的桁架杆安装到底座上，然后将镜筒上部安装到桁架上，因而可能需要使用者对镜面进行轻微的校准。

媲美，而聚焦器、配件和加工工艺也是一流的。

尽管价格一直在下降，复消色差折射式望远镜仍然是每英寸口径最昂贵的天文望远镜类型。而在价格表另一端的是多布森式镜。

多布森反射式镜

150 至 630 毫米

就个人选择的“最好的”天文望远镜，我们认为这一类设计展现了天文望远镜最突出的价值：大口径、杰出的光学质量、良好的配件、结实的支架和实惠的价格。你还能再要求什么呢？

我们最喜欢的多布森式镜一直是信达（Synta）在中国制造的型号，在信达 Sky-Watcher 品牌下作为其经典系列出售，以及猎户的 SkyQuest XT 多布森式镜。镜面的加工质量高，支架稳固，聚焦器和寻星镜的性能也都很出色。高度张力控制和特氟隆轴承提供了必不可少的平稳运动。150 毫米型号的价格大约在 300 美元，是一款非常适合新手的入门级望远镜，相比任意一款价格相当的 70 毫米或 90 毫米折射式镜，抑或 114 毫米的赤道仪反射式镜，多布森式镜能显示的天体要多得多。

在 450 到 550 美元的价格区间内，200 毫米的多布森式镜也许是天文学爱好历史上最划算的交易。在本书以前的版本中，我们买了一架经典的封闭式镜筒的信达多布森式镜，并给予评论：“尽管从中国长途跋涉而来，开箱后，它仍旧保持了完美的准直。”在这一版本中，我们购买了镜筒可伸缩的信达 200P，情况如前相同——可直接使用的校准和教科书般完美的星体图像。它已经成为作者戴尔最喜欢的天文望远镜之一，可以当作传家宝了！

来自信达和猎户的 250 毫米型号（600 美元及以上）也是令人难以置信的划算，它们具备更大的口径，以捕获那些深空中的天体。但这样一来镜筒就变得太长、太大了。所以对于这一尺寸，更不用说 320 毫米口径以及更大的多布森式镜，我们建议购买采用了构架镜筒的型号，比如探索科学 Generation Ⅱ、猎户 SkyQuest、米德 Lightbridge 或信达的可伸缩镜筒型号。

在反射式天文望远镜的大众市场之外，我们进入了高端多布森式镜的领域，它们的木质结构采用了家具级木材，镜面

南半球的多布森式镜

在新南威尔士州库纳巴拉布兰附近的OzSky Star Safari，一队由Obsession和SDM高级多布森式天文望远镜组成的队伍正在等待夜晚降临。照片前景处的望远镜是762毫米口径的！注意图中的梯子，通常它们打包起来比天文望远镜本身还要大。

由人工打磨而成，制造商是光学领域的顶级公司，如Galaxy Optics，詹姆斯·马尔赫林（James Mulherin）的Optical Mech-ani cs，特里·奥斯塔霍夫斯基（Terry Ostahowski）的Ostahowski Optics和Zambuto Optical公司。

在这个类别中，各个精品公司来来去去。但高端多布森式天文望远镜的领军者毫无疑问是位于威斯康星州的Obsession Telescopes。其拥有者戴夫·克里格（Dave Kriege）是构架镜筒式多布森望远镜的先驱。为了满足你对大口径的痴迷，从价格在4500美元的320毫米的型号，到售价高达20,000美元的630毫米经典型号，应有尽有。UC（超袖珍）型号（381至559毫米）以其通过最简约的结构达成最小的重量和最大的便携性为特色。我们在过去几十年里见识过许多Obsessions的产品，它们不

别这么问

天文望远镜持有者们经常被问到两个问题：

- 它的放大倍率是多少？
- 能看到多远？

为了避免显得太过无知，千万不要问这些问题！本章破除了关于放大倍率的迷信。而对天文望远镜来说，能看多远并不重要，重要的是看到的有多模糊。关于更多新天文望远镜拥有者常问的问题，见第212页。

不同天文望远镜种类的优缺点

没有哪一种天文望远镜的设计能保证一流的图像质量。只有高质量的工艺才能保证高质量的图像。但这里列出的是每种设计的主要加分项和减分项。

种类	优点	缺点	带支架的最低价格
消色差折射式	价格低；图像清晰，对比度强；设计坚固耐用	存在色差，尤其是在曝光速度较快的f/5到f/6的型号中	$150
复消色差折射式	不受大多数像差的影响；在深空成像上表现优异	每英寸口径的价格最高；口径大小有限	$1200
牛顿反射式	每英寸口径的价格最低；可适配多布森式支架	视场边缘模糊；需要不时进行校准	$300
施密特－卡塞格林式	结构紧密；适合某些天文摄影	较大的副镜阻塞	$700
马克苏托夫－卡塞格林式	结构紧密；清晰的光学成像；长焦距有利于行星观测	缓慢的焦比和狭窄的视场；大口径导致冷却时间长	$400
马克苏托夫－牛顿式	宽阔、平坦的视场；快速的焦比	冷却时间长；笨重	$2000

经典的赤道仪牛顿式天文望远镜

上图是1991年Sears的产品目录页，展现了已经存在几十年的牛顿式望远镜：114毫米口径，安装在古老的EQ2支架上。但是你能找出它的安置方式有多少处错误吗？见第十章。难怪人们在使用赤道仪支架时总是遇到问题。星特朗的AstroMaster 130毫米款（见右图）是安装在类似支架上的一架得体的现代继任者，在这里，它的安装方式是正确的。它的售价是300美元，带马达驱动。而Sears Safari的售价是400美元——还是在1991年。但是它的放大倍率能达到450倍！

准直

牛顿反射式的主镜和副镜以及施密特－卡塞格林式的副镜需要时不时进行调整，以确保图像清晰。这种调整称为准直。这个过程在附录中有图解说明。

论是在光学方面还是机械方面，质量都是一流的。

赤道仪牛顿式镜

114至250毫米

20世纪60年代的标准设备——搭载在德式赤道仪支架上的150毫米f/8或200毫米f/7牛顿式天文望远镜，已经基本从市场上消失了。安装在多布森式支架上的款式仍然是更受欢迎的选择。

然而，安装在轻型的德式赤道仪支架上的较小的牛顿式镜仍然占据着入门级天文望远镜的市场。数以万计的业余天文学家以Tasco的114毫米牛顿式镜——即销售了数十年的11TR作为他们天文学生涯的开始。在很大程度上取代了Tasco式114毫米型号的是另一款常见的天文望远镜——信达130毫米反射式镜，通常为f/5焦比的版本（250至300美元），并以各种品牌名称出售，如猎户的SpaceProbe、星特朗的AstroMaster和类似的米德的Polaris。f/5的抛物面镜的质量非常优秀。（避免使用任何只有球面镜的牛顿式镜；图像不会很清晰。）

这种天文望远镜的支架是已经在市场上存在了半个多世纪的EQ2设计（见第十章）。这款支架只是够用，但这些130毫米反射式镜的其他配件和附件的品质通常都很不错，并且在配备了可选的马达驱动后，能够具备自动追踪功能（但不是自动寻星）。

较大的安装在中国制造的支架上的150毫米和200毫米口径的f/5牛顿式望远镜，如猎户的AstroView和SkyView（450至600美元），也为观测者提供了高质量的选择，尽管二者都不是自动寻星望远镜。猎户天狼星系列的200毫米型号以及Atlas系列的200毫米和250毫米型号都是牛顿式镜（1600至2200美元），具备更坚固的GoTo支架。在同一个品类中，米德公司推出了很有竞争力的LX85的150毫米和200毫米牛顿式镜（1000至1200美元）。

这样的赤道仪f/5牛顿式天文望远镜对那些有抱负的深空天体摄影家很有吸引力。但我们认为还有更好的选择，正如我们在第十七章中描述的那样。即使是用于观测，我们也建议避免使用大于150毫米的赤道仪牛顿式镜，因为体积较大的镜筒很容易发生摇晃，且受风的影响很大。即使在使用尺寸较小的型号时，也很难把眼睛凑近目镜，因为目镜的方向会随着镜筒瞄准天空的不同位置而移动。在多布森式望远镜中，目镜能够一直保持在特定的角度。

马克苏托夫式镜

90 至 180 毫米

作为一种反射式镜，折反式天文望远镜将一个反射镜面与一个前透镜（或称改正镜），结合在一起，用于消除光学像差。这些设计通常以其发明者的名字命名。

马克苏托夫 - 卡塞格林式是由德米特里·马克苏托夫（Dmitri Maksutov）在 20 世纪 40 年代发明的。大多数马克苏托夫式镜采用了焦比在 f/13 到 f/15 的卡塞格林系统，其中光线通过主镜上的一个孔从望远镜的后方射出。

采用这一设计的传奇款马克苏托夫式天文望远镜是 900 毫米 f/14 的 Questar，一款顶级的结构紧凑的型号，于 1954 年推出，颠覆了几十年间对大口径和计算机化的追捧。值得注意的是，这款传奇的 Questar 3.5 现在仍在生产出售——售价为 5000 至 6500 美元。从其寿命来看，它在这个挑剔的市场中享有的声誉是当之无愧的。

马克苏托夫 - 卡塞格林式的口径在 90 到 180 毫米，可作为镜筒组件单独购买，也可以搭配支架整套购买。例如猎户的 Apex 和 StarMax 系列、信达的 Skymax 组合、探索科学的 FirstLight 型号和星特朗的 Nex- Star 系列。

马克苏托夫式镜的镜片

这个老款的 150 毫米 Sky-Watcher 的马克苏托夫式镜显示了该设计特有的急剧弯曲的前校正透镜，该透镜中还容纳了副镜。星特朗、米德、猎户和徐邦达的马克苏托夫式系列中通常包含了 90 至 180 毫米的型号。

支架合集

正如光学器件的种类有许多一样，支架的种类也有很多，创造了无尽的组合匹配的可能性。没有哪一种类型是最好的。最关键的因素是支架要保持稳定，同时易于移动和瞄准。

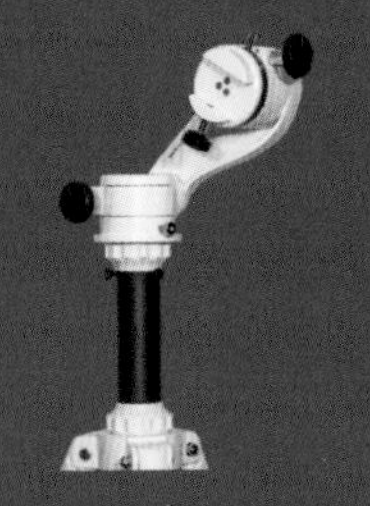

地平经纬仪 它的上下（高度）和左右（方位）运动使瞄准变得简单且直观。而且价格也很实惠。然而，它不能自动跟踪天空中的物体，必须不断手动调整以保持物体位于视场中。

多布森式 像任何高度 - 方位角支架一样，多布森式不能跟踪星星，至少在没有计算机马达系统的情况下不能。虽然它缺乏慢动控制，但多布森式的简易特氟隆轴承使其很容易移动和轻推，以跟踪物体。而且价格不高。

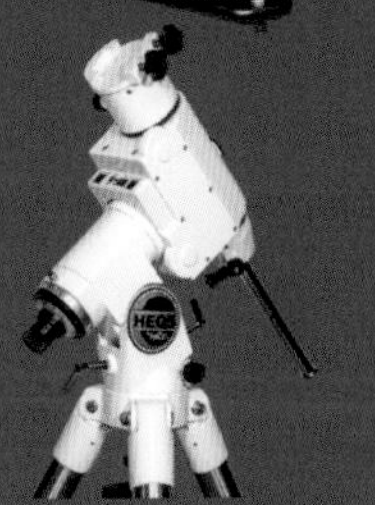

德式赤道仪 (GEM) 这款经典的设计是由约瑟夫·冯·弗劳恩霍费尔（Joseph von Fraunhofer）于 1824 年在德国发明的，因此被称为“德式”。一根轴瞄准并围绕天极旋转；仅需一个简单的马达就可以追踪物体，使它们在视场中保持固定。不需要计算机。

中式赤道仪 这款 GEM 变体是位于中国的艾顿（iOptron）公司的专利。它的中心平衡赤道支架（CEM）调换了赤经轴的位置，将望远镜的重量置于三脚架的中心，以获得更好的负载特性。（艾顿提供）

叉式 适用于短管的天文望远镜，如马克苏托夫 - 卡塞格林式和施密特 - 卡塞格林式，叉式支架可以设置为经纬仪支架，或者如图所示，通过一个楔杆将其翻转一定角度，使叉形齿指向天极，从而变成赤道仪支架。

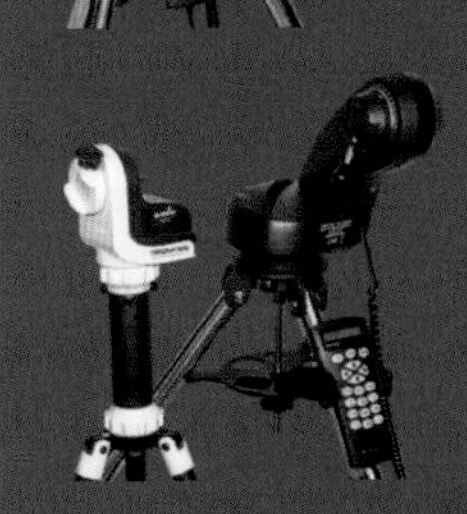

GoTo（自动寻星）支架 一些经纬仪支架，如信达 AZ-GTi（最左边）和猎户 Star-Seeker（左边），只有在计算机控制下才能作为 GoTo 支架使用。除了小型的新手适用的支架之外，大多数 GEM 和 CEM 也配备了 GoTo 系统。

“马式”在手，马上能走

和折射式镜一样，马克苏托夫式镜大多是不用维护的，甚至不能对镜面进行准直。在尺寸较小时，它们是坚固和便携的天文望远镜，就像这架星特朗 NexStar 4SE f/13 马克苏托夫式镜（左图），配有坚固的 GoTo 支架，售价 500 美元。在 150 毫米以下的尺寸中，米德的 ETX-90 和 ETX-125（右图）符合我们的便携性标准。它们的焦比为 f/13 至 f/15 的光学器件在进行月球和行星观测时表现优异，从而非常适合在城市使用。它们的副镜阻塞小，具有类似于折射式镜的清晰、对比度高的成像。

然而，引领潮流的马克苏托夫式镜在当时是，而且在某种程度上现今仍然是米德的 ETX-90，1996 年作为 Questar 的低价克隆产品推出。米德 ETX 系列一直以来都提供了出色的光学效果，尽管对于一款售价仅 500 美元的 90 毫米型号，其支架和配件不可避免是塑料质地的。塑料的齿轮会发出 ETX 标志性的奇特嘎吱声。不过在可靠的 Autostar 电脑的加持下，它们的的确确能够很好地指向和跟踪天体。

虽然在城市观测月球和行星时表现优异，但马克苏托夫－卡塞格林式镜用于黑暗地点观测深空时就不那么理想了，因为它们的长焦距和慢焦比使其难以实现较低的放大倍率和宽阔的视场，而这两点对观测某些天体来说是最重要的。另一个限制是，大型的马克苏托夫式镜（150 毫米及以上）需要很长的时间来冷却。虽然它们可以提供极好的行星图像，但在那之前，它们需要先冷却一小时或更长时间，以消除封闭管内的热流。

还有一个变种是马克苏托夫－牛顿式镜，通常采用更快的 f/5 焦比，更适合深空观测和成像。探索科学公司的 152 毫米口径“彗星猎手”便是马克苏托夫－牛顿式镜，信达和猎户公司特制的 190 毫米的用于成像的反射式镜也是（大约 1600 美元）。马克苏托夫－牛顿式听起来很理想，但它们也有冷却时间长和重量大的问题，需要一个大型的支架。马克苏托夫－牛顿式镜从未流行过。

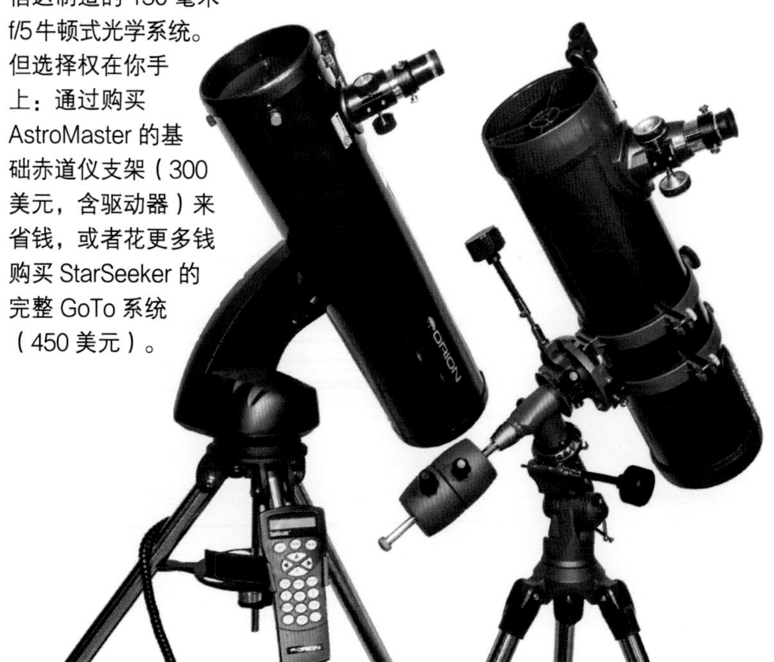

计算机化还是手动

猎户 StarSeeker（左）和星特朗 AstroMaster 都具有类似的、优秀的信达制造的 130 毫米 f/5 牛顿式光学系统。但选择权在你手上：通过购买 AstroMaster 的基础赤道仪支架（300 美元，含驱动器）来省钱，或者花更多钱购买 StarSeeker 的完整 GoTo 系统（450 美元）。

要不要选择 GoTo 系统

在一些品牌中，具有相同光学器件的天文望远镜可能有手动操作的支架或计算机化的 GoTo 支架可供选择。应该买哪种？这视情况而定。

例如，猎户的 StarSeeker IV 130 毫米牛顿式望远镜配备了一个功能强大的经纬仪 GoTo 支架，带有 Wi-Fi 连接的应用程序控制功能（450 美元）。基本上一致的 f/5 光学器件也应用于安装在德式赤道仪支架的猎户的 SpaceProbe 130ST（300 美元）上。可选的单轴电机（100 美元）增加了跟踪功能，但没有 GoTo 功能。在这种情况下，该怎么选很清楚：买 GoTo 版本。不要因为觉得安装在赤道仪支架上对天体摄影更有利，就买赤道仪支架——EQ2 级别的支架和驱动还没有好到那种程度。

在其他情况下，升级到 GoTo 版本所需的价格要高得多。例如，在信达 Flextube 多布森式镜上添加 GoTo 电机和 SynScan 计算机，其价格基本翻了一番，这架 200 毫米望远镜的价格超过 1000 美元。

除了一些例外情况，你可以购买手动的望远镜，用省下的钱获得更大的口径和更好的视场。但你就得自己寻星了。想要在预算范围内购买一架 GoTo 望远镜，你通常必须牺牲掉口径。但你也可能看得到更多，因为发现得更多。在明亮的郊区天空下尤其如此，此时想要通过星桥法找到亮度很高的天体都很困难。然而只要你能找到，就能看到它们。

非凡的施密特 - 卡塞格林式镜

200 毫米

50 多年来，一直处于业余天文学技术前沿的天文望远镜类型是施密特 - 卡塞格林式，它是伯恩哈德·施密特（Bernhard Schmidt）在 20 世纪 30 年代发明的设计的变体。自 20 世纪 70 年代以来，200 毫米的施卡型号一直是最畅销的偏专业性的业余天文望远镜，它在口径、便携性和功能之间达到了极佳的状态。多年来，我们两人分别都拥有过几架施卡式镜。

忽略 20 世纪 70 年代末备受诟病的 Criterion Dynamax，星特朗第一次认真参与施卡式镜的竞争是在 1980 年，当时米德推出了 100 毫米的 Model 2040 和 200 毫米的 Model 2080，都是施卡类型。米德在 20 世纪 70 年代初加入战场，最初销售的是天文望远镜配件和高质量的牛顿式镜，但很快便意识到施卡式镜才是未来。

在过去的几十年里，米德和星特朗一直在广告和产品功能上交战。尽管它们都取得了成功，但也许是因为多年来的激烈竞争，这两家公司都面临了财务危机，濒临倒闭并尝试了并购。现今虽然它们的总部还在加利福尼亚州，但都已经被海外公司所拥有，目前大部分的生产都在中国和墨西哥完成。我们对流行的 200 毫米施卡式镜的调查按价格等级分类，首先是带有德式赤道仪支架的型号，其次是叉式支架。这些都是 GoTo 望远镜。基础的手动施卡式镜在 20 世纪 90 年代已经绝迹，最后几款非计算机化的型号是米德的 LX5、LX6 和 Premiere 以及星特朗的 Super C8、Powerstar 和 Ultima C8。

德式赤道仪支架型号

（1800 美元及以上）

这两家公司都把 200 毫米的施卡式镜安装在小巧但坚固的德式赤道仪支架上。星特朗有 Advanced VX（简称 AVX）C8，米德有 LX85，它们都带有 GoTo 系统，价格约为 1800 美元。这些支架的质量都很优秀，而且其光学系统与叉式支架的装置相同。

如果你认为你可能会进入天体摄影领域，AVX 型号可能是一个不错的选择，因为它附带一个非常坚固的小型支架，可以适配各种镜筒组件，比如我们认为是最佳天体摄影镜的复消色差折射式镜筒（见第十七章）。然而，对于一架只打算用于人眼观测的天文望远镜，我们建议选择价格较低的采用叉式支架的型号。

安装在 GEM 上的 SCT

星特朗的 200 毫米 Edge HD 安装在小而坚固的 AVX 支架上，构成了一套适合进行天体摄影的组合。虽然星特朗推出的更大的 CGEM II（2400 美元）和巨大的 CGX 支架（3000 美元）也能适配这一尺寸的镜筒，但它们对 C8 来说有些多余了。当你打算升级到更大口径的镜筒时，它们才是适合的。

入门级的叉式支架型号

（1200 美元及以上）

这一类别中引入了叉式支架，其在施密特 - 卡塞格林式这样的粗管天文望远镜上应用效果非常好。这些 GoTo 仪器在经纬仪模式下工作，比采用德式赤道仪的型号更容易设置，因为它们不需要进行极轴校准，也没有配重。

在这个价格级别中，星特朗有 NexStar 8SE，而米德则提供了 LX65（每架都在 1200 美元）。虽然我们称这个级别为“入门级”，但无论哪种型号都可以为你提供多年的观测应用，并捕获易于拍摄的月球图像。

对于 GoTo 系统的校准，星特朗采用了其 SkyAlign 系统，在该系统中，你可以将三脚架调平，然后将镜筒对准天空中任意三个明亮的物体。它的使用体验非常好，即使你无法辨别出任何一颗亮星，也能校准 GoTo 系统的镜筒。

米德公司则有自己的 Level North 技术（LNT），它需要你把镜筒调平，并瞄准正北或磁北。然后镜筒就会自动回转向它所选择的两颗准星。（第十一章有

回转一架 GoTo 望远镜

能够自动为你找到目标的计算机化的天文望远镜被称为“GoTo”望远镜。当你按下一个按钮，它就开始寻找目标。我们把这种天文望远镜的移动称为“回转到目标物上”。在天文术语中，回转 = 移动。

入门级施卡

在低端的产品线中，星特朗有其长期流行的 NexStar SE（左），米德则新进推出了 LX65（右），二者都安装在坚固的单臂叉式支架上。这些天文望远镜的镜筒和镜架重约 13 千克，但 LX65 的叉式支架上可以适配第二个镜筒组件，如一个小型折射式镜筒，用于补充观测。

中档施卡

星特朗较新的 Evolution 系列（左）有 Wi-Fi 连接功能。米德的老款 LX90（右）增加了双臂叉架。米德的 LightSwitch（2000 美元）也是中等价位，但此处没有展示，它包含一个可以进行自动校准的摄像头。星特朗在 StarSense 相机中提供了这一功能，它可以被连接到其任何一款施卡式镜上，且某些型号自带这款相机。

高端施卡

星特朗的 CPC 800（左图，由星特朗提供）和米德的 LX200 ACF（右）都能够进行天体摄像——功能都非常好，但要注意：星特朗 CPC 800 连同三脚架重约 27 千克，而米德的 200 毫米 LX200 则重 33 千克。除非你能提前把望远镜组装好，然后用一辆移动式摄影车把它推出去（见第九章），否则还是选择比较轻的型号吧。

施密特－卡塞格林式商城

在“旧时代”，星特朗和米德各自只提供一款 200 毫米施密特－卡塞格林式镜。而截至 2020 年，星特朗在生产的有 11 个型号，而米德有 5 个。上面的图片展示了三种价格类别中 200 毫米施卡式镜的主要型号。

更多细节。）

虽然它们的单臂叉式支架足够坚固，但这两种型号配备的轻质三脚架在支撑它们时，往往有些容易晃动。三脚架与 NexStar SE 或 LX65 的 150 毫米的型号最匹配。但对人眼观测来说，它们的效果也足够好了。

中档叉式支架型号

（2000 至 27,000 美元）

把价格区间向上移动，我们能得到星特朗最新推出的 NexStar Evolution 8（1700 美元）和米德的 LX90（1800 美元）。这两款天文望远镜都提供了更坚固的支架和三脚架，减少望远镜被触碰时引起的振动，让使用者得到更稳定的图像。

它们的光学系统与入门级型号的相同，星特朗还提供 EdgeHD 版本的 Evolution 8。虽然 EdgeHD 的光学系统有利于进行深空摄影，不过这款天文望远镜并不在我们的推荐列表里。所以忘掉 EdgeHD 选项吧。

米德 LX90 的功能包括定期误差校正和一个 GPS 接收器，可以自动检测你的场地、日期和时间，以便 GoTo 对准。然而到了 2020 年，LX90 就有点过时了，需要升级到 Wi-Fi 连接和应用程序控制，这就抵消了对 GPS 的需求，因为你的智能手机就能提供这些信息。

星特朗的 Evolution 8 为施密特－卡塞格林式镜引入了内置 Wi-Fi 和可充电锂电池，可维持一到两个夜晚的操作。有了 Wi-Fi，望远镜就可以由星特朗的免费移动应用程序 SkyPortal 控制（见第十一章），与经典的手控器相比，前者的用户体验更符合 21 世纪人们对高科技天文望远镜的期望。

顶级的叉式支架型号

（2000 至 27,000 美元）

截至 2020 年，在顶级这个分类里，星特朗有 CPC 系列（200 毫米的 CPC 800 售价为 2000 美元），米德有 LX200-ACF（2700 美元）。这两款产品作为可靠和成熟的设备在市场上已经存在多年，但也许它们注定要被取代。

这些产品的光学系统都是一样的，因而高端施卡式镜的与众不同之处在于为它们专为天体摄影设计的功能。星特朗的 CPC 800 提供了更结实的叉臂（当天文望远镜被用楔杆翻倒以构成赤道仪模式时，这种稳定性是必要的，因为此时一定是在进行长曝光摄影）、更重的三脚架、GPS 功能（但没有 Wi-Fi 连接）、一个自动引导器端口和定期误差校正。米德的 LX200-ACF 增加了更先进的 Autostar II 计算机、带有 GPS（但没有 Wi-Fi）、一个比 LX90

更坚固的支架、一个自动引导器端口和镜面锁。

虽然这两款天文望远镜都不是我们作为天体摄影设备的首选，但许多人确实用它们获得了很好的效果。不过，对主要的观测用途来说，这些望远镜的巨大重量会使你在组织一次休闲的观星活动时三思而行。在 200 毫米的施卡式镜中，我们建议使用入门级或中档型号。

更大和更小的施卡

（700 至 19,000 美元）

虽然施密特 - 卡塞格林式镜最受欢迎的是 200 毫米的型号，但米德和星特朗也生产其他尺寸的产品。在较小的型号中，星特朗有 NexStar 5SE（700 美元）和 6SE（800 美元），二者都有很好的光学效果和稳固的支架和三脚架。而为了在入门级别中更具竞争力，米德生产了一款 150 毫米 f/10 版本的 ACF，即使用了单臂叉式支架的 LX65（1000 美元）。这些施卡式镜比更大型的 200 毫米的“表亲们”更容易携带和设置。我们推荐 150 毫米的型号作为你的第一选择，因为它们在口径、重量和便利程度之间达到了很好的平衡。

另一方面，星特朗在其 Evolution（2200 美元）和 CPC 系列（2500 美元）中推出了 235 毫米的型号，以及 279 毫米的 CPC 1100（3000 美元）。米德在其中档的 LX90 ACF 系列中也提供了 250 毫米（2400 美元）和 300 毫米（2900 美元）的口径。然而，大型 LX90 使用的高而轻的叉臂支架与更大型的镜筒并不匹配。

对于那些追求大口径的买家，米德的 LX200 ACF 系列是一个更好的选择。其 250 毫米（3500 美元）的型号勉强能够携带，而 300 毫米、355 毫米和 400 毫米的型号（4600 至 16,000 美元）则可被列为天文台设备了。米德的更加庞大的 LX600 系列涵盖了 250 至 400 毫米的施卡式镜（4700 至 19,000 美元），分类同上。

星特朗 vs. 米德

那么，米德和星特朗哪个更好？我们检验过它们生产的几十款施卡式镜的图像。在近年来测试和拥有的设备中，所有设备都具备优秀的光学器件，在光学质量上没有普遍的差异。这是个抛硬币问题。

在机械方面，我们使用过的星特朗的对焦机制往往更精确，尽管仍有一些镜面移动导致的图像偏移。在米德的一些产品中，对焦有一种油腻的感觉，使人很难准确地定焦。米德在回转时的噪声也往往比星特朗的大，但前者的瞄准更精确。第十一章有更多关于它们各自的 GoTo 系统的细节。

施密特 - 卡塞格林式镜的光学质量

关于施卡式镜的光学系统的质量，已经有不少讨论了。诋毁者坚持认为其副镜产生的 33% 至 38% 的中央阻塞会使图像的质量退化到不可接受的程度。根据我们的经验，一架具有良好的光学器件的施卡式镜能够提供足够清晰的图像，满足绝大多数用户的需求，多年来一直如此。在存在中央阻塞的情况下，一架 200 毫米的施卡式镜可以达到的对比度和清晰度与 125 毫米的折射式镜相当。

我们确信，许多施卡式镜表现不佳的原因是它们的光学系统没有进行适当的准直。对于这类天文望远镜，副镜是非常关键的，其最轻微的错位都会削弱行星的细节并降低对比度（见附录）。

星特朗现在在其许多型号中都提供 EdgeHD 光学器件的选择，而米德在其所有型号中都包含了 Advanced Coma Free（ACF，高级消彗差）光学器件。与传统施卡式镜的光学系统相比，这两种光学系统都是为了在更宽的视场内展现出更清晰的成像。

在观测方面，我们发现经典的施卡式镜和 ACF 光学系统在同时进行测试时没有展现出明显的差异。星特朗的 EdgeHD 设计在镜筒中额外增添了一个场平透镜系统，能减少光线的透过率。对于纯粹的人眼观测，EdgeHD 是没必要的。省下你的钱吧。

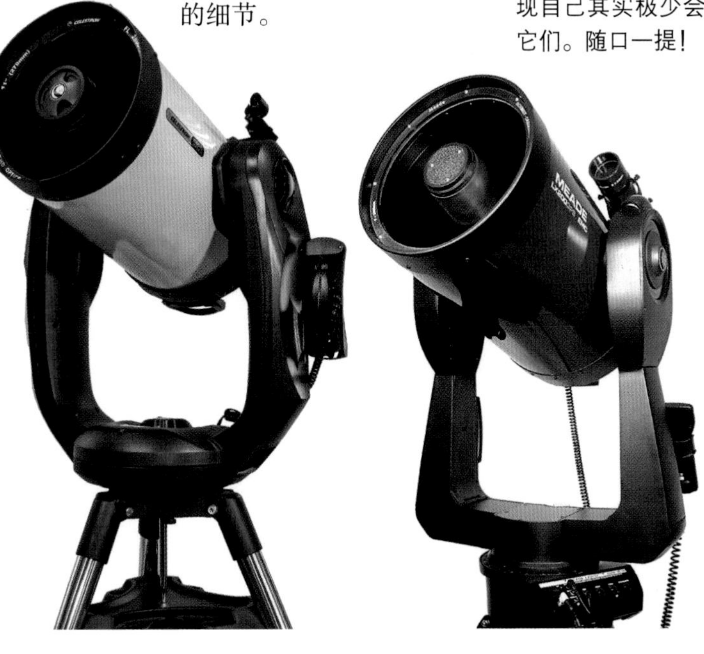

大型折反式镜

大口径的施密特 - 卡塞格林式镜，如星特朗的 279 毫米 CPC（左）和米德的 250 毫米 LX200（右），是大多数人梦寐以求的款式。然而这些望远镜也总是很快就会被拥有者出售——这些买家在过度消费后发现自己其实极少会使用它们。随口一提！

推荐的天文望远镜

天文望远镜的天堂

快乐的观星者会为天体探索的夜晚准备多种类型的天文望远镜。一年一度的观星聚会是美好的体验，但通过一款易于使用的便携式天文望远镜，你将能够在更多时刻享受天空的美景，而不仅仅是一年里的某个特殊的周末。

我们要再次强调，最好的天文望远镜不一定是最大型的或拥有最先进技术的，而是你最经常使用的那一架。为此，我们推荐的列表偏向于那些具有清晰的光学系统和稳定无抖动的支架，同时易于携带且使用方便，价格也很吸引人的型号。

每个人都同意上述因素是一架优秀天文望远镜的重要特征。然而我们经常遇到，潜在的买家在与我们交谈后，却忽视我们的建议，基于其他原因选择购买其他型号，比如当地大卖场正在打折的款式，杂志或 YouTube 广告代言最引人注目的款式，或用亚马逊会员优惠更多的款式。

许多新手买家的共同愿望是，购买的望远镜同时能让他们用单反相机拍摄图像。这当然是可能的，但这些选择非常复杂，我们将在第十七章中详细介绍。在这里，我们应对的是最适合观测时使用的天文望远镜，话说回来，这也正是我们给你的建议：从观测开始。

市场上现有的天文望远镜型号有 1500 多种，没有人能称得上是望远镜的专家。但在我们近年来使用过和专门为本版书所测试的天文望远镜中，以下是我们最爱的款式。

入门款：反射式镜

（200 至 450 美元）

当你购买第一架天文望远镜时，我们的首选建议便是下列几款牛顿反射式天文望远镜。它们的价格都不高，并且在转手时也很保值。在这个价格区间里，我们建议选择手动的型号，而不要选择低价的 GoTo 款式。不过这意味着你需要使用星桥法来找寻目标天体，就像我们在第六章和第十六章中介绍的那样。在我们的推荐中位列第一的是……

150 毫米 f/8 多布森式镜

（猎户 SkyQuest；信达经典系列）

如第 136 页中描述的，这些制作精良的售价 300 美元的天文望远镜安装在稳固的支架上，呈现了良好的光学图像，符合我们对入门级望远镜的首要选择。在一次并列测试中，一架猎户 SkyQuest 在行星图像的清晰度方面击败了另一架笨重的 150 毫米消色差折射式镜。

猎户 StarBlast 6

这款小巧的多布森式镜（280 美元）使用了 150 毫米 f/5 光学器件，安装在一个单臂支架上。虽然相比 f/8 的多布森式镜更小巧，但 StarBlast 必须放置在桌面上才能操作。它的光学成像很清晰，支架稳固，配件和附件也很优秀。如果使用者比较年幼，可以考虑较小型的 StarBlast 4.5 或 SkyQuest XT4.5，这两款产品都具有无与伦比的性价比，价格为 200 美元，能够显示的内容远远超过任何 60 毫米“450 倍率”的垃圾镜。

信达 130 毫米 Heritage

这款台式的多布森式望远镜（220 美元）采用了一个简约的可折叠镜筒，效果出奇的好。开放式的设计使其很容易产生眩光，所以在有光污染的城市中观星时，它可能不是最佳选择。但在较暗的观测点，130 毫米口径和较大的 150 毫米口径的 Heritage 都是优秀且便携的入门级望远镜，成人和儿童都适用。

130 毫米 f/5 赤道仪反射式镜

（星特朗 AstroMaster；探索科学 FirstLight；猎户 SpaceProbe；米德 Polaris）

不得不说，我们首选的多布森式镜并不适合所有人。它们可能太大、太长了，或者难以在公寓楼等地方使用。虽然安装在赤道仪支架上的牛顿式镜很受欢迎，但即便在有马达驱动时，这些初级型号也并不适用于大多数天体摄影中。

台式的 StarBlast 和 Heritage

猎户的 150 毫米 StarBlast（左）是多布森反射式镜的一个很好的示例，它绝对物有所值（最大的口径和最好的视场）。坚固的支架移动起来非常顺畅，附带的普洛目镜和聚焦器质量都很好，f/5 的镜面也很出色。信达的 Heritage 130 毫米（右）和更大的 150 毫米型号采用了极简的反射式设计，但效果很好，以低价提供良好的口径和清晰的光学成像。镜筒的上端可以折叠，因而能够紧凑地封装以便于储存和运输。但像所有的台式型号一样，这两款 Heritage 必须安置在坚固的平台上使用。

三款入门级赤道仪支架

你可能在许多品牌的入门级天文望远镜上看到过这些支架。EQ2 和 EQ3 的支架本身并不差，但它们所搭配的镜筒组件尺寸往往大到超过其能力范围。

非常小：EQ1 对大多数天文望远镜来说，这款支架太小、太脆弱了。我们的建议是别用它。宽视场的天文望远镜进行低倍率观测时，安装在经纬仪支架上是最好的。

小：EQ2（比如猎户 SpaceProbe、星特朗 AstroMaster 和米德 Polaris）对 70 毫米和短管的 80 毫米折射式镜来说，这款支架很不错；但对长管的 90 毫米折射式镜和 130 毫米反射式镜来说，它仅是勉强够用而已。

更大：EQ3（比如猎户 AstroView 和星特朗 Omni CG-4）对于 90 毫米到 100 毫米的折射式镜和 130 毫米的反射式镜，我们更喜欢这款支架，但购买时通常没有升级到这种更大、更坚固的支架的选项。遗憾！

放大倍率的极限。
即使是像星特朗 CPC 这样的 200 毫米天文望远镜，也只能在极少的夜晚和最稳定的观测条件下才能使用其有效最高倍率（400 倍）。通常情况下，大多数观测都是在更低的放大倍率下进行的。

天文望远镜性能极限

这些数据通常被列在天文望远镜的详细规格中，它们是不同口径大小的天文望远镜在理论上能够达到的数值，而不是实际使用时一定能达到的。

口径（英寸）	口径（毫米）	可视极限星等	理论分辨率（角秒）	最大有效倍率
2.4	60	11.6	2.00	120
3.1	80	12.2	1.50	160
4	100	12.7	1.20	200
5	125	13.2	0.95	250
6	150	13.6	0.80	300
8	200	14.2	0.65	400
10	250	14.7	0.50	500
12.5	320	15.2	0.40	600
14	355	15.4	0.34	600
16	400	15.7	0.30	600
17.5	445	15.9	0.27	600
20	500	16.2	0.24	600

即使是大型天文望远镜，也很少能使用 600 倍以上的放大倍率，或优于 0.4 至 0.5 角秒的分辨率。

在这个级别中，我们偏爱常见的各个品牌均有出售的 130 毫米 f/5 款式，因为它们具有良好的光学性能。为了本版书，我们测试了星特朗的 AstroMaster 130EQ（第 138 页有描述）。虽然它的主要光学系统很优秀，但其附带的 20 毫米正像目镜是我们见过的最差的目镜之一。AstroMaster 版本的 EQ2 赤道仪支架虽然稳定，但使用起来很不方便，因为其控制杆不是和锁定旋钮互相碰撞，就是难以找到或够到。镜筒很难在支架上旋转，也就很难将目镜置于一个方便的角度。使用过程中遇到的困难也证实了我们的观点。一架多布森式镜用起来要容易得多。

入门款：折射式镜

（150 至 300 美元）

折射式天文望远镜当然要比任何一款反射式镜更吸引人。它的外观契合了孩子们对天文望远镜的想象，且坚固耐用，不用过多维护，非常适合儿童使用。其中一些型号是通用的，不同品牌均有销售。另一些则是特定品牌所特有的。

70 毫米 f/10 经纬仪折射式镜

（米德 StarPro）

只要安装在带有慢动控制的经纬仪支架上，一架 70mm f/10 的折射式镜就能呈现清晰的光学成像，且易于操控。这是市场上价格最低的优质天文望远镜。其他 150 美元左右的天文望远镜都不值得考虑，即使是对一个热爱恒星和行星的孩子来说也是如此。

80 毫米 /90 毫米 f/6.7 经纬仪折射式镜

（探索科学 FirstLight；米德 StarPro；猎户 VersaGo E）

口径的提升会让你得到一架品质更好的天文望远镜。我们测试了探索科学、米德和猎户的三款消色差折射式镜（180 至 200 美元），并对它们印象深刻。它们并不是不同品牌下出售的同一款望远镜；每款都有其独特之处。虽然它们的焦比都在 f/6.7，但色彩校正很优秀，主透镜成像也很清晰。尽管支架有点摇晃，但这三款都是很好的入门级望远镜，并且看起来像“真正的天文望远镜”，所以能取悦小朋友们。但这不代表它们是使用一两次后就被搁置一边的玩具；它们都可以为有抱负的天文学家服务很多年。

90 毫米 f/10 赤道仪折射式镜
（星特朗 AstroMaster；米德 Polaris；猎户 AstroView）

这些长焦 90 毫米折射式天文望远镜在任何价格下都能让我们感到惊奇，更不用说它们的价格仅为 300 美元。由于镜筒较长，它们最好安装在赤道仪支架上，通常附带的是 EQ2 的手动支架。加上单轴直流电机驱动后，你就拥有了一架优质的天文仪器，可以在城市或任何地方进行高倍率的月球和行星观测。

经纬仪消色差式镜

在这个三角组合中（从左到右依次是探索科学 FirstLight 80 毫米、米德 StarPro 90 毫米和猎户 VersaGo E 90 毫米），FirstLight 有最坚固的三脚架和支架，但没有慢动控制，尽管它很容易被点动。米德有最好的慢动控制，但需要对每个轴进行锁定和解锁，这对年幼的孩子来说可能不是很友好，他们可能只想用手握住并推动一架天文望远镜。

星特朗 StarSense Explorers

这款卓越的天文望远镜在 2020 年初推出，包括一个支架用来放置智能手机，它会与天文望远镜一起运行，并允许 StarSense 应用程序使用手机的摄像头拍摄夜空的图像。然后 StarSense 使用这些图像来计算天体的位置，在转动望远镜时引导你找到目标。它非常灵活，即使在恶劣的天空条件下也能运行良好，效果惊人。

截至 2020 年末，StarSense 系列包含两款精致的折射式镜：80 毫米 f/11 LT（180 美元）和 102 毫米 f/6.5 DX（380 美元），二者都有清晰的镜头，尽管它们的成像多少受到了低档目镜和模糊的正像镜的影响。在 StarSense 系列的两款反射式镜中，130 毫米 f/5 DX（400 美元）的光学效果更好。

赤道仪消色差式镜

上图：星特朗（左）、米德（中）和猎户（右）的 90 毫米 f/11 折射式镜安装在 EQ2 支架上时性能都很类似。这一类别的天文望远镜都是很优秀的入门级望远镜，适合大一点的儿童或青少年，他们可以搞懂赤道仪支架的使用方法——这让许多成年人都感到困惑！（照片由星特朗、米德和猎户提供）

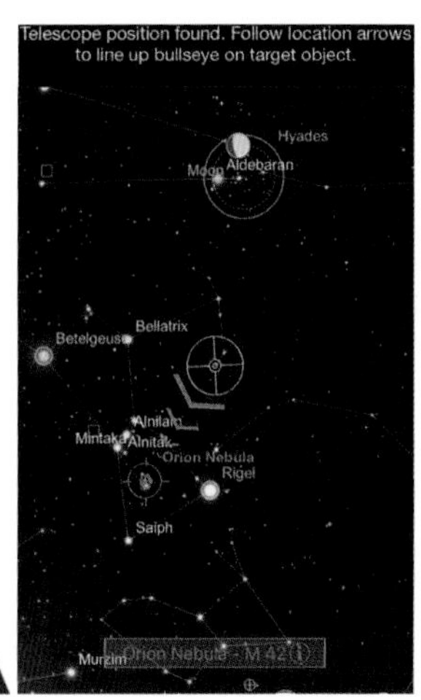

星特朗的 StarSense 系列

使用星特朗的 StarSense Explorer 折射式镜时（左边是 80 毫米的 LT，右边是 102 毫米的 DX），你可以下载免费的应用程序并输入识别码来解锁它。将智能手机夹在可调节的支架上，对其进行简单的校准，然后它就会准确地引导你找到目标，你只需按照应用程序显示的箭头移动望远镜（如最右边所示）。在某种程度上，StarSense 望远镜使所有其他入门级别的天文望远镜都显得过时了，所以这一款式在我们的天文望远镜推荐列表中排名靠前。但我们几乎可以肯定，其他型号的天文望远镜，例如多布森反射式镜，也会应用这一技术。

这两款都是适合年龄大一些的孩子的天文望远镜。

这些款式都提供了计算机化的寻星功能，免除了手动输入场地信息和瞄准星体的麻烦，而且由此产生的附加费用很少，因为手机就包含了计算机功能。我们对此印象深刻。如果这个功能失效了，你也仍然拥有一架优质的手动入门级天文望远镜。

为儿童或家庭选购

这是每个业余天文学家被问到最多的关于天文望远镜的问题："我 8 岁的孩子对恒星和行星非常感兴趣。买什么样的天文望远镜最好？" 预算通常是在 200 美元左右，而且这个数字 30 年来都没有变化。

我们的回答是：不要买天文望远镜——除非你有足够的知识来辅导你的孩子。毕竟如果连你都不能在天空中指出土星的位置，你或你的孩子将如何用天文望远镜瞄准它！

新买的天文望远镜会被用来看几次月亮，然后就被放到一边了。想要鼓励孩子的兴趣，第一步毋庸置疑是一起学习天空，使用简单的星图或移动应用程序来寻找行星和识别最亮的恒星。不要花钱；花时间。

当孩子和家长准备好能够使用一架天文望远镜时，我们建议使用在"入门"类别中列出的任意一款。我们喜欢小型的多布森式镜，但也听说过一些小朋友在收到多布森式望远镜后放声大哭的故事。"那不是一架天文望远镜！"他们哭着说。对他们来说，唯一的 "真正的" 天文望远镜应该安装在一个三脚架上，还有着长长的镜筒。

无妨。有一些不错的 70 到 90 毫米的折射式天文望远镜可供选择，如米德的 StarPro 系列或探索科学的 FirstLight 望远镜（上图为正确安装的 80 毫米 FirstLight，其礼品盒很有吸引力，如果你想取悦孩子，这无疑是个加分项）。

话虽如此，如果你想利用家庭度假的机会，到一个黑暗天空观测地和你的孩子一起做一些观星活动，我们建议你们躺下，聊一聊什么是银河，恒星离我们有多远以及它们的名字，寻找卫星和流星，识别一些星座的图案，并讲述它们的故事，或者让孩子想象星座的形状并为它们命名，这会让你们拥有一个难忘的观星之夜。不要在令人沮丧的一小时内尝试在黑暗中操作一款不熟悉也拒不配合的设备来瞄准和聚焦到任何一个天体上！

需要避开的入门级天文望远镜

我们不可避免地会被问道："xxx 怎么样？" 或者读者会指出他们最喜欢的天文望远镜型号，而我们没有使用过。虽然肯定还有其他优秀的望远镜款式，但我们不会推荐没有使用过或没有见过的型号。

然而由于上述原因，我们也会提供一些建议，即你在购买入门级天文望远镜时要规避的类型。为了保护"罪犯"，我们没有指出具体的型号名称，但你能在所有制造商的产品中找到对应的款式。

- 一些小型折射式或反射式镜所配备的支架基本上就是轻型相机的三脚架而已，没有慢动控制，只有一个"平移"手柄。它们无法向上瞄准，也不能精确地追踪天体。
- 事实上，如果没有慢动控制，大多数经纬仪支架（除了多布森式）都需要规避，因为慢动控制对于瞄准和跟踪目标是非常必要的。
- 短筒 80 毫米折射式镜，焦比在 f/4 至 f/5。在这些曝光速度较快的焦比下，消色差折射式镜呈现的图像会有大量假彩色且不清晰，会阻碍对行星的观测。
- 同理，100 毫米和 120 毫米 f/5 消色差折射式镜及 114 毫米 f/4 反射式镜也需要规避。这些设备都很适合在低倍率下扫视星域，但对于大多数新手想观测的天体范围，如高倍率的月球和行星观测，就不太适用了。
- 114 毫米短筒牛顿式镜，焦比为 f/9。这些设备使用了内置的巴罗透镜，但主镜面的质量很差，所以成像很模糊。
- 76 毫米反射式镜，特别是那些台式的多布森式支架。它们的镜面是球面的，而非抛物面，所以不能聚焦。我们测试了一款，发现它比 60 毫米"垃圾镜"还要差。如果要买反射式镜，至少要买一架 114 毫米或 130 毫米的型号。
- 规避几乎所有安装在 EQ1 赤道仪支架上的望远镜。这种支架质量太轻，结构太松散，无法稳定地固定与之搭配的大多数镜筒，而且赤道仪支架用起来太烦琐，尤其是对儿童来说。

认真起来，但保持简单

（400 至 700 美元）

在这个价格范围内，你可以选择口径更大的基础款天文望远镜或具有 GoTo 功能的小型望远镜。下面所列的是我们最爱的功能最朴素的天文望远镜。

经典封闭式镜筒多布森式镜：200 毫米和 250 毫米（探索科学 FirstLight；猎户 SkyQuest；信达 Classic）

这些经典的多布森式镜为你提供了正常的口径尺寸，同时不需要花费大量的费用。它们制作精良，就价格（400 至 750 美元）而言，其光学质量非常出色。它的镜筒约 1.2 米长，在计划为家庭度假打包装车的时候一定要记住这一点。

再多花 300 美元，就能买到猎户的 SkyQuest 型号，附带 IntelliScope 选项。然而我们已然可以预见，与搭载在你的智能手机上的 StarSense 技术相比，这种电子刻度盘会显得十分过时。

猎户 IntelliScope

一些猎户生产的多布森式天文望远镜具备 IntelliScope 选项，在每个轴上增加了一个编码器和一个计算机化天体定位器（见插图），可以引导你找到目标天体。我们测试过的 IntelliScope 效果都很好，是将手工操作的简便性和计算机辅助寻星技术完美结合的产物。

Sky-Watcher 伸缩镜筒多布森式

虽然比封闭镜筒的同类产品更昂贵，但 200 毫米和 250 毫米的信达（550 美元和 750 美元）的可伸缩镜筒结构使这类望远镜更小巧，便于运输。我们很喜欢并强烈推荐这类天文望远镜，因为它们的光学效果极佳，既能展现深空物体的明亮图像，又能展现行星的清晰视场，而且它们的支架稳固，配件质量也很好。你还能再要求什么呢？答案当然是 GoTo 系统。

认真起来——再加点复杂的要素

（450 至 1000 美元）

GoTo 技术很有吸引力吧，但你至少要花 450 美元才能让天文望远镜同时具备良好的光学特性和精确可靠的 GoTo 系统。不可避免的是，在不超出预算的情况下，增加该技术通常意味着牺牲口径。但是这些天文望远镜的小巧尺寸可能更适合你的观测地点和对便携性的需求。

130 毫米猎户 StarSeeker IV

这款售价 450 美元的天文望远镜拥有与其他信达 130 毫米 f/5 牛顿式镜相同的精密光学器件，配备有一个结实的单臂叉式支架和一流的 GoTo 系统，内置 Wi-Fi，可通过 SynScan Pro 移动应用程序操作（见第十一章）。我们为编写本版书而购买并测试了一架设备，发现它的功能非常好。如果你想拥有一个优质的 GoTo 系统，我们建议将猎户的 StarSeeker 系列设为最低标准，其中 130 毫米口径的型号的性能远远优于传统的赤道仪非 GoTo 牛顿式天文望远镜。

信达伸缩式镜筒

上图：与桁架式镜筒的多布森式天文望远镜不同，伸缩式镜筒的多布森式镜，如我们非常喜欢的这款 200 毫米的型号，可以折叠起来以便储放，但同时能够快速架设，无须组装或重新校准。然而，它们不能像桁架式镜筒的天文望远镜那样拆分成尺寸更小的部件。

猎户 Starseeker IV

右图：在北美洲，信达生产的这些可连接 Wi-Fi 的天文望远镜由猎户作为其 StarSeeker 系列出售。在这个系列中，我们格外喜欢 130 毫米 f/5 的牛顿式镜，因为它在口径、便携性和价格间达到了平衡。可选的手持控制器（如图所示）在冬季是一个值得信赖的替补工具，因为此时智能移动设备可能会失效。

米德 ETX-90 Observer

米德公司历史悠久的 ETX-90 型号的最新版本，即 Observer，具备重新设计的镜筒组件和完善的 AudioStar GoTo 系统（见第十一章）。在测试中，我们发现其光学系统和 GoTo 系统都非常出色。

星特朗 NexStar 6SE

虽然已在市场上存在多年，但星特朗的 SE 系列仍然是其最受欢迎的系列之一。尤其是 6SE，这是一架结实、便携、价格合理的天文望远镜，且附带合适的配件，还可以升级 Wi-Fi 和 StarSense 功能。

星特朗的 Astro Fi 系列提供 90 毫米 f/10 折射式（410 美元）、102 毫米 f/13 马卡式（410 美元）和 130 毫米 f/5 牛顿式（425 美元），其单臂叉式支架类似于 StarSeeker 所使用的，但前者的三脚架相比后者的更轻，更不结实。

米德 ETX-90 和 ETX-125 Observer

就便携性和灵敏的 f/14 焦比光学性能来说，ETX-90 Observer（500 美元；上图展示了其使用时的场景）是无可比拟的。整套设备包括一个坚固的野外三脚架、一个用来装望远镜的箱子和一个用来装三脚架的袋子，还有两个性能优越的目镜，构成了一个完整、便携的包裹。更大型的 ETX-125 Observer（700 美元）具备更大的口径，同时仍然具有出色的便携性和灵敏的 f/15 马克苏托夫 – 卡塞格林式光学系统。这两款都是很好的城市天文望远镜。

星特朗 NexStar 5SE 和 6SE

星特朗的 NexStar 5SE（700 美元）和 6SE（800 美元）采用了焦比 f/10 的施卡式设计，在口径和便携性之间达到了完美平衡，且具备 GoTo 功能，一直以来都令我们印象深刻。它们的坚固性、清晰的光学成像、顺滑的调焦器和可靠的 NexStar 电脑确保了极佳的使用体验，而且很容易将其携带到院子里并进行校准。

150 毫米米德 LX65 ACF

我们的特邀作者肯 · 休伊特 – 怀特测试了 200 毫米版本的 LX65，发现其“一流的 ACF 光学器件和 GoTo 功能使我能够在有光污染的城市天空中欣赏到大量的天体”。事实证明，其三脚架相对一架 200 毫米天文望远镜的重量而言有些轻了，但对我们推荐的 150 毫米 LX65 型号（1000 美元）来说是足够理想的。

更认真一点（1200 至 3000 美元）

这个价格范围代表了大多数首次购买者可能想要花费的最高金额，尽管在此之上还有一个价格飙升的最高端类别。

200 毫米星特朗 SCT 或米德 ACF

除非你是一位折射式镜爱好者或多布森式镜的死忠，否则在这个价格范围内首选的必定是 200 毫米的星特朗施密特 – 卡塞格林式或米德 ACF。无论价格高低，所有的型号都具有相同的光学特性，并且这两家公司的 GoTo 系统都很出色。

正如我们前面所描述的，星特朗的入门级 NexStar 8SE 或米德的 LX65 型号对纯粹的观测使用来说是绰绰有余的，其优

星特朗 GEM

像星特朗的 CGEM 这样的德式赤道仪支架是进行天体摄影的首选，因为它稳定，极轴校准很方便，并能适配多种规格的镜筒，例如图中这款 200 毫米的 EdgeHD。

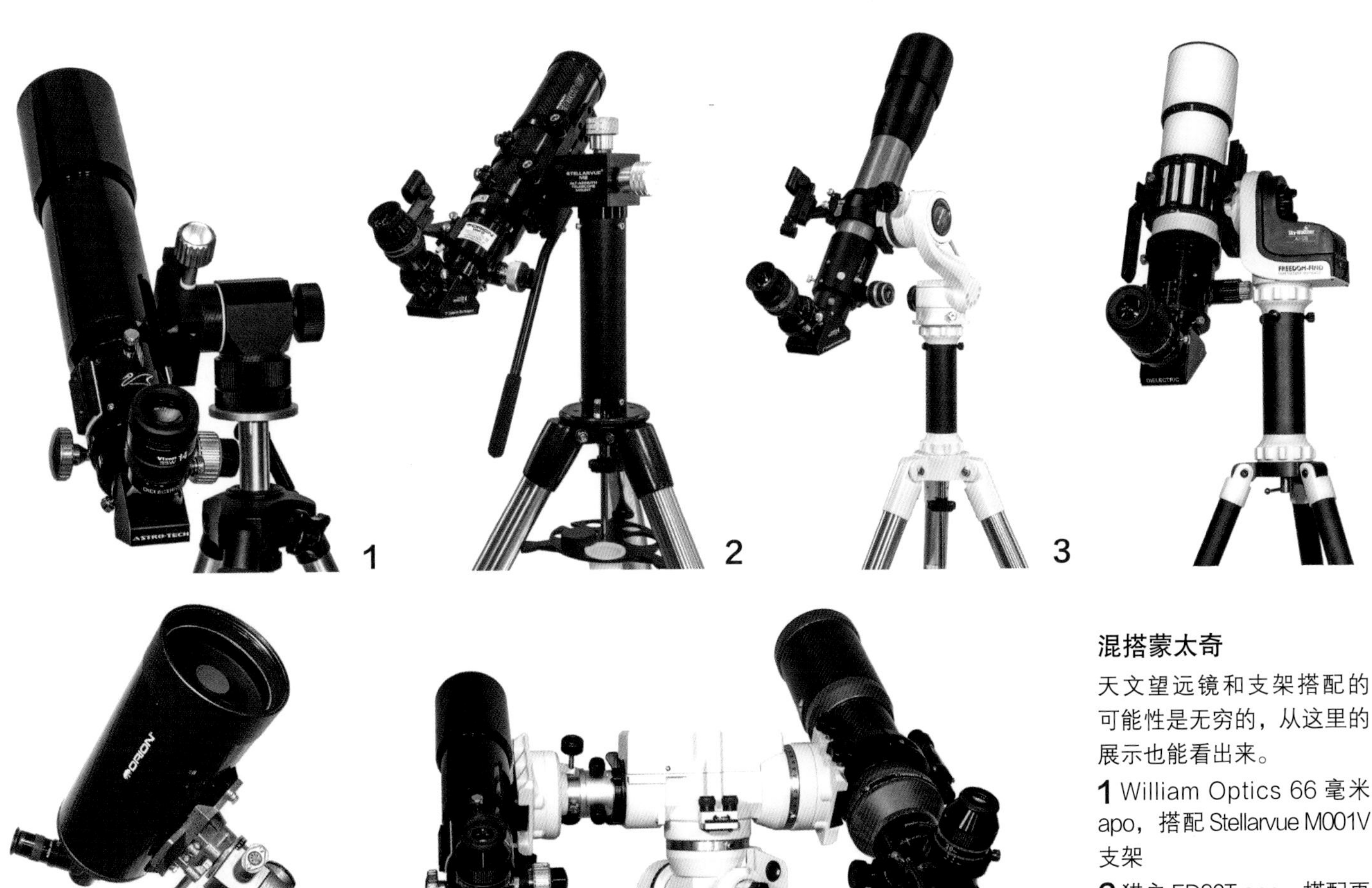

混搭蒙太奇

天文望远镜和支架搭配的可能性是无穷的，从这里的展示也能看出来。

1 William Optics 66 毫米 apo，搭配 Stellarvue M001V 支架

2 猎户 ED80T apo，搭配更大的 Stellarvue M002C 支架

3 Tele Vue TV-85， 搭 配 Sky-Watcher AZ5 支架

4 锐星 76EDPH，搭配信达 AZ-GTi GoTo 支架

5 猎户 Apex 127 毫米马克苏托夫式， 搭配 EQ3 赤道仪支架

6 两个镜筒的组合装置，安装在经纬仪模式的信达 AZ-EQ5 支架上

在这些支架中，AZ-GTi 可以打包带上飞机，且性能优秀，提供了 GoTo 和跟踪功能。为了使镜筒与支架相配，大多数型号使用了威信标准的燕尾杆和组合板来安装小型天文望远镜。

点是价格更低，较轻的重量使其更容易携带和设置。不过你可能也会喜欢星特朗的 Evolution 8 所具备的 Wi-Fi 功能和可充电电池，或者星特朗 CPC 800 或米德 LX200 ACF 具备的天文摄影功能，如果你愿意承受随之增加的重量的话。

买家的混合搭配

在“更认真一点”的价格区间内，许多有经验的观星者更愿意分别购买支架和光学器件，且通常是来自不同的供应商。这是一种获得既可以用于目视观测，也可以用于天体摄影的顶级天文望远镜的好方法。在第十七章中，我们将介绍对天体摄影设备的建议。

自己进行混合搭配的好处是，首先获得一个最符合你的需求，具有你喜欢的功能的支架，然后与各种光学镜筒组件（OTA）一起搭配使用。例如，用于观测广阔深空的小型折射式镜可以与用于观测月球和行星的较大的马克苏托夫 - 卡塞格林式镜相配合。虽然马卡式和施卡式都可以作为独立的镜筒组件购买到，不过在进行混合搭配时，最常选择的光学器件是复消色差折射式镜筒，因为它们大多数都只以 OTA 的形式出售。

光学镜筒组件（OTA）

我们在第 134 至 135 页列出的制造商可以提供优秀的 70 毫米到 150 毫米的复消色差折射式镜。你可以从 Astro-Tech、探索科学、Stellarvue、锐星、Tele Vue、威信和 William Optics 等公司挑选一款折射式天文望远镜。

举例来说，信达 Evostar 的双合透镜 apo 是一款非常有价值的产品，较小的 f/5.8 72ED 为 480 美元，较大的 f/8 150DX 为 3200 美元。探索科学的 ED127 有一个优秀的 f/7.5 三合 ED 透镜、双速聚焦器、极为优异的寻星镜、镜筒环和 50 毫米的天顶棱镜，所有这些加起来售价 1900 美元。其成像质量令人惊叹。

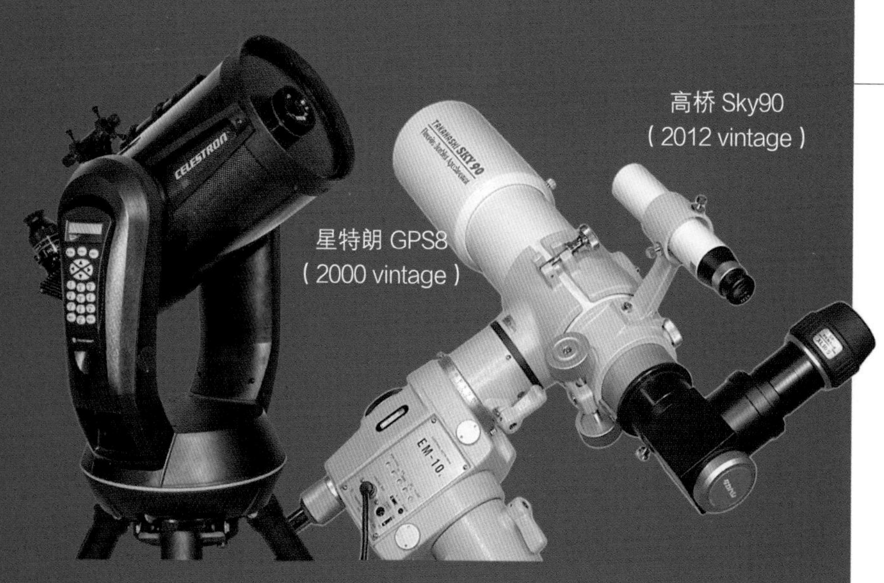

二手天文望远镜集市

一架天文望远镜可以伴随你一生。大部分情况下，越是高科技的款式越容易贬值。人们不会想要使用过时的 GoTo 技术的，即便它们可能仍然能够运行。的确，一些早期的天文望远镜，比如上图这架 2000 年生产的星特朗 GPS8，它们附带的 GPS 接收器现在都无法使用了，因为其过时的系统已经不能正确地读取当前的数据。但在大多数情况下，购买二手天文望远镜仍不失为一个不错的选择，如果它在生产时属于高品质的类型，且得到了很好的维护。

你可以检索一些网站上的分类信息，如链接列表 34 和 35 条目的网站，如果你身在南半球的话，可以访问链接列表 36 条目的网站。Facebook 上的交易小组是另一个信息来源。对 eBay 或 Kijiji 上出售的天文望远镜要小心，因为大多数都是垃圾镜，无论标了什么价格。

早期的优质天文望远镜

- 星特朗 C5（基本上所有年份的）
- 星特朗 / 威信的萤石复消色差折射式镜（20 世纪 90 年代早期）
- 米德 ETX90 和 ETX105 的早期型号
- 任意 Questar 3.5（但是价格很高！）
- 少见的 Quantum 的 100 毫米和 150 毫米马克苏托夫式镜
- 由 Officina Stellare（A&M 的前身）制造的 Hiper APO
- 由 TMB Optical 设计或制造的 apo
- 任意一款 Astro-Physics 折射式镜（同样价格很高！）
- 任意一款高桥或 Tele Vue 的折射式镜
- 任意一款 Starmaster 的高端多布森式镜（Carl Zambuto 的光学器件和 Rick Singmaster 的构造都是一流的）

要避开的二手天文望远镜（低质量的光学元件和 / 或支架）

- Criterion 或 Bausch & Lomb 公司的任何产品
- 施密特 – 卡塞格林式镜
- 几乎所有 20 世纪 80 年代中后期生产的施密特 – 卡塞格林式镜
- 任何星特朗 C90 马克苏托夫式镜
- 任何库尔特蓝筒和红筒多布森式镜
- 任何米德的 MTS 叉臂支架天文望远镜
- 任何米德的施密特 – 牛顿式镜
- 大多数低价的 GoTo 望远镜，如米德的旧 DS 系列
- 20 世纪 90 年代出产的米德和星特朗的非 GoTo 式的 SCT

（如果一架旧的 SCT 状态很好而且很便宜，可能也是值得购买的。但要先测试一下光学器件和驱动性能。）

对大多数业余天文学家来说，超过 140 毫米口径的天文望远镜已经超过了方便携带的实际极限，可能最好还是在天文台中使用。另一方面，如果你正在寻找一架可以带上飞机的天文望远镜，可以考虑安装在经纬仪支架上的 60 到 90 毫米口径的复消色差式镜，手动的或是有 GoTo 功能的皆可。

在反射器方面，Guan Sheng Optical（简称 GSO）生产的 OTA 在不同的品牌销售，提供了性能优越的牛顿式和卡塞格林式光学系统，后者在小众的经典款卡塞格林式和适合摄像的里奇 – 克雷蒂安式设计中都有应用。

支架的选择

对一个轻量级的经纬仪支架来说，Stellarvue M001V（150 美元）的结构算是尽可能地小巧了，搭配一个坚固的三脚架，它可以是一架小型的旅行用天文望远镜的理想选择。它使用了类似多布森式的铁氟龙轴承。探索科学的 Twilight I 和 Astronomics 旗下的 Astro-Tech 生产的 Voyager 2 是较大型、几乎相同的经纬仪支架（各 200 美元），具备慢动控制和结实的三脚架，能够适配 100 毫米的折射式或 125 毫米的马克苏托夫式镜。如果想要一个更大的经纬仪支架，可以看看外形优雅的 DiscMount DM-4 或 DM-6，或者有两个支座的 Losmandy AZ8，尽管它们的价格都挺高。

在那些能够“即拿即用”的观测设备中，我们最喜欢且比较实惠的经纬仪支架是信达 AZ5（320 美元），它配备了一个巨大的三脚架和云台，能够给轻型的 100 毫米折射式或 125 毫米马克苏托夫式镜提供良好的支撑。再多花一小笔钱，就能够升级到信达更小巧的 AZ-GTi 支架（380 美元），它可以通过 Wi-Fi 控制和 SynScan Pro 应用程序提供完整的 GoTo 功能。它的三脚架很轻巧，但构造出奇的结实，能够支撑重达 5 千克的 OTA。

德式赤道仪支架的选择很多，其中一部分会在第十七章中介绍，它们全都可以视为优秀的天体摄影平台。但是如果想有一个多功能的选项，可以考虑信达 AZ-EQ5 或更大些的 AZ-EQ6，它们是极好的 GoTo 支架，可以设置成德式赤道仪模式用于摄影，也可以设置成经纬仪模式用于观测，此时就不需要极轴校准了。

深空探索者

（1800美元及更高——非常高！）

如果你被“感染了大口径狂热”，唯一的“解药”就是购买一架大型的多布森式镜。可供选择的产品很多，从廉价的到高级的都有。

320至610毫米的探索科学、猎户和信达多布森式镜

我们将所有口径在320毫米及以上的多布森式天文望远镜归类为大口径型号，它们是特别面向深空爱好者的。在这个尺寸级别中，我们推荐使用桁架式镜筒的款式。SkyQuest XX12i附带能引导寻星的IntelliScope电脑，价格为1700美元，具备完整GoTo功能的XX12g则售价2100美元。但你还要考虑到灯罩的费用，以及运输时需要的附件袋和运输本身的费用。

探索科学公司生产250毫米（1000美元）至508毫米（8600美元）口径的桁架式镜筒多布森式镜，其特点是重量较轻的上部镜筒组件（UTA）和一个占地较小的木质底板，可以容纳UTA以便紧凑地包装和储存。然而，我们在这里只是提一下它们，因为我们没有使用过，无法对其性能做出第一手评价。

信达有一款基本的可伸缩镜筒型号（Flextube），口径为320毫米，价格为1250美元。加上SynScan GoTo系统后，价格上升到2100美元。其大型的400毫米口径并附带GoTo功能的Flextube，价格在3400美元。复制Obsession的超紧凑设计，信达的StarGate 18和20复制了Obsession的Ultra Compact设计，外形比较低调，带GoTo功能的价格在9000美元以上。不过同前，我们只是把它们作为可选项提一下，因为我们没有亲自用过。

320至630毫米的Obsession多布森式镜

这些优质的桁架式镜筒望远镜长期以来统领着大口径望远镜领域。我们尤其喜欢经典的381毫米和457毫米型号（5700美元和7700美元），它们性能优秀，且单人即可操作，不需要使用大型梯子。

Ultra Compact 15（5900美元）和18（7200美元）特别有吸引力，因为它们可以折叠并放入任意一辆汽车，而且其曝光快速的f/4.2镜面和低调的设计能进一步降低目镜的高度。增加完整的Argo Navis和ServoCAT GoTo以及跟踪系统需要额外花费4000美元。购买任何一款Obsession都是在进行一项终身投资，而真正的深空爱好者绝不会后悔。

多布森式镜的乐趣

最左图：猎户和信达的200毫米及更大的多布森式镜都配备了SynScan电脑。如果技术出现故障，你仍然可以用手推动它们来瞄准天空中的目标。

左上图：我们超爱通过大口径的Obsessions看到的景色，只要别让我们自己架设就行！拥有这样一款望远镜能决定你买什么样的汽车或拖车。

左下图：一架f/4的381至457毫米的多布森式镜，比如这架澳大利亚制造的400毫米SDM，能够使目镜保持在眼睛的高度，使用起来更加舒适，不需要不断地搬动梯子。

推车上的多布森式镜

下图：大多数多布森式天文望远镜都搭配有类似手推车的把手，可以把带有镜头的沉重底座从面包车或卡车的斜坡垫板上推下来，并移动到指定地点。在一些辅助下，组装好的多布森式镜甚至可以在场内移动，尽管这种做法不怎么常见。

下单付款

购物狂欢节

上图：我们这个爱好很少有室内贸易展览。美国亚利桑那州图森市的这个展会上一次举办还是在 2014 年。每年在纽约萨芬举行的东北天文论坛（NEAF）有一个类似的展区，展示了最新的装备，还有乐于指导的销售代表和诱人的便宜货。

下图：没有什么能比在购买前亲眼看到一架天文望远镜更棒的了。如果你很幸运能在家附近找到一家实体店，请支持它的生意。如果你家附近举办了一场观星聚会，一定要参加。你能收集到第一手资料，比如一架天文望远镜能让你看到什么，以及哪一款最适合你。

在做出选择，或至少缩小选择范围后，问题就变成了："在哪里可以了解更多信息"和"在哪里可以买到天文望远镜"。

去哪里了解更多

参加观星聚会，与望远镜持有者面对面地讨论他们的天文望远镜，是获取更多信息的最佳途径。我们不推荐找一个 Facebook 小组，然后问"应该买什么天文望远镜"，你会得到大量相互矛盾的答案，其中许多还是错误的，因而也就难以更进一步。如果你想在论坛或 Facebook 群里提问，请尽可能把问题具体化，比如"X 品牌的 Y 型号是否适合深空天体摄影"。

但有一个简单的规则在哪里都适用：不管这款天文望远镜有多糟糕，都会有人为它辩护，声称它是地球上最有价值的一款！反之亦然：不管这款望远镜有多好，都会有人不喜欢它或制造它的公司。

然而，除去这些垃圾言论，网络上也有一些由了解天文望远镜的观测者撰写的详尽评价，他们的专业意见是值得信赖的。

astrogeartoday 网站和 scopereviews 网站（网址分别见链接列表 37 和 38 条目）上来自 Ed Ting 的评论质量是所有网站中最高的。cloudynights 网站（网址见链接列表 39 条目）上的评论的水准和权威性则参差不齐。当你看到一个评价说"这是我用过最好的天文望远镜"，先问问自己，这名评论者真正用过多少架远镜望。对 YouTube 上的评论也是如此。记住，有些评论是来自公司的付费软文，或者评论者能够从销售额里抽成。

杂志上的评论（我们自己也会写）通常会列出更全面的测试结果，相比面向大众的网络评论有着更高的编辑标准要求。杂志网站通常会有这些测评的存档，可供免费下载或向付费用户提供。

制造商直供

那么该在哪里购买呢？高端的折射式镜和多布森式镜的一流制造商通常只直接销售。他们的小批量生产模式可能意味着你需要等待数周或数月才能等到望远镜发货。百分之九十九的情况下，这种方式是没有风险的。

然而，你可能要先在互联网上咨询一下相关的公司是否按时发货。如果结果显示人们等待的时间远远超过承诺的交货日期，那么就要谨慎行事了。但如果交货日期有保障，即使等待时间很长，一般是安全的。

线上订购

和许多零售店一样，天文望远镜的实体店已经变得很稀少了。绝大多数天文望远镜的销售现在都是在线上进行的，尤其是在新冠疫情开始之后。我们建议从那些专卖天文产品的经销商处订购，他们有知识丰富的相关员工，可以协助你进行选购并提供售后服务。他们通常可以发货到任何地区，价格有时会包含邮费，或者非常优惠，不会比你在纽约的折扣店或亚马逊上看到的标价更贵。不过跨境购买可能就不会有你想要的那么便宜了，因为可能会被征收关税和手续费。如果可以的话，还是支持自己国家的经销商吧。

我们强烈建议你不要“只问不买”，比如上门拜访当地的或国内的天文望远镜经销商，或者给他们打长时间的电话进行咨询，在听取他们的意见后却转而通过亚马逊下单，只为那百分之几的价格优惠。我们认为这是不道德的。如果你这么做了，等产品送到，你再遇到什么问题，或者你根本不了解天文望远镜的工作原理，这时候也别指望经销商来帮你了，只能致电亚马逊寻求帮助。祝你好运！

在当地经销商处购买

如果你有幸拥有一个本地经销商，请支持这项产业。在当地购买，无论是亲自购买还是通过经销商的网站购买，都是迄今为止最有保障的方法。你可以得到专业的售前咨询和售后服务及支持。当地经销商通常会在产品售出之前进行检查，以确保产品不会刚拆封就出现问题。

如果产品需要维修或退换，经销商也会负责处理。与之相对的情况是，你不得不自己动手包装并将产品寄回制造商那里，而且往往是自费的，然后还要试图通过电话或电子邮件与客服人员交涉。

当地的经销商也能给你提出好的建议，可以提供你可能需要和肯定想要的最优质的目镜和配件——这也是我们在下两章中主要讨论的内容。

总结：根据观测地点做选择

在本章的开头，我们列出了在选购天文望远镜时需要考虑的几个因素。最后，我们要强调一个至关重要的因素，这一点很少有买家会想到，而且 Facebook 上大多数怀着善意的建议者也都忘了问：你将在哪里使用天文望远镜？

- 对城市里的公寓来说，一架小型的、高质量的 70 到 90 毫米的经纬仪折射式镜可能是最适合的。一架 90 至 125 毫米的马卡式镜或施卡式镜可能也能用，但如果你不能看到大面积的天空，就不能对 GoTo 系统进行校准。
- 对郊区而言，一架 150 至 200 毫米的简便的或带有 GoTo 功能的多布森式镜可以展现优秀的性能，150 或 200 毫米的施卡式镜也是如此。
- 如果你生活在黑暗的乡村天空下，一架更大型的多布森式镜或施卡式镜是值得购买的。
- 但如果你需要开车一小时或更久才能到达一处条件适宜的观测点，请考虑可以快速打包和安装的天文望远镜型号，即使这意味着要在口径上做出取舍。
- 如果天文望远镜将在家庭度假时使用，请确保在把它装车之后还有足够的空间留给你的家人！
- 如果你要打造一个永久性的天文台，即使是在郊区，你也可以选择一款这个天文台所能承载的最大型的、梦想型号的天文望远镜。玩得开心！

在澳大利亚的南太平洋观星聚会上架设 SDM 多布森式天文望远镜

一系列质量高且便于携带的天文望远镜

第八章

选择目镜和滤光片

我们两人都曾教授过许多面向娱乐性天文学爱好者的入门课程。在每节课上都会有一两个班级成员来询问为什么他们在使用天文望远镜时会遇到困难。无一例外，他们的设备都是标准的“450 倍率”新手型号——这也是我们在一无所知的情况下购买的第一架天文望远镜。

除了摇摇晃晃的支架外，这些天文望远镜还因其质量低劣的目镜而臭名昭著。我们对倍感失落的拥有者的建议是，只使用低倍率的目镜，忘掉那些高倍率的目镜和任何附带的巴罗透镜吧。新晋持有者对新望远镜所能做出的最好改进就是升级一款更优质的目镜。

目镜是每个天文望远镜拥有者最先需要考虑，也是最重要的配件，因此我们用这一整章专门讨论如何选择目镜。就像优质相机的镜头一样，一套好的目镜可以和你的天文望远镜一样贵。但就像镜头一样，即使你的望远镜来来去去，你也会坚持使用这套目镜。

虽然你可以为了进行天体摄影和观测的方便而添加许多附件，但没有一个附件能像一套好的目镜那样对能否快乐地使用天文望远镜起决定性作用。它们构成了天文望远镜光学系统的一半，能够在很大程度上影响你的观测体验。

目镜的基本概念

目镜阵列

典型的目镜系列，如上图这些现已停产的猎户Ultrascopics，焦距从长（35毫米）到短（3.8毫米）。焦距越短，放大倍率越高，但往往透镜越小，适瞳距越短，使得高倍率的目镜更难使用。

在所有的天文望远镜中，目镜是可以互换的。更换目镜能够改变放大倍率。想要得到清晰的视场，高质量的目镜是必不可少的，就像反射式镜中优质的主镜或折射式镜中的物端透镜一样。在一架天文望远镜中，主镜或透镜负责收集光线并形成图像，目镜则负责放大图像，对提供清晰和令人满意的视图至关重要。目镜的种类繁多，往往令人眼花缭乱。但没有必要收集整个系列；一组由三四个目镜组成的套装就够用了。

为什么要买它们

为了降低成本，许多入门级的天文望远镜只配备了低级的或是质量勉强及格的目镜。模糊不清的图像往往是由目镜导致的，而不是主光学系统的错。

预算有限的新手很快就会发现他们需要更好的目镜，而选择了更昂贵的望远镜型号的买家往往不得不购买目镜，因为高档的天文望远镜可能根本就不配备目镜，或者只附带一个最低规格的25毫米目镜。就像购买附带一套镜头的相机，它能带你入门，但你很快就会渴望得到更多更大范围的相机镜头。对天文望远镜的目镜来说，也是这样一个流程。

为了选择一套最适合的天文望远镜和符合预算的目镜，你需要了解各种目镜设计的优点。然而对任意一种目镜来说，最重要的指标都是它的焦距。

什么是深空

太阳系以外的领域都被归类为深空，包括星团、被称为星云的弥散气体云以及银河系以外的其他星系。第十五章中会对这些内容做出解释。

焦距

跟任何透镜或镜面一样，目镜也有焦距，以毫米为单位，标注在装置的侧面。一般来说，我们建议每个天文望远镜的持有者应该从三个主要的焦距组别中各自选择一款优质的目镜：

- 长焦距（55至25毫米）：这个焦距范围内的目镜提供低放大倍率，能覆盖大面积的天空，适合用来寻找目标和观测大型的天体，如仙女星系和银河系的星域。
- 中等焦距（24至11毫米）：这个范围的目镜的使用频率比其他两组的都要高，所以你在这款目镜上应该投入更多预算。它提供了中等的放大倍率，可以捕获的天空区域也较小（通常小于一个月球直径），但通常适用于观测大多数深空天体和许多双星，以及探索月球。
- 短焦距（10至3毫米）：这种目镜的放大倍率很高，只显示很小的天空区域，但非常适合拍摄月球的特写、观测行星以及分辨相距较近的双星。

虽然优质的入门级天文望远镜（如我们在第七章中介绍的那些）都配备有两到三个涵盖上述范围的目镜，但它们的视场通常非常窄，边缘模糊，适瞳距也很差，而这正是目镜的另外两个至关重要的指标。

表观视场

通过目镜能看到多大的天空，取决于其提供的放大倍率和表观视场（AFOV）。表观视场又取决于目镜的光学设计。如果把目镜举起来对准一个光源，并透过目镜看向这个光源，你会看到一个光圈。这个圆的直径，以度为单位，就是目镜的表观视场，这个概念我们在第五章探索双筒望远镜的时候就提到过。与双筒望远镜不同的是，所有的目镜制造商都在说明书中标明了表观视场。一般来说，目镜的表观视场可划分为以下三类：

- 标准视场（AFOV=40度至60度）：所有天文望远镜附带的目镜都是这一类别的。虽然标准视场目镜的价格通常是最低的，但一些高级的型号可以卖到250美元的高价。所以它们不一定便宜或性

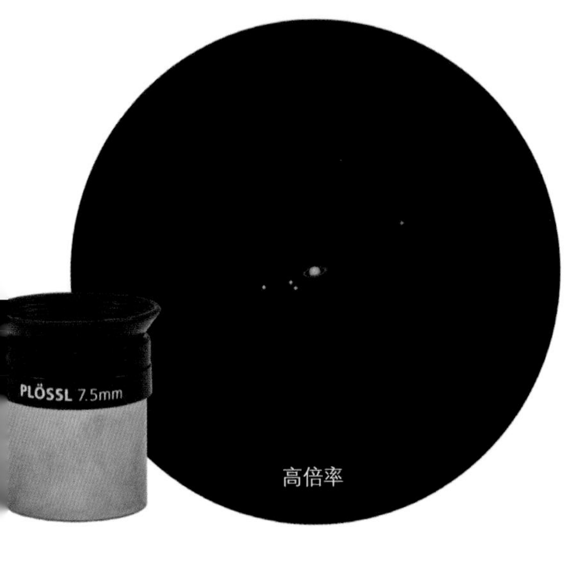

目镜放大倍率“三人组”

一套入门级别的三个目镜将分别提供低、中、高倍率，足以用来应对大多数天文目标，从拍摄大面积的星云到分辨较小的深空目标，以及观测行星上的微小细节。

计算放大倍率

任何目镜提供的放大倍率都取决于所使用的天文望远镜规格。其计算公式为：

放大倍率 = 天文望远镜的焦距（毫米）÷ 目镜的焦距（毫米）

例如，对于一架施密特 - 卡塞格林式镜，其口径为 200 毫米，焦距为 2000 毫米，焦比为 f/10：

- 一个 40 毫米的目镜（2000 ÷ 40）=50 倍（低倍率）
- 一个 20 毫米的目镜（2000 ÷ 20）=100 倍（中倍率）
- 一个 10 毫米的目镜（2000 ÷ 10）=200 倍（高倍率）

而这三个目镜在一架 1000 毫米焦距的天文望远镜上，则分别只能放大 25 倍、50 倍和 100 倍。正如你所看到的，一个目镜所提供的放大倍率不仅取决于它本身的焦距，而且还取决于它所连接的天文望远镜的焦距。这就是为什么天文目镜上不会标注放大倍率。

计算实际视场

一个目镜能显示的天空范围被称为实际视场或真实视场（TFOV），它取决于目镜的表观视场和该目镜在天文望远镜上的放大倍率。计算近似的实际视场的公式是：

TFOV = AFOV ÷ 放大倍率

在我们用来举例的 200 毫米 f/10 施卡上：

- 一个 20 毫米的普洛目镜有 50 度的表观视场，可以产生 100 倍的放大倍率。在这个倍率下，目镜的实际视场为 0.5 度（50 度 ÷ 100=0.5 度），宽度刚好可以显示整个月面。
- 一个具有 82 度表观视场的 20 毫米广角目镜，提供了相同的放大倍率，但产生的实际视场为 0.8 度，足以显示月球周围的大部分天空。

另一种确定实际视场的方法是测量一颗恒星在没有追踪马达的情况下横跨目镜显示的区域所需的时间。一颗沿着天赤道运行的恒星需要 4 分钟的时间来移动 1 度的距离。

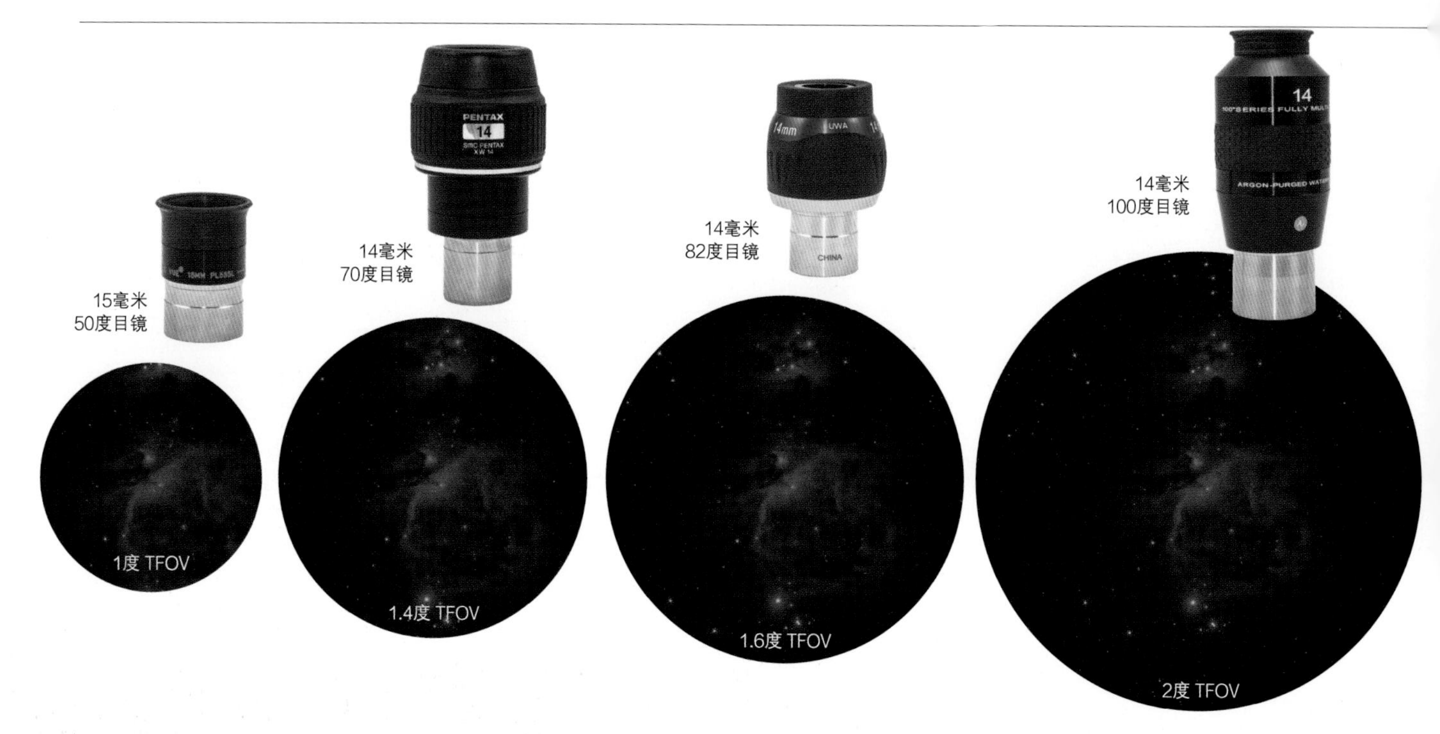

标准，广角，更广，最广

如图所示，我们将四类目镜的视场做了对比，从标准50度视场的普洛目镜到100度的超广角目镜。在几乎相同的焦距下，这四款目镜都提供了相似的放大倍率。每个目镜能显示多大的天空（即实际视场），取决于其表观视场。我们模拟的视场是针对100毫米f/7的天文望远镜的，但实际视场间的相对差异也体现在其他型号的天文望远镜上。100度的目镜提供了最惊人的视场，但价格也很高。虽然使用低价的32毫米普洛目镜可以获得与之相似的2度实际视场，但你看到的图像并不是全景的，同时也享受不到14毫米目镜在更高的放大倍率下带来的高分辨率的观测体验。

能不佳。事实上，狂热的行星观测者对这一类别的目镜赞叹有加，因为它使用数量最少的光学元件（此处指透镜），却能达成高对比度。

- 广角（AFOV=65度至75度）：这类目镜通过一个令人印象深刻的舷窗呈现了大片天空，在展现月球全景和许多深空天体时表现极佳。这类目镜曾经是一种专门的品类，现在大多数售价超过80美元的高质量目镜都属于这个级别。这一类别中的一套目镜能够伴你终生。
- 超广角（AFOV=80度至100度）：如果说广角目镜让人印象深刻，那么超广角目镜有过之而无不及。表观视场达到100度的目镜有时会被标记为超广角或巨广角。但正如你所料，这类目镜也是最昂贵的。一般来说，表观视场越大，价格就越高。此外，随着视场的扩大，目镜更容易出现光学像差，使视场边缘的恒星扭曲成斑点、变成“V”形或边缘出现彩色条纹，也可能三种情况同时发生。性能最好的广角目镜（300到800美元）可以将这些像差减少到最低限度。

镜筒直径

构成目镜的透镜元件被安装在一个接入聚焦器或天文望远镜天顶棱镜的镜筒中。在20世纪，目镜的接口直径演变为三种标准规格：

- 24毫米：这种小尺寸的目镜型号由蔡司研发，先后被日本和中国的制造商采用，主要用在价格较低的入门级天文望远镜上。24毫米的目镜和相匹配的聚焦器配件曾经非常常见，不过现在已经日益稀少。这种小镜筒的目镜的做工和质量总是很差。正如我们在第七章中介绍的那样，使用这个尺寸的目镜的天文望远镜都是质量低劣的产品。
- 32毫米：这类镜筒尺寸迄今为止在所有价格等级和设计中都是最常见的。因此现在购买一套这个规格的目镜，它大概率也能适配你以后会购买的其他型号的天文望远镜。不过，镜筒的大小也确实会限制目镜所能呈现的最大视场。正因如此，我们还推荐更大尺寸的目镜。
- 50毫米：同时提供长焦距和宽视场的目镜会采用这种较大的镜筒尺寸，因为小口径目镜的物理结构决定了其无法同时实现这两点。许多中高端的天文望远镜现今都配备了可以接入50毫米目镜的聚焦器。通过使用降级转接口，如右图前景所示，它们也可以使用32毫米的目镜。

升级天顶棱镜

升级正像天顶棱镜

许多入门级折射式天文望远镜都配有正像天顶棱镜（上图左），如果是用于陆地观测，这就足够了。然而这些棱镜所采用的Amici棱镜会导致镜头星芒，并使高倍率下的天体图像变得模糊不清。即使是购买一个低价的天文用棱镜（40美元，上图右）也可以大大改善成像的清晰度。

升级到高端32毫米天顶棱镜

任何尺寸的最优质的的天顶棱镜的镜面都采用了高反射率镀膜。升级到高级的天顶棱镜（80至120美元）可以提高图像的清晰度和亮度。然而许多高级棱镜的外形比标准的天顶棱镜要长，这就要求聚焦器架设得更远。一些折射式镜使用这样的天顶棱镜时可能无法对焦。

升级到50毫米天顶棱镜

200毫米及以上口径的施密特－卡塞格林式天文望远镜可以通过购买一个50毫米的天顶棱镜（150至300美元）来升级到50毫米目镜，因为天顶棱镜上的锁环可以安装到设备上，取代其32毫米的接口。还有一个更好的选择是购买一个50毫米的接口，然后便可以适配任何这一规格的附件了。

适瞳距

你的眼睛离开目镜镜片直到能看到整个视场时距离目镜的距离被称为目镜的适瞳距，这个值取决于目镜的结构设计。对许多目镜来说，放大倍率越大，眼距就越短（因此使用起来也就越不舒服）。例如，大多数标准视场的普洛目镜（在下一节中会解释）的适瞳距约为其焦距的70%。一个典型的17毫米普洛目镜的适瞳距大约是13毫米，这个数值还不错。然而，4毫米到8毫米焦距的目镜的适瞳距只有几毫米，这将迫使你把眼睛紧紧贴到目镜上，通过一个小针孔般的透镜进行观测。

虽然适瞳距大能够让观察者戴着眼镜进行观测，但只有散光度数高的人才需要在观测时戴眼镜。对天文望远镜进行快速调焦就能够纠正普通的近视或远视。

但即使不需要戴眼镜，我们也发现，适瞳距为13毫米到15毫米的目镜使用起来更舒服。大多数型号的目镜上会附带某种形式的可扩展眼罩，以帮助固定眼睛的位置。跟我们在第五章中介绍的双筒望远镜的情况一样，天文望远镜的目镜中，适瞳距大的款式也已经变得越来越普遍了，就连价格适中的目镜也是如此。就像双筒望远镜一样，适瞳距大和大口径透镜是高

镜筒直径“三人组”

除了极少数的例外（此处展示了一些76毫米的目镜），目镜的镜筒有三种尺寸：蔡司推出的现已基本废弃的24毫米（上图左）；常见的32毫米的“美国标准”尺寸（上图中）；较大的50毫米（上图右），能在低倍率目镜中呈现宽视场。

双镜筒设计

少数目镜带有两个尺寸的镜筒，可以接入32毫米或50毫米的聚焦器中，尽管两个镜筒的焦点有很大不同。

适瞳距的大小

右图：你愿意使用哪款目镜进行观测？图中所示的都是 7 毫米至 9 毫米的高倍率目镜。传统的普洛目镜（上方一对）透镜小、适瞳距小。适瞳距较大的型号（下方一对）有大口径透镜和眼罩，使你的眼睛和目镜之间能隔开一段距离。

镀膜对比

低成本的目镜只有一层蓝色的单层透镜镀膜（左）。更好的目镜使用多层镀膜，表现出较深色的反光（右），这种镀膜使成像更加明亮，并避免出现鬼像。

眼睛的舒适度

目镜的使用感受很大程度上取决于眼罩的舒适度。

下方左边三组：有的没有眼罩（左），有的附带可能会脱落的眼罩（中），有的则采用可以上下折叠的眼罩（右）。

右边三组：最好的款式是旋升式或拉升式眼罩，可以精确调整眼罩的高度。

质量目镜的标配。一旦有了这样一套高质量的产品，你就不会再想眯着眼睛去看那些经典但过时的目镜了。当然，我们还没有！

透镜镀膜

跟相机镜头一样，现代所有目镜的镜头都有镀膜，或者叫涂层，以提高透光率，减少镜头光晕和鬼像。最低级的镀膜是在目镜的两个透镜外表面涂上单层的氟化镁，使其反光呈现出一种蓝色调。如今，除了价格最低的目镜，所有目镜都会在透镜的内外表面进行多层镀膜，从而大大提升透光率。

这对使用多达 8 或 9 个透镜元件的超广角目镜来说尤其重要。如果没有一流的多层镀膜，它们在观测明亮的物体时就会表现出光晕和鬼像，因为透光率低而使得成像昏暗不明并且缺乏对比度。老牌的学究仍然在指责广角目镜有这些缺点，但我们迄今为止还没有发现这个缺点有多明显，尤其是在那些采用了现代镀膜的高端型号中。

机械构造

有些目镜品牌是齐焦的，这意味着系列中的每个目镜都聚焦在同一个点。因此，只要你使用的是同一制造商生产的同一系列中的产品，那么在更换目镜时就不需要进行明显的重新聚焦，这是一个很便捷的功能。

除了老式目镜，所有目镜上都刻有螺纹，可以安装滤光片，后者在本章的最后一节有介绍。理想情况下，内部配件也应该是黑色的，以防止视场外的明亮物体造成镜头光晕。质量更高的目镜还会在镜筒内安装一个精加工的场止环，用来界定视场的边缘。低成本的目镜中没有这样的环（因而视场边缘会模糊不清），或者环的工艺粗糙，导致其功能受金属毛刺或划痕的影响。

现在大多数目镜都提供橡胶眼罩，这有助于阻挡杂散光，并保持眼睛处于正确位置。在品质最好的目镜中，眼罩是可以调节的，且属于镜筒结构设计的一部分，而不是松散的附加物，后者可能会掉落并丢失于黑暗中，而且很难更换。

目镜的设计

在观星者就折射式镜和反射式镜的优缺点进行一番争论后，关于设备的讨论不可避免地转向了哪种目镜是最好的。

经济实惠的凯尔纳目镜类别

上图：凯尔纳目镜和改良的消色差式目镜通常用在入门级的天文望远镜上，图中所示的这些款式使用起来完全没有问题。

稀有的无畸变目镜

经典的无畸变目镜曾经是 20 世纪 60 年代和 70 年代流行的高级目镜，但现在已经很少见了，而且往往具有收藏价值，如 Carl Zeiss Jena Abbe（左边三款）和星特朗生产的款式（下方）。

流行的普洛目镜

经典的四片式普洛目镜既有价格实惠的款式，如猎户的天狼星系列（左，40 至 50 美元），也有高端的 Tele Vue 系列（右，100 至 150 美元）。

标准视场目镜（40 度至 60 度）

一款目镜的设计采用了特定形状的透镜元件的特定组合。这种设计决定了目镜的视场和适瞳距。除了特别提到的情况，制造商并不拥有设计的独家专利。例如，几乎所有的天文望远镜制造商都在销售普洛目镜。许多目镜的设计是以发明它们的先驱光学家的名字命名的。

- 凯尔纳目镜和改良消色差式目镜：凯尔纳目镜由卡尔·凯尔纳（Carl Kellner）在 1849 年发明，自那时起一直是标准的主流目镜设计，直到 20 世纪 80 年代。它是一种经济实惠的由三个组件构成的目镜，其视场按照当今的标准来看算是相当窄了——通常只有 40 度，产生的图像质量也比较普通。用在长焦距的天文望远镜（焦比在 f/10 或更长）时效果最好，但会有色差或假彩色。一些制造商会出售改良的消色差式目镜，这是凯尔纳目镜的一种变体，用于入门级的天文望远镜。
- 无畸变目镜：1880 年，蔡司的光学设计师恩斯特·阿贝（Ernst Abbe）发明了一种四片式目镜，其中一片三合透镜与一片单片透镜组合。无畸变目镜具有 45 度表观视场，相比凯尔纳目镜，其色差和鬼像更少。现在的许多观测者仍然认为阿贝无畸变目镜是用来进行行星观测的最佳目镜。尽管其如今在很大程度上被普洛目镜所取代，但 Baader Planetarium 仍在出售一些经典款的无畸变目镜。其他的型号，如宾得 XO，University Optics Abbe 和蔡司阿贝 Orthos，都是喜欢观测行星的纯粹主义者所不懈渴求的。到 eBay 上碰碰运气吧！
- 普洛目镜：这种设计最初在 1860 年便由乔治·普洛（Georg Plossl）提出，但其复苏是在一百多年后，得益于 20 世纪 70 年代末期法国制造的 Clave 普洛目镜和从 1980 年开始出现的 Tele Vue 系列。普洛目镜如今仍旧是最受欢迎的标准视场目镜。一款纯正的普洛目镜由四个光学部件组成，包括两组几乎完全相同的透镜组。与无畸变目镜相比，普洛目镜的视场要稍宽一些（约 50 度），在焦比 f/6 或更快的天文望远镜上使用效果更好，但它的适瞳距要小一些。最优质的普洛目镜适用于全部种类的天文观测，其中行星观测是其最强项，尽管在焦距 13 毫米或更短的型号上，它们的适瞳距真的很差。

45 度视场的 Vernonscope 布兰登式目镜（240 美元），最初由切斯特·布兰登（Chester Brandon）在 1949 年设计，与 Questar 天文望远镜搭配销售了 50 多年。

它与普洛目镜类似，包含两对透镜元件。和无畸变目镜一样，布兰登式在焦比较慢的天文望远镜上效果最好。

- 普洛变体：现在许多制造商在市场上销售由五到七个元件构成的普洛变体，这些商品有着各种名称，如超级普洛、超视距或异等视距。在某些情况下，该设计更类似于一款具有 55 度至 60 度视场的五片式广角目镜。一些型号会包含一个内置的巴罗透镜，在增大倍率的同时保留了 16 至 20 毫米的优秀适瞳距，即使是在最短的焦距下。示例包括星特朗推出的优秀的 X-Cel LX（85 美元）、探索科学的 52 度系列（70 至 140 美元）、米德的 UHD（120 至 200 美元）、猎户的 Edge-On Planetary（100 美元）和威信的 SLV（170 美元）。

长适瞳距的款式

星特朗的 X-Cel 系列（左，85 美元）和 Tele Vue 的 DeLite 系列（右，260 美元）由于使用了集成的巴罗透镜，整个系列的适瞳距一致为 20 毫米。

Tele Vue 公司在 2015 年推出的 DeLite 系列更高一档，具有接近广角的 62 度视场，焦距从 3 毫米到 18.2 毫米（每个 260 美元）。与被它们取代的早期的 60 度 Radian 系列一样，这些产品的适瞳距也都是 20 毫米。虽然我们将 DeLite 系列的产品纳入这一设计类别，但其镜头的内部设计与 Delos 系列一样，仍然是 Tele Vue 的秘密。而 DeLite 系列确实是进行行星观测乃至所有观测的理想之选。

需要被替换的设计

早期的业余天文学手册为读者提供了关于其他少见的目镜设计的参考资料。其中，如 Hastings 式、Monocentric 式、Steinheil 式和 Tolles 式，被行星观测者所称赞，但却非常少见，业余爱好者遇到它们的概率很小。另一些设计则非常糟糕，值得在此提出以便使用者立即更换它们。或者从一开始就规避掉。

惠更斯目镜： 这种来自 17 世纪的由两片透镜组成的设计经常用在质量低劣的天文望远镜上。这些目镜上标记有 H、AH（消色差惠更斯式）或 HM（惠更斯米腾兹威式）。

冉斯登目镜： 这种设计上再增加第三片透镜，则制造出其变体消色差冉斯登式或对称冉斯登式。这些都会呈现模糊的管道一般的视场，而且适瞳距很小。

低劣的巴罗透镜： 为了提供夸张的高倍率，新手的天文望远镜往往配有"强大的 3 倍透镜"，或者更糟的"变倍目镜"。这些都是垃圾。

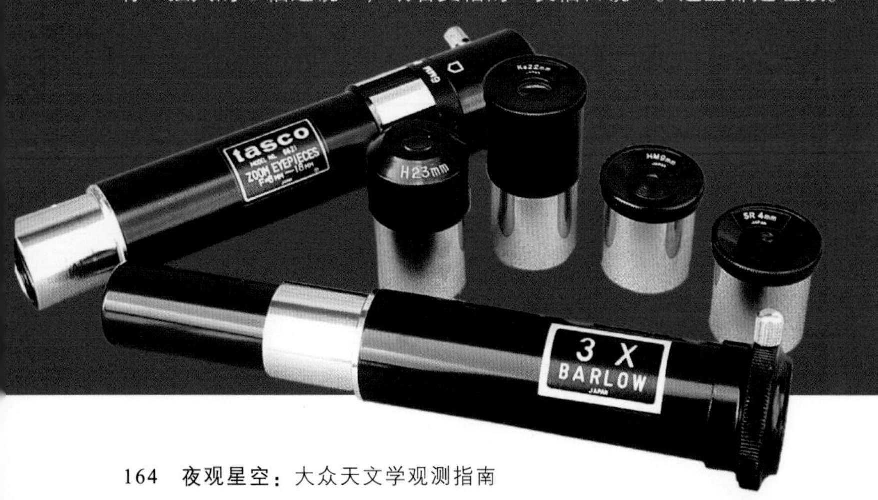

广角目镜（65 度到 76 度）

Tele Vue 在 20 世纪 80 年代首先普及了普洛目镜，然后又推出了广角目镜。这些六片式目镜的表观视场为 65 度，与几十年来一直作为广角目镜主力的糟糕的尔弗利目镜相比，它们的鬼像更少，整个视场中能呈现更多清晰的恒星。随后，大量新款 65 度到 75 度视场的广角目镜开始涌现。

当下的竞争者中最优秀的一款是 Baader 的 Hyperions（3.5 至 36 毫米，150 至 220 美元），在所有广角目镜中，它品质不错，且价格实惠。（猎户的 Stratus 系列与之非常相似。）视场边缘的图像质量很不错，在 68 度至 72 度视场的外侧 30% 处图像才会开始模糊。当用于曝光较慢的 f/8 至 f/10 天文望远镜上时，和其他所有广角目镜一样，其边缘清晰度会有所提高。

探索科学的 68 度系列（16 至 40 毫米，160 至 330 美元）与 Tele Vue 的 Panoptic 系列（19 毫米、24 毫米、27 毫米、35 毫米和 41 毫米，250 到 525 美元）正面竞争。1992 年，六元件的 Panoptic 系列取得了胜利，凭借其在整个 68 度的视场中都非常清晰的恒星图像，即使在快焦比的天文望远镜（最艰难的测试）上也是如此。没有谁能够在宽视场的图像质量方面击败古老的 Panoptic 系列，尤其是在快焦比的天文望远镜上。

除了 Tele Vue 本身。2009 年推出的

视场宽一点

广角目镜按表观视场大小排列（从左到右）：猎户 EF（65度）、Baader Hyperion（68度）、Tele Vue Panoptic（68度）、宾得 XW（70度）、Tele Vue Delos（72度）和 Baader Morpheus（76度）。

视场再宽一点……

Tele Vue 的纳格勒系列包括具有 50 毫米口径镜筒和大适瞳距的 4 型系列（左），涵盖大型的 31 毫米和袖珍的 16 毫米型号的 5 型系列（中间），以及更袖珍的具有适度的适瞳距的 6 型系列（右）。

Delos系列（3.5至17.3毫米，每支350美元）具有72度视场和20毫米适瞳距。大口径的透镜和可调节的眼罩带来了非常舒适的观测体验。这些都属于你能买到的品质最好的目镜，但它们只有中到高倍率的型号。

Baader Planetarium 公司以其 Morpheus 系列的八片式平场目镜（每个 250 美元）与 Delos 系列直接竞争，它们的焦距范围相当，都是从 4.5 毫米到 17.5 毫米，并且都有类似的大口径透镜和 20 毫米的适瞳距。其图像质量几乎与 Panoptic 和 Delos 的一样完美，而且视场宽度达到 76 度，与超广角目镜相当，这赋予了它们无与伦比的价值。

超广角目镜（80度到90度）

Tele Vue 系列的核心仍然采用了以公司创始人阿尔·纳格勒（Al Nagler）的名字命名的设计。在通过其传统的普洛目镜建立起品牌信誉后，Tele Vue 在 1982 年推出了最初的 13 毫米纳格勒目镜，一时引起了轰动。采用纳格勒设计的其他焦距的产品也相继问世，每款都由 7 片急弯的透镜组成，提供了在当时前所未有的 82 度表观视场。

为了创造革命性的目镜，纳格勒采用了极少见的超广角目镜设计，并在其前面放置了一个巴罗透镜。目镜和巴罗透镜作为一个整体运作（其中一个的像差抵消了另一个的像差），尽管视场极宽，生成的图像却能在视场边缘也保持极佳的清晰度。最初的 1 型和 1986 年推出的 2 型，这两款纳格勒目镜很受欢迎，尽管它们的价格比当时最好的目镜要高出 2 到 4 倍。

从 1998 年到 2001 年，纳格勒相继推出了新的 82 度视场的纳格勒目镜，它们分别被标注为 4 型、5 型和 6 型，至今仍在销售。4 型（每个 450 美元）的适瞳距增加到 18 毫米。由六个元件组成的 5 型系列包括被称为“圣手榴弹”的 31 毫米纳格勒目镜（680 美元），它提供了我们所见过的最出色的全景视图。七片式的 6 型系列（每个 330 美元）具有小巧的、更轻便的结构，适瞳距为 12 毫米，焦距从 13 毫米到 3.5 毫米。为什么要把短焦距和超宽视场结合起来？这样一款目镜对缺乏跟踪功能的天文望远镜很有用，如多布森式镜。天体目标在视场中停留的时间更长，以便进行高倍率的进一步观测。

视场更加宽阔的目镜（100度到110度）

2007 年，Tele Vue 提升了游戏的难度，推出了 Ethos 设计，首先是 13 毫米的型号（与纳格勒一样），然后扩展到焦距 6 毫米、8 毫米、10 毫米、17 毫米和 21 毫米的型号（600 至 850 美元）。Ethos 目镜提供了惊人的 100 度视场，人们得目睹过才能相信。该目镜使人们真正摆脱了束缚，能够体验终极太空漫步。

3.7 毫米和 4.7 毫米的 Ethos-SX（指 Simulator experience，意为模拟器体验）提供了更大的 110 度视场（每个 650 美元）。尽管其视场极为宽广，光学系统构造也很复杂，但其呈现的星体图像在视场边缘也很清晰，对比度也是一流的。任何 Ethos 目镜都是一项严肃的投资，但如果你想要最好的，特别是对快焦比天文望远镜来说，就认准这个吧。

然而在本版书中，我们不禁好奇纳格

还能更宽……

Tele Vue 的 Ethos 系列推出了第一款被广泛使用的 100 度目镜，这种设计现在被探索科学和 Stellarvue 的 100 度型号所模仿。现代目镜的历史在很大程度上是一家公司的创新史，即 Tele Vue 及其创始人阿尔·纳格勒，照片所示是他在 2007 年的得克萨斯州观星聚会上介绍的 Ethos 13 毫米目镜原型。

多种多样的巴罗透镜

猎户 Shorty-Plus 和星特朗 X-Cel 2 倍巴罗透镜用于 32 毫米目镜。像星特朗 Luminos 这样的 50 毫米巴罗透镜可以使 50 毫米的全景目镜的放大倍率翻倍。

强大的 Powermate

Tele Vue 的 Powermate 系列有 32 毫米和 50 毫米两种尺寸，放大倍率最高可达 4 倍。然而，随着大适瞳距目镜的增多，现在并不是每个目镜盒中都还需要配备一个 Powermate 或巴罗透镜了。

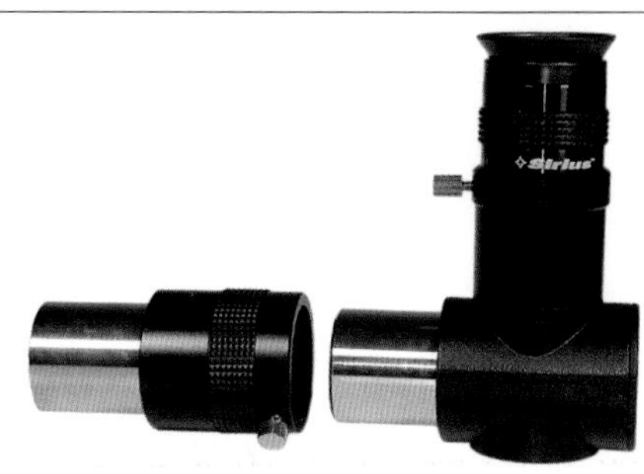

往前安置的巴罗透镜

当接入天顶棱镜和目镜之间时，一个 2 倍的巴罗透镜可以使放大倍率增加一倍。但它也可以安置在聚焦器和天顶棱镜之间，就像图中一样，此时放大倍率增加了 3 倍——相当于用一个巴罗透镜的价格获得两个的效果。

Hyperion 高级变焦目镜

Baader 的 Hyperion Zoom 现在已经有了 Mark Ⅳ 版本（300 美元），其设计比这里显示的Mark Ⅲ版本更轻、更小巧，属于 8 至 24 毫米的变焦目镜中质量最好的其中一种。

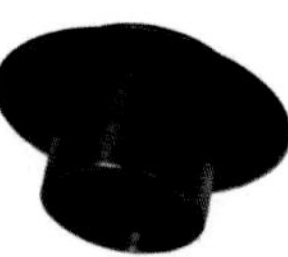

纳格勒高倍率变焦目镜

尽管有纳格勒的称号，这一系列 3 至 6 毫米的变焦目镜有一个 50 度的标准视场。点停式的转盘以 1 毫米的增减量确定焦距位置。

勒和Ethos的克隆产品以及来自探索科学、米德、Omegon、猎户、Stellarvue、威信和其他公司的竞争对手们将如何与行业标准相抗衡。他们能否在达到 Tele Vue 的性能的同时报出低于 Tele Vue 的售价？请看第 168 页的“我们的目镜大比拼”了解结果。

巴罗透镜

许多广角目镜将巴罗透镜整合到设计中，通常是为了增加适瞳距。但是巴罗透镜可以作为一个单独的部件来购买，搭配单个目镜一起使用。

巴罗透镜是凹透镜，或称负透镜，可以增加天文望远镜的有效焦距，使任何目镜的放大倍率成倍增加。这个名字源于皮特・巴罗（Peter Balow）和乔治・多隆德（George Dollond）在 1834 年发表的科学论文，该论文首次对这类透镜进行了描述。巴罗透镜的放大倍率从 1.8 倍到 5 倍不等。使用最常见的 2 倍巴罗透镜，将 24 毫米焦距的目镜在功能上变成了 12 毫米焦距。如果你仔细计划，避免放大倍率重复出现，巴罗透镜可以使你的目镜组合加倍。例如，如果你有一个 24 毫米的目镜和一个 2 倍的巴罗透镜，就不再需要一个 12 毫米的目镜了。一个 2 倍的巴洛镜配上一个 24 毫米和一个 15 毫米的目镜，就相当于一个 12 毫米和一个 7.5 毫米的目镜，即用 3 个镜头就可以得到 4 种实用的放大倍率。

巴罗透镜的优点是能够让长焦距的目镜具备高放大倍率，这种目镜又很方便进行观测，因为它们的适瞳距很优越。对比一下，在使用传统的 8 毫米和 4 毫米目镜时，你得眯着眼使劲凑近目镜镜片。对那些拥有快速的 f/4 到 f/5 的天文望远镜的人来说，使用巴罗透镜是我们推荐的获得高放大倍率的一种方式。我们在测试中发现，与同等放大倍率的单个目镜相比，如今高质量的巴罗透镜并不会造成可见的像差或光损失。

一个优质的巴罗透镜，有时被称为“延焦器”，还可以改善目镜的性能。负透镜能够通过减缓进入目镜的光锥的陡度来增加有效焦比。一个 2 倍的巴罗透镜能将光锥的角度减少一半，所以一架 f/5 的天文望远镜实际上变成了 f/10——在这种组合中，任何目镜在整个视场范围内都呈现出更清晰的图像。

巴罗透镜的镜筒长度从不到 76 毫米到近 150 毫米不等。所谓的短管巴罗，通常有 2 倍的放大效果，适合接入天顶棱镜使用。我们测试和使用过的短管巴罗都展现出良好的性能，但你得做好准备，要花 80 到 150 美元才能买到一款优质的三片式或四片式的巴罗透镜，不管是什么类型的。

Tele Vue 公司提供了一系列四片式的 2 倍至 4 倍的 Powermate（220 至 330 美元）。Powermate 的光学设计比经典的负透镜巴罗更先进，它的优点是与相连接的目镜齐焦，当你接入 Powermate 时，不需要像接入巴罗透镜时那样重新聚焦。

变焦目镜

如果一个目镜就可以做所有的事情，为什么还要买三个或四个目镜（甚至两个目镜和一个巴罗透镜）呢？这就是变焦目镜所承诺的，它使用一个滑动的巴罗透镜来改变其有效焦距。大多数设备（80 至 200 美元）的焦距范围在 8 至 24 毫米。但它们的表观视场是有限的，在最低倍率时便缩小到管道一般的 40 度，而这时却是你想要宽视场的时候。尽管变焦目镜在公共观测活动使用时很方便，但在进行严肃认真的观测活动时，它未能赢得我们的青睐——我们更喜欢单独的定焦目镜所具备的更高的品质。

Tele Vue 公司价值 420 美元的纳格勒变焦目镜是一个例外。这款目镜的焦距范围在 3 到 6 毫米，专门用于快速复消色差折射式镜，以进行高倍率的行星观测。其成像质量非常好，50 度视场和焦点在整个变焦过程中保持不变。不过，尽管 10 毫米的适瞳距对 3 毫米的焦距来说已经算是很慷慨了，但在实际操作中还是会感觉有点挤。

彗差改正镜

虽然现代目镜的光学像差可以减少到接近于零，但它们仍然存在于主光学系统中。因此，一架快速 f/4 牛顿式天文望远镜上的高端目镜仍然会在其视场边缘产生像差，使恒星看起来像小彗星，这是抛物面主镜本身固有的彗差导致的结果。

解决办法是在牛顿式天文望远镜的光路中插入一个彗差改正镜，通常是一个 50 毫米的巴罗透镜，其随后还可以接到任意一款目镜上。型号包括 Baader Multi-Purpose 彗差改正镜（220 美元）、探索科学 HR（300 美元）和 Tele Vue Paracorr Type-2（500 美元）。彗差改正镜经常用在 f/3 到 f/5 的牛顿式镜上，以抑制轴外像差。每个花重金购买大型多布森式天文望远镜的人都希望有一个彗差改正器，在进行低倍率全景观测的时候使用。

彗差改正镜

Tele Vue 的 Paracorr 的顶部可以调节，以达到最好的改正效果。不是所有牛顿式镜的聚焦器都能接受这么长的镜筒。它还需要目镜向内移动 6 毫米才能实现聚焦，并且会增加 15% 的放大倍率。

目镜：总结和对比

种类	表观视场	优点	缺点	价格
凯尔纳目镜（三片式）	35 到 45 度	价格低。适用于长焦距天文望远镜	视场狭窄，存在色差	30 到 50 美元
无畸变目镜（四片式）	45 度	无鬼像，基本无像差	就深空观测而言视场太狭窄	50 到 250 美元
经典普洛目镜（四片式）	50 到 60 度	极佳的对比度和锐度。比大多数无畸变目镜视场宽	比无畸变目镜适瞳距小。视场边缘有轻度像散	40 到 250 美元
广角目镜（五到八片式）	62 到 75 度	广阔的视场。边缘像差极小	中到高档的价格	80 到 550 美元
纳格勒和 Ethos 款式（六到九片式）	80 到 110 度	视场极宽，同时边缘像差很小	昂贵。低放大倍率的款式又大又重	180 到 850 美元

目镜大比拼

为编写本版书，我们购买了 82 度和 100 度两组类别的流行目镜，其焦距都在 13 到 16 毫米，这个焦距范围通常能提供实用的放大倍率。我们在 f/6 复消色差折射式镜和 200 毫米 f/6 多布森反射式镜上对它们进行了测试。快焦比天文望远镜会给视场边缘的清晰度带来很大挑战，不过 Tele Vue 的目镜在这种情况下表现良好。我们将下列各类目镜按照美国的售价由低到高排列，逐一进行简要评价。

82 度目镜

1 星特朗 15 毫米 Luminos（120 美元）

虽然宣传为 82 度，但 15 毫米 Luminos 的表观视场实际在 82 度和 Morpheus 的 76 度之间。恒星成像在离中心50%的地方开始模糊，在边缘处便明显失真了。眼罩是可伸缩的，适瞳距为杰出的 17 毫米。相对其价格来说，这款目镜质量很不错。

2 STELLARVUE
15 毫米 Ultra Wide Angle（150 美元）

Stellarvue 的 82 度 Ultra Wide Angle 做工很好，结构牢固，具备良好的 14 毫米适瞳距和一个折叠式眼罩。但恒星成像在离中心 50%处便开始膨胀，边缘处则相当扭曲。但在低价的 82 度类别中，这款产品在光学和机械方面总体来说是最好的。

3 米德
16 毫米 Premium Wide Angle（200 美元）

2020 年，米德公司推出了 Premium Wide Angle 82 度系列，部分取代了之前的 5000 Ultra Wide Angle 系列。价格较低的 UWA 具有良好的光学性能，但眼罩较僵硬。新的 PWA 在设计和光学性能上与 Stellarvue 的 82 度款式非常相似。

4 探索科学
14 毫米 82 度系列（200 美元）

这款目镜做工结实，尽管适瞳距只有 11 毫米，实际使用时却相当舒适。眼罩能让你的眼睛很好地放置在需要的地方。除了视场边缘 10% 处，其他区域内恒星的成像都很清晰，也就是说其性能非常接近纳格勒目镜。这是一款物超所值的目镜。

5 ANTARES
14 毫米 Speers-Waler 系列（200 美元）

这个名字来自加拿大设计师格伦 · 斯皮尔斯（Glen Speers）和“广角长适瞳距”（Wide Angle Long Eye Relief）。除了边缘 20% 的区域，视场内的恒星成像都很清晰。适瞳距是优秀的 16 毫米。然而当你把眼睛凑近想要看到整个视场时，视场中会出现芸豆形状的蠕动的黑斑。它用起来很不舒服，我们不推荐。

6 BAADER
Morpheus 14 毫米 76 度（280 美元）

Morpheus 的视场没有其他款式那么宽，不过相差不大，所以我们把它也包括在内。这款目镜的适瞳距为 20 毫米，使用起来很舒适。除了边缘 15% 的区域，视场内的恒星成像都非常清晰，在边缘也比较紧凑。它能适配 50 毫米的聚焦器，但只需要 32 毫米的滤光片。Morpheus 系列已成为“新宠”。

7 猎户
14 毫米 LHD Lanthanum 80 度（280 美元）

长达 20 毫米的适瞳距，旋升式眼罩和大口径透镜让 Lanthanum 的使用体验极佳。虽然宣称为 80 度，但其表观视场与纳格勒目镜的 82 度视场相当。成像也达到了纳格勒目镜级别，在边缘处也很清晰。它的重量为 580 克，是 82 度系列中最重的，而且其 50 毫米镜筒需要搭配 50 毫米的滤光片。但这仍是一款极好的目镜。

8 Tele Vue13 毫米 6 型纳格勒（320 美元）

6 型纳格勒目镜体积小、重量轻，整个视场范围内成像都非常清晰，即使是在快焦比的天文望远镜上。它们是行业标准。橡胶眼罩是可折叠的，但很坚硬，最好保持在展开的状态。眼睛必须略高于眼罩才能达到最佳位置，适瞳距只有 12 毫米。

9

9 威信 14 毫米 83 度 SSW（350 美元）
恒星的成像确实会在视场最边缘开始膨胀，但威信 SSW 的性能还是接近纳格勒目镜的水准，且还具备两个优势：稍长的 14 毫米适瞳距和使用起来更舒适的可调节眼罩。且 SSW 系列的彩色涂装非常漂亮。强烈推荐。

100 度目镜

10

10 Omegon Panorama II 15 毫米（360 美元，600 克）
Omegon 公司的总部在德国，生产多种独特的产品，包括 Panorama 100 度目镜。尽管其标价是 100 度类别中最低的，但你还要考虑进口的额外费用。它的性能很优秀，除了视场边缘 10% 的区域，恒星的成像非常清晰。适瞳距长达 20 毫米。不过 Omegon 和米德的视场都比其他品牌的小，测量出来更接近 90 度。

11 米德
15 毫米 MEGA WIDE ANGLE 系列（270 美元，638 克）
米德的 megawide 和 Omegon 好像出生时分离的双胞胎，外观几乎一样，光学性能也近乎相同。二者的压花握环和结构都非常好。这两款都是超广角目镜中性能卓越的代表。注意它们的重量也在中等水平。

12 Stellarvue 13.5 毫米 Optimus（350 美元，564 克）
包含 50 毫米转接口的 Stellarvue 的 Optimus 是 100 度类别中最轻的，在平衡小型天文望远镜和许多多布森式镜时可以考虑一下这款目镜。与 Ethos 一样，它可以同时作为 50 毫米或 32 毫米的目镜使用。恒星在视场边缘 25% 处便开始变形，因而它的性能比探索科学的型号和 Ethos 差，但仍旧是一款不错的目镜，尤其是考虑到它的价格。适瞳距是舒适的 13 毫米，在出射光瞳处也没有恼人的芸豆状阴影，其他 100 度的型号也是如此。

11

13 探索科学 14 毫米 100 度系列（550 美元，833 克）
在清晰度方面，Explore 100 度的表现紧随 Tele Vue 之后，恒星成像在 90% 的视场范围内都很清晰，在边缘处变形也较少。由于透镜相比其他款式的位置更深，所以适瞳距也有些局促。虽然你不太可能把镜筒淹没在水里，但其防水和充氩气的构造仍然可以防止内部光学器件受潮起雾，这在非常潮湿的观测点是适用的。它最大的缺点就是重量，是目前为止最重的一款。但它仍不失为一款优秀的目镜。

12

14 Tele Vue 13 毫米 Ethos（360 美元，586 克）
这是最原初的一款 100 度目镜，现今依旧是卓越的标准。适瞳距为 15 毫米，比探索科学和 Stellarvue 的竞争对手长一点。恒星成像在 95% 的视场中都是非常清晰的，只有在最边缘的地方才显现轻微的光晕。它在快焦比天文望远镜上表现良好。

13

14

结论

在大多数情况下，82 度和 100 度的目镜类别都体现了性能与价格成正比。Stellarvue 的 Optimus 具有完整的 100 度视场，在性价比的较量中脱颖而出，具有极高的价值。探索科学公司的两款目镜的性能都非常接近于 Tele Vue 公司的同类产品，但在价格上更便宜。猎户和威信的 82 度目镜在各方面的表现也都很出色，不过其价格与 Tele Vue 的纳格勒目镜相似。

天文望远镜附带的目镜

如第七章中所示，米德的 StarPro AZ 90 折射式镜附带的改良消色差式目镜和其他附件非常经典——刚开始使用时很不错，但建议进行升级。

在预算范围内进行升级

把改良消色差目镜和 Amici 正像棱镜替换为普洛目镜和天文天顶镜，或许再加一个更好的巴罗透镜，便可以在预算范围内实现性能升级。

扩大和改进的套组

通过增加一个低倍率的 32 毫米或 35 毫米普洛目镜（左），一个中倍率的广角目镜，如猎户 19 毫米 EF（中），或一个长适瞳距的高倍率目镜（右），能够以一个合适的价格来扩充你的装备箱。

目镜推荐

你很容易就会开始收集目镜，我们自身就能证明这点。买了一个系列中的一款，你可能就会想要拥有一整套。事实上，你不需要六七个目镜，有 4 个就足够了，最开始时两三个就够用。以下是我们推荐的款式，按照价格递增和优先级递减排列。

升级的入门级套组

大多数优质的入门级天文望远镜，比如我们在第七章中讨论的那些，现在都提供了 25 毫米和 9 毫米的改良消色差式目镜或凯尔纳目镜。对小型天文望远镜来说，这是一组不错的入门级套装。如果想在预算范围内对视场进行改善，可以考虑一套 25 毫米、12 毫米和 7 毫米的普洛目镜（比如米德的 4000 系列或猎户的天狼星系列中的款式）来提供低、中和高倍率。或者购买 25 毫米和 17 毫米的普洛目镜与优质的 2 倍短管巴罗棱镜，来达成完整的 4 种放大倍率。

这意味着要把廉价的巴罗透镜替换掉。我们还没有看到哪一款天文望远镜附带的巴罗透镜能像星特朗、探索科学、猎户或其他知名品牌 80 到 100 美元的设备那样好用。

扩展的便宜套组

有些天文望远镜只能适配 32 毫米的目镜，且已经配备了优秀的 25 毫米和 9 至 10 毫米的普洛目镜，对它们来说，首要任务是选择一款超低倍率的目镜。在预算不高时，我们推荐使用 32 到 35 毫米的普洛目镜。无论来自哪个品牌，它都会为这个 32 毫米的系统提供尽可能大的视场。

如果想要一款价格实惠、具备更宽的 65 度视场的中倍率目镜，可以考虑 16 或 19 毫米的猎户 EF Widefield，只需 80 美元。这两款都有出色的适瞳距和舒适的旋升式眼罩。它们是价格划算的广角目镜中的佼佼者，代表了你用最低的价格所能得到的最佳性能。避开那些超市里标价 50 美元的"自售"或随便什么牌子的广角镜头；就算它们的价格很便宜，其性能也算得上糟糕。

想要改善高倍率下的视场，可以选择 2 倍的短管巴罗透镜，或者升级到一款长适瞳距的目镜，如星特朗的 60 度 X-Cel 或探索科学的 52 度或 62 度系列。事实上，将你的目镜全部升级为一套长适瞳距的普洛变体目镜，会以合理的价格得到很大的性能提升。

增添一款高端主目镜

增加这个级别的任意一款目镜，很可能要花费 200 到 400 美元。如果你的整架天文望远镜售价也不过 200 到 400 美元，那么这样一款高级目镜就有些夸张了。但请记住，现在买的所有目镜都可以继续用在你将来要购买的更大、更好的天文望远镜上。此外，高质量的目镜在作为二手设备出售时，往往能保值至少三分之二的价格，所以你可以放心地购买。

如果你的预算只能承担得起一款高级目镜，应该选哪款？根据我们的经验，你最常使用的目镜应该属于中等倍率组别。

知道你的极限在哪儿

一些经验之谈：

- 避免使用放大倍率小于天文望远镜口径（以英寸表示）4 倍的目镜（以确保出射光瞳低于 7 毫米）。
- 避免使用放大倍率大于口径（英寸）50 倍（即最大有效倍率）的目镜。

高级目镜

购买哪一型号的高级目镜取决于你的天文望远镜的焦比。对于快速的 f/4 或 f/5 天文望远镜，请考虑 8 至 10 毫米焦距的顶级目镜（左）。对于 f/6 到 f/7 的设备，我们建议使用 12 到 14 毫米的目镜（中间）。对于 f/8 到 f/11 的望远镜，16 到 22 毫米的目镜（右）将是你最常用的型号。

多种深空器材

增添焦距相比你最常使用的目镜更长或更短的 82 度和 100 度目镜，将填补你在深空观测器材上的空缺。选择一个你喜欢的系列，然后一直使用这个系列的产品就好。

一个经验法则是，与人眼的分辨细节的能力最匹配的目镜的出射光瞳为 2 毫米。而将你的天文望远镜的焦比乘以 2，就能确定这款目镜最佳的焦距。例如一架 200 毫米 f/10 施密特 - 卡塞格林式镜的主目镜的焦距应为 20 毫米（10 × 2）。它将提供 100 倍的放大倍率。在所有型号中，我们建议 32 毫米用 19 毫米的 Panoptic，50 毫米用 20 毫米的猎户 LHD Lanthanum。

这并不是硬性规定，并且最适用于口径小于 400 毫米的天文望远镜。不过，在我们寻找该为哪款目镜花费最多预算时，它能够帮助我们缩小选择范围。你可以参阅“我们的目镜大比拼”（第 168 页）来获取一些建议，因为我们测试的 13 到 16 毫米焦距的目镜都属于适用于 f/6 到 f/8 天文望远镜的中倍率类别。对一架典型的 f/5 多布森式镜来说，中倍率目镜类别则包括了 10 毫米的 Ethos 或 Delos——价格很高，但也十分常用。

增添更多深空观测目镜

高级广角目镜的另一个主要段位落在了低倍率的范围内。我们能推荐的最好的型号莫过于用于 32 毫米聚焦器的 Tele Vue 24 毫米 Panoptic 或用于 50 毫米聚焦器的 27 毫米 Panoptic。稍微便宜一些的是探索科学的 68 度系列或星特朗 Ultima Edge。如果你的预算足够，且你的 f/5 到 f/6 的天文望远镜能够适配，那么还可以考虑 21 毫米的 Ethos、20 毫米的探索科学 100 度系列或更实惠、也更轻巧的 20 毫米 Stellarvue Optimus。

在中高倍率的范围（120 到 200 倍）内，

放大倍率最低是多少？

焦距 40 至 42 毫米的广角（65 度至 68 度）目镜中，镜筒直径为 50 毫米的型号提供了能达到的最大的实际视场。虽然焦距更长的 55 毫米目镜具备更低的放大倍率，但它不会提供更宽的实际视场，受镜筒大小的限制，这类目镜的表观视场最宽也不会超过 50 度。例如，在一架 200 毫米 f/10 施密特 - 卡塞格林式天文望远镜上，一个 41 毫米的 68 度 Panoptic 目镜的放大倍率为 50 倍，实际视场为 1.4 度。在同一架望远镜上，一个 55 毫米的 50 度普洛目镜的放大倍率只有 36 倍，但实际视场只有 1.36 度。

32 毫米的目镜也是如此（图中右边那对），对比 35 毫米普洛式 50 度目镜和 24 毫米 68 度目镜，前者的视场并不比后者宽。

追求最宽视场的人还必须意识到另一个限制因素，即你所能达到的最低放大倍率是多少。在一架有中央阻塞的天文望远镜上，如一架反射式或折反式镜，如果目镜产生的出射光瞳超过 7 毫米，那么你可能会在视场中央看到一个黑色的洞。对折射式来说，越过最低倍率限制所付出的代价是，天文望远镜收集到的光线并不能全部进入你的眼睛。你的瞳孔直径小于出射光瞳，相当于望远镜的有效口径变小了。任何一款天文望远镜的最低倍率可由此决定：

天文望远镜的焦比 x 7 毫米

（青年的眼睛在完全适应黑暗状态下的瞳孔直径）

例如，对于一架 f/5 的反射式镜，目镜的最长实用焦距是 35 毫米（5 ×7 毫米）。不建议使用 40 毫米的目镜。

可以考虑短焦距的 Baader Morpheus 76 度、探索科学 82 度或 100 度、米德 100 度 Mega Wide、猎户 80 度 LHD Lanthanum、Stellarvue 100 度 Optimus、Tele Vue 纳格勒或 Ethos、或威信 83 度 SSW。这些系列中任何一款 14 到 7 毫米的目镜都可以提供足够的放大倍率，使观测者能够分辨出星团，并看到暗淡的星系，同时不会牺牲视场大小。这些款式非常适合用在无追踪功能的多布森式镜上，它们宽阔的视场有助于将目标天体保持在视场范围内。

增添一个最低倍率全景目镜

在所有能提供最宽视场的 50 毫米目镜中，Tele Vue 的 41 毫米 Panoptic 是无可比拟的。如果一个 40 毫米焦距的目镜在你的天文望远镜上产生超过 7 毫米的出射光瞳（见第 171 页的“放大倍率最低是多少？”），那就选择 Baader Hyperion 的 36 毫米或 31 毫米型号、Explore Scientific 的 25 毫米 100 度型号、米德的 26 毫米 Mega Wide、Tele Vue 的 35 毫米 Panoptic 或其 31 毫米纳格勒，前提是你的天文望远镜能承受其重量，你的钱包也能承受其价格。

实话说，这种目镜可能会花掉你很大一笔钱，但使用频率却不高。不要忘了你还会需要一个 50 毫米的星云滤光片，这也会是一笔高昂的支出。但是当你观测大型深空天体，如北美星云、船底座星云或帷幕星云，所看到的景色会让你终生难忘。

增添一个最高倍率的行星观测目镜

如前所述，当进行行星、双星和小型深空天体的最高倍率观测时，我们经常使用一个优质的巴罗透镜或 Powermate 与长焦距目镜相配，而不是直接使用标准的 4 至 8 毫米焦距目镜。前者的适瞳距要好得多，而且性能不会受到影响。

另一个选择是使用一或两个短焦距但长适瞳距的目镜，如 Baader 的 Morpheus、星特朗的 X-Cel、猎户的 55 度 Edge-On、类似的 Stellarvue Planetary 或 Tele Vue 的 DeLite、Delos 系列。还有 4.7 毫米或 3.7 毫米的 Ethos SX，虽然价格很高，但效果极佳，110 度的宽阔视场对多布森式镜非常友好。

但要注意一点：虽然最低和最高倍率的目镜都是不错的选择，但在实际使用中，你最常用的目镜将是那些放大倍率在天文望远镜口径（以英寸为单位）的 7 到 25 倍的型号。

古老但优质的目镜

一些古老的经典目镜，如蔡司的阿贝无畸变目镜和 TMB Monocentric，已达到收藏品的级别。其他一些已停产的型号，包括我们在本书早前的版本中重点提到的几款，可能在二手市场上更容易找到。以下是我们曾经使用过并认为值得推荐的几款。

猎户 Ultrascopic 和星特朗 Ultima： 这些普洛式变体（Baader 的 Eudiascopic 也是）只在外观上有所区别，成像很清晰，不过适瞳距比较传统。

米德 5000 系列 60 度超级普洛目镜： 这些优秀的五片式普洛变体发售于米德公司重新命名的 HD-60 和 UHD 版本之前。

米德 5000 系列 68 度 SWA 目镜： 尽管 68 度超广角目镜的视场边缘一直达不到 Panoptics 那样的清晰程度，但其仍然是一个很不错的系列，更古老的黄色标签的 4000 系列 SWA 也是。

米德 4000 系列 82 度 UWA 目镜： 这些目镜是纳格勒目镜的首个复制品，比 5000 系列的 UWA 推出时间要早（截止到 2020 年）。14 毫米和 8.8 毫米的 UWA 性能非常出色。

William Optics 82 度 UWAN 目镜： 这些纳格勒目镜的仿制品在性能上不及 Tele Vue，但如果价格合理，也非常值得购买。

更早的 Tele Vue 纳格勒： 20 世纪 80 年代出产的原初的 1 型和 2 型性能都非常优秀。我们也很喜欢 20 毫米的 5 型，相比于 22 毫米的 4 型，前者视场边缘的恒星成像更清晰。

顶级产品

21 毫米的 Tele Vue 100 度 Ethos（左，850 美元）性能极佳，但价格很高；在视场边缘成像清晰度方面，Stellarvue 的 20 毫米 100 度 Optimus（400 美元）的表现与其很接近，但价格只有前者的一半。

最低倍率全景目镜

在黑暗的天空下，使用最低倍率的目镜可以看到星团、暗星云和大型发射星云的美妙景象，后者搭配 50 毫米 UHC 级滤光片观测效果最佳。

最高倍率行星目镜

考虑将一个巴罗透镜或 Powermate 搭配一个较长的普洛目镜（前）或一个长适瞳距的目镜使用，以获得更宽的视场。

我们最爱的目镜款式

虽然我们建议你只需要 3 到 4 个目镜，但如果你像我们一样，几年后你就会积累大量器材。以下这些目镜目前都在我们最常用的名单上，按照焦距从长到短排列。

1 Tele Vue 的 41 毫米 Panoptic 和 31 毫米 5 型纳格勒： 你可能早就发现我们有多爱这几款，因为它们的视场最宽，视场边缘成像清晰。但是它们的重量会给多布森式镜带来平衡问题。更不用说它们的价格了！

2 Baader 31 毫米 Hyperion Aspheric： 作者戴尔使用的一个经济实惠的替代品便是 31 毫米 Hyperion。虽然在 72 度视场的外侧 30% 处成像有些模糊，但它的重量很轻，用在小型多布森式镜和折射式镜上效果很好。36 毫米的 Hyperion 也非常好用。

3 Tele Vue 27 毫米 Panoptic： “我注意到它经常被忽视。”作者迪金森表示：“但我最棒的许多深空观测都是用 27 毫米 Panoptic 完成的。它是放大倍率、宽视场和优秀的光学器件的理想组合。”

4 Tele Vue 24 毫米 Panoptic： 这款 Panoptic 提供了 32 毫米目镜中最宽的视场，并且成像比所有竞争对手都更清晰。如果要为 32 毫米聚焦器搭配一款优质的深空目镜，买它准没错。

5 猎户 14 毫米 LHD 80 度 Lanthanum： 在我们测试的目镜中，戴尔决定保留这款目镜。“猎户这款产品的视场边缘几乎和纳格勒目镜一样清晰，在我的经过阳极氧化的红色 SharpStar 折射式镜上看起来很棒。”

6 Tele Vue Ethos（17 到 8 毫米）： 我们已经拥有这些款式多年，并经常使用它们。没有比这更好的了，但考虑到它们现在的价格（以及我们的低汇率加元），我们很难说这笔支出是合理的。

7 Baader Morpheus（17.5 到 9 毫米）： 在以前的版本中，戴尔说过：“如果我只能拥有一个系列的目镜，那就是宾得 XW 系列。”至于现在，则是 Morpheus 系列。它们的性能优于 XW，而且价格更低。

8 Tele Vue Delos（6 到 3.5 毫米）： 在我们已经拥有了一套 Ethos 后，就没什么必要再买一套 Delos 了。不过，当戴尔想要一个高倍率、长适瞳距的目镜来观测行星和双星时，他会选择 Delos。

9 Tele Vue 6 型纳格勒： 它们的性能都非常好，但随着眼睛的老化，我们就不太能忍受其 12 毫米的适瞳距了，尤其是我们手中还有 Ethos、Morpheus 或 Delos，它们的适瞳距都很优秀。

10 Tele Vue 4x Powermate： “在我的短焦距复消色差折射式镜上，”迪金森说：“4 倍 Powermate 与 26 至 20 毫米的普洛目镜搭配使用，非常适合用于行星观测。”

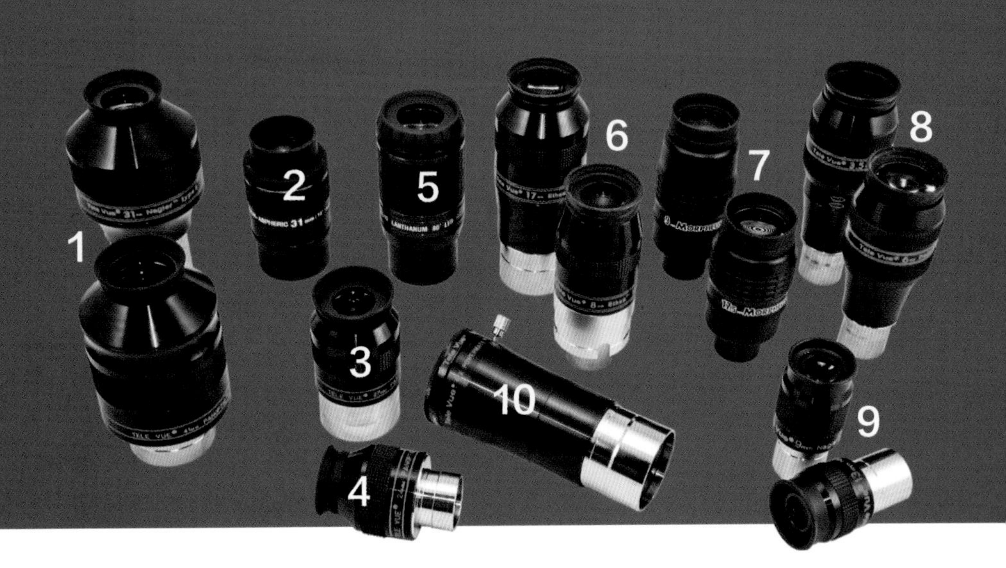

选择滤光片

对一架天文望远镜来说，最佳的配件是一套一流的目镜。对目镜来说，最佳的配件则是一套优质的滤光片。然而我们需要提醒你：尽管滤光片有时能够带来显著的差别，但更多的时候，这种差别是很微妙的，只有老练的眼睛才能领略得到。

滤光片的基础知识

业余天文学家会用到的滤光片有三种类型：太阳滤光片；月球和行星滤光片；深空滤光片。虽然在结构上有很大不同，但这些滤光片的目标是一样的——减少到达眼睛的光线，而这似乎与我们追求更大的天文望远镜和更多的光线相悖。

很容易就能理解为什么观察太阳时需要滤光片，同时，因为太阳滤光片在观测太阳时不可或缺，所以我们在第十二章中对它们进行单独讨论。但为什么还有行星滤光片呢？这些滤光片的目的主要是通过加强不同颜色区域之间的对比，使行星的成像更加明显。

另一方面，星云和星系本身就很暗淡了，那么滤光片能起到什么作用呢？星云滤光片可以阻挡天空中多余的光波，只透过来自发光星云的狭窄颜色范围内的光波，从而增强星云和天空之间的对比。

滤光片由平面平行的玻璃制成，可用于 32 毫米和 50 毫米目镜。除了 Vernonscope 布兰登式目镜使用专门的螺纹，20 世纪 80 年代以来制造的所有目镜都采用了标准的滤光片螺纹，因此所有品牌的滤光片可以用在任意一款目镜上。虽然有少数厂家提供滑块或滑轮来快速切换滤光片，但这要求天文望远镜具备更长的后焦点，并不是所有望远镜都能满足这个要求。

螺纹连接的滤光片

所有滤光片都通过螺纹安装在目镜的底部。通过将滤光片安装在天顶棱镜（大多数都是带有螺纹的）之前，它能够与插入天顶棱镜的任何目镜配合使用。

行星滤光片

行星滤光片涵盖了彩虹中的所有颜色，价格便宜（每个 15 至 45 美元；通常是 4 至 20 个滤光片组合出售）。和目镜一样，人们总是很想集齐整套滤光片，但你实际上并不是每个都需要。

所有颜色中最有用的是：#12 深黄色；#23A 浅红色，用来增强火星上的明暗区域间的对比；#56 浅绿色，可以使木星的大红斑及其暗云带等特征更明显；#80A 浅蓝色，用来观测偶尔能够在火星上瞥见的云层。这些构成了基本的滤光片套装。

#8 浅黄色可以替代 #12，#21 橙色或 #25 深红色可以替代 #23A 浅红色。一个专门的火星滤光片（40 美元）可以透过红光和蓝光，以增强火星表面和大气特征的对比度。然而所有行星滤光片所产生的作用都是比较微妙的（关于行星观测的更多信息，请参见第十四章）。

行星滤光片套组

大多数行星滤光片的标号与摄影中使用的柯达 Wratten 编号相同。用于行星观测的 #80A 蓝色滤光片与摄影师口中的 #80A 颜色相同。不过图中这些优质的 Baader 滤光片是按波长（纳米）来标号的。

行星滤光片：总结和对比

WRATTEN 编号	颜色	观测天体	评价
负紫色	基本透明	行星	减少蓝紫色色差
#8	浅黄色	月球	消除来自折射式镜的蓝色色差；减少眩光
#11	黄绿色	月球	与 #8 滤光片效果相同，但颜色更深
#12 或 15	深黄色	月球	增强对比度；减少眩光
#21	橙色	火星	淡化红色区域，突显深色表面上的特征；能穿透大气层
		土星	可能对显现云带有帮助
		太阳	消除一些聚酯太阳滤光片的蓝色
#23A	浅红色	水星、金星	在日间观测时，使背景的蓝色天空变暗
		火星	与 #21 滤光片效果相同，但颜色更深
#25	深红色	火星	在大口径天文望远镜中展现表面的细节
		金星	减少眩光；有概率展现云层
#30	品红色	火星	阻挡绿光；透过红光和蓝光
#38A	蓝绿色	火星	展现云层和雾层
#47	深紫色	金星	减少眩光；有概率展现云层；是一款颜色很深的滤光片
#56	浅绿色	木星	突出红色带和大红斑
		土星	突显表面的云带
#58	绿色	火星	突出极冠周围的细节
		木星	与 #56 滤光片效果相同，但颜色更深
#80A	浅蓝色	火星	突出高处的云层，特别是靠近大气层边缘的云层
		木星	突显红色带和大白斑处的细节
#82A	极浅的蓝色	火星	用于观测火星上的云雾
		木星	效果与 #80A 滤光片相似，但颜色非常浅
#85	浅橙 / 浅粉色	火星	效果与 #21 滤光片相似；用于观测表面的细节
#96	中性灰度	月球、金星	减少眩光的同时不造成额外的色调
—	偏振滤光片	月球	在白天观测弦月时使背景天空变暗

月球滤光片

月球在大型天文望远镜的视场中可能过于明亮。一个中性灰度滤光片（15 美元）可以减少眩光，缓解眼睛疲劳。对消色差折射式天文望远镜来说，#8 浅黄色或 #11 黄绿色滤光片也有助于消除色差。除了最优质的型号，其他天文望远镜都会有色差，最明显的表现是月球、木星和金星边缘有蓝色。

还有其他几款滤光片，如 Lumicon 的 Minus Violet 或 Baader Planetarium 的 Fringe Killer（各 80 美元）。这些滤光片可以压制短波长的蓝紫色光和长波长的红色光，这些都是导致明亮物体周围出现假彩色的因素。

偏振滤光片作为中性灰度滤光片的一种，对月球观测也很有帮助。它们能够阻挡朝一个方向振动的光波，这使它们很适合用于减少眩光的太阳镜。它们在天文学中主要用于在黎明或黄昏时观测上弦月或下弦月。在距离太阳 90 度的天空区域可以观测到上弦月或下弦月（或者方照的木星），同时这片区域光线的偏振程度最高，因而滤光片能够使背景的天空变暗。话虽如此，我们实际很少会用到月球滤光片。

月球偏振镜

偏振滤光片可以使背景天空变暗，增强在白天观测月球时的对比度，以及降低在夜间观测时的亮度（为了达到最佳使用效果，请确保它是可旋转的）。

星云滤光片

由 Lumicon 在 20 世纪 70 年代末推出，星云滤光片，或称为抗光害（LPR）滤光片，

星云滤光片

由多层薄涂层制成的星云滤光片比行星滤光片要贵得多。32 毫米滤光片（左）的价格从 60 美元到 120 美元不等，适合 50 毫米目镜的滤光片最高能达到 250 美元。但是所有狂热的深空观测者都会想要一个，或者两个，甚至三个!

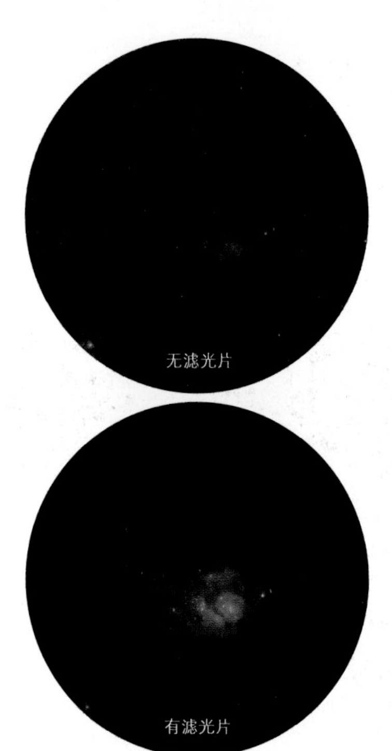

对礁湖滤光

一个典型的窄带UHC滤光片可以让更多更暗的星云凸显出来，同时使背景的天空变暗，就像上方的模拟图所展示的。改善效果随天体的不同而不同；人马座的礁湖星云是一个很好的滤光目标。用 UHC 或 O-Ⅲ 滤光片观测天鹅座的帷幕星云，会让你进一步认识到星云滤光片的价值（参见第十五章）。

被视为业余天文学在设备上的重大进步。这些高科技滤光片的原理基于一个事实，即星云发出的光的波长都位于非常狭窄的区间内，这一点与恒星不同，后者发出的光横跨了光谱中极大的范围。星云的光主要来自电离的氢原子（发出 656 纳米的红光和 486 纳米的蓝绿光）以及电离的氧原子（发出 496 纳米和 501 纳米的绿光）。

汞蒸气路灯和钠蒸气路灯只在光谱黄色端和蓝色端发光。由于星云是在光谱的红色和绿色部分发光，滤光片至少可以阻挡一些人造光，同时不会对星云发出的自然光造成影响。不幸的是，对于 LED 灯发出的在光谱上更连续的光，星云滤光片只能阻挡其中一部分。

使用星云滤光片有利于三种深空天体的观测：弥散的发射星云、行星状星云和超新星遗迹，在第十五章将进行解释。这些天体发出的光都在狭窄的区间内。有些星云（在照片中显现为蓝色）只是通过反射宽光谱的星光而发光，因而星云滤光片的作用不大。在观测星系或星团时，大多数星云滤光片也不能产生什么助益；滤光片会使观测对象和天空都变暗。

星云滤光片可以将条件很差的、受光污染的天空变成一个还算可以的观测点（至少对观测发射星云来说），如果观测点本身条件就不错，星云滤光片能让其变得更佳。事实上，在黑暗的天空下，星云滤光片的效果是最显著的，它可以减少由微弱的极光和气辉活动以及背景星光导致的天空中无处不在的光晕。我们认为星云滤光片是观测深空的必备配件。但究竟该买哪一款呢?

星云滤光片的种类

对星云滤光片来说，最关键的规格是带通。有些滤光片会让光谱中最重要的绿色波段和红色波段的光线大面积通过。然而人眼对绿色更敏感，对天文学观测来说，绿色波段最为关键。宽带滤光片或深空滤光片的目的主要是减轻轻度光污染的影响。虽然宽带滤光片在观测星团和星系时会让天空变暗，但它们对星云只有轻微的增强作用。属于这类滤光片有 Astronomik CLS、Lumicon Deep Sky、猎户 SkyGlow 和 Thousand Oaks LP-1。

另一类滤光片的绿色带通要窄得多，可以更有效地阻挡不需要的光线，显著提高对比度，但只适用于发射星云的观测，用在其他深空天体上，只会让其变暗。Lumicon 高对比度（UHC）滤光片，现在已经由 Farpoint Astro 公司发展到第三代，是许多 UHC 滤光片的原型。其中包括 Astronomik UHC、Optolong UHC、猎户 UltraBlock、Tele Vue Bandmate Nebustar（由 Astronomik 制造）和 Thousand Oaks LP-2。相比之下，星特朗的 UHC/LPR 的带通在宽带和窄带滤光片之间。

还有一些线型滤光片，采用了超窄带通，只能透过双电离氧的绿色发射线的称为 O-Ⅲ（尽管在物理学术语中更正确的标注是“[OⅢ]”）滤光片，只能透过蓝绿色的 H-β 发射线的叫作 H-β 滤光片。H-β 滤光片可以增强的天体种类很少（基本上只有马头星云和加利福尼亚星云），所以你可能很少用到它。但是 O-Ⅲ滤光片可以在某些星云上表现出比 UHC 滤光片更显著的对比度提升。Astronomik、星特朗、Lumicon、猎户、Tele Vue 和 Thousand Oaks（LP-3 和 LP-4）都提供线型滤光片。

注意：不要把用于观测的滤光片和用于单色摄影的窄带氢、氧、硫滤光片混淆。不要误买这些滤光片！特别是不要买只为深空摄影设计生产的红色 H-α 滤光片，并把它用于观测太阳。这可能会损坏你的设备和眼睛。

我们经常使用 UHC 和 O-Ⅲ滤光片，但发现宽带滤光片产生的增强效果很细微，因而也不太用得到。如果你要选择一款滤光片，就买 UHC 级别的窄带滤光片。如果你迷上了观测星云，那么可以再增添一个 O-Ⅲ滤光片，不过它最适用于快速的 f/4 到 f/6 的天文望远镜。在慢速 f/10 到 f/15 的望远镜上，O-Ⅲ滤光片会使天空

星云滤光片：总结和对比

星云滤光片之间的主要区别在于它们对蓝绿色波段波长（约 500 纳米）的透过范围，从宽带通（90 纳米）到极窄带通（9 纳米）。

种类	带通[1]	评价
宽带（CLS 或深空滤光片）	90 纳米：442 至 532 纳米	最宽的带通和最明亮的图像，但对光污染的遮挡最少。可用于非星云的深空天体观测。适合用在慢焦比的天文望远镜上。
窄带（UHC）	24 纳米：482 至 506 纳米	窄带通使天空变暗，产生更显著的对比效果。对所有发射星云来说，这都是一款很好的通用滤光片。适用于城市观测点。
O-Ⅲ（线型滤光片）	11 纳米，包括 496 纳米和 501 纳米	以绿色双电离氧发射波长为中心的极窄带通。最显著的对比效果。适用于观测行星状星云和超新星遗迹。在快焦比的天文望远镜上效果最好。
H-β（线型滤光片）	9 纳米，以 486 纳米为中心	以蓝绿色的 H-β 发射波长为中心的极窄带通。对极少数星云的观测有助益。最后再买这个滤光片。你很少会用到它。

[1] 以纳米（nm）为单位，1 纳米 =10 埃 =100 万分之一毫米

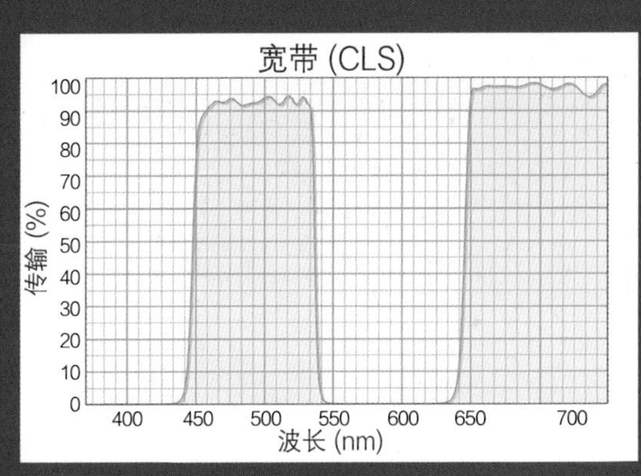

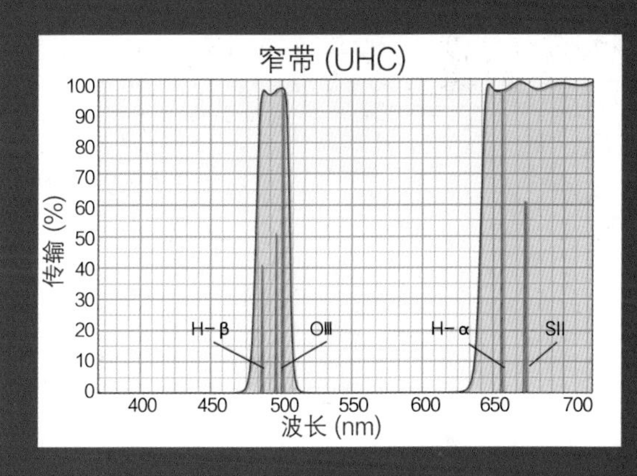

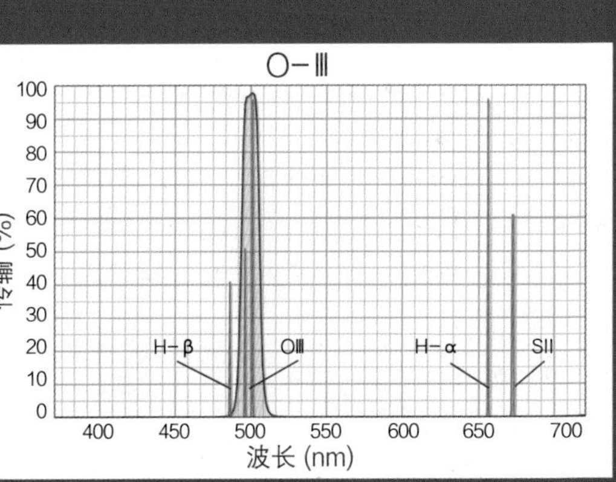

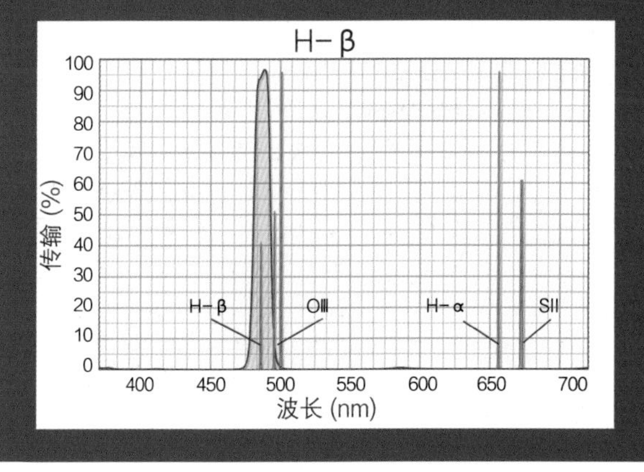

这些图表来自 Astronomik，显示的是 Astronomik 的观测用滤光片的带通，但其他品牌的滤光片也是类似的。垂直的橙色线条代表星云主要的红色和绿色发射光波。

变暗，导致使用者不太容易观察视场。然而在快速天文望远镜上，它们对深空天体的增强效果相当于把天文望远镜的口径增大了一倍。对 200 美元的价格来说相当不错了！和目镜一样，随着年岁增长，你收集的滤光片会越来越多。但是为什么不呢？

第九章

我们的配件目录

一些关键的配件可以使整个观星活动更加舒适且富有成效。其他的配件便有些奢侈了，你可以在满足了基本需求后再酌情添加。我们认为一些配件并不像广告和YouTube的视频上可能让你相信的那样必要。

确实，你并不需要从天文望远镜商店里搬一整车的装备回家才能开展这个爱好。不过，在你的愿望清单加上这些配件，将使你的家人在未来几年里更容易为你挑选礼物。

在编辑本版书的过程中，我们发现在以前的版本中提到的一些附件设备现在不是已经过时了，就是再没有人想要了，其数量之大让我们颇感惊讶。电子寻星器？没了。取而代之的是手机应用程序。作为移动电源使用的大而笨重的铅酸蓄电池？没了。取而代之的是小巧的锂电池。蓝牙适配器？被Wi-Fi所取代。我们在本版中列出的设备也可能如此。接下来便奉上我们认为值得业余天文学家参考的附件目录。

你不会意识到一个简单的红光手电筒是多么重要，直到有一天晚上你把它忘在了家里。没有它，你该怎么阅读星图或设置天文望远镜呢？你可以拥有最大、最好的天文望远镜，拥有所有花里胡哨的配件，但还是会因为缺少一个20美元的红光手电筒而在星空下迷失方向。所以记得要买两个。或者三个！

CELESTRON

必不可少的配件

星图和目镜在必备配件列表排在一二位，因此我们在第四章和第八章就分别对它们进行了介绍。天体摄影需要许多专门的设备，这些将在第十七章中讨论。我们认为对天文观测来说，以下这些配件应该在你的愿望清单上排在靠前的位置。

红光手电筒

白光手电筒在安装和拆卸时是很有用的，但你还需要一个红光手电筒来保障夜视。同时带有白光和红光 LED 的手电筒是非常实用的，其中的首选是头灯，它可以解放你的双手。有些手电筒使用 AAA 电池；有些则使用锂电池，可通过标准的 5 伏 USB 充电器进行充电。

有些头灯，如 Coast 公司生产的型号，需要你先打开白光才能切换到红光，这种糟糕的设计会使你在观星聚会上非常不受欢迎。你要寻找的是有独立的红白灯开关和可选择亮度等级的设备。可调亮度的红光 LED 灯（或用红色凝胶覆盖的白灯）安装在灵活的灯杆上，也很方便用于照亮星图、配件箱和桌面。

红点寻星镜或反射式寻星镜

我们在第四章中提到了寻星镜，但如果你的天文望远镜还没有配备红点寻星镜（RDF），那么增加一个，可以使你的天文望远镜更容易瞄准，因为入门级的天文望远镜附带的光学寻星镜通常性能很差。RDF 的例子有猎户 EZ Finder、Burgess MRF、Astro-Tech ATF 和星特朗的 StarPointer（30 至 60 美元）。RDF 可以滑入你现有的寻星镜所占据的燕尾槽，或者将一个新的燕尾槽底座用螺栓安装到天文望远镜筒现有的孔中。

我们喜欢的流行的替代产品有由 Steve Kufeld 设计的 Telrad 以及 Rigel Systems QuikFinder（各约 40 美元）。这两款产品都在反射视窗上投射出靶心的形状，并使用塑料底座，由双面胶或螺栓来固定。

黑暗中的灯光

右图：虽然 LED 头灯很流行，但大多数都是不可调光的，而且即使是红光 LED 头灯，在搜寻暗淡的深空天体时，也可能因为太亮而无法用来阅读星图。一个可调光的天文学家专用的手电筒在黑暗的地方仍然非常实用，且不会影响眼睛对黑暗的适应性。

瞄准辅助

下图：Telrad（左一）和 Rigel QuikFinder（左二）都足够轻便，几乎不会导致平衡问题，而且它们的 LED 灯耗电量非常小，电池可以维持很长时间。另一种反射式寻星镜（右边的两个）将一个红点（最右边）投射到视窗上，是一种很实用的零能耗瞄准辅助设备。

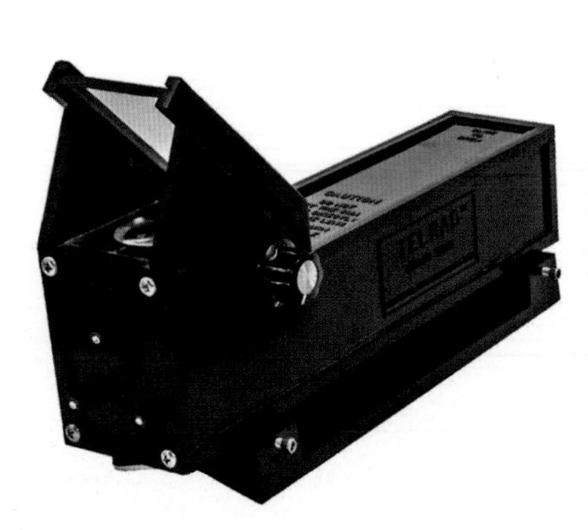

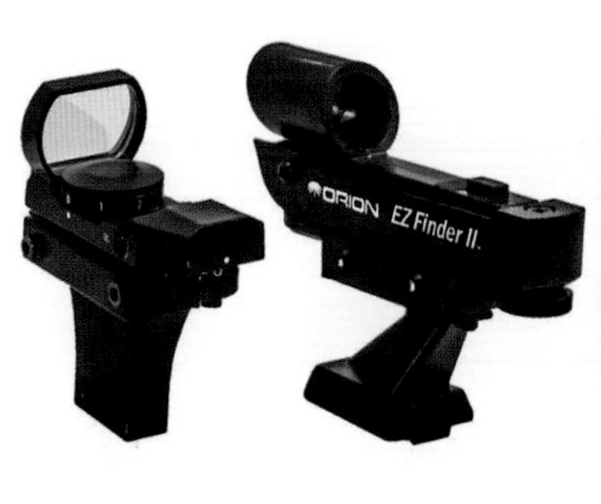

携带一个收纳箱

*左图*展示了一个大号的 Pelican 收纳箱，装着我们在第八章中测试的一些目镜。虽然你的目镜数量比我们少，但你还会有滤光片、工具、手控器、电缆、星图集等。忘带一个关键的装备会毁了你的整个观测之旅。*右图中*的 Wood Wonders 箱子可以在内部布局和外部装饰上进行定制，后者还包括镌刻个性化文字或图案。

更多的电量!

上图：我们使用并推荐这些星特朗 PowerTank 电池。较小的 Lithium LT 使用一到两个长夜没有问题；较大的 Lithium Pro 可以持续工作几个晚上，具体取决于你的电力需求。对于在偏远地区的长时间停留观测，可以再加一个太阳能电池板，为电池充电。

电源包

GoTo 望远镜需要 12 伏的电源。有些款式配备了内置电池，可以维持一个晚上的使用。有些可能配有交流电适配器，在家里使用也很方便。对于在野外使用的情况，一些天文望远镜配有一根导线，可以接入汽车的 12 伏打火机插孔。

一个更好的选择是单独携带电池，这样你就可以在任何地方架设天文望远镜，而不用担心汽车的电池耗尽。密封的铅酸蓄电池已经是过去式了。现在大多数电源包都用锂电池，并配有一个 5.5 毫米外径 /2.1 毫米内径的尖端正极插孔和电线，可插入大多数天文望远镜用于电源输入的桶状插孔。

电池的容量越大，充满电后你能使用的时间就越长。一些 GoTo 望远镜在回转时，在 12 伏电压下可以消耗 3 安培的电量，在一个繁忙的夜晚结束之前就会耗尽一个小电源包的电量。再加上防露加热线圈、CMOS（互补金属氧化物半导体器件）相机和自动导航仪，现代观测者在野外总是很快就遭遇能源危机。

配件收纳箱

对你所有的配件来说，最好的配件是一个结实的配件箱，使所有设备保持井然有序的状态，在黑暗中也很容易拿取。相机商店出售硬壳的配件箱，如流行的 Pelican 系列。有些箱子的隔板是可活动的；另一些箱子附带泡沫填充物，可以根据需要切割出各种形状。Wood Wonders（网址见链接列表 40 条目）专门为天文学家们提供了一款工具箱，带有内置的照明，专

低质量寻星镜

第一次购买天文望远镜的人往往都意识不到小小的寻星镜能在多大程度上影响新望远镜的使用体验。一个好的寻星镜可以让你更容易找到目标并将其置于视场中心。不幸的是，许多在大卖场中买到的低价天文望远镜都配备了非常糟糕的寻星镜，有时它们不过是带十字线的空心管。

常见的 5×24 寻星镜，如图所示，质量就很差。通常它们的镜筒里面会有一个光圈挡板，将宣称的 24 毫米口径削减到实际有效直径只有 10 毫米，以此来避免可怕的镜头畸变。如此小的口径使得它很难用来观测比月球暗的目标。将 5×24 的垃圾寻星器升级为高质量的 6×30（即 6 倍放大倍率和 30 毫米口径），或增加一个红点寻星镜，能大大改善其性能。

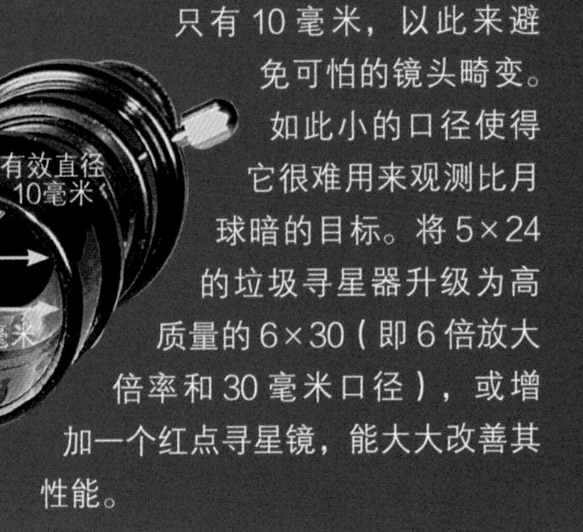

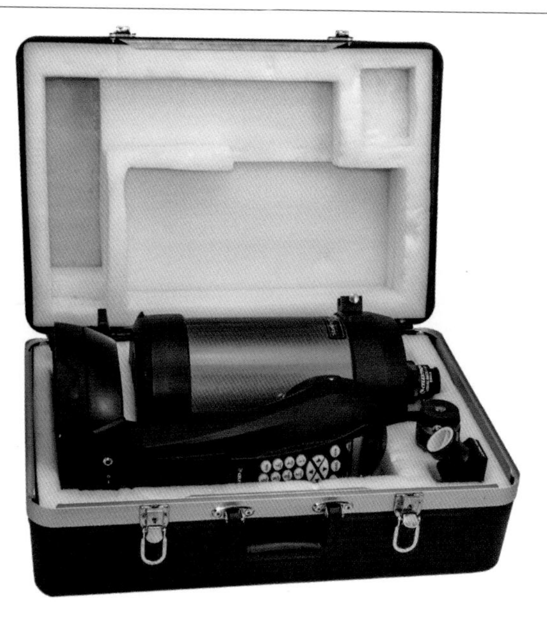

好好照料天文望远镜

纸板箱只能维持一小段时间。如果你要带着天文望远镜进行大量的野外旅行，一个软壳的收纳箱，比如这款猎户的产品，就是专为小型折射式镜设计的（下图），或者一个硬壳的收纳箱，比如这个用来收纳星特朗 NexStar 6SE 的 JMI 箱子（右图），几乎是必不可少的。

保持改正镜干燥

施密特－卡塞格林式天文望远镜的显著缺点便是容易吸引露水。这些来自 Astrozap 的露罩是用尼龙搭扣固定的。有些天文望远镜，如右图中经典的星特朗 GPS8，可能需要一个特别的、切割成特定形状以适应其镜筒上的导轨的露罩。

门用来放置平板电脑以及加热元件，以保持目镜的干燥和保暖——多么奢侈！

天文望远镜收纳箱

许多天文望远镜都没有专门的收纳箱。如果想要把文望远镜带在路上，你会需要一个的。像猎户望远镜这样的经销商会出售适合小型望远镜的衬了软垫或者侧边柔软的袋子。有些袋子还可以容纳三脚架和支架。硬壳的收纳箱则通常是制造商生产的，对大型天文望远镜，比如施密特－卡塞格林式镜来说，它们是更好的选择。Farpoint Astro 销售的 JMI 系列的收纳箱质量非常优秀。

清洁和工具箱

一个包含了所有天文望远镜可能需要的螺丝刀和扳手的工具箱是必不可少的装备。在一次颠簸的公路旅行之后，天文望远镜的零件会松动，光学器件必须进行准直，螺栓也需要拧紧。有些天文望远镜采用了“无须工具组件”，将螺丝和螺栓替换为可以用手轻松调整的大旋钮，例如 Bob's Knobs 生产的一些型号。

每个配件箱中还应包含镜头清洁纸巾、棉签、镜头清洁液或清洁笔。还有，不要忘记带防虫喷雾！不过要小心地使用。DEET 含量高的驱虫剂会侵蚀光学涂层和双筒望远镜机身上的乙烯树脂。

露罩

抵抗露水或霜冻的第一道防线便是露罩，一个延伸到前透镜或改正镜之后的壁筒。大多数折射式镜都有内置的露罩。然而最需要露罩的天文望远镜——马克苏托夫－卡塞格林式镜和施密特－卡塞格林式镜，却很少配备露罩。当暴露在天空下时，这些天文望远镜的改正镜很容易沾上露水，进而给你的观星活动画上句号。各种尺寸的露罩可以从天文望远镜制造商或小型配件公司购买，如 Astrozap、Farpoint Astro 和 Kendrick Astro Instruments。或者你也可以用海报板、泡沫或塑料自己制作一个。

适合拥有的配件

在补足了天文生活的必需品之后，可以考虑以下设备，它们并非必需品，但能为你的观星活动增添更多乐趣。

50 毫米寻星镜

一些大型天文望远镜，如施密特－卡塞格林式镜，只配备了一个红点寻星镜或一个小型的 6×30 光学寻星镜。如果是 GoTo 望远镜，假设你只需要使用寻星镜来进行最初的星体校准，那没问题。但是对 200 毫米和更大口径的天文望远镜来说，最好能升级成一个 7×50 毫米到 9×50 毫米的寻星镜（价格为 60 到 120 美元），它们宽阔的视场能够让你看到更多深空目标。

注意：一个大的寻星镜，更不用说大的目镜，可能会导致多布森式镜失去平衡而下沉，因而你可能需要用到磁性平衡配重或者沙包，把它们固定在镜筒底部来保持平衡。

有些寻星镜的十字丝能够发光。这个功能挺好用的，但你会很容易忘记把它关掉，所以这个照明功能在大多数时候都因没电而无法使用。记得在你的工具包里放一块备用电池。同理，红点寻星镜也是如此。没有它，你在校准 GoTo 望远镜时会遇到很多困难。

寻星镜

使用直通式寻星镜时，可以用一只眼睛观测真实的天空，另一只眼睛则看向寻星镜，这让使用者更容易瞄准天文望远镜。直角式的寻星镜可能对颈椎更加友好，但却不容易瞄准。有一种解决方法：使用一个双支架（右图）来安装红点寻星镜——它能帮助你锁定天空区域，同时使用光学寻星镜来显示天体目标。

多布森式镜的平衡

在多布森式天文望远镜上增添更多的寻星镜和沉重的目镜会导致其失衡，向着地平线的方向下沉。一种解决方案：使用猎户公司出售的磁性配重（右），把它夹在金属镜筒的下端。

极轴镜

赤道仪支架必须进行极轴校准才能进行准确的跟踪，这就要求通过某种方式将支架的极轴对准天极。德式赤道仪支架可能附带一个小型的极轴镜，位于支架内并对准极轴；如果没有的话，这也是一个值得购买的设备。一个极轴镜可以让使用者更容易将极轴对准北极星，校准效果对目视观测来说足够了，如果不是用来天文摄影的话（见附录）。

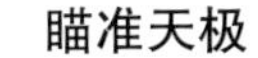

瞄准天极

德式赤道仪支架的极轴上安装有小型瞄准镜（左），使其很容易便能对准天极。这些瞄准镜都有标线，指示该将北极星等关键的恒星放置在视场的哪个位置，从而进行精确的校准。

跟踪驱动

我们在第十章中详细介绍了 EQ2 支架的可选的单速驱动，如右图所示。更好的设备为电动的慢速运动提供了多种速度。虽然这两种类型都不是必需的，但它们确实提供了基本的自动跟踪功能（但不是 GoTo 功能）。

准直辅助工具

低价的 Cheshire 目镜（左）有助于我们对牛顿式天文望远镜的镜面进行准直，具体步骤见附录。桁架式镜筒的多布森式镜在每晚使用时都要进行组装和准直，这使激光准直器（右）变得很受欢迎。

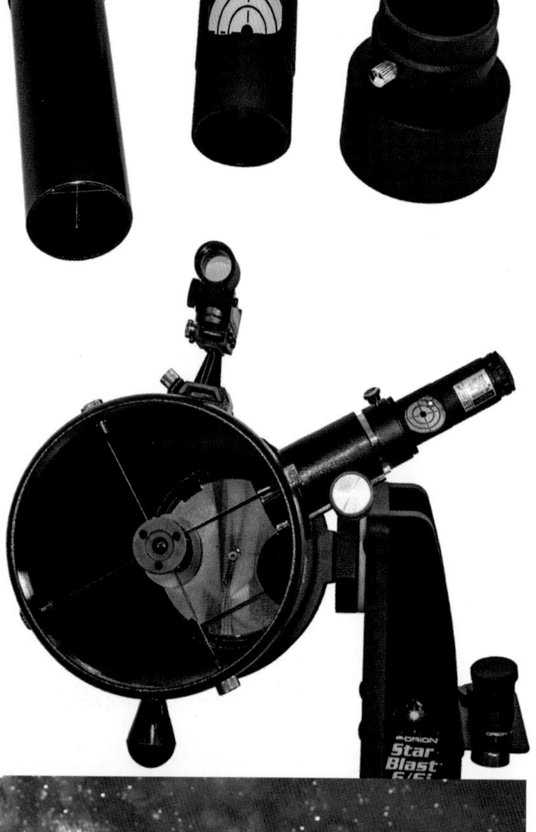

用激光校准

工作中的激光准直器显示，光束打在主镜上时偏离了中心（意味着副镜需要调整），返回准直器时也偏离了中心（意味着主镜也稍有偏差）。

舒适和便利

一把可调节的椅子和一张便携式野营桌一起构成了一个舒适的观测站点，让你能把一切组织得井然有序，然后便能放轻松，好好享受观星之旅。慢慢来，好好看。画些速写，记点笔记。全心全意地观测！

马达驱动

大多数选择购买赤道仪支架的人都是因为这种支架能够追踪恒星的运动。然而很多人根本就没想到要加装一个马达驱动，没有马达，支架就不可能具备跟踪功能。价格最低的型号（如左图所示）提供的追踪模式是以固定速度自东向西运动。性能更好的型号有变速按钮，可以即时改变运行速度（8 倍、16 倍或 32 倍）。这在围绕月球平移观测和将目标居中时非常有用。更多细节见第十章。

准直工具

牛顿反射式天文望远镜需要时不时进行准直。有些牛顿式自带准直仪。更好的选择是准直目镜（大约 45 美元），其镜筒带有十字准直线和对角镜，可以将光线反射到天文望远镜的镜筒内（其中一种类型被称为 Cheshire 目镜）。通过这样的目镜，可以更容易地将所有的光学器件对准中心，尤其是当副镜和主镜的中心有点状或环状的标记时（关于准直流程，见附录）。

激光准直器

一种更高科技的解决方案是使用激光准直器（70 至 300 美元）。将准直器放置在聚焦器中，它会将一束红色激光投射到镜筒中。然后你可以调整天文望远镜镜面的倾斜度，直到入射和反射的激光束完全重合。它的效果很好，在白天也能够进行精确的准直。不过最好还是在晚上用恒星来进行测试。激光准直器可以从 CatsEye、Farpoint Astro、Hotech USA、猎户和 Starlight Instruments 购买，后者生产出售了备受推崇的 Howie Glatter 系列。

观测用的桌椅

为什么不让自己舒服点呢？在进行观测时，给自己找一个可以坐的地方吧。你可以使用可调节高度的凳子，比如音乐商店里卖给鼓手的那种。更好的选择是专门的观测椅（金属或木制的），它的高度可调范围更大，并且带有靠背。Wood Wonders 出售手工制作的 Catsperch 观测椅。

大型多布森式镜需要一个观测扶梯。对 355 至 400 毫米的多布森式镜来说，一

遮罩下的天文望远镜

这是得克萨斯州观星聚会上的场景，显示了主要观测场地在白天的样子，大量的天文望远镜被罩在清凉的白色罩子下，从而免受太阳和西得克萨斯风暴的侵蚀。当要在黑暗场地进行长时间观测时，TeleGizmos 的这种遮罩（如下）是必不可少的。

个小的厨房四角梯可能就足够了。非常大型的多布森式镜则需要高大的梯子，它们会是比天文望远镜本身还要大的包装和运输部件。

在野外，一张折叠式的营地桌非常适合用来摆放星图、箱子和其他观星用品。没有这样的桌子，观测者就不得不在尾箱或汽车后备箱里开展工作了。

天文望远镜遮罩

在观星聚会上，甚至在自家的后院里，如果你能将天文望远镜或者只是校准好的支架保持在架设好的状态放置几个晚上，那是再方便不过了的。想实现这点，你需要一个防风防雨的遮罩，哪怕只是为了防范一下太阳……和鸟！AstroGizmos、AstroSystems、猎户和 TeleGizmos 等经销商提供非常优质的防风雨罩，适用于许多尺寸和种类的天文望远镜。我们的 TeleGizmos 遮罩已经在各种天气条件下使用了很多年，值得推荐！

除露枪

通常情况下，露罩能够让镜头上的湿气推迟一个小时才出现。那么在这之后呢？

露水的第一轮攻击可以用手持式吹风机抵抗，将温暖（不是炙热）的风吹向受影响的镜头。在家里，一个低功率的交流电吹风机在许多个夜晚拯救了我们。如果

露水：天文学领域的吸血鬼

就像吸血鬼一样，露水会在深夜吸取天文望远镜的使用寿命。随着温度的下降，空气中的水分便凝结在光学器件上，形成露珠，或者如果天气寒冷的话，会形成霜。每位业余天文学家都曾诅咒过这种针对镀了膜的光学器件的“瘟疫”，它要么会在一个条件绝佳的夜晚使行星观测早早终结，要么会使花费一整晚进行的长曝光摄影的照片模糊不清。

牛顿式天文望远镜的拥有者通常不必担心露水，因为长长的镜筒可以保护主镜。在开放的桁架式镜筒的多布森式天文望远镜中，副镜上仍可能形成露水。然而施密特-卡塞格林式、马克苏托夫式和折射式天文望远镜，如图书小型的米德 ETX，才是最容易受露水影响的天文望远镜类型。

在潮湿的夜晚，手持吹风机只能算是一种权宜之计，光学器件总是会再次起雾的。一旦天文望远镜把所有的热量都散发到空气中，露水就会不断地形成。此外，在经历多次露水侵袭后，光学器件表面会积累一种黏腻的、难以去除的来自被烘干的灰尘和水分的残留物。秘诀是要从根本上防止露水的形成。而这正是防露加热器能做到的。

你使用 12 伏的直流电，可以使用汽车商店里出售的用来融化挡风玻璃上的冰霜的热风枪。它可以连接在汽车点烟器的插座上。

除露加热线圈

不过，消除露水和霜冻的最好方法是防止它们形成。诀窍是：一个低电压的加热线圈。加热线圈在提供了足够的温度来驱除露水的同时，不会产生会降低成像清晰度的气流。

加热线圈可以从 Astrozap、Dave Lane Astrophotography、Kendrick Astro Instruments、猎户和 Starfield Optics 购买。它们提供了适用于各种尺寸和型号的天文望远镜、寻星镜、Telrad、副镜、目镜，甚至是笔记本电脑的线圈。大多数系统使用的是 12 伏的可变强度控制器，将电源分配给几个加热器。Starfield Optics 推出了可以用在 5 伏 USB 电源插座上的型号，这种供电方式更加便捷，但通常只适用于小型线圈。

脚轮

Jim's Mobile 公司（JMI，现在被 Farpoint Astro 所拥有）受电视演播室设备的启发设计了 Wheeley Bar，这是一套滚动脚轮，可安装在三脚架腿下，用于大型天文望远镜，如 250 至 300 毫米的施密特 - 卡塞格林式镜。其他公司如 ScopeBuggy，也紧随其后推出了类似的产品。如果你能将天文望远镜存放在车库或棚子里，并且从存放地到你的后院观测点之间畅通无阻，那么如果你想不费事地完成组装架设，移动式摄影车是一种很好的解决方案，它可以使原本笨重的大口径天文望远镜成为进行休闲观星的实用选择。

绿色激光寻星器

绿色激光指示器是组织公共观星活动时非常杰出的工具。如果没有它，我们该如何指出恒星和星座的方位呢？绝对是困难重重！它也可以安装在天文望远镜上作为寻星器使用。有几家公司，如美国 Hotech USA、Farpoint Astro 和猎户公司，都出售激光指示器和支架。但请提前向当地政府或天文俱乐部查询它们在当地是否能合法使用。

除露枪

当我们在家里，能够方便地使用交流电时，我们通常会在露水出其不意地开始形成时使用吹风机（右）来加热相机镜头。一个低功率的 12 伏装置（左）可以接入汽车点烟器来使用。

激光的合法性

绿色激光指示器（GLP）在用于推广这个爱好时很受天文学家的青睐。但在过去这些年里，由于 GLP 随手可得，导致它们被不法者滥用，这些人会把激光对准飞机，而这种行为会使飞行员“失明”。这种危险事件的增加导致许多地区直接禁止 GLP 的进口和销售，或者只允许销售功率低于 5 毫瓦的设备。（真正明亮的 GLP 功率通常要达到 50 毫瓦以上，但现在大多是非法物品了。）

加拿大皇家天文学会与加拿大交通部合作获得了一项特别许可，允许该学会的认证成员使用 GLP 进行宣传，但只能在远离机场和城市的地区使用。即使如此，我们的公共观星活动中也会有“飞机观测员”，他们会留意飞过这片区域的飞机，这样我们就能够确保在飞机飞过时停止激光瞄准，直到天空放空。（可访问链接列表 41 条目的网站）

具体的规则和条例仍在争论中，各国的情况也不尽相同。但是，重视 GLP 对观星活动的重要性的业余天文学家，严格遵守我们可以协助制定的法规，从而确保我们能够继续负责任地使用 GLP 进行公共教育。

防露辅助工具

Kendrick Astro Instruments 的加热线圈（左）能够在 12 伏电压下工作。Dave Lane Astrophotography 的 Dew Destroyer（中）自带能够维持很长时间的锂电池。Starfield Optics 的线圈（右）可以通过 5 伏的 USB 充电器供电。如图所示，我们可以为一架天文望远镜上的所有光学器件配备加热器，加上控制器大约需要 250 到 350 美元。

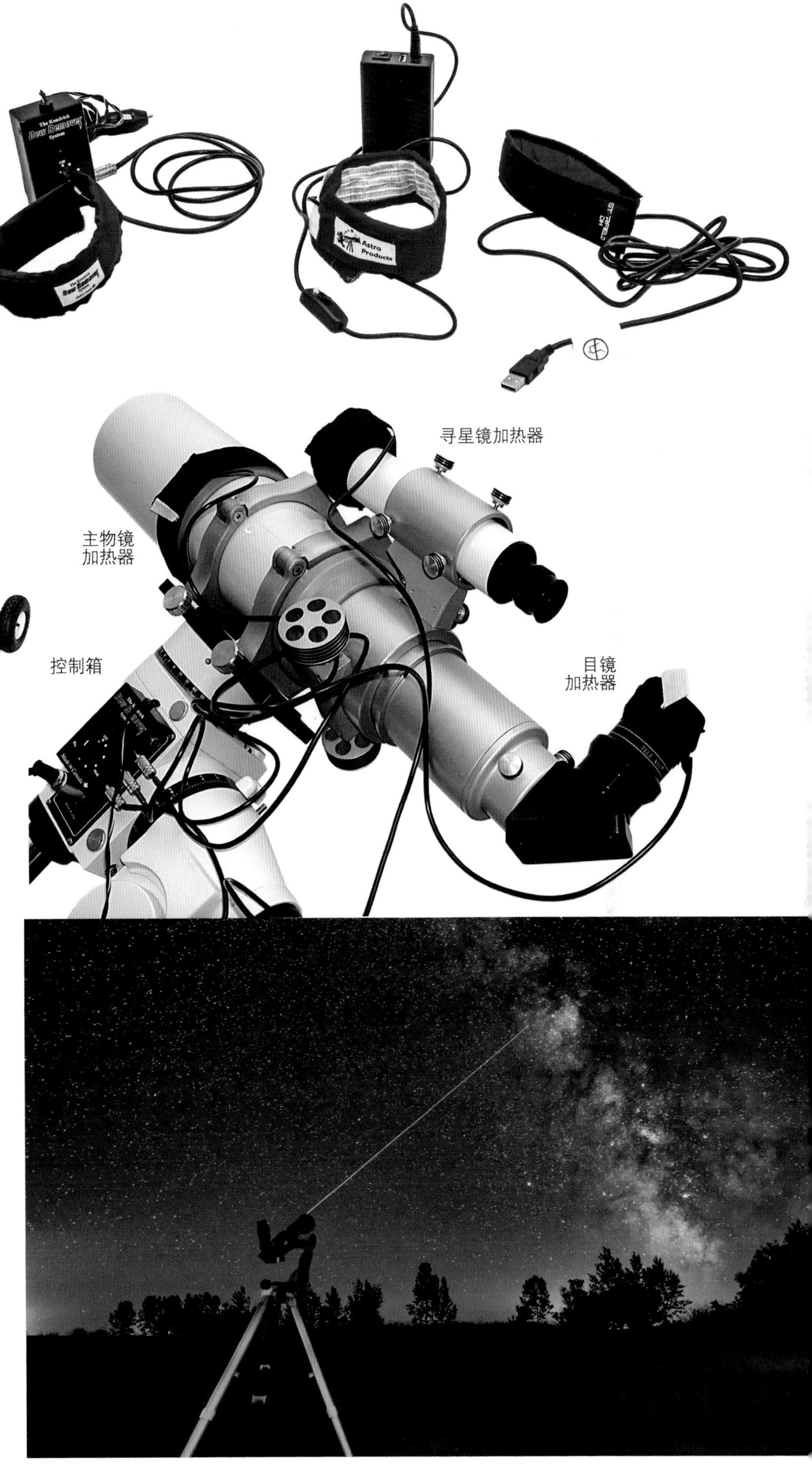

滑轮上的天文望远镜

这种 JMI 脚轮式移动推车使得天文望远镜能够保持组装状态随时被推走。有适用于三脚架和多布森式天文望远镜的型号。（图片来自 Farpoint Astro）

激光指示

在黑暗的观测点，绿色的激光可以作为寻星器使用，这样做的好处是你不必弯下腰来通过寻星镜观察。但是在观星聚会上，其他天文学家对你的激光束可能就不怎么欣赏了。而且激光的使用在很多地方是非法的。

奢侈的选项

对于已经收集了所有需要的物件的观测者，可以看看接下来这个领域的奇妙的天文学配件，其中有些价格不菲。

接收 GPS

GPS 插件能够接入手控器的电话式插孔，并向它提供 GPS 卫星信息，从而实现自动输入位置和时间。它们不需要配备单独的电源。

GPS 插件

一些 GoTo 望远镜附带一个内置的 GPS 接收器。这就避免了输入地点（通常只需设置一次）、日期与时间（通常每晚都需要）的麻烦。尽管输入当地信息并不困难，你仍然可以选择使用小型的 GPS 插件，它们可以接入手控器并自动输入这些信息。不过，一个接收器可能需要花费一分钟或更长时间才能获取卫星信号。

Wi-Fi 插件

GoTo 望远镜可以通过外部电脑、平板电脑或手机上的天文软件进行操控，这些外部硬件通过特设的 Wi-Fi 信号连接到你的天文望远镜上。相关细节见第十一章。一些天文望远镜有内置的 Wi-Fi，但是和 GPS 一样，你可以用一个附加的插件给其他 GoTo 望远镜增添 Wi-Fi 功能。它们的效果很不错，但确实也会带来更多连接设备的麻烦，且在使用 SkyFi 装置时，还需要自带电池电源。

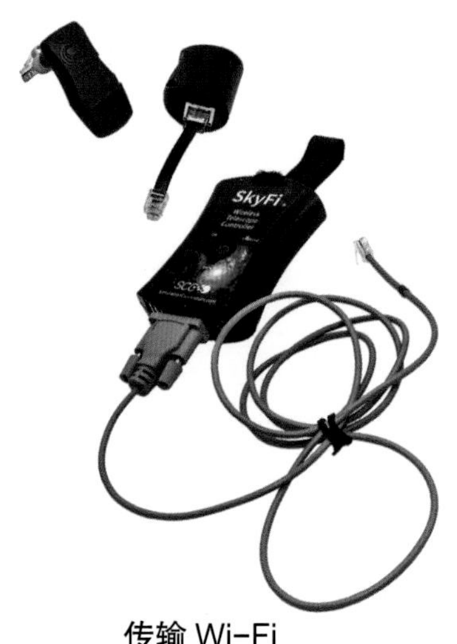

传输 Wi-Fi

星特朗（左）和信达（中）为它们的天文望远镜提供 Wi-Fi 插件，而 Starry Night 的 SkyFi 装置（右）可用于大多数使用 Starry Night 或 SkySafari 应用程序的 GoTo 望远镜。猎户的 StarSeek 是 SkyFi 的另一个版本。

电子设置轮盘

GoTo 望远镜的大部分计算机寻星功能都可以添加到多布森式天文望远镜上。猎户公司提供 200 美元的 IntelliScope 升级套件，而 Sky Engineering 公司（Sky Commander 组件）和 Wildcard Innovations 公司（Argo Navis 组件）出售适用于各种天文望远镜的附加计算机和轴编码器组件（400 到 1000 美元）。

所有这些都提供天文望远镜位置的电子读数。在天体数据库的辅助下，你输入天体的编目号码即可找到目标。然后你可以摇动天文望远镜，同时观察显示屏，当坐标显示为 00 00 时，说明已经成功瞄准目标天体。这样的设备是使用大型多布森式天文望远镜追寻深空天体的用户的最爱。

升级多布森式

项图：Argo Navis 计算机和 StellarCAT 马达驱动器的组合深受使用优质多布森式镜的深空观测者的欢迎，它们可以将一架巨大的多布森式镜变成一架 GoTo 望远镜。自动寻星，然后自动跟踪，对深空天体的观测变得轻而易举。

上图：给多布森式天文望远镜增加追踪功能的另一种方式是将其安置在庞塞特平台上，该平台以其发明者阿德里安・庞塞特（Adrien Poncet）命名，它可以提供一个小时左右的自动追踪，随后便需要重新设置了。

多布森式镜的平台和驱动器

多布森式天文望远镜没有追踪功能的“缺陷”可以通过一个巧妙的装置来克服：赤道仪平台。天文望远镜安置在小的高脚桌上，这张桌子可以在马达的驱动下围绕一个轴旋转。Equatorial Platforms 为所有尺寸的多布森式镜提供了驱动装置（1400 至 4000 美元）。

另一种方法是增添由计算机驱动的马达。StellarCAT 的 ServoCAT 组件（1700 美元及以上）是高级多布森式镜常用的解决方案。当其与 Argo Navis 配合使用时，你可以得到一架具备完整 GoTo 功能的多布森式镜。一旦瞄准，目标天体就会在视场中保持静止，以便进行详细的观测。带有优质光学器件的大型多布森式天文望远镜就此成为目前最优质的行星望远镜。

50 毫米天顶棱镜

在可以容纳聚焦器的前提下，50 毫米的天顶棱镜是折射式或卡塞格林式天文望远镜的一个重要的补充部件，使其可以接入我们在第八章中称赞的 50 毫米全景目镜。最好的天顶棱镜的镜面有电介质涂层，可以反射 99% 的入射光线，比标准的铝涂层 89% 的反射率高出一大截。如果你要买一个 50 毫米的天顶棱镜，就买最好的，但要花费 150 到 300 美元。

闪亮的天顶棱镜

50 毫米的天顶棱镜能够连接广角的 50 毫米目镜。这些装置具有强化镀膜。有专门适用于施密特－卡塞格林式镜的螺纹接口的型号，也有带 50 毫米的观测接口、能够接入任何 50 毫米附件的型号。

双目镜

双目镜使用一系列棱镜将来自天文望远镜的单一光束分成两束准直的光束，每只眼睛一束。需要注意的是，通过双目镜的光路增加的长度通常需要聚焦器额外的 100 至 130 毫米的内调焦来补偿。一些高级折射式镜可以满足这个要求，大多数施密特－卡塞格林式镜也能做到。但牛顿反射式镜不能。

为了解决这个问题，双目镜通常提供一个小的巴罗透镜（通常是 1.5 倍到 2 倍），用来将焦点延伸到足够远的地方，使目镜聚焦。但是巴罗透镜额外的放大倍率和对

最好的双目头

Baader Planetarium（下图）和 Tele Vue（右图）都出售顶级的双目镜，每个约 600（Baader MaxBright II 型号，此处未显示）至 1400 美元。Baader GroBfeld 高级观测仪（下图）可以适配一个小型的天顶棱镜和一个 Glasspath Corrector 透镜，用于校正像差，使天文望远镜聚焦。

双目观测的优势

在天文望远镜上加装一个双目镜，如左图的 Denkmeier 和左下图的 Baader GroBfeld，可以观测到令人印象深刻的景致。观测目标看上去似乎漂浮在三维空间中。行星似乎显现出了额外的细节。月球看起来非常真实，好像你是通过太空飞船的舷窗看它。而且观测过程中的舒适性和便利性远远超过了单眼时的效果。

双目镜最明显的问题是会造成光线的损失。每只眼睛最多只能接收到传统单目镜所提供光线的 50%。然而大脑能够将两个变暗的视图重新合并在一起，最终呈现出的视图几乎与单目镜所呈现的一样明亮。不过即便如此，额外的光学器件确实带来了一些光损失，通常约为 0.5 等的亮度。就图像亮度而言，双目镜会使一个 200 毫米天文望远镜的表现与 150 毫米相同，250 毫米与 200 毫米相同，320 毫米与 250 毫米相同。

双目镜爱好者坚持认为，这些缺点能够被所有观测对象所呈现的额外细节所抵消。我们的经验也证实了这一点。来自两只眼睛的图像为大脑提供了具有更大信噪比的视图：粗糙的颗粒感减弱了。那些在高倍率观测时会下落在行星前面的黑暗而讨厌的漂浮物（眼睛里死去的血细胞）在很大程度上被抑制了，让使用者能够连续并无障碍地观测行星。

奢华的可卷起的顶棚

有条件的观测者和天文俱乐部通常会建造带可卷起的顶棚的观测站，有时还会附带一间暖房或一个用于便携式天文望远镜的外部平台。图中这个俱乐部的高科技但离网的观测站使用太阳能电池板为电池充电，进而为安全系统和天文望远镜设备供电。

32 毫米目镜的限制，使得双目镜无法用来进行低倍率和宽视场的观测。然而，用两只眼睛同时观测中等倍率下的深空天体和高等倍率下的行星，会是一种全新的体验。

Baader、Denkmeier 和 Tele Vue 公司出售最优质的的双目镜，起价为 600 美元。一些经销商也出售价格较低的双目镜。我们测试了 William Optics 公司的一款 270 美元的双目镜，它提供了清晰的图像，没有出现由像差导致的假彩色或细节模糊。最主要的缺点是由于棱镜尺寸过小而造成的视场损失。当然，你还必须要考虑到两套目镜和滤光片的成本。然而在对天文望远镜和目镜都很满意的情况下，你可能会发现没有其他哪种配件能够带来像双目镜这样显著的改善。

家庭天文台

对任意一款天文望远镜来说，终极的配件就是一座可以放置它的房子。观测站可以采用旋转的圆顶，也可以是屋顶能够卷起或折叠的棚屋。手巧的业余天文学家经常自己搭建观测站（作者迪金森便建造了两个），另一方面，像 SkyShed 这样的商业公司也提供了组件，能够用来搭建可卷起的顶棚或者经典的圆顶，价格在 3000 美元起步。即使观测点条件不是那么理想，能够将你的天文望远镜保持在设置好的状态以便随时使用也是很有帮助的。

家里的圆顶

天文台，例如这个 SkyShed POD 圆顶天文台具备一个优点，即天文望远镜不仅能够维持在组装好的形态，而且能够保持在接近外界的温度，几乎不需要多少时间进行冷却就可以直接使用。不过在潮湿的环境中，湿气仍然会侵蚀光学器件。防露加热器在天文台和在野外一样有用，图中的天文台中也配置了防露加热器。

其他家用天文台的供应商包括 Astro Haven、NexDome、Sirius Observatories 和 Technical Innovations / HomeDome。一些公司提供了能够实现完全电动化和自动化操作圆顶的功能选项，供那些想在后院、附近的黑暗观测点或世界上任何有电源和高速互联网的地方建立一个完全机械化的装置的观测者使用。

减震脚垫

这些价值60美元的垫子能够将振动减弱的时间缩短一半或以上，帮助容易摇晃的支架保持稳定。不过我们很少看到有观测者使用它们。

按钮式聚焦器

电动聚焦器可以在进行高科技摄像时作为辅助工具，使成像相机自动聚焦。但对目视观测来说，它们不过是又一种可能出错的小玩意儿。

极轴相机

通过适配器套件，可以将PoleMaster相机连接到各种支架上，使其能够仰望对准极轴的方向。对于那些难以校准的叉式支架很有帮助。

不太必要的配件

虽然这些产品中的每个都拥有其拥护者（我们会收到抗议的电子邮件的），但我们觉得，哪怕这些配件你一个都没有，也一样能过上愉快的天文生活。你拥有的小工具越多，设置它们所花的时间就越长，可能出错的地方也就越多。

减震器

这些小垫子（30至60美元）安装在天文望远镜三脚架的底部，能够吸收振动，防止其传导到三脚架上。虽然这些垫子确实能起到作用，但大多数人更喜欢将天文望远镜安置在结实的地面上，尤其是需要精确校准的天文望远镜，如GoTo望远镜和用于摄影的天文望远镜。对于后者，你会希望直接拥有一个结实的支架。

聚焦马达

星特朗、米德、猎户和第三方供应商，如Farpoint Astro，为市场上几乎所有的聚焦器和天文望远镜都制造了电池驱动的马达（100到300美元）。虽然自动聚焦确实可以减少振动和图像抖动，但我们发现聚焦马达可能会出现卡顿、反冲和跑偏的情况，使其难以靠自身实现精确对焦。而且额外的电池和电缆超级麻烦。有些人很喜欢对焦马达，但我们已经将其清掉了。

极轴校准相机

QHYCCD PoleMaster相机和软件（约300美元）广受欢迎，而且正如我们在测试中发现的那样，确实非常好用。其他品牌随后也推出了类似的设备，如艾顿的iPolar。这些专门的相机和软件能够进行非常精确的极轴校准，这在通过长焦距天文望远镜进行拍摄时非常有用，不需要额外进行漂移校准和其他试错方法。

不过许多相机控制设备，如ASIAIR，现在都带有极轴校准模式，使用现有的成像和制导相机即可完成（详见附录）。因此不需要再使用专门的电子极轴校准相机了。如果你只进行目视观测或宽视场摄像，那就更加没必要了。

StarSense相机

星特朗的SkyProdigy望远镜有一个专门的摄像头，可以运用手控器中内置的巧妙的图像识别程序对天空进行成像，进而实现自动的GoTo对准。通过购买星特朗的附加StarSense相机和附带的手控器（约400美元），可以将同样的功能添加到目前大多数的星特朗GoTo望远镜和一些信达出产的型号上。不过如果你能够自己运用两到三颗恒星来瞄准并校准你的GoTo望远镜（这并不是什么艰巨的任务），那么不用这个相机也没关系。如果校准对你来说很难的话，那我们可能会礼貌地建议你先好好了解一下天空，学会更好地识别恒星，而不是花更多的钱！

自动瞄准相机

配合StarSense手控器，这个附加的相机可以拍摄天空，然后绘制出星体的位置，以实现星特朗和信达的天文望远镜的自动GoTo校准。（照片来自星特朗）

第十章

使用你的新天文望远镜

无论你正在拆开的包裹里是第一次购买的天文望远镜，还是收藏中的新成员，组装一架新的天文望远镜总是令人兴奋。如果你是第一次组装天文望远镜，那迫切想用闪亮的新设备观测第一个天体的兴奋劲儿可能会促使你把说明书扔到一边。

即使你有足够的耐心阅读说明书，也可能会觉得它有点让人摸不着头脑。我们见识过有些天文望远镜附带的说明书非常有误导性，或者翻译得很奇怪，还有些说明书要在制造商的网站上搜索一番才能找到，甚至有些根本没有说明书！

为了帮助第一次使用天文望远镜的人，我们用这一章作为我们自己的“新天文望远镜使用指南”，其中的提示来自我们多年来解决过的问题，它们都是由困惑的拥有者提出的。

在这一章中，我们介绍了基本的手动天文望远镜的操作。第十一章会涉及 GoTo 望远镜，尽管它们中有许多也需要按照我们概括的步骤完成组装。

想要在星空下与你的天文望远镜一起度过一个愉快的夜晚，你需要先了解其设置和操作的关键。对一个新的天文望远镜拥有者来说，一个像图中这样的赤道仪支架可能尤为令人无从下手。

你的第一架天文望远镜

在这一章中，我们将介绍如何设置和使用你的第一架天文望远镜。作为示例，我们选择了两架安装在常见的赤道仪支架上的天文望远镜：一架 80 毫米口径的折射式镜和一架 130 毫米口径的反射式镜。不过，你可以把这一章看作适用于所有新手的天文望远镜的组装和使用教程，因为我们的许多技巧在各种设备上都适用。

根据我们的经验，像这样的天文望远镜，虽然品质优越，却也让新晋拥有者产生最多的疑问。赤道仪支架那充满科学质感的外观，虽然一开始非常吸引人，但有很多问题都是围绕着赤道仪产生的，比如“这是干什么用的？”“这个该怎么工作？”等。

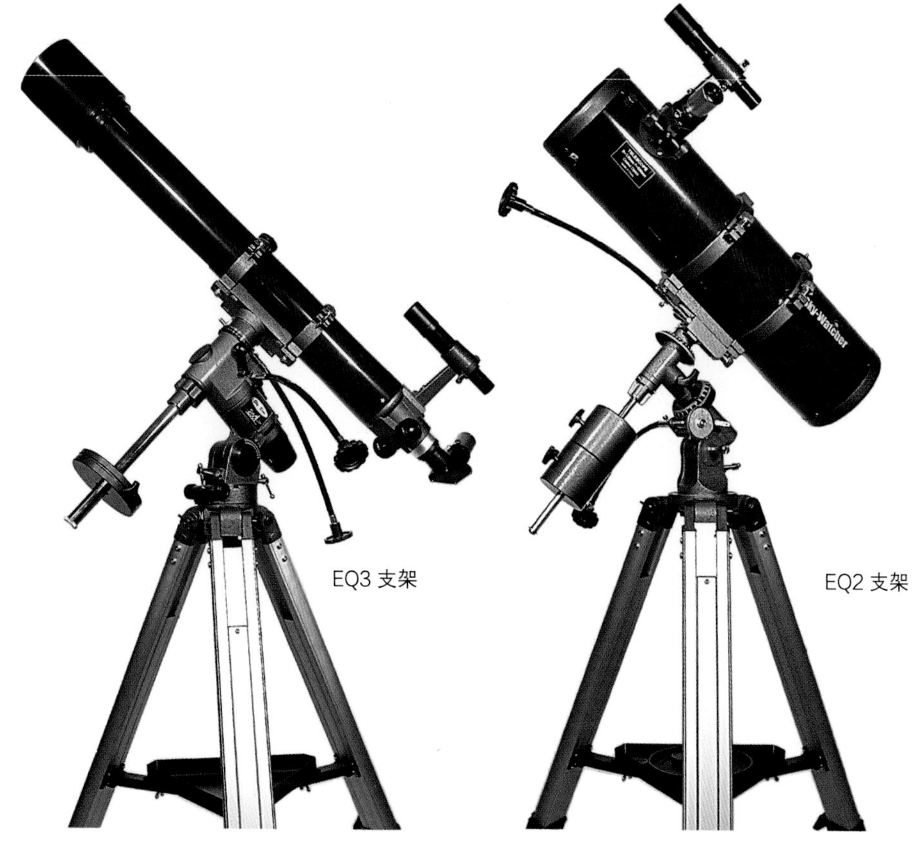

我们示例的天文望远镜

截至 2020 年，图中展示的使用 EQ2 和 EQ3 支架的信达天文望远镜在北美洲已不再出售，但星特朗、米德和猎户提供了类似的中国制造的型号，使用的支架也是相同或类似的。在世界其他地方，这个型号的天文望远镜可能仍然以信达品牌或在各种经销商的品牌下出售。

架设天文望远镜的错误方式

这张照片有哪里不对吗？有很多不对！但是大卖场中的反射式天文望远镜就经常以这样的姿态展出，工作人员显然对天文望远镜知之甚少。

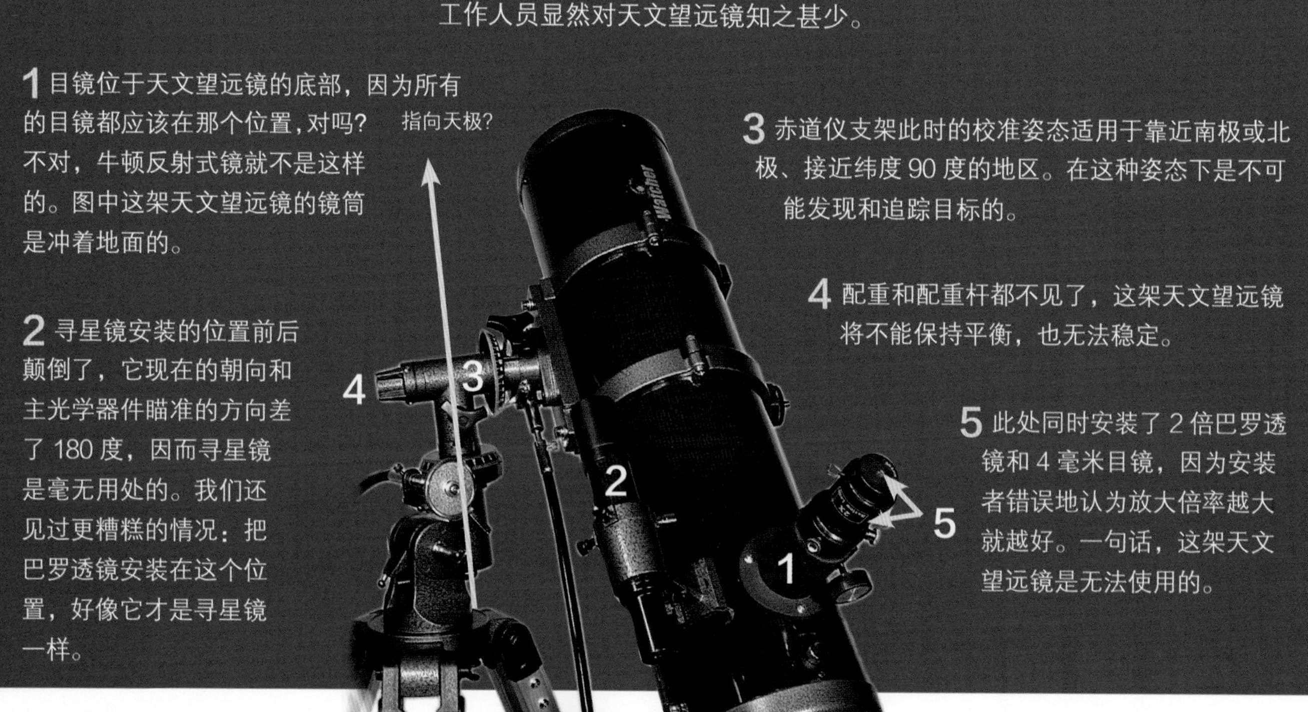

1 目镜位于天文望远镜的底部，因为所有的目镜都应该在那个位置，对吗？不对，牛顿反射式镜就不是这样的。图中这架天文望远镜的镜筒是冲着地面的。

2 寻星镜安装的位置前后颠倒了，它现在的朝向和主光学器件瞄准的方向差了 180 度，因而寻星镜是毫无用处的。我们还见过更糟糕的情况：把巴罗透镜安装在这个位置，好像它才是寻星镜一样。

3 赤道仪支架此时的校准姿态适用于靠近南极或北极、接近纬度 90 度的地区。在这种姿态下是不可能发现和追踪目标的。

4 配重和配重杆都不见了，这架天文望远镜将不能保持平衡，也无法稳定。

5 此处同时安装了 2 倍巴罗透镜和 4 毫米目镜，因为安装者错误地认为放大倍率越大就越好。一句话，这架天文望远镜是无法使用的。

光学镜筒的组件

尽管我们在此展示的是 130 毫米牛顿式反射天文望远镜的镜筒，但折射式镜有许多与此相同的部件。折射式镜也有一个由平面对角镜或棱镜构成的正像天顶棱镜，以便进行垂直角度的观测。

防尘盖

使用天文望远镜时要先取下防尘盖。这个离轴的孔可以在使用不安全的、现在已经十分少见的太阳滤光片时，通过一个较小的口径观测太阳。这个孔（以及用于固定拆下的盖子的凸起部分）在今天已经没有任何用处了，但仍然属于设计的一部分，让新的拥有者感到困惑。

寻星镜

这是一个用于瞄准目标的低倍率（通常为 6 倍）望远镜镜筒。很多是通过燕尾槽固定的，方便快速拆卸和包装。现在常见的是红点寻星镜，而非光学寻星镜。

寻星镜调节螺钉

两个互成直角的螺钉用于调整寻星镜，使其与主镜筒指向同一方位。在这个装置中，第三个旋钮是一个带有弹簧的螺钉，用于固定寻星镜的镜筒。

相机连接螺栓

这个 1/4-20 规格的螺栓可以让你安装相机（或三脚架的球头），从而进行广角跟踪摄影。普遍情况下，只有一个镜筒环上会带有这个螺栓。

副镜支杆固定螺钉

这三个螺钉支撑着支杆（英语将其称为 spider，意为网支架），支杆负责固定副镜。不要松动它们。

聚焦器

这一部件的结构通常是齿轮齿条式的。通过调焦旋钮之间的螺钉可以调节张力。其顶部的黑色螺丝环是 32 毫米目镜的转接口，是必不可少的部件。如果它缺失了（很多二手的天文望远镜都有这种情况），目镜就无法接入了。有些转接口上还有可用于连接相机 T 形环的螺纹。

目镜固定螺钉

一至两颗螺钉用来固定目镜。不要松动它们！

镜筒环

松开镜筒环上的夹子，便能在环内上下滑动镜筒，以便在南北方向上保持平衡。在牛顿式镜上，松开夹子后还能旋转镜筒，从而将目镜调整到合适的角度和高度。

目镜和巴罗透镜

大多数天文望远镜都至少会配备一个目镜。最低倍率的目镜是标有最大数字（通常是 25 毫米）的那种。在目镜和天文望远镜之间插入一个巴罗透镜，可以使任何目镜的倍率增加一倍或两倍。见第 166 页。

赤道仪支架

许多入门级天文望远镜都配有像这样的德式赤道仪支架，通常称为 EQ2 型。带刻度的设置盘看起来很有科学气质，功能似乎很强大，但实际上它们并不算精确，你也很少会用到它们。

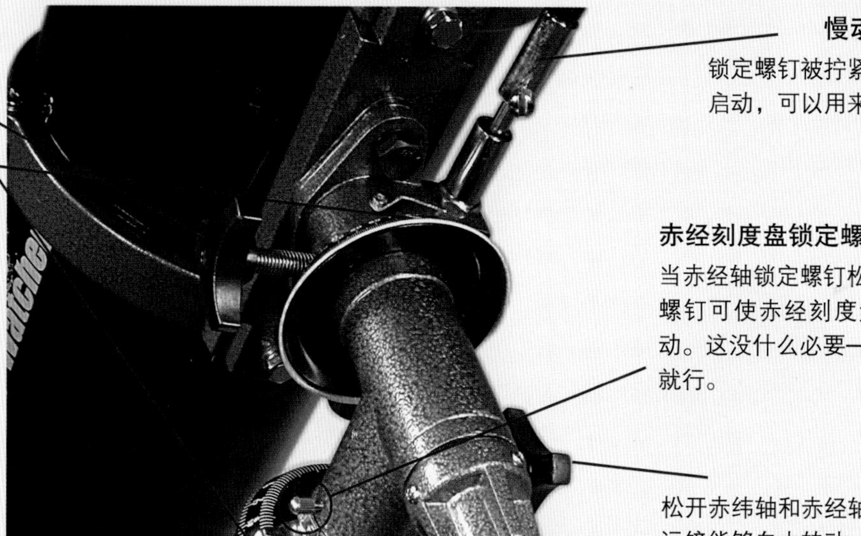

赤纬轴锁定螺钉

刻度盘和指针

用来拨入天体目标的坐标。赤经（R.A.）刻度盘（在底部）的读数在0到23小时，可以独立于支架转动；赤纬（Dec.）刻度盘（在顶部）的读数为0度至90度，这一读数是固定的。

马达连接螺栓

（在赤经刻度盘下）这里连接可选的定速赤经马达驱动（这是价格最低的马达）。

慢动控制

（赤经轴）

纬度精调

（部分隐藏在后面）转动它可以使支架缓慢地上下运动，以微调支架的倾斜度。这是为了便于进行极轴校准。

方位锁定螺钉

调整这个螺钉，可以使整个支架头部在地平方位（与地平线平行的方向）上摆动。这个锁定螺钉和地平方位上的运动只用于极轴校准，不用于转动天文望远镜寻找目标。

纬度螺栓和刻度

通过这里可以将支架的倾斜角度调整到你所在的纬度，只需调整一次。拧螺栓时要小心，因为松开后，整个支架都会向后翻倒。

赤道仪的头部

作为一个整体送到你的手上，但其倾斜角度需要根据你在赤道以北或以南的纬度来设置。在这里，支架被设置为45度纬度。不用考虑你所在的经度。

慢动控制（赤纬轴）

锁定螺钉被拧紧后，慢动控制就会启动，可以用来微调指向和跟踪目标天体。

赤经刻度盘锁定螺钉

当赤经轴锁定螺钉松动时，拧紧这个小螺钉可使赤经刻度盘随天文望远镜转动。这没什么必要——让这个螺钉松着就行。

赤经轴锁定螺钉

松开赤纬轴和赤经轴的锁定螺钉，使望远镜能够自由转动，以达到新的目标方向。当接近目标时，再把它们拧紧。

神秘的转轮

这个齿轮和离合器构造用于连接老式交流电机和一种变速直流电机。

神秘的螺钉

用处不大。把这个螺钉拧下来后就能安装变速马达。可以用作一些聚焦器上小固定螺钉的备用件。

配重

配重的数量和大小随天文望远镜型号的不同而不同。这些配重沿着带有螺纹的配重杆上下滑动，使天文望远镜围绕赤经轴达到平衡。

赤道仪支架是如何移动的

为了实现在天空中的移动，德式赤道仪支架围绕两个轴摆动。为了准确跟踪从东向西移动的目标，支架的赤经轴必须对准天空的天极，这个过程称为极轴校准。详见第 207 页的“校准时间”。

赤纬轴

天文望远镜围绕所示轴线在南北方向上摆动。当你在天空中找到一个新的目标时，你会绕着这个轴线移动天文望远镜。

赤经轴，或称极轴

天文望远镜围绕所示的轴线在东西方向上摆动。为了在地球旋转时跟踪天空中的物体，天文望远镜会围绕这个轴线转动，可以手动，也可以通过马达驱动。由于这个轴必须对准天极，它也被称为极轴。

解码方向表示方法

为了使用赤道仪支架，新的天文望远镜拥有者需要了解赤经和赤纬的概念，它们是用来划分天空的坐标。每个恒星和天体都有其独特的天体坐标。赤纬类似于地球上的纬度：改变赤纬角可以使望远镜在天空中向北或向南移动。赤经则类似于经度：改变赤经可以使望远镜向东或向西移动。赤纬以度为单位，从天赤道上的 0 度（此处通过猎户座）到两个天极所在的 +90 度或 −90 度。赤经以小时为单位，从 0 小时到 23 小时。

我们不推荐通过拨入天体坐标的方式来寻找目标天体，但是学习这些术语有助于使用者了解安装在赤道仪支架上的天文望远镜是如何围绕两个轴运动的。

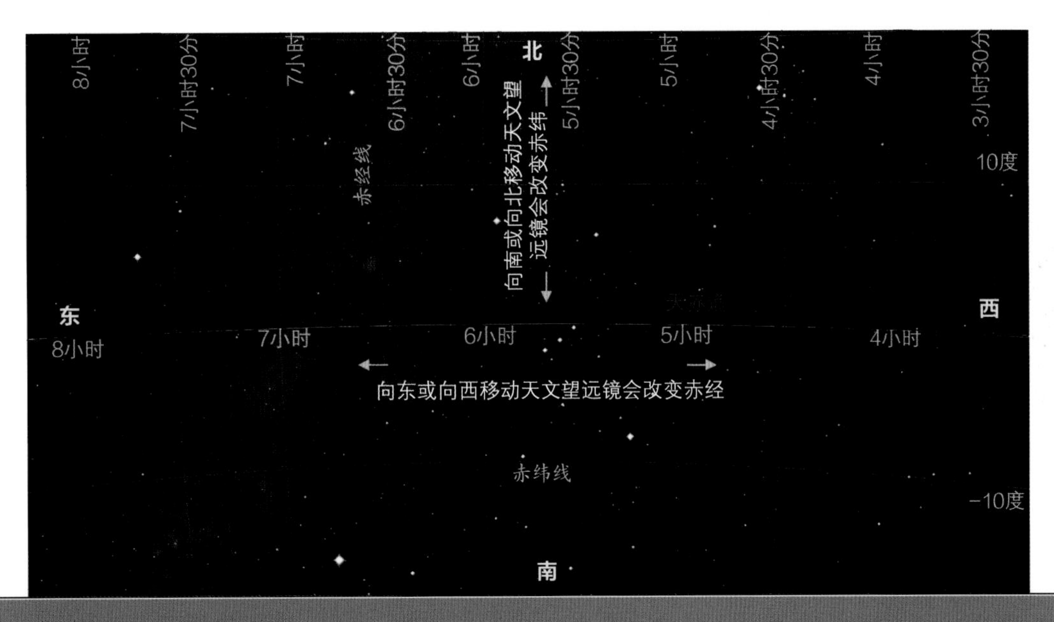

一些必要的组装

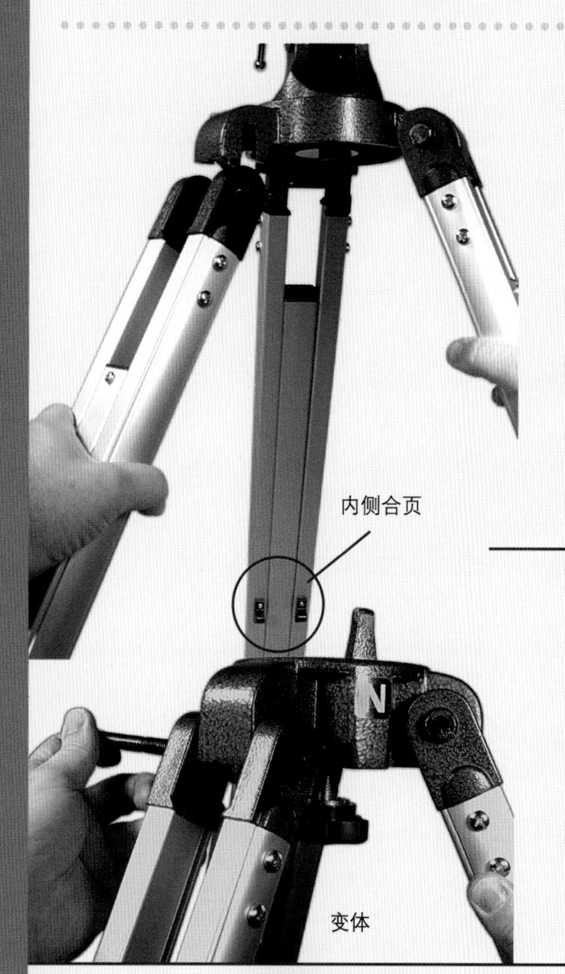

对大多数入门级的天文望远镜来说，从一箱箱零件变成一架可以运行的设备，其间所需要的组装流程是相似的。请确保你的首次组装是在室内，在明亮、温暖又舒适的环境中进行。

天文望远镜组装：分十步进行

以下介绍如何将一架经典的入门级天文望远镜安装在古老的 EQ2 型赤道仪支架上，该支架的外形在过去的 50 年间基本没变。这些步骤适用于大多数小型天文望远镜，并且通常首先要将三脚架安装到支架上。只有在确保三脚架和支架安全且稳固后（第一至三步），你才能进一步把其他部件，如配重和镜筒，安装到支架上（第四至十步）。

第一步

用螺栓将支腿固定在支架头上

在 EQ2 型支架上，每条支腿都是直接连接到支架头上的。需要注意的是每条支腿的中间部位都安装着合页。合页装在内侧，用于固定支撑杆。

变体：在 EQ3 和大多数更大型的支架上，支腿是连接到一个单独的顶板上的。支架头再通过一个大号的中央螺栓安装到这个顶板上。这种组装方式使得望远镜更容易拆卸和运输。支腿和顶板在送到的时候可能是预先组装好的。

第二步

安装支撑杆

许多天文望远镜送到购买者手上的时候，支撑杆已经预先安装在支腿上了。如果没有，那么将三脚架放在防滑的地板上，将螺栓按压穿过支腿上的合页和支撑杆的悬臂，由此将支撑杆的每条悬臂都固定到三脚架上。在进行最后的紧固时，要用到一把十字头螺丝刀（大概率不会附带）。

第三步

安装配件托盘

使用小号的翼形螺母螺栓将托盘固定在支撑杆上。这有助于稳定天文望远镜。在一些入门级天文望远镜上，这个托盘是塑料的，通过卡扣的方式安装在支撑杆上。

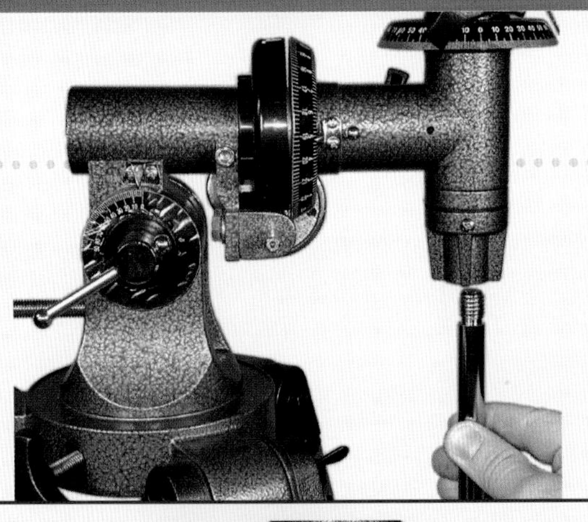

第四步

安装配重杆

配重杆通过螺丝连接在支架头上（暂时先不要管配重本身）。这根配重杆在进行下一步操作时可以充当一个很好用的把手。鉴于大多数支架在包装时方向都是错误的，通常设置为 0 度或 90 度，下一步操作很可能是必要的。

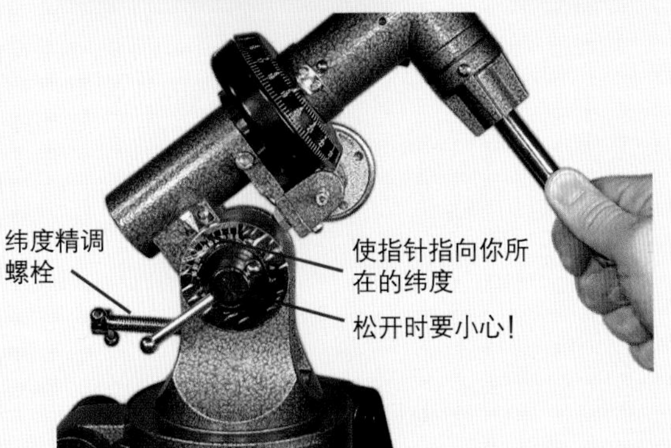

第五步

调整支架角度

松开固定住支架头的大号纬度螺栓（要小心！）。将支架倾斜到你所在的纬度（参考支架侧面的刻度盘）。此时不用特别精细，调到大概位置就行。然后用力拧紧螺栓。你以后都不用再调整它了。把纬度精调螺钉向内拧直到它紧贴在支架上。这有助于固定支架。

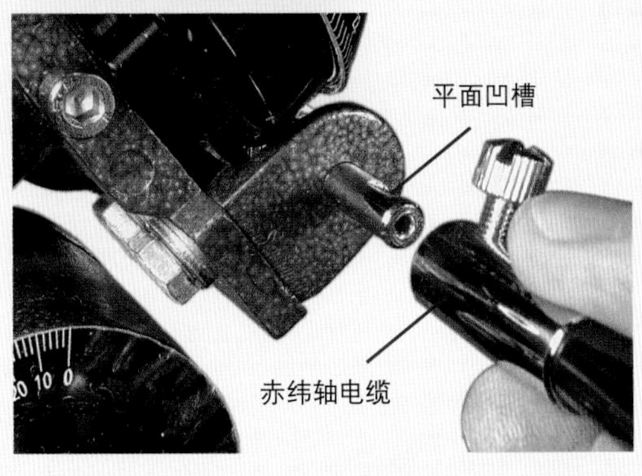

第六步

连接慢动控制电缆

用一把小的平口螺丝刀（或提供的小工具）将每根电缆固定在支架的轴上。每个电缆套筒中的固定螺丝与 D 型连接轴的平面相匹配。长的电缆连接到赤纬轴上。

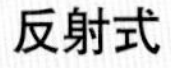

反射式

在一架反射式天文望远镜上，转动头部，使赤纬轴电缆位于顶部，也就是最接近镜筒顶部的目镜的位置。

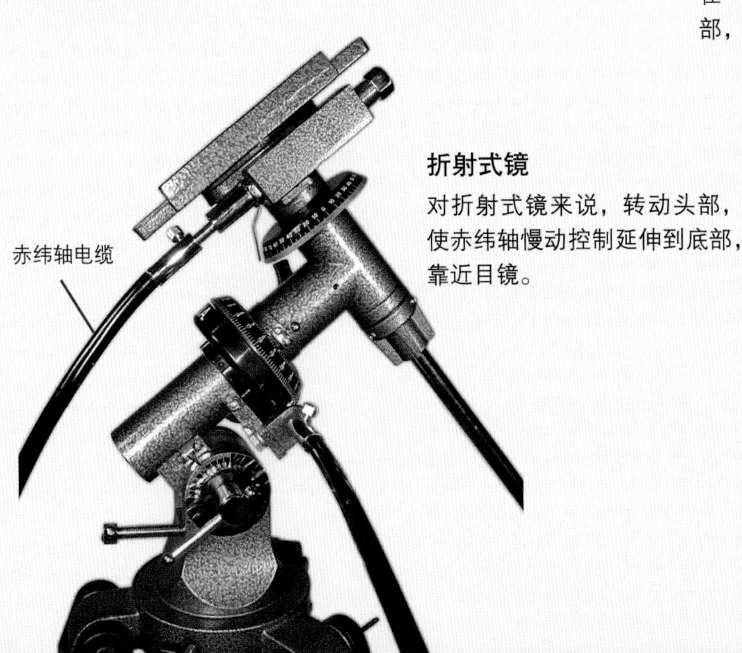

折射式镜

对折射式镜来说，转动头部，使赤纬轴慢动控制延伸到底部，靠近目镜。

赤纬轴电缆

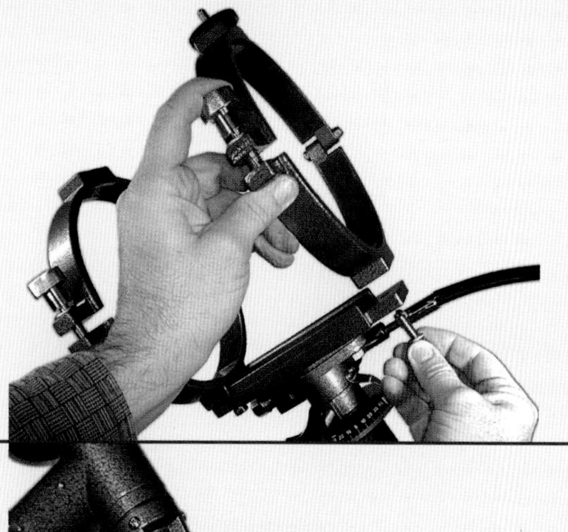

第七步

将镜筒环用螺栓安装到头部

许多新的天文望远镜中，镜筒环可以通过支架上的燕尾槽固定，所以不需要使用任何工具。对于那些没有燕尾槽的款式，可以使用提供的螺栓和锁紧垫圈将每个环固定到头部。带有能够固定相机的螺栓的镜筒环应该安装在支架的顶部。这一步不需要镜筒，把镜筒环固定就行了。

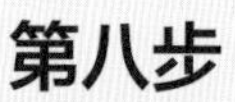

第八步

穿上配重

拧下配重杆底部的螺丝，穿上配重。大多数配重一侧的开口会比另一侧大，将开口较大那一侧放在底部，这样能够在需要的时候使配重在杆上延伸得更远。把螺丝安装回去——它可以防止配重从杆上滑落砸到你的脚！

把这个安回去！

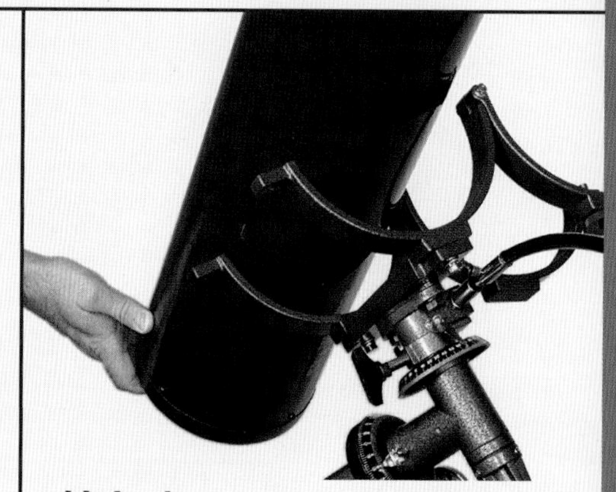

第九步

将镜筒安装在托架上

记住，如果是反射式镜，目镜要放置在顶部。镜筒环的位置应该在镜筒的中部附近。将镜筒环上的夹子拧紧，但也别过于紧了。

第十步

安上寻星镜

首先，将寻星镜插入托架。许多寻星镜都附带一个小的O形橡胶圈（你可能会发现它套在托架上）。这个O形环会安放进寻星镜镜筒上的凹槽里，像一个垫片一样固定住镜筒。（注意：尽量别把O形环弄丢了，因为没有它，寻星镜会在托架里晃动。在使用多年后，O形环可能会老化干裂，可以用松紧皮圈或胶带代替。）插入寻星镜时，拉开银色的弹簧式螺栓（如果你的寻星镜使用的是这一类托架的话）。然后托架便可卡入镜筒上的燕尾槽中。

变体：有些寻星镜的托架必须用螺栓直接固定在镜筒上。

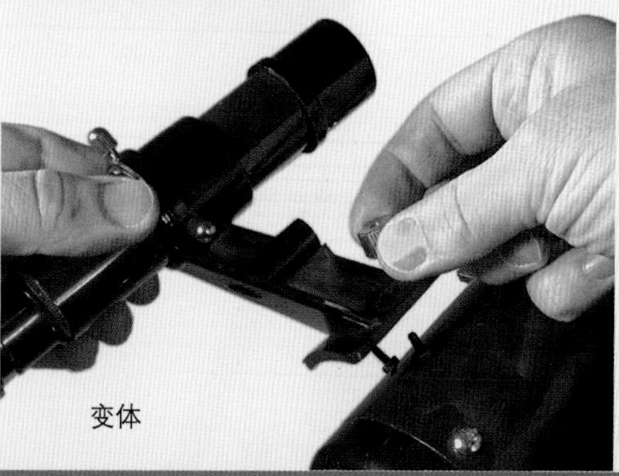
变体

马达驱动

对 EQ2 型支架来说，最常见的选择是为赤经轴配备一个单速直流马达。在所有产品中，星特朗、米德和猎户等公司出售的款式近乎完全相同。马达安装在极轴一侧的螺栓孔上，并滑动到通常由赤经慢动控制占据的连接轴上。安装马达后，就失去了东西向的慢动控制，也不能再在东西方向或者说赤经方向上手动微调镜筒的位置了。但相应的，在瞄准目标后，望远镜能够持续自动对其进行跟踪，这很便利。

速度控制

转动这个旋钮可以加快或减慢马达的速度。要使它能够以正确的速度移动天文望远镜来追踪目标，需要在这个设备上进行反复试验。在最开始时，把它设置到最高挡。

方向转换开关：

单速马达

在南半球使用时，N-S 开关拨到 S 上，能够使马达朝着反方向转动。如果你住在北半球，就把它设置在 N 上。如果在打开马达时，目标会更快地移出视场，就说明设置的方向错了。

电池

如今所有的驱动用的都是电池，不再用交流电了。这个驱动使用的是 9 伏的电池，最多只能支撑几个晚上。因此一个可充电的电池是不错的选择。

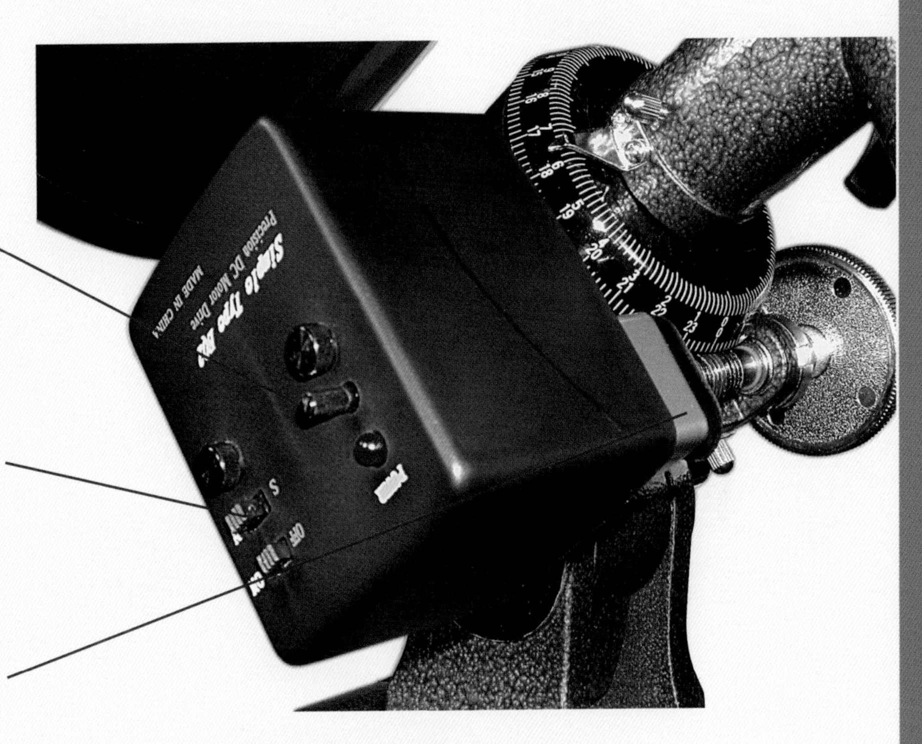

另一种选择：

变速马达

对于 EQ2 支架，一个更好但更贵的选择（对 EQ3 支架等更高级的支架来说则是唯一的选择）是一个变速马达驱动器。这款特别的设备有 2 倍和 8 倍的速度控制按钮，可以将目标天体精确地定位在视场中心。变速马达还可以通过独立的电池组运行，其中有多个 C 型或 D 型（即二号或一号）电池，以延长电池寿命。性能更好的双轴架构可以在每个轴上控制一个马达，进行电动慢速运动，因此这是一个绝佳的选择。

在白天进行的调整

使用新天文望远镜的下一步并不是在夜间设置它。你要先在白天把天文望远镜拿出来，做一些简单但关键的调节。在白天进行的这套检查是我们强烈推荐的一个流程，但是很多新天文望远镜的拥有者都跳过了这一步，他们总是急切地想要体验使用望远镜在星空下看到第一缕星光时的激动之情。

但是一些必要的调整，例如寻星镜的同轴校准、使望远镜首次聚焦等，白天更容易做到。你可以更容易地找到合适的目标，而且当你将目标置于视场中时，你也能知道它们看起来该是什么样子。如果你的天文望远镜不能聚焦，请参阅“为什么不能聚焦？”（下一页）和“首光”（第 210 页），寻找可能的原因。

试图在夜晚对你无法找到（因为寻星镜还没有同轴校准）或无法聚焦（因为聚焦器偏离了位置）的目标来进行这些初始调整，只会遭遇挫败和失望。这个提示是你能否成功使用新望远镜的关键。

全部拧紧

首先，确保所有的三脚架螺栓都已拧紧。松散的三脚架意味着摇晃的天文望远镜和颤抖的成像。然后在白天把天文望远镜的各个部件都操作一下。了解固定锁扣都在哪些地方。解除轴上的锁定，将天文望远镜移动到一个白天的观测目标附近。到达位置后，将轴锁定，并使用慢动控制来对准目标。当这个过程中，你要注意以下几点：

1 轴一定要锁定

在轴的位置没有锁定时，慢动控制可能不会有什么作用。在启动慢动控制前，先使用图中所示的 EQ3 支架上的杠杆将轴固定。

2 碰撞的部件

天文望远镜的镜筒在瞄准某些方向（通常是正上方）时会与慢动控制电缆或三脚架本身发生碰撞。有个技巧可以在一定程度上避免这种情况。往下看。

平衡技巧

解除天文望远镜的锁定，把它移向天空中的新区域，然后放开手。如果天文望远镜会自行摇动，说明它处于失衡状态。一个不平衡的天文望远镜往往会随机地指向任何地方，使得你很难找到想要观测的目标。此时马达驱动可能也不能很好地工作，不管它们多费力地转动望远镜。要解决这个问题：

在赤纬方向上调节平衡

在镜筒水平的情况下，松开镜筒环上的夹子，沿着托架上下滑动镜筒，直到它在南北方向，即赤纬方向达到平衡。在赤纬轴解除锁定的情况下，如果天文望远镜不会自己晃动，它就是平衡的。反射式镜因为主镜的位置，镜筒底部比较重；折射式镜则是顶部比较重，并且在主镜靠近托架时平衡效果最好。

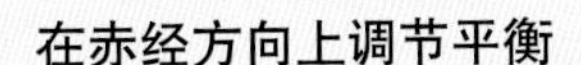

在赤经方向上调节平衡

在松开赤经轴的锁定且配重杆保持水平的状态下，沿着配重杆滑动配重。当你松开的时候，如果它不管在天空中指向哪里都能保持不动，天文望远镜就是平衡的。在平衡任意一款天文望远镜时，要确保寻星镜和目镜都安装好了，但要取下镜头盖，在晚上也是如此。

为什么不能聚焦？

如果你在白天的测试中也不能使成像清晰，可能是出于以下原因：

- 如果是在折射式镜上，可能是因为没有安装天顶棱镜。
- 如果是在反射式镜上，可能是缺少聚焦器上所需的延长管。
- 有些天文望远镜有适用于 50 毫米和 32 毫米目镜的延长管。使用二者中的一个，不要同时使用。
- 如果你买的是二手天文望远镜，原主人可能拆卸过目镜或主镜，但没有正确地安回原位。
- 如果是来自大卖场的廉价天文望远镜，有可能是光学器件本身就有缺陷。
- 你正在透过窗户看。不要这么做！原因请参阅第 210 页的“首光”。
- 如果成像只是非常暗淡，可能是你没有把整个镜头盖取下。

聚焦

相比在晚上将一架新的天文望远镜对准一颗不熟悉的恒星目标，先在白天将其对准一个熟悉的景观物体要容易得多。要做到以下几点：

1 接入低倍率的目镜。对大多数的入门级天文望远镜来说，低倍率目镜是标有 25 毫米或 20 毫米的那个，而不是标有 12 毫米、9 毫米或 6 毫米的那个。如果你的望远镜是折射式镜，先接入天顶棱镜，再插入目镜。不要使用任何附带的巴罗透镜。

2 摇动天文望远镜使其对准一个地平线上的遥远目标（沿着镜筒方向目测以确定它的大概位置）。这个目标距你应该有几百米远，而不是就在街对面。

3 来回拨动聚焦器，直到图像锐化，达到清晰的聚焦状态。对于在白天观测的目标，当你快要聚焦时，成像的差别是很明显的。

4 让聚焦器保持这个状态。你现在已经接近于对夜空中的物体精确聚焦了。这样一来，你需要在黑暗中进行的调节就少了一项。

同轴校准

在天文望远镜镜筒的一侧会安装一个低倍率的光学寻星镜或红点寻星镜，想要顺利地使用天文望远镜，它们是必不可少的辅助工具。然而，为了充分发挥其功能，必须对寻星镜进行同轴校准，使其与主光学系统指向同一方位。在白天通过一个远处的景观目标进行校准是最容易的。步骤如下：

1 在主望远镜中使用低倍率目镜，在地平线上找到一个可识别的物体（可以是一根电线杆或树顶）。

2 通过寻星镜观察，找到同一个物体；它可能处在偏离中心的位置。

3 使用 2 至 6 个调节螺栓来倾斜寻星镜的镜筒，直到你的目标物体位于寻星镜十字丝的中心。红点寻星镜也有类似的 X 轴和 Y 轴的调节，用于将红点置于目标的中心。在白天，将红点的亮度调到最大。

4 寻星镜完成同轴校准后，任何处于十字丝或红点上的物体都会位于天文望远镜视场的正中。你可能需要偶尔对寻星镜进行重新校准。

通过寻星镜看到的　　通过天文望远镜看到的

对准 Telrad

在野外，可能需要对像 Telrad 这样的流行的反射式寻星镜进行校准，以确保它的靶眼图案对准天文望远镜瞄准的目标；在图中所示的情况下，是瞄准了暮光中的木星。

对寻星镜进行调焦

如果通过寻星镜看到的图像模糊不清，你就需要对其进行调焦。大多数设备都能做到，但不一定会有明确的操作说明。有些寻星镜的目镜可以转动。当被转动时，它们就会滑入和滑出以进行调焦。对于其他设备：

1 寻星镜的调焦不是通过移动目镜，而是移动主镜头沿着镜筒上下移动。透镜被装在通过螺纹固定在镜筒里的金属或塑料组件中。这个组件没有用胶水固定，其设计就是可以转动的。

2 当你面向它时，逆时针旋转透镜组件就能把它拧下来。组件后面的一个固定环也会跟着松开。你可能需要转动这个环，使其远离组件。这样螺纹就会暴露出来，你也就能移动主透镜了。

3 转动这个透镜组件使主透镜沿着镜筒上下移动，从而改变焦点。当远处的物体看起来很清晰时，转动固定环，使其重新固定住透镜组件。现在寻星镜已经相对你的眼睛聚焦了；在戴上或摘下眼镜的情况下，都可以这样做。

夜间使用

许多入门级天文望远镜都足够小巧和轻便，当你需要进行一些急切的观测时，它们可以是“拿起就走”的设备，你能够将它们维持在组装好的状态下带到户外使用。这种情况是最好的。不过，从支架上安装和拆卸镜筒也经常是你每晚都需要完成的动作。

每次重新组装你的天文望远镜时，你都需要重新平衡它，以便能够正常地操作支架。一旦来到户外，所有的赤道仪支架都必须进行极轴校准，这个过程以烦冗复杂和令人生畏闻名，但这其实有些言过其实了。实际上，随意的观测所需要的精确度，在几秒钟内就能完成。

即使支架已经校准了，想瞄准天空的某些区域也可能会非常不方便。这是德式赤道仪支架特有的一个毛病，不过使用我们在第 209 页中介绍的一些技巧就能很容易地解决这个问题。

但首先，我们来教你如何拆解打包天文望远镜。

拆解天文望远镜

如果你确实在每晚使用后都需要拆解天文望远镜，那就要确保整个流程越简单越好。

1 拆下镜筒。除非你的镜筒和镜环是通过一个快速释放的燕尾板连接到支架上的（现在许多天文望远镜都采用这种形式），否则拆卸镜筒最简单的方法就是打开托架环，直接把镜筒抬出来。要注意它所处的位置，以确保其平衡。

2 从杆上拆下配重。这会使得支架更轻。如果你把配重留在上面，它们的重量可能会导致纬度位置移动或赤经轴摇晃，然后撞到什么东西上，比如说你自己！

3 如果你需要进一步分解天文望远镜，可以卸下三脚架的附件托盘，这样三脚架的支腿就可以折叠起来。一个或多个能够装三脚架和镜筒组件的软垫箱是很好的配件，不论是用于汽车运输还是安全存储。

4 如果你要把天文望远镜打包放在车上，记得把寻星镜、慢动控制器、天顶棱镜和目镜取下来。不然它们突出的形状可能会导致损坏或丢失。把配重包起来，以免它们和镜筒发生碰撞。

1

2

3

4

寻星镜注意事项

在一些入门级的天文望远镜上，寻星镜的支架是塑料的，很容易破损。在使用和包装寻星镜时要格外小心。还有，把寻星镜取下后，一定注意别把它弄丢了！

调水平

在进行目视观测时，没有必要对天文望远镜的支架进行精确的水平调节，在手动操控的天文望远镜上就更没必要了。不过如果你已经按照所在地的纬度预设了赤道仪头部的角度，那么对望远镜调水平能够确保支架的极轴确实指向接近天极（即北极星）的高度。

在使用 GoTo 望远镜时，调水平则成为一个更加值得注意的问题（在下一章中介绍）。为了使它们的校准达到最佳效果，通常需要进行更精确的水平调节。不过对于要求不那么高的手动天文望远镜，可以采用以下这些技巧：

1 使用三脚架支腿上的高度调节来调平支架。用眼睛确认水平状态应该就足够了，不过有些三脚架或支架头上会带有一个水准器，正如我们在右页展示的 EQ3 支架。

2 你也可以直接转动纬度微调螺丝，向上或向下调节支架的角度，使其对准天极，也就是北极星。只要极轴对准了天极（不管你是用什么方式做到的），支架的跟踪功能就能正常运行。

3 作为调整支架头部的替代方法，只需将朝北或朝南的三脚架支腿抬升或降低（在此过程中可以松开翼形螺母，但一定记得重新拧紧），就可以达到同样的效果，有效地将极轴瞄准天极。

纬度变化

只有当你在纬度上向北或向南旅行时，你才需要改变支架原本的极轴角度；例如，从北纬 50 度（艾伯塔）移动到北纬 33 度（亚利桑那州）。在经度上向东或向西旅行，但保持在相同的纬度上时，不会影响天文望远镜的设置。

校准时间

每个赤道仪支架都必须进行校准，使其极轴对准天极，不然就不能正确地追踪目标（或者说根本无法追踪目标！）。天空会围绕天极旋转，支架也必须如此。如果你忽略了极轴校准这个流程，那你还不如直接买一个更便宜的经纬仪支架。在北半球的使用者，对天文望远镜进行极轴校准只需要简单的几步；但是在南半球，这个任务就比较困难了，因为那里看不到北极星。具体的技巧见附录。

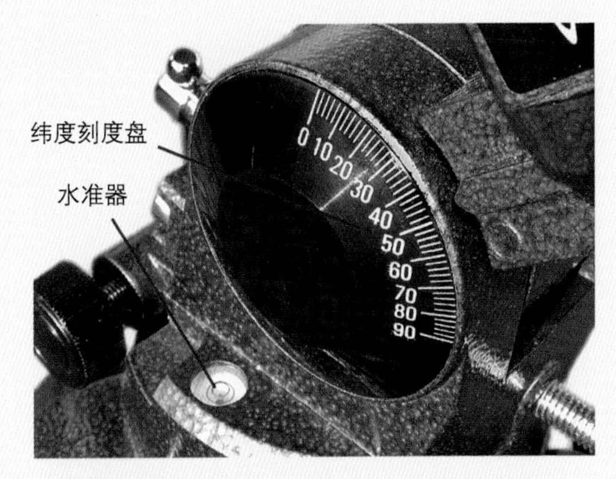

1 如果你还没有进行这一步，那么首先调整极轴，使其倾斜的角度与你所在地的纬度相当。你可以在大多数地图册上查找到纬度值，或者使用你的智能手机里的 GPS 应用程序。

2 晚上，将天文望远镜架设到户外，使极轴对准正北，朝向北极星（这个方向是真正的北方，而不是磁北）。有些支架上会标注一个大大的字母“N”，让你知道哪边朝向北方。知道北方以及确定北极星的位置，对于在天空中寻找目标和进行极轴校准都是至关重要的。关于如何定位北极星，见第四章。

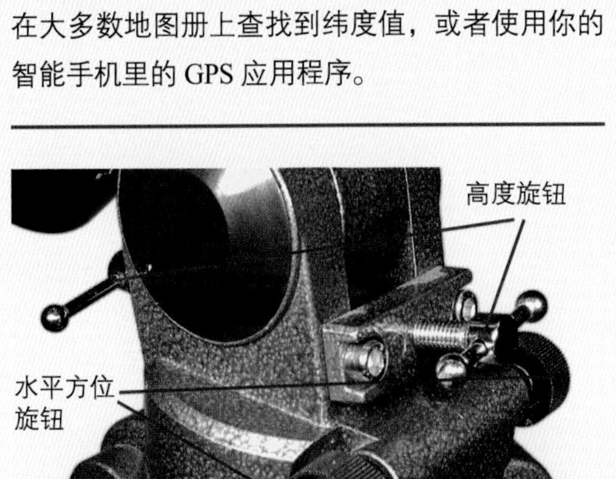

3 使用位于支架头底部的水平方位和高度旋钮来微调支架的角度，使其对准北极星。相比努力移动三脚架来使其指向正北，这种方式更容易些。

4 如果支架的极轴是空的，没有安装极轴镜（例如我们展示的通用 EQ3 支架或星特朗的 Omni CG-4 和猎户的 SkyView Pro 支架），你可以沿着极轴瞄准北极星，以获得更加精确的定心。

变体：对于提供了极轴镜选项的支架，使用这样一个插入极轴的极轴镜瞄准北极星，可以实现更精确的校准。具体指导见附录。不过对休闲的观测来说，将倾斜角度正确的极轴大致对准正北方向就够用了；在启动赤经追踪马达后，目标能够在目镜视场中停留几分钟。

天文望远镜架设技巧

在接下来的夜晚，你只需将天文望远镜安置在最喜欢的后院观测点即可，也许还要给支腿做点标记，确保极轴对准正北方。关于天体摄影所需的更精确的极轴校准方法，见附录。

在天空中瞄准

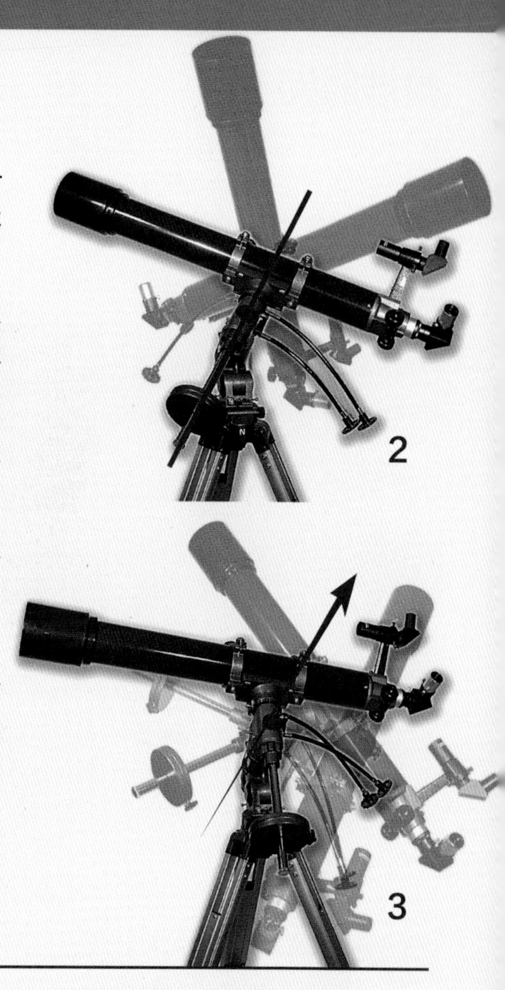

在完成了天文望远镜的极轴校准后，你就不需要再使用方位角或高度调节旋钮了——它们并不是用来寻找物体的。相反，只需通过使用赤经和赤纬运动来移动天文望远镜即可。过程如下：

1 想要将天文望远镜摇动到天空中你想观测的区域，首先松开赤经轴和赤纬轴的锁定螺钉。在接近目标后（即能够通过寻星镜观测到目标），拧紧锁定螺钉，然后使用慢动控制一点点到达目标。

2 要在天空中向北或向南移动天文望远镜围绕赤纬轴移动，如图所示。只有当你想改变观测目标时，才在这个方向上移动天文望远镜。

3 要在天空中向东或向西移动天文望远镜围绕赤经轴移动，如图所示。在夜间，你需要将望远镜慢慢从东向西移动，以便跟踪天空中的目标。一个连接在这个轴上的马达驱动能替你完成这个跟踪动作。

4 当你的赤经轴上连接着一个马达驱动时，你可能会发现该轴的慢动控制不再起作用（许多入门级天文望远镜没有离合机制）。如果是这种情况，松开赤经轴的锁定螺钉，但保留一些固定的力道，然后用手轻推镜筒，直到目标位于视场中心。最后将轴锁定，此时马达应该启动并开始跟踪。

5 如果马达具备 4 倍或 8 倍的速度控制功能，你便可以通过加速、停止或反转马达来微调目标的位置，这使得变速马达驱动成为一个很好的选择。

你无法瞄准这些地方

在天空中移动德式赤道仪支架时，很多人会遇到些麻烦。天空中有些区域是这种支架很难指向的。比如：

1 在这里，EQ3 赤道仪支架的目标是正北，即北极星。这不是一个大问题，不过想要观测到北极星，你得将赤经轴转过很大一个角度，才能使目标位于目镜中央。

2 现在天文望远镜对准了东南方向高处的一个目标。当目镜位于支架的西侧，如图中这样，而不是在东侧时，这也是能够做到的。

3 但在这里，同样的支架上，天文望远镜瞄准了正上方的目标。哎呀，镜筒撞到了三脚架上！使用大多数安装在这类支架和三脚架的天文望远镜时，这种情况都是不可避免的。

4 这个 EQ2 支架的问题更严重。马达驱动的位置使得天文望远镜无法瞄准西方或西北方高处的目标——镜筒会和马达的外壳撞到一起。

赤道仪“探戈”

想要避开我们刚才描述的天文望远镜和其他设备间的碰撞，一种方法是表演一段赤道仪“探戈”。所有的德式赤道仪支架，即使是品质最佳的那些，都存在一个限制：它们不能沿着不间断的弧形轨迹持续地追踪一个目标。情况是这样的：

1 天文望远镜瞄准东方，跟踪一个目标，这个目标在天空中升起，向着南方运动。没有问题。

2 如果天文望远镜在目标越过子午圈（南点）进入西方天空时一直追踪着它运动，那么镜筒最终会与支架或三脚架相撞。该怎么办呢？

3 解决办法是“子午圈翻转”——将镜筒翻转到支架的另一侧，所有德式赤道仪支架的拥有者都必须学会与支架一起表演这支“舞蹈”。

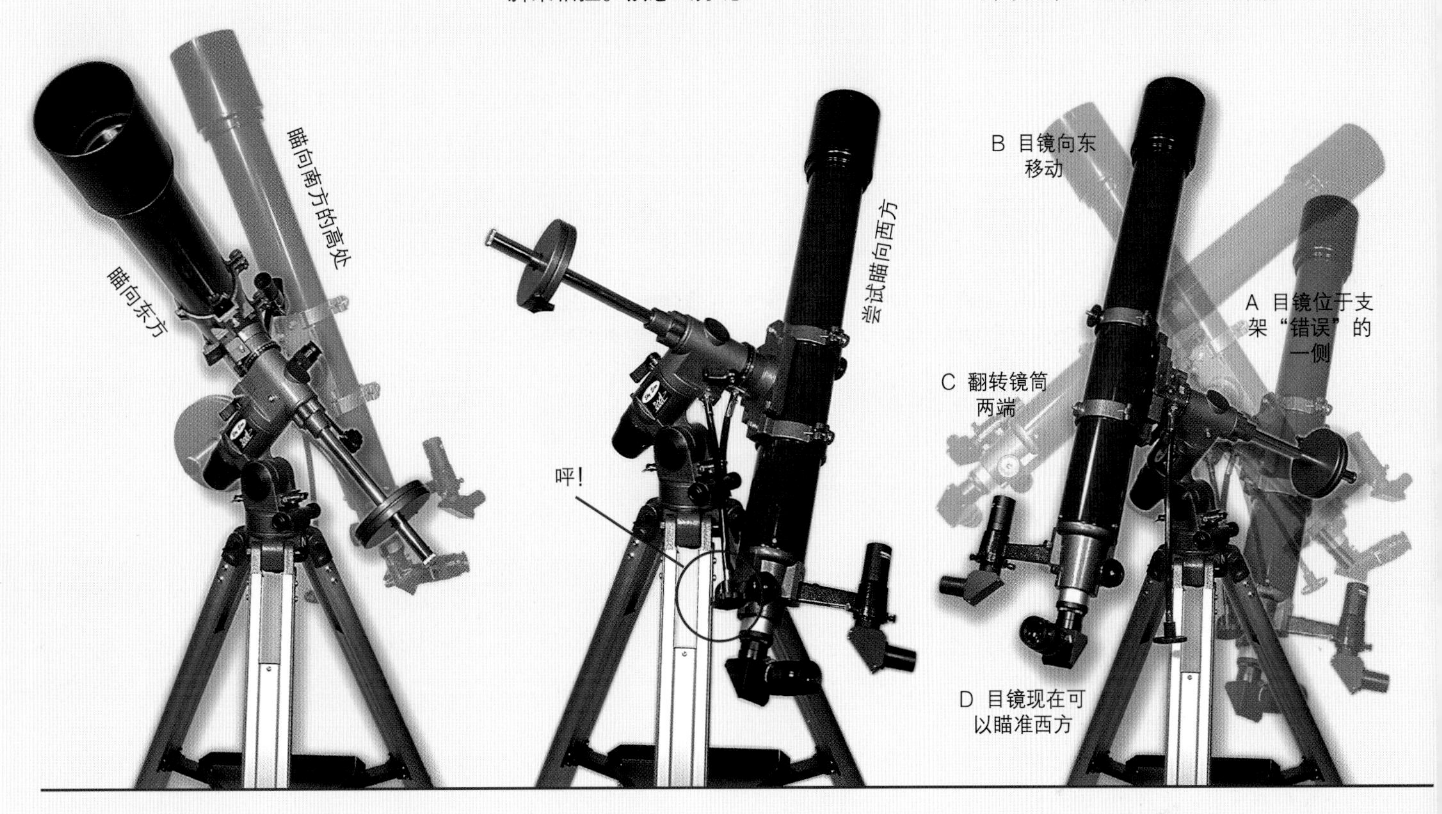

向西看

在执行步骤3后，天文望远镜朝向西方，目镜位于支架的东侧。现在，天文望远镜可以很好地追踪西方天空的物体了。

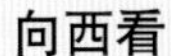

向东看

反之，当看向东方的天空时，目镜应该位于支架的西侧。学会如何以及何时需要与你的天文望远镜一起跳这支“探戈”，在观测大部分天空区域时，你将不会受到阻碍。

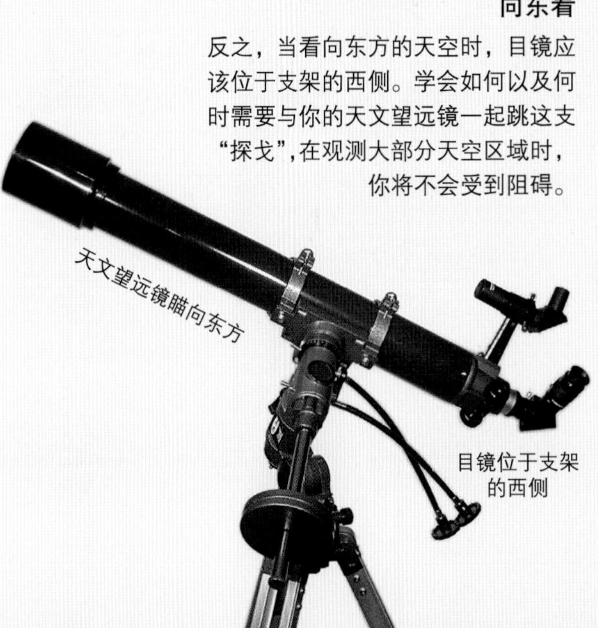

首光

即使在白天已经组装好天文望远镜并对其进行了调试，新的天文望远镜拥有者往往会对他们在晚上经历的“首光”体验倍感失望。遵守几个简单的“要做的”和“不要做的”规则，可以保障你在星空下的第一个夜晚能享受所观测到的美景。

要做的

一定 要在折射式镜上使用天顶棱镜

许多折射式天文望远镜在没有天顶棱镜的情况下是无法聚焦的。如果你买的是二手天文望远镜，而这个部件又缺失了，那么这就是它不能聚焦的原因。天顶棱镜可以单独购买。反射式镜通常会配备多种用于聚焦器的延长管。使用不正确的延长管或者不使用延长管，目镜都可能无法聚焦。

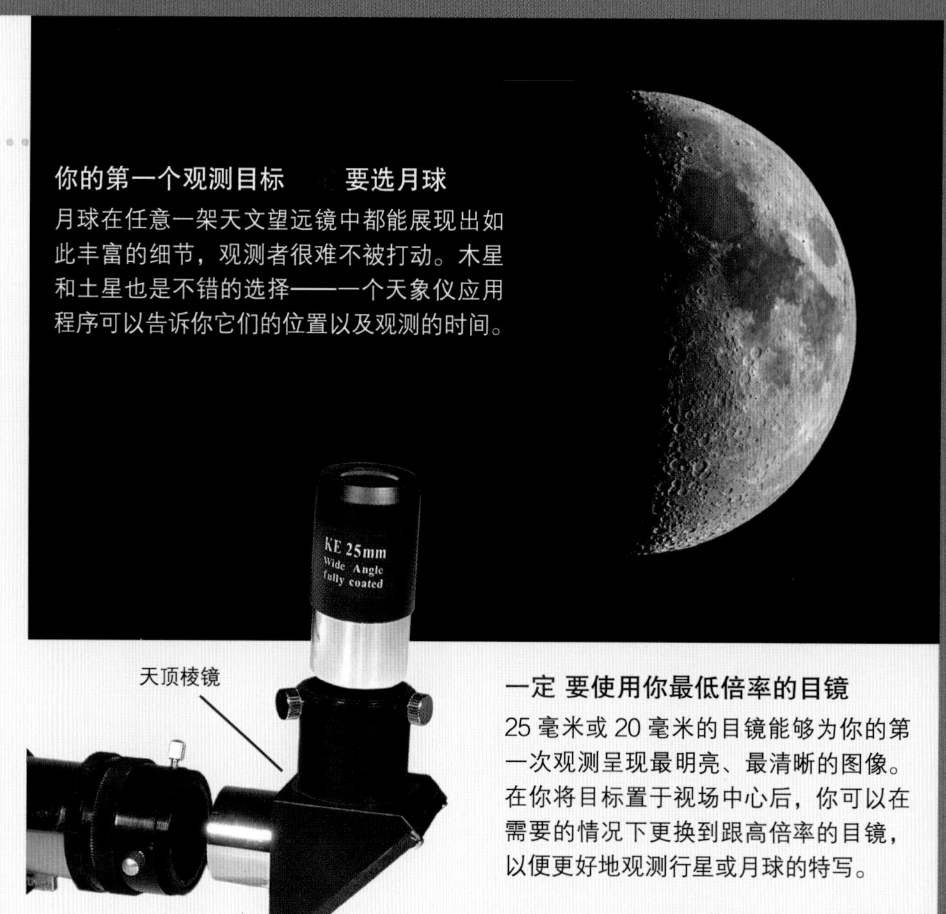

你的第一个观测目标 要选月球

月球在任意一架天文望远镜中都能展现出如此丰富的细节，观测者很难不被打动。木星和土星也是不错的选择——一个天象仪应用程序可以告诉你它们的位置以及观测的时间。

一定 要使用你最低倍率的目镜

25 毫米或 20 毫米的目镜能够为你的第一次观测呈现最明亮、最清晰的图像。在你将目标置于视场中心后，你可以在需要的情况下更换到跟高倍率的目镜，以便更好地观测行星或月球的特写。

不要做的

不要 透过一扇窗户观测

窗户的玻璃会使天文望远镜看到的景象失真。把窗户打开也没什么帮助，因为从窗内出去的温暖空气会使图像更加模糊。天文望远镜必须架设在户外。如果晚上很冷，要让望远镜冷却 15 至 45 分钟，因为镜筒内的暖空气也会使图像模糊。

不要 使用最大倍率的目镜

并不是放大倍率越大就越好。许多入门级天文望远镜提供的 4 毫米和 6 毫米的目镜的成像都非常模糊，更不用说在如此狭窄的视场中，连要找到月球都是一个挑战。

不要 接入巴罗透镜

出于同样的原因，通常作为标配的 2 倍或 3 倍巴罗透镜也会影响视场的清晰度。一个优质的巴罗透镜可以成为有用的附件；一个劣质的巴罗透镜则会成为限制你的门槛。

不要 透过热源观测

即使是一架经过冷却的天文望远镜，在透过上升自热气排放口（如图所示）、附近的烟囱或温暖的汽车引擎盖等处的热空气进行观测时，也会受到影响。白天热得发烫的黑色沥青在晚上也会释放出温度。

为什么视场是上下颠倒的？

天文望远镜从来不会呈现出视角正常的图像。将成像翻转过来需要使用额外的光学器件，这会增加成本，还会降低亮度、扭曲高倍率视图，从而减损成像的质量。

颠倒的视图一开始可能会让人感到很困扰，但与裸眼视图相比，图像翻转后会导致很大差异的天体只有月球。对于恒星和行星，在天文望远镜中成正像并没有什么意义，因为这些天体在肉眼看来和小亮点也没什么区别。能够在目镜中获得最清晰、最明亮的图像更有意义。

倒置的图像可能只有在寻星镜中会让人感到困惑。直通式寻星镜的视图是上下颠倒的，不过它们是最容易确定方向的：只要把星图倒转，就能够与其视图相匹配了。带有与镜筒成直角的目镜的寻星镜通常会呈现出左右颠倒的镜像视图。想要将这种视图与星图匹配，需要将星图翻面，然后用一个手电筒从后面打光照透纸张，但这大概率是行不通的。

另一种方法是使用智能手机或平板电脑上安装的天象仪应用程序，将天图翻转过来，许多程序都提供了这一功能。或者你也可以从一开始就购买一个可以呈现正向图像的寻星镜，比如直角正像装置，又称“RACI”。

寻星镜二合一

就寻找目标而言，你可能只需要一个零倍率的寻星镜就足够了，它们能够在裸眼视角的天空中投射出一个红点或者一个靶眼形状，帮助你将天文望远镜瞄准到正确的区域。不过，一个优质的 6×30 或 7×50 规格的光学寻星镜会让你看到更亮的深空目标（尤其是在明亮的天空中），以便更准确地进行瞄准。二者能够相辅相成。

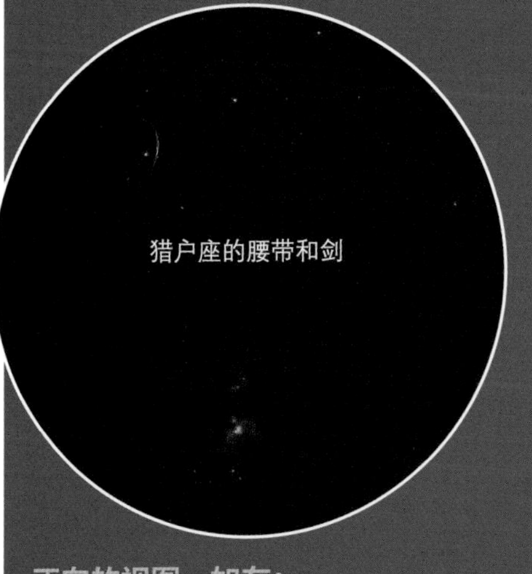

正向的视图，如在：

- 双筒望远镜
- 进行地面观测的天文望远镜
- 带有正像棱镜的寻星镜

上下颠倒的视图，如在：

- 牛顿反射式镜或任何具有偶数个反射镜（如两个）的天文望远镜
- 没有正像棱镜的直通式寻星镜

镜像的视图，如在：

- 带有天顶棱镜的折射式、折反式或任何带有奇数个反射镜的天文望远镜
- 带有一个 90 度正向天顶棱镜的寻星镜

记住以下几点，能帮助你在目镜视场中确定方向：

- 在没有马达追踪的情况下，天体在视场中自东向西漂移。
- 一个天体“领先”于另一个天体时，领先的那个位于西方，并首先进入或离开目镜。
- 一个天体“跟随”另一个天体时，跟随的那个位于东方，并在穿过视场的过程中一直跟着另一个天体。
- 将天文望远镜朝向北极星的方向，新的天空区域会从视场的北部边缘出现。

十个最常见的问题

许多第一次使用天文望远镜的人经常会问的问题（例如，它能放大多少倍？我可以看到土星环吗？），本书通篇都穿插着回答了。不过在这里，我们会再回答一些天文望远镜新手常问到的其他问题。

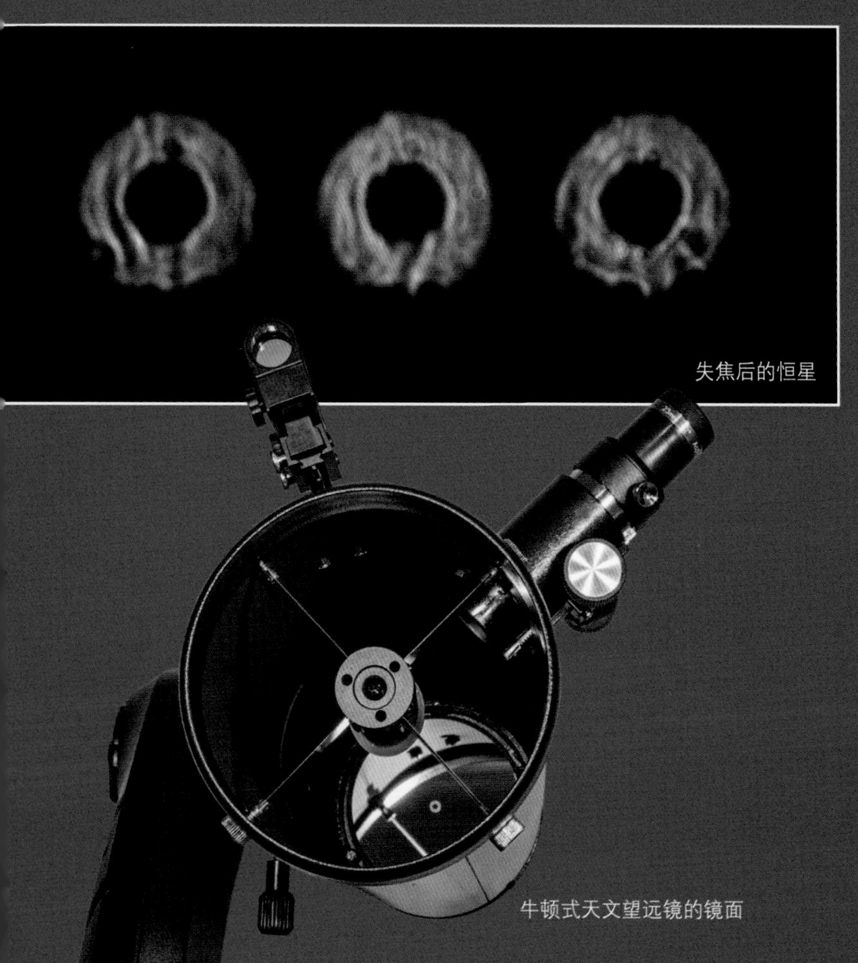

失焦后的恒星

牛顿式天文望远镜的镜面

1 我可以看到多远?

即使只用肉眼，你也可以看到 250 万光年外的仙女星系。天文望远镜能够展现出几千万光年外的星系，它们是如此遥远，以至于我们现在看到的它们的光线，实际上可能从恐龙灭绝前就已经开始向地球传输了。

2 我能看到留在月球上的旗帜吗?

留在月球上的旗帜、脚印和登月舱都太小了，任何一架位于地球上的天文望远镜都无法分辨出它们，即使是地球轨道上的哈勃太空望远镜也做不到。抱歉啦！

3 是我做错了吗? 恒星看起来就像小点……

当天文望远镜正确聚焦时，恒星看起来就应该像是小点。除了太阳，没有哪颗恒星近到能够让我们看到它们呈现出圆面的样子。如果恒星看起来像是大大的、闪光的盘子或者甜甜圈（如左图），说明天文望远镜失焦了。

4 ……行星看起来也像稍大些的小圆点

不要期望行星会像由天空探测器或哈勃拍摄的图像那样占满你的整个目镜视场。即使在 200 倍的放大倍率下，行星面看起来也很小，不过细节是能看到的。诀窍是学会看到这些细节，这是一个通过练习才能掌握的技能。关于观测行星的技巧，见第十四章。

5 在一架反射式镜中，副镜不会挡掉一部分光线吗?

会的，但遮挡掉的光线还不足以使图像明显地变暗（副镜阻挡的光线不会超过 10%）。只有在观测恒星时没有正确聚焦的时候，如上图所示，你才会看到副镜的轮廓，也就是甜甜圈状的图像中心的那个洞。

6 我怎样才能找到目标？

对于使用非计算机化的天文望远镜的观测者，最好的方法就是星桥法。我们在第四章中进行了相关的说明，并推荐了一些星图集和星桥法指南书。在第十六章中，我们会介绍星桥法的一些技巧，以及一些天文望远镜的天空之旅。

7 为什么物体在目镜中运动得那么快？

天文望远镜还放大了天空自东向西运动的效果。在低倍率下，物体会在两到三分钟内漂移过视场。在高倍率下，这个过程只需要 20 到 30 秒。这就是为什么慢动控制、顺滑的多布森式支架和马达驱动支架如此重要。

8 为什么我看到的星云没有颜色？

这一点我们之前就解释过，但在这里我们要再次说明一下：即使通过大型天文望远镜来观测，星云和星系的光芒也太过微弱，无法激发眼睛中的色彩感受器。这些深空物体（见第十五章）会以单色显示，正如右图中模拟的猎户星云在目镜中的视图。

9 在城市之外观测，视图会更好吗？

对星云和星系等暗淡的天体来说，是的。天空越暗，观测效果越好。但是月球和行星本身就很明亮，即便在有光污染的城市天空中，它们看起来也和在乡村一样清晰。在第三章中，我们就如何选择观测地点提供了一些建议。

10 我能从哪里寻求帮助？

当地的天文学俱乐部可能会在天文台或公园里举办观星活动。这些活动是很好的机会，让你能够了解更多关于天文望远镜以及它们能够呈现出什么。正如人们在右图中的夜晚里所做的那样，你通常可以带上自己的天文望远镜来寻求帮助和建议。

猎户星云的目镜模拟视图

第十一章

使用你的 GoTo 天文望远镜

曾几何时，这个爱好里涉及的高科技的领域是由天体摄影独占的。如今，即使是在进行最基本的天文学目视观测练习时，计算机的身影也无处不在。它们帮助我们学习天空、规划观星活动以及瞄准天文望远镜。

计算机化的天文望远镜在 20 世纪 90 年代首次面世，自那时起，其销售宣传语中便保证，它们会使这个爱好对新人更有吸引力，更容易达成——“你不需要认识天空中的任何一颗星星，也仍然能够找到数百个有趣的天体”。但事实上，我们发现 GoTo 望远镜带来的往往不是兴奋，而是困惑。

新手并不是按下一个按钮后就能看到令人激动不已的深空奇观，相反，他们面对的是难以理解的“错误”或“校准失败”提示，还有表现非常差劲的天文望远镜——它们不是指向天空，而是指向地面。

但是，在正确设置后，GoTo 望远镜确实是可以工作的，而且性能很好。因此我们在此提供了一些指导，帮助你让 GoTo 望远镜运行起来，让应用程序实现校准。

有了合适的硬件和软件支持，就可以用手机或平板电脑上的星图程序来控制天文望远镜了，这样屏幕上就会显示出天文望远镜瞄准的那片天域，而且天文望远镜也能自动回转到你点击的天体上。只是别忘了通过目镜亲眼观测！

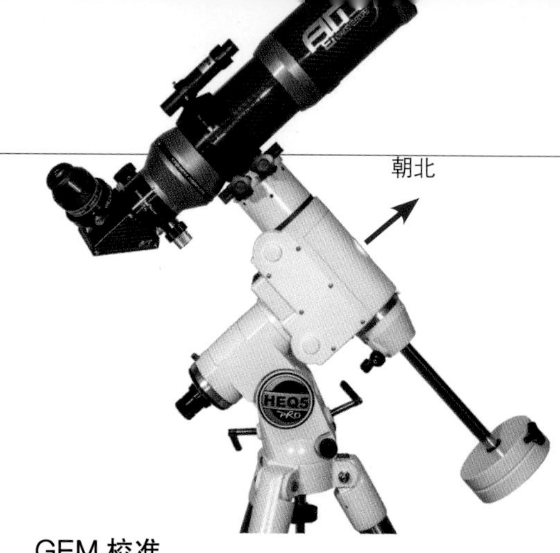

GEM 校准

所有的德式赤道仪支架在进行两星或三星 GoTo 校准之前，都需要先对支架进行极轴校准。即使只是粗略的极轴校准，大多数 GoTo 系统也能找到目标，但跟踪可能不那么准确。GoTo 校准的初始位置通常是瞄准北方，同时配重杆如图所示是垂直的，镜筒指向赤纬 90 度。

两星校准

在能够找到目标前，大多数 GoTo 望远镜必须先瞄准至少两颗恒星，通过这些恒星来进行校准，如上方的 SynScan 屏幕显示的。这些目标星体之间应该相距很远，如此处的大角和牛郎星。如果是将牛郎星和天津四或天津四和织女星作为校准星，即使能够校准，效果也不会好，无法使望远镜在天空中准确地瞄准。

GOTO 天文望远镜使用技巧

我们发现比起聚焦星光，GoTo 望远镜更常做的事是聚集灰尘。很多时候，天文望远镜拥有者在最初几次失败的校准之后便宣布放弃，并将这架天文望远镜归为一次失败的购物所得。

在过去几十年的测试中，我们也曾遇到一些送到手时就是坏的，或者在早期就出现故障的设备，但是大部分 GoTo 望远镜都是能够正常工作的。然而想要把它们安装好是挺棘手的。

GoTo 望远镜如何工作

每架 GoTo 望远镜的手控器或者配套的无线应用程序中都内置了一个虚拟的天空图，使其能够瞄准并跟踪数千个天体。为了使虚拟天空匹配真实的天空，望远镜必须“知道”它所处的位置、当下的时间以及关键的恒星都在哪里。这个过程被称为“GoTo 校准”。

对于大多数 GoTo 望远镜，你只需要输入一次所在位置就够了——手控器会在每次启动时将这个地点设为默认值。有一些型号能够自动记录时间（或者从内置的 GPS 接收器获取时间数据），但大多数 GoTo 望远镜都需要在每晚使用时输入时间。

在这之后，所有 GoTo 望远镜都需要进行初始校准，通常是通过两颗或三颗恒星。这个过程很简单。通常情况下，你要将望远镜设置到起始位置；对于某些使用经纬仪支架的型号，这意味着镜筒是水平的，并瞄准正北。以这个位置为起始，望远镜就会自己回转到第一颗校准星。你可以从计算机提供的列表中选择第一颗校准星，或者使用“自动”模式（大多数型号都具备这个模式），让它根据你当前的位置和时间来替你做出选择。

信达和星特朗的带有经纬仪支架的望远镜没有起始位置。你必须亲自将望远镜回转到第一颗校准星。这就要求你能够识别那颗星。这绝对是至关重要的！

那些能够自己指向第一颗校准星的望远镜只能做到大致准确，也许最好的是让它呈现在 6 度的寻星镜视场内。这是很正常的。我们看到过有人花费几个小时进行严谨的调平，输入经纬度时精确到角秒，或者试图使望远镜精确地对准正北，只为了使望远镜能够精准地瞄准第一颗星。然而这些努力是白费的。省省吧，它总是会有偏差的。

设置观测位置

使用米德的软件，你可以使用美国的邮政编码或城市来表明你的观测地点。或者像米德 AudioStar 那样，所有的系统都提供了另一个选项，可以通过输入经纬度和时区来添加和保存你的所在地——这些步骤很容易出错！

AUDIOSTAR
Location Option
1-Zipcode 2-City

Site:
Add

Enter Lon:
112° 49' West

Time Zone:
-07.0

现在，只通过按动按钮进行动作控制，使这颗星首先位于寻星镜的视场中心，接着是低倍率目镜的视场中心，然后点击“输入”或“校准”键。这会“告诉”计算机这颗星的实际位置与其计算出的位置之间有多大的偏差。“校准”就是这个意思。

一次效果良好的校准需要瞄准第二颗星。大多数 GoTo 望远镜会移动，或者说是回转到由望远镜或你自己选择的 2 号星。这次对准也会有偏差，但会更接近。让 2 号星居中，然后点击“输入”或“校准”键，这样校准就完成了。（有些型号，特别是那些带有德式赤道仪支架的型号，还需要第三颗星。）现在望远镜就知道它的虚拟天空相比真实天空偏离了多少，也就能够准确地瞄准其他天体。此时你可以开始观测了。

输入坐标信息

GoTo 失败的一个主要原因是输入的所在地信息出错。

- 星特朗和米德的 GoTo 望远镜提供了一个可供选择的城市列表。如果你的家乡不在列表中，就输入该地的经纬度，这些信息可从移动应用程序或互联网地图上获得。输入时精确到最接近的 0.5 度（30 角分）就可以了。
- 但是要注意正负号或方向：南半球的纬度是负值；一个负值的经度则表示是在英国的格林尼治 0 度经线以西，包括整个北美洲和南美洲。欧洲、亚洲、非洲和澳大利亚在格林尼治以东，经度是正值。如果输入错误的经度，望远镜会认为你在亚洲，而不是北美洲，于是它会瞄准地面，而不是天空。
- 正确地输入时区：在北美洲，东部时间是格林尼治时间减去 5 个小时，而不是增加。太平洋时间则要减去 8 个小时。
- 在这一点上不用纠正夏令时；对此有一个单独的选项。
- 关于夏令时的问题不是你所在的地区是否遵守夏令时，而是现在是否实行夏令时（北美洲为 3 月中旬至 11 月初）。
- 如果指向月球时一直有偏差，请检查你输入的夏令时设置和日期是否正确。

硬件设置

- 三脚架应该是水平的，但通常不需要对此太过挑剔。
- 确保光学寻星镜或红点寻星镜与主光学系统对齐。如果不是，你将很难把第一颗校准星移到视场中心。见第 204 页。
- 有些望远镜要求在起始位置上瞄准真正的北方（北极星的方向）。不要瞄准磁北（也就是指南针指示的方向；一些米德型号是例外）。
- 在校准时，只使用电动的动作控制来移动望远镜。不要解锁镜筒然后用手转动，也不要把它抬起来连带着整个三脚架移动。
- 当靠外部电源运行时，请仔细检查插头。一个松动的连接或一次短暂的电源失效都将使望远镜关机或重启，迫使你从头开始校准。

选择校准星

- 校准时瞄准了错误的恒星（例如，当望远镜需要瞄准北河三时，实际瞄准的是距离 4.5 度外的北河二），会导致望远镜在极大的距离上错过目标。
- 使用彼此位于正南或正北方位的恒星校准会使得一些系统失灵。望远镜可能会接受校准的结果，但是无法正确地找到目标。如果出现这种情况，使用不同的恒星再次校准。
- 如果望远镜具备三星校准模式，用它——这种模式更加准确。并且确保你选择的第三颗星位于天空的另一边。

当其他方法都失败时

阅读说明书！它可以提供更多有用的建议，包括按步骤的指示和手控器菜单复杂的图示。Facebook 上的用户群也可能提出有用的建议，或者联系卖给你这架望远镜的经销商。

检查你的电池

如果望远镜的表现出现问题（移动时出现卡顿或停止不动），请检查电池是否良好，内部电池是否被腐蚀。对于外接电源的情况，请使用制造商提供的电源和电缆，否则如果电压或极性不对，部件就有烧毁的危险。

让你的天文望远镜待机

大多数天文望远镜都有一个“休眠”或“待机”功能，它可以停止天文望远镜的运行，但保留其校准信息。只要天文望远镜不被移动，它就可以在第二天晚上恢复通电后继续进行 GoTo 寻星，尽管它可能需要你手动输入当前的时间。

恢复出厂设置

新拥有者有时会把手控器系统搞得一团糟，导致无法使用任何功能，或者所有的菜单都用外语显示。使用“恢复出厂设置”命令，可以将手控器恢复到默认设置。我们遇到过一个开箱就有问题的手控器，当时就是通过这种方式修好的。

米德 AudioStar/Autostar 天文望远镜

AudioStar 手控器

米德的 AudioStar 手控器提供了对许多天体的讲解，但 Autostar 手控器的设置步骤和选项与之是类似的。

米德的多款GoTo望远镜，从入门级的ETX-80到中端的LX65和LX90系列，都使用了AudioStar手控器，这是一个非常完善的系统，带有“内置天文学家”音频导览。高端的LX200和LX600系列摒弃了针对初学者的音频导览，而增加了Autostar II手控器。较老型号的望远镜使用的是原初的一代Autostar手控器。

米德的LightSwitch天文望远镜使用的是Autostar III，其内置的星表和校准相机使用的图像识别程序，与星特朗的StarSense系统相似。我们没有使用过LightSwitch系统，所以这里就不介绍了。

与其他系统一样，下面的提示并不是让你当作完整的说明书使用——你已经有说明书了！但可以帮助你提高关键功能的性能。

AudioStar/Autostar 设置

- 在“望远镜”>“最大仰角”选项下，你可以把这个数值从 90 度减到 85 度或更小，以防止望远镜瞄准正上方的天空，导致连接到 ETX 后端口的附件与支架底座相撞。事实上，在该端口上安装任何附件或设备都会大大限制你在经纬仪模式下将望远镜瞄准的高度。此外，望远镜也很难回转和跟踪位于头顶上方的天体。
- “望远镜”>“水平百分比”和“高度百分比”选项各自增加了一些齿隙补偿。尝试设置到 10%。但是如果移动看起来很生硬，那就把它退回到 0%，可能就可以了。
- “望远镜”>“高精度”选项会迫使远视镜在回转到选定的目标之前，先转到附近的亮星上进行定心。在进行目视观测时，关掉这个选项。
- “望远镜”>“静音回转”选项能够降低最大回转速度和马达噪声。你的邻居会喜欢这个功能的。
- “望远镜”>“校准马达”，只有在运动看起来不正常的情况下才建议使用，也许是因为电池电量过低。
- “望远镜”>“传动装置”，应作为最后的手段来使用。查阅说明书！
- 在设置下，不要改变“水平比”或“高度比”。为什么这个会包含在设置内，我们也不明白。
- 在“实用工具”下，可以设置显示器的亮度和对比度。在寒冷的天气里，这可能需要调整。

地点信息

- “设置”>“地点”中提供了两种模式：一种是输入邮政编码（仅适用于美国）；另一种是选择国家和城市，选择离你最近的城市就可以了。
- 你可以通过输入名称和经纬度来添加一个自定义的地点。北美洲的时区是负值（-）。添加的地点将成为默认地点。

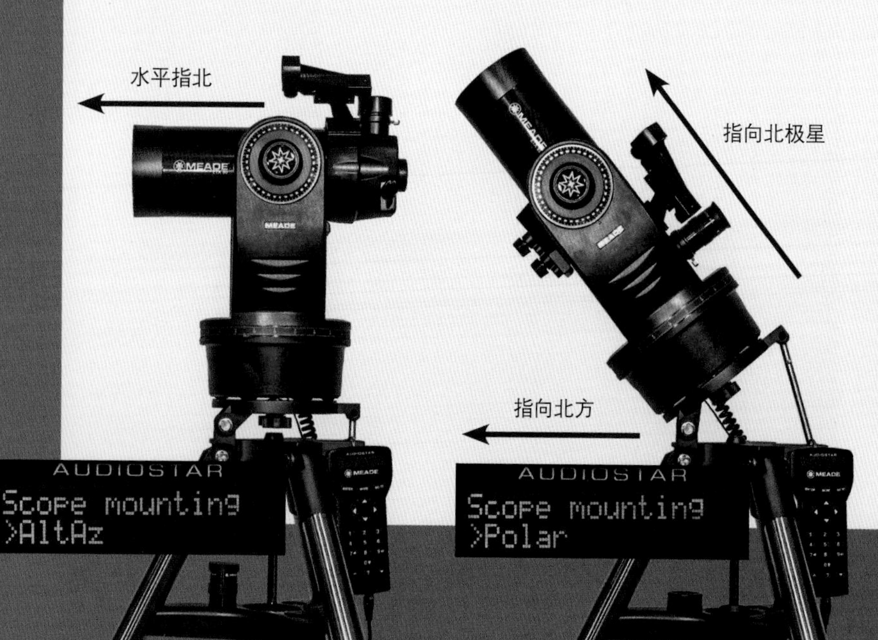

设置选择：经纬式 vs. 极式

任何品牌的叉臂支架 GoTo 望远镜，如这款米德 ETX-90，都可以设置为经纬仪模式（如最左图），或翻转为赤道式（或称极式，如左图）。后者需要进行极轴校准，并将米德的手控器设置为“支架”>“极式”。在用于所有的目视观测，甚至是月球和行星的成像时，经纬仪模式的设置更容易，性能上也够用了。此处展示的望远镜都处于米德针对北半球不同模式的初始位置。

- AudioStar 手控器会跟踪日期和时间。这个功能很好！老式的 Autostar 手控器需要你每晚都把这些信息重新输入一遍。

校准

- 简单的校准模式要求镜筒的位置是水平的，但有些型号的起始点既可以使用真北，也可以使用磁北。
- 简单的校准会选取两颗校准星，并回转瞄准它们。点击“模式”键可以跳过一个不可见的恒星，转而选择列表中的下一颗恒星。
- 1 号星和 2 号星选项需要你自己选取恒星，但接下来镜筒就会自动从水平 – 北的起始位置回转到它们。
- 米德建议你不要通过头顶上方或靠近天极的恒星来校准。

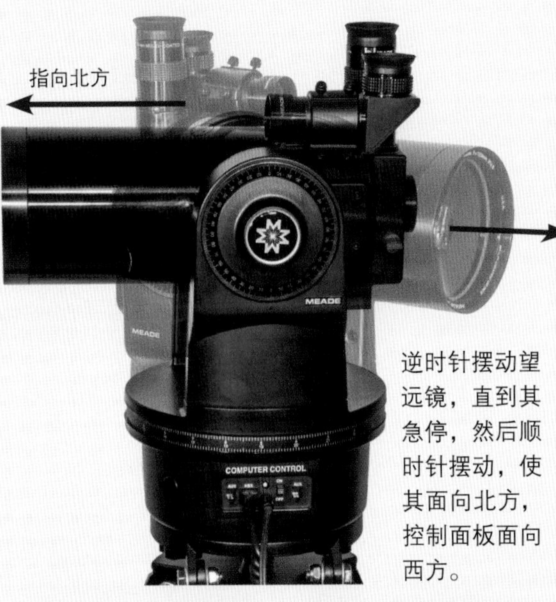

逆时针摆动望远镜，直到其急停，然后顺时针摆动，使其面向北方，控制面板面向西方。

- 对于水平 – 北望远镜（LNT），自动调平或寻找北方的过程可能需要很长的时间。这很正常。使用标准的双星校准会更快。
- 确保轴都紧紧地锁定了。在马达驱动控制下，松垮的轴会打滑并失去校准。
- 对于 ETX 天文望远镜，追踪时塑料齿轮发出吱吱声是很正常的现象，但是它们确实能精确地找到目标。

寻找目标

- 进入“对象”菜单，能得到所有内置的天体列表。与其他系统不同，这里并没有按键让你能够直接从梅西叶、考德威尔等天体或星云和星团新总表中选择天体。
- 当选择一个深空天体时，按 Enter 键使它的名字或目录号在下一行显示，否则 GoTo 不会开始运行。
- 要退出一次游览，按住模式按键几秒钟即可。
- 尽管米德的数据库很优秀，但它们还包含了不可见的天体，如黑洞和类星体，这些都是无用的信息。

关于提示的提示

针对这三个系统，我们把提示分为几个类别。

- 设置功能：设置一次即可，但如果信息不正确，会导致非常差劲的表现。
- 初始地点信息：每晚都可能需要输入的地点和时间 / 日期。
- 校准：关于执行关键校准程序的提示。
- 寻找目标：关于数据库的提示。

避免急停

老式的 ETX 望远镜需要使用者逆时针转动望远镜，直到它急停，然后顺时针转动，使叉臂支架位于控制面板上方，控制面板的位置朝西。如果不这样做，可能会导致望远镜在 GoTo 回转过程中卡住并急停。较新的 ETX 型号不会出现急停，尽管新的说明书中可能仍然会提到这一点。

AUDIOSTAR
Telescope Model
>ETX-90

选择望远镜参数

在“设置”>“望远镜”下，选择望远镜型号（图中是 ETX-90）、焦距、支架类型（经纬式或赤道式）和跟踪速率（用于天文观测时选择恒星）。这些参数可能是开箱时就设置好的，但是记得检查一下。

AUDIOSTAR
Current Targets:
>Astronomical

目标选择

在“设置”项下，开机时的目标会被设置为地面目标。完成校准后，目标会自动切换成天文目标。如果不这样，天文望远镜就不会追踪天空。如果天体漂移到视场外，检查这个选项。

AUDIOSTAR
Cord Wrap
> ON

防电线缠绕

在“实用工具”>“防电线缠绕”选项下，选择“启用”以防止电池的电线在转动时缠绕在支架上。大多数系统都具备这个功能。当启用时，镜筒在回转时可能会“绕远路”。

AUDIOSTAR
Audio Clip
> OnDemand

关闭音频导游

在新鲜感消失后，如果想要关闭 AudioStar 设备上的解说，可以在“实用工具”>“音频省略”选项下选择“按需”。当音频播放时，可以按下“？”键，跳过针对儿童的卡通介绍，进入主要的解说部分。

AUDIOSTAR
Messier Object:
13

直接进入深空天体

在“对象”>“深空”下，点击向上按键，直接进入梅西叶天体表。输入一个天体的目录编号，即可选择该天体。在命名的天体列表中，有些可能是暗淡（不可选）的。

星特朗天文望远镜

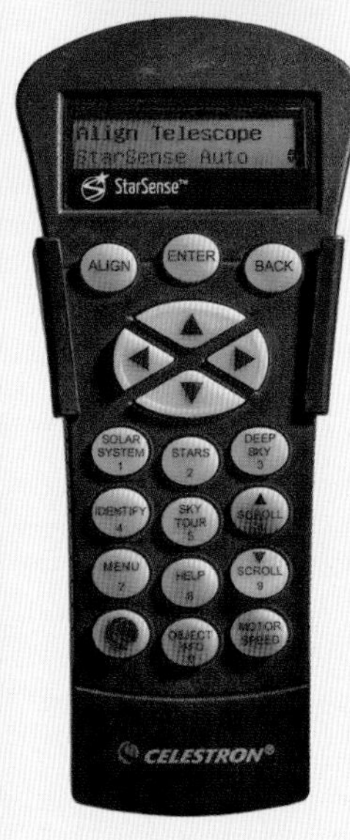

NexStar 和 Starense 手控器

顶图的 NexStar 手控器用于大多数的星特朗 GoTo 望远镜。上图的 StarSense 手控器包含了其自动识别星域的图像识别校准程序所需要的恒星目录。

星特朗的 NexStar 手控器虽然不时便会进行升级，但整体功能都差不多。唯一的例外是在 Sky Prodigy 天文望远镜中与 StarSense 相机附件一起出售的 StarSense 版本。由于这部相机负责了大部分的校准过程，所以这款手控器有不同的选项，使其更加自动化。

NexStar 设置

- 在“菜单”键下，将“跟踪”设置为“经纬式”（或赤道式，根据你的天文望远镜而定）。
- 在“选择型号”下，滚动选中你的天文望远镜型号，然后按下 Enter 键。
- 在“菜单”>“望远镜设置”下，可能需要在每个轴和方向上调整消齿隙的值。尝试 10%。设置的值太高的话，望远镜会跳动。
- 在“菜单”>“望远镜设置”下，调整“回转限制”；85 度和 –2 度是比较好的。
- 在“菜单”>“望远镜设置”下，如果你使用外部电源供电，启用“防缠绕”功能。
- “实用工具”>“灯光控制”可以设置键盘和液晶显示器的亮度。
- “实用工具”>“滚动”可以调整文本滚动的速度，以保证可读性。
- “实用工具”>“校准 GoTo”只有在天文望远镜承载额外重量时才用得到。

地点信息

- 在菜单下，有一个显示“时间 – 位置”的选项，但你不是在此处设置。
- 手控器第一次启动时可能就会要求输入地点信息。如果经销商或者你已经输入了一个地点并希望改变它，请进入“菜单”>“望远镜设置”>“设置时间—位置”。
- 按 Enter 键会显示现有的地点。点击“撤销”键，将会选择回退三页，进入城市数据库。或者使用“向上”或“向下”键，进入“用户自定义坐标”。这种非常规的导航方式会让许多新手感到困惑。
- 在“自定义坐标”选项下，输入经度，然后选择东或西（北美洲是西）以及纬度，接下来选择北或以美式的“月 / 日 / 年”方式输入日期，大多数系统都采用这种表示方法。

校准

- 星特朗没有“水平 – 北”这样特殊的初始位置。这项技术是米德独有的。
- 对于具备 1–2–3 星空校准的型号，想要在星空校准模式下识别校准目标，镜筒必须经过细致的调平。使用其他校准模式，如自动两星模式，就没这么挑剔了。
- 在星空校准模式下，你必须回转到三个明亮的目标——任意三个，即使你识别不出它们。这是一项很精巧的技术，但过程也有点乏味。
- 最好能学会识别恒星，然后使用自动两星或两星校准模式，因为它们只要求你回转到第一颗恒星；天文望远镜会自动回转到第二颗恒星。
- 当你只能看到月球或明亮的行星（或者是白天的太阳）时，太阳系天体校准是一种很好用的粗略校准方式。
- 像 AVX 和 CGEM 型号的德式赤道仪支架需要三星校准，两颗星在子午线的一边，第三颗星在另一边。
- 当按住一个方向按键时，按住相反方向的按键可以短时间内将回转速度加快到速率 9——方便校准时的快速移动。

寻找目标

- 你可以通过一个快捷键直接进入天体目录，不过只有在屏幕返回到上一页（通过撤销键），望远镜名称可见时。
- 在选定一个目标后，点击“信息”键可以获得其信息，同时不回转到它。点击 Enter 键来回转（手控器上本身没有 GoTo 键）。
- 可供巡游的目标选项非常多，但是和大

可靠的 GoTo 望远镜

NexStar SE 一直是星特朗最受欢迎的系列之一。但这些望远镜必须在电动控制下才能使用，因为它们不能在天空中手动移动。但它们可以通过使用 SkyPortal 附件（插入此处的底座）和免费的移动应用程序（如右上图所示）升级为 Wi-Fi 控制。

多数系统一样，它们分散在天空中，没有特定的排列顺序。

- “菜单” > “高级”中有更多可以进行天文望远镜设置和过滤目标的选项。
- 输入梅西叶及星云和星团新总表天体时，你必须输入前面的“0”（例如，M013 而不是 M13）。

StarSense 手控器

- 这个版本提供了“查看/修改地点”和“查看/修改时间”的组合菜单。
- 主要的校准选项是自动 StarSense 或手动 StarSense（选中后者，你需要自己瞄准天空的不同区域）。
- 使用 StarSense 相机时，可能有必要进行校准，以便相机和望远镜以电动化对齐。遵循说明书的指示。
- 在“捕获设置”下，你可以调整相机的灵敏度，以适应各种天空条件。

选择一个城市

在城市数据库中，选择“国际”来选取非美国的城市，然后选择你的国家和城市。与你所在位置相距 100 千米左右的城市应该就可以使用了。或者你可以选择自定义地点，并输入你所在的经纬度和时区。

停留在一个星座内

进入“识别” > “星座”，然后选择一个星座，就可以得到该星座内的目标列表。举例来说，这对于探索人马座中的梅西叶天体非常方便。

进行 StarSense

为了实现自动校准，星特朗的 StarSense 相机和手控器会让天文望远镜围绕天空回转，拍摄三个星域的图像。如果经过几次尝试，相机没有看到足够的恒星（也许是由于云层或障碍物），校准便会失败。相机必须在每个星域中看到 20 至 50 颗恒星，才能获得最佳效果，并成功校准。

如果你不能看到恒星

大多数 GoTo 望远镜都需要进行某种形式的校准才能正常运转和跟踪。对于 StarSense 望远镜，没有双星对准模式作为备选项。如果你能看到的只有月球或黄昏中的行星，相机将无法工作。替代项是进行太阳系天体校准，在这个模式中，你回转到所选择的天体上并进行校准。

信达 / 猎户天文望远镜

猎户天文望远镜和双筒望远镜（总部在美国）以其旗下的StarSeeker品牌销售的GoTo望远镜是由中国的苏州信达光电科技公司生产的，该公司也生产Sky-Watcher品牌的产品。星特朗也属于信达，不过星特朗的软件虽然与信达的SynScan有相似之处，但差别也很明显，我们已经对其进行了单独说明。但是我们可以把Sky-Watcher（下文中称为信达）和猎户的GoTo望远镜的设置过程放在一起描述，因为它们是相同的。

SynScan 手控器

虽然旧版的 SynScan 手控器仍然可以用新的固件进行更新，但新款的手控器具备更多功能，如这个 V5 设备上的 USB 端口，也许值得你进行一次升级换代。

SynScan 设置

- 在“设置”>“速度”下，选择“恒星速”。使用德式赤道仪支架时，这样设置后，即使你在“是否开始校准？”中选择了NO，赤经跟踪马达也会启动。
- “设置”>“仰角限制”可能默认设置为 −15 度，这样镜筒可能会撞到支架。把它调至 −5 度或更小。
- “有效功能”>“查询”>“电源电压”显示了当前的电池水平，这是唯一一会显示这一信息的系统。
- 当由笔记本电脑控制时，手控器的 PC 控制模式可能会被关闭，这与说明书相反。

SynScan 望远镜

猎户的 StarSeeker Ⅳ 支架（最左图）和信达 AZ-GTi 支架（左图）具备内置的 Wi-Fi，可以通过同一个手控器（左上图）或 SynScan Pro 应用程序（下图）进行操作，该应用程序具有手控器的所有功能以及额外的北 − 水平校准模式。

地点信息

- 没有城市数据库。你必须输入所在地的经度和纬度，然后添加时区和夏令时来设置地点。北美洲的时区是负值（−）。
- 你需要每晚输入日期和时间，即使从待机状态重新启动也是如此。时间必须以 24 小时制输入（例如，晚上 8 点 =20 : 00）。
- 如果你使用了附加的 GPS 插件，手控器会自动跳过位置页面，但你仍然需要确认时区和夏令时设置，这有点儿奇怪。

校准

- 手控器提供最亮星校准（仅适用于经纬仪支架，此时你选择一个天空区域，它就会自动选择一颗星）和单星及双星校准模式。使用赤道仪支架时还能够进行三星校准。不用管 NPError 和 ConeError 选项。它们只会让你迷惑。

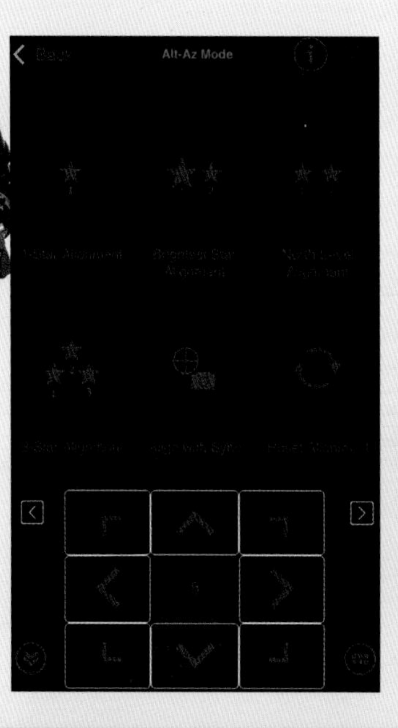

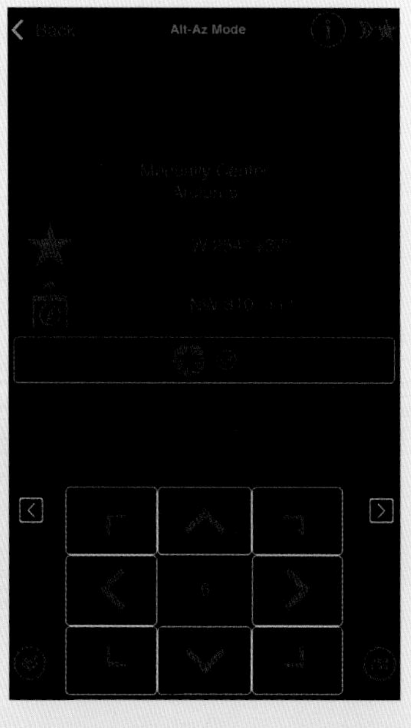

使用应用程序校准

使用 SynScan Pro 应用程序通过恒星校准，如左图，为了消除反冲，在进行最后的移动以使校准星居中时，必须按照高亮的按键指示的那样向上和向右移动，然后星星（★）按键才会被激活，点击这个按键继续校准。

- 在经纬仪支架的所有校准模式中，都不需要预先设置初始位置。所以你必须亲自回转到第一颗星，但接下来支架会自动回转到第二颗星。
- 在辅助编码器启用时，你可以松开轴的锁定，推动支架到接近第一颗星的位置，然后锁定轴，使用回转按键做最后的位置居中，这是一个独特的功能（一定要看下方的“启用编码器”部分）。
- 日间校准允许用户在白天通过月球或在曙暮时分通过行星来校准。
- 校准时，你可能需要提高速度（速率 +9）来大致瞄准一颗星，然后降低速度（速率 +5）以使其在目镜视场精确地居中，这个过程有些麻烦。
- 完成校准后，手控器会回到校准方式页面，好像你需要重复这个过程。不需要！这是又一个潜在的可能让人混乱的设置。只要点击一个按键进入数据库或点击“浏览”键。

寻找目标

- 在选中一个目标后，你必须按一次 Enter 键，接着再按一次，以跳过对象信息，进入“是否浏览目标？”页面，此时再按 Enter 键便会开始 GoTo 回转，这又是一个古怪的设置。
- 当天文望远镜完成 GoTo 回转时，并没有确认完成的提示音。
- 你必须按 Esc 键，而不是菜单键，才能回到菜单树的上一级页面，这点也很反常。
- 点击浏览键会进入深空天体巡游目录，其中不包括太阳系天体和双星。目标的选择还不错（有些目标，比如蛋状星云会太过晦暗而难以观测），但是它们的排列是随机的，而不是按照在天空中的位置从西到东排列。

SynScan Pro 应用程序

- 信达和猎户的 Wi-Fi 支架可以通过手控器或 SynScan Pro 应用程序控制，但二者不能同时使用。
- 应用程序可以自动检测支架的类型，并提供适合该类型的校准模式。
- 在应用程序中，提供了一个“北－水平”校准模式（虽然只适用于经纬仪支架），需要望远镜的初始位置为镜筒水平并瞄准北方。支架将自动回转到第一颗星，使校准更容易。
- 进行校准时，先从一个列表中挑选校准星，然后点击“开始校准”。列表中排名靠前的恒星通常是最佳选项。
- 从 SynScan v1.19 开始，天空巡游被移到“有效功能”菜单下。进入“设置”菜单调整高度限制和消齿隙，辅助编码器设置则在“高级”菜单下。

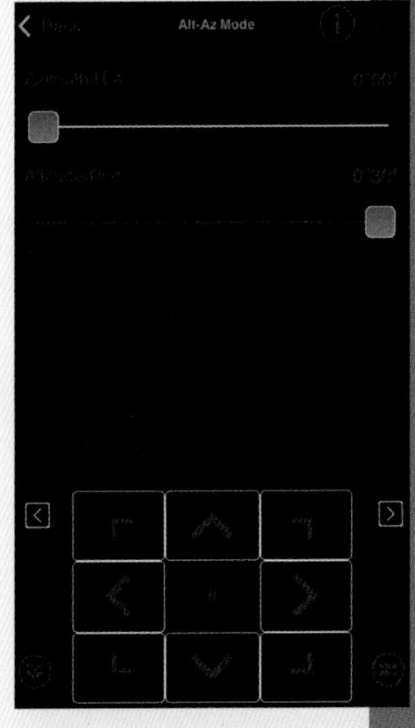

调校齿隙

如果望远镜在你点动运动按键后持续运动，请进入“设置”>“齿隙”，将 Alt 和 Az 设置为零或一个较低的值，如 2 弧分（0° 02' 00"）。我们测试的设备默认高度被设置为 30 弧分，这有些过高了，造成了很多失控的运动。这里同时展示了 SynScan Pro 应用程序和手控器的设置界面。

启用编码器

带有 Freedom Find 编码器的支架能让使用者手动移动天文望远镜而不破坏校准，这样的支架需要每晚都在“设置”>“辅助编码器”中启用这个功能。这个功能在手控器和应用程序中都是默认不启用的，这就让这些支架最重要的功能和卖点失效了。

跳过位置页面

你所在的位置只需要按经纬度输入一次即可。对于北美地区，将经度设置为西（W）——很容易误设为东。但是你每天晚上仍要点击 Enter 键来跳过这些设置页面，这是一个很烦人的步骤。

固件检查

对于所有的系统都不用对更新手控器固件太过操心。你遇到的问题基本上都不太可能是因为固件版本太旧。更新过程本身就充满了风险，且需要一台 Windows 系统的电脑。所有版本都不支持 MacOS 系统的电脑。

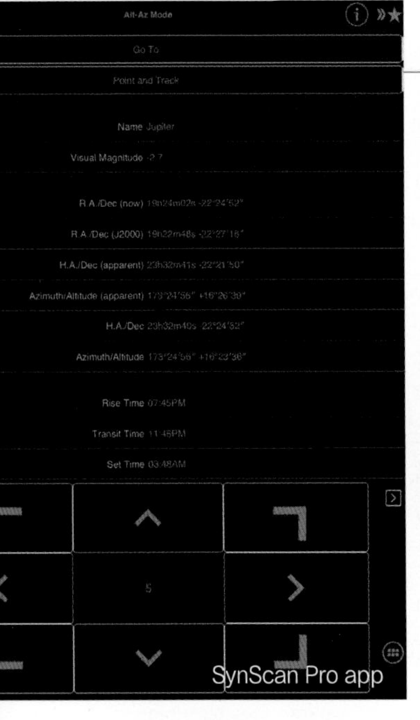

应用程序控制

信达和猎户的可连 Wi-Fi 望远镜可以通过 SynScan Pro 应用（左屏幕）来控制，该应用只显示文本、不显示图像。但当你在应用的望远镜设置页面下选择 SynScanLink 选项后，它就可以与星图应用 SkySafari（右屏幕）和 Luminos 连接，如第 225 页下图所示。使用者可以通过星图应用轻松地探索一片特定区域的天空，比如此处显示的丰富的人马座区域。

连接到电子设备

GoTo 望远镜很早之前就可以连接到电脑上，这样使用者就可以通过电脑软件（如 Starry Night 或 TheSky）控制天文望远镜。这个选择很受天文摄影家们的青睐，他们同时还需要电脑来控制相机。

对目视观测者来说，使用笔记本电脑或者平板来操纵天文望远镜有一个好处，那就是提供了交互式的星图，能够显示出望远镜指向的天域。我们在这里列出了截至 2020 年，我们认为效果最好的控制软件或应用。不过请记住，软件的更新换代是很快的，新出现的选项也很可能会成为我们的最爱。

有线连接

传统的将天文望远镜连接到电脑上的方式是使用很多 GoTo 望远镜都附带的串行电缆。电缆的一头连接在手控器（通常带有一个电话式 RJ11 端口）上，另一头可接入一个老式的 RS232 DB9（9 针）串行插头。20 世纪 90 年代之后生产的电脑都不再使用这种串口了，所以用户只能单独购买一个 USB 串口适配器，安装其驱动程序，选择正确的 COM 端口，然后祈祷电脑上的天象仪软件能够识别这个端口。

现今最新的手控器上会带有一个 USB 端口（终于！），使得它们可以直接连接到电脑上，这种设置要好得多。但即便这样，与笔记本电脑的有线连接现今也已基本上被与平板电脑或智能手机的 Wi-Fi 连接所取代了，至少在目视观测方面是如此。

无线连接选项

现在越来越多的天文望远镜都内置 Wi-Fi 连接功能，有些型号甚至不再包括手控器。取而代之的是，它们会依靠移动应用程序来校准和运行望远镜。

其他型号的 GoTo 望远镜的拥有者可以通过附加的插件来为他们的望远镜增添 Wi-Fi 功能，如我们在第 188 页所示。星特朗的 SkyPortal 组件（120 美元）和信达 / 猎户的 SynScan 组件（70 美元）可以让它们品牌的望远镜连接到各自的 SkyPortal 或 SynScan Pro 应用程序。这些插件可以扩展传统手控器的功能，甚至完全取代它们。

所有天文望远镜都适用的方式是使用来自 Simulation Curriculum

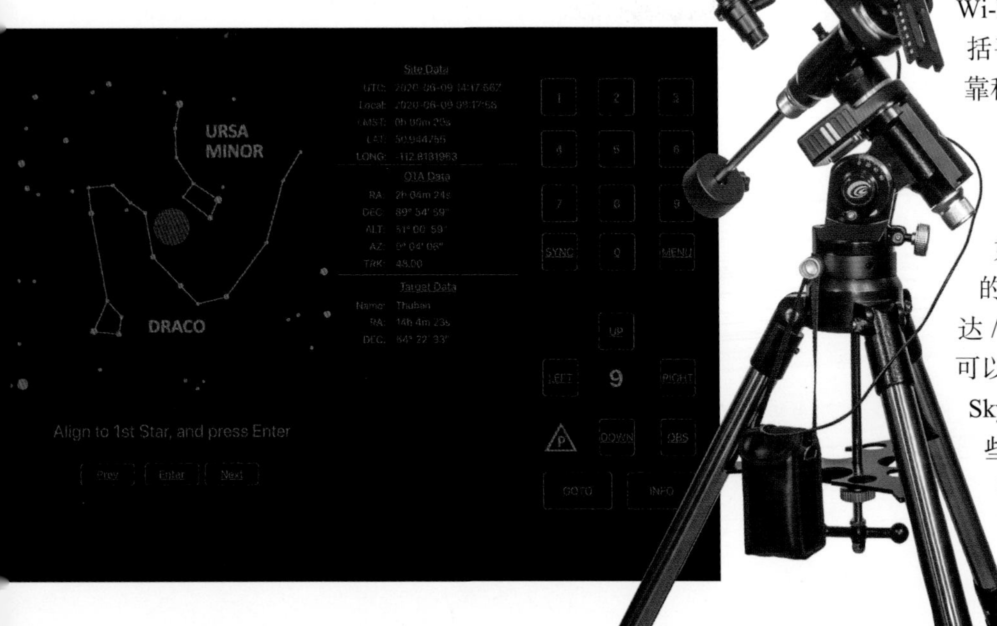

星际探索

探索科学的可 Wi-Fi 连接支架，如 iEXOS-100（下图），没有手控器，只能通过安卓系统的平板电脑和苹果系统的 iPad 上安装的 ExploreStars 应用程序来操作。校准页面会显示它所选择的恒星，尽管我们测试的版本总是倾向于选择晦暗的恒星，比如此处显示的天龙座的紫微右垣一，而且显示的位置经常不太正确。

的 SkyFi 无线盒（截至 2020 年更新到第三版，200 美元）。SkyFi 搭配 SkySafari 和 Starry Night 一起使用。猎户的 StarSeek 和米德的 Stella 组件（后者在 2020 年停产）功能与之类似。

我们发现支持 Wi-Fi 连接的天文望远镜和附加的插件能够很容易且可靠地连接到我们的设备上，它们除了能够提供手控器具备的所有功能外，还具备一些显著的优势：

- 你不用再手动输入地点和时间，因为你的设备能自动获取这些信息。
- 观测目标中还包括了彗星和小行星，且可以通过下载随时更新。
- SkySafari 提供了可下载的巡游路线，如梅西叶天体观测马拉松，你也可以规划自己的天空巡游。
- SynScan Pro 应用程序有一个灵巧的“指哪看哪”功能，能够操控支架回转到智能手机指向的方位。
- 来参观你的天文望远镜的人能够看到它瞄准的区域。你可以把平板电脑递给家庭成员，让他们选择观测目标，点击这个目标就能命令天文望远镜瞄准它，不管是小孩还是大人都会喜欢这个过程。
- 在瞄准目标后，软件能够提供图像、语音解说和其他许多手控器无法提供的信息。

事实上，手控器以及它们粗糙的数字字母显示，可能很快就会成为那种满足人们对古早设备好奇心的小物件，就像翻盖手机一样。

但只有当你对天空足够熟悉，知道该观测什么的时候，这些技术才能发挥最大的作用。这就是为什么我们在第六章和第十六章中介绍了我们的深空观星之旅，它们会通过一系列天文胜景来带你入门，这些景象可以通过传统的星桥法找到，也可以使用高科技方法、点击一下屏幕看到。选择权在你。

最后说一下限制：虽然无线技术很有吸引力，但是如果你的平板电脑或者智能手机没电了（这在寒冷天气时很常见），那么你的天文望远镜就全无用处了。在测试中，我们发现这些应用程序非常耗电，在两到三个小时里就能耗光设备的电量。

有线连接

运行 SkySafari（如图所示）、Starry Night 或 TheSky 等桌面程序的笔记本电脑可以通过两种方式连接到望远镜上，一种是通过串行电缆连接，另一种是像图中展示的直接通过 USB 端口与手控器连接。许多人都喜欢 Stellarium 软件，尽管我们发现它的连接过程和与望远镜的配合都很晦涩难懂且不可靠。但它是免费的。

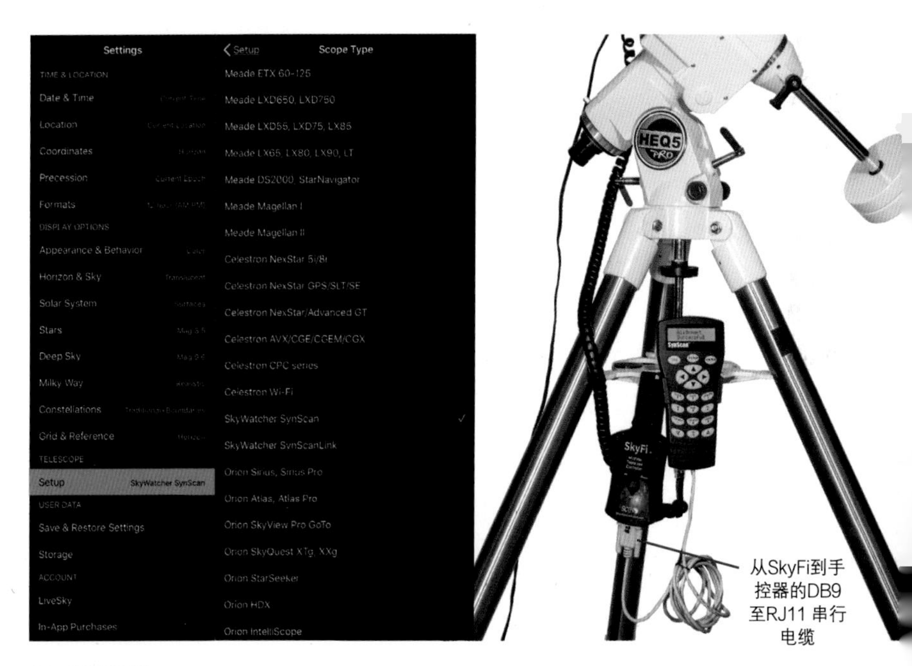

SkyFi 设置

SkyFi 盒子可以通过 GoTo 望远镜附带的串行电缆连接到手控器，如图所示，或通过 USB 电缆连接到较新型号的手控器。使用者必须选择望远镜的品牌和型号或系列，如上图所示，并选择支架的类型。连接后，望远镜可以通过应用程序（点击目标并点击 GoTo 键）或手控器进行瞄准。

你可以说我们老派，但是我们仍然喜欢给 GoTo 望远镜配备一个手控器，这是一种可靠的有线连接选项，尤其是在冬天的夜晚。当我们真的想要从简时，会使用手动的多布森式镜或一款“即拿即用”的折射式镜来通过星桥法观星。

第十二章

观测太阳、月球和日月食

四个多世纪以前，伽利略用天文望远镜观测的第一个天体便是月球。他第一次凝望月球皱巴巴的面庞时所感受到的激动之情，也成为天文望远镜作为一种探索工具所具备的一项附加遗产，一代代传递下来。伽利略使用的粗糙的折射式望远镜，放大倍率只有 8 倍，成像比包括已知的所有形式的光学像差，但他仍然看到了在那之前从未被观测到，甚至从未被想象到的特征。伽利略也是第一批通过天文望远镜观察太阳的人，他发现太阳也是有瑕疵的——他在日面上追踪到了深色的太阳黑子。我们今天也可以做同样的事，不过要比伽利略在 17 世纪时安全得多。

尽管太阳和月球本身便是非常有趣的天体，但当这两个星球与地球对齐时，即便是非天文学爱好者也会关注它们，因为这时会发生日食和月食——天空中最令人难忘的景观。

我们生活在一个特殊的星球上，在这里我们可以目睹地球孤独而巨大的卫星——月球遮挡太阳，产生奇妙的日全食。在太阳系中，没有任何一个星球的卫星的表观大小能如此精确地正好与太阳一致，进而创造出如此完美的日食。作者戴尔于 2017 年 8 月 21 日在爱达荷州，面向怀俄明州的大蒂顿山拍到了这一幕。

月相模拟

这一系列图片使用了手机应用程序 Moon Globe 来模拟月相。想要免费的 Windows 系统的程序，可以试试 Virtual Moon Atlas 这个月球观测软件。

月龄27日的下蛾眉月

月龄25日的下蛾眉月

月龄23日的下蛾眉月

月龄21日的下弦月

月龄19日的亏凸月

月龄17日的亏凸月

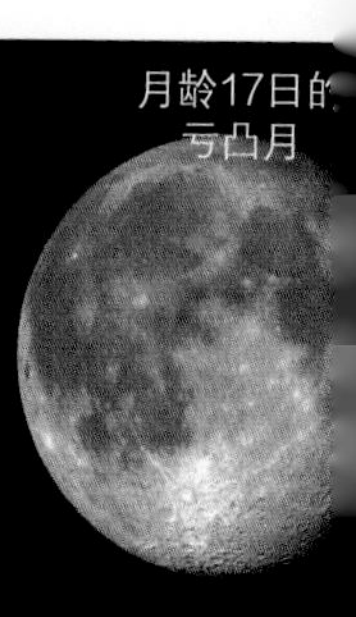

黎明时升起

在夜空中的渐暗阶段；每天比前一天晚一点升起

雨海盆地全景图

由撞击形成的巨大的雨海盆地是月球上最壮观的地区之一，它被弧形的山脉所包围，边缘点缀着巨大的陨击坑，如顶部的柏拉图环形山和中间的阿基米德环形山。月球摄影师罗伯特·里夫斯（Robert Reeves）在一弯渐亏的下弦月上拍摄了这张全景图。

观测月球

通过粗糙的天文望远镜，伽利略发现月球并非人们原本以为的那样，是天空中一个没有瑕疵的球体或镜子，相反，它是另一个单独的世界，其特征与地球不无相似之处。

如今，新的天文望远镜最先用来聚焦观测的细节通常便是月球上的陨击坑和山脉。这些初始的月球景象会给人留下深刻的印象。事实上，月球所能呈现的奇妙景观是如此丰富多样，光是这些景观便值得你拥有一架天文望远镜来进行观测。

褶皱的平原、崎岖的陨击坑、阳光下的山峰和深邃的山谷，都显现出鲜明的样貌，没有被一丝一缕的云或雾所扭曲（在月球上是这样的）。月球离我们这么近，它的特征是这么容易看到，细节又是这么丰富，因而你总能找到一些有趣的东西去研究和探索。

撞击塑造的外观

阿波罗号宇航员带回的证据和后来的无人月球任务采集的数据证实，我们在月球上看到的一切几乎都是由同一种主要力量创造和塑造的——大大小小的撞击。

由于没有大气层的保护和影响，月球一直遭受着彗星、小行星和流星体（太阳系形成时遗留下来的碎片）的无数次撞击。然而除了几个较新的陨击坑，如哥白尼陨击坑和第谷环形山，我们所看到的大部分陨击坑都是由大规模的撞击形成的，这类撞击在月球形成约 10 亿年后开始逐渐衰减。

即使是圆形的“海洋”——月海（英文中单数形式为 mare，复数形式为 maria）也是由撞击形成的。巨大的撞击首先在月球表面创造出盆地，盆地随后又被喷出的流体岩浆覆盖，这些岩浆在 38 亿至 32 亿年前填满了盆地。所以虽然月球上存在火山活动，但

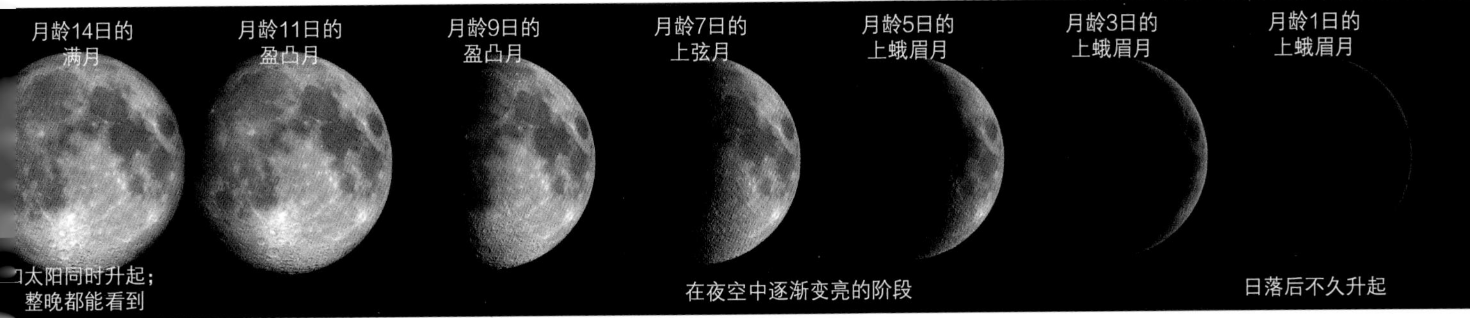

环形山并不是古火山遗迹，这与20世纪50—60年代的很多月球观测者坚持的观点相反。

当你看向月球时，其实地球表面也曾有过这样的样貌。不过地球获得了一个大气层和由水而非岩浆构成的海洋，并保留了下来。地球同样留住了其内部热量和快速旋转，这些因素导致板块构造运动和大陆漂移，改变了地球的外貌。月球是一个凝固在时间中的地质实验室，让我们得以一瞥地球和太阳系曾经的样貌。

我们能看到什么？

很多！阿波罗计划之前，业余天文学家们忽视了月球很多年，但在那之后，月球又一次成为重要的关注对象。原因很简单。使用任意一款天文望远镜都能观测到壮观的景象，即便是在城市里也一样。而且你所观测到的景象会不断变化，不是因为侵蚀或天气，而是因为光照。

在下一章的月球之旅中，我们设想了一种理想状况，即我们能在连续两周的时间里几乎每个晚上都对月球进行观测，从新月一直观测到满月。明暗界线，也就是月球上划分白天和黑夜的界限，每24小时便向西移动大约12度的月球经度，从新月开始的每晚都会显现出新的景象。

即使是在单独一个晚上的后院观测期间，明暗界线的移动也足以使月球表面的特征呈现出微妙的改变，比如陨击坑的边

经历一个月相周期

上面的一系列图片模拟了月球从“年轻”的上蛾眉月（在最右边）到“年迈”的下蛾眉月的阶段性变化，月球在这里从右到左移动，就像它在我们的天空中每晚都比前一晚向东移动。月球的“岁数”是以天为单位的，以新月的0为初始。月球在新月之后的14至15天到达满月状态。

这些地形特征是谁命名的？

酒海、腐沼、虹湾……这些名称和其他突出月球特征的奇特名称可以追溯到1651年以及这幅由耶稣会牧师和天文学家乔瓦尼·巴蒂斯塔·里乔利（Giovanni Battista Riccioli）绘制的月球地图。

里乔利开创了以天气和海洋条件以及精神状态来命名月海的惯例。我们在上弦月看到的是月球的东半部，位于这部分的月海以令人愉悦的天气状况命名，因为上弦月被认为会带来好天气。他将位于月球西半部的月海以狂风暴雨的天气状况命名，因为下弦月被认为会带来坏天气。

陨击坑是以科学和天文学史上的著名人物命名的。按照时间顺序，从月球的北部开始，里乔利沿顺时针围绕月面开展命名工作。柏拉图和亚里士多德在顶部，而第谷和哥白尼分别在底部和左上方。里乔利坚持采用第谷系统（因此第谷环形山非常突出），该系统认为太阳围绕着恒定不动的地球运动，尽管其他行星围绕着太阳运动。他把天文学家哥白尼和开普勒——当时有争议的日心说系统的支持者置于风暴之海中。

月球蒙太奇

尽管塑造月球的主要力量只有一种——撞击，但其表面呈现出非常丰富多样的样式和特征，你甚至可以用一生的时间来研究它们。而有些人确实这么做了！此处所有照片都是由罗伯特·里夫斯拍摄的。

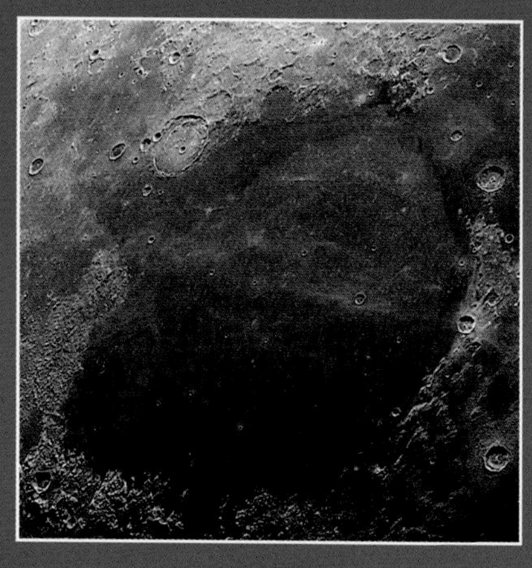

月海 巨大的撞击产生了圆形的盆地，其后来又被岩浆流淹没。这里看到的澄海形成于37亿年前，并在接下来的7亿至8亿年里被熔岩填满。

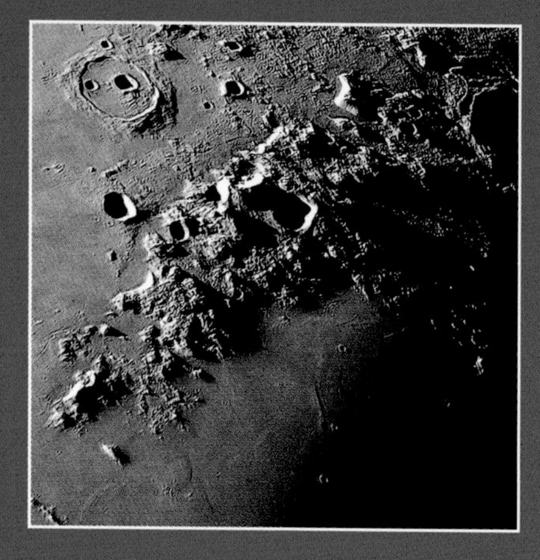

山脉 月球上的山脉与地球的不同，后者是由构造力量的缓慢抬升形成的，而月球上的山脉，如上方所示的高加索山脉，是在撞击的瞬间形成的，这次撞击同时还形成了山脉边界的盆地。

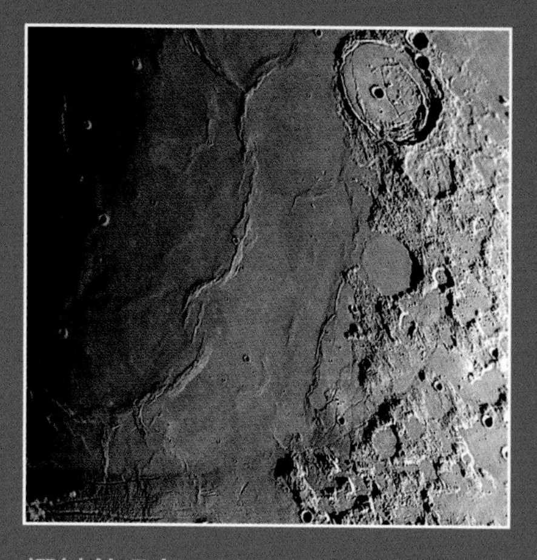

褶皱的凸起 这些地貌特征的正式名称为山脊，只有几百米高，蜿蜒穿过月海（此处显示的是蛇形山脊）。它们随着盆地的沉降而形成，并因被压缩而变得皱巴巴的。

复杂的陨击坑（环形山） 直径大于20千米的陨击坑，例如这里显示的哥白尼环形山，通常有中央的山峰和梯形的山壁，当岩石层因撞击的热量而液化时，就会产生这种现象。

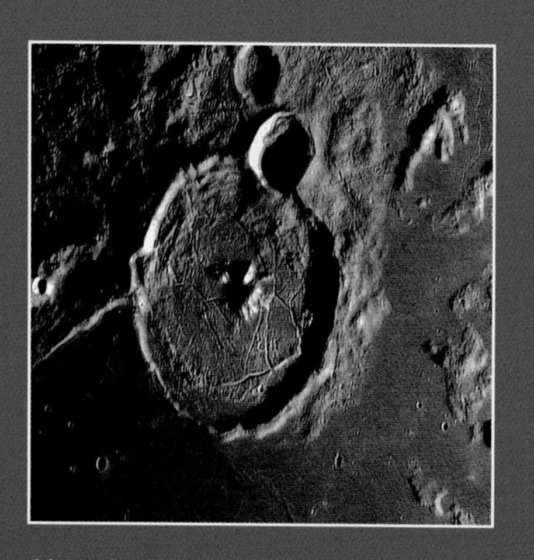

地面碎裂的环形山 一些大的陨击坑被熔岩淹没，要么形成底部光滑的环形山，如柏拉图环形山，要么形成地面碎裂的环形山，如上图的伽桑狄环形山，后者是由于上涌的熔岩使得地面裂成碎片。

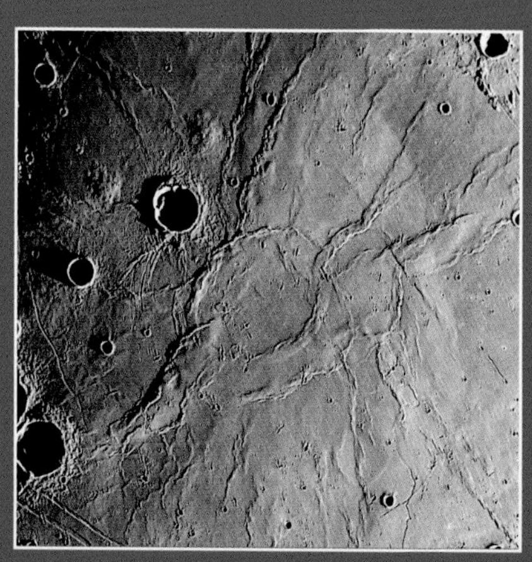

假环形山 位于月海中的古环形山，例如这里显示的位于静海中的拉蒙特环形山，几乎被超出月海的岩浆所掩埋，构成了只有在低角度光照下才能观测到的隐晦地貌。

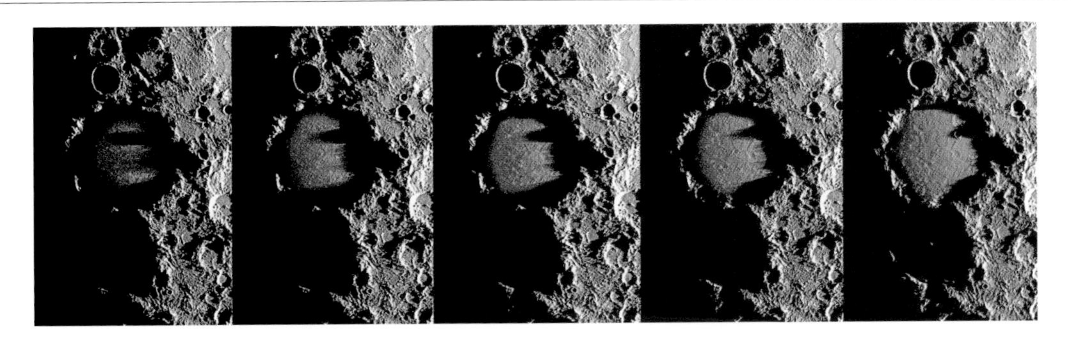

托勒玫陨击坑的日出

即使在一个晚上的观测时间里，不断变化的光线也能使明暗交界上的地形特征发生变化。这一组由罗伯特·里夫斯在两个小时里拍摄的照片中，我们能看到托勒玫陨击坑的底部随着日出变亮。

缘和山峰的顶部会被照得更亮，陨击坑底部的阴影长度会缩短。

此外，由于时间上的差异和月球的晃动（天平动），每个月的光照情况都不完全相同。这个月月龄6日的月球和下个月月龄6日的月球在明暗界线上展现的特征会有所不同。

在稳定的观测条件下，当月球的图像看起来很清晰且不晃动时，一架150毫米的天文望远镜可以分辨出小至1千米宽的月球特征。然而在明暗界线附近，只有100到300米高的微小的丘陵和山脊也可以投下数千米长的影子，以此来显示它们的存在。

我们不能看到什么？

每个向朋友或公众展示过月球景观的人都听到过这样的问题："我们能看到宇航员着陆的地方吗？"可以。使用月球地图就能够指出这些地点的位置。但这个人真正想要知道的其实是，能不能看到脚印、月球登陆舱和旗帜。对这个问题的回答是：不能。

在理想条件下，能够看到的最小的陨击坑也比世界上最大的体育场还要大好几倍，而阿波罗宇航员留下的最大的硬件设备比一个车库还要小。想要展现阿波罗任务留下的硬件和月球漫游车的轨迹，需要

月球的暗面

月球上没有永久的暗面。

虽然月球上有一面是我们在地球上永远看不到的，但月球的远地面和靠近地球的近地面一样经历着29天一个周期的昼夜循环。

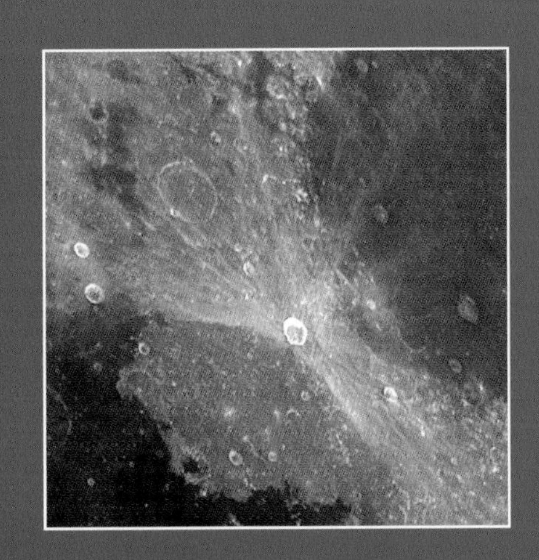

月面辐射纹 年轻的陨击坑会显现出弹射物在表面飞溅时产生的明亮的辐射纹。随着年龄的增长，这些纹路最终会变暗。从普罗克吕斯环形山（在图中央的下部和右边）的纹路可以看出，撞击物入射的角度很低，不到15度。

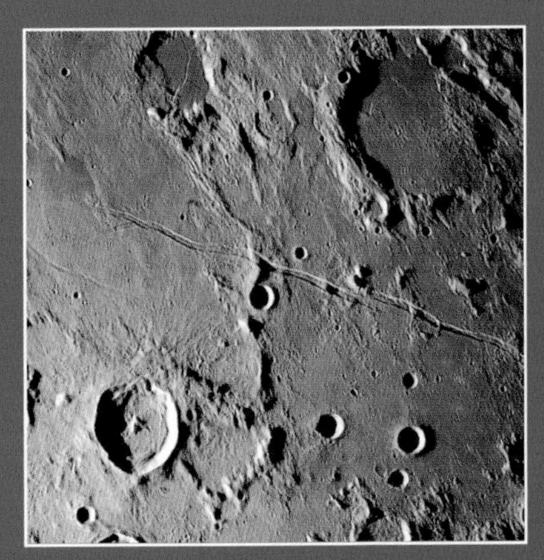

沟纹 这些山谷的正式名称是月溪，是地表分裂和下沉产生的断层线，这一典型的特征在地球上被称为地堑。图中展示的是阿里亚代乌斯溪，正位于静海的西部。

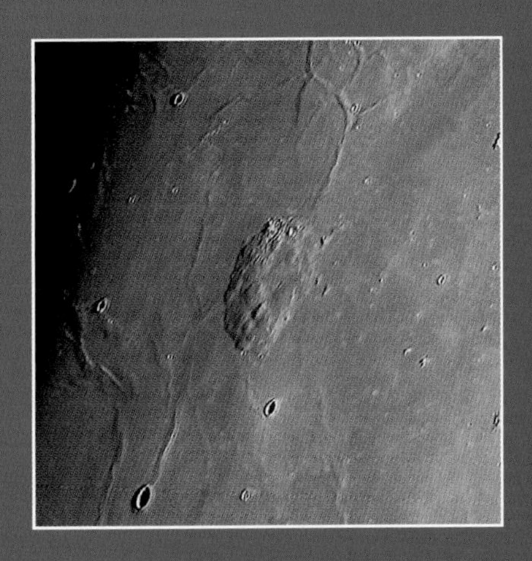

月丘 流动和喷射的岩浆塑造了月球的一部分地貌的同时，唯一有可能是古火山遗迹的便是那些低矮的丘陵，如上图位于风暴洋的吕姆克山。

月球上的字母

在月龄 6 日的月球上，在几个小时的时间里，太阳光会照亮某些环形山的边缘，在明暗交界上形成字母“X”和字母“V”。月球 X 是由比安基奴斯环形山、拉卡耶环形山和普尔巴赫环形山的边缘形成的，而月球 V 是由尤克特环形山边缘的晨光形成的。

边缘的天平动

当月球绕着地球运转时，每个月里，一系列被称为天平动的晃动会将月球的东边，然后是北边、西边，最后是南边的边缘向地球倾斜。请注意，最顶部的照片是在有利的东边天平动时拍摄的，这时在月球的边缘可以看到难以捉摸的界海和史密斯海，但在上方这张由罗伯特·里夫斯拍摄的照片中，它们就不可见了。

使用美国宇航局的月球勘测轨道飞行器上搭载的高分辨率相机。

月球观测技术

月球的图像非常明亮，所以即使是小型天文望远镜也能聚集足够的光线来看清其特征。在使用口径大于 150 毫米的天文望远镜时，限制能够看到多少内容的因素就不是望远镜了，而是大气的稳定性。第十四章中有更多关于评测你的观测条件的内容。和观测行星时一样，尽量在月球位置最高的时候观测，因为这时它位于大气层最糟糕的气流扰动和雾霾之上。对新月和弦月来说，这个原则意味着在晚上尽可能早地进行观测。

一般来说，观测月球时可以使用比其他天体更高的放大倍率。例如，我们使用 125 毫米的折射式镜观测月球时，放大倍率经常能达到 450 倍。不过，在进行详尽的月球观测时，最常用的放大倍率在 200 倍上下，这个倍率能够提供的画面与从运行在 1600 千米高度的月球轨道上的飞行器舷窗望出去时所见的景象相当。广角（82 度和 100 度）的目镜和良好的适瞳距能够使这种宇宙飞船般的效果更真实。

在大型天文望远镜中，月球可能显得太亮了。为了解决多余的眩光，可以使用中性灰度滤光片（大约 20 美元），它可以像深空滤光片和彩色滤光片一样拧到 32 毫米目镜的底座上。负紫色或浅黄色滤光片可以减少消色差折射式天文望远镜的蓝色假彩色。浅红色滤光片或偏振滤光片可以使白天或晨昏时的天空变暗。

与深空观测的要求相比，月球是一个很容易进行观测的目标。它那陌生奇异的表面蕴含着精致的美丽，会不断吸引你一再望向它。我们真的非常幸运，在“隔壁”便有这样一个迷人的世界可以探索。

观测太阳

只有在使用了适当的滤光片后，我们才有可能细看太阳极为明亮的表面。永远不要通过任何光学设备观测太阳，除非你已经确定其经过安全地滤光。天文学是一种很温和的爱好，对人造成伤害的机会很少。但这就是其中之一。下面的内容一定要仔细阅读。

安全第一：太阳滤光片

多年来，特别是在日食发生前后，许多材料都被宣传为适合用作太阳滤光片。你可能还能回忆起小时候，你的父亲亲自动手制作滤光器，用来观测一次日食。我们几乎可以百分百保证它是不安全的。

与你父亲的做法相反，不要使用烟熏的玻璃、墨镜、多层彩色或黑白胶片、X射线胶片、用于摄影的中性灰度滤光片或偏振滤光片等来观测太阳。尽管这些材料能够减弱可见的太阳光，但不能阻挡有害的红外线或紫外线。这些不可见波长的光会损害眼睛的视网膜，在极端情况下，甚至可能导致部分或完全失明。不要抱有侥幸心理。仅仅把眼睛能看见的光变暗是远远不够的。

想要用肉眼安全地注视太阳，请使用“日食眼镜”，且要来自信誉良好的供应商（见右侧）。这些镜片是用镀铝麦拉膜或黑色复合材料制成的。另一个选择是在焊接用品商店里出售的14号电焊眼镜。不过只有14号等级的眼镜是安全的，更为常见的12号电焊眼镜颜色不够深。

在观测时，要先将滤光片或眼镜置于眼睛之前，再看向太阳。在它们的辅助下，视力敏锐的人能够看到地球大小或更大的太阳黑子。

在使用天文望远镜时，你需要一个太阳滤光片，它可以紧紧地套在望远镜镜头前，在太阳光进入镜筒前将其强度降低99.999%，达到安全的范围。最耐用的太阳滤光片是用涂有镍铬合金的光学平面平行玻璃制成的。猎户望远镜、Seymour Solar和Thousand Oaks Optical是玻璃滤光片的主

白光下的太阳

白光太阳滤光片能够显现出太阳黑子，它们通常成对或成群出现，中央是深色的本影，周边围绕着灰色的半影。同样可见的还有光球层上的细小的米粒组织和被称为光斑的明亮区域。

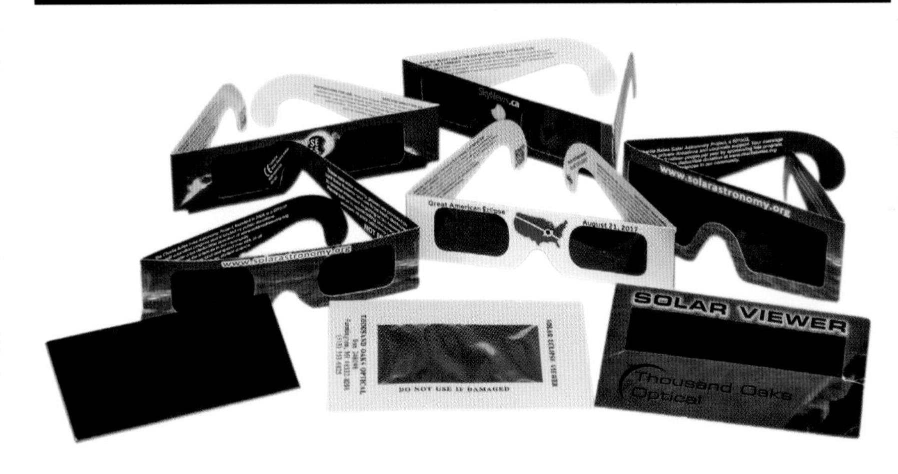

手持滤光片和天文望远镜滤光片

上图：日食眼镜和手持观测器使用镀铝麦拉膜或黑色复合材料制成，可以安全地观测日偏食，同时也可显现出大型的裸眼可见的太阳黑子。

右图：对天文望远镜（和双筒望远镜）来说，只有覆盖了前口径的滤光片是安全的。Seymour Solar的滤光片是一种金属镀层玻璃；Kendrick的滤光片使用麦拉膜，并带有一个便利的定位太阳的装置。

装备了滤光片的家庭日食观测活动

右图：整个家庭的成员正在安全地观测 2014 年 10 月 23 日发生的日食，这次日食只能以偏食的形式出现，此时月球的本影没有遮住地球，这在很多日食中都会发生。当天，太阳表面存在着一个规模庞大的太阳黑子群。

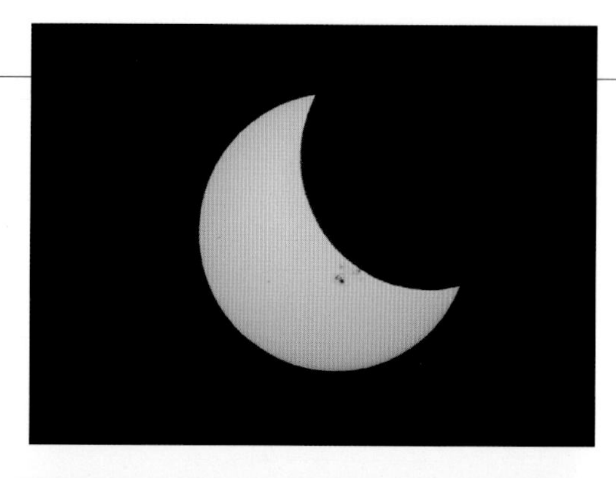

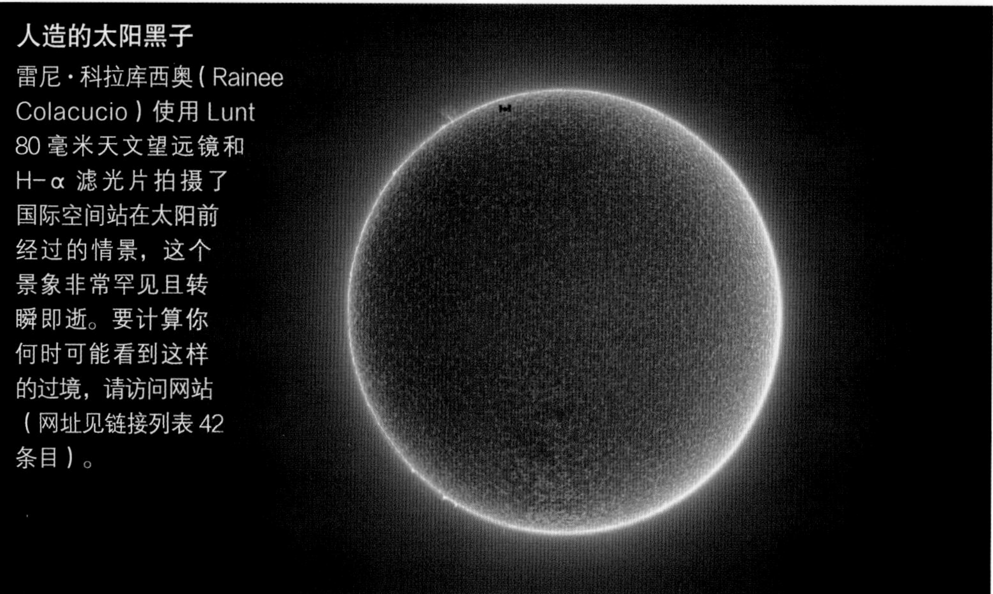

人造的太阳黑子

雷尼·科拉库西奥（Rainee Colacucio）使用 Lunt 80 毫米天文望远镜和 H-α 滤光片拍摄了国际空间站在太阳前经过的情景，这个景象非常罕见且转瞬即逝。要计算你何时可能看到这样的过境，请访问网站（网址见链接列表 42 条目）。

遮蔽太阳

太阳观测是你在业余天文学中唯一需要用到遮阳伞的时候！在阴影处观测有助于看清细节，对任意一款 H-α 天文望远镜来说都是如此，比如这款来自 Lunt 的 100 毫米规格的型号。

太阳自转

在赤道处，太阳每 25 个地球日自转一次，但在两极附近，太阳上的“一天”能持续 34 个地球日。这种不同的自转模式延伸到太阳的深处，便产生了 11 年的太阳周期。在这期间，磁场先缠绕，再展开。

要供应商，其产品能够满足任意尺寸的天文望远镜的需求。价格从 50 美元一对的双筒望远镜滤光片到 200 美元的全口径 300 毫米滤光片不等。

金属镀层麦拉薄膜是一种坚固的塑料材料，与热缩膜的厚度差不多，是一种流行的、通常比较便宜的选择。麦拉膜需要装在一个单元组件中，这个组件被牢固地安装在望远镜镜筒前。Baader Planetarium、Kendrick Astro Instruments 和上一段中提到的供应商能够提供适用于各种尺寸的双筒望远镜和天文望远镜的型号。Rainbow Symphony 是另一家知名的日食眼镜供应商。

我们发现麦拉滤光片在光学质量上与玻璃滤光片相当。然而麦拉滤光片可能会导致不自然的蓝光，或者使太阳呈现出白色，但这实际上是它自然的颜色。在大多数金属镀层的玻璃滤光片中，太阳呈现出黄色，这也是我们心目中太阳的样子。黑色复合材料滤光片也能让使用者看到一个黄色的太阳，但其光学质量较差，只适合裸眼和广角相机使用。

还有一点需要注意的是：小卡车和野营车车窗上使用的和用来制作“太空毯”的镀铝麦拉膜不能用来观测太阳，它们是不安全的。其密度不够高，不一定能阻挡红外线和紫外线。确保只使用由信誉良好的经销商出售的专门用于天文观测的滤光片。在 2017 年的日食发生前，亚马逊网站上充斥着不安全的冒牌滤光片，它们都需要从市场中剔除。

在天文望远镜经过滤光后，寻找太阳的位置就变得艰难了。通过观察设备的影子来进行瞄准，而不是沿着镜筒方向直接抬头看太阳，更不要通过寻星镜看。事实上，在进行任何太阳观测时，都一定要盖住寻星镜的镜头，或者直接把寻星镜拿掉。当镜筒的影子变成圆形时，天文望远镜便大致对准太阳的方向了。

滤光片的替代

进行太阳投影观测时，使用没有安装滤光片的天文望远镜将太阳的图像投射到一张白色卡纸上，卡纸与低倍率目镜之间相距几英寸。使用你能承担得起其损毁的目镜，因为太阳的热量可能会损坏它。

虽然投影法适用于团体观测，但我们实施时要小心一些。在公共活动中总是存在着这样一个隐患：某人（很可能是一个好奇的小孩）会通过未经滤光的天文望远镜直视太阳。更安全的做法是制作一个“太阳漏斗”，将天文望远镜的成像投射到一个封闭的背投屏幕上，这样任何人都无法直接看进目镜了。关于制作太阳漏斗的指导，请参见 NASA 的网站（网址见链接列表 43 条目）。

小型折射式天文望远镜是用来进行太阳投影观测的理想选择；大型天文望远镜则必须使用挡板降低口径大小；用折射式镜或牛顿式镜进行太阳投影时，在硬纸板上开一个洞遮住镜头即可，但绝对不要使用折反式天文望远镜，如施卡式镜或马卡式镜。热量会在这些设备的内部积聚，损伤望远镜。在折反式天文望远镜上只能使用安装在镜头前的滤光片。

狂热的太阳观测者可能会想要购入一个赫歇尔棱镜，这是一种昂贵的天顶镜，可以将太阳光的大部分光和热反射出去，给目镜呈现一个亮度在安全水平的图像。其呈现效果是一个发白光的太阳图像，同时清晰度和对比度也比使用安装在镜头前的滤光片要好。但是在使用赫歇尔棱镜时，天文望远镜的光学器件要承受太阳光的全部能量，所以我们就进行太阳投影观测提出的设备警示在此处也适用。

你能看到什么？

所有这些呈现出的都是白光下看到的太阳。主要的可见特征是深色的太阳黑子。太阳黑子是太阳上温度较低的区域，那里的磁场困住了气体，阻挡了能够加热光球层——太阳的发光表面的正常对流。太阳黑子的温度约为 4000 开尔文，而太阳表面的其他部分则有 5800 开尔文。

太阳黑子的数量以大约 11 年为周期增加或降低（见第 39—40 页）。最近一次峰值出现在 2014 年初。太阳的活动在 2019—2020 年降到了最低点，当时在连续数周里没有观测到一个太阳黑子。强度应该在 21 世纪 20 年代中期回升，那时当下的第 25 个太阳活动周期会逐渐达到顶峰，不过也有一些预测认为那时会像先前的第 24 个周期那样出现一次较弱的峰值。太阳活动周期是从 1755 年开始计算的，天文学家从那时开始准确地记录太阳黑子的

Coronado PST

小型的 H-α Personal Solar Telescope（PST）的口径只有 40 毫米，但可以显现出太阳边缘的日珥和一些表面细节。它不需要使用电源，且包含一个小型寻星镜和一个调谐器。

伽利略的太阳黑子观测

在 1610 年，意大利的伽利略和英国的托马斯·哈里奥特（Thomas Harriot）成为第一批使用天文望远镜观测到太阳黑子的人，随后是克里斯托夫·沙伊纳（Christoph Scheiner）、戴维·法布里修斯（David Fabricius）及其儿子约翰尼斯（Johannes），他们是在 1611 年观测到的，不过首次发表关于这些黑点的描述的人是约翰尼斯，于 1611 年的秋天。

直到 1612 年夏天，伽利略关于太阳黑子的报告才首次发表，而那时耶稣会的数学家沙伊纳也已发表了他的观测结果。（此处展示的伽利略的手绘图显示了 1612 年 7 月，太阳在 5 天内的旋转情况。太阳的北极位于右上方。）

伽利略和沙伊纳之间就谁是第一发现者以及这些斑点的性质爆发了争论，伽利略认为它们是太阳上的瑕疵（他的观点是正确的），而沙伊纳则坚称太阳是完美的，这些斑点是太阳的卫星。这些开创性的观测正好在太阳进入蒙德极小期之前开展。蒙德极小期是 1645 至 1715 年太阳活动的一个长期低谷期，其间太阳黑子极为罕见。

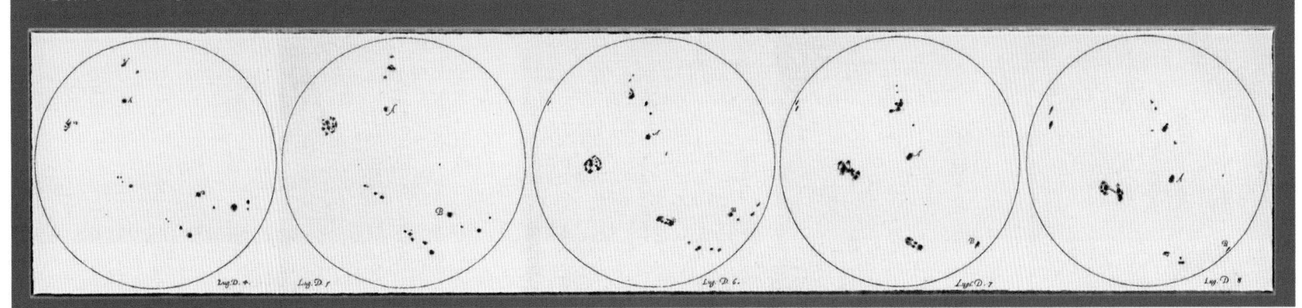

在边缘跃升

日珥可以向太空中绵延数千千米，并且可以在短短一到两个小时内改变形状。杰克·牛顿（Jack Newton）在2015年使用Coronado H-α 天文望远镜拍到了这个巨大的日珥。

太阳的旋转

这一组由弗雷德·埃斯佩纳克（Fred Espenak）拍摄的H-α 滤光片下的图像显示了每隔两天的太阳形态，巨大的暗条最初位于日面的中间位置（左图），然后随着太阳旋转移向右边。在最后一帧图像中，暗条伸入太空中，成了一个日珥。

数量。

小型的黑子可能持续数天的时间，也可能成长为大型黑子群，在太阳表面停留数周。由于太阳以25天（在赤道上测量所得）为周期自转，所以我们每天观测到的景象都会有一点变化，一周的变化会很大。

光斑是另一个在白光下值得关注的特征，它们是太阳上明亮的区域，在太阳的边缘处最容易观测到，因为临边昏暗现象会使日面边缘变暗。光斑是磁场线汇集的区域，但没有太阳黑子那么强烈。

在高倍率和稳定的观测条件下，太阳表面看起来会有颗粒感。这些颗粒是不断上升、下降的对流元，每个都有几百千米宽——相当于得克萨斯州的大小！

H-α 滤光片下的太阳

到目前为止讨论的所有太阳滤光片展现的都是白光下的太阳——它们在整个光谱范围内减弱了光的强度。一个非常专业的太阳滤光片能够过滤几乎所有来自太阳的光，只透过由氢原子发出的主要波长——656纳米，让光在一个只有1埃（1埃=0.1纳米）或更窄的带宽内通过。所有这些滤光片都能够通过某些方式调整带通，以显示出最佳的细节。

当你在氢原子发出的红光中观测太阳时，你能看到高于光球层的一个太阳层级——色球，以及其他诸多特征，如日珥、太阳暗条和耀斑。使用H-α 滤光片时，通常只有在日全食期间才能看到的日珥会变得可见，在太阳边缘凸起成弧状。

专用的H-α 天文望远镜使得天文学爱好拓展到新的层面，但它们的价格很昂贵。最实惠的H-α 天文望远镜是40毫米的Coronado Personal Solar Telescope（700美元）和60毫米的Daystar Solar Scout DS（800美元）。一架顶级的100毫米H-α 天文望远镜的价格可以达到7000美元以上。

H-α 滤光片也可以安装在现有的天文望远镜上，但即使如此也需要花费1000到6000美元。它们中的大多数都是安装在天文望远镜的镜头前。Daystar Quark H-α 滤光片（包括可观测更宽的日珥和更窄的色球的型号，每个约1200美元）安装在目镜底部，需要一个5伏的电源来加热其内部滤光片。

双层叠加前置的H-α 滤光片（价格很高！）可以产生带宽低于0.5埃的视图，对比度更强，细节更明显，尤其是日面上的细节，例如太阳米粒和太阳暗条，后者是位于上方的日珥在日面上投下的剪影。Coronado（米德旗下的一个品牌）、Daystar Filters和Lunt Solar Systems是H-α 滤光片和天文望远镜的主要制造商。

无论是在H-α 滤光片还是在白光下，太阳都是一个迷人的观测目标，它在每天甚至每个小时里都会展现出不同的样貌。而且你不需要为了观测它而牺牲睡眠。

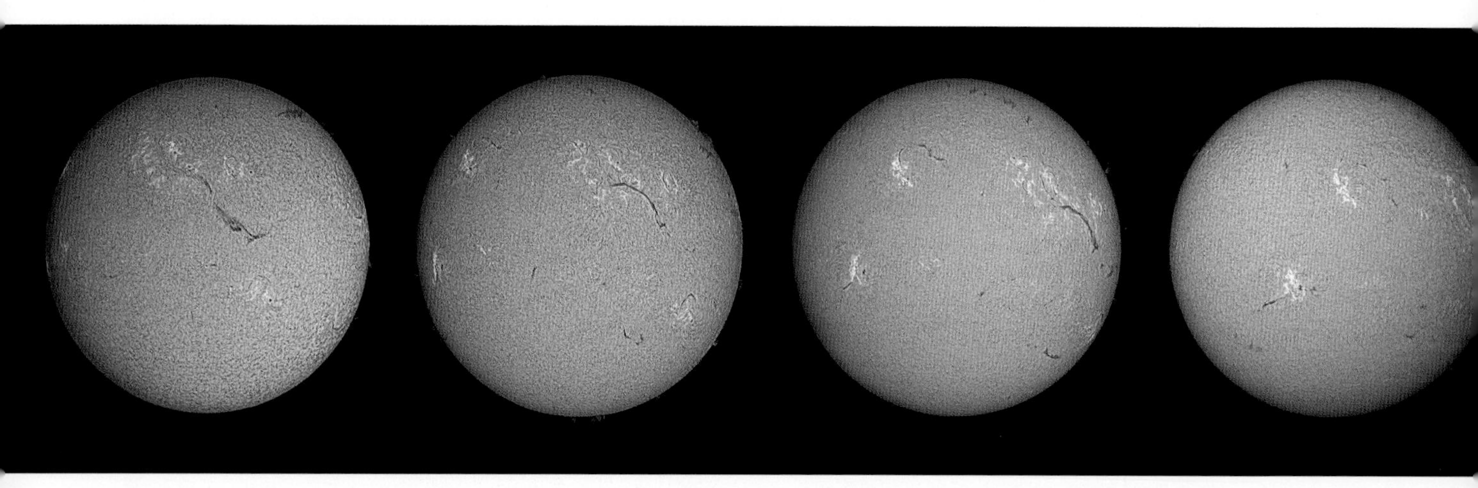

观测日月食

不管是与日食还是与月食相比较，没有哪一种天文事件能与它们一样引发如此多的关注。（这两种食在第四章中进行了图示说明。）对许多业余天文学家来说，在观测天空的整个生涯中，日月食都会是令人难忘的里程碑。

计算过去几个世纪中发生食的次数，实际上日全食和日偏食的数量加起来是月全食和月偏食相加的 1.5 倍。也就是说，日食现象更为常见。然而你的一生中会看到（而且大概率已经看到）很多次月全食，却要足够幸运才能看到一次或两次日全食，而且为了看到它，你甚至还要付出一些努力才行。

原因是，日全食只有在地球上的一条狭窄的路径内才能目击到，而且这条路径往往会经过开放海域和地球上的偏远地区。相比之下，月全食发生时，大半个地球都能看到——从地球面向满月的整个夜晚都能看到。

月食

月球的公转轨道与黄道面之间有 5 度的偏离，当月球在满月时沿着公转轨道越过黄道，使月球的位置与太阳正相对时，才会发生月食。这之后，月球会穿过至少一部分的地影。

每年发生月食的次数最少有两次，最多有 5 次，不过在后一种情形下，大多数都会是小型的半影食。每年也至少会发生两次日食，这两次日食总会伴随着两周之前或之后的一次月食，但在一个日历年中，日食最多能发生 5 次。在后者罕见的情况下，大多数都只是日偏食。

当月球穿过地影较明亮的外侧部分，也就是半影时，便会发生半影月食。此时站在月球上的观测者会目击到一次地球对太阳产生的日偏食。半影食基本上是无法用肉眼察觉到的。

只有当月球进入地影内部的本影时，我们才能看到满月的圆面被咬掉一口的景象。有一些本影月食是偏食，月面的一部分仍然是被照亮的。然而当偏食的部分超过 70% 时，月食的标志性特征便会开始显现——食的部分会变红。

站在月球上被本影覆盖的区域内可以观测到地球对太阳产生的日全食。唯一能到达月球那一部分的光线是经过地球大气

穿过地影

这张记录了 2019 年 1 月 20 日的月全食的广角合成照片显示了月球经过地球本影的过程，地球本影与月球的距离大概是月球直径的 3 倍。在这次月食中，月球在蜂巢星团（图片左边）附近闪耀。

食季

日食和月食通常成对出现，相隔 6 个月球周期，每个周期 29.5 天，这使得每个日历年中至少有两个“食季”。

半影

在半影食的偏食阶段，本影的边缘会出现微妙的颜色变化，例如出现蓝色色调，由地球大气层中的臭氧吸收红光并散射蓝光而产生。

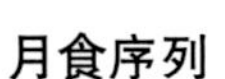

月落时分的月食

这张在 2011 年 12 月 10 日早晨拍摄的照片展现了黎明时分的月全食，红色的月球和蓝色的天空形成了美丽的对比。

月食序列

2015 年 4 月 4 日发生的月食的全食阶段只持续了几分钟，在此期间，月球掠过了地球本影的北部边缘。在美国犹他州莫纽门特谷地观测，全食阶段发生在日出前。

层过滤的太阳光，而那主要由红光组成。被全食的月球会变成深红色。月球的红色有多深，取决于地球大气层中有多少云和高空雾霾，后者通常来自火山。丹戎标度划分了月食的等级，从 L=0（黑暗，几乎不可见）到 L=4（明亮的铜红色）。

在月全食期间，整个月面处于本影中的时间短至 4 分钟（2015 年 4 月 4 日的月食），长至 104 分钟（2018 年 7 月 27 日的月食，21 世纪最长的一次）。

如果月食发生在你所在地区的半夜时分，月球会位于天空高处，你将能看到整个月食过程，从偏食阶段开始，到全食阶段，再到偏食阶段结束。如果遇到这种情况，请尽量在黑暗的地点观测这一过程。你将看到明亮的、洒满月光的天空转变为黑暗的、几乎看不到月球的天空。银河（如果不是春食）会在全食期间显现，然后随着明亮的满月重新出现而逐渐消失。

然而时机如此合适的情况不多见，经常是月亮升起或落下时月食正在进行，甚至可能正好进行到全食阶段。尽管错过了一部分内容，但你有机会看到低悬在地平线上的月食，这可能比高悬在夜空中的月球还要上镜。

请记住，月食只发生在月球与太阳的位置完全相对的时候，所以发生食的月球要么在太阳落下时升起，要么在太阳升起时落下，而你就位于这两个天体排列的中间位置。

日食

不管月全食的景象有多么壮观，与日全食相比都会显得黯然失色。但是在整个观测生涯中都没经历过日全食的业余天文爱好者总是会为自己不去追逐日全食的行为找理由，他们会说观测日全食和在一个晴朗的夜晚看天黑也没什么区别。不。日全食是你能在自然界中看到的最壮观和最动人的景象。它甚至能让见多识广的观测者和资深的“日食追逐者”落泪。

在地球的天空中，月面的大小与日面的大小差不多，这是宇宙中最大的巧合之一。而在大约 6 亿年后，情况将不再是这样，因为逐渐远离地球的月球将距离地球足够远，月面不再像现在这样能将太阳完

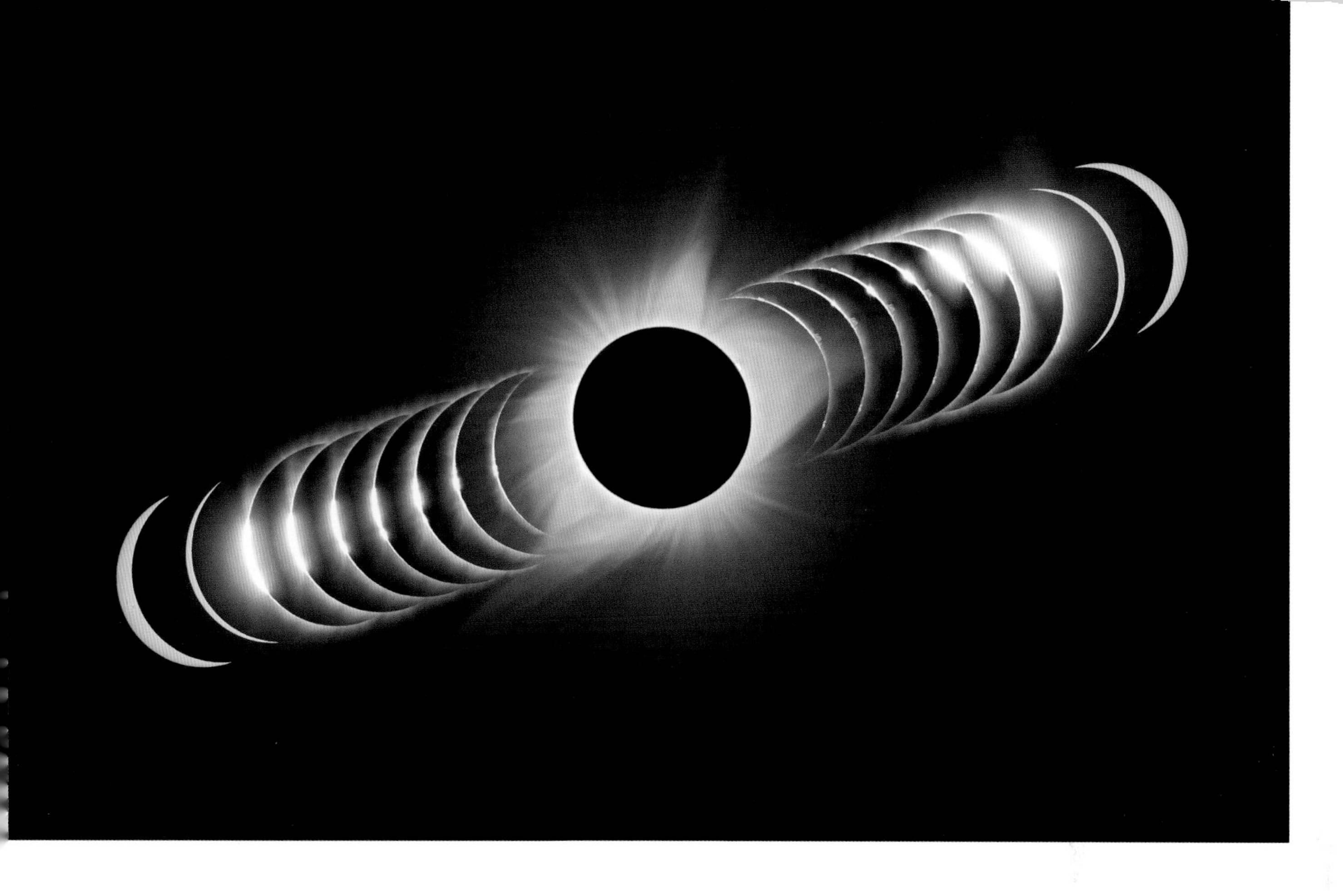

全覆盖。可以说，我们生活在特殊的地方和时间。

日全食（TSE）会激发上千人（日食追逐者）跨越世界以站在月球的阴影下。大多数能看到日全食的地点都很偏远，需要进行规划和借助旅游公司的资源，才能让你在正确的时间到达正确的地点。

2017 年 8 月 21 日，北美洲有数千万人驱车去往跨越美国的日食路径，高速公路都被堵塞，使得这次日全食可能成为历史上被最多人观测的一次。

2024 年 4 月 8 日的日全食会是这个场景的一次重演，因为全食路径将跨过墨西哥的马萨特兰和美国的奥斯汀、达拉斯－沃恩堡、小石城、印第安纳波利斯、克利夫兰、布法罗、蒙特利尔以及加拿大新不伦瑞克省的弗雷德里克顿，而且其与北美洲的其他许多主要城市相距不远。你也会想去的。你一定会的！

有关日全食的详细地图请见链接列表 44 条目的网站。关于日食时的天气预测，请看气象学家杰伊·安德森（Jay Anderson）创建的网站（网址见链接列表 45 条目）。

如果你错过了 2024 年的日食，或者你看到了，并想重温这一经历，那么请在 2026 年去西班牙，2027 年去埃及（全食会经过卢克索），或者 2028 年和 2030 年去澳大利亚。

一个常见的误解（或为不去往全食路径给出的解释）是，90% 以上的日偏食能带来 90% 的日全食体验。回答还是：不！它顶多带来 10% 的日全食体验。只有在全食过程中，你才能体验到光照度突然下降（在短短几秒钟内），从一个奇异的明亮黄昏突然变黑暗，同时行星和明亮的恒星出现在地平线上方，地平线的边缘裹着一层橙色的“日落”光芒，同样的光芒还出现在你的四周。太阳的大气层（即日冕层）闪耀着不可思议的金属质地的光，并展现出错综复杂的轨迹和环绕，这是由扭曲的磁场产生的。

你不只能看到日全食，还能感受到它，听到它。气温会降低，鸟类和动物都变得安静，这是它们对正午时分突然降临的夜幕的反应。所有的感官体验是如此强烈，你在日全食的短短几分钟内无法完全感受，有太多东西一下子向你涌来。这就是为什么全食期一结束，你就会开始规划下一次日全食观测，你已经被完全迷住了！

日食序列

随着月球逐渐覆盖太阳（在这张合成照片中位于左侧），最后几缕照向月球上的环形山和山谷的日光产生了钻石环效应和转瞬即逝的明亮的贝利珠。全食阶段的开始被称为第二切（也称食既）。在全食阶段结束的第三切（也称生光），相反的情形会再次出现。注意看边缘处大型的粉色日珥。太阳精致的日冕只在全食阶段的短暂几分钟或几秒钟里出现。在日全食路径之外的地点无法观测到日冕。这张照片展示的是 2017 年 8 月 21 日的日全食，拍摄于爱达荷州。

追逐月影

在黎明（如图）或黄昏时分发生的低空日全食里，月球的影子会出现，形态是一个跨过天空的深蓝色圆锥体。在这张照片的右侧可以看到月影，此时全食阶段结束，它正在离开日面。这张照片拍摄于 2012 年 11 月 14 日的澳大利亚。

仅次于日全食的盛大体验是日环食，在日食中期，太阳会变成一个光环，因而得名。日环食发生时，月球正运行到其轨道上离地球最远的位置——远地点，所以月面并没有大到能够完全覆盖日面。在罕见的混合型日食（例如 2023 年 4 月 20 日那次）中，月面的大小正好能够覆盖太阳，但那只发生在日食路径的中间，即正午时分；在日食路径的两端，靠近日出和日落时，人们看到的是日环食。

2023 年 10 月 14 日横跨美国的日环食，将是 6 个月后那次大事件的一次很好的热身和彩排。

幸福的追逐者

幸福就是能够成功追寻到远在世界另一端的日食。这些加拿大的追逐者在完美的天空下庆祝他们观测到的澳大利亚 2012 年的日全食。

插图：这张图表（网址见链接列表 46 条目）列出了 21 世纪发生在北美地区的所有日全食的路径。从现在开始规划你的行程吧！

2021—2030年的月全食（和近似全食的偏食）

年份	日期	全食时间*	地点
2021	5月26日	15	澳大利亚、太平洋、北美洲
2021	11月19日	—	亚洲和美洲的97%深偏食
2022	5月16日	85	北美洲和南美洲、西欧
2022	11月8日	85	亚洲、澳大利亚、北美洲和南美洲
2025	3月14日	65	北美洲和南美洲
2025	9月7日	82	欧洲、非洲、亚洲、澳大利亚
2026	3月3日	58	亚洲、澳大利亚、北美洲和南美洲
2026	8月28日	—	美洲、欧洲、非洲的93%深偏食
2028	12月31日	71	欧洲、非洲、亚洲、澳大利亚、北美洲西北部
2029	6月26日	102	北美洲和南美洲、欧洲、非洲
2029	12月29日	54	北美洲东部和南美洲、欧洲、非洲、亚洲

*（单位：分钟）

月全食

2021—2030年的中央日食

年份	日期	种类*	地点
2021	6月10日	A	加拿大的安大略省北部和魁北克省以及努纳武特地区
2021	12月14日	T	南极洲
2023	4月20日	H	澳大利亚西部、印度尼西亚、巴布亚新几内亚
2023	10月14日	A	美国西部、墨西哥、中美洲和南美洲
2024	4月8日	T	墨西哥、美国中部和东部、加拿大东部
2024	10月2日	A	南太平洋、智利南部和阿根廷
2026	2月17日	A	南极洲
2026	8月12日	T	格陵兰岛、冰岛、葡萄牙、西班牙
2027	2月6日	A	智利和阿根廷南部、大西洋
2027	8月2日	T	西班牙、北非，包括埃及、沙特阿拉伯
2028	1月26日	A	南美洲北部、葡萄牙、西班牙
2028	7月22日	T	澳大利亚、新西兰南岛
2030	6月1日	A	北非、希腊、土耳其、俄罗斯、中国、日本
2030	11月25日	T	非洲南部、印度洋、澳大利亚南部

*日环食（A），日全食（T），混合型（H）——统称为“中央”日食

有关这些和其他日月食（比如偏食）的地图和细节，请参见弗雷德·埃斯佩纳克的网站（网址见链接列表47条目）。

日环食

日全食

第十三章

天文望远镜的月球之旅

天空中再没有其他哪个天体能像月球一样呈现出如此多的细节，事实上，这些细节多到你都有些看不过来了。为了让你能在探索月球之初有个良好的体验，我们再次提供了一套精心策划的游览示例，就像我们在第六章中介绍的双筒望远镜天空之旅，以及将在第十六章中介绍的天文望远镜天空之旅。

我们邀请了同事肯·休伊特－怀特来规划这些游览，每个都适合用小型天文望远镜进行。不过在过程中，我们也遇到了一些颇具挑战性的特征，需要用更大型的天文望远镜，并要有良好的观测条件。

这次旅行会持续两周的时间，我们会带着你跟随盈月上的明暗界线前进，重点观测我们在第十二章中讨论过的各种特征的代表性示例。你将参观月海、山脉、皱脊、月溪、辐射纹、月丘，当然还有各种类型和大小的环形山。

所以不必等待下一次登月任务时才进一步了解距离我们最近的天体邻居。现在就拿出你的天文望远镜，准备好在下一个月明之夜开始探索月球吧。

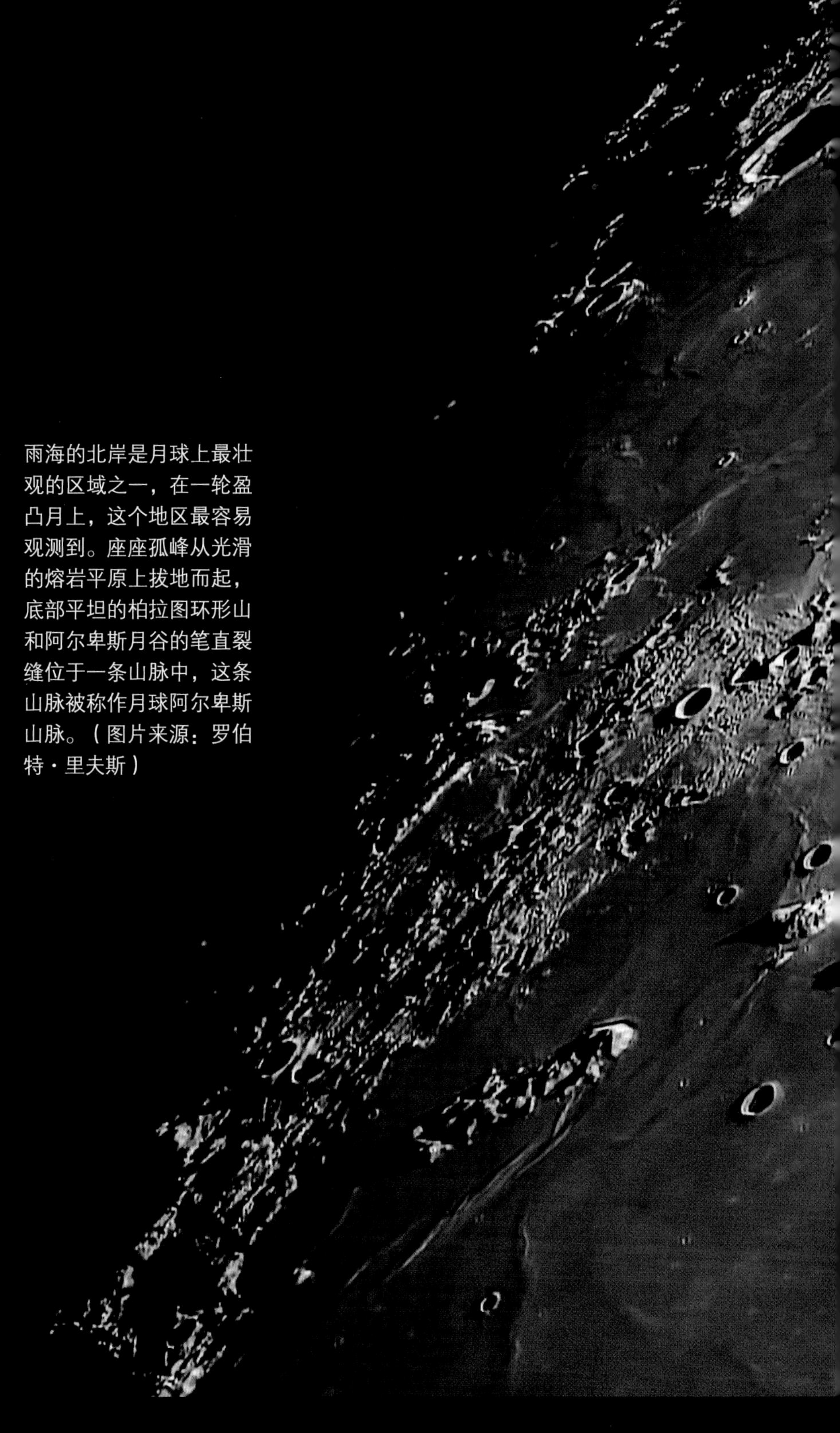

雨海的北岸是月球上最壮观的区域之一，在一轮盈凸月上，这个地区最容易观测到。座座孤峰从光滑的熔岩平原上拔地而起，底部平坦的柏拉图环形山和阿尔卑斯月谷的笔直裂缝位于一条山脉中，这条山脉被称作月球阿尔卑斯山脉。（图片来源：罗伯特·里夫斯）

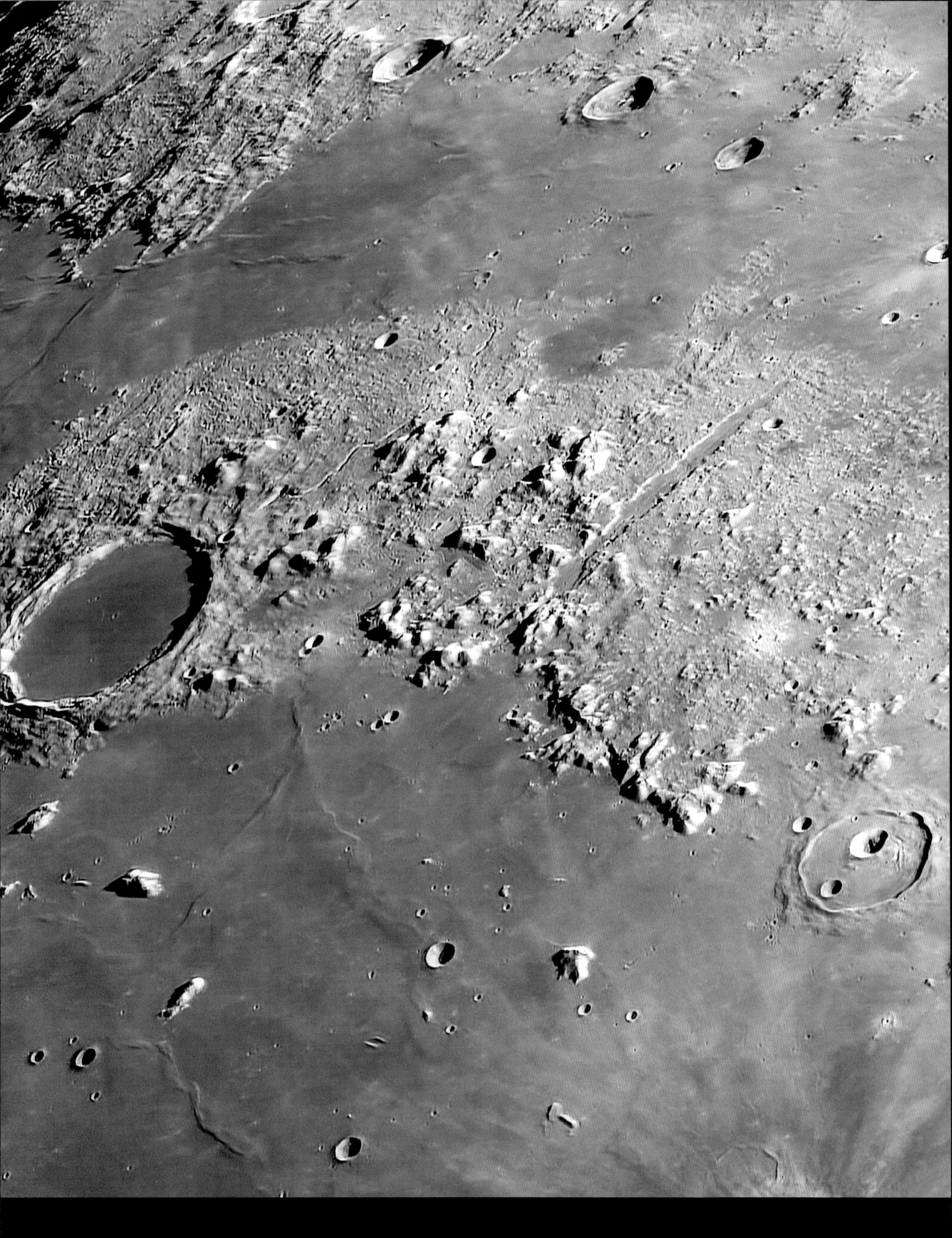

月球之旅示例
——肯·休伊特 - 怀特

欢迎来到月球！在上一章中，艾伦和特伦斯评论说，在阿波罗登月任务之后，业余天文学家又逐渐开始忽视我们在太空中最近的邻居。在那之后的几十年里，业余天文学越来越侧重于将更大型的天文望远镜架设在没有月光的乡村天空之下。我们没人爱的月球在深空观测者那里变成了不速之客。

我知道这一点，因为当时我就是这些观测者中的一员。哦，我偶尔也会往盈月上瞄一眼的，但除了一些主要的环形山和月海，我对所看到的景象知之甚少。我并不是在真正地探索月球。

这种情况得以改变，是因为我终于意识到月球上蕴含着丰富到令人难以置信的细节，这些细节非常适合用天文望远镜观测。在直径只有半度，也就是月球的角度大小的天空范围内，我能探索的月球奇观的数量之多令人惊叹。不仅如此，这些绝妙的景致在我家后院使用任意一架天文望远镜就有可能看到。而且鉴于月球表面的光照总是在不断变化，我每次看到的景象都有微妙的不同。

我现在还在进行深空观测（证据见第十六章），但近些年来我对月球的兴趣大增，也很愿意和大家分享一些月球探索经历。

十二个小旅行

我提供的每个旅程会占据一页的篇幅，一共十二个，它们加起来并不能组成月球的全貌，而只代表一些我最爱的月球探索画面。这些旅行按时间排列，根据新月之后明暗交界（光影之间的纵向分界线）最接近观测区域的时间。月球的大多数特征在靠近明暗交界时看起来最好。

我所描述的细节和你用天文望远镜看到的可能一致，也可能不太一样——这取决于你观测时的具体时间。不过条件比较宽松，哪怕时间偏离数小时，甚至一两天，我的描述也可能是适用的。例如，我描述的危海是其在新月后第三天的样子，但它在之后的一两个夜晚里看起来也几乎一样壮观。

瞄准月球

凝望月球并不需要黑暗的天空，甚至不一定要在晚上。在黄昏时分，非常适合使用任意天文望远镜或双筒望远镜观测上弦月。

月球图书馆

罗伯特·A. 加芬克尔（Robert A. Garfinkle）的《月球解密》是一部庞大的三卷本百科全书。查尔斯·A. 伍德（Charles A. Wood）和莫里斯·J. S. 柯林斯（Maurice J. S. Collins）的《21 世纪月球地图集》是必不可少的。伍德早期的《现代月球》及其随附的安东宁·吕克尔（Antonín Rükl）编写的《月球地图集》已经绝版，但月球爱好者仍给予其极高的肯定。

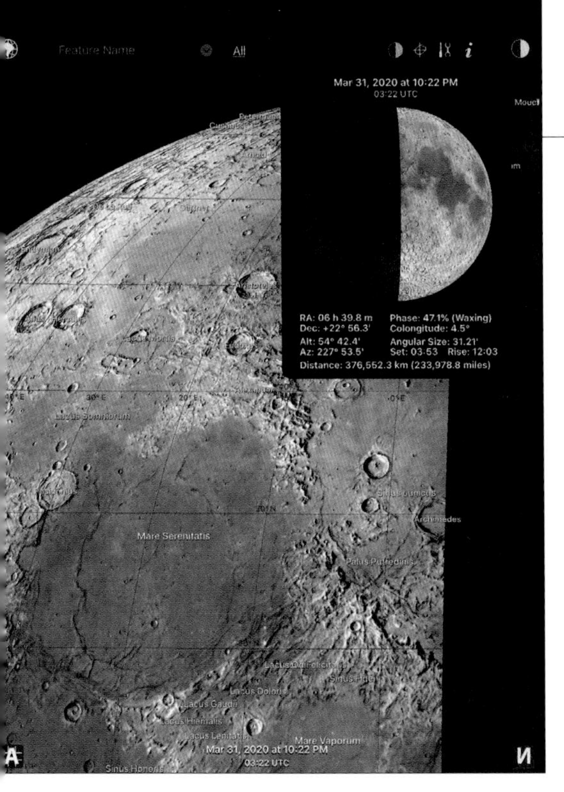

月球应用程序

平板电脑上的应用程序，如 Moon Atlas（上图）和 Moon Globe 可以将它们呈现的地图进行镜像翻转，如此处所示，以配合安装了天顶镜的天文望远镜视图，使得月球上的特征更容易识别。

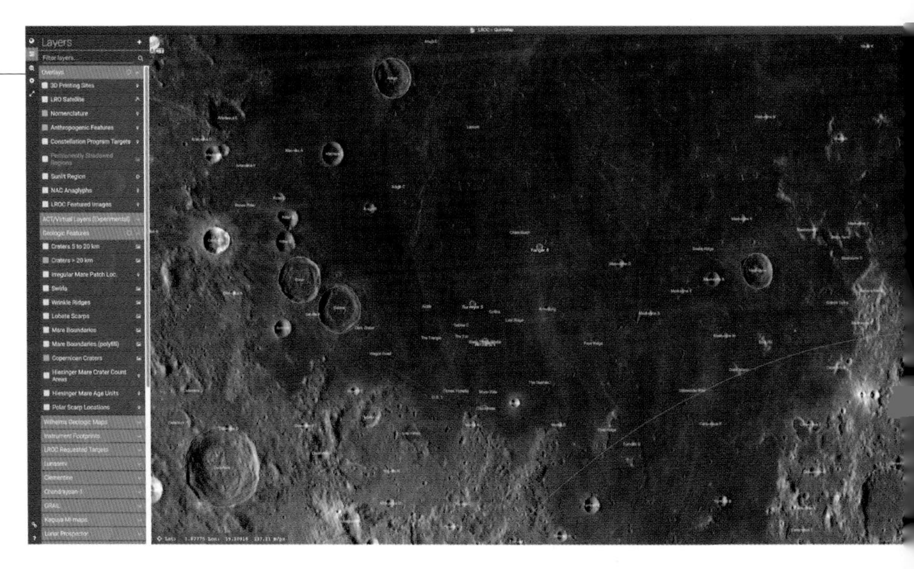

在线月球

这张绝佳的交互式月球地图使用了 NASA 的月球勘测轨道飞行器拍摄的图像（网址见链接列表 48 条目）。图中放大显示了阿波罗 11 号登陆点的区域。

在恰当的时候，我会列出特征的正式名称，以及月海、环形山、月溪、断层、月谷和山脉的尺寸。（你在第十二章中能找到月球地貌的概要。）在探索时，你可以将所看到的月球上的景观和你周围的陆地景观进行比较，比如所处的城镇、一条临近的河流或周围的山谷等。例如，第谷环形山的大小足以轻松“吞下”纽约、多伦多或伦敦。

在阅读我的位置指示时，要注意月球上的东、西和我们天空的方向是相反的。我们标注的月球照片（全部由天文摄影专家罗伯特·里夫斯拍摄）中，方向是东方在右、西方在左、北方在上，大多数月球地图集的方向也是这样排布的。但请记住，牛顿反射式天文望远镜的目镜视图是上下颠倒的，而安装了天顶镜的折射式镜和卡塞格林反射式镜的视图则是左右翻转的（见第 211 页）。

如果你很喜欢这些月球之旅，那么你大概率会受益于专门针对月球观测的书籍和应用程序。我们在这两页中强调了一部分推荐的资源，更多的则列在附录中。顺便一提，我们展示的照片所呈现的内容大多都比我描述的要多得多。当你已经熟练掌握月球观测的技能，这些图片可能会激励你更深入地探索选定的区域。

让我们开始探索吧

是时候用小型天文望远镜进行一些月球漫步了。即便是小型的光学设备也能展现诸多细节，你会对此印象深刻的。我规划这些巡游时，用的是 108 毫米 f/6 牛顿反射式望远镜，放大倍率在 50 倍至 200 倍。在月球高度适宜且大气层稳定时，把望远镜的放大倍率提升到 150 倍或 200 倍并不算极端。事实上，有时候视场中会有明亮的球形眩光，而高倍率有助于减弱这些眩光。我没有使用任何月球滤光片（见第十二章），但它们可能会有所帮助。

我的大部分观测是在晚上的“黄金时间”进行的。不过针对一些区域，我也描述了它们在深夜的亏凸月上看起来会是什么样子，那是在满月之后，太阳光会从相反的方向照射。不管怎样，你也不必一定按照我介绍的顺序进行这些观测——它们中的每个都被设计为可以单独进行。如果天空晴朗，月球清晰可见，只需转到最适合此时的月相的“游览”路线就行。

祝你玩得开心，度过一次愉快的月球之旅！

月球地图

猎户望远镜和《天空与望远镜》杂志提供的覆膜的月球地图非常适合在进行天文望远镜观测时使用。

月龄 3 日的上蛾眉月

旅程 1 月球上第一次月海之旅

新月之后出现的第一个容易识别的月球特征是危海。在月龄 2 日后，危海就慢慢出现了，并在月龄 3.5 日的月球上显现出完整的形态。

此时的危海位于月球的东部边缘上，由于透视，我们看到的它是变形的，变形的程度取决于月球的天平动，如我们在第十二章中说明的。在一个不利的天平动位置上，危海更靠近边缘，看上去在南北方向上被极大地拉长了。在有利的天平动位置上，它会朝着我们倾斜，形状看起来更圆。事实上，危海是椭圆形的，测量值是 620 千米 ×570 千米，但其长轴实际上是东西走向的。

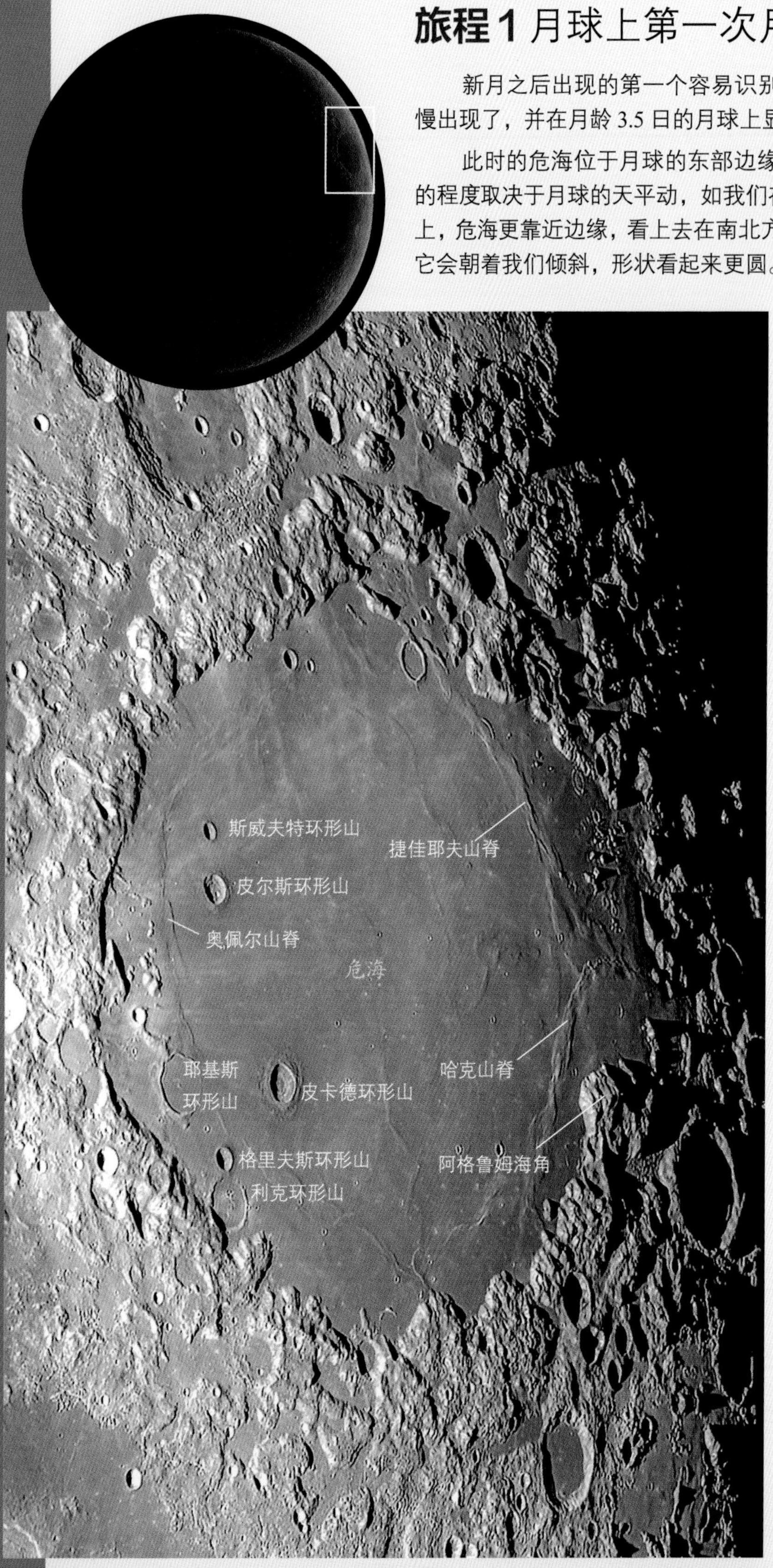

危海的东部边缘非常不平整。想要证据的话，把放大倍率提高，观察被称为阿格鲁姆海角的楔形海角。相反方向的边缘也会吸引我们的注意，不过是出于另一个原因。偶尔我们会看到明暗交界穿过危海的西部，使那一片海底处于阴影中。不过多山的西部边缘会被照亮。这些山峰在明暗交界的后方蜿蜒迂回，看上去好像漂浮在虚空中。

在能够看到危海的全貌时，我就可以在 100 倍的放大倍率下追踪到一些褶皱的脊形地貌，它们被称作山脊。捷佳耶夫山脊和哈克山脊位于危海的东侧，奥佩尔山脊则沿着海底的西侧边缘呈现出一条弧线。靠近奥佩尔山脊，皮尔斯环形山（18 千米）和斯威夫特环形山（12 千米）仍笼罩在阴影中。在中心的西南方有一个更大的“黑洞”，那是 23 千米宽的皮卡德环形山。在皮卡德附近，邻近危海的西侧山壁是底部被熔岩淹没的耶基斯环形山和利克环形山。这两个环形山虽然都比皮卡德大，却更不容易观测到。格里夫斯环形山（14 千米）位于利克的北部边缘。

在不利的天平动位置下，其中一些细节会有所缺失。即便如此，危海仍旧是一个很有趣的目标，直到阴影消退。这些阴影在满月后会重返，那时明暗交界会跨越危海的东部边缘。此处的图像展示的是满月后两天的危海，在月龄 16 日的亏凸月上。

月龄 4 日的上蛾眉月

旅程 2 彗星环形山

两个并排的环形山：梅西叶和梅西叶 A 是为了纪念 18 世纪的法国彗星猎人夏尔·梅西叶。恰如其分的是，从其中一个环形山延伸出去的两条长射线会让人联想到彗星的两条长尾。这个彗星环形山位于丰富海，与比它小的危海（见旅程 1）相邻。当月龄 4 日时，这个“彗星”就变得可见了。

这两个相对年轻的环形山外形并不完全一致。在 100 倍放大倍率下观测，可以看出大小为 12 千米 ×9 千米的梅西叶环形山在东西方向上更长。梅西叶 A 环形山则稍大一些（13 千米 ×11 千米），更接近圆形——它也是延伸到丰富海西部边缘的两条射线的起点。

这些射线是由浅色物质组成的，这些物质在形成环形山的撞击过程中被喷洒出来。天文学家认为这两个环形山是由同一个撞向月球的入射物制造出来的。这个入射物以一个低角度从东面撞击，撞出了一个被拉长了的坑（梅西叶），然后从地表弹起又落下，砸出了第二个长椭圆形的坑（梅西叶 A）和那些射线。弹道学实验已经证明低角度撞击会产生椭圆形的弹坑。

除了“彗星”，我很难不注意到朗格伦环形山，一个位于丰富海东岸的 133 千米宽的环形山。与危海一样，朗格伦也因为透视导致变形很大，在不同的天平动下呈现出不同的形状。朗格伦有一个巨大的中央山峰和阶梯状的内部；然而在此时这个早期的新月阶段，它面向地球的东面山壁会被阴影笼罩。满月后不久（这张照片就是在那时拍摄的），东侧就会被照亮，景象十分壮观。

最后，在丰富海底部、朗格伦旁边，是比尔哈茨、阿特伍德和直圆三个环形山。这些环形山的宽度从 30 千米到 43 千米不等，形成了一个紧凑的三角形。在一个年轻的月球上，它们宛如一个显眼的“黑洞三重奏”。

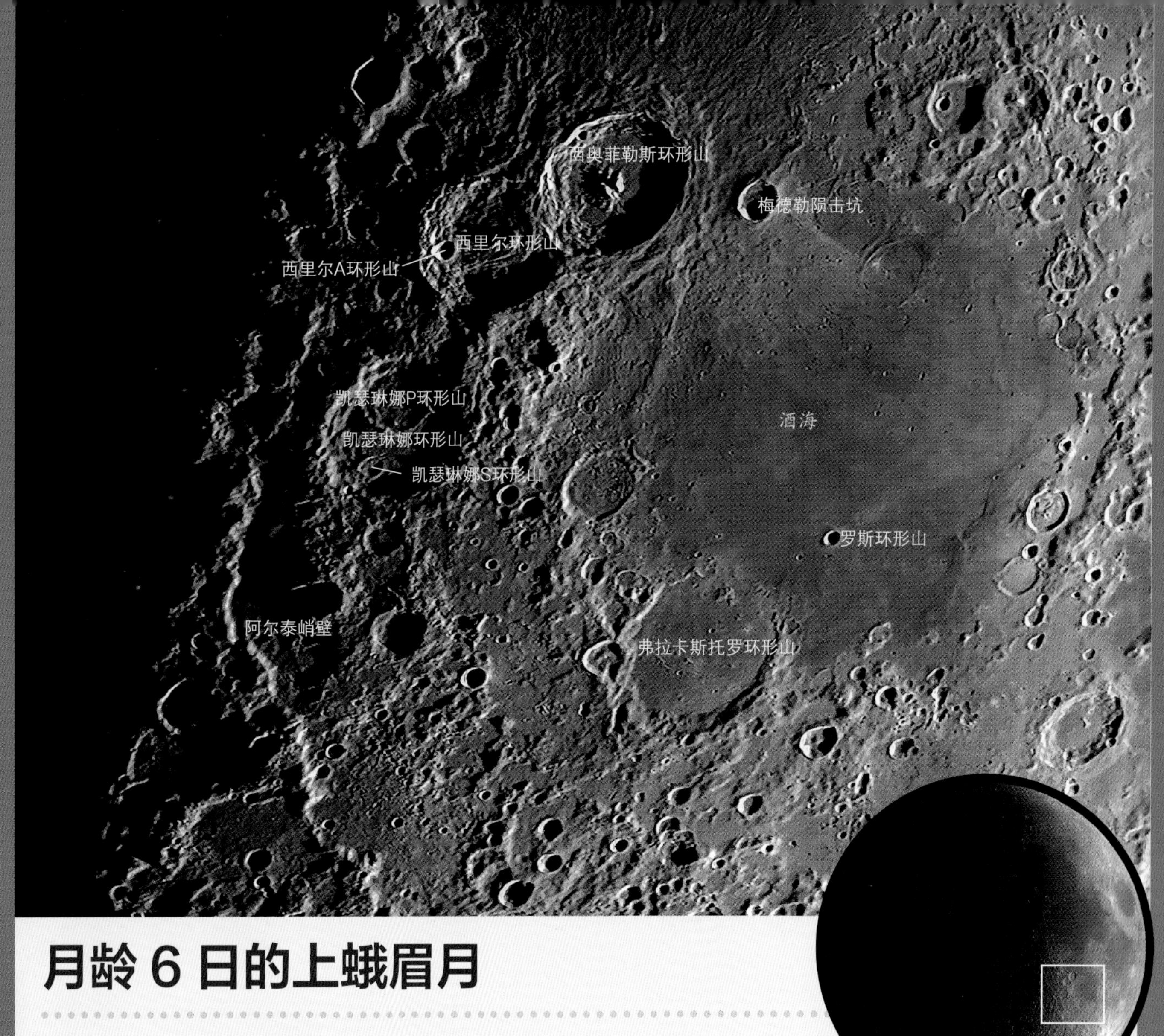

月龄 6 日的上蛾眉月

旅程 3 完美的海面和坑洼的月面

酒海的“海面”上显得风平浪静，这片平整的区域直径接近 350 千米。奇怪的是，与它相邻的 124 千米宽的弗拉卡斯托罗环形山也有着同样平坦的底面。很久以前，酒海盆地中的岩浆满溢出来，冲破了弗拉卡斯托罗低矮的北部边缘，淹没了环形山。向北看，在酒海“海面”有一个“孤岛”清晰可见，这是罗斯环形山。位于酒海的西北海岸的是梅德勒陨击坑，直径为 28 千米。从梅德勒出发，我们跳跃前往三个巨大的环形山，每个的宽度都约为 100 千米，呈南北向排列。其中最值得一看的是西奥菲勒斯环形山，其醒目的边缘自坑底拔地而起。西奥菲勒斯拥有一座高耸的中央山峰，形状复杂，令人瞩目。在 150 倍放大倍率下，多个紧密簇拥的山峰构成了非常诱人的景色。

西奥菲勒斯环形山在西南方向上与古老的西里尔环形山部分重叠。西里尔的外观已经严重退化，但仍向我们奉上了相距甚远的两座中央山峰。在西里尔中心的西南方向，我们能在它崎岖坑洼的底部看到 17 千米宽的西里尔 A。

再往南，越过一片褶皱的高地，就能看到低调的凯瑟琳娜环形山。对凯瑟琳娜的坑底进行一番观察，便能找到一对被岩浆半淹没的“手足”：小型的凯瑟琳娜 S 环形山在最南端，较大的凯瑟琳娜 P 环形山则掩盖了凯瑟琳娜破碎的北部边缘。

在凯瑟琳娜环形山的东部和南部延伸的是 480 千米长的阿尔泰峭壁。这道月牙形的月球断层是酒海盆地主边缘的西南部分，酒海盆地的这片区域经受过很多次撞击。峭壁以东的月球表面比峭壁以西的低大约 1000 米。在上弦月之前，被阳光照亮的阿尔泰峭壁会变成一条明亮的破损曲线，如图所示。满月四天后，峭壁则变成一道黑色的弧线，向酒海盆地的低地投下阴影。

酒海和我们的三个巨型环形山在满月后同样能够再次呈现引人注目的景色。这片区域都很值得在亏凸月的深夜观测。

月龄 7 日的上弦月

旅程 4 精雕细琢的线条

月龄超过 7 日时，月面中心的一个平坦区域变得清晰可见。这个月球中心点叫作中央湾，是一片长长的平原，在东北—西南方向上长度约为 350 千米，正位于圆形的汽海的南部。中央湾中不平坦的部分很值得细看。

横跨中央湾东北端的是 220 千米长的希吉努斯溪。在低倍率下，希吉努斯溪看起来好像一条中间弯曲的白线。“溪流”上有一个凹陷的浅坑。放大到 100 倍，就会发现这个凹陷在弯曲处偏东的位置。这就是 10 千米宽的希吉努斯环形山。与其说希吉努斯环形山与撞击有关，不如说它来自火山活动。在月溪的内部有许多小坑，像豆荚里的豌豆一样，可能是火山坑。我需要放大到至少 150 倍才能拾取到其中一些“豌豆”。

在希吉努斯的西南方，靠近中央湾的中心，是特里斯内克尔环形山，一个直径为 27 千米的陡壁撞击坑。在这个月相上，特里斯内克尔看上去是一摊黑色，如图所示。在这之后，一簇中央山峰会渐渐从阴影中显现出来。同时，环形山周围的区域也很值得在高倍率下细细观测一番。

一个由狭窄通道组成的蜘蛛网（被称为特里斯内克尔月溪）从特里斯内克尔环形山的东南处起，向北几乎延伸到 200 千米外的希吉努斯。在我的 108 毫米天文望远镜中，使用 175 倍或更高的放大倍率可以看到其中两到三条最粗的线。当然，更大型的天文望远镜可以让你看到更多的线条。在一个月龄 8 日的月球上，大部分的沟纹仍然可以追踪到，尽管较细的那些在其后不久就会消失不见。事实上，这些沟纹基本上都“细如发丝”，没有一条的宽度超过 1.5 千米。

这些沟纹或者说溪流会给你带来挑战。以下几个因素决定了你是否能够观测到它们：明暗交界的位置、天文望远镜的大小、放大倍率、大气视宁度，以及耐心。

月龄 8 日的凸月

旅程 5
壮观的三重奏

月龄 8 日至 9 日的月球变得越来越丰满，同时展现出非常多引人注目的细节，以至于我不得不在这两个夜晚安排四次旅程。我们最先看到的是一个壮观的环形山三重奏，它们的外观和我们在旅程 3 看到的那组环形山很相似：三个在南北方向上排成一列的庞然大物，在任何倍率下观测都十分迷人。

令人印象最深刻的是托勒玫陨击坑，因为它是如此广阔、平坦和光滑，从一边到另一边的距离足有 154 千米，但没有中央峰。在这片总体而言崎岖不平的区域中，托勒玫好像一个宁静的湖泊。在 100 倍放大倍率下，我可以看到位于托勒玫陨击坑东北部的 9 千米宽的阿摩尼奥斯陨击坑。

与托勒玫的北部紧密相接的是其相对年轻的朋友——赫歇尔陨击坑。赫歇尔的直径最长有 41 千米，具有陡峭的梯田一般的山壁和一座奇怪的偏离中心的尖峰。这些细节最开始都笼罩在阴影里，但随着太阳在陨击坑的山壁上升起，它每过一小时都会变得更加引人注目。

与托勒玫的南部边缘相邻的是“巨怪二号”：阿方索环形山。阿方索周围的山壁呈环状，宽度为 118 千米。这是另一个整体平滑，只有一座尖尖的中央峰矗立其中的环形山。在这张照片中，中央峰看上去就像一枚直立的导弹！

沿着崎岖不平的山脊向南看，我们便能看到第三个“巨怪”：阿尔扎赫尔环形山，宽度为 98 千米。它周围高高的山壁像是多层台阶。在突出的中央峰的东边有一个 10 千米宽的凹坑，被称为阿尔扎赫尔 A 环形山，在 100 倍放大倍率下很容易就能观测到。

阿方索和阿尔扎赫尔之间是一段粗糙的山脊，紧贴着山脊西侧的环形山被称为阿尔佩特拉吉斯环形山，名字相当拗口。这个相对来说很深的凹坑（与赫歇尔大小相当，在这张照片中被阴影填满）中央有一个较大的圆丘，在高倍率下清晰可见。

在这个壮观的“三重奏”后，将天文望远镜轻轻推向月球的西南方，我们便来到了下一个旅程的亮点区域。

旅程 6 华丽的直线

在我的天文观测生涯中，每当天文望远镜捕捉到著名的竖直峭壁（也叫直壁），我总是会做出一模一样的反应：“哇！”

直壁位于云海的东岸，全长 110 千米，是一个典型的地表断层结构，比云海的表面高度下降了几百米。阿尔泰峭壁（见旅程 3）比直壁更高、更长，但后者的线条保留了更加原始的外貌。在上弦月后马上观测，能看到直壁向西边的沉降地表投射出一个清晰的影子。

到了月龄 9 日，随着月球的明暗交界逐渐向西移动，紧邻直壁以西的地形逐渐被照亮。在这里，我们能够发现 17 千米宽的伯特环形山，一个被阴影填满的边缘尖锐的环形山。在伯特东侧面向直壁的地方，是一个 6.8 千米宽的凹坑，被称为伯特 A 环形山。用反射式天文望远镜在 100 倍放大倍率下观测，伯特和伯特 A 都清晰可见。你的今日挑战在伯特的西北部，一道被称为伯特溪的细小的沟纹，走向与直壁大致平行。

在直壁和阿尔扎赫尔环形山（见旅程 5）之间的是塔比环形山，直径为 58 千米。塔比实际上是三个重叠在一起的大小不同的环形山。20 千米宽的塔比 A 覆盖了塔比西部边缘的一部分，同时塔比 A 本身也与塔比 L（12 千米）相接。塔比家族的成员一个比一个小，它们连起来指向了直壁的方向。我用 75 倍放大倍率便能捕捉到塔比 A；塔比 L 有时则需要使用 100 倍或更大的放大倍率才能看到。

有时直壁投下的影子看起来比上图（在那之后拍的）所显示的更加显眼。虽然直壁的黑色边缘让它看起来像是一个垂直的悬崖，但它实际上是一个角度平缓的斜坡。顺便一提，下弦月之后，云海被太阳光照亮，这时的直壁会变成一条明亮的条纹——看起来还是很像悬崖。

月龄 9 日的凸月

旅程 7 不可思议的雨海

雨海的跨度达到了 1250 千米；在新月之后的 8.5 到 9 天，它的东半部就变得非常适合探索了。

雨海的东部边界由三条蜿蜒的山脉勾勒而成，分别是：阿尔卑斯山脉、高加索山脉和亚平宁山脉。其中亚平宁山脉的规模极为宏大，它面向雨海的那一面山壁非常陡峭，最高处能到 5000 米。与之相对的一个令人印象深刻的地貌是极深的阿尔卑斯大峡谷，全长 130 千米，贯穿了阿尔卑斯山脉。

使用 100 倍放大倍率观测，雨海的几个主要的环形山在天文望远镜中展现出明显的差异。在亚平宁山脉的西端，直径 60 千米的厄拉多塞环形山的内壁呈阶梯状，中央峰形状复杂，底部有很多碎石。在阿尔卑斯山脉的远端是 101 千米宽的柏拉图环形山，其中覆盖着凝固了的熔岩，其表面像餐盘一样光滑。熔岩平原上有几个小型环形山，正好能用业余天文望远镜捕捉到。在本章开头的柏拉图环形山照片中能看到它们。我很喜欢柏拉图环形山的丘陵状东部边缘投下的锯齿状阴影。在我规划的所有旅程中，柏拉图环形山的位置最靠北，虽然它是圆形的，但由于透视，看起来总是椭圆形的。

雨海平原是一个由褶皱、孤峰和被部分淹没的环形山组成的宝库。寻找一下卡西尼陨击坑，它的边缘从一侧到另一侧距离为 58 千米，高度只超出雨海“海面”一点点。卡西尼陨击坑中还包含两个深洞，即卡西尼 A 陨击坑和卡西尼 B 陨击坑。

在卡西尼的南部，我们能看到由阿里斯泰拉斯环形山（55 千米）、奥托里库斯环形山（40 千米）和阿基米德环形山（83 千米）构成的大三角。阿里斯泰拉斯向我们展示了三座中央峰。奥托里库斯的底面非常粗糙。而阿基米德的山壁很陡峭，底部格外平坦。

将放大倍率提高到 150 倍，把天文望远镜朝着西南方向轻推，越过一片被称为阿基米德山脉的不规则凸起，首先会经过 13 千米宽的班克罗夫特环形山，然后是小一点的贝尔陨击坑和弗耶陨击坑，最终到达梯摩恰里斯环形山，那是一个 35 千米宽的环形山，四周的地表遍布杂乱的喷出物。其内部本来应该是中央峰的位置上却存在着一个小型的环形山！

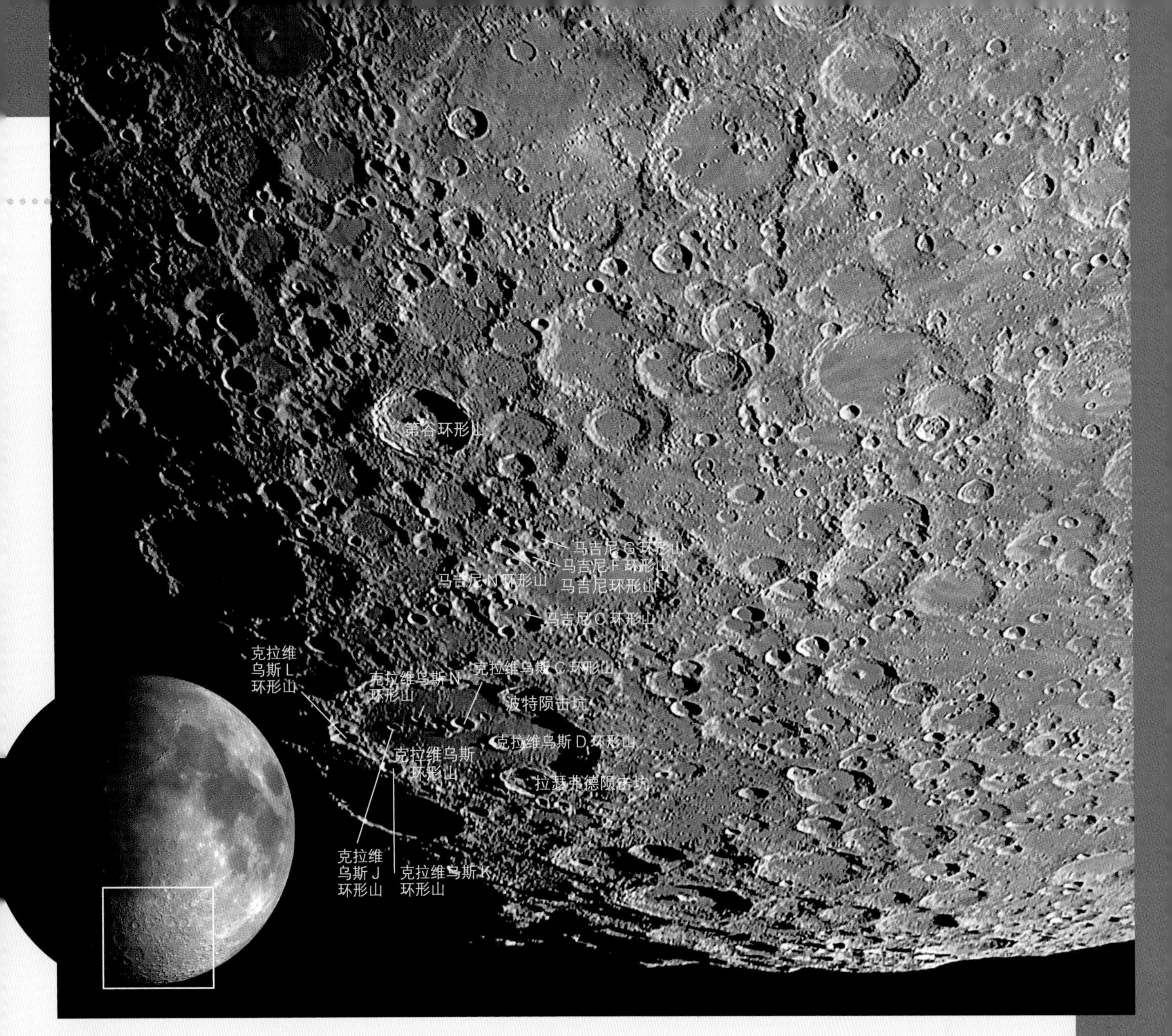

旅程 8 南方的奇迹

遍布陨击坑的月球南部高地是一片混乱的区域。三个著名的撞击点都挤在这片区域里——如果你能找到它们的话。

著名的第谷环形山是一处胜景，山壁高耸，宽度达到 85 千米，但是在庞大的环形山群中出人意料地很难找。在月龄 9 日的月球上，第谷的边缘显得很锋利，但其东边的山壁投下阴影，遮住了从东壁到中央峰的一部分底面。中央峰反过来又向阶梯状的西壁投下了影子。在这个月相期间，我通常能追踪到从第谷发射的几条辐射纹（它们在上图中隐约可见），我们将在最后一个旅程中领略第谷的完整辐射纹系统。

第谷的东南方是马吉尼环形山。这个破碎的环形山的宽度在 160 到 190 千米，取决于你如何认定它破碎的两端。马吉尼基本上是一个底面平坦的构造，吸引我目光的是它破碎的西端。在这个被击碎的边缘的西北部有三个小型环形山，分别被称为马吉尼 G、马吉尼 F 和马吉尼 N，它们构成了一个三角形。在它们正南方是 42 千米宽的马吉尼 C。

马吉尼的西南方向上是克拉维乌斯环形山，它的直径有 225 千米，是一个巨大的陨击撞击区。在我们的照片中，克拉维乌斯看起来是个很扁的椭圆形，这是因为它靠近月球的南部边缘，受透视的影响。（在有利的南部天平动期间，克拉维乌斯会处于更利于观测的位置。）有几个环形山重叠在克拉维乌斯之上。波特陨击坑（53 千米）横跨了其北部边缘，而拉瑟弗德陨击坑（55 千米）近似横跨了其南缘。西方和西南方的边缘被克拉维乌斯 L（24 千米）和克拉维乌斯 K（20 千米）所包围。

克拉维乌斯被拉长的内部装饰着一个新月形的环形山，在 150 倍放大倍率下使用天文望远镜对它进行观测，能够看到迷人的景致。我还能看到包括拉瑟弗德在内的 5 个连续的深坑，它们的尺寸较小一些，都被阴影半笼罩着，分别叫作克拉维乌斯 D、克拉维乌斯 C、克拉维乌斯 N 和克拉维乌斯 J。在下弦月时，这一片区域会再次变得美丽。

月龄 10 日的凸月

旅程 9 地表的巨坑

哥白尼陨击坑是环形山中的“王”。这个巨坑直径 96 千米，深度接近 3800 米，有两座高大的中央峰，形成它的那次撞击距今大约只有十亿年（对月球来说算是近期的事了）。它的边缘好似山脉，从岛海的荒地上升起，高度达到 900 米，而环形山的周围则是大量被抛撒出的碎片。

我们在这之前一晚（月龄 9 日）就能体验到一部分乐趣，因为这时能欣赏到一个引人入胜的场景：哥白尼陨击坑的日出。在几小时的时间里，最初是环形山陡峭的东部山壁被照亮，然后是边缘，再之后是两座中央山峰，其他部分都没有显示出来。这种好似无底洞的幻象非常奇妙。（下弦月之后几晚，这个现象会在哥白尼日落的时候以相反的顺序再次发生。）哥白尼东边的地表上覆盖着厚厚的撞击坑溅射物，随着月龄 10 日的到来，越过这片地表更往东的地方，微小的喷射物特征也变得明显起来。在哥白尼和厄拉多塞环形山（旅程 7 中介绍过）之间寻找一串小型环形山，它们形成了一条南北走向的蜿蜒轨迹。使用反射式望远镜在 200 倍放大倍率下观测，我能追踪到这一串小点，它们环绕在只能勉强看到的斯塔迪乌斯环形山的西侧。这个 70 千米宽的“幽灵”环形山内部几乎被岛海的岩浆填满。尽管这张照片很好地捕捉到了斯塔迪乌斯的外观，但有经验的月球观测者都知道，只有在光线恰到好处时才有可能看到它。

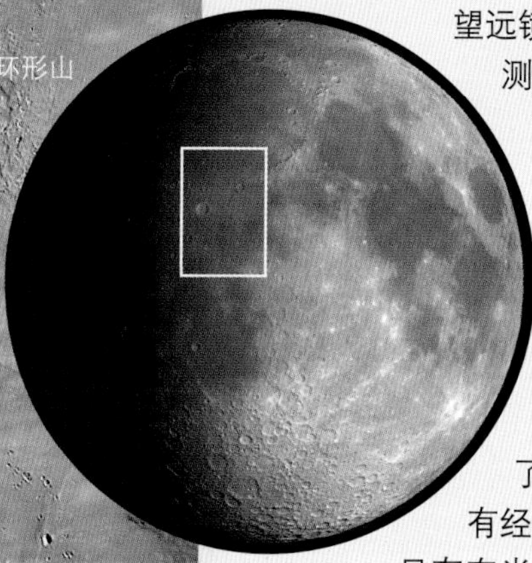

许多个小时之后，哥白尼的内部结构才会完全显现出来——但它们值得这样的等待。在月龄 10.5 日的时候，哥白尼会展现出最佳形态。在 75 倍放大倍率下，我能够欣赏到环形山崎岖不平的边缘和精致的阶梯状内壁。两座中央峰从明亮的白色底面上拔地而起，中间还夹着一个针尖般的结构——第三座小小的中央峰。

哥白尼也有明亮的辐射纹，我将在旅程 12 中详细介绍它们。

月龄 11 日的凸月

旅程 10
有趣的湿海

湿海的直径只有 380 千米，是一个相对来说比较小的月海。尽管湿海的面积不大，但用天文望远镜对它进行探索是非常有趣的体验。

41 千米宽的维泰洛环形山位于湿海的南端，它的底部平坦，使用低倍率就能轻松看到。在维泰洛的西面再靠北一点的地方有几个被部分淹没的环形山，我在 100 倍放大倍率下能观测到它们，不过这还要取决于具体的光照。它们中最适合观测的两个是李环形山（和维泰洛大小相等）和多佩尔迈尔环形山，后者宽 65 千米。李的大部分北部边缘都消失了，而被严重侵蚀的多佩尔迈尔的底面皱巴巴的，中央有着一个巨大的隆起。这两个环形山的东北部都向湿海的“海面”开放。

李比希峭壁为湿海的西岸吸引了不少目光，这条断层的走向与湿海的西部边缘平行。我的天文望远镜能看到这条断层以及位于其中点的一个小环形山，即李比希 F 环形山。湿海的东岸有一组相互平行的沟纹，那是希波吕斯溪。其中一道沟纹跨越过了 58 千米宽的希波吕斯环形山。希波吕斯环形山的西南山壁被淹没在湿海的岩浆之下。

在湿海的西北岸，有一条短而弯曲的未命名断层，它终止于伽桑狄环形山。这个独特的环形山直径 110 千米，边缘的轮廓十分清晰，它有着好几座中央峰，宽阔的底面上镌刻着迷宫一般的道道沟纹，被称为伽桑狄溪。如果光照适宜且视宁度稳定，我可以在 175 倍放大倍率下瞥见月溪位于底面东南方位的一小部分。伽森狄 A 是一个独立的、33 千米宽的环形山，与其母体的北端稍有重叠。

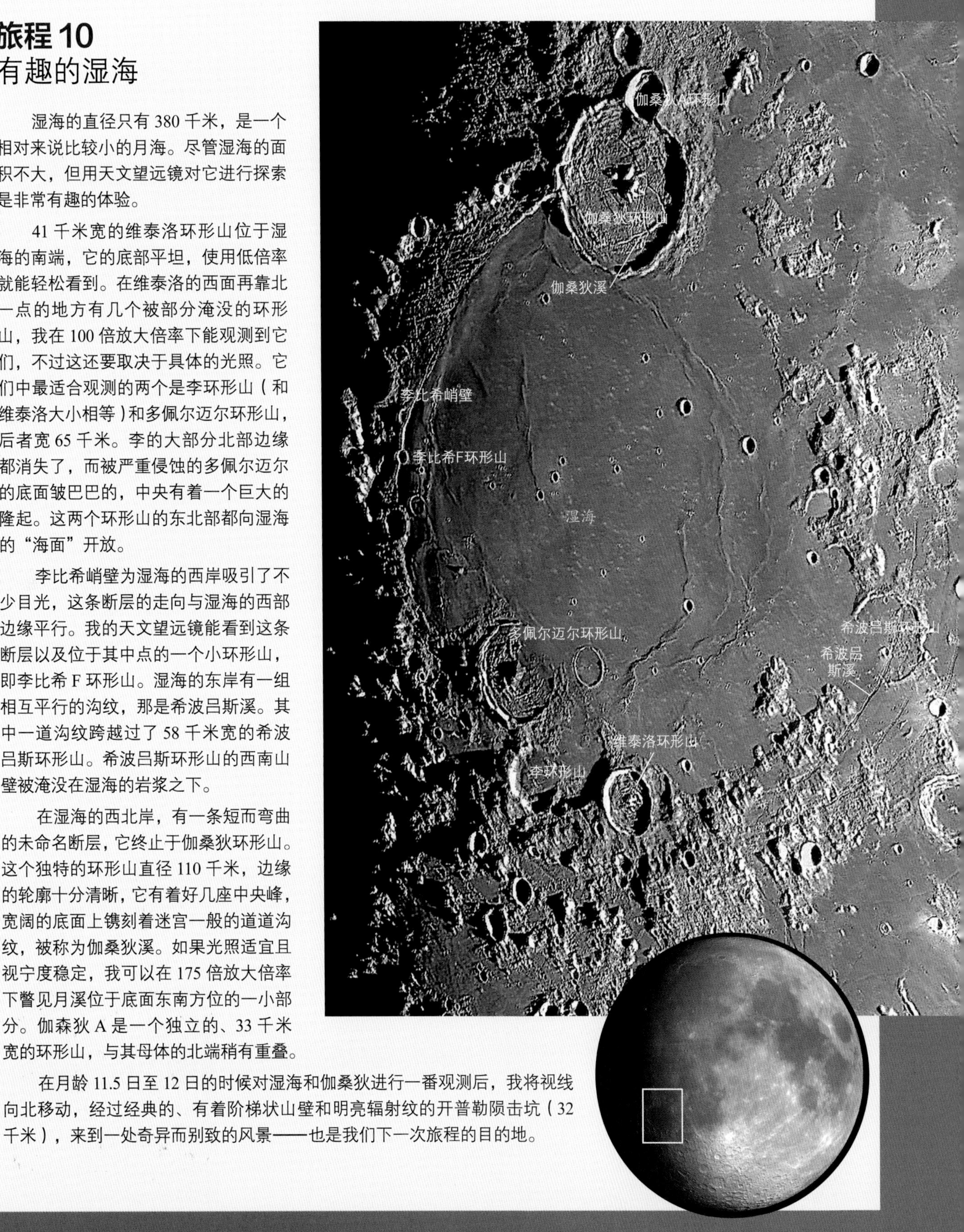

在月龄 11.5 日至 12 日的时候对湿海和伽桑狄进行一番观测后，我将视线向北移动，经过经典的、有着阶梯状山壁和明亮辐射纹的开普勒陨击坑（32 千米），来到一处奇异而别致的风景——也是我们下一次旅程的目的地。

月龄 12 日的凸月

旅程 11 一些奇怪的东西

风暴洋和湿海交汇之处便是广阔的阿利斯塔克高原。这处大致呈矩形的地貌包含了一座宽广的山峰、一个深谷和两个主要的环形山。

在 100 倍放大倍率下，我能用天文望远镜看到 35 千米宽的希罗多德环形山明亮的边缘和浅而暗的内部。与之相比，较大一些的阿利斯塔克环形山的内部则深而耀眼。这颗月球宝石的光芒明亮到几乎不自然，它也是辐射纹的起源（见最后一个旅程）。阿利斯塔克环形山既有着横向的阶梯特征，又有着垂直的纹路。

同样值得注意的是施洛特月谷。这道巨大的沟纹曾经是热熔岩的通道，宽达 10 千米、深达 1000 米，它起源于希罗多德北部的一个火山口。这个源头加上施洛特膨胀的上部，被称为“眼镜蛇头”。这条山谷向北和向西蜿蜒 160 千米。

风暴洋平原以南是马里乌斯，一个直径 41 千米的平底环形山。其附近的地表遍布火山丘陵，被称为马里乌斯丘陵。这些月球“丘疹”有几十个，分别有几千米长、几百米高。当盈月上的明暗交界移动到马里乌斯以西时，这片疙疙瘩瘩的地貌会在 150 倍放大倍率下现出原形。

另一个令人好奇的是听起来很神秘的赖纳 γ。它不是月海，也不是山脉或环形山。赖纳 γ 的尺寸为 40 千米 ×30 千米，是月球靠近我们这一面上唯一的一个月球旋涡，是一处笼罩在强烈磁场中的不折不扣的平坦地点。当月龄 12.5 日后，你很快就能在 30 千米宽的赖纳环形山的西边发现这个椭圆形的古怪地貌。使用至少 100 倍的放大倍率观测时，我会将赖纳 γ 想象成一条细长的白色的“鱼”，嘴里含着一颗小小的灰色“橄榄球”。来吧，自己来看看它。你还有另一次机会来探索这些奇怪的东西，在下弦月和新月之间大概中间的时刻。别错过了！

阿利斯塔克高原
施洛特月谷
阿利斯塔克环形山
希罗多德环形山
风暴洋
马里乌斯丘陵
马里乌斯环形山
赖纳 γ
赖纳环形山

更多入门级的游览

关于更多的月球之旅，请参阅约翰 · A. 里德（Jchn A. Read）编写的优秀的初学者指南，其中介绍了月球上的 50 大特征，印刷版和电子版皆有售。

月龄 14 日的满月

旅程 12
巨月升起

你有没有用天文望远镜或安装在三脚架上的双筒望远镜观看过月出？在满月时分，升起的圆球通常呈现出橙色，在远方的树木后慢慢向上爬升，它会显得非常大、非常清晰、非常美丽。（“大”的部分是一种光学错觉，月亮只有在地平线附近时才显得更大。见第 27 页。）

我会在 108 毫米反射式镜上使用低倍率进行观测，这样月球会很容易契合目镜的视场。如果月球在明亮的黄昏时分就出现（相比精确的满月提前几个小时），这时的月面不会很耀眼，而是令人着迷。我能够识别出大量暗色的月海，欣赏其他许多特征在纹理和颜色上的细微差别，以及最棒的一点：鉴赏奇妙的月面辐射纹。

月球表面有各种各样的辐射纹系统，它们各不相同。正如本页的图片证明的，其中有四个是最突出的。

熠熠生辉的阿利斯塔克（见前一个旅程）是一处辐射纹源头，这些辐射纹主要向东南方向延伸，直到它们与来自开普勒的一大片辐射纹相交。开普勒发出的一些辐射纹又与来自巨大的哥白尼的辐射纹混合。哥白尼的辐射纹系统有着名副其实的蛛网状条纹。第谷（旅程 8）在大小上不如哥白尼，但它有其独特之处。在天文望远镜中，第谷是一个纯白色的凹陷，周围围绕着一个较暗的“衣领”。它的辐射纹向各个方向延伸出数百千米。其他明亮的辐射纹来自东北部的普罗克洛斯环形山（其辐射纹系统异常不对称）以及东南部的弗纳 A 环形山和斯蒂文 A 环形山。它们的两个辐射纹系统看上去与其只有 10 千米的直径不成比例。

月面辐射纹是一种持续时间相对短暂的现象。在漫长的岁月里，它们会变暗并逐渐消失。第谷的辐射纹最为显眼，因为产生这些辐射纹的撞击时间大约在 1.09 亿年前，对月球而言是不久之前的事。第谷的主要竞争对手哥白尼的年代要久远得多，所以它的辐射纹相比之下就有些退化了。

第十四章

观测太阳系

1610 年，伽利略首次用他的新天文望远镜观测金星、木星和土星，发现金星有明显的相位变化，木星周围环绕着四颗卫星，土星上有奇怪的附属物凸出来，后者被后来的观测者们确认是土星环。

如今在 21 世纪，太空探测器已经对所有的主要行星以及矮行星谷神星和冥王星进行了十分细致的成像。我们已经知道了这些世界和它们的卫星从近处看起来是什么样子。然而能够亲眼看到太阳系的成员仍然是一件非常有吸引力的事，这也是促使我们购买一架天文望远镜的主要动力。很少有天文景观能与我们实时看到土星及其迷人的星环，或是木星的云带及引人入胜的大红斑相媲美。

在本章中，我们将重点关注太阳系中的天文望远镜目标：构成太阳家族的大、小行星和彗星。每晚你都能看到至少一颗明亮的行星，而明亮的彗星（如新智彗星）是一种罕见的美景。

新智彗星在 2020 年 7 月滑过北方的天空，让北半球的观测者十分开心。这颗彗星有着典型的蓝色气体彗尾和弯曲的白色尘埃彗尾，从黑暗的观测地，例如在艾伯塔省贾斯珀国家公园的哥伦比亚冰原可以很容易地用肉眼看到。这张照片是在 7 月 27 日拍摄的，当时彗星出现在北斗七星的下方。大气辉光和极光为天空增添了绚丽的彩色。

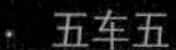

带内行星出现的位置

2015 年 5 月初，水星在夜空中的位置接近其大距。这时灿烂的金星距其大距还有一个月的时间，因而这一幕显示了与金星相比，水星通常出现的位置有多低，即便此时这颗太阳系最内侧的行星正处在它与太阳最大的距离上。

观测水星

凌日时间表

水星每个世纪都会在日面上经过 13 或 14 次，而且总是发生在 5 月初或 11 月初，那时它的运行轨道跨过黄道分别向南或向北。

水星和我们的邻居月球在许多方面都很相似。水星的直径只有月球的 1.4 倍，是一个没有大气层的小型星球，表面布满了陨击坑和火山平原。没有大气层意味着我们看到的就是水星的固态表面。

但与月球不同的是，当我们通过天文望远镜观测水星时，几乎看不到任何展现了水星古老历史的证据。首先是因为水星从未出现在距离太阳超过 28 度的位置，这就使得它总是在黄昏或黎明时出现在天空的低处。其次是因为水星很小，它的圆面直径通常只有 5 到 10 角秒，相比之下，木星的平均直径能有 40 角秒。

在晨昏时刻观测水星

观测水星的最佳时机是其位于大距时。水星每年大约有 6 次会到达离太阳最远的角距，通常平均分为清晨的西大距和夜晚的东大距。水星会在两到三周的时间里作为晚间的“星星”出现，如果仅是为了方便起见，观测者通常会在这段时间对它进行观测。水星的亮度最高可以达到 -1 等，这使得它在肉眼看来也惊人的明显，前提是你知道该看向哪里。

水星在春季的夜晚展现出最佳的形态，因为春季的黄道与地平线的角度很大，使得水星在天空中升到了最高的高度。对于温带地区，每年的春季通常都会有一个最佳的观赏期，可以在晚上观测水星。到了秋天，最佳的观测时机是在早晨。

水星可以用肉眼或双筒望远镜看到，但是对天文望远镜来说，即使位于有利的角距，观测条件也几乎不可能更差了。水星通常都出现在地平线以上不到 15 度的高度，在较差的视宁度里看起来好像在浮动。

此外，假彩色也会阻碍行星的成像——这种现象来自大气折射造成的色散，目标的高度越低，情况就越糟糕。水星的微小圆面的下边缘会被染上一条红色，上边缘则出现绿色或蓝色，使得圆面上的细节更加模糊不清。

尽管存在这些挑战，一个世纪前，欧仁·安东尼亚迪（Eugène Antoniadi）仍对水星进行了精妙的观测。安东尼亚迪是一位在希腊出生的法国天文学家，是有史以来最伟大的行星观测者之一。其最好的观测成果是在 20 世纪 20 年代使用口径在 300 至 838 毫米的折射式天文望远镜完成的。最终，他绘制了一张粗略的地图，并得出结论：水星每 88 天自转一次，这与水星绕太阳运行的时间相同，因而水星的一面必定一直面向太阳，就像月球的一面始终面向地球一样。

安东尼亚迪的结论部分正确，水星的旋转确实与它的母星锁定了，但不是通过他所想的方式。这颗行星实际上在围绕太阳公转一周的过程中自转了半圈，所以在两次公转后，同一半面才会再次回到面向太阳的位置。我们在每次傍晚或清晨的大距时看到的都是水星的同一面。这没什么影响，因为水星圆面上的细节本来就难以捉摸。

能明显观测到的是水星的相位。在一个典型的为期三周的夜间观测期，随着水星绕过太阳并向地球靠近，它的圆面也逐渐变大，同时形状从接近满月渐亏成一弯精致、细长的月牙，类似于月龄 3 日的新月。跟踪它的相位变化可能是你能够对水星进行的最佳的观测活动。

在白天观测水星

有一种方法可以让你看到这个小星球上的更多细节。为了获得清晰的天文望远镜视场，你必须像安东尼亚迪所做的那样：在白天观察水星。同样的情况也适用于金星，并且也可以使用以下技术来进行观测。最大的挑战是如何在明亮的蓝天中找到这两颗带内行星。

一种方法是在前一天晚上用 GoTo 望远镜瞄准，然后就将其停放或休眠。第二天把它唤醒，这样它就会瞄准水星或金星。但只有当行星位于大距时才能这样做。如果它们靠近太阳，这种方法会让你面临风险：望远镜回转时可能会扫过太阳，或者太阳的强光让你什么也看不到。

寻找水星的最佳时机是它接近西大距的时候。这时水星会在清晨出现在东边的天空中。白天观测最好是在早晨进行，因为这时太阳还没有使空气变暖，没有产生破坏观测效果的对流。

在白天观测行星时，一个自制的配件会很有用：用黑色卡纸做的延长的露罩。将纸固定在天文望远镜的镜筒上，使其长度至少比现有的露罩长 30 厘米。这样做可以防止太阳光直射到折射式镜的棱镜，或施密特 - 卡塞格林式镜的校正镜，抑或牛顿式镜的副镜上。

在白天或黄昏的最佳观测条件下，水星会显现出一个轮廓清晰的圆面，其上有着刚刚能让我们辨认出的暗色和亮色的斑点。它的颜色比金星更浅，奶油色的表面看起来有隐约的纹理，像细砂纸的质感。观测者看到的是不是水星上的陨击坑，这点尚不确定，但这颗行星看起来肯定是和被云层覆盖的金星不同的。

目镜视图：水星

作为本章内容的现实检验，我们在此展示艺术家埃德温·福恩（Edwin Faughn）的几幅画，画中描绘了当通过小型天文望远镜观测行星时，在目镜中所能看到的景象。这是全相时的水星，此时它处于最远距离，大小也最小。没什么可看的！

水星的最佳状态

在最好的条件下——在智利沙漠中使用大型天文望远镜，行星成像大师达米安·皮奇（Damian Peach）记录了从地球上能够看到和捕捉到的水星的最多细节：在这种情况下，也不过是一个直径为 10.2 角秒的圆面上的一些黑暗和明亮的标志。除非另有说明，本章所有的行星特写都是由达米安·皮奇拍摄的。

观测金星

金星的亮度能有 –4 等甚至更亮，它能够在清晨或傍晚的天空中占据主导，绝不会被认错。没有其他哪颗行星或恒星能够如此明亮。两个因素导致了这颗行星璀璨的外观：金星离地球更近，因而看起来比其他所有行星都要大，而且金星的高层大气中的硫酸雾具有非常高的反射率。

金星是太阳系中反射率最高的行星，落在金星上的太阳光有 65% 会被反射回太空中。金星在肉眼看来非常璀璨，但用天文望远镜观测时却令人失望：它就像一个朴素的白球一样没有什么特征，我们能看到的只有它的白色云层。

夜晚的“明星”

顶图：在 2020 年 3 月 25 日的这个夜晚，当金星出现在夜空中，它便成为黄昏的主宰，在昴星团的下方闪闪发光，而这时冬季的群星正在落下。新月在地平线上的低空中发着光。

上图：虽然金星在肉眼看来非常壮观，但最佳的天文望远镜观测往往是在白天进行的，就像作者戴尔在 2020 年 5 月初日落前三小时拍摄的这张照片，目镜中捕捉到了新月形状的金星。

夜晚和早晨的“明星”

同为带内行星，金星与水星不同，它会在长达几个月的时间里分别作为晚间和早晨的“明星”出现在天空中，随着它从太阳的一边移动到另一边，它每年有一次或两次到达离太阳最远的大距。

金星相继两次在晚间或者早晨出现的间隔，即所谓的会合周期，是 584 天——1.6 个地球年。因此，春季夜晚发生的一次大距，会在第二年的晚秋再次发生，再下一次是两年后的夏季。

由于金星和地球之间有一个奇怪的 13∶8 的同步性（金星在 8 个地球年期间几乎正好围绕太阳运转 13 圈），所以金星每 8 年就会回到我们天空中的同一个地方。也就是说，相隔 8 年的两次大距是相似的。例如，上图所示的 2020 年 3 月的有利于观测的大距，几乎是 2012 年 3 月那一次的复制，并将与 2028 年 3 月发生的大距相似。

像水星一样，金星在其可见的阶段里也会经历相位变化，而且原因也相同——金星的轨道在地球轨道的内侧。但是金星的轨道与太阳的距离是水星的两倍。这就导致金星的移动速度更慢，在我们的天空中出现时与太阳的距离也能达到水星的两倍。其结果就是金星的观测期可以持续数月，且能够出现在水星从未到达的更高的位置。

我们来解释一下让人感到混乱的术语。在夜晚能够观测到的大距被称为东大距（GEE），因为这时金星在太阳的东边，不过它会出现在我们天空的西边。反之，在清晨的东部天空中出现的大距被称为西大距（GEW）。

每次金星出现时，还有一个时间值得注意，那就是最大亮度，通常称为最大照亮范围。这总是发生在金星处于“新月”期的时候，大约在晚间的最大距之后的 36 天或者清晨的最大距之前的 36 天。虽然我们只能看到金星上的一块月牙区域被照亮，但此时它的圆面非常大，因此被太阳照亮的区域也达到最大，从而使金星的亮度达到峰值——-4.6 到 -4.8 等。

日间观测

覆盖在金星表面的厚厚的云层和雾气分布极其均匀。不过观测者在通过天文望远镜观测金星时，偶尔也能看到昏暗的斑块和明亮的两极，这些细微的差别是金星的能见度所能展现的极限。

目视观测者在两百多年前就对这些特征做了报告，而且他们手绘的图片有时能够和紫外线照片中可见的标志点相吻合。在紫外线照片中，云层的特征能够展现得最明显。不过，在暮色暗沉的黑暗中检视金星时，这颗行星的强光会让人难以看清任何云层特征。

和水星一样，观测金星最好是在白天。在金星的亮度最高的时候，其实用肉眼就能在晴朗的深蓝色天空中看到它，时间是在傍晚（靠近夜晚的大距时）或清晨（靠近早晨的大距时）。如果此时附近的天空中有一弯新月，可以先找到它，利用它指引你找到金星。

通过天文望远镜观测，白日蓝天中的金星像一颗美丽的悬在空中的珍珠。日间的观测展现了金星的云层在亮度上的渐变：在边缘上较亮，在明暗交界，即日 / 夜的边界处较暗。直射光直接照亮了边缘，与之相比，明暗交界处只接收到擦着表面经过的阳光。

天堂和地狱

金星的英文名是维纳斯，是罗马神话中代表爱与美的女神。尽管名字有这样的含义，但金星的表面堪称地狱，温度达 450℃，天空中下着硫酸雨，而且很可能遍布着活火山。

金星的云层

需要使用位于法国的历史悠久的日中峰天文台约 1041 毫米的天文望远镜，并通过紫外线和红外线滤光片成像，才能揭示金星上部云层的结构。使用业余天文设备的目视观测者能够看到任意一些昏暗的标志就算是幸运的了。

视宁度评级

观测者们使用欧仁·安东尼亚迪设计的 5 分制标度来对视宁度的稳定性进行评级。

1
完美的视宁度，没有一丝抖动

2
有轻微的抖动，平静的时刻能够持续数秒

3
中等视宁度，有更大的空气震荡，会使图像模糊

4
视宁度不佳，图像上不断出现烦人的波动

5
视宁度极差，图像十分不稳定，以至于无法绘制粗略的草图

月球和行星观测者都非常珍视“视宁度 1 级”的夜晚！

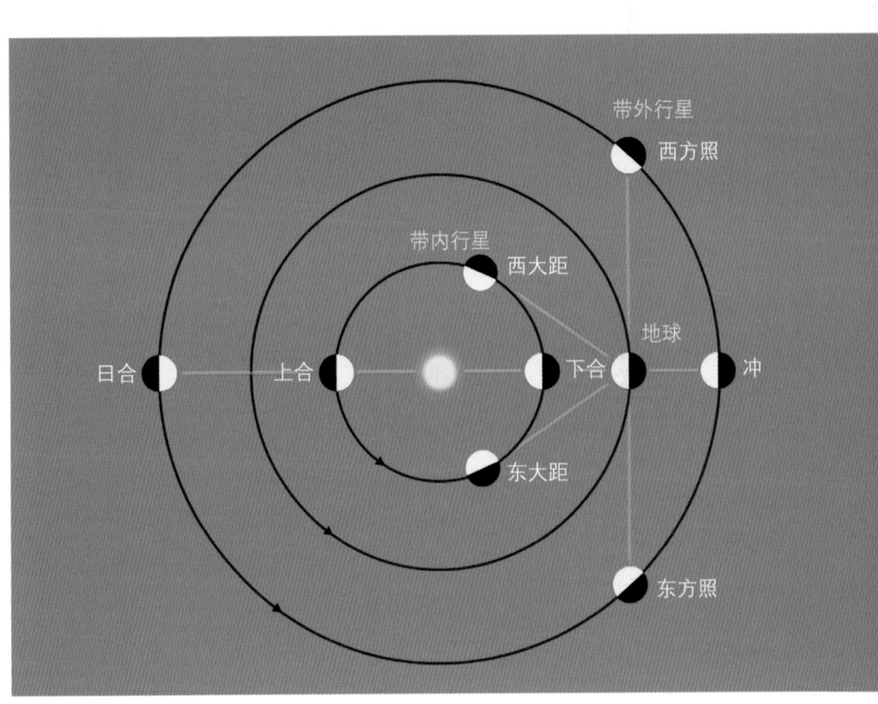

行星的位置

当带内行星——水星和金星位于地球和太阳之间时，它们处于下合（IC）。上合（SC）则是指它们位于太阳后方，在地球上观测不到。它们处于西大距（GEW）时会出现在清晨的天空中，在东大距（GEE）时则出现在晚间的天空中。当地球位于太阳和带外行星（火星和比它更靠外的行星）之间时，带外行星位于冲，此时它们离地球最近，外表也最大、最明亮。当一颗带外行星与太阳相距 90 度时，被称为方照，从地球上看，它呈现出略凸的相。每颗带外行星在与太阳相合时，都会消失在太阳背后长达几个星期。

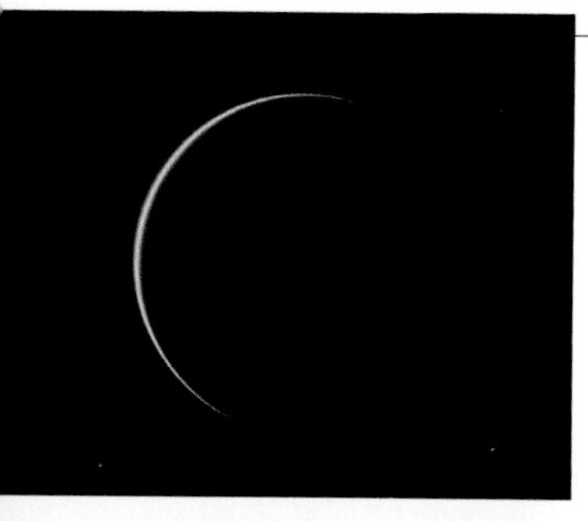

白天的金星

顶图：在接近或处于下合的时候，金星会以一弯靠近太阳的新月形态出现在天空中。达米安·皮奇在2012年5月28日拍到了这一景象，这时金星处于下合前一周，正在发生罕见的凌日现象。

上图：金星足够明亮，所以即使在大白天也可以观测到罕见的月面遮盖住金星的景象，这种现象被称为月掩星。作者戴尔在2012年8月13日拍摄了这组照片，当时白色的蛾眉月正从明亮的金星前方经过。

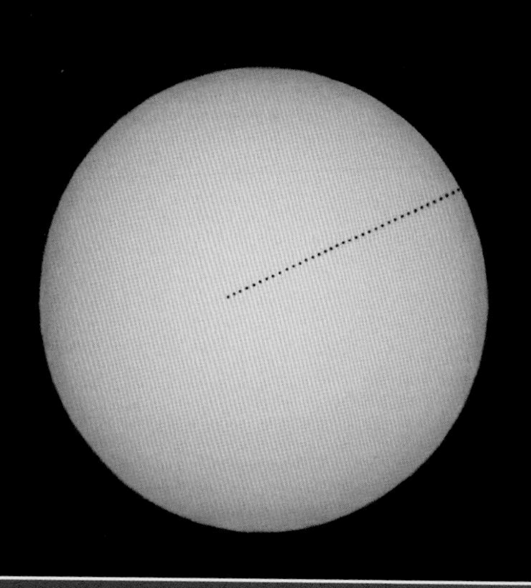

水星凌日

2019年11月11日，在戴尔家中的观测点，能看到水星在日出时分从太阳前经过。这张拍了三个多小时的合成照片中缺少了水星凌日的前半段。

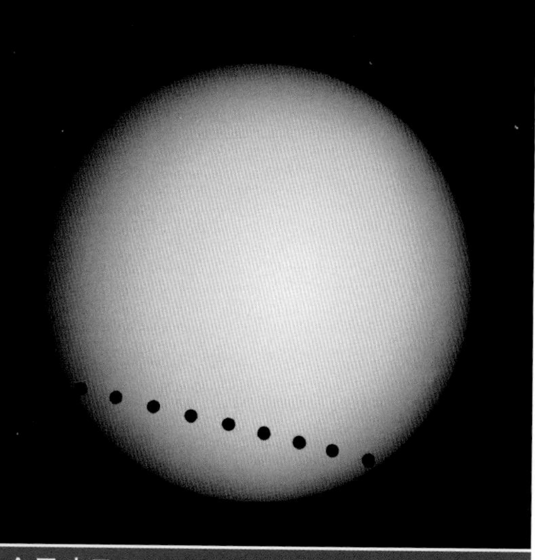

金星凌日

罕见的金星凌日成对出现，两次之间会间隔8年。这张照片展现的是2004年6月8日的凌日，之后一次是在2012年6月的5日到6日，下一次要等到105年后。

行星凌日

在下合时，水星或金星有时候会直接从日面前经过，这种罕见的现象被称为凌日。

水星的上一次凌日发生在2019年11月11日。在此之前，2016年5月9日也发生过一次。然而下一次水星凌日要到2032年11月13日才会发生。在凌日期间，你可以看到水星的微小轮廓在几个小时之内越过太阳。

金星凌日则更加罕见。金星在天空中显得如此之大，用佩戴了滤光片的肉眼就能很明显观测到，看上去是日面上的一个巨大的黑点。金星凌日在18世纪的历史中扮演了重要的角色，那时的探险队，其中一支由詹姆斯·库克船长带领，走遍了全世界，记录下了1761年和1769年发生的金星凌日。下一次金星凌日要到2117年12月10至11日才会发生。

在大距时，金星应该显示出有一半被照亮，就像四分之一相位时的月亮。这就是所谓的“弦”。然而目视观测到的夜晚的弦总是比根据轨道几何推导的时间提前4到8天出现。当金星出现在清晨的天空中时，情况正好相反，即目视观测到的弦实际上要晚几天出现。

业余观测者在几十年间对这些差异进行了记录。德国天文学家约翰·施洛特（Johann Schröter）在18世纪注意到了这种现象，因而这种差异有时被称为施洛特效应。想观测这种现象，你可以在金星位于东大距或西大距之前以及之后一周的时间里每天对它进行观测，记下你觉得金星正好出现一半相位的时间。

天体的顺时针运行每过584天就会将金星带到地球和太阳之间，到达下合的位置。当金星在下合的几天内，它的圆面可以扩大到60角秒宽，比其他任何行星都大，而它的相位则缩小到新月状态。

在白天的天空中观测金星的细长月牙时需要非常小心，因为天文望远镜必须靠近太阳才能看到这颗行星。在下合时进行观测是最好的，这时金星和太阳之间相距8度，就像2023年8月和2025年3月时那样。作为奖励，你可能能看到被照亮的金星“新月”围绕着圆面延伸成一个完整的圆环，这是太阳光在金星的大气中发生散射造成的。必须满足特殊的条件才能出现这个现象，但想要观测到它并不需要大型天文望远镜。

观测火星

除了月球，火星是唯一一个通过天文望远镜能够直接观测到其固体表面细节的天体。但火星离我们太远了，以至于我们很难清晰地观测到它的特征。

在良好的观测条件下，火星看起来十分熟悉，与地球很相似，两极有冰盖，橙粉色的沙漠中有着深色的“海洋”，会发生沙尘暴，偶尔还会有云。火星具备这些与地球类似的特征，且自转周期为 24.6 小时，轴倾角与地球也仅相差 2 度，因此不难理解为什么 19 世纪的观测者会认为这个星球上有生命存在。

悬浮在黑色虚空中的粉橙色星球是一幅令人陶醉且难忘的景象。但要注意：令人难忘的火星景观并不常见，火星总是吊人胃口。

冲周期

每 26 个月中，只有 3 到 6 个月的时间里火星圆面足够大（直径超过 10 角秒），能显现出丰富的细节。这时的火星位于每两年出现一次的冲。即便是这个时候，由于火星的轨道是椭圆形的，冲的位置也分好坏。有些冲发生在火星离太阳最近的近日点，此时这颗红色的行星距离地球最近，也因此能在目镜中显现出最大的形态。

在近日点冲，火星的表观直径可以达到 24 至 25 角秒，而在远日点冲，其最大可能也只有 14 角秒。这个周期为 15 至 17 年。我们在 2003 年和 2018 年欣赏到了近日点冲，但下一次近日点冲要到 2035 年才会发生。发生在 2020 年 10 月的冲几乎能与近日点冲相媲美，那时的火星圆面直径有 22.6 角秒，对北半球的观测者来说，其正处于天空中合适的高位。但从 2020 年开始，火星冲日的距离会逐渐变远，直到 2029 年，之后火星每次冲日的距离会逐渐变近。

我们的观测视野能够达到多好的程度，不仅取决于火星有多近，还取决于它在天空中的高度。对北半球的观测者来说，只有在距离较远的冲时，火星的位置最高，最不容易出现视宁度不佳的情况。在距离最近的大冲时，火星通常在北半球的夏季天空中处于低位。而对于身处南半球的观测者，在火星

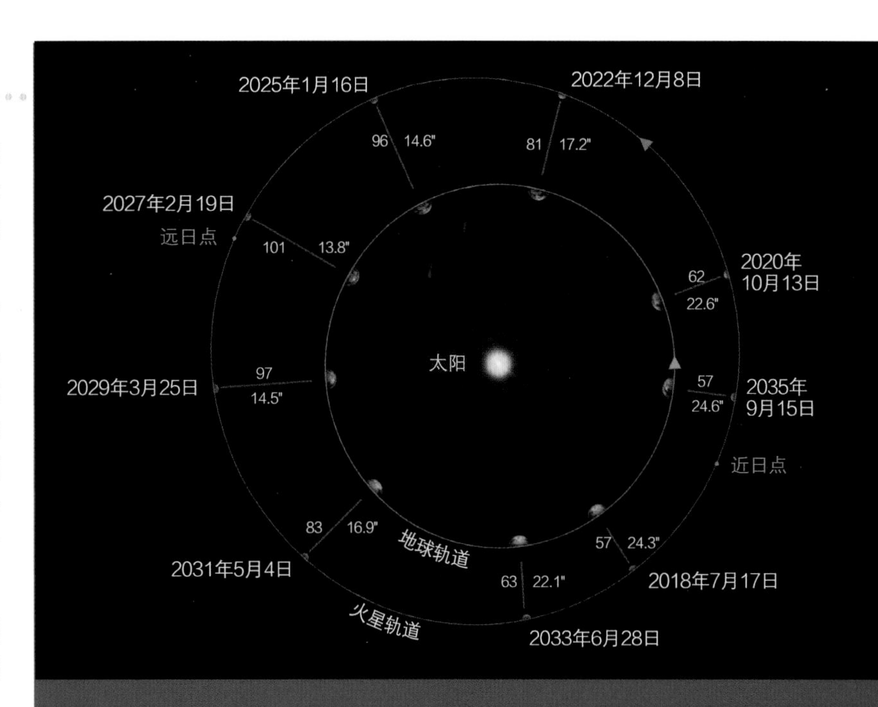

近距离和远距离的火星冲日

这幅图描绘了火星冲日的几何图像，从 2018 年的近日点冲到 21 世纪 20 年代期间距离逐渐增加的冲，这段时间内我们经过的火星正在逐渐远离太阳，然后距离再次缩短，直到下一次发生在 2035 年的近日点冲。图上的数字代表了从地球到火星的距离（以百万千米为单位）和火星圆面的最大尺寸（以角秒为单位）。

火星冲日 2020—2040 年

日期	赤纬	火星盘大小（角秒）	距离（百万千米）
2020 年 10 月 13 日	北纬 5 度	22.6	62
2022 年 12 月 8 日	北纬 25 度	17.2	81
2025 年 1 月 16 日	北纬 25 度	14.6	96
2027 年 2 月 19 日	北纬 15 度	13.8	101
2029 年 3 月 25 日	北纬 1 度	14.5	97
2031 年 5 月 4 日	南纬 15 度	16.9	83
2033 年 6 月 28 日	南纬 27 度	22.1	63
2035 年 9 月 15 日	南纬 8 度	24.6	57
2037 年 11 月 19 日	北纬 20 度	18.9	74
2040 年 1 月 2 日	北纬 26 度	15.3	91

在 21 世纪 20 年代的大部分时间里，火星冲日的位置会越来越偏北方，但也越来越远，然后在 30 年代早期，位置开始越来越近，同时向南偏移。观测火星需要耐心！

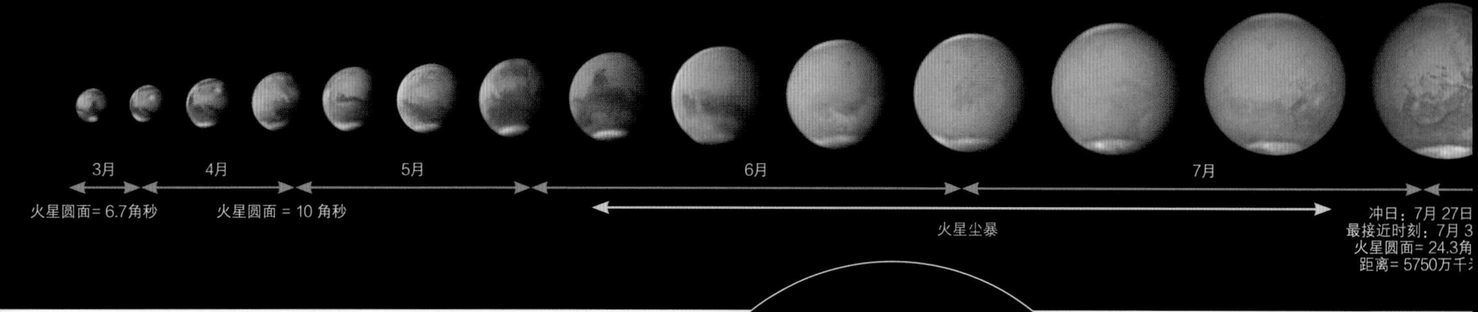

3月 4月 5月 6月 7月

火星圆面= 6.7角秒

火星圆面 = 10 角秒

火星尘暴

冲日：7月 27日
最接近时刻：7月 3
火星圆面= 24.3角
距离= 5750万千

火星的进攻和撤退

上图：2018 年，达米安·皮奇记录了火星近日点冲的整个过程。从 3 月开始到 7 月下旬，火星经过冲日点并到达距离地球最近处，直到 2019 年初，火星再次远离地球。然而 6 月到 7 月间，一场席卷火星的尘暴掩盖了其表面的细节。

插图：耐心等待良好的视宁度，并训练你的眼睛进行观测，那么细微的特征最终会显现出来，就像这张照片一样，它很好地展示了在 200 倍放大倍率下能够从目镜中看到什么。

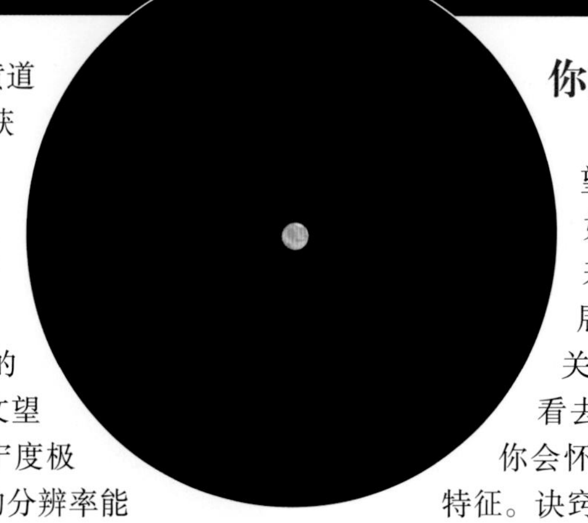

尘暴季

火星上的北半球春分，称为 Ls=0，标志着火星年的开始。Ls=90 代表了火星北半球的夏至。Ls=250 时，火星处于近日点，那之后不久，南半球的夏季便会开始，此时 Ls=270。较高的致热水平使得这时更容易发生席卷火星的尘暴。

最接近地球并位于黄道的最南段时，能够获得最佳的观测视野。

火星的天文望远镜观测

地球大气层中的湍流限制了大型天文望远镜的使用。在视宁度极佳的夜晚，望远镜的分辨率能达到 0.5 角秒。不过大多数情况下都是 1 角秒，这也是 100 毫米口径的天文望远镜能达到的分辨率；200 毫米口径的天文望远镜在理论上能有 0.5 角秒的分辨率；而 381 毫米口径的天文望远镜的极限是 0.3 角秒。这个微小的角度相当于展现火星上的 80 千米，不过得是在火星最接近地球的时候。

对于 381 毫米口径的天文望远镜，地球上的大气湍流通常情况下都不够稳定，以至于它无法展现出最高的分辨率。但是在接近完美的情况时，在高质量的大口径天文望远镜中，火星能够展现出大量令人惊叹的细节。不过不论大气条件如何，大口径望远镜总是能够使火星的图像更加明亮，且圆面上的颜色差异更加明显。所以观测火星时，天文望远镜的口径通常越大越好，前提是光学系统要足够锐利。

对口径不超过 180 毫米的天文望远镜，观测火星的最佳放大倍率是口径（英寸）的 35 倍，对更大型的天文望远镜则是口径的 25 倍到 30 倍。这既能够显示出令人满意的图像，又能避免辐照的影响，辐照是一种因人眼导致的现象，会让所看到的较亮的区域侵占临近的黑暗的部分。在观测火星时，辐照现象会使看到的极冠明显放大，并导致明亮的沙漠地区旁边精细、黑暗的细节缺失。这种影响在放大倍率低于每英寸口径 25 倍时最为棘手。

你能看到什么

无论使用哪种天文望远镜，或者观测条件如何，对于业余观测者来说，能否认出火星所展现出来的丰富细节，关键在于经验。第一眼看去，火星显得非常小，你会怀疑到底能观测到多少特征。诀窍是在火星冲日的至少两个月前就开始观测，训练你的眼睛来辨别火星上那些丰富又微妙的特征。这样在火星冲日前后，也就是能看到最佳景象的时候，你就可以用双眼和天文望远镜好好享受一番了。

火星表面特征，如白色的极冠和桃红色球体上的不规则暗斑的清晰度在很大程度上取决于火星大气的透明度。黑暗区域的大小和形状在不同的冲日时，甚至在同一个冲日期间都会发生变化。直到 20 世纪 60 年代，人们仍认为那些暗色区域是随着季节变化的植被。但现在我们知道了，这些变化实际上来自风，风把深色和浅色的尘埃吹到星球上的各个地方。

大型的尘暴能够在开始后的几天时间里降低整个火星圆面的对比度。这颗行星可能会被尘暴笼罩整整数周，就像 2018 年 7 月发生的那样，那时火星正到达其自 2003 年以来最接近地球的位置，而一场尘暴抹去了这颗行星圆面上的所有细节。这场尘暴是如此强烈，甚至终结了以太阳能为动力的“机遇”号探测器的“生命”。

有经验的观测者可以提前检测到火星上正在形成的尘暴，那时沙漠地区会变亮并侵占附近的黑暗地区。业余爱好者往往是最先注意到火星尘暴形成的人，他们会提醒美国航空航天局用哈勃和火星轨道探测器进行观测。

有利于北半球观测者的火星冲日发生

8月 9月 10月 11月 12月 1月 2019年

火星圆面 = 10角秒 火星圆面= 6.9角秒

时，火星的南极会向着地球的方向倾斜。在主要的观测期（以冲日为中心的前后共90天），明亮的白色极冠会缩小，有时还会显现出主极冠上的缺口或分离出来的部分冰盖。这时火星南半球上的夏季便开始了。

然而形如纽扣的极冠经常被大面积的雾或极帽所遮盖。此外，在火星的早晨和下午时分出现在其边缘的明亮冰云会伪装成极冠，使人很难分辨真正的极冠或极帽在哪里。

由于火星的自转周期是24小时38分钟（称为太阳日），所以在地球上每晚推迟38分钟，就能观测到和前一天晚上同样的火星特征。每天晚上都在同一个时间进行观测的话，你就会比前一晚看到火星上更偏东9度的区域。这样经过41个夜晚，你就能对这颗红色星球完成环视一圈，这时地球和火星也回到了同步状态——你此时看到的火星的一面和最开始在同一时间观测的是相同的。

火星滤光片

便宜的彩色滤光片（见第八章）能够改善你的火星观测视场。蓝色滤光片#80A有助于显示出明亮的冰云。橙色#21和红色#23A的滤光片可以加强黑暗区域的对比。对于口径小于200毫米的设备，红色的滤光片可能有些太暗了。对消色差折射式镜来说，负紫色滤光片（40—100美元）会很有帮助，它能抑制色差导致的蓝色光晕。

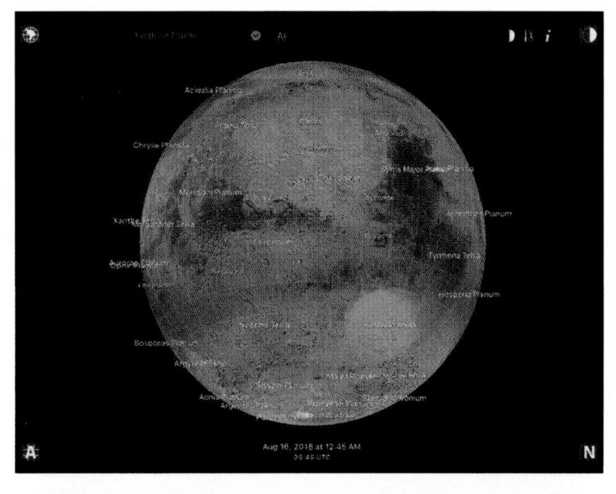

模拟的火星

左边的模拟图来自Mars Atlas应用程序，显示了2018年8月16日的火星样貌。将其与上图中离8月这个词最近的火星照片进行比较，它们非常接近。这些视图显示了火星上两个突出的特征：黑暗的、三角形的大瑟提斯和明亮的圆形希腊盆地。左边是子午高原，它标志着火星地图上的0度经度。与月球应用程序一样，火星应用程序可以倒转或翻转图像，以配合天文望远镜的视场，使你更容易识别这颗红色星球上的特征。

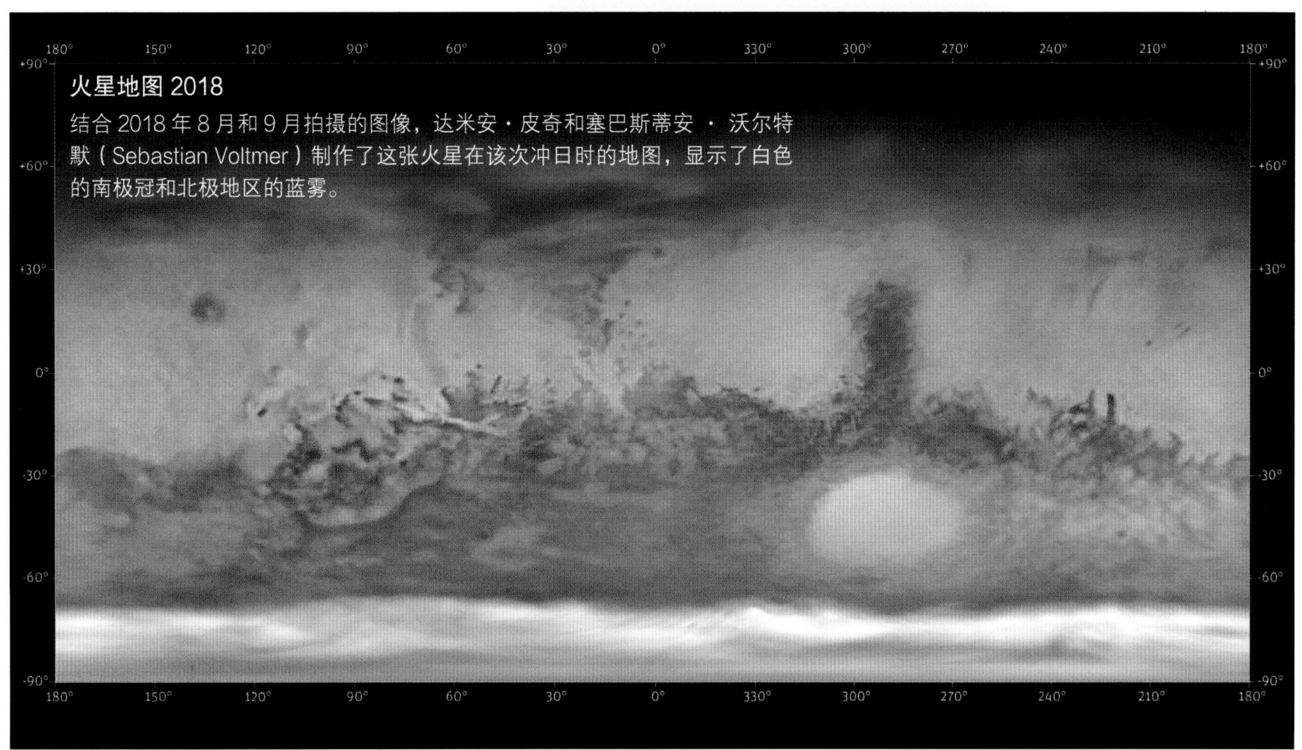

火星地图 2018

结合2018年8月和9月拍摄的图像，达米安·皮奇和塞巴斯蒂安·沃尔特默（Sebastian Voltmer）制作了这张火星在该次冲日时的地图，显示了白色的南极冠和北极地区的蓝雾。

红色滤光片也可以改善视宁度，因为它能消除受大气湍流影响最大的较短波长。对于口径大于 200 毫米的天文望远镜，可以尝试使用深红色的 #25 滤光片。通常情况下，彩色滤光片给口径大于 125 毫米的天文望远镜带来的改善效果要比在小型设备上更明显。然而，彩色行星滤光片最多也只能带来细微的改善。它们并不能替代经验，你需要让自己的眼睛在目镜前多练习，才能看清微小的细节。

就审美而言，没有哪个视野能够比得上未经过滤的火星珊瑚粉色的沙漠、纯白色的两极和灰绿色的黑暗区域的景色。在有利的冲日位置和良好的视宁度下对火星进行清晰的观测，这样一个夜晚，纵观你的观星生涯，也是值得铭记的。

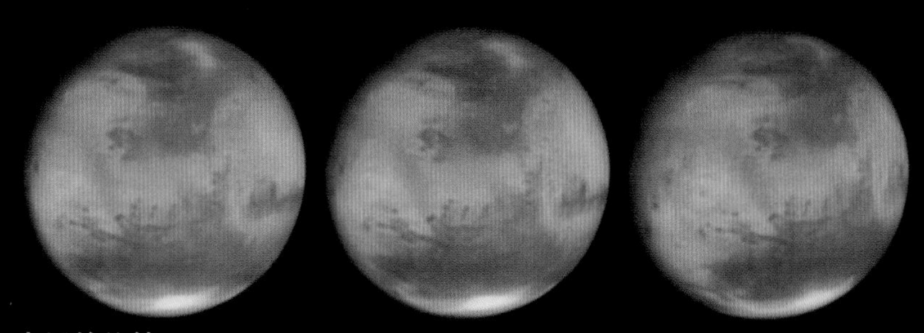

火星的旋转

这些图片拍摄于 2016 年 6 月 8 日，历时 90 分钟，显示了火星的自转是如何将新的特征带入早晨的边缘（左图），而下午的边缘（右图）处的特征又是如何离开视场的。北部（最顶上）的黑暗区域是阿西达利亚海；南边的则是厄立特里亚海。薄薄的云层让早晨和下午的边缘变亮了。沿着南北方向推移天文望远镜能够帮助你分辨哪个方向是火星的北方。将天文望远镜的驱动关掉，火星会漂移出视场范围，此时其下午的边缘在前、早晨的边缘在后。

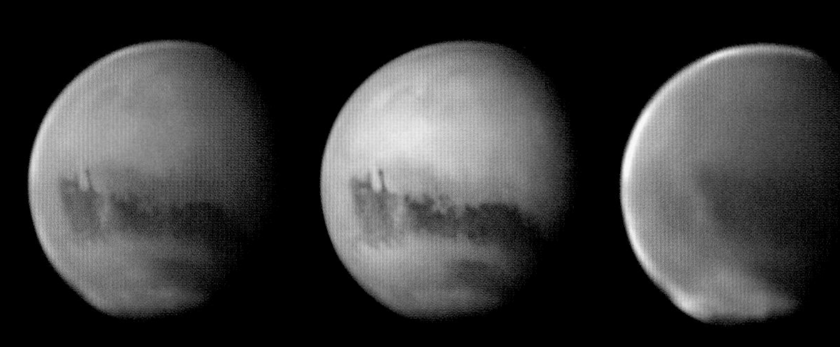

红色和蓝色的火星

在这些拍摄于 2018 年 6 月 16 日的图片中，我们看到了全彩的以及通过红色滤光片（中间）和蓝色滤光片（右边）过滤后的火星图像。就视觉上来说，红色滤光片增强了黑暗的表面特征的对比，而蓝色滤光片则凸显了大气中的雾和云层。

火星上的运河

1894 年，美国富有的外交官出身的天文学家珀西瓦尔·洛厄尔（Percival Lowell，1855—1916）在亚利桑那州的弗拉格斯塔夫建造了一座天文台，研究上一代意大利天文学家乔瓦尼·斯基亚帕雷利（Giovanni Schiaparelli）报告的火星上的线性特征（“运河”）。斯基亚帕雷利使用的是 216 毫米口径的折射式天文望远镜，但是洛厄尔的新设备是 610 毫米口径的折射式镜，这架巨大的天文望远镜由洛厄尔天文台工作人员在 2015 年进行了精心的修复。

用 610 毫米天文望远镜观测火星时，洛厄尔确信他观测并记录在画中的运河是由一个火星文明建造的，以保存这个沙漠星球上不断减少的水源。洛厄尔在 1859 年出版了《火星》一书，随后又出版了两本著作，由此成为那个时代最有名的天文学家。

在接下来的 20 年里，洛厄尔继续对火星进行研究，定期公布他和工作人员观测到的情况。报纸非常喜欢这些内容，科幻小说家 H.G. 威尔斯（H.G. Wells）也是如此。在阅读了洛厄尔的理论后不久，威尔斯撰写了关于火星人入侵地球的小说《世界之战》。

事实证明，这些运河实际上是想象出来的，因为人的大脑倾向于将视线周边的微小细节连接成线性特征。其实火星上没有直线，但种子已经种下。自那时起，火星人就成为西方文化的一部分。

观测木星

火星上的很多细节需要使用极佳的光学系统和相对较高的放大倍率才能观测到，与之不同的是，木星的特征使用80毫米折射式镜在100倍放大倍率下就能轻易展现出来，包括它的主要云带、大红斑（通常情况下）和四颗伽利略卫星投下的影子。

虽然增加天文望远镜的口径能够观测到更多内容，但在所有的行星观测中，口径都只能算是影响光学质量的次要因素。木星是一个明亮的天体，所以本身就有很多光线。将这些光线聚焦以形成清晰的高分辨率图像才是关键所在。在视宁度很好时，每英寸口径25倍到35倍的放大倍率对观测木星来说就足够了。光学系统经过精确准直后，很快就能聚焦到木星上，并呈现出边缘清晰的图像。

木星气象观测

你能期待用100毫米折射式或150毫米反射式天文望远镜看到什么？由于木星的云层在不断变化，在不同的观测季，能够看到的细节也不相同。

不过你总是能够看到三条或四条暗带，有时甚至能看到八条，这取决于风环流是如何划分云层的。沿着赤道暗带的边缘，你可以看到环形的、卷曲的和常见的湍流。浅色带的位置比深色带高，前者主要由氨气雾组成；深色带的主要成分则是氢硫化铵。

赤道区域和与之毗邻的赤道带部分被称为系统I，星球其他的区域（除了两极地区）是系统II。极地地区被称为系统III，但最有趣和多变的细节都包含在系统I和系统II中。

系统I的旋转周期约为9小时50分钟；系统II的普遍旋转周期要比系统I长大约5分钟，速度很快，细节在几分钟之内就会发生转变。这两个大气系统不断在赤道带内相互滑动，使得那里成为最剧烈的天气活动区域。

总体而言，木星的圆面是乳白色的，明亮且清晰。

仔细观察，你会注意到一种被称为临边昏暗的现象——木星圆面的边缘处亮度大约只有其中央处亮度的十分之一，这是太阳光被木星上层大气中的薄雾吸收导致的，这层薄雾的下方就是反射率很高的云层。临边昏暗现象会使靠近木星圆面边缘的云层特征的可见度降低。

例如，木星的大红斑在位于星盘的边缘处时是看不到的。只有当它旋转过四分之一圈后，才能被清晰地观测到。木星的其他特征都是如此，它们的可见时间很少有超过2.5小时的，因为其随后便旋转出视场范围了。

木星的云带和区域

虽然木星的云层特征会不断变化，但这张拍摄于2016年3月18日的照片显示了木星特有的一对赤道暗带和不那么突出的温带，它们之间以较亮的区域为界。大红斑位于南赤道带的南缘。注意大红斑“下风”处的湍流。

插图：通过天文望远镜，木星呈现出所有行星中最大的圆面（除了离我们最近时的金星）。它的周围是四颗伽利略卫星，卫星从行星的一侧运行到另一侧。即使只用双筒望远镜也能看到它们。

大红斑

系统II中包含了著名的大红斑，它是一个风暴气旋，从一个穿透行星低层大气的旋涡中生成。它的颜色呈粉红色（肉眼看时很少是红色的），通常和这颗行星上其他特征的色调都截然不同，表明构成大红斑的物质可能来自比其他特征更深的地方。

应用程序SkySafari和Luminos能够提供大红斑在木星圆面居中（凌木）的时间。Sky&Telescope应用程序还列出了大红斑当前的经度，并提供其凌木时的世界时，不过，在大多数事件发生时，你所处的位置是看不到木星的。如果你在某个晚上看到大红斑，那么在两天后的同一时间的一小时后（5个木星日），你还能再见到它。

在良好的视宁度下，可以观测到大红斑内部模糊的纹理。其颜色随时间和大小而变化。在过去的几十年时间里，大红斑已经从能容纳3个地球缩小到只能容纳1.5个地球。

即使大红斑的颜色变淡，它的“家”——大红斑穴也是可见的，显示为南赤道带上的一个凹痕。例如在1989年末，南赤道带消失了数周的时间，而大红斑在那之前有好几年几乎不可见，那时又重新凸显出来。1990年，随着南赤道带重新出现，大红斑又变淡了。但在21世纪10年代末，大红斑的颜色再次加深，变得更加明显。

当南赤道带移动经过大红斑并受其干扰时，会有一片汹涌的云团被抛撒进尾流中（在行星旋转方向上，大红斑后面的区域）。这个尾流特征通常比大红斑内部的细节更加明显。

在几十年的时间里，南温带游荡着几个大型的白色卵状斑点，大小在大红斑的四分之一到三分之一。在20世纪90年代期间，这些白色的卵斑开始合并，到了2002年，只有一个大红斑三分之一大小的卵斑留了下来。2006年，这个白色卵斑的颜色开始变红，与大红斑的色调相似，被称为“小红斑”。2016年，它被NASA的木星轨道朱诺探测器拍摄到。

大红斑的变化

这张由达米安·皮奇在2003年到2016年间拍摄的合成照片展示了大红斑在外观和颜色强度上的变化。在2010年的一段时间里，它旁边还伴随着一个新生的小红斑。

旋转的巨星

这一组拍摄于2018年4月28日的照片展现了木星在短短两小时内发生的巨大变化。左图中的大红斑刚刚进入视场，而右图中大红斑已经到了接近中央子午线的位置。请参照上一页的照片，观察一下自2016年拍摄以后的两年里，这颗行星都发生了怎样的变化。

追踪卫星和卫影

木星的四颗大型伽利略卫星中的一颗从这颗行星多云的表面上穿越而过，构成了一个独特的景象。当卫星中的一颗看起来接触到木星圆面时，它就从黑暗天空中的一个耀眼的小点转变成一个刻进木星边缘的微弱的小圆面。每颗卫星在越过行星时都会显现出其独有的外观特点。

木卫一是四大卫星中轨道最靠内的一颗，具有浅粉色的色调，表面亮度很高。当它进入木星圆面时，总是在木星圆面较

木星条纹地图

结合 2018 年 5 月 4 日至 10 日的图像，达米安・皮奇制作了这张木星表面复杂云层的地图。木卫一在圆面上投下了阴影，在木星接近冲日点时，其卫星都会如此。注意挂在北赤道带下面的蓝色花纹，以及南温带中的白色和红色斑点。显示的经度以系统 II 为准。

木星上的撞击

1994 年 7 月，地球上所有的天文望远镜（以及太空中的哈勃，NASA 拍摄的这张照片证明了这一点）都转向了木星，以观察舒梅克－列维 9 号彗星撞击木星顶部云层的情况。即使在 60 毫米口径的天文望远镜中，也能看到暗色的撞击痕迹。从那时起，业余天文学家记录了其他更小的暗痕，甚至还有云层中的明亮闪光，这证明木星上的撞击比我们曾经以为的更为常见。

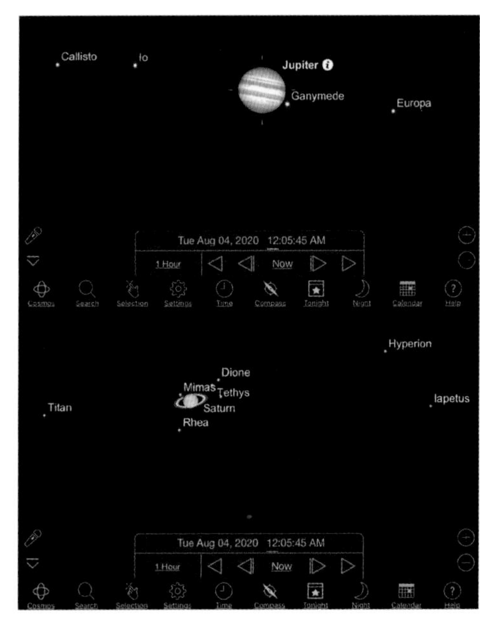

木卫搜寻指引

大多数天象仪应用程序，如上面的 SkySafari，都能给出关于木星和土星的卫星位置的精确描述，让使用者能够轻松地在目镜中进行辨认。有些程序还能够显示卫星和卫影凌行星的景象。但要注意模拟出的视图是与目镜图像方向一致的——要么是上下颠倒的，要么是镜像的。

木星的四颗主要卫星

卫星	直径（千米）	视星等	公转周期（天）	距行星中央的平均最大距离（角秒）	表观直径（角秒）	卫影直径（角秒）	有效卫影直径*（角秒）
木卫一	3643	5.0	1.77	138	1.2	1.0	1.1
木卫二	3122	5.3	3.55	220	1.0	0.6	0.8
木卫三	5262	4.6	7.16	351	1.7	1.1	1.4
木卫四	4821	5.7	16.69	618	1.6	0.5	0.9

* 包括颜色较深的半影部分

卫星的双人舞

一个卫影是很有趣的。两个则称得上一种享受。这里显示的是微红的木卫一（右边）和灰蒙蒙的木卫三，在2016年3月24日的双卫影凌木中，各自向木星的云顶投下黑色的影子。这些舞蹈不会持续很久——一次单卫星凌木可能也就持续一到两个小时。

世界时

天文活动的时间通常以世界时（UT）表示，更正确的名称是协调世界时（UTC）。这是格林尼治时间，比北美洲的东部标准时间早5小时；比夏季的东部夏令时间早4小时。

因此，6月2日02:00 UT表示的是美国东部时间前一晚，即6月1日的晚上10点。

暗的边缘处呈现为一个明亮的点。木卫一开始凌木后，可能会消失在白色区域中，因为其表面和这些区域的反射率相似。当位于暗带时，它通常会是一个明显的亮点。

木卫二是四大卫星中最小的一颗，表面反射率最强。它表现为强烈的白色，尤其是在进入木星圆面的边缘地带时，它是云雾缭绕的巨大行星边缘处一个凸显的小白点。当木卫二在体积庞大的星球前行进时，它经常会遇到各个区域中的白色云团，然后从视场中消失。它可能是最难被观测到完整凌木过程的卫星。当它的轨迹经过暗带时，木卫二在整个凌木旅程中都能被观测到，但这种情况非常罕见。

木卫三是太阳系中最大的卫星，它更容易在木星表面上追踪到，不只是因为其大小，还因为它的颜色比木星上的白色云带要深，同时比暗色云带要浅。在跨越白色区域时，木卫三呈现出浅褐色，好像一个颜色淡些的卫星阴影。当它运动到边缘处时，情况就反过来了：木星的边缘处比木卫三颜色更深，所以这颗卫星会显示为一个明亮的点。和木卫一一样，木卫三的凌木过程中也有一个过渡区，其间由于亮度与木星圆面边缘和更亮的中央之间的部分区域相似，木卫三会“消失”。

最外部的木卫四可能是最容易被追踪的卫星，因为其暗淡的表面使它几乎比遇到的所有区域颜色更深，除了在圆面的最边缘处，那时是其凌木过程的起始或终点。木卫四的凌木是四个伽利略卫星中最罕见的：它围绕木星运行一周需要17天，相比之下，木卫一的周期为7天，木卫二为3.5天，木卫三则仅需42小时。此外，木星的太阳公转轨道为12年，其中有一半以上的时间，木星的卫星系统是倾斜的，因此从地球上看，木卫四会从木星的上方或下方越过，完全没有经过木星圆面。

木星卫星的阴影比木卫凌木容易观测得多，因为它们看起来像是黑色的小墨点，比行星表面的任何特征都要暗得多。然而这些卫影的大小不一，其中木卫三的影子最大，木卫一的影子次之，木卫二和木卫四的则最小。木卫三的影子通过60毫米折射式镜就能看到；其他卫影通常需要70毫米折射式镜才能看清。

当木星接近每年的冲日点时，每个卫星的影子都会在这颗卫星凌木时出现在其圆面的近旁。在冲日点之前或之后的几个晚上，卫影和投下这些影子的卫星本身会明显地分隔开。这时卫星很可能不在木星圆面上出现。

一项特殊的体验是看到两颗卫星及其卫影同时凌木。更为罕见的是三卫同时凌木，且卫影也一起出现在木星圆面上。上一次出现这种现象是在2015年1月24日。下一次会是在2032年3月20日。

观测土星

没有任何一张照片（无论其细节多么详尽），能够充分表现出这颗带环的行星飘浮在黑绒绒的天空背景时所展现出来的惊人美丽。在所有能够通过业余天文望远镜观测到的天体景观中，只有土星和月球能确切无疑地让第一次进行天文观测的新手发出惊喜的赞叹。

土星环

NASA 的“卡西尼”号探测器在 2004 年至 2017 年间围绕土星运行，它收集到的数据表明，土星环存在的历史不到 1 亿年，其形成的原因可能是一颗由冰构成的卫星被大型的撞击物撞击而发生了解体。不过土星环究竟如何形成，至今还是一个争论不休的议题。

如今，构成土星环的冰粒大小不一，有的类似冰雾中微小的冰晶，也有像小山一样大小的飞翔的冰山。土星环系统确实非常庞大，其宽度相当于地球和月球之间距离的三分之二。然而星环只有几十米厚——是的，单位是米！不过，局部的扭曲会使土星环颗粒高出星环平面一到两千米。

当土星接近它每半年一次的二分点（也就是一个土星年中有两次），土星环就会倾斜到边缘朝外的角度，并且由于非常薄，它们会完全消失。或者如果它们仍然略微向太阳倾斜，但边缘正对着地球，它们就会在几个晚上里显示为一串细细的丝线般的亮光。下一次环面边缘朝向地球是在 2025 年 3 月，但那时的土星会因离太阳太近，我们无法观测到。必须再等半个土星年，直到 2038 年底至 2039 年初，才会再次出现一组有利于我们观测的环面角度，且土星在夜空中位置也正好。

幸运的是，在一个长达 29.5 个地球年的土星年中，土星环在大部分时间里都向着地球的方向倾斜，让我们能够获得极佳的视场。在 2017 年，其倾斜角度达到了最大值 27 度，当时正是土星北半球的仲夏时节。在 21 世纪 20 年代初，土星环会对我们逐渐闭合，那时土星正向着 2025 年的北半球秋分点移动。在那之后，土星的南半球将越来越向着我们倾斜，在 20 年代余下的时间里向我们展现出土星环的南面。

几乎所有的天文望远镜都能显示出土星环，这个事实会让刚拥有一架天文望远镜的新手大为惊讶。一架 60 毫米口径的折射式镜就能够在 30 到 60 倍放大倍率下清晰地展现出它们。在 100 毫米或更大口径的天文望远镜中看到的场景会非常出色。虽然“旅行者”号和“卡西尼”号航天器发现了数百个可识别的土星环，但只有三个部分能够通过业余天文望远镜较为轻松地识别出来。它们被简单地称为 A 环、B 环和 C 环。其中 A 环和 B 环是比较明亮且明显的。它们

环形世界

2017 年 6 月在法国南峰天文台拍摄的一张照片显示了土星在最好的观测条件下所能展现的惊人细节。不过，即使在不太理想的观测情况下，主要的 A 环和 B 环也是很明显的，将它们分隔的是黑暗的卡西尼环缝。C 环和恩克环缝为观测条件设置了障碍，而云带不管是在颜色还是对比度上都很不明显。

插图：这个粗略的目镜视图展现了土星环倾斜角度较小时的形态，这也会是 21 世纪整个 20 年代中经典的木星视图，届时观测卡西尼环缝将变得更具挑战性。

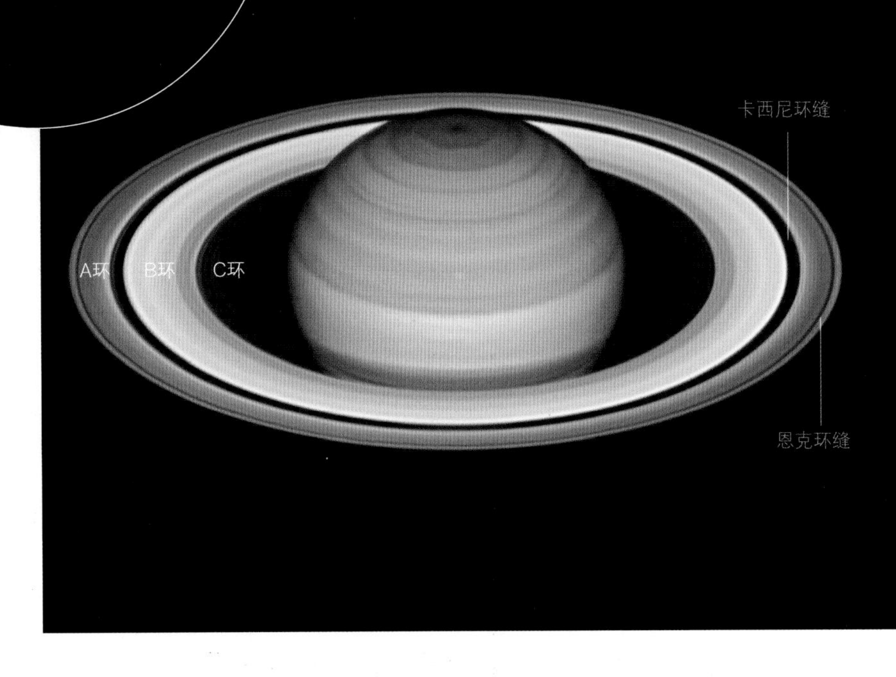

17 世纪的发现者

"卡西尼"号探测器是以乔瓦尼·卡西尼命名的，他发现了土星的主要环隙及其卫星土卫八、土卫五、土卫三和土卫四。

欧洲的惠更斯探测器于 2005 年登陆土星的土卫六，它是以克里斯蒂安·惠更斯（Christiaan Huygens）命名的，他发现了土卫六和土星环的性质。

被卡西尼环缝分隔开来，这个环缝有整个美国那么宽。这一片环缝区域被土星的卫星土卫一的引力所牵引，绝大部分的颗粒都被清扫出去了。一架 80 毫米口径的折射式镜就能将其显现出来，但如果想要清晰地探测到卡西尼环缝的整条暗线，通常需要使用一架优质的 125 毫米口径的设备。

A 环是主要的土星环中位置最靠外的，它的宽度不到 B 环的一半，也不如 B 环明亮（尽管差别十分细微）。位置最靠内的 C 环亮度非常暗淡，以至于需要一双经验丰富的眼睛再加上一架至少 150 毫米口径的天文望远镜才能辨认出它。这道内环的结构如同幻影一般，从 B 环的内缘开始向着行星延伸出大约一半的距离。C 环和卡西尼环缝在土星环向着我们大角度打开时最容易观测到。21 世纪 20 年代中期不适合针对这两个特征进行观测。

另一个土星环之间的分界叫作恩克环缝，位于 A 环的外缘附近。用业余天文望远镜很难发现这道细如发丝的环缝。更明显的特征是行星投射到土星环背面的阴影。阴影在冲日点前后会消失，那时它隐藏在行星的后面，但在冲日点之后的几周内它的宽度会逐渐增加，使行星呈现出三维外观。

土星本身

在视宁度稳定的夜间观测土星，你会在目镜前度过难忘的一夜。把你的视线从土星环上移开，转而对准这颗行星上隐晦的云带，它们位于乳黄色的赤道区和米黄色的温带之间。

你还可以观测一下土星环投射到行星上的阴影。这道影子通常比较狭窄，但如果你认真找，也并不难看到。根据地球、

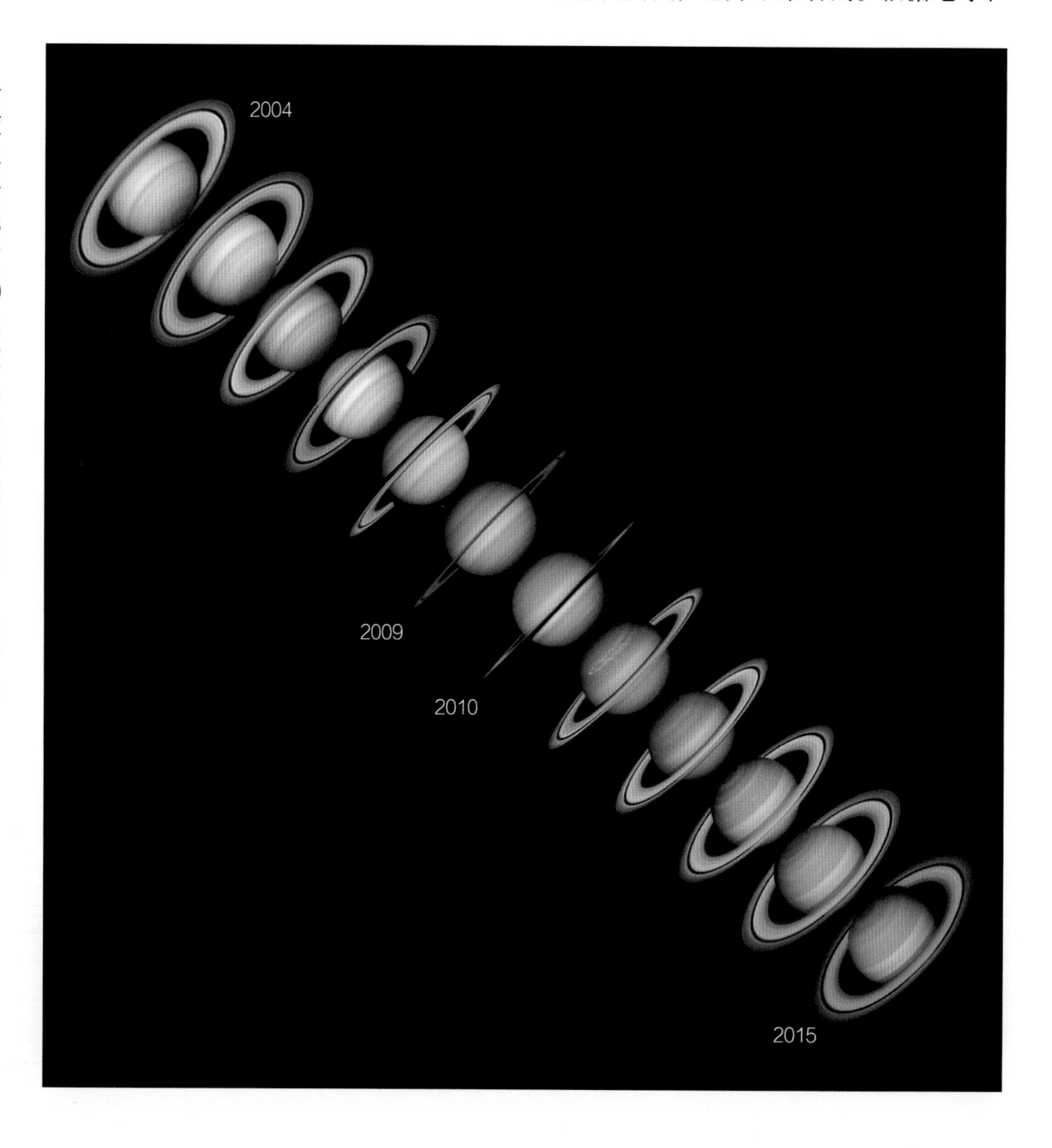

倾斜的土星环

达米安·皮奇的这组合成图展示了土星环角度的变化。2004 年，其达到最大倾斜度，此时土星环的南面可见，那半边星球也在南半球夏至时转向了我们。2009 年和 2010 年展示了土星二分点时的边缘角度视图。之后，随着土星北半球夏季的开始，土星环也向我们打开，暴露出其北面。这个过程在 21 世纪 20 年代发生逆转，因为土星环在 2025 年会再次闭合，变成边缘朝向我们。未来土星环还会再次打开，同时其南面向我们倾斜。

太阳和土星之间的几何关系，当土星环从行星前面经过时，阴影可能出现在土星环的上方或下方，还有可能会被误认为是灰蒙蒙的 C 环。

土星上没有木星翻涌的大气层中的标志性风暴和斑点。但是土星表面有时会爆发白斑，并持续数周时间，扰乱景象。这个现象在 1933 年、1960 年、1990 年和 2010 年都发生过。在最大强度下，这些白斑通过 100 毫米天文望远镜就能看到。

土星的卫星

一架小型的天文望远镜还能够显现出土星那庞大的卫星家族中的几颗卫星。土星的卫星情况与木星不同，木星的主要卫星能够在行星的两侧排成一条线，而土星的倾斜除了会使土星环朝着我们打开，还会使其卫星分散开，且不只是分散在两侧，还散布在行星的上方和下方。它们看上去就像土星环周围的微小“恒星”，但都与土星环位于同一个平面上。因此，只有当土星环每隔 13 到 15 年转到边缘朝向我们时，我们才能看到土星的卫星群在行星的两侧排成一列。

在 200 毫米的天文望远镜下可以看到土星的七个卫星。土卫六是一颗 8 等亮度的天体，围绕土星运行的周期大约为 16 天，是迄今为止土星最大的卫星（在太阳系的所有卫星中，它的大小仅次于木星的木卫三），使用任意型号的天文望远镜都可以轻易看到。当土卫六运行到距离土星最远处时，它看起来与土星的中心相距 5 个土星环直径。

使用一架 70 毫米的折射式镜应该能够在距离行星不到两个土星环直径的地方观测到 9.7 等的土卫五。土卫五的轨道内部距其最近的两颗卫星依次是土卫四和土卫三。它们的亮度分别为 10.4 等和 10.3 等，用 150 毫米的天文望远镜很容易看到。从土卫四再向内，在土星环边缘飞掠而过的是土卫二和土卫一，这两颗卫星的亮度比土卫四的暗淡，相差超过一个星等，使得它们很难在土星环的光亮下被发现。

奇特的外部卫星土卫八有一个特性，那就是当它位于土星的西面时要比在东面时亮 5 倍（10.2 等）。这颗卫星的一面是暴露在外的明亮冰层，而其环绕土星运行方向的另一面则覆盖着一层深色的有机化合物，这可能是来自小小的外部卫星土卫九的。土卫八最亮的时候是在其母星以西大约 12 个土星环直径的地方，看起来就像任意一颗场星。

现在回到土卫六。你正看着下着甲烷雨的橙色云层。土卫六是唯一一颗有着充足的大气层的卫星，NASA 计划在 21 世纪 30 年代使用一架名为“蜻蜓”的无人驾驶旋翼探测器探索这个充满活力的世界。

阴影和风暴

左图：2019 年 4 月 7 日拍摄的图像显示了在土星冲日前三个月，土星的阴影投射到土星环的远端。

中间：2010 年在土星北半球爆发的一场风暴的残余扰乱了通常平滑而隐晦的云带和区域，在这张 2011 年 5 月 20 日拍摄的照片中可以看出来。土星上的大型风暴和斑点是十分罕见的。

右图：这张拍摄于 2009 年 1 月 4 日的照片中，土星环几乎是边缘朝向镜头，显现为行星两边断断续续的亮线。它们投射到云顶上的阴影是横跨土星圆面的一条突出的黑带。

土星上被观测最多的卫星

卫星	直径（千米）	视星等	公转周期（天）	距行星中央的平均最大距离（角秒）	表观直径（角秒）	卫影直径 *（角秒）
土卫六	5149	8.4	15.95	197	0.85	0.7
土卫五	1529	9.7	4.52	85	025	02
土卫四	1123	10.4	2.74	61	0.17	0.15
土卫三	1066	10.3	1.89	48	0.16	0.15

* 土卫六的影子只有在土星环接近边缘视角的时候才能看到。其他卫星的影子都极难看到。

观测天王星和海王星

对大多数观测者来说，仅仅是找到这两颗外围的“冰巨星”，并在人生愿望清单的这一项前打个钩，就已经让他们很满意了。这两颗行星在视场中都只显示微小的蓝绿色圆面。

目镜视图：冰冻的巨人

光是想要看到天王星（左）和海王星（下）的微小圆面就需要很高的放大倍率和稳定的视宁度，更不用说看到任何表面细节了。然而这两颗行星都能表现出其独特的色彩，正如这些来自埃德温·福恩的目镜效果图所示。

绿色的海王星

这张由自动运行的天文望远镜 Chilescope 于 2018 年 11 月 27 日拍摄的照片显示了天王星上的一块明亮的极地区域。对一架位于地球上的天文望远镜来说，这张照片所展现的细节是非凡的。

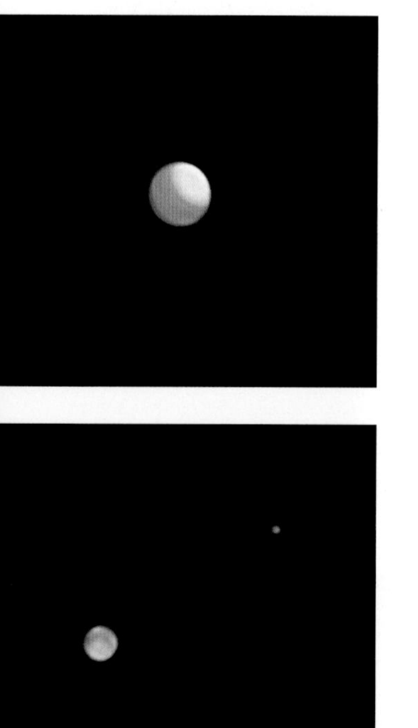

蓝色的海王星

在这张由达米安·皮奇于 2010 年 9 月 25 日拍摄的照片中可以看到海王星隐晦的大气特征和主要卫星海卫一。此时海王星的圆面是其常见的 2.3 角秒宽。

寻找天王星

天王星是 1781 年由英国天文学家威廉·赫歇尔发现的，第 291 页对这位天文学家进行了介绍。赫歇尔用他的 157 毫米口径的牛顿反射式天文望远镜观测到了一颗 6 等的“恒星”，但它看起来并不像一个光点。赫歇尔是这样描述的：“根据经验，我知道固定不动的恒星的直径不会像行星那样在更高的放大倍率下按比例放大。因此，我使用了 460 倍和 932 倍放大倍率，发现这颗彗星的直径与倍率成正比放大，而恒星的直径……却没有以同样的比例放大。”赫歇尔最初认为他发现了一颗彗星，但很快就意识到那是一颗在土星之外运行的行星，这也是自古代以来发现的第一颗土星之外的行星。

通常情况下，天王星的亮度为 5.7 等，从理论上来说是可以用肉眼看到的，但是使用双筒望远镜会非常容易观测到。任何型号的天文望远镜都能够展现出天王星淡海蓝色的圆面——那是这颗行星厚厚的大气层最顶层的颜色。放大至少 100 倍后，其直径 3.7 角秒的圆面看起来才不那么像一颗恒星。

天王星的 27 颗卫星（截至 2020 年的计数）中，有 5 颗是在 1986 年“旅行者二号”探测器飞越天王星之前就已知的，还有 10 颗是由探测器的相机发现的。但是，即使是最亮的几颗卫星——天卫一、天卫三和天卫四，亮度也低于 14 等。

寻找海王星

对业余天文学家来说，海王星在某些方面要比天王星更有趣，也更具挑战性。这颗最遥远的太阳系主要行星是在 1846 年依据一个预测被发现的，这个预测表示，在天王星之外还存在着一颗行星，并对天王星的轨道造成了影响。自从它被发现以来，海王星只绕太阳运转了一周。对双筒望远镜观测者来说,海王星看起来很像恒星,大约在 7.8 等，在 21 世纪 20 年代期间，它会从宝瓶座开始向东运行，穿过双鱼座和鲸鱼座。观测者可以使用星图软件来定位这颗行星当前的位置，或者使用 GoTo 望远镜回转到它的方向。将放大倍率提升到 200 倍，就可以确切地展现出海王星 2.3 角秒宽的圆面。在 150 毫米或更大口径的天文望远镜中，它会呈现出蓝色。金星或火星偶尔会靠近海王星，它们相合时对比非常鲜明。土星会在 2025 年 7 月和 2026 年 2 月出现在海王星附近。

截至 2020 年，我们发现了海王星的一颗大卫星和 13 颗小卫星。其中有 6 颗小卫星是“旅行者二号”在 1989 年 8 月与海王星相遇时发现的。最大的卫星海卫一的亮度是 13 等，通过中等型号的天文望远镜就能观测到它，比天王星的所有卫星都更容易捕获。

追求最清晰的图像

天文望远镜图像的分辨率会随着口径的增加而增加，但其他因素也能确保得到最清晰的图像。

准直 对于施密特－卡塞格林式天文望远镜或牛顿式天文望远镜（尤其是焦比快速的 f/4 到 f/6 的型号），哪怕只是稍稍偏离准直，呈现的行星图像都会不清晰。（关于准直的指导，见附录）。

最大视宁度 当行星位于其在天空中的最高位时进行观测，并确保你的视线不会经过热源上方。不需要在特别清透的夜晚观测，最佳视宁度往往会是在有雾的夜晚，这时的空气非常稳定。

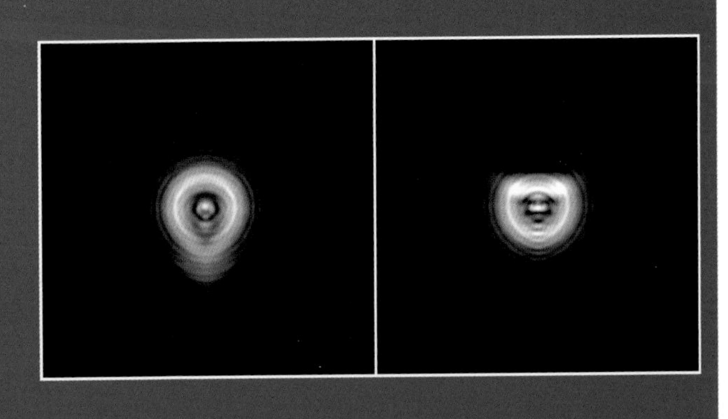

冷却 如果你看到一缕热气从失焦的图像中心升起，扭曲了星体的圆面（如这些插图所示），那就说明天文望远镜还没有冷却下来，使图像变得模糊。

观测矮行星和小行星

国际天文学联盟在 2006 年做出了有争议的裁决，将冥王星从行星降级为矮行星。冥王星的粉丝们至今仍在反对这项裁决，一直在游说以期恢复其地位。然而客观地说，如果冥王星是在今天被发现的，而不是由洛厄尔天文台的克莱德·汤博（Clyde Tombaugh）发现于 1930 年，那它从一开始就不会被认为是太阳系第九大行星。我们现在知道，它是海王星以外被称为柯伊伯带的区域中众多冰冻星球中最大的一个。（但也没大多少！）

不管它是不是行星，冥王星对任何一架业余天文望远镜来说都是一个具有挑战性的目标。自从其在 1989 年到达近日点以来，冥王星一直在其周期为 248 年的公转轨道上远离太阳而去。它可能在 20 世纪 80 年代末期达到了最大亮度：13.6 等，等到 21 世纪 20 年代已经降到了 14.5 等。不过冥王星正在慢慢远离银河系恒星丰富的区域，进入人马座东部，然后进入摩羯座（2023 年之后），那里的恒星密度会有所下降，让它更容易被观测到。

然而，这里说的“容易”也只是相对而言。你会需要一张极限星等达到 15 等且绘制了冥王星位置的实体星图或电子星图。即便如此，你也不能确定自己所观测到的究竟是不是冥王星，除非你像汤博那样，连续观测几个晚上来追踪这颗晦暗的星球在天空中的运动轨迹。想要捕获冥王星，你所需的天文望远镜口径可能至少要有 250 毫米。

位于另一个小天体区域，火星和木星之间的小行星带中的体积最大的那个目标要容易观测一些。谷神星也被归类为矮行星，其亮度最低时比 9 等星还要暗淡，最亮时能达到 7.7 等，那时它接近冲日点且离地球最近。谷神星的直径为 964 千米，确实能够表现为一个 1 角秒宽的圆面，所以在最佳的视宁度条件下用高倍率观测，它才有可能看上去不太像一颗恒星。

除了谷神星，所有小行星的形态都如它们名字所表现的：小。“小行星带四杰”中的其他成员——智神星、婚神星和灶神星都能够在恒星中被追踪到，其中灶神星在离地球最近时亮度能够达到 5 等，是已被收录的数十万颗“小行星”中最明亮的。

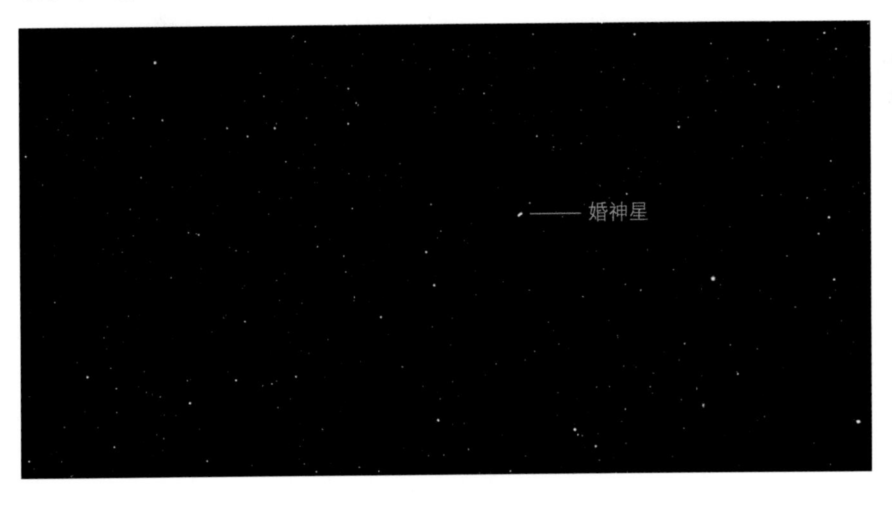

小行星条纹

2020 年 4 月 24 日，作者戴尔拍到了婚神星，当时它位于室女座中，正接近冲日点。它的移动速度足够快，因而在 90 分钟的曝光时间里，其类似恒星的图像变成了一道条纹。处在冲日位置的小行星在一晚就能移动足够的距离，暴露它们的身份。

双尾彗星

这样才像是一颗彗星嘛！海尔－波普彗星表现出一条典型的蓝色离子彗尾和另一条许多明亮的彗星都拥有的经典的白色或淡黄色的尘埃彗尾。离子彗尾指向与太阳正相反的方向，而尘埃彗尾沿着彗星经过的路径向后弯曲。作者戴尔在 1997 年 4 月 7 日使用 Ektachrome 100 幻灯片胶片拍摄了这张照片。

观测彗星

了解彗星的最新情况

想要获取最新的彗星新闻，请访问天文杂志的网站或查看链接列表 49 条目的网站。彗星专家吉田诚一（Seiichi Yoshida）管理着一个详细的网站（网址见链接列表 50 条目）。

彗星是包裹着尘埃的冰团，就像脏兮兮的雪球，不过它们的大小能与一个小城市相当。彗星围绕太阳运行的轨道是很扁平的椭圆形，一次绕行中的大部分时间里都离太阳很远，处于深度凝结的状态。有些彗星的轨道受到木星引力的影响，运行范围被严格限制在主要行星的领域内。它们的轨道周期都不超过 200 年，因而被称为短周期彗星。即便是在有利的条件下出现，大多数短周期彗星在最佳形态下（亮度在 5 到 10 等）还是需要借助双筒望远镜才能看到。

至于那些确实明亮到能用肉眼观测到的彗星（对于彗星这样表面粗糙的物体，这意味着亮度超过 5 等），有许多都来自柯伊伯带，即海王星之外的区域，冥王星和其他矮行星都位于这里。这些彗星被称为长周期彗星，它们的轨道周期长达数百甚至数千年，在有记载的历史中也许只在地球上露过一次面。

一个普遍使用的定律是，彗星只有在进入火星轨道之内才会变得活跃起来。在这个距离上，太阳光足以将彗星表面加热到足够的温度，使其释放出气体和尘埃，这些气体和尘埃进而被太阳风和真空中的太阳光压吹拂到彗星后方，形成彗尾。如果一颗彗星的位置靠近地球和太阳，且释放出大量的反射尘埃，那它就能变得足够明亮，甚至能够吸引随意的观星者的目光。但是肉眼可见的彗星，如 2020 年的新智彗星，是非常稀有的。

彗星的命名

哈雷彗星是短周期彗星“俱乐部”的成员之一，也是迄今为止最著名的彗星。它的名气来自其大约 76 年的轨道周期，与人类的寿命十分接近，这颗羽毛状的宇宙访客成为货真价实的“一生一次”的景象。它在现代社会中最出色的一次亮相是在 1910 年 4 月，其亮度达到了 1 等，拖着一条长 30 度的彗尾。当其 1986 年回归时，亮度从始至终都没有超过 3.5 等，让数百万名观众失望不已，他们本来期待着一场天空奇观。

哈雷彗星是以埃德蒙·哈雷（Edmund Halley）命名的。哈雷在 1687 年帮助艾萨克·牛顿在《原理》一书中发表了后者推导出的万有引力定律，并在 1705 年利用这个在当时很新颖的定律计算出这颗彗星将在 1758 年回归。这是人类首次绘制出一颗彗星的轨道并预测其回归时间。

尽管个别有历史意义的彗星是以确定其运行轨道的科学家的名字命名的，但大多数彗星的名字来自第一次观测到它的人。例如，海尔－波普彗星是由新墨西哥州的彗星猎人艾伦·海尔（Alan Hale）和亚利桑那州的业余天文学家汤姆·波普（Tom Bopp）在 1995 年 7 月的同一个晚上发现的。

到了 20 世纪 90 年代，由业余天文学家在扫视天空的过程中发现的彗星越来越少，到今天更是如此。现在的大多数彗星都冠以自动勘测天文望远镜的名字，而不是与那个天文搜索项目有关的任何人的

1 小绒球　泛星彗星，C/2017 T2，能够代表每年经过地球的一大堆彗星中的大部分，它在天文望远镜中只显示为一个暗淡的小绒球，人们能记下的只有它独特的绿色光辉。

2 较大的绒毛球　2018年12月，46P/维尔塔宁彗星与地球的距离异常的近，它变得足够明亮，正好可以用肉眼看到。但即使在广角图像中，它也只显示为一个绿色的、没有彗尾的光亮。

3 上镜的尾巴　由澳大利亚彗星猎人特里·洛夫乔伊发现的C/2014 Q2彗星，当它在2015年1月经过昴星团时，肉眼就可以看到它，但它那蓝色离子彗尾仍旧是非常上镜的摄影目标。

4 午夜时分的无尾彗星　17P/霍姆斯彗星在2007年底绽放出的肉眼可见的光芒取悦了所有人。但当时这颗彗星在天空中出现在太阳的对面，所以它的彗尾指向了远离我们的方向，显得很短。

5 黄昏彗星　另一颗泛星彗星C/2011 L4和许多彗星一样，在黄昏时分的天空低处展现出最佳形态。2013年3月12日是一个令人难忘的夜晚，这颗彗星当时出现在新月附近。哇!

6 1996年的大彗星　当百武彗星在1500万千米的距离外经过地球时，它的彗尾延伸的长度超过了45度，从北斗七星一直到后发座，正如作者戴尔在1996年3月25日用富士Super G 800胶片和28毫米Nikkor镜头拍摄的图像所显示的那样。

名字。因此我们会看到许多彗星被命名为阿特拉斯（ATLAS，小行星陆地撞击持续报警系统）、林尼尔（LINEAR，林肯近地天体研究）、罗尼斯（LONEOS，洛厄尔天文台近地天体搜索）以及泛星（PanSTARRS，泛星计划），这是一些自主运行的天文望远镜的名字，它们在天空中搜寻小行星和超新星。彗星是顺便观测到的副产物。

这些系统能够在彗星还很暗淡且遥远的时候就捕捉到它们，这一能力导致大多数业余彗星猎人失业。业余爱好者曾经每年能发现四到八颗彗星。现在最多只有一到两颗。即便如此，我们还是欣赏到了最近由特里·洛夫乔伊（Terry Lovejoy）和唐·马赫霍尔茨（Don Machholz）等专职观测者发现的彗星。

一颗彗星被发现后，就会被给定一个命名编号，如C/2020 F8，第二个字母表示它是在当年的第几个半月被发现的（A=1月上半月，B=1月下半月，以此类推），其后的数字则表示它是在那两周内被发现的第几颗彗星。因此彗星C/2020 F8（SWAN）便是在2020年3月下旬发现的第八颗彗星。它的名字来自探测到它的设备——搭载在索贺号太阳和日球层探测器上的观测卫星。

一颗轨道固定的彗星，如果被观测到访问内太阳系不止一次，就会被命名为“P/”，P前的数字表示它被发现的时间顺序。因此，哈雷彗星作为第一颗被计算出轨道数据的彗星，其名称就是1P/哈雷。截至2020年，大约有400颗彗星被给定了这样的固定名称。

草草落幕 vs. 精妙绝伦

彗星发现者戴维·利维（David Levy）说过一句经常被引用的话：“彗星就像猫咪一样——它们有尾巴，而且想做什么就做什么。”根据一颗短周期彗星过去的表

1997 年的大彗星

在百武彗星出现一年后，海尔 - 波普彗星闪耀出如此明亮的光芒，以至于在城市和月光下都能看到它。注意它的两条彗尾，看起来非常像 1858 年的多纳提彗星。这张用时 1.5 分钟的跟踪曝光照片是 4 月 12 日用富士 Super G 400 胶片拍摄的，使用的是拍摄百武彗星时用到的 28 毫米 Nikkor 镜头（见第 279 页），以比较两颗彗星的表观大小。

过去的大彗星

彗星观测者无比向往 19 世纪的光辉岁月，那时辉煌的彗星频繁出现。用“大彗星”这个宽泛的词来指代，这类彗星出现在 1807 年、1811 年、1819 年、1825 年、1830 年、1843 年、1854 年、1858 年、1860 年、1861 年、1874 年、1881 年以及 1882 年的 6 月和 9 月。

最后一个出现的大彗星被简单地称为九月大彗星（官方名称为 C/1882 R1），是属于“克罗伊策群”的一颗掠日彗星。这组彗星还包括 1965 年的池谷 - 关彗星。九月大彗星还是现存的图像中第一颗被拍摄到的彗星。在那之前，我们只能依靠艺术家的描绘，例如威廉·特纳（William Turner）在 1858 年绘制的精美画作《多纳提彗星》，如下图所示，记录了与 1997 年的海尔 - 波普彗星类似的经典的弯曲尘埃彗尾。

很多人在成年后回忆起 1910 年看过的一颗彗星，尽管那一年是著名的哈雷彗星回归之年，但他们中的大部分实际上看到的是白日大彗星（C/1910 A1），它出现在 1 月下旬，早于哈雷彗星，峰值亮度有 -5 等，彗尾的长度约有 50 度。

现及其与地球和太阳的距离，可以有把握地预测出它出现时的亮度。一个很好的例子是哈雷彗星，虽然它在 1986 年的表现乏善可陈，但对它的预测是准确的。

但是熟悉的彗星也会给我们带来惊喜。2007 年 10 月，17P/ 霍姆斯彗星，一颗通常情况下很暗淡的彗星，在几天时间内爆发出超出其原本 500,000 倍的光芒，从 17 等骤升到 2.8 等，明亮到甚至从市区中心都能看到。

然而第一次来访的，或者数千年里都没有接近过太阳的彗星，很可能达不到人们预期的效果。最臭名昭著的例子是科胡特克彗星（C/1973 E1），它在 1973 年底被冠以“世纪彗星”的大名。但它只在初期表现出快速增亮，随后就极速衰减了。它没能成为一颗壮观的圣诞彗星，而是虎头蛇尾地草草收场。

还有一些彗星在经过太阳的加热后会解体，产生的碎片消散成昏暗的云雾。2020 年 5 月，当彗星 C/2019 Y4（阿特拉斯）的彗核分裂成至少六个碎片并全部消逝时，人们对它将带来一场盛大表演的极高期望也随之破灭了。2013 年 11 月，彗星 C/2012 S1（ISON）在近距离掠过太阳时完全蒸发了。

那些美妙绝伦的彗星弥补了这些遗憾。“老一辈们”可能还记得，在 1957 年有两颗肉眼可见的彗星相继出现：4 月的阿连德 - 罗兰彗星（C/1956 R1）和 8 月的姆尔科斯彗星（C/1957 P1）。20 世纪最明亮的彗星是池谷 - 关彗星（C/1965 S1），它属于罕见的掠日彗星，在地球表面一到两个太阳直径的范围内飞掠而过。1965 年 10 月下旬，池谷 - 关彗星在白天就能被肉眼看到，其亮度达到惊人的 -10 等。

本内特彗星（C/1969 Y1）由南非的约

翰·本内特（John Bennett）在1969年12月发现，是1970年4月的夜空中第二亮的物体。它是第一批被拍到彩色照片的彗星之一。想象一下！

随后人们又迎来了韦斯特彗星（C/1975 V1），由理查德·韦斯特（Richard West）于1975年11月在欧洲南方天文台发现。韦斯特彗星的表现与科胡特克彗星正相反，其展现出的亮度远远超过了人们的预测。1976年3月初，这个宇宙来客从太阳后方出现于晨曦中，亮度为 -1 等，拖着一条30度长的尘埃彗尾。由于科胡特克彗星的惨淡景象还历历在目，新闻编辑们无视了韦斯特彗星，把它留给了狂热的业余爱好者去欣赏，比如我们的特邀作者肯·休伊特－怀特，他在第一章中讲述了他追逐彗星的故事。在韦斯特彗星之后的20年里，明亮的彗星非常稀少。

近期的彗星

1996年初，彗星干涸期终于结束。日本的彗星猎手百武裕司（Yuji Hyakutake）发现了一颗小彗星，它在离地球不到14个地月距离的位置向地球靠近。在宇宙范围内，这个距离是很近的。在3月底和4月初，百武彗星（C/1996 B2）显示出长达60度的彗尾，在快速穿越北方天空时亮度达到了1等。

然后便是无可争议的“彗星之王”：海尔－波普彗星（C/1995 O1）。许多读者可能还记得这颗宏伟的天体，它在1997年3月和4月间亮度达到了1等。海尔－波普彗星可能是自19世纪80年代以来在北半球看到的令人印象最深刻的彗星。

这两颗彗星的位置使得南半球的观测者很难看到它们。在2007年1月，南半球的观测者终于等到了属于他们的彗星。由罗伯特·麦克诺特（Robert McNaught）发现的麦克诺特彗星（C/2006 P1）绕过太阳并进入南半球的天空，身后闪耀着一条巨大的喷泉状彗尾，那场面令人惊叹不已。随后在2020年7月，一颗NASA红外卫星发现的新智彗星（C/2020 F3）成为自海尔－波普彗星以来北半球看到过的最亮的彗星。

像新智慧星这样壮观的彗星，一般在其出现前几个月才能预测到，所以我们只能祈祷下一颗尽快出现了。

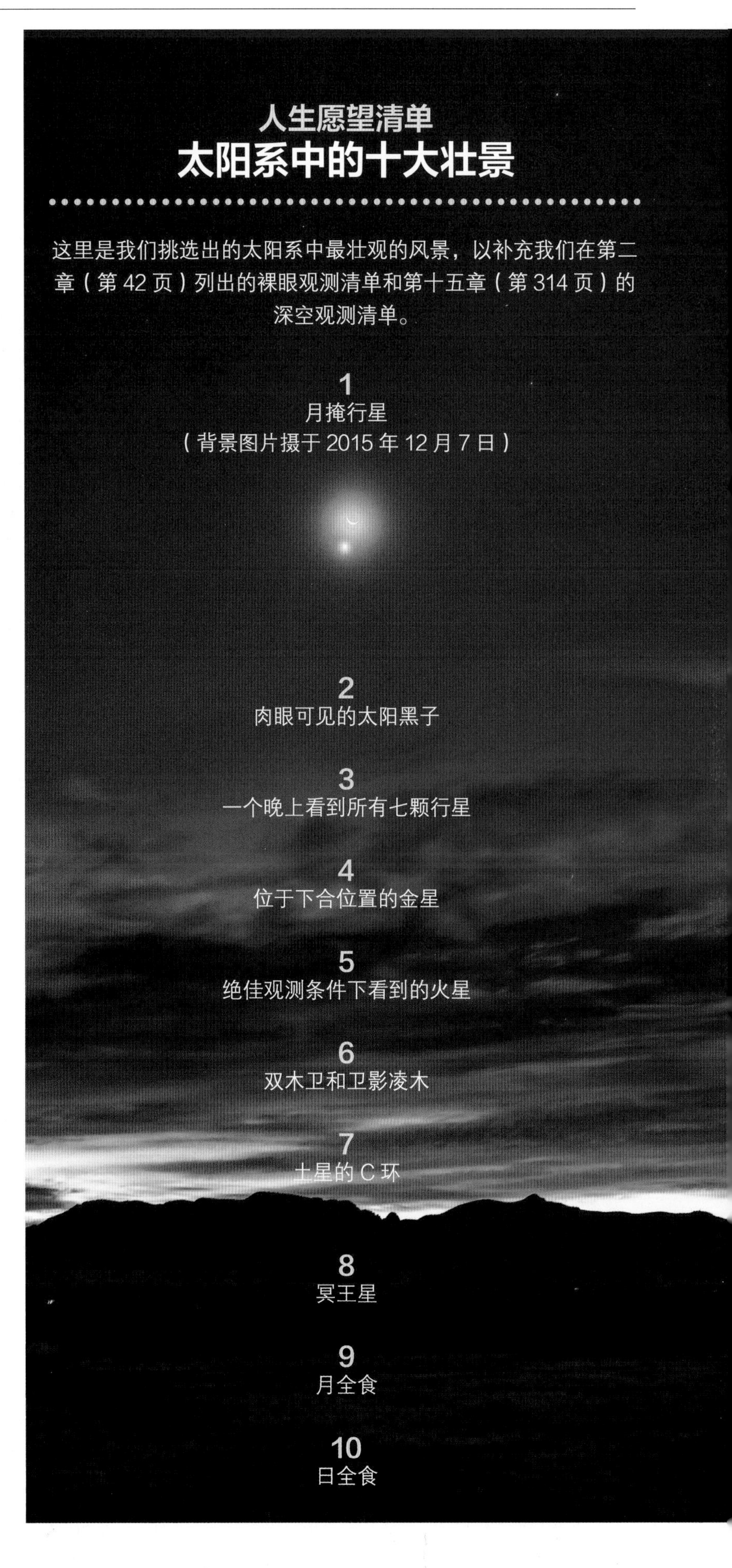

第十五章

探索深空

当专业的天文学家来到位于山顶的观测站时，他们并不会直接通过天文望远镜进行观测。他们会使用巨大的相机将星光记录在电子探测器上。通过目镜“实时”观看来自遥远的星系和星云的暗淡光线，这一行为已成为业余天文学家的专属领域。今天的业余观星者与18—19世纪那些伟大的观测者之间有着一个共同的联结，他们都是通过在目镜前进行整夜的观测来获取发现。

一个星系团在业余天文望远镜的视场中可能只显现为一大片微弱的绒毛球。乍一看并不引人注目，直到你意识到这些模糊的斑点分别都是另一个银河系，其中充满了恒星和行星，也许还有跟我们一样的好奇头脑。深空观测有多需要用到眼睛，就有多需要用到头脑。所以把这个观念装进头脑里，我们现在就进入深空领域来一场探险吧，那里的目标可能是非常壮观的……也可能非常隐晦。

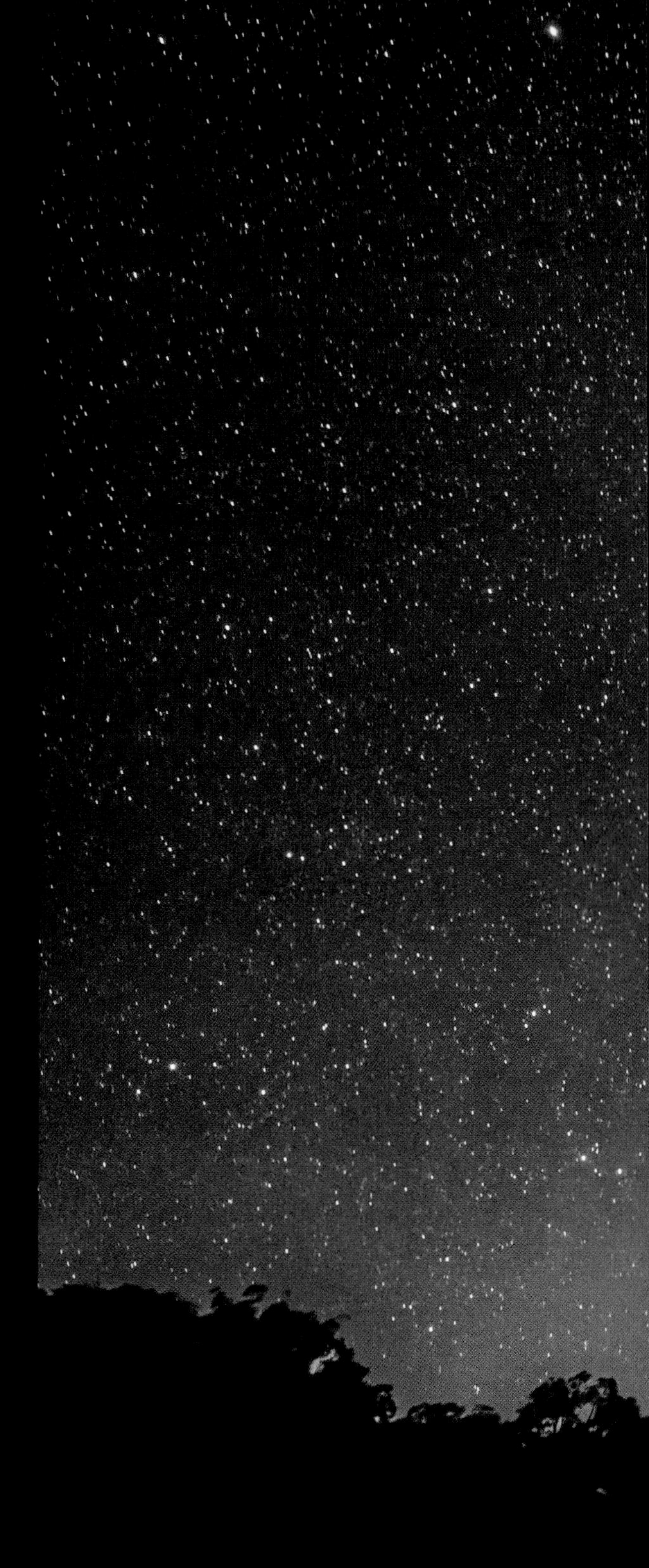

作者戴尔喜欢在澳大利亚的OzSky Star Safari欣赏壮观的南半球天空。在那里，随着黑暗鸸鹋在东方升起，能够观测到天堂一般的深空景致。想要最大化利用这样的理想观测点，最适合的天文望远镜是大口径多布森式。不过再大也大不过这架762毫米的Obsession！而且天空也不会变得更暗了——注意银河左边的对日照光芒。

双重星团（NGC 884和NGC 869）

猎犬座的M3

烽火恒星云（IC 405）

巴纳德星云（B142-3）

哑铃星云（M27）

深空乐园

深空的一端正式起始于太阳系的边缘，向外延伸到星系团和神秘的类星体。从字面上看，它包括了宇宙中太阳及其附属星球家族以外的一切。深空还包括构成星座的多种类型的恒星。然而当业余天文学家谈到深空天体（DSO）时，他们通常指的是更外围的天体：银河系中的星团和星云，以及银河系之外的许多类型的星系。

在我们的天文望远镜所能展现出的数以千计的深空天体中，每个都可以被归入“深空乐园”中。

疏散星团

这些星团是由几十颗到几百颗恒星组成的集合体，它们都被引力所束缚，通常是在近期由尘埃和气体坍缩云形成的。有些疏散星团（如双重星团）的亮度用肉眼就能看到。

球状星团

这个名字来自它们的球状外形。像梅西叶3这样的球状星团在本质上比疏散星团大得多，包含数十万颗恒星。它们在一架中等大小的天文望远镜中就能展现出壮观的景象。

明亮的星云

这些是由气体（主要是氢）和尘埃（主要是碳）组成的星际云，新的恒星会在其中形成。星云（如烽火恒星云）通过发射自身的光或反射附近恒星的光而发光。

暗星云

这些天体由遮蔽光线的尘埃构成，在明亮的恒星背景下显示为黑色斑块。暗星云（如B142-3）只有在黑暗的天空中才能看到。最大的暗星云用肉眼看像是银河系中的“洞”。

行星状星云

这个名称实际上是误称，因为它们与行星没有关系。通常，行星状星云（如哑铃星云）来自类似太阳的恒星在其生命终结时向外抛出的一个致密气体壳。它们是恒星死亡的产物。

超新星遗迹

虽然只有少数超新星遗迹可以在业余天文望远镜中被观测到，它们却是最著名和最复杂的星云。船帆超新星遗迹就是一个例子，它看起来就像发光的爆炸产生的碎片。

银河系

这是我们给所处的星系起的名字，其最佳形态用肉眼就能看到。你需要做的只是在一个黑暗的、没有月亮的夜晚抬头看（见第43页）。只有当你想观测银河系中的具体天体时，才需要用到天文望远镜。

其他星系

银河系之外还有数千个星系。少数几个可以用肉眼看到，还有几十个可以用双筒望远镜看到。但大多数需要用一架中等口径的天文望远镜才能观测到。标志性的例子是旋涡星系，例如狮子三重星系。

船帆超新星遗迹

北半球夏季的银河

狮子三重星系（M65、M66、NGC 3628）

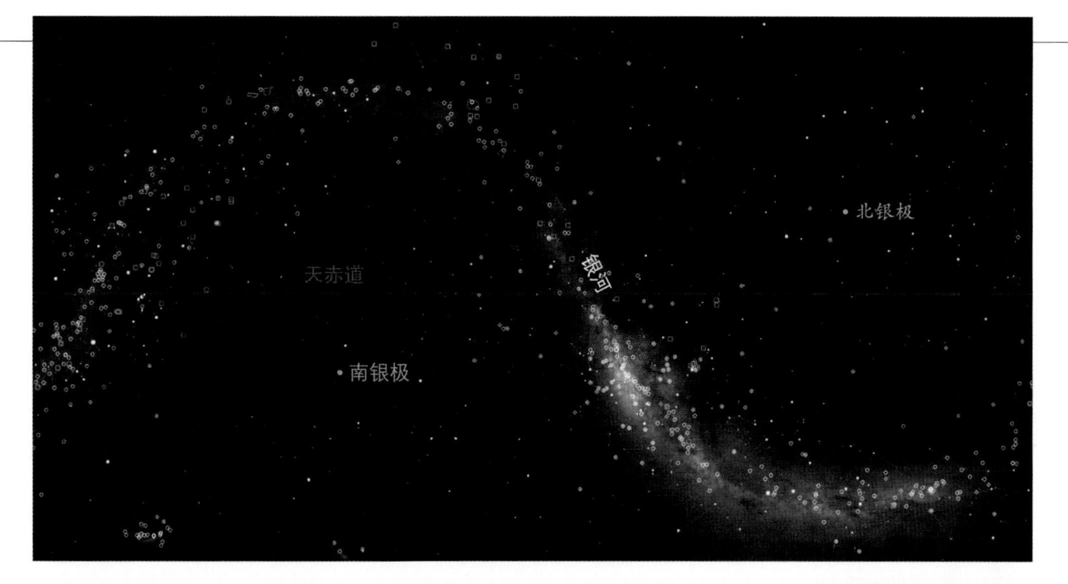

沿着银河看去

大多数疏散星团（黄色）和星云（绿色）都位于银河系的光带中，这条光带由银河系的圆面构成，新的恒星在这里诞生，老的恒星在这里死亡。球状星团（橙色）在以明亮的银心为中心的银晕中环绕着银河系。它们主要存在于人马座和天蝎座周围。

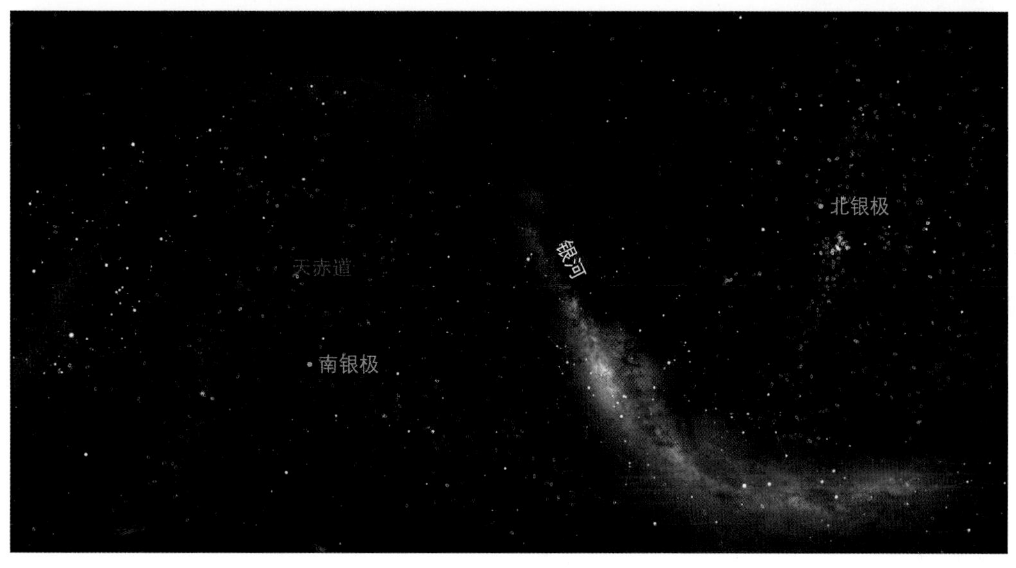

星系的领域

我们的视线前方是银河系灰蒙蒙的旋臂，它阻挡了我们观测位于银河系后方的星系，所以我们看到的大部分星系（橙色、红色和蓝色）都是在远离银河系的地方发现的。这张照片中右边紧凑的集合体，朝向北银极的方向，是后发－室女星系团。左边南银极周边的玉夫座、天炉座和波江座区域，也存在着丰富的星系。

了解天空的含义

“银河”这个词可能会令人困惑。我们在夜空中用肉眼看到的一切（除了仙女星系和麦哲伦云）都属于我们的旋涡星系。我们把整个星系称为银河系（英语为 Milky Way，拉丁语为 Via Lactea）。但这个词出现之初，只指代夏季、秋季和冬季跨过天空的灰色光带。伽利略使用他的第一架天文望远镜观测时才发现，这条乳白色的光带是由恒星组成的，它们的亮度相比那些肉眼可见的恒星要暗淡得多。

当我们看向银河的光带时，实际上是在凝视这个盘状星系的旋臂，朝向的是星系中恒星最密集的部分。恒星就是在这些旋臂中诞生和消亡的，所以我们看到的大部分星云和星团都沿着银河分布。球状星团则是个例外。它们中的大部分都位于一个环绕着银心的横跨数千光年的银晕中。我们处在银心到边缘中间的有利位置，从我们的位置向人马座周围的银心看去，那片天空中充满了球状星团，就像蜜蜂在一个遥远的蜂巢中嗡嗡作响。

没有被银河占据的那部分天空中栖身着银河系以外的星系。我们很少能看到嵌入银河中的系外星系，并不是因为它们不存在，而是因为它们的光芒相比银河太过暗淡，或者被构成银河系的大量星体给遮挡住了。

光年是什么

太阳系之外的宇宙中，天体之间的距离非常广阔，我们使用光以每秒 30 万千米的速度在一年中移动的距离为单位来对其进行衡量。1 光年是 1000 万千米。太阳以外距离我们最近的恒星在 4.3 光年之外。

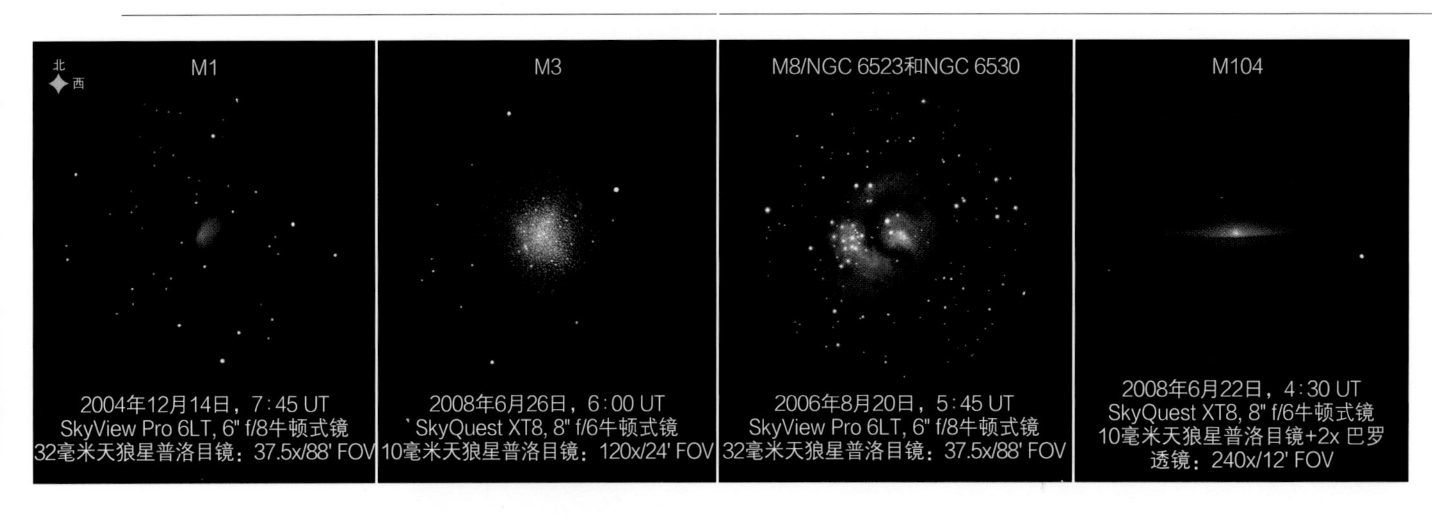

潜入深空

通过素描来看到更多

素描专家杰里米·佩雷斯（Jeremy Perez）举例说明了哪些素描可以在目镜前完成，哪些是回家后添加的，后者通常需要借助图像处理软件。但是艺术创作并不是主要目标——素描真正的目的是迫使你的眼睛确切地看到目标的细节。创建个人档案来记录你所观测到的目标和当晚的观测条件也是出于同样的目的。

在深空领域，你永远不会找不到可观测的目标。从大到可以用肉眼看到的天体，到小到需要610毫米口径的巨型天文望远镜才能显露的微弱天体，宇宙给我们提供了许多目标。不过，这通常也会涉及对大口径天文望远镜的需求。

大口径的天文望远镜能够将球状星团分解成一群针尖般的亮点。更大的口径能使星云显得更加明亮，看上去几乎和它们的天文摄影照片一样。大口径还能将星系从形状模糊的小斑点变成轮廓清晰的螺旋形状，上面还有斑驳的尘埃带。即便如此，大口径并不是探索深空的唯一需求，磨炼关键的观测技能同样重要。

深空观测站

一张用于摆放附件和星图的野营桌，一把用于在目镜高度允许的情况下坐下来观测的观测凳，以及一张用于喝杯咖啡休息一下的野营椅，所有这些组合起来构成了一个能让观测者们愉快地在星空下观测深空的站点。

观测技巧

无论你用来探索深空的天文望远镜是哪种型号规格，这些技巧都能帮你看到比想象中更多的天体。

- 建立夜视能力。让你的眼睛适应黑暗是至关重要的。每只眼睛的瞳孔需要10到15分钟来扩散到最大直径。但再过15至20分钟，眼睛内就会发生化学反应，使敏感度进一步提高。一旦你的眼睛适应了黑暗，就要避开任何白色的或明亮的光线。
- 练习抖动视力。另一个技巧是轻微摇晃天文望远镜。一些暗淡的目标可能会隐藏在背景中不容易看到，而视场中的轻微晃动能够让它们现形。
- 走远一点。对于任何型号的天文望远镜，其最好的配件都是黑暗的天空。在远离城市灯光的地方，即使是一架口径只有80毫米的折射式镜也能显示出后发－室女星系团中所有明亮的成员。
- 不要放弃城市。比较明亮的梅西叶天体，尤其是星团，即使在灰蒙蒙的城市天空中也能看到。GoTo望远镜可以帮助你找到它们。

在加拿大观测到的银河

在澳大利亚观测到的银河

- 通过绘画积累经验。学习如何看清目标的最好方法就是把你所见的画下来。随着时间推移，视觉敏锐度的提升会让你大吃一惊。如果你对素描感兴趣，加拿大皇家天文学会有一个很优秀的资源（网址见链接列表 51 条目）。
- 记录天空。你可以将观测感受和天空的壮观通过文字或语音备忘录记录下来。记录观测体验能帮你提升观测能力。

眼角余光法

想要看到模糊的目标，最常见的技巧是采用眼角余光法。这个技巧很简单。将视线从你正在观测的目标上稍微移开一点，同时继续关注它。当你的目光锁定在视场中心到边缘的中点位置时，眼角余光法的效果最强。如果你是使用右眼进行观测，就看向目标的右方。

这种方法之所以有效，是因为眼睛视网膜上偏离中心的细胞对暗光更加敏感。实现的增益可以达到一个星等。虽然眼角余光法能够让你看到一个物体，但你还是需要直视这个目标，否则可能会无法确认它的身份和细节。

限制可见星等的因素

你能看到多暗的东西？这不仅仅取决于天文望远镜的口径大小。影响因素包括视宁度、大气的透明度、天文望远镜光学器件的质量和清洁度、天文望远镜的类型和放大倍率、是否采用了眼角余光法以及被观测的天体的种类。但最重要的还是观测者的经验。

一名有经验的观测者通常能够比新手看到亮度低一个星等的目标。数百小时的天文望远镜观测能够训练你的眼睛看清位于视力阈值上的细节。虽然视觉敏锐度因人而异，但差别很少会超过半个星等。年轻人的眼睛通常会对处于视力阈值上的物体更敏锐一些，但是年过五十、经验丰富的观测者能看到的极限通常与那些比他们年轻三十岁的人只相差 0.2 等。

年轻观测者眼睛的瞳孔能够扩张到 7 毫米或 8 毫米，而年老者的眼睛只能达到 5 毫米甚至更少，但是在使用天文望远镜观测时，前者相比后者并不会占据优势。在天文望远镜上采用较高的放大倍率，会使得出射光瞳远远小于 7 毫米。

适应黑暗

无论你是参加星空聚会（左图），还是独自出门观星，在深空观测时都要遵循“只使用红光”的规则，以保护你的夜视能力。即使如此，也要确保灯光是昏暗的，如果是和其他人一起观测，不要把灯光对准他人的眼睛。在非常黑暗的地方，如上图，即使是发光的银心也会不利于保持完全的黑暗适应能力。这张图片中，为了探测视力阈值处最微弱的模糊目标，观测者需要戴上头罩以阻挡杂散的光线。

长期以来，业余天文学家之间都流传着一个假说，即暗淡的深空天体最好采用低倍率进行观测，这时的出射光瞳也最大。尽管这一说法确实适用于一些大型的弥散性星云，但在观测结构更紧凑的天体时是不适用的。提升放大倍率能够使视场里的天空变暗，并将天体放大，使它显示得更加明显。在 50 倍放大倍率下不可见的微小而暗淡的星系，可能会在 150 倍放大倍率下突然现形。

虽然在进行深空观测时，透明的天空是最重要的，但糟糕的视宁度——行星观测者的克星，会让观测到的极限星等相比空气稳定的夜晚减少整整一个星等。

不同类型的天文望远镜能观测到的极限星等会有不同吗？会的，但是差异不大。这更多取决于天文望远镜光学系统的质量，而不是类型。高质量的光学器件产生的星体图像能像针尖一样锐利，而不像那些平庸的天文望远镜中永远无法对焦的模糊小球。质量能够胜过一味的大口径——但在深空观测中也不会胜出太多。

跑一场梅西叶马拉松

在一个晚上对夏尔·梅西叶星表中所有的 110 个天体进行观测，似乎是一个不可能完成的壮举。然而一些狂热的观测者正试图完成这项挑战。

3 月 5 日至 4 月 12 日是进行这场马拉松的黄金季节，其中最理想的夜晚在 3 月 30 日至 4 月 3 日，此时的月相是新月。在马拉松之夜，夜晚刚开始时的目标是秋季天空的梅西叶天体，参赛者们在暮色中匆匆忙忙地辨别出 M74、M77、M33 和 M31，以及它们的伴星系。然后比赛转入比较容易的赛道：冬季目标。参赛者们会在午夜时分短暂休息，然后来到"心碎山"：春季天空的众多星系。从那时起便是一路下坡奔向黎明的天空了，其中最后一英里（约 1600 米）位于人马座，目标有很多。到达终点的人会收获一个捉摸不定的奖品：位于摩羯座的 M30，其在黎明前升起。

哈佛·彭宁顿（Harvard Pennington）的《梅西叶马拉松全年野外指南》（维尔曼 – 贝尔出版社，1997）和唐·马赫霍尔茨的《梅西叶马拉松观测指南》（剑桥出版社，2002）都能提供非常好的指导。

越大越好

口径越大，能看到的就越多。这些插图模拟了旋涡星系（M51）分别在小、中、大口径的天文望远镜中展现出的景象。在小口径望远镜中只能隐约看到的旋臂，在大口径望远镜中就变得明显，而且图像质量几乎可以媲美摄影作品。

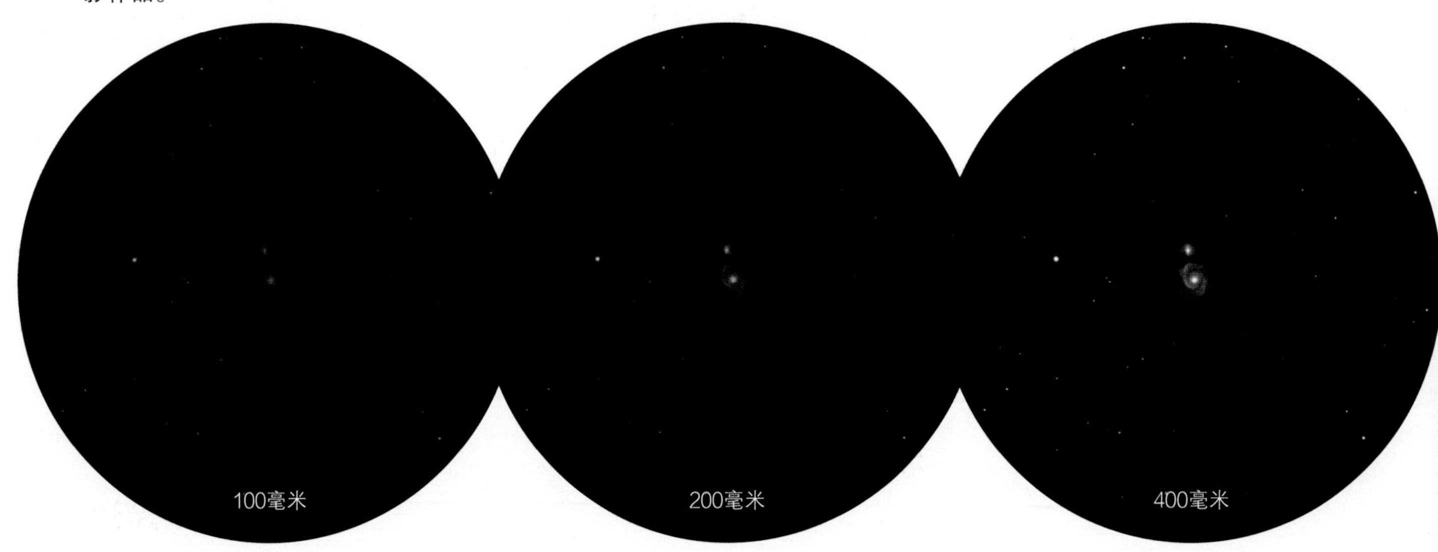

天空的清单

现在的业余观星者可以使用计算机化的天文望远镜从各种星表中直接调出成千上万个深空天体。这些天空的清单是300年来的细致观测的结果。在18至19世纪，天空探索者追寻并列出了他们遇到的所有天体，而他们使用的天文望远镜往往都十分粗糙，其结果是一锅天体目录大杂烩，采用的命名规则也令人费解，但直到现在还有很多仍在使用。

梅西叶星表

这张最著名的深空星表为业余天文学家提供了一份现成的清单，列出了最佳、最明亮的天体目标。具有讽刺意味的是，它在被编制之初是作为一个“不应该看的物体”的目录而使用的。

在17世纪末，夏尔·梅西叶的目标并不是寻找深空天体。对他来说，这些天体不过是他在追寻目标中不断遇到的讨厌的干扰，而他真正的目标是彗星。他将这些模糊的非彗星天体的名单公开发表，这样彗星猎手就不会被它们所迷惑了。到现在，梅西叶的彗星发现已经几乎被人们遗忘了。反倒是他列出的这份讨厌天体的名单留存了下来，被称为梅西叶天体，或简称为M天体。

当前版本的梅西叶星表中包含了110个天体，包括M104到M109，梅西叶的一位同事皮埃尔·梅尚（Pierre Méchain）发现了这几个天体并报告给了他，但梅西叶在发表他的星表时没有将它们收录进去。NGC 205（仙女星系的伴星系之一）很明显也被梅西叶记录过，但他没有列入星表中，现代观测者将它列为M110。

在一个乡村观测点上，所有的梅西叶天体都可以用一架80毫米口径的天文望远镜观测到。梅西叶本人使用的最大的天文望远镜是一架200毫米口径的反射式镜，

过去和现在的深空观测

我们今天进行观测的大部分天体目标都是由18至19世纪的天文学家使用笨重的天文望远镜发现的，比如左上图中威廉·赫歇尔使用的12米反射式镜（此处的数字指镜筒的长度而非口径大小）。这些天文学先驱绝对愿意付出一切来换取一架现代的多布森式天文望远镜，例如上图中914毫米的Obsession，芭芭拉·米切尔（Barbara Mitchell）正在得克萨斯州星空聚会上使用它进行观测。

“彗星雪貂”——夏尔·梅西叶

1758年9月12日，法国天文学家夏尔·梅西叶正在追踪一颗彗星，他在天空中遇到了一些意想不到的东西。他是这样描述的：“金牛座南角上方的一个星云状物质。它不包含任何恒星；散发出一种白色的光，形状像细长蜡烛的烛焰。”梅西叶并不是第一个看到这个天体的人。英国天文学家约翰·贝维斯（John Bevis）在27年前就对其进行了记录。但是梅西叶的这个发现——最后以蟹状星云（M1）的身份变得广为人知，激发了他对更多的“彗星伪装者”进行盘点，因为他和其他人可能会将这些天体错认为真正的奖品：彗星。

1760年到1798年，通过位于巴黎克鲁尼酒店屋顶的观测台，梅西叶发现了13颗彗星，这为他赢得了法国国王路易十五授予的“彗星雪貂”称号。梅西叶的第一份《星云和星团目录》发表于1771年，其中包含他和同僚们发现的41个天体。为慎重起见，梅西叶还在其中增加了4个著名的天体：猎户星云群（M42和M43）、蜂巢星团（M44）和昴星团（M45），将他的第一份列表扩充到了井井有条的45个。梅西叶又分别在1783年和1784年发表了修订版，使得梅西叶天体的总数达到了103个。最终一共是110个。

梅西叶星表的编号顺序放在天空中显得杂乱无章，因为这些天体是按照梅西叶亲自发现或知道它们的顺序来排列的。尽管他曾打算按照赤经的顺序在天空中从西向东将这些天体重新编号并发表，但最终没有做到。疾病、衰老和法国大革命阻碍了他。

NGC 先生

从 1874 年到 1878 年，约翰·路易斯·埃米尔·德赖尔在爱尔兰的伯尔城堡用 1829 毫米的利维坦天文望远镜（当时世界上最大的）探索天空。他接下来完成了至今仍在使用的新总表——NGC。

不过其金属镜面的集光能力仅相当于现代一架 100 毫米口径的望远镜。用一两年的时间追踪梅西叶天体能够带给你很大收获。在这个过程中，你能进一步熟悉天空、学会如何通过天文望远镜看到暗淡的天体，并且积累足够的学分从新手级别毕业，成长为有经验的观测者。

NGC 星表和 IC 星表

大多数深空爱好者都完成了所有梅西叶天体的观测。然后呢？下一个目标就是收集 NGC 天体。NGC 是 New General Catalogue 的缩写，意为新总表，其最初是由出生于丹麦的天文学家约翰·路易斯·埃米尔·德赖尔（John Louis Emil Dreyer）在英国皇家天文学会的支持下编制的。德赖尔的《星云和星团新总表》发表于 1888 年，包含了几十位观测者对 7840 个天体的观测结果，此前所有的列表和星表都被它所取代。甚至梅西叶天体也被给定了 NGC 编号。NGC 列出了截至 1888 年所有已知的星云和星团。

与梅西叶星表的随机排序不同，NGC 中的天体都是按照赤经整齐排列的。编号从 0 时赤经开始（或者说是 1888 年的 0 时），按照在天空中自西向东的顺序递增。不过，相邻编号的 NGC 天体可能在赤纬上相隔很大的角度。

初版 NGC 星表发表后不久就需要进行修订了。在 1895 年出版了一份补充的索引目录（IC），在 1908 年又出版了一份 IC。第一份 IC 中包含了 1529 个通过目视观测发现的天体。第二份 IC 中又增添了 3856 个条目，其中很多是通过在当时还十分新颖的摄影技术发现的。第二份 IC 中的大部分天体（编号高于 1529 的部分）都太过暗淡，无法用肉眼观测到。它们是“我看不到”的天体。

最亮的 NGC 天体是用 80 毫米口径的天文望远镜就能轻松观测到的目标。不过要想对 NGC 星表进行深入探索的话，需要使用口径至少为 125 至 200 毫米的天文望远镜。

赫歇尔目录

如果有狂热的深空观测者想要在梅西叶星表之外开展一番冒险，可以试着挑战 400 个最佳赫歇尔天体。在作家詹姆斯·马拉尼于 20 世纪 70 年代提出的一项建议的驱使下，位于佛罗里达州圣奥古斯丁的古城天文学俱乐部的成员开展了一个对 NGC 的核心天体进行分类的项目，这 2477 个条目来自威廉·赫歇尔和卡罗琳·赫歇尔（Caroline Herschel）编写的原初《1786 星云星团表》。从这些条目中，俱乐部成员筛选出 400 个最佳观测目标，也就是所谓的赫歇尔 400 目录。这些天体都在 NGC 编号下为人所知，但它们也有着现在已经过时的赫歇尔编号。例如，NGC 4565 也是 H V-24，即赫歇尔第五类天体中的第 24 个条目。

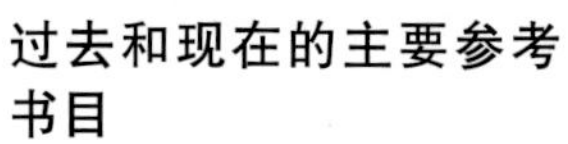

过去和现在的主要参考书目

在 20 世纪 70 年代末，小罗伯特·伯纳姆（Robert Burnham, Jr.）的《伯纳姆天体手册》以其完备性为其他参考书目设立了一个基准。杰夫·卡尼普（Jeff Kanipe）和丹尼斯·韦布（Dennis Webb）的《深空年鉴》系列对这个科学领域进行了更新，可惜它们现在已经绝版。

深空图书馆

观测指南现今比比皆是，但我们认为下面这些书是任意一个深空图书馆的必要补充。凯普（Kepple）、桑纳（Sanner）、库珀（Cooper）和凯（Kay）编写的《夜空观测者指南》（共四卷，维尔曼－贝尔出版社，现已绝版）汇编了许多观测者对数千个天体的描述。斯蒂芬·奥马拉的《深空伙伴》系列（剑桥出版社）是一本优秀的指南，针对梅西叶星表和科德维尔天体表以及一些作者本人最喜欢的不那么出名的目标。罗纳德·斯托扬（Ronald Stoyan）的《梅西叶天体星图集》（剑桥出版社）是一本漂亮的咖啡桌大小的指南，介绍了梅西叶先生的天体目录。

科德维尔天体表

1995年，天文爱好者又认识了一份新的深空最佳天体列表，这主要归功于《天空与望远镜》杂志对其进行的宣传。英国最著名的天文作家帕特里克·摩尔（Patrick Moore）编写了这个名单，列出了109个在外表上最值得注意的非梅西叶天体，它们主要都是从NGC目录中选出的。摩尔用自己的完整姓氏——科德维尔－摩尔来命名名单中的天体。科德维尔天体按照赤纬递减的顺序从北到南排列，且包含了南半球的观测目标。

许多GoTo望远镜的目标选项中都包含科德维尔天体表。然而，相当数量的科德维尔天体（事实上，还有一部分梅西叶天体）在目视观测时都是"哑弹"。请注意：科德维尔天体并不一定是所有非梅西叶天体中最佳的。对于这一点，我们推荐参考作者戴尔列出的《110个最佳NGC天体》，每年都会发表在《RASC观测者手册》上。

NGC目录之外

NGC中包含了几千个条目，即便如此，它还是忽略了一类天体：暗星云。这些"B"类天体的第一个目录是由美国天文学家爱德华·爱默生·巴纳德（Edward Emerson Barnard）编写的。巴纳德的《天空中349个暗天体目录》被收录在其1927年的作品《银河系部分区域摄影图集》中。其他一些暗星云使用"LDN"为前缀进行编号，来自贝弗利·林德（Beverly Lynds）发表于1962年的《暗星云目录》。

高阶的观测者会追逐属于发射星云这一类别中捉摸不定的天体，它们的前缀包括Ced（S. 塞德布拉德1946年的列表）、Sh2（沙普利斯）、Mi（明科夫斯基）、vdB（范登伯格）和Gum（科林·古姆1955年的星云勘测）。

详细的恒星图谱绘制了以Be（伯克利）、Cr（科林德）、Do（多利泽）、H（哈佛）、K（金）、Mel（梅洛特）、Ru（鲁普雷希特）、St（斯托克）和Tr（特朗普勒）为前缀的疏散星团。这些非NGC星团中有许多被早期的目镜观测所遗漏，因为它们要么非常大，要么非常稀疏，无法与背景明显地区别开来。

感谢星云滤光片的出现，有经验的业余天文学家经常能够辨识出曾经被认为是不可见的非NGC行星状星云。它们中有一些来自乔治·艾贝尔（George Abell）的100个大型暗淡行星状星云目录，他是在仔细查看20世纪50年代中使用帕洛玛施密特望远镜拍摄的照片时发现它们的。

艾贝尔还为许多微弱的星系团编制了目录。深空星图集还绘制了一些星系，它们的名称有PGC（1989年的主要星系目录）、UGC（1973年的乌普萨拉星系总表）、MCG（1962至1974年编制的星系形态目录）和ESO（欧洲南方天文台的1982年南天微弱星系目录）。

赫歇尔指南

对于那些想要追寻赫歇尔400天体的专业爱好者，斯蒂芬·奥马拉和马克·布拉顿（Mark Bratton）编写的指南（均由剑桥出版社出版）将帮助你进行探索。

赫歇尔王朝

很少有家族能够在科学领域产生像赫歇尔家族对天文学那样重大又深远的影响。在18世纪70年代，职业音乐家威廉·赫歇尔开始从事天文望远镜的制作。出自他手的牛顿反射式天文望远镜都带有金属反射镜，其质量远超当时所有同类产品，使得赫歇尔仅靠销售天文望远镜就成为一名百万富翁。1781年3月18日，赫歇尔使用160毫米反射式镜扫视到了一个天体，他最初认为那是一颗彗星。事实证明那是天王星，是人类有历史记载以来发现的第一颗行星。英国国王乔治三世将赫歇尔任命为私人天文学家。天文望远镜制造成为赫歇尔的终身事业，他制作的反射式镜也越来越大，最终在1789年建造了一架1219毫米的天文望远镜，被他用来探索天空。

赫歇尔值夜班时的主要助手是妹妹卡罗琳。卡罗琳也会进行天空探索，在那期间她发现了8颗彗星以及M110，她也因为后面那项成就被赞颂。卡罗琳还在出版星云星团目录一事中发挥了关键的作用，这些天体是这对兄妹共同发现和记录的。

威廉的独子约翰延续了这个王朝，他发现了超过2000个深空天体，其中有很多是他在南半球驻留期间发现的。1864年，这位年轻的赫歇尔出版了一份家族汇编——《星云和星团总表》，其中详尽地列出了5000个星云和星团。在身为目视观测天文学大师的同时，约翰·赫歇尔还成为摄影领域的先驱之一。第一张印在玻璃板上的照片便是约翰在1839年拍摄的，拍摄的对象是由他父亲建造的即将被拆除的1219毫米天文望远镜，在其英国乡村住宅的院子里。

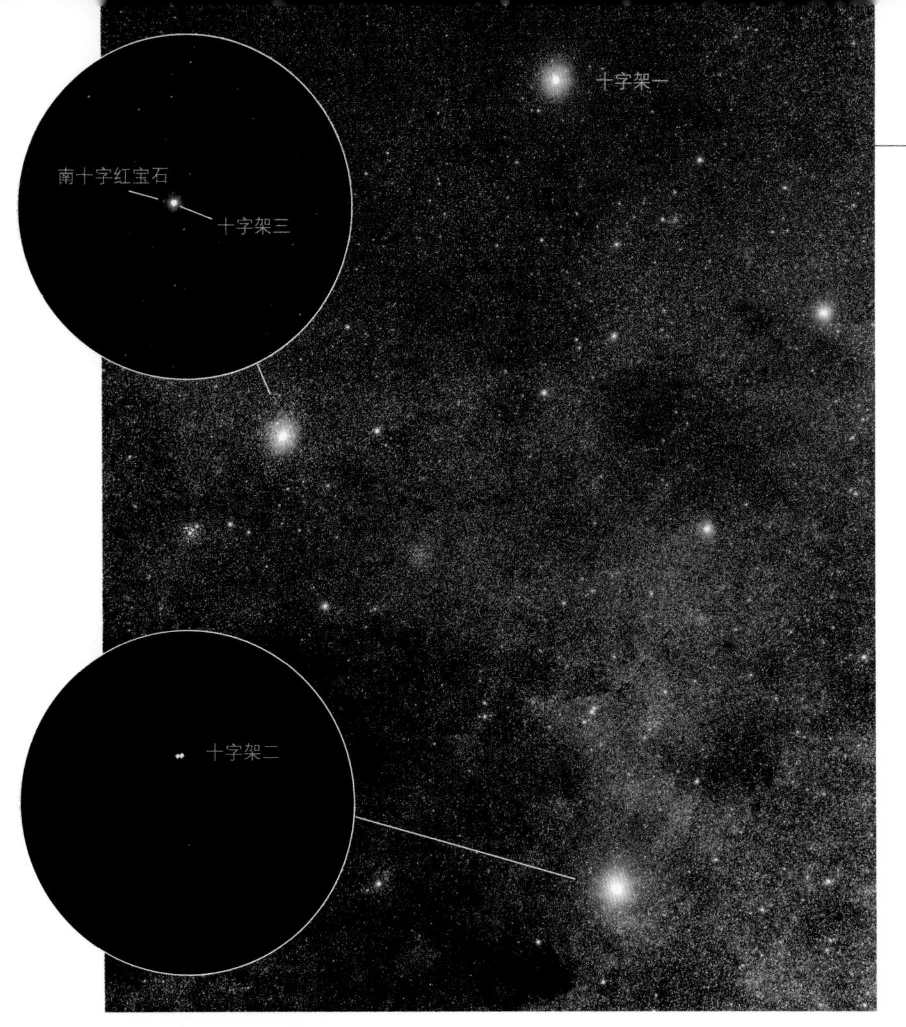

各种恒星

十字星的颜色

南十字座顶部的红巨星十字架一（光谱等级为M）有着较低的表面温度——3600开尔文，相比之下，南十字座的其他恒星（光谱等级为B）的表面温度都超过了20,000开尔文，这使它们呈现出白色或蓝白色。在南十字座底部的是天空中形态最好的双星之一：十字架二，它的一对外表非常相似的白色恒星相距4角秒。非常红的碳星南十字红宝石与明亮、蓝色的十字架三处在同一个低放大倍率视场中。

并不是所有的深空目标观测都要求你身处黑暗的天空下。当你受限于一座城市时，各种类型的恒星也能为你呈现出较好的景象。

双星：星际宝石

很大一部分恒星（估计多达三分之一）都属于由两颗或更多的恒星相互环绕运行的系统，发生这种现象是因为这些恒星起源于同一片旋转的气体和尘埃云。

许多双星有着互相约束的轨道运动，尽管这对恒星伙伴可能要用上几个世纪的时间才能围绕对方运动一周。而有些双星只是在宇宙中相伴旅行（被称为共自行）。一个著名的例子是大熊座ζ，其更普遍的称呼是北斗六，即北斗七星斗柄的中间星。它的裸眼可见的伴星开阳增一并不是围绕着它运动，而是和它一起旅行。然而北斗六本身却是一个受引力约束的双星。这个双星的成员能够用任意一款天文望远镜分辨出来。（见第328页上的肯·休伊特－怀特的天文望远镜旅程7。）

真实度核查

虽然我们在本章中展示了许多色彩斑斓的照片，但所有圆圈中的插图都经过了后期处理，以更好地模拟出目镜前通过一架中等口径的天文望远镜所能看到的实际情况。

还有一些双星之间根本就没有关联，它们只是碰巧在天空中相伴出现。著名的辇道增七（也叫天鹅座β），也许可以用来当作一个例子，不过人们对这对双星之间距离的测定还不够精确，因而无法确定它们之间是否存在引力联结，抑或是单纯的视线上的巧合。

在我们看来，观测效果最好的双星分为两类：颜色强烈的一对恒星（通常是黄色和蓝色，如辇道增七）和亮度几乎相同且距离相近的一对恒星（通常是白色或蓝白色），后者看起来很像一对遥远的车灯。

人们同样为双星编制了目录。其中最专业的是华盛顿双星目录（WDS），包含多达10万个条目。另一个更实用的列表是艾特肯双星表（ADS），由罗伯特·艾特肯（Robert Aitken）在1932年出版。它包含了17,180个条目。著名的双星观测者威廉·斯特鲁维（Wilhelm Struve）及儿子奥托（Otto），还有后来的舍伯恩·伯纳姆（Sherburne Burnham）在19世纪编制了一些早期的列表。一些恒星仍然以它们的斯特鲁维（Σ 或 OΣ）或伯纳姆（β）编号而闻名。我们在第115页肯的双筒望远镜之旅1中遇到了Σ747。

在古老的观测指南中，用来描述双星颜色的用语看起来仿佛是来自艺术家调色板上的柔和色调（天蓝、丁香紫、海蓝、蔚蓝、玫瑰红）或是珠宝商陈列的宝石和矿物（金、银、绿松石、翡翠、黄玉）。请注意，这些色调描述都是非常微妙且主观的。只有少数双星能够显示出明显的颜色，例如仙王座δ和仙女座γ。大多数双星仅仅表现出淡淡的色调，但它们仍旧很有吸引力。

此外，那些暗淡的伴星（称为次星），其颜色往往是一种错觉，是与较亮的主星对比导致的。例如，心宿二的伴星其实并

天龙座 ν

仙王座 δ

相似的 vs. 对比明显的

位于天龙座的天棓二（又叫天龙座 ν），是一个典型的“车灯”式双星，一对相配的白星相距 63 角秒，宽度足以让双筒望远镜分辨出来。仙王座 δ 是一个彩色的双星，其黄色和蓝色的两个成员相距 40 角秒。

著名的双星

在大熊座中，较暗的开阳增一与北斗六相隔 708 角秒。北斗六本身也是一个双星，两颗星间距 14 弧秒。天琴座 ν 是位于天琴座的双 – 双星系统，包含两对相匹配的双星，每对相距 2.1 到 2.4 角秒，两对双星间相距 210 角秒。

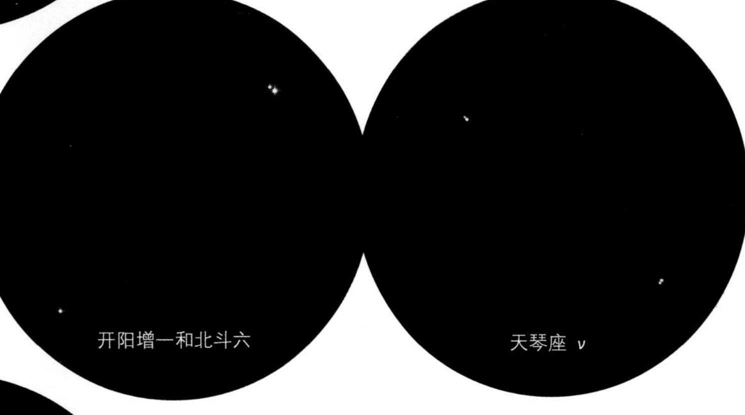

白羊座 γ

巨蛇座 θ

“车灯”式双星

白羊座 γ 拥有一对外观一致的白色恒星(“公羊眼”)，相距 7.5 角秒，距离很近但是很容易分辨，令人印象深刻。巨蛇座 θ 的两颗 A 型白色成员相距更宽，看起来像天空中一双闪亮的眼睛。

鹰眼道斯

“虽然身体状况不稳定，但在允许的情况下，我几乎每个晚上都会工作，使用的仪器是一架一流的小型折射式天文望远镜，口径只有 40 毫米，就这样，我发现并清晰地分辨出了……北河二、参宿七、天琴座 ε^1 和 ε^2、猎户座 σ、宝瓶座 ς 和许多其他双星。”

这种奉献精神为英国的威廉・拉特・道斯赢得了 18 世纪中期最优秀的观测者之一的声誉——同样大名鼎鼎的还有他的一双鹰眼。你可以试试用一架 40 毫米折射式分辨出这些双星中的两颗恒星，然后你就会对道斯那超凡的敏锐度大加赞赏的。尽管道斯在天文望远镜前有着如此锐利的鹰眼视觉，实际上他是高度近视，据说他甚至会在街道上径直路过妻子而认不出她的脸。

在今天的业余爱好者圈子里，道斯最出名的是他的分辨本领：“我因此确定……如果两颗 6 等星的中心距离是 4.56 角秒，那么 25 毫米的口径恰好能分离出这两颗双星……因此，将口径用 a 来表示，那么任何一架天文望远镜的分离能力，可用分数 4.56"/a 表示。”

今天我们仍然使用这个经验法则来计算天文望远镜的分辨本领。但是请记住，这个经验法则是针对两颗亮度相当且都是中等的恒星设计的。如果组成双星的两颗星在亮度上表现出很大的差异，就很难分辨它们。

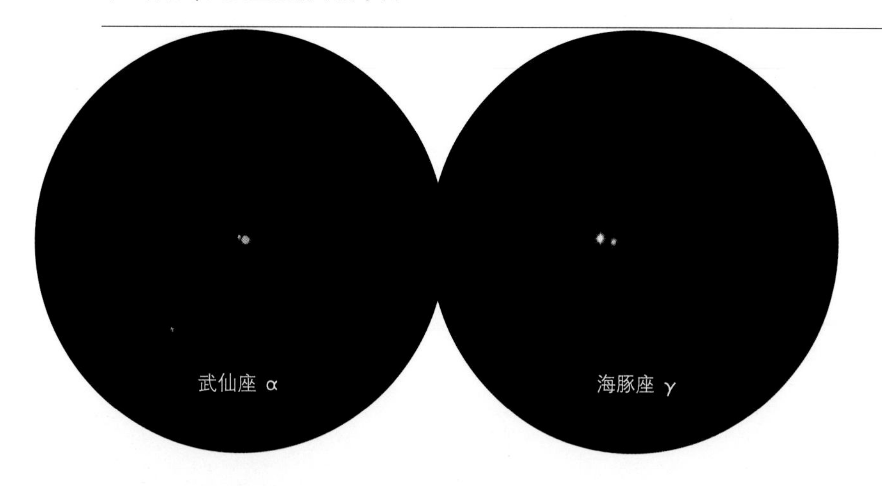

色彩斑斓的双星

北方夏季最受欢迎的天体中包括武仙座 α（也叫帝座），它的主星是橙色的，副星是较暗的绿松石色。海豚座 γ 的恒星被描述为黄色和浅绿宝石或丁香色。

不是绿色的，它只是在明亮的黄橙色主星旁边看起来像绿色。

相距 1 到 2 角秒的恒星会对 100 毫米以下口径的天文望远镜的分辨本领"提出挑战"，而相距不到 1 角秒的恒星则会考验 200 毫米和更大口径的天文望远镜的分辨本领。在不那么理想的视宁度条件下，任何尺寸的天文望远镜都很少能分辨出相距 0.5 角秒的恒星。在所有业余天文望远镜中，以暗淡的伴星围绕明亮的主星运行为特征的双星（例如心宿二和天狼星）都很难被分辨出来。

一些双星会在几年时间里表现出明显的轨道运动。1993 年，天狼星与其微弱的白矮星伴星天狼星 B 之间的距离达到了最小值（称为近星点）——仅 2.5 角秒，从那之后，这对双星就变得相对容易分辨了。两者间最大的距离是 11 角秒，将会（或者已经）发生在 2022 年。室女座 γ 又名太微左垣二，在 2008 年来到近星点，此时这两颗相互围绕着运行的恒星相距仅 0.4 角秒。这个距离正在慢慢扩大，从现在开始直到 30 年代，使用一架中等口径的天文望远镜就能很轻松地分辨出太微左垣二的两颗恒星。

碳星：宇宙中的一抹清凉

变星会以数小时、数天或数周为周期出现亮度波动。有些变星的特征是两颗恒星互食，它们互相遮挡造成亮度变化，比如英仙座的大陵五，绰号"恶魔星"。但是大多数变星都是单颗恒星，其自身的大小和亮度以几天为周期波动。造父一（仙王座 δ）便是一个典型的例子，这类恒星也因此叫作"造父变星"。造父变星是使用光变周期与光度的关系来衡量宇宙距离尺度的关键，其中光变周期与光度的关系被称为莱维特定律，是以其发现者亨丽埃塔·斯旺·莱维特（Henrietta Swan Leavitt）命名的，她于 1908 年发表了该发现。

变星中包含一个丰富多彩的子集：长

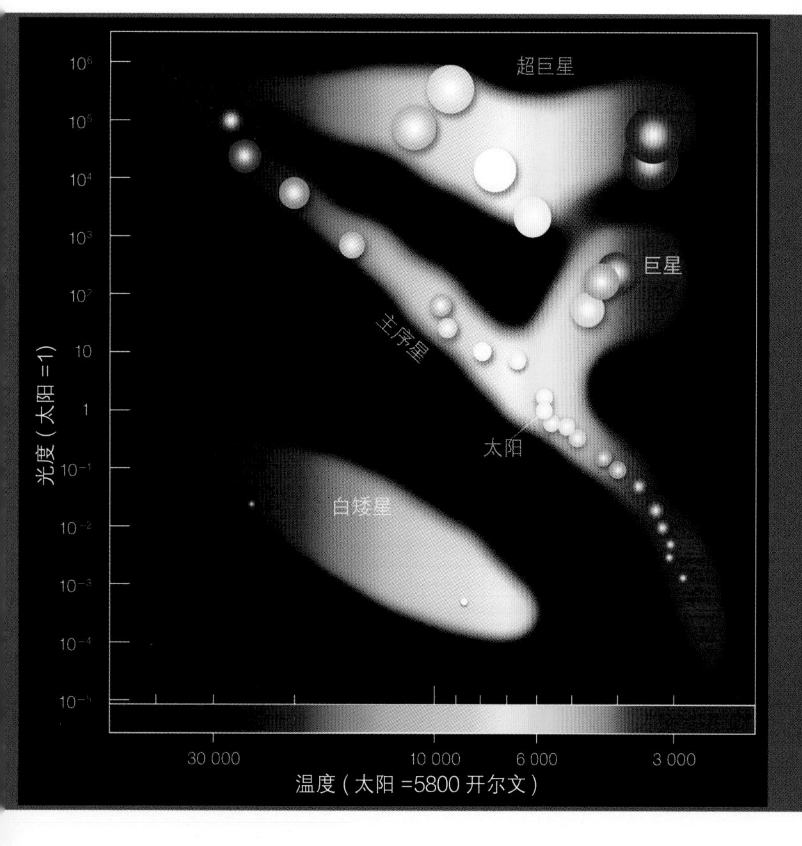

星色

天文学家通过一个难以理解的光谱字母序列对恒星进行分类，不过可以通过一句口诀轻松记住它们从热到冷的顺序：Oh Be A Fine Guy/Girl Kiss Me（哦，做个好男孩 / 女孩，亲亲我吧）。（所有的温度都以开尔文为单位，零开尔文等于绝对零度，即 −273℃。）

光谱类别	温度
O = 蓝色	47,500 — 31,000
B = 蓝白色	30,000 — 10,000
A = 白色	9800 — 7300
F = 黄色	7200 — 6000
G = 橙黄色	5900 — 4900
K = 橙色	4800 — 3900
M = 红色	3800 — 2200

我们的太阳是一颗普通的 G 类恒星，表面温度为 5770 开尔文。

难以理解的希腊语

1603 年，约翰·拜耳（Johannes Bayer）出版了星图集《测天图》，他在其中用希腊字母对恒星进行了标注。他通常将一个星座中最亮的恒星称为阿尔法（α），第二亮的称为贝塔（β），以此类推，沿着 24 个希腊字母一直到欧米伽（ω）。我们现在仍使用这套拜耳恒星命名法。例如，天狼星就是大犬座 α。

按照传统，在这样的命名中，星座的名字应该采用拉丁语的属格形式。因此白羊座 γ 在英文中应写为 Gamma Arietis（而不是 Gamma Aries），意思是白羊座的 γ 星。

约翰·弗兰斯蒂德（John Flamsteed）在 1729 年出版了法文版《天球图谱》，其中引入了在一个星座中从西到东编号的恒星编号方式，即所谓的弗氏编号。大多数肉眼可见的恒星都有一个弗氏编号。天狼星是大犬座 9 号。在第六章和第十六章的旅程星图中，同时使用了拜尔字母和弗氏数字。

第一部由计算机生成的星图集是由史密森天体物理学观测站在 20 世纪 60 年代出版的，其中对 26 万颗亮度最低至 9 等的恒星进行了汇编。例如，天狼星被命名为 SAO 151881。

周期变星，它们通常呈现红色，亮度升降的周期有几个月那么长。一个著名的例子是参宿四，其亮度在 2020 年初降到了有史以来的最低值：1.6 等。

许多红色的恒星也被归为碳星，它们的表面温度低于 3000 开尔文，是已知最冷的一类恒星。此外，它们的大气层温度也很低，因而能够存在烟尘状的含碳化合物，它们会吸收蓝光，使得恒星显现出深红色的色调。

在检查碳星的数据时，你会发现一个叫作“色指数”的值。这是一种测量恒星颜色的客观方法，是用恒星在光谱中的黄绿色（或 V）波段中表现出的亮度减去其在蓝色（或 B）波段的亮度得出的值。这个 B-V 色指数的 0 值表示的是蓝白色恒星，例如织女星。比它更蓝的恒星的色指数会是一个负值。而在光谱的另一端，黄色的太阳的色指数是 +0.65。红巨星，例如参宿四和毕宿五的色指数在 +1.5 到 +2.0，但它们看起来更像是橙黄色。

相比之下，碳星的色指数能达到 +5 或者更高，看起来像是烧红的煤球。颜色的深度随着望远镜口径的变化而变化：有时候，碳星在小型天文望远镜中会呈现出比在大型望远镜中更强烈的红色。在几百天中，碳星的亮度会缓慢波动，变化幅度能达到 5 个星等，且往往在亮度最暗的时候看起来最红。

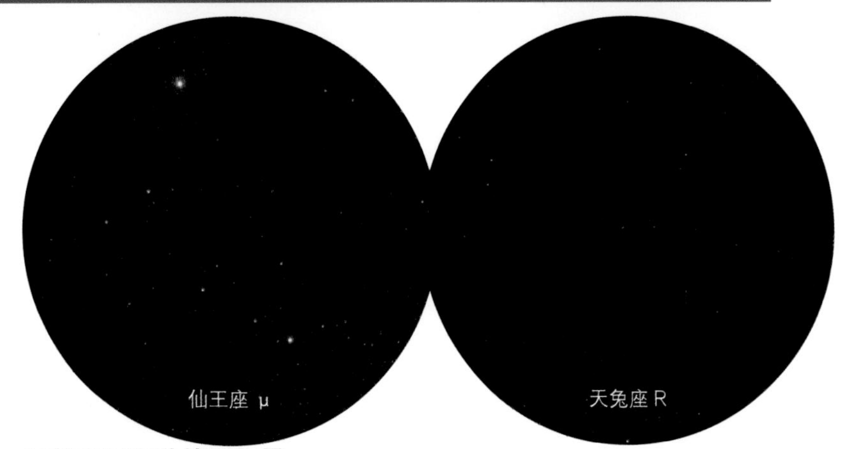

石榴石星和欣德深红星

红色超巨星仙王座 μ 的色指数为 +2.35，被约翰·赫歇尔戏称为石榴石星。欣德深红星（天兔座 R）由约翰·欣德（John Hind）在 1845 年发现，是一颗红宝石色的碳星，色指数为 +5.74。

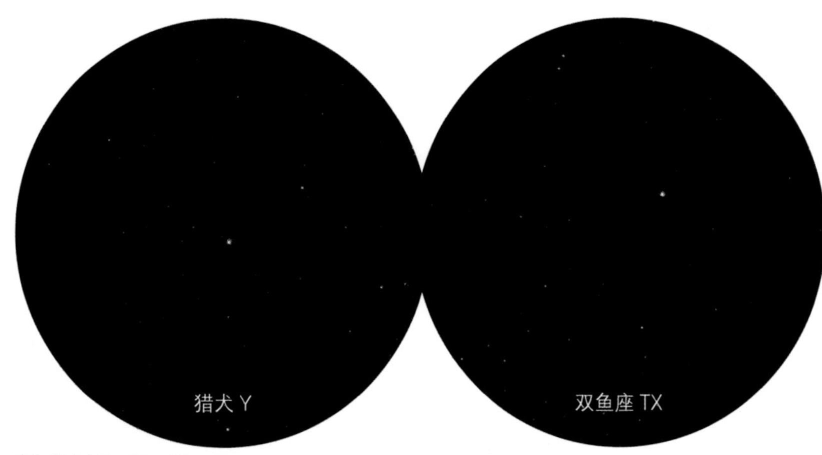

猎犬 Y 和 Tx Piscium

猎犬座 γ 是一颗亮度在 4.8 到 7.3 等的碳星，19 世纪的安杰洛·塞基（Angelo Secchi）将它称为猎犬 Y。双鱼座 TX 又可表示为双鱼座 19，其亮度大约在 5 等，用肉眼就能看到，在双筒望远镜视场中呈现出非常明显的红色。

七姐妹

在这张引人注目的照片中，克里－安·莱基·赫伯恩（Kerry-Ann Lecky Hepburn）不仅捕捉到了昴星团，还捕捉到了年轻恒星所经过的尘云。它们照亮了尘埃，形成了一个反射星云，是昴宿五周围最为明亮的部分，在黑暗的天空下通过一架小型天文望远镜就可以看到。

星团

天文摄影家会坚称只有在照片中才能欣赏到一个星云或星系的完整光辉。但是照片很难捕捉到我们目视观测一个星团时所看到的闪耀的钻石星尘。

暗送秋波的疏散星团

“疏散”这个词指的是这一类星团的可分辨性。在最好的情况下，一个疏散星团中的所有成员都可以被单独观测到，而不是像大多数球状星团那样只有一部分恒星能从光芒中被分辨出来。疏散星团的范围很广，包括充满整个目镜视场的灿烂星域，以及使用中高倍率才能分辨的微弱的小斑点。

一个疏散星团中的所有恒星都是在同一时间从一个星云中诞生的。在银河系中，大约有 1900 个疏散星团已被编入目录。在生命的鼎盛时期，疏散星团的范围能横跨大约 10 到 25 光年，但它们最终会分散开来，其中的恒星会分布到银河系的旋臂中。我们现今看到的疏散星团都“只有”几千万到几亿年的历史。

一个疏散星团在目镜视场中能呈现出什么样的姿态，取决于几个因素。一个是大小。大型的疏散星团（表观直径超过 30 角分）需要使用宽视场和低倍率进行观测。例如我们在第六章中的双筒望远镜天空之旅的两个观测目标：昴星团和蜂巢星团，

野鸭星团

野鸭星团（M11）镶嵌在盾牌座恒星云中，是最优秀的疏散星团之一。

ET 星团

凝视位于仙后座的 NGC 457，你会看到恒星构成了一个“ET”（外星人）的轮廓。它也被称为“猫头鹰星团”。

珠宝盒星团

由约翰·赫歇尔命名的珠宝盒星团（NGC 4755）位于南十字座，像是在一片蓝色的钻石中包裹着一颗红宝石般的恒星。

橄榄球星团

NGC 3532，位于船底座的橄榄球星团，其丰富的恒星群被一条暗带一分为二，因此也被称为“黑箭星团”。

它们在 8 倍放大倍率的寻星镜中呈现的形态要优于长焦距天文望远镜。又如，当你想要充分欣赏位于双子座的 M35，视场至少要有这个星团的大小——0.5 度的两倍，这样 M35 才能从背景中清晰地凸显出来。与之相反，一个小型的疏散星团（直径小于 5 角分）则需要使用高倍率才能分辨。

疏散星团的亮度最高能到 1.5 等（昴星团），最低则比 12 等还要暗。你可能会觉得星团的亮度越高就越好看。并不一定。一个星团的星等衡量的是它包含的所有恒星的总亮度。如果一个疏散星团中只含有少数几颗明亮的恒星，那么就算它的星等很高，其外观也可能令人失望。

一个疏散星团最令人感兴趣的是它的丰富性（一片给定区域中包含的恒星的数量）及其与周围星域之间的对比。最好的星团通常能包含超过 100 个成员，为它们赢得“富星团”这一官方称号。

灿烂的球状星团

和微型的球状星系一样，球状星团中也包含了数十万颗古老的恒星，挤在一个 25 到 250 光年宽的空间里。目前在银河系中已经发现了大约 180 个球状星团，其中大部分都很适合用业余天文望远镜观测。这些球状星团大多都很古老，身为银河系诞生过程中产生的副产品，它们在 90 亿到 110 亿年前便已形成。离我们最近的球状星团位于几千光年之外，朝向银心。

想要完整呈现出球状星团的光辉，需要使用清晰、细致准直的光学设备，对口径也有要求。一架优质的 100 毫米天文望远镜刚好能够分辨出北方天空中最壮观的球状星团，例如位于猎犬座的 M3 星团，位于巨蛇座的 M5 星团（见第十六章中的旅程 8）以及位于武仙座的 M13 星团（旅程 9）。它还能展现南方天空中的奇观，如位于人马座的 M22 星团（旅程 12），位于天坛座的 NGC 6397 以及位于孔雀座的 NGC 6752。

但是并非所有的球状星团都像上面这些示例一样闪耀。球状星团的大小从 1 到 20 角分不等。最大的球状星团也是最好的——其中最大的是半人马 ω 球状星团（见第十六章的旅程 20）。小型的球状星团会呈现模糊的圆球状，难以分辨。除了大小，星团

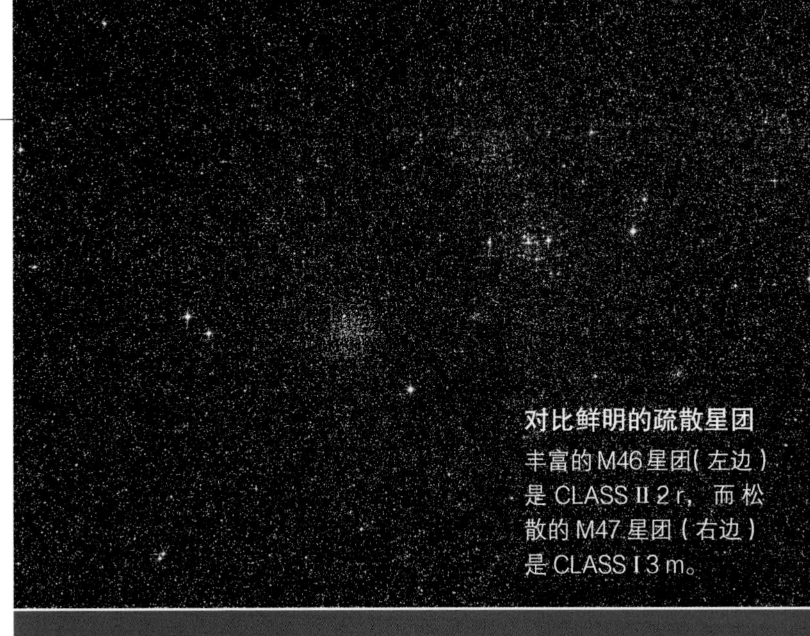

对比鲜明的疏散星团

丰富的 M46 星团（左边）是 CLASS Ⅱ 2 r，而松散的 M47 星团（右边）是 CLASS Ⅰ 3 m。

星团的分类

疏散星团

疏散星团按照罗伯特·特朗普勒（Robert Trumpler）在 1930 年设计的系统进行分类：

星体的集中度：从Ⅰ级“分离度高，在中心集中度强”到Ⅳ级“与周围的星域分离不明显”

明亮星体的范围：从 1（小范围）到 3（大范围）

星团的丰富程度：p（贫乏，<50 颗星）；m（中等，50–100 颗星）；r（丰富，>100 颗星）

球状星团

球状星团是按照由哈洛·沙普利（Harlow Shapley）和埃伦·索耶·霍格（Helen Sawyer Hogg）在 1929 年设计的系统来进行分类：CLASS Ⅰ（非常高度集中；难以分辨）到 CLASS Ⅶ（最不集中，非常松散的球状）。

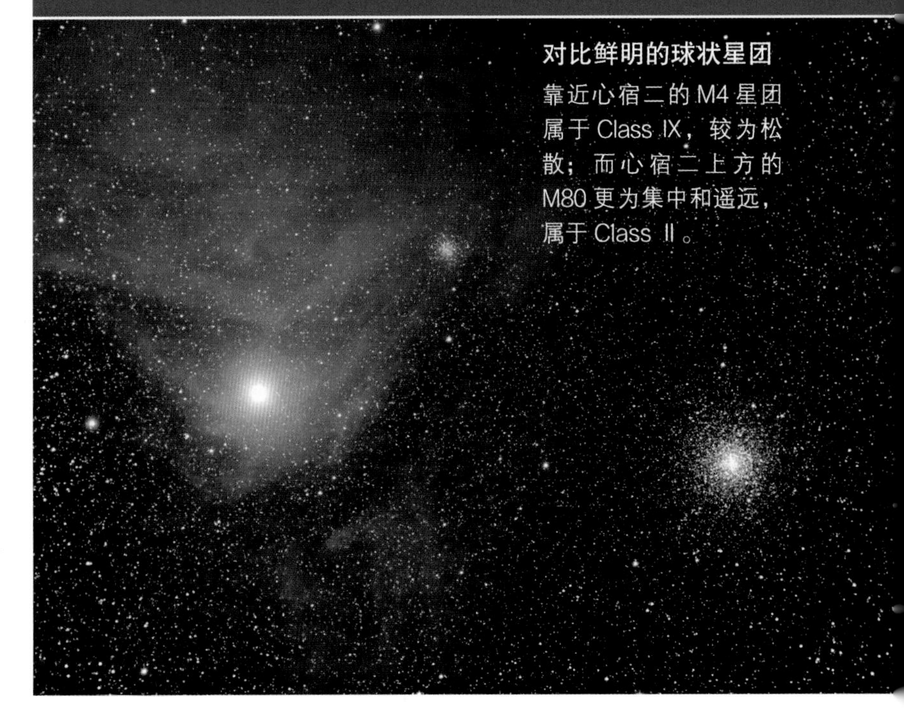

对比鲜明的球状星团

靠近心宿二的 M4 星团属于 Class Ⅸ，较为松散；而心宿二上方的 M80 更为集中和遥远，属于 Class Ⅱ。

深空的维度

最大型的深空天体，如仙女星系和一些星云，其尺寸是以度来衡量的。1 度等于 60 弧分。大多数星系的宽度在 1 到 30 角分。1 角分等于 60 角秒。大多数行星状星云的直径在 2 到 60 角秒。想要“分开”相距不到 2 角秒的双星会是一项挑战。

的集中程度也很重要。有些球状星团过于紧凑，即使在大口径天文望远镜中也难以分辨。

还有一些球状星团则处于标尺的另一端，其中的恒星分布得非常松散，看上去就好像丰富的、可分辨性很高的疏散星团。比较典型的例子包括位于玉夫座的 NGC 288，位于牧夫座的 NGC 5466 以及位于天秤座的 NGC 5897。事实上，位于天箭座的 M71 是一个相对松散的球状星团，它曾经在很多年中被归类为疏散星团。

位于天猫座的 NGC 2419 被称为“星系漫游者”，因为它在 30 万光年之外。能探测到它就算得上是一项收获了。如果你住在北纬 40 度以南的地方，可以试着找一下 NGC 1049，它是一个 11 等的模糊天体，直径只有 0.6 角分，位于一个叫作天炉矮星系的矮椭圆星系。尽管这个星系整体上过于暗淡，大多数业余天文望远镜都无法观测到，但是这个球状星系却非常突出，在距离我们 46 万光年处闪闪发光。

但 NGC 1049 并没有在“距离大赛”

梅西叶 13

位于武仙座的大球状星团（Class Ⅴ）是北天夏季夜空中最明亮的天体之一，然而它的壮观程度还是不及南天的球状星团。

NGC 6397

这个位于天坛座的南天天体是天空中第四亮的球状星团，作为 Class Ⅸ的天体，它很容易在小型天文望远镜中被分辨出来。

梅西叶 22

尽管 M22（Class Ⅶ）的分散度级别高于北天的 M13，但它在人马座中位置较低，因而常常被北半球的观测者忽略。

NGC 6752

这个位于孔雀座的球状星团（Class Ⅵ）也很容易分辨。一些观测者将其排在半人马座 ω 和杜鹃座 47 这两个球状星团之后的第三名。

中拔得头筹。大型天文望远镜的拥有者可以追寻一下距离我们 250 万光年的球状天体，它们环绕在仙女星系周围，在视场中显得十分微小，好像恒星一般。另一项挑战是追寻 15 个帕洛玛球状星团，它们大部分都隐藏在银河系中，因为星际尘埃而显得暗淡。如果你已经达成了上述成就，你就可以冲击一下阿戈普·泰尔赞（Agop Terzan）在《球状星团目录》中列出的更加隐蔽的球状星团（共 11 个）。

星群：不是星团

每个观测者都会遇到星群——恒星排列成有趣的形状，我们会将它们看成某个星际深空熟悉的图案，而不是随机的分布。然而这正是它们的本质——恒星的偶然排列。星群并不是真正的星团，在大多数星图上也不会进行标注（《星图集》是一个例外）。

一个著名的例子是位于昏暗的鹿豹座中的甘伯串珠星群。这个星群的名字来自加拿大观测者卢西恩·甘伯（Lucien Kemble）神父，是一条由亮度在 5 到 8 等的恒星组成的长 2 度的星组。

在仙后座的 M52 星团西南方向的一个双筒望远镜视场中，你会发现一条长达 3 度的星组，从侧面看形状像一个数字 7。在 M50 星团的西南方向 3 度、靠近麒麟座和大犬座边界的是帕坎三星群，其最初由加拿大人兰迪·帕坎（Randy Pakan）记录。

被小罗伯特·伯纳姆称为“订婚戒指”的星群是一个 45 角分宽的半圆形，其中的恒星大多比较暗淡，除了北极星，它构成了这枚戒指上镶嵌的闪亮宝石。在御夫座中有一片丰富的银河“海洋”，一条 1 度长的“小鱼”星群畅游其中，临近 M38 星团。肯·休伊特－怀特在双筒望远镜之旅中提到过它，见第 115 页。

英仙座 α（天船三）的周边围绕着一片恒星，它们看起来应该是一个星群或正式的星团，甚至还被冠以一个称号：梅洛特 20。但这一组恒星被归类为 OB 星协，即由炽热的年轻恒星组成的集合。它们在 5000 万年前同时形成，现在只是松散地结合在银河系英仙座旋臂的附近。

如果想要获取适合双筒望远镜和天文望远镜观测的星群的综合列表，天文学联盟（网址见链接列表 52 条目）提供了一份，作为其众多观测项目的一部分。

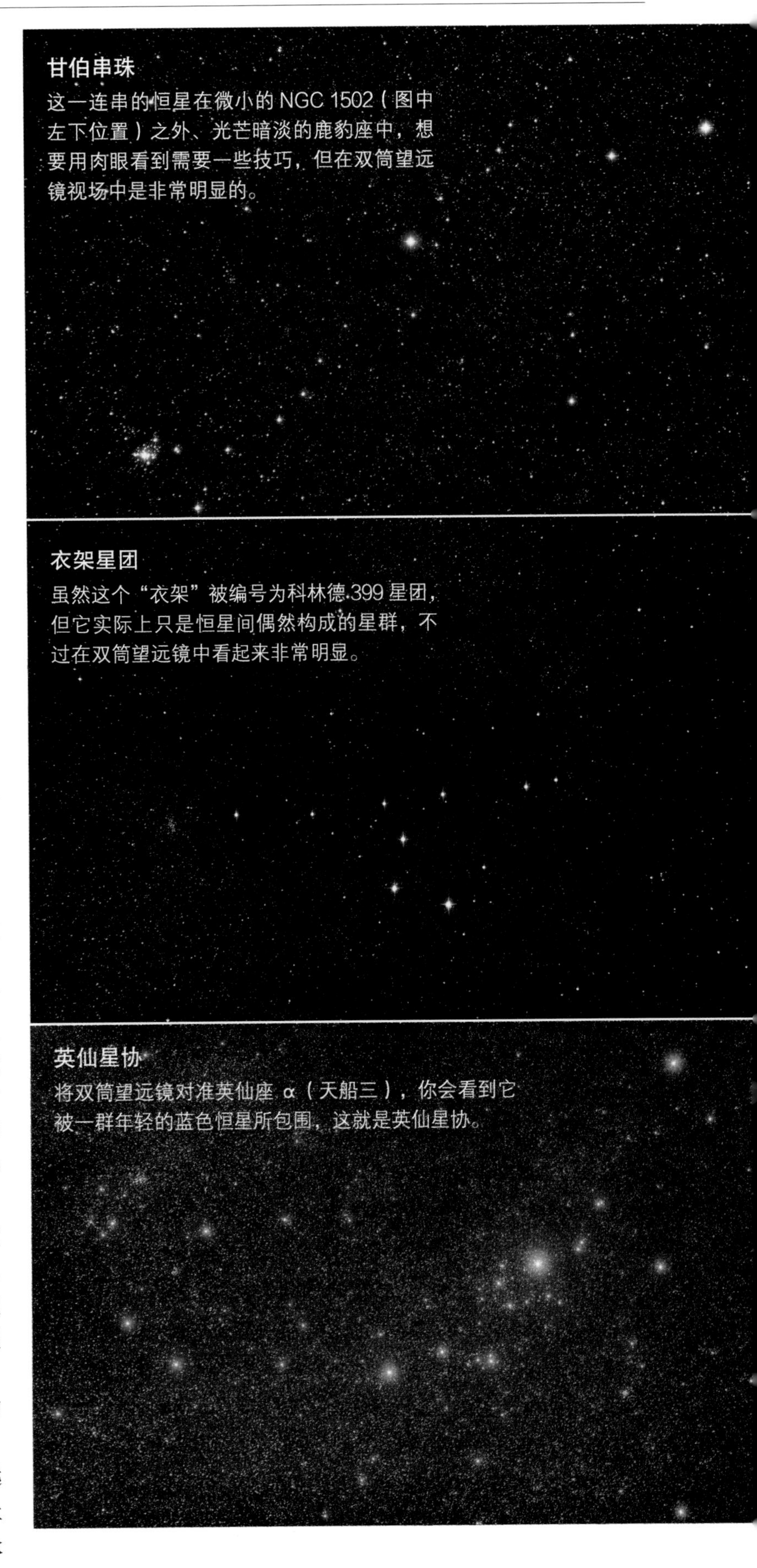

甘伯串珠
这一连串的恒星在微小的 NGC 1502（图中左下位置）之外、光芒暗淡的鹿豹座中，想要用肉眼看到需要一些技巧，但在双筒望远镜视场中是非常明显的。

衣架星团
虽然这个“衣架”被编号为科林德 399 星团，但它实际上只是恒星间偶然构成的星群，不过在双筒望远镜中看起来非常明显。

英仙星协
将双筒望远镜对准英仙座 α（天船三），你会看到它被一群年轻的蓝色恒星所包围，这就是英仙星协。

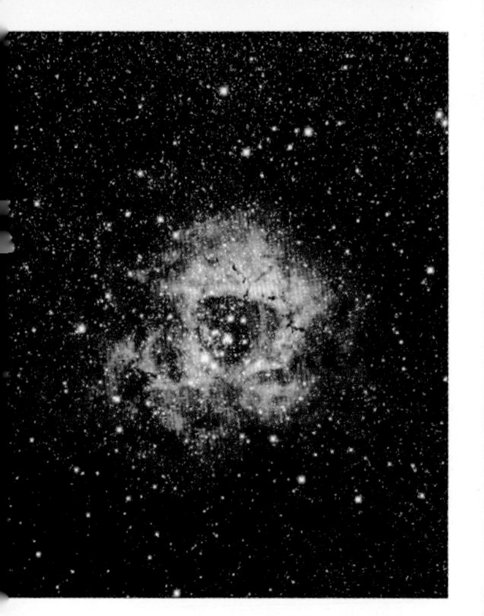

吃豆人星云和玫瑰星云

顶图：在仙后座的吃豆人星云（NGC 281）的北面，是暗淡的反射星云 IC 59 和 IC 63，靠近蓝色的仙后座 γ。

上图：即使在双筒望远镜中也可以看到玫瑰星云，它在麒麟座的 NGC 2244 周围发出幽幽的光芒。

猎户星云

罗恩・布雷彻（Ron Brecher）将多张曝光照片进行了完美的合成，得到的图片同时展现了猎户星云（M42）明亮的核心和暗淡的外部结构。它的上方是被称为“奔跑者”的蓝色反射星云。M42 的核心在肉眼看来是绿色的，在大型天文望远镜中，其外围会显现出一缕粉色。但即使是通过小口径的天文望远镜，你的眼睛也肯定可以看到很多复杂的结构和色斑。

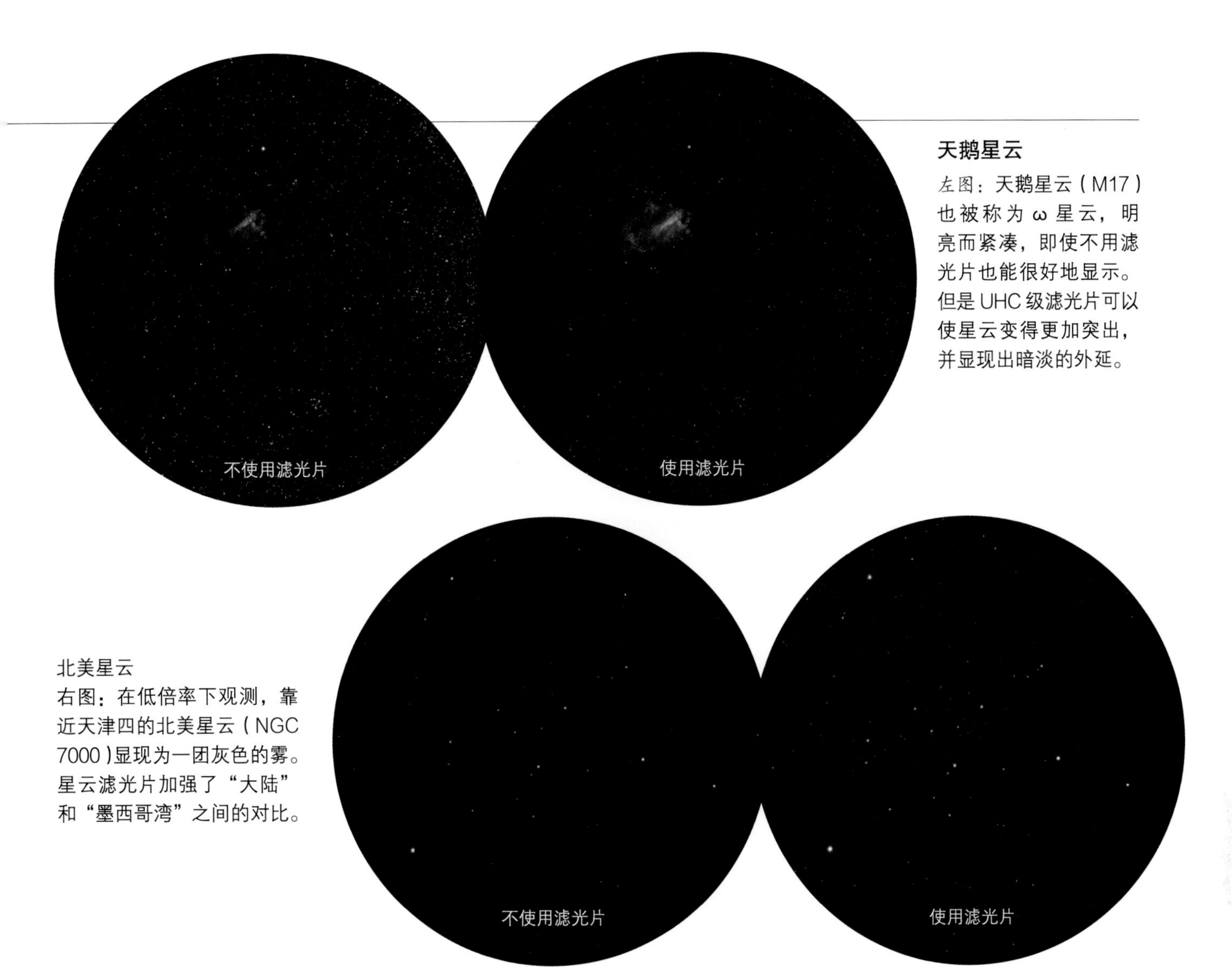

天鹅星云

左图：天鹅星云（M17）也被称为 ω 星云，明亮而紧凑，即使不用滤光片也能很好地显示。但是UHC级滤光片可以使星云变得更加突出，并显现出暗淡的外延。

北美星云

右图：在低倍率下观测，靠近天津四的北美星云（NGC 7000）显现为一团灰色的雾。星云滤光片加强了“大陆”和“墨西哥湾”之间的对比。

恒星在哪里诞生

许多第一次购买天文望远镜的人都期盼着能看到色彩丰富的星云，不幸的是，他们真正看到的都不可避免地令人失望。人的眼睛不够敏感，无法感知那些需要用相机长时间曝光才能记录的颜色。正如我们在模拟目镜视场的圆形插图中展示的那样，这些天体烟云显现出的只有黑白灰色。只有少数几个星云（猎户星云、船底星云的核心和一些行星状星云）的亮度够高，能激活人眼中的色彩感受器。

尽管有这些限制，一架 150 至 300 毫米口径的天文望远镜还是可以显示出最明亮的星云中的大量细节，产生的视场虽然是黑白的，但也几乎可以媲美摄影作品。有些星云在目镜中看起来比在照片中还要美丽，因为眼睛可以捕获所有的细节，不管是明亮的还是暗淡的，包括那些镶嵌在星云中的恒星，后者在长曝光照片中可能会被洗掉。

发光的气体云

恒星形成于星际气体和尘云中。银河系的旋臂中分布着寒冷黑暗的氢气和复杂的分子云，附近的超新星产生的冲击波能够触发它们坍缩成一个星云。大多数星云的宽度能延伸至几十光年。蜘蛛星云是范围最大的纪录保持者，跨越了令人难以置信的 900 光年。

标志性的例子是猎户星云（M42），每个业余天文学家最先观测的一批深空天体中肯定都会包括它。M42 也恰如其分地成为肯的天文望远镜之旅的第一个目标（见第十六章）。M42 是一个发射星云，能够发出独特的光芒。

每个发射星云中都会包含一颗非常炽热的从周围的云中新形成的蓝色恒星（更常见的是不只有一颗这样的恒星，而是一组，例如 M42 中心的 4 颗四边形恒星）。这些恒星向星云的

两匹黑马

顶图：在肉眼看来，蛇夫座中的大暗带就像一匹黑马的形状。它南边的一半是著名的烟斗星云（B78）。中间是小小的蛇形暗云（B72），要在黑暗的夜晚使用天文望远镜才能观测到它。这张照片的视场大约宽 15 度。

上图：马头星云（B33）位于猎户座腰带下方，需要使用一架 200 毫米或更大口径的天文望远镜和 UHC 滤光片，更好的选择是 H-β 滤光片，才能显示出微弱的发射星云 IC 434，它是 B33 的小小剪影的背景。这个视场大约宽 4 度。

中心发射紫外线，为中性氢原子充能。由此导致的能量震荡会撕裂原子，创造出一片自由电子和质子的海洋，这个过程叫作电离，它将中性氢变成了单电离氢，后者称为 H II。发射星云通常被称为 H II 区，即电离氢区。当这些游离的电子被重新捕获时，它们会通过发射可见光的形式来释放多余的能量，这些可见光具有一系列狭窄的波长。

在照片中，发射星云看起来是红色的，导致这个颜色的发射光波长为656.3纳米，也就是位于发射光谱红区的 H-α 谱线对应的波长。然而在目镜中，发射星云显现出的颜色（如果它们能够显现出颜色）都会偏绿，因为人的眼睛对绿色比对红色更敏感。M42 在此又可以作为一个很好的例子：它所显现的绿色，一部分来自 486.1 纳米的 H-β 发射线，但主要来自一对分别为 500.7 纳米和 495.9 纳米的发射线，它们是由失去两个电子的电离氧发出的。双电离氧被称为 O III。

星云以这些不连续的波长发光，这一事实使得星云滤光片成为可能——它们能允许特定波长的光通过，而拒绝其他波长的光，从而增强天体和天空之间的对比度。大多数发射星云都没有公布星等值，所以你可能会为所看到的景象感到惊喜，特别是在使用了滤光片的情况下。

缥缈的反射星云

大多数星云滤光片对提升反射星云的观测效果起不到什么作用，因为反射星云本身并不发光，而是由于其附近的一颗或多颗恒星的光散射到星云中的尘埃颗粒上，从而看起来在发光。“尘埃”这个词是对所有体积大于分子的星际物质的统称。人们认为星云中的尘埃是表面覆盖着冰的石墨。反射星云的光谱和恒星的连续光谱相同。由于新形成的恒星通常是蓝色的，所以反射星云也经常显现为蓝色。

反射星云比发射星云更少见。梅西叶星表中只收录了一个发射星云，即 M78（见第十六章的旅程 2）。大多数反射星云都很暗淡，在其附近恒星（即星云的散射光的来源）的强光的冲刷下，很难观测到它们。

搜寻反射星云可能会是你遇到的一个阻碍，目镜或主光学系统沾上的露水或灰尘会在所有明亮的恒星周围产生苍白的光芒。潮湿的大气也会使星体成像变得模糊。搜寻反射星云最好是在干燥、空气清澈的夜晚进行，且要使用干净的光学设备。

暗星云：天空中的剪影

暗星云的组成成分与发射星云及反射星云一样，都是气体和尘埃的混合物，但暗星云的内部和周围都没有能够温暖或照亮它们的恒星。它们看起来就像几乎不存在恒星的虚空——寒冷、黑暗的斑块遮挡着它们身后的一切。

有些暗星云用肉眼就能看到。位于天鹅座中的黑色裂隙和暗带分割了银河，它们是分布在银河系旋臂中的尘云，离我们约 4000 到 5000 光年。靠近南十字座的煤袋星云宽度有 5 度，是大约 6000 光年外的一团浓密的尘埃（见第 119 页的双筒望远镜旅程 9）。

并不是所有的暗星云都有这么大。有很多都能在一架天文望远镜的低倍率视场中完整地显示。但是你该怎样观测一个不发光的物体呢？诀窍是使用宽视场（1 度或更大）来观察被周围的星域框出来的黑暗区域。你不需要一架大型天文望远镜，短焦的 90 毫米折射式镜就非常好用，70 毫米或 80 毫米的双筒望远镜也可以。暗星云通常具有 1 到 6 的“不透明度等级”，其中 6 级代表最暗和最明显的，看起来甚至比背景的天空还要暗。

不幸的是，大多数 GoTo 望远镜的数据库中都不包括暗星云（B 或 LDN 天体）。为了追踪它们，需要求助于实体星图，比如《袖珍天空星图集》《天空星图集 2000.0》或《星际深空星图集》。在移动应用程序中，可以尝试使用 SkySafari 或 Luminos。通过这些软件，你可以找到暗星云，比如人马座的 B86 和 B92，它们是丰富的银河星域中的两片深色剪影。

黑暗的天空是非常必要的。除非银河显现为一条闪亮的光河，否则就别想捕获这类难以捉摸的天体。

马头星云的发现

1881 年，爱德华·C. 皮克林（Edward C. Pickering）是位于马萨诸塞州剑桥市哈佛大学天文台的台长，他对分析成堆的摄影板这个工作需要他的男性雇员去做而感到非常不高兴，宣称这项工作非常简单，连他的女仆都能完成。所以他就真的雇用了一位女仆，名叫威廉明娜·弗莱明（Williamina Fleming）。

弗莱明成为第一批著名的“哈佛计算员”之一，这些妇女被雇来做烦琐的数据简化工作。在下方的合影中，最左边的是皮克林，站着的是弗莱明。在这些“计算员”中，有亨丽埃塔·斯旺·莱维特、安妮·江普·坎农（Annie Jump Cannon）和安东尼娅·莫里（Antonia Maury）。坎农、莫里和弗莱明设计了今天还在使用的恒星光谱分类系统。莱维特发现了一种测量星系距离的方法。

1888 年，弗莱明在观察 B2312 号星盘时，注意到猎户座腰带的参宿一下方有一个奇怪的星云。你能在这里的底片中找到它吗？这就是她当时所看到的。这个天体后来被称为“马头星云”。然而约翰·路易斯·埃米尔·德赖尔在编纂《摄影发现索引目录》时却完全忽略了弗莱明，而是将这一成就归功于皮克林。

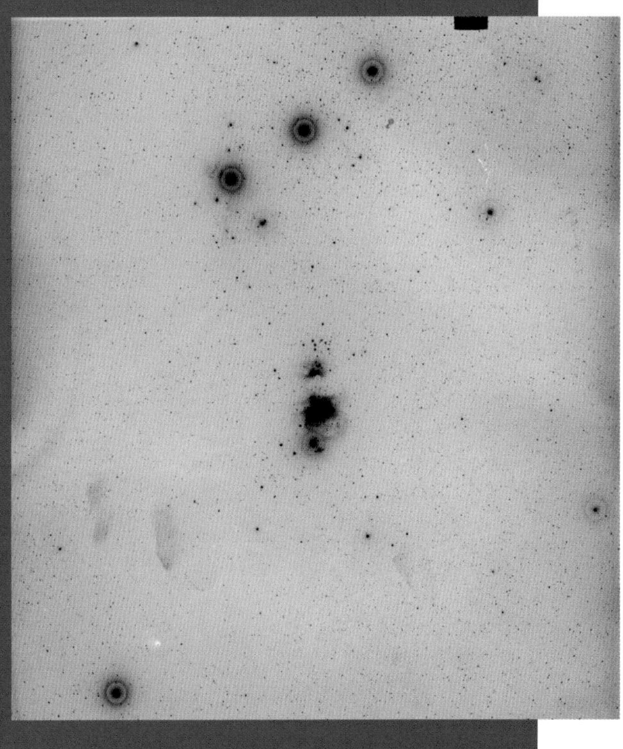

银心周围

在北半球和南半球都能观测到人马座和天蝎座位置上的银河系，这片区域会为任意一种光学辅助设备提供一个资源丰富的天体猎场。

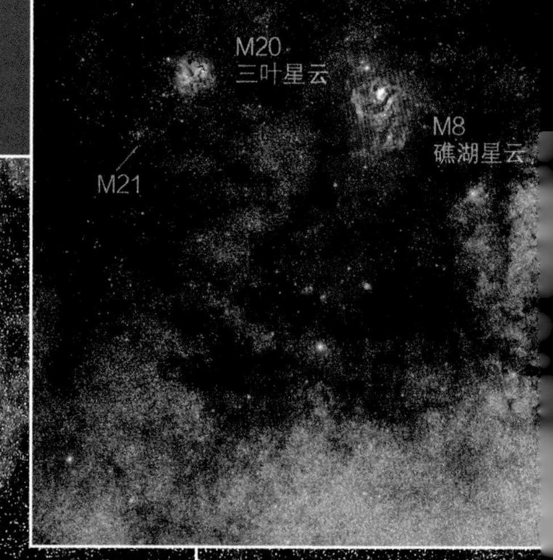

双筒望远镜可以让你在一个区域内看到 3 个梅西叶天体。但这些星云在天文望远镜中才会展现出完整的光彩。

M23

1764 年，夏尔·梅西叶发现了这个星团，它在 M24 的西边闪耀。

人马座

M24
小人马恒星云

NGC
6645

小人马恒星云（M24）中包含了暗星云 B92，其上方是 M18 星团和两个发射星云 M16 和 M17。

M16 鹰状星云

B92

M17
天鹅星云

M18

M24
小人马恒星云

M25

虽然被梅西叶记录在案，但 M25 从未被列入赫歇尔的星表中。它的编号是 IC 4725。

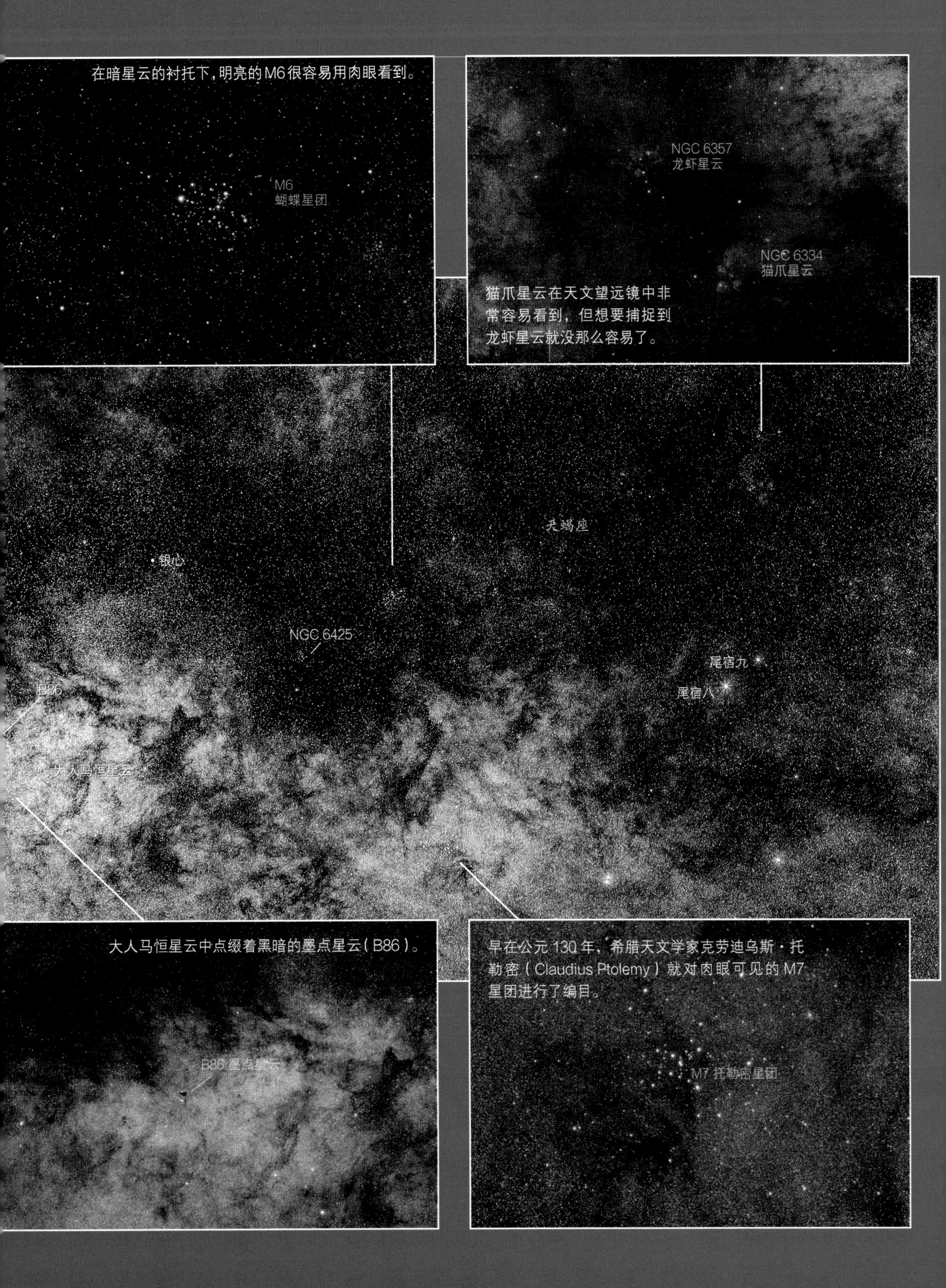
在暗星云的衬托下，明亮的M6很容易用肉眼看到。
M6
蝴蝶星团
NGC 6357
龙虾星云
NGC 6334
猫爪星云
猫爪星云在天文望远镜中非常容易看到，但想要捕捉到龙虾星云就没那么容易了。
天蝎座
银心
NGC 6425
尾宿九
尾宿八
B86
大人马恒星云
大人马恒星云中点缀着黑暗的墨点星云（B86）。
B86 墨点星云
早在公元130年，希腊天文学家克劳迪乌斯·托勒密（Claudius Ptolemy）就对肉眼可见的M7星团进行了编目。
M7 托勒密星团

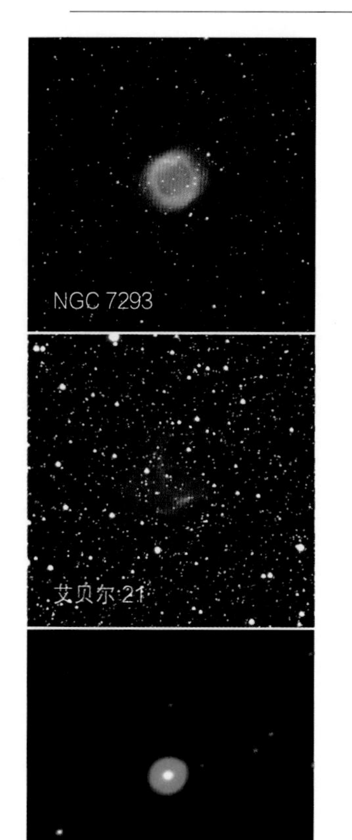

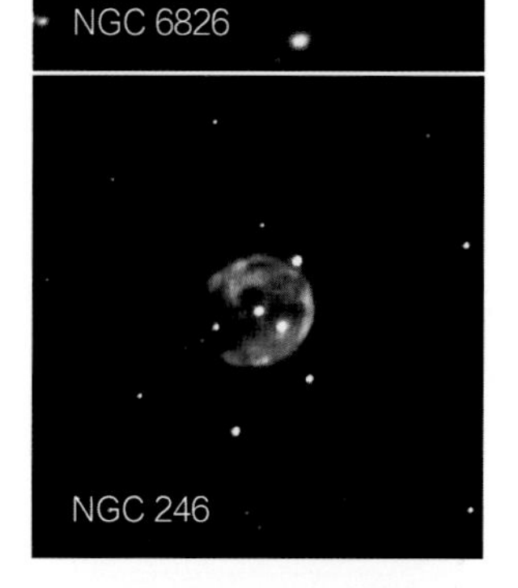

行星状星云的种类

位于宝瓶座的螺旋星云（NGC 7293）非常巨大，在小型天文望远镜中也可以看到。美杜莎星云（艾贝尔 21）位于双子座，即使对大型天文望远镜来说也是个挑战。天鹅座的闪视行星状星云（NGC 6826），当你采用眼角余光法时能够看到它，但如果你正视它的中央恒星时，它就会闪烁着从你眼中消失。骷髅星云（NGC 246）位于鲸鱼座，显示出斑驳的结构。

恒星在哪里消亡

并非所有的星云都是恒星诞生的摇篮，有些是恒星消亡的场所。恒星的生命走向终结时抛撒出的物质最终会被能够形成恒星的星云卷走。作为宇宙“回收利用计划”的一部分，这些物质会继续充实新一代的恒星。

事实上，所有比氢重的元素，包括碳、氧、铁和其他对生命至关重要的元素，都是在恒星内部形成的。当你看着一个行星状星云或一个超新星遗迹时，你是在看着那些造就你的成分的来源。

烟雾般的行星状星云

行星状星云并不是行星形成的地方。发现天王星的威廉·赫歇尔之所以将它们称为行星状星云，是因为许多这些星云的外表使他联想到一颗圆但暗淡的行星。这个名字就此沿用了下来。

我们现在知道，行星状星云是一颗类似太阳的恒星在其生命末期的不稳定阶段喷出的气体壳。这个过程需要数千年的时间，其间恒星通常会多次喷出气体，当移动快速的气体跑到较老、移动较慢的外壳中时，就会产生复杂的结构。随后年迈的恒星会缩小成炽热的白矮星，大小与一个小行星相当。在距离我们不超过几千光年的范围内，已经有大约 3000 个行星状星云被汇编入目录，它们和我们处于银河系的同一个区域里。

对深空观测者来说，行星状星云的外表有三类呈现形式：大而明亮；明亮但像恒星一样微小；大而暗淡。这些差异一部分是星云自身形态导致的，一部分是由于距离造成的。

经典的指环星云（M57）是大而明亮的行星状星云。第十六章的天文望远镜旅程 10 中对它进行了详细的描述。哑铃星云（M27）位于狐狸座（旅程 11），表现出许多行星状星云所共有的经典双瓣结构。同样具有这种结构的还有位于苍蝇座的螺旋行星状星云（NGC 5189），它可以说是南天最好的行星状星云。

大多数行星状星云都属于“明亮但微小”这一类别。它们的盘面直径只有 20 角秒甚至更小，在低倍率下观测时很难将它们与恒星区分开来。不过在高倍率下，它们经常显现为蓝绿色的圆面。

在行星状星云外观标尺另一端的是大型（超过 60 角秒）但暗淡的星云。例如螺旋星云（NGC 7293），其范围有月球直径的一半，但表面亮度非常低，所以在常见的天空条件下很难捕捉到它。这一类别的另外两个例子是天鹰座的 NGC 6781，以及鲸鱼座的骷髅星云（NGC 246）。如果不使用星云滤光片，这些微弱而弥散的行星状星云可能很难被观测到。然而当在黑暗的天空下使用 250 毫米或更大口径的天文望远镜观测时，它们能够呈现出收藏品般美好的形态。

爆炸的超新星遗迹

质量非常大的恒星会极为突然地结束其生命。恒星 90% 的质量在短短几分钟内就会被炸入太空，而剩下的核心部分则坍缩成一颗密度超级大的中子星，或许会成为一个黑洞。在这个过程中，恒星释放出的能量相当于整个星系的能量，这样的落幕对一颗恒星来说足够戏剧化，但也十分罕见。质量最大的那些恒星中也只有少数是超新星候选者。

最著名的超新星遗迹是位于金牛座的蟹状星云（M1），近 10 个世纪前，即公元 1054 年，人类目睹了蟹状星云形成的那次超新星爆发。但由于蟹状星云距离我们有大约 6500 光年，所以爆炸时产生的光线在到达地球前的 6500 年就已经发生了。

IC 443 呈现的形态是一个新月状的弧形，位于双子座 η 附近。它极其暗淡，即便是经验丰富的观测者使用配备了滤光片的 300 毫米口径的天文望远镜，想找到它也绝非易事。在南半球的天空中，我们用 250 毫米口径的天文望远镜追踪到了船帆超新星遗迹中最明亮的碎片。

位于大犬座的雷神头盔星云（NGC 2359）和位于船底座的南蛾眉（NGC 3199）是另一类星云，它们不是由超新星产生的，而是形成于沃尔夫－拉叶星的强烈恒星风。

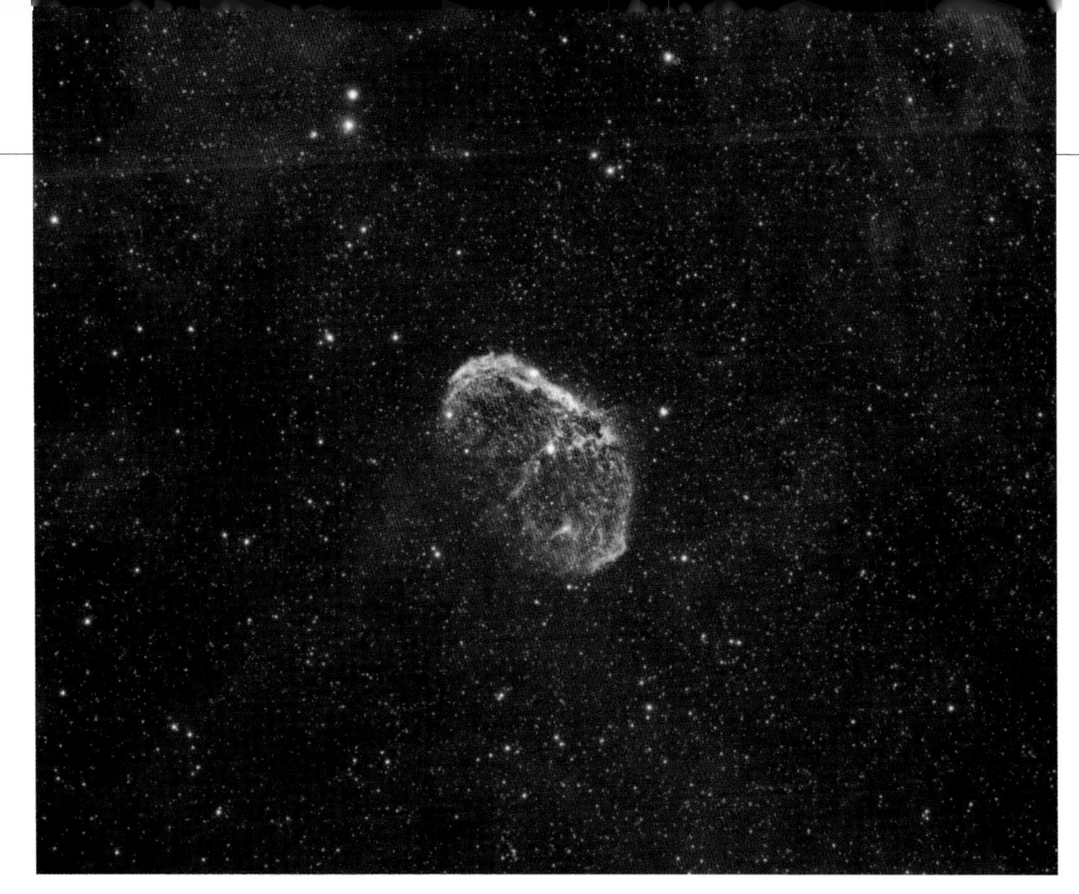

蛾眉星云

位于天鹅座的蛾眉星云（NGC 6888）有时会被误认为是超新星遗迹，但它实际上是从一种罕见的超级炽热的恒星上被吹出的外壳，属于沃尔夫－拉叶星。这张详细的照片由特雷弗·琼斯（Trevor Jones）拍摄（网址见链接列表 53 条目）。

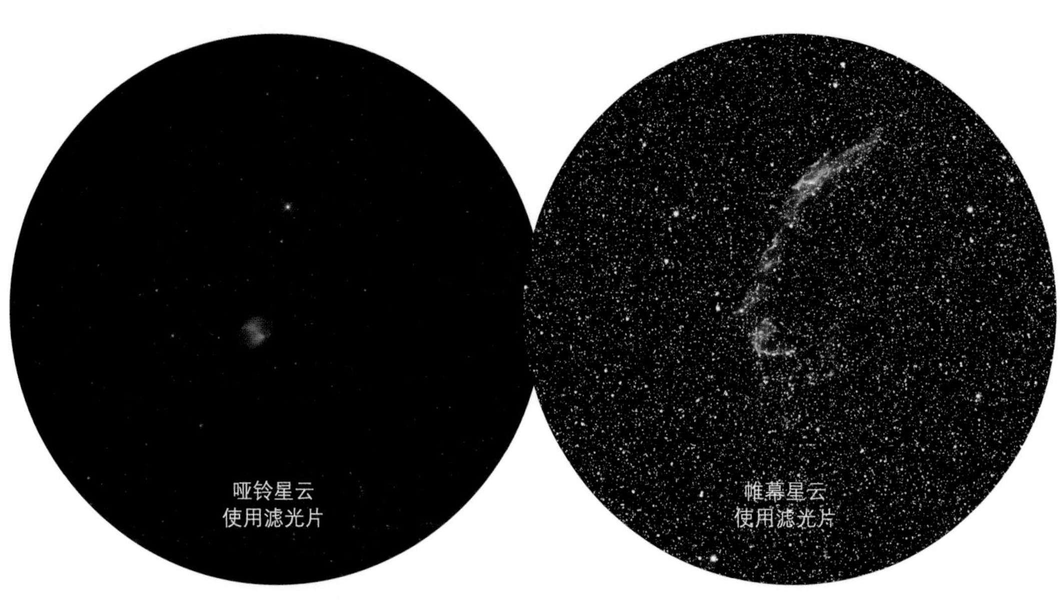

哑铃星云
使用滤光片

帷幕星云
使用滤光片

恒星墓地

哑铃星云（M27）在不使用星云滤光片时就十分明显了，但在使用滤光片的情况下，它会显现出更多暗淡的延伸部分，看上去不再像一个苹果核，而更像一个球体。位于天鹅座的帷幕星云是一处超新星遗迹，它在星云滤光片下会完全绽放开来，展现出如同扭曲花边的美好形态。

蟹状星云（M1）

铅笔星云（NGC 2736）

北天和南天的超新星遗迹

目视观测时，蟹状星云（M1）显得模糊且缥缈。只有在大口径天文望远镜中才能看到它飘忽不定的丝状物，这也是它名字的来源。铅笔星云（NGC 2736）位于南天的船帆座中，它是船帆超新星遗迹中最明亮的部分。

仙女星系

第一次通过天文望远镜观察M31可能会让新手感到失望。他们期待能在目镜中看到像林恩·希尔伯恩（Lynn Hilborn）拍摄的这张美丽的长曝光图像一样的景致，但实际上看到的却是一抹毫无特征可言的斑块。但是通过仔细观察，你是可以辨识出它的结构的，例如其中的暗带。

正向旋涡星系

许多正向旋涡星系尽管星等值很高，例如大熊座的风车星系（M101）为7.9等，但是结构很分散，难以辨识。位于长蛇座的M83为7.5等，当在靠南的纬度上使用大口径天文望远镜观测时，能展现出极佳的形态。

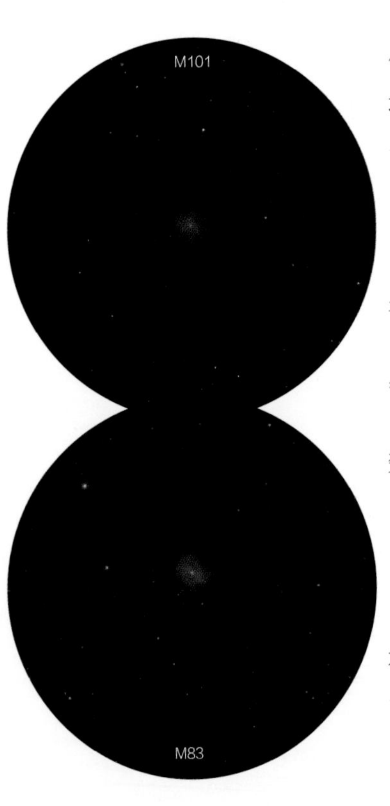

银河系之外

我们的银河系只不过是上万亿个星系中的一个。事实上，我们认为数量多到数不胜数的恒星实际只是我们和真正的宇宙之间的一个规模微小的缓冲区——真正的宇宙中充满了星系，星系们又集聚在一起构成星系团。

有几千个星系的亮度高于13等，它们组成了一个有效的分界线，隔开了亮度适当的星系和模糊的、几乎无法辨认的星系。虽然明亮的梅西叶星系通过小型天文望远镜，甚至双筒望远镜就能观测到，但是进行星系狩猎时的最佳方案还是要将黑暗的天空和大口径结合起来。使用口径至少为150毫米的天文望远镜。

星系动物园

小型天文望远镜可能无法展现出大多数星系的详细结构，但确实能显示出它们的整体形状，这一特征取决于星系的类型以及它们与我们的视线成什么角度。就星系的分类而言，埃德温·哈勃（Edwin Hubble）在1926年设计的星系分类法现在仍然在用。

- 椭圆星系　仙女座的两个近距离的伴星系——M32和M110都属于椭圆星系。椭圆星系非常常见，但它们也是观测起来最无趣的。大多数椭圆星系都没有可见的内部构造：没有尘埃带，没有斑纹，也没有臂状结构。它们散发出无定形的光辉，从明亮的核心开始渐渐消融在黑暗的太空背景中。

椭圆星系的外观多种多样，有完美的球形，也有被拉得很长的斑块状，这取决于它们的扁平程度。在梅西叶星表中，室女座星系群里最明亮的成员中有许多（如M59、M60、M84、M85、M86和巨大的M87）都是椭圆星系，它们的亮度都在9等左右，这个亮度足以使用小型天文望远镜，甚至双筒望远镜进行观测。

- 旋涡星系　当人们听到“星系”这个词时，脑海中浮现出的形象都是旋涡状的，其优雅伸展的弯曲旋臂就是宏伟深空的缩影。虽然邻近我们的星系中大部分都是旋涡星系，但并不是每个都能展现出标志性的风车构造。这在一定程度上取决于这个星系是侧边朝向我们、正面朝向我们（观测旋臂的最佳方向）还是呈倾斜的角度，而最后这种情况最为常见。

业余天文学家能观测到的形态最佳的旋涡星系是M51，即涡状星系（见第十六章中肯规划的旅程7）。你究竟需要多大的天文望远镜才能清楚地看到它正面朝向我们的旋臂，这一点还有待商榷。但正如我们之前利用图片说明的，大多数观测者都能通过一架200毫米口径的天文望远镜看到旋臂的“暗示”。

旋涡星系的一种变体是棒旋星系。棒旋星系的旋臂不是从中央核心延伸出来的，而是从通过核球中心的一根棒状结构的两端延伸出来。这种构造在照片中比较明显，但在目镜中却不太能看清。狮子座的 M95 就是一个棒旋星系，但它在大多数天文望远镜中看起来更像一个椭圆星系。NGC 1365（又称天炉座螺旋桨）是形态最佳的棒旋星系之一，但也需要一架至少 250 毫米的天文望远镜才能显现出其棒状结构。

边缘朝向我们的星系比正面朝向我们的更加明显，因为前者的光更加集中、紧凑。大多数侧向星系都是旋涡星系，但有一种过渡类型被称作 S0 透镜状星系，它们也能展现形态精致的侧向视图。最好的例子是位于六分仪座的纺锤星系（NGC 3115）。想了解形态最佳的侧向星系，请参照第十六章中肯的旅程 6，去往细长的 NGC 4565，它位于后发座，别称针状星系。

在挑选观测对象时，请首先考虑那些记录的尺寸不太匀称的星系。例如，长 10 角分、宽 1 角分，表明这个星系是个侧向星系，一定能观测到有趣的景象。

- 不规则星系　不规则星系属于少数群体，其成员都具有不寻常的形状或混乱的细节，如成片的星云状物质、斑驳的暗带或杂乱的附属物。最典型的例子是大熊座的雪茄星系（M82）。M82 正像一座喷泉一样向外喷出物质，这些物质是恒星形成时的连锁反应爆发而喷射出来的。NGC 4449 位于猎犬座，看起来是个怪异的矩形。位于乌鸦座的触须星系（NGC 4038 和 NGC 4039）和位于后发座的双鼠星系（NGC 4676）是典型的相距很近进而发生碰撞的星系。

正在搜寻大量扭曲星系的观测者可以参照霍尔顿·阿尔普（Halton Arp）在 1966 年发表的列表，其中包括 338 个天空中姿态最奇特的星系。其他不那么离经叛道的星系也有显著的特点，比如位于鲸鱼座的 M77 是一个旋涡星系，核心看上去好像一颗恒星，它是最亮的赛弗特星系，这类星系有一个高能的核心，距离类星体只有一步之遥。

- 类星体　类星体是年轻星系的发光核心，被涌入大质量黑洞的物质所激发。室女座的 3C 273 类星体亮度大约为 13

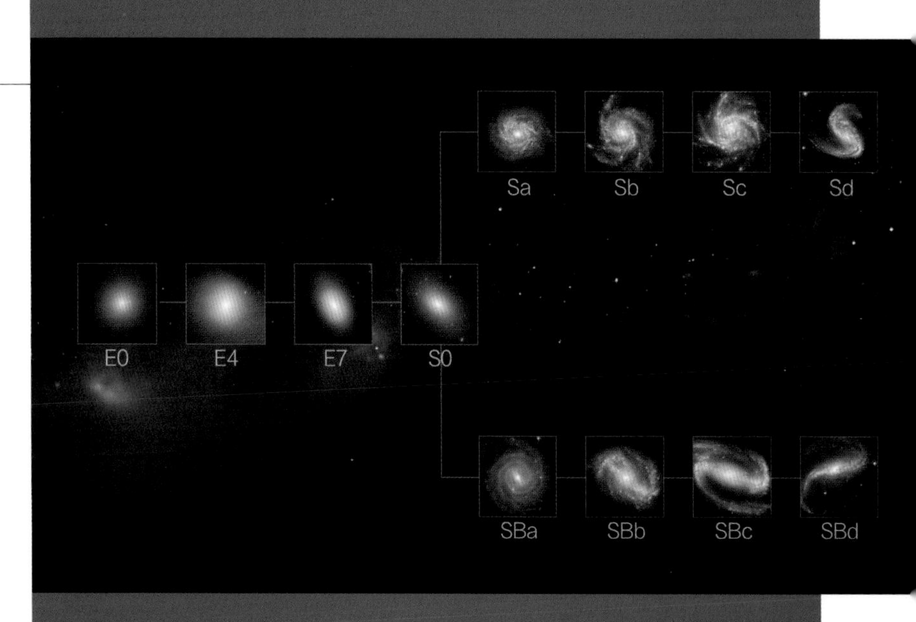

星系的分类

星系的正式分类依照由埃德温·哈勃最先设计的一个系统。

椭圆型：E0（圆形）至 E7（非常扁平）
旋涡星系：Sa（紧密缠绕的旋臂，大型的中央隆起）到 Sd（松散的旋臂，较小的中央隆起）
棒旋星系：SBa 至 SBd（与旋涡星系相同，但有一个中心棒状结构）
透镜状星系：S0（扁平的椭圆星系和旋涡星系之间的过渡）
不规则星系：Irr（形状有缺失）

尽管这个经典的“音叉”图似乎暗示着星系会从一种形式演化到另一种形式，但事实并非如此。不过旋涡星系间可能会发生碰撞，失去它们的旋臂，并合并成一个巨大的椭圆星系。

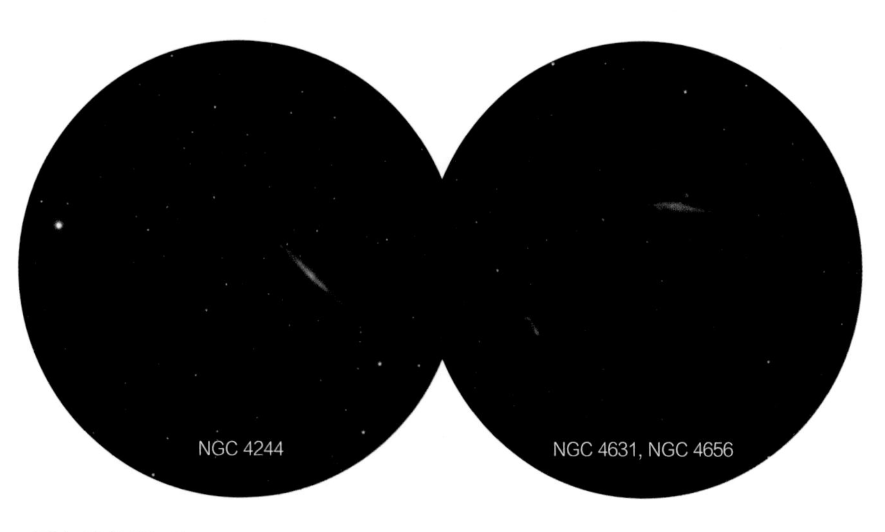

侧向旋涡星系

猎犬座是寻找侧向旋涡星系的好地方，在那里你会发现银针星系（NGC 4244）以及 NGC 4631 和 NGC 4656（分别被称为鲸鱼星系和曲棍球棒星系）。

涡状星系

这张由克里－安・莱基・赫伯恩拍摄的涡状星系（M51）的照片捕捉到了该星系的旋臂、其奇怪的伴星系 NGC 5195 以及微弱的外围星系结构。将这张照片与右页的目镜草图进行比较，后者是罗斯伯爵在使用利维坦天文望远镜观测时绘制的。

马卡良星系链

后发－室女星系团的核心在M84和M86附近，这对椭圆星系是马卡良星系链中最明亮的成员。马卡良星系链是一串非凡的星系，其南面是另一个椭圆星系——M87，它是一个怪兽般的"黑洞星系"。

等（其亮度是会变化的），是这类不同寻常的天体中最明亮的。（亮度仅次于它的类星体大约在 14 到 16 等。）不过人们能观测到的也仅仅是一颗暗淡的"恒星"。但 3C 273 是在业余天文望远镜中所能看到的最遥远的天体之一，它距离我们估计有 20 亿到 30 亿光年。

本星系群

星系就像是喜欢群居的生物，在集群中过着它们的宇宙生活。我们的银河系属于一个被称为"本星系群"（这个词是埃德温・哈勃创造的）的集群，这个集群中最大的两个成员是银河系和仙女星系。北半球天空中其他突出的成员只有 M33，它是位于三角座的一个大型旋涡星系，就在 M31 的南边。在南半球，大小麦哲伦云是银河系的两个伴星系，用肉眼就能观测到，并且都蕴含着非常丰富的天体，因而在第十六章中分别有一个旅程对它们进行探索。

除了这些星系，本星系群中的其他星系都十分暗淡，观测起来极其挑战性。本星系群中包括 50 多个星系（且几乎每年都有新成员被发现）。人马座的不规则星系 NGC 6822（又称巴纳德星系）、鲸鱼座的 IC 1613 以及仙后座的 IC 10 具有相对较高的星等（约 10 等），但它们非常分散，即使在最黑暗的天空中也很难观测到，它们也因此而颇具"盛名"。

本星系群中的矮椭圆星系都十分暗淡且无趣。业余爱好者已经通过大口径天文望远镜追踪到了仙女座Ⅱ矮星系、狮子座Ⅰ矮星系、天龙矮星系和玉夫座矮星系，但它们只散发着几乎无法察觉的光芒，与其说是看到，不如说是想象到。

星系群

天空中还有其他种类的星系家族，成员之间互有关联，有时还会互相作用。尽管其中包含的星系数量还不足以被称为星系团，但这些星系群也为我们提供了一些有着三个或更多成员的有趣天域。

其中最好的一个是狮子三重星系。两个明亮的旋涡星系 M65 和 M66，加上一个巨大的侧向星系 NGC 3628，一起构成了一个三角形。位于涡状星系东南方向 7 度的是一个更加暗淡的集团——NGC 5353

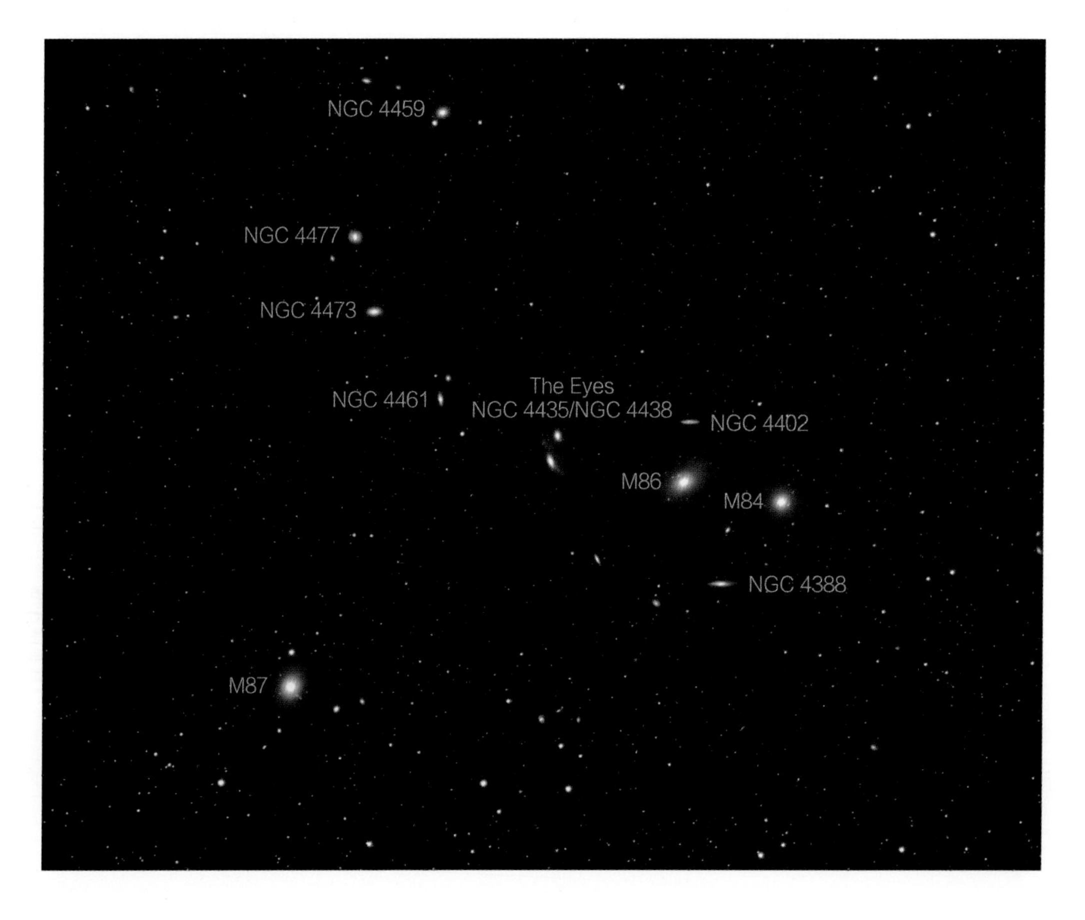

星系群。250 至 300 毫米天文望远镜的拥有者能够在高倍率下发现一片天域，包含了 5 个亮度在 12 到 14 等的星系。在南半球天空中有天鹤四重星系，其中 NGC 7552、NGC82、NGC90、NGC99 四个星系相互作用。

将星系群进行汇编的主要目录是保罗·希克森（Paul Hickson）在 1994 年出版的《紧凑星系群星图集》，这是一份由 100 个紧密相连的家族组成的目录，每个家族有 4 个或更多的星系。大多数星系群都是由 13 至 16 等的微弱成员组成，使得猎取"希克森天体"成为大口径设备的专职工作。

星系团

正如我们在第四章中所展示的那样，在北半球春季，我们的视线会直视银河系圆面之外的北银极，它位于后发座中。这道视线穿过的星系尘埃是最少的，从而使我们能够看到遥远的星系集群。

位于后发－室女区域的数百个星系的集群是一个星系团，在所有相同规模的星系集群中，它是离我们最近的一个。这个星系团的中心位于 5400 万光年之外，从星系际尺度上来说算是近在咫尺了。事实上，这个星系团的成员星系之所以能够分散在从大熊座向南直到室女座的一大片天空中，正是因为其距离我们很近。我们的本星系群就位于这个星系团的外围。

如果你喜欢观测单独的后发－室女星系团成员，你可能也会想要尝试观测更遥远的星系团。这些天体处于宇宙结构的顶端，但它们同时属于最具挑战性的深空目标。由于它们的距离很远，每个星系团在天空中都包含在一个最多只有一到两度宽的区域内。

你可以首先从艾贝尔 1656（也就是后发星系团）开始观测。它最亮的成员是一对 12 等的星系——NGC 4874 和 NGC 4889，都在距离我们 3.6 亿光年之外。我们曾经通过 125 毫米口径的天文望远镜看到这些星系。在这两个巨大的椭圆星系周围有大约 50 个星系，绝大部分都是 13 至 16 等的微小星系，需要至少 300 毫米口径的设备才能观测到。

帕森斯敦的利维坦

曾经有一段时间，世界上最大的天文望远镜坐落在雾蒙蒙的爱尔兰，不属于政府、也不属于某个大学，而是一位富豪个人所有。威廉·帕森斯（William Parsons）是第三代罗斯伯爵，他建造了"利维坦"——一架 1829 毫米的反射式天文望远镜，悬挂在两面砖墙之间的绳索上，这两面墙属于他位于帕森斯敦的家族庄园伯尔城堡。

罗斯伯爵从 1845 年开始观测，并立即发现梅西叶 51 天体具有旋涡形状。他和助理观测员（其中就包括因 NGC 闻名于世的约翰·德赖尔）在其他几十个星云中也看到了这样的旋涡结构，并将观测结果记录在图纸上，这些手绘作品的准确性和美观度（右图的涡状星系就是一个例子）让今天的目视观测者大加赞赏。19 世纪末是目视观测的黄金时代，而利维坦在数十年间一直是天体发现领域的主宰。人们现在耳熟能详的许多深空天体的名字，如蟹状星云和涡状星系，都是由罗斯伯爵及其助手创造的。

艾贝尔 1367 位于狮子座，以 13 等的椭圆星系 NGC 3842 为中心。这个丰富的星系团中有着 50 多个亮度超过 16 等的星系。在能够被观测到的星系团中，最远距离的纪录保持者是艾贝尔 2065，即北冕星系团。在纯净的天空下，使用 355 毫米口径的天文望远镜，业余天文学家们观测到了这个星系团在天空中的灰色斑纹。艾贝尔 2065 距离我们至少有 10 亿光年，这比仙女星系与我们的距离大了将近 400 倍。除了几个最亮的类星体，艾贝尔 2065 就是业余天文学家们能够触及的宇宙最边缘了。

天文学家的天堂

在智利圣佩德罗－德阿塔卡马附近的阿塔卡马旅馆，作者戴尔正准备用大口径天文望远镜进行一整晚的南天观测，你找不到比这里更好的观测条件了。

南半球天空

天文学家巴特·博克（Bart Bok）说过这么一句话："上帝把所有的天文学家都放在了北半球，但把最好的天体目标都放在了南半球。"只有在亲自去往赤道以南进行一番冒险后，你才能完全体会到这句箴言是多么真实。从北纬 45 度的地区（欧洲北部、美国北部和加拿大南部）观测天空，所有位于赤纬 −45 度以南的天体都是不可见的，它们永远处于地平线以下的位置。在地平线以下陈列着天空中所能看到的最美好的景象：顶级的星云、星团和星系——它们就在那里，在宏伟的南半球天空中。

你该何时去，去哪里

在第四章中，我们示例的星图展现了银河在一年四季中的形态。要想捕获到南半球天空中的最佳景色，我们建议你在 3 月到 5 月进行这场旅行——那时是南半球的秋天。这也是我们通常去南半球的时间。

主要的目的地都位于南纬 30 度左右，洋流和信风使得这一纬度带上都属于沙漠气候。可选择的地区包括澳大利亚、智利和非洲南部，这些地方都有着天文学家的"圣地"，如大型天文台和星空聚会。

智利中部的阿塔卡马沙漠和北部的安第斯山麓被称赞拥有最好的天空，也是世界上许多大型天文台的所在地。新的巨型天文望远镜也正在这里建造，例如美国的薇拉·鲁宾天文台、多国联合建造的巨型麦哲伦望远镜和欧洲特大天文望远镜。我们曾有幸在拉塞雷纳北部的拉斯坎帕纳斯天文台进行观测，那里简直是人间天堂。天空黑得惊人，视宁度如磐石一般稳定，视场中的恒星和行星没有一丝闪烁。就好像我们是在大气层外观测一样。

以智利为目的地的天文学家经常会去拉塞雷纳以北的埃尔基河谷地区，从圣地亚哥出发向北乘飞机两小时即可到达，它是距离美国和欧洲的天文台集群最近的城镇。

另一个受欢迎的旅游目的地是更偏远的圣佩德罗－德阿塔卡马，位于智利北部（网址见链接列表 54 条目）。天文学家阿兰·莫里（Alain Maury）在圣佩德罗附近经营着一个公共天文台和旅馆（网址见链接列表 55 条目）。我们都曾在那里住过，并强烈推荐它。去往圣佩德罗需要先搭乘飞机到附近的卡拉马，然后必须在那里租一辆车。

在南非和纳米比亚，有几个乡村度假胜地和宾馆能够为业余天文学家提供服务，它们在欧洲的观星者群体中十分受欢迎。我们还没有去过那里，但同事们对在那里的经历赞不绝口。

虽然我们喜欢智利，但自 2000 年以来，我们的目的地一直是澳大利亚。我们能说当地的语言（算是吧！），能驾驶租来的汽车（算是吧！——驾驶位在右边），并能找到完备的场地，既能让我们安全地住宿和架设设备，还经常有当地友好的业余爱好者作伴。在我们的大多数澳大利亚之旅中，50% 到 65% 的夜晚是晴朗的。

澳大利亚人口稀少，空气清新，几乎没有光污染。我们发现没有必要为了寻找暗夜而"去丛林"（深入内陆）。从悉尼、布里斯班或墨尔本出发，驾车两到三个小时就能得到绝佳的观测条件。根据我们的经验，这些地区的天空和内陆地区（如艾丽丝或乌鲁鲁等地）的天空一样黑暗，天气晴朗的概率同样很高。想得到气候统计数据，请查询澳大利亚气象局（网址见链接列表 56 条目）。

要想在距离悉尼或布里斯班车程不远的地方享受到最干燥、最晴朗的天空，请越过沿着东海岸绵延的大分水岭，前往远离沿海地区的新南威尔士州中西部或新英格兰岭，抑或进入昆士兰州南部。墨尔本以北的里弗赖纳 / 默里河地区，以及阿德

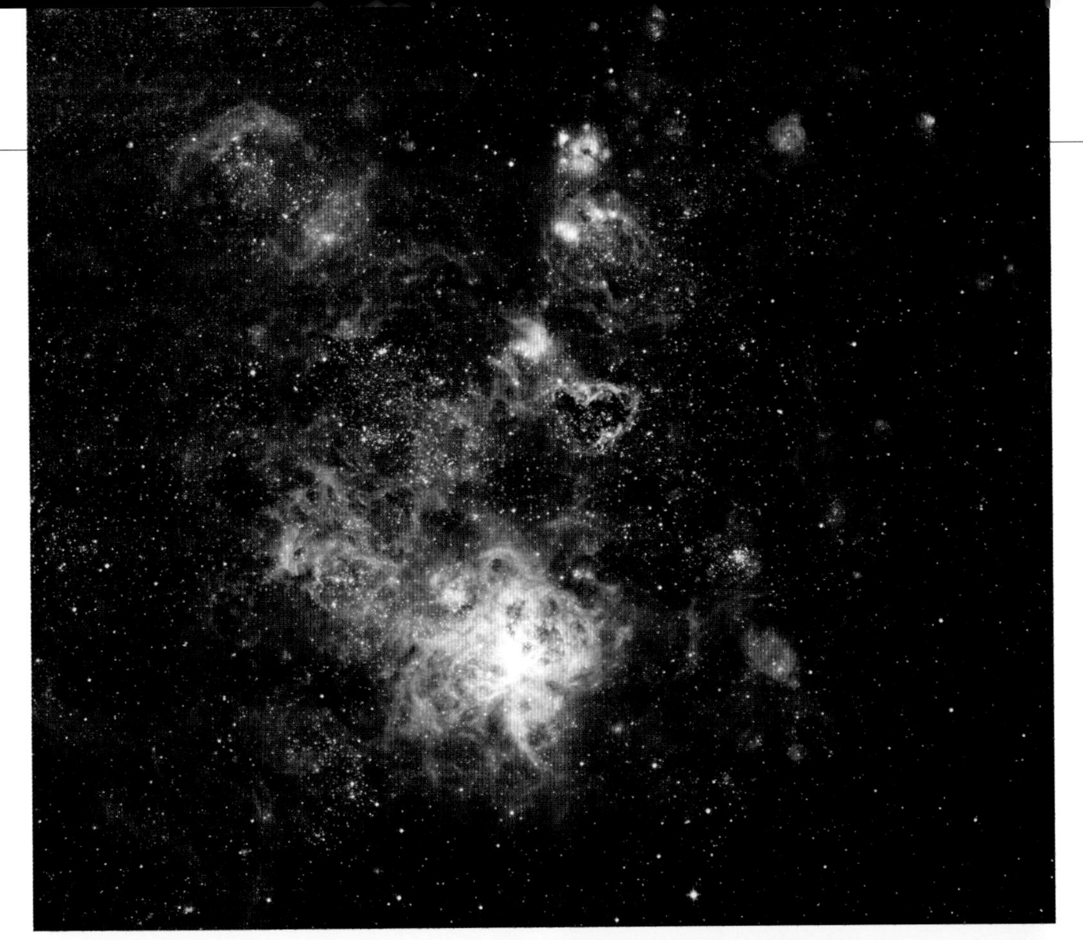

蜘蛛星云

南半球天空的奇观之一便是大麦哲伦云中的蜘蛛星云及其周围的复杂天域，此处这张照片由彼得·塞拉沃洛（Peter Ceravolo）在智利使用自动望远镜拍摄，并由黛布拉·塞拉沃洛（Debra Ceravolo）进行了巧妙的后期处理。

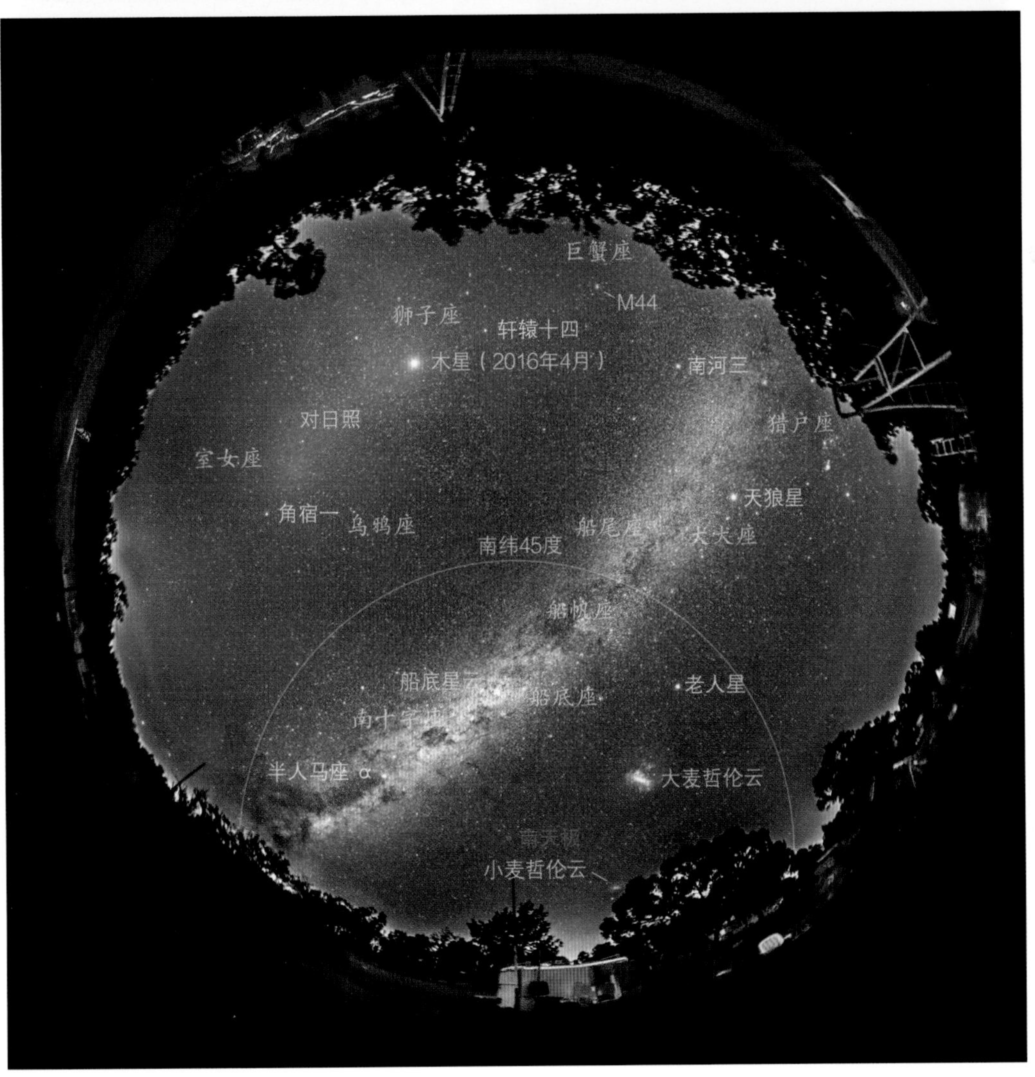

下方的天空有什么

这个视图展现了 4 月时在澳大利亚新南威尔士州举办的“南天星际旅行团”星空聚会上向着正南方看到的景色（想了解关于这个独特的南半球星空聚会的详情，请访问链接列表 57 条目的网站）。在北纬 45 度的地方，这张图里 45 度圈以内的所有天体都永远处于地平线以下的位置。围绕南天极的那个区域中有着天空中形态最好的深空天体。

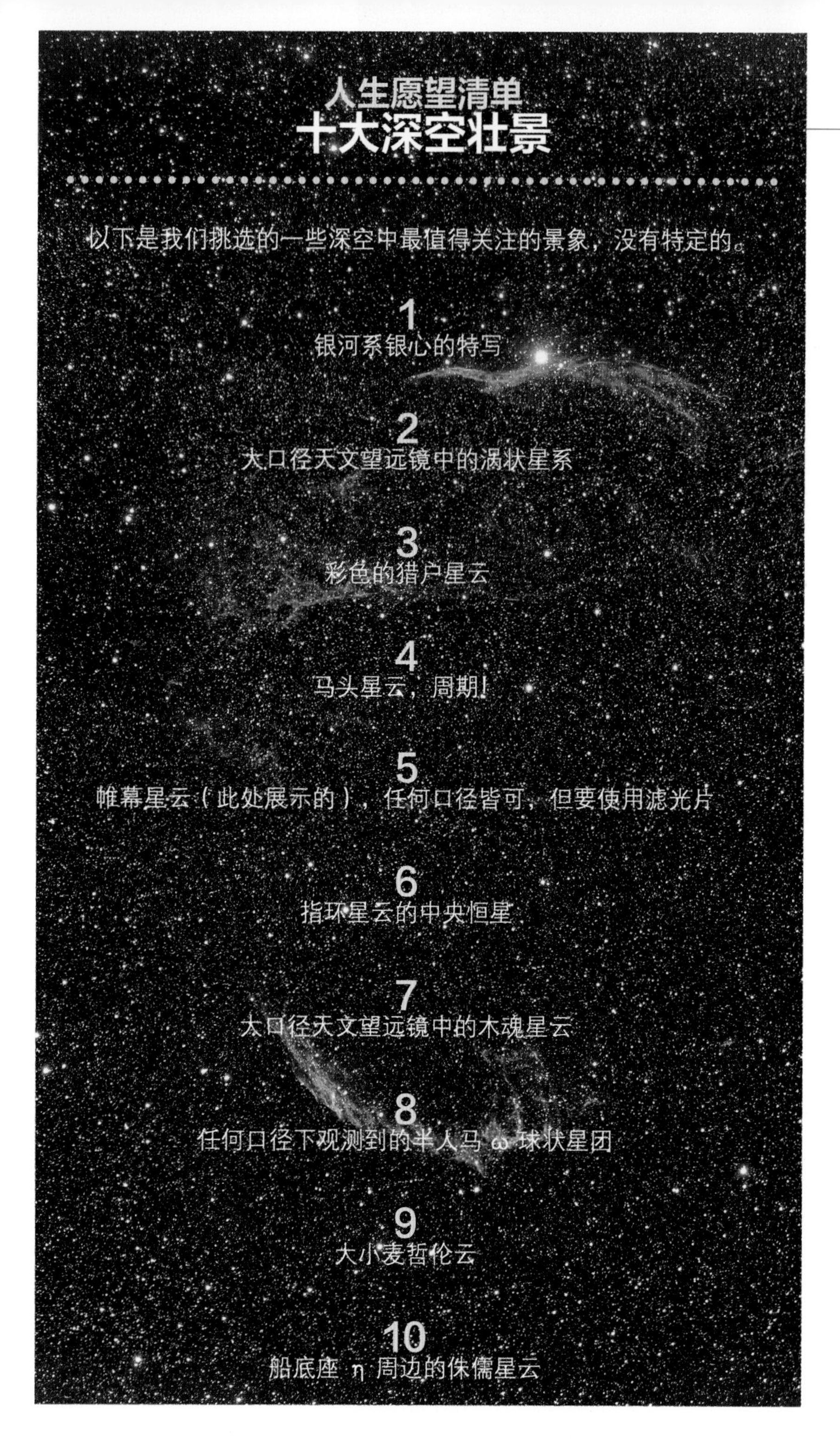

莱德以北的弗林德斯岭，也是极佳的观测地点。

在这些地区，你能够参加每年举办的星空聚会，与澳大利亚的天文学家会面，还能通过大型天文望远镜观测天空。这些天文活动包括蛇谷天文营（3月，在维多利亚州巴拉腊特附近）、南太平洋星空聚会（4月或5月，在新南威尔士州马奇附近，是南半球最大的星空聚会）、昆士兰天文节（8月，在林维尔附近）和维克－南沙漠春季星空聚会（10月或11月，在维多利亚州尼尔附近）。

要想了解更多信息，可以在互联网上搜索星空聚会的名称，或者查找在新南威尔士州、昆士兰州、南澳大利亚州或维多利亚州举办活动的天文协会的网站，还可以在链接列表58条目的网站上找到澳大利亚和新西兰的天文俱乐部的名单。

我们在澳大利亚最喜欢的目的地是库纳巴拉布兰（网址见链接列表59条目），它位于纽厄尔和奥克斯利高速公路的交界处，自称是“澳大利亚的天文学之都”，并且理由充分。澳大利亚主要的光学天文望远镜集群——赛丁泉天文台（网址见链接列60条目），沿着帝汶路即可到达，而澳大利亚望远镜致密阵列（网址见链接列表61条目）和帕克斯天文台（网址见链接列表62条目）的射电望远镜就位于纽厄尔高速公路经过的纳拉布赖和帕克斯。

需要带什么

即便是最有经验的北半球观测者，前往南半球也像是重新开始。他们需要回到最基础的阶段，使用为南半球制作的星空地图或活动星图来学习辨认星座。

至少要带上双筒望远镜。许多南天中的辉煌天体都足够大且多，在双筒望远镜中也能展现出美丽的姿态。进阶的选择是一架60到80毫米的复消色差折射式天文望远镜，配备有一个红点寻星镜，安装在轻而坚固的三脚架上，有一个移动顺滑的平移头或小型的经纬仪支架。至于目镜，只需要带两个：低倍率的20到24毫米目镜和高倍率的6到10毫米目镜。不要忘记带上红光手电筒。激光指示器就留在家里吧，很多国家都禁止其入境。

尽管赤道仪支架不是必需的，但携带一架小型GoTo望远镜还是很棒的，它能够让你在短时间内观测很多目标。我们在第七章中展示的小型Sky-Watcher AZ-GTi是一款理想的选择。它使用内置的AA电池作为电源。如果你打算进行天文摄影，可以带上我们将在第十七章中介绍的小型追踪器，用于广角摄影。这些设备都内置了带有瞄准丝（AZ-GTi没有）的极轴镜，这样在南半球进行极轴校准就不会那么困难。（尽管仍然算不上容易！）

现在该考虑一下你能带多少东西了。国际航空旅行的行李重量限制很严格，境内航班就更是如此了，比如可能需要从智利的圣地亚哥飞到卡拉马。三脚架是打包起来最麻烦的设备，记得在托运行李时把它们好好垫衬一下，那些突出的部分，例如聚焦器和三脚架腿上的旋钮，可能会被弯折或折断，记得把它们取下来再打包。我们通常会把望远镜装在托运行李中（折射式镜是迄今为止最坚固耐用的），相机、关键的镜头和笔记本电脑则随身携带。锂电池也只能随身带上飞机，且仅限于低容量的型号。

如果是去北半球呢?

当然，如果你是南半球的居民，那么你对家乡夜空中的奇观早就非常熟悉了。你想要见证的是北方天空中的神奇景象，也就是那些在南半球总是处于地平线以下的天体。仙女星系和涡状星系对你来说陌生又奇异。

如果你打算往北走，那么北美洲最好的观测地点是亚利桑那州、新墨西哥州和得克萨斯州，那里的大型天文台、天文度假区和星空聚会都能让你接触到大型天文望远镜。如果你想寻找北方的星系，最好的时间是 3 月到 5 月。如果你想寻找位于银河的北方，从天鹅座到金牛座那一片天域中的星团或星系，那么最好的时间是 9 月到 11 月。6 月到 8 月往往是美国西南部的季风期。

无论住在哪里，如果你觉得自己已经将所在半球的所有天体都看了个遍，但又打算花 3000 美元或更多的钱来购买一架新的天文望远镜，那么你不如考虑一下将钱花在别的地方：到世界的另一边旅行。在一片陌生的天空下架设起设备并抬头看向天空。当你意识到自己连一个天体都辨认不出来时，你会禁不住地露出灿烂的笑容的！

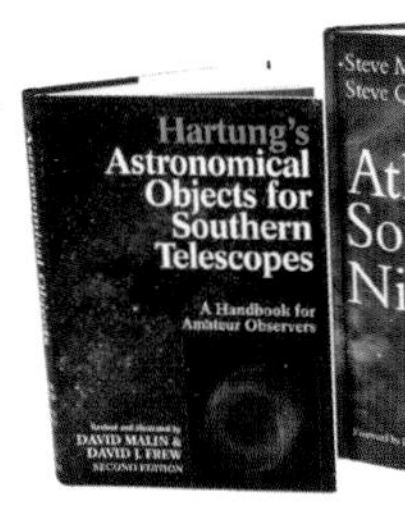

南半球天空指南

史蒂夫·梅西（Steve Massey）和史蒂夫·夸克（Steve Quirk）的《南天夜空星图集》（新荷兰出版社）和经典的《哈通》都很好，尽管后者已经绝版。戴维·埃尔亚德（David Ellyard）和威尔·季里翁的《南天指南》（剑桥出版社）是一本很好且易得的入门级指南。

海角边的赫歇尔

想象一下成为世界上第一个探索整个天空的人，而且是在世界上最黑暗的天空下，使用的是一架 457 毫米口径的天文望远镜。想象一下这样的天空在你家后院每天晚上抬头就能看到。这对现今的观测者来说是梦里才有的场景，但是从 1834 年到 1838 年，约翰·赫歇尔每天都是这么度过的，他那时正在南非观测南半球的天空。“无论未来会是什么样子，”赫歇尔写道：“我们在那片阳光明媚的土地上逗留的日子，将成为……我的朝圣之旅中最快乐的部分。”

为了扩展他父亲威廉汇编的天体目录，约翰和妻子玛格丽特（Margaret）以及三个孩子打包了所有家当和一架 457 毫米的反射式天文望远镜，举家乘船来到了好望角。赫歇尔夫妇成为开普敦欧洲殖民地的知名公民，他们白天参加各种社交活动，晚上就在家里探索天空。在这期间，约翰发现了 2100 个双星和 1300 多个星云和星团。1837 年，他还记录了船底座 η 罕见的爆炸性闪光，当时这颗星短暂地成为夜空中最明亮的星。

在开普敦的那几年标志着赫歇尔在天文方面的努力到达顶峰。回到英国后，他升任皇家铸币局总监职位，但他从此很少再通过天文望远镜观测天空了，457 毫米的望远镜就此被安置在地窖里落灰。“随着我的南非观测报告的发表，”赫歇尔总结道：“我已经下定决心，为我的天文学生涯画上一个句号。”

宏伟的南半球天空

沿着银河的南部有一系列壮观的星团和星云，许多星团和星云在双筒望远镜中便能展现出极为美妙的形态。第六章和第十六章提供了详细的导览。

这个双筒望远镜视场中包含了天空中最好的球状星团和两侧的两个明亮的星系。

就像盾牌座恒星云中包含着M11星团一样，矩尺座恒星云中也有一个丰富的疏散星团：NGC 6067。

苍蝇座中的这个星云被称为暗带星云，并伴有两个球状星团。

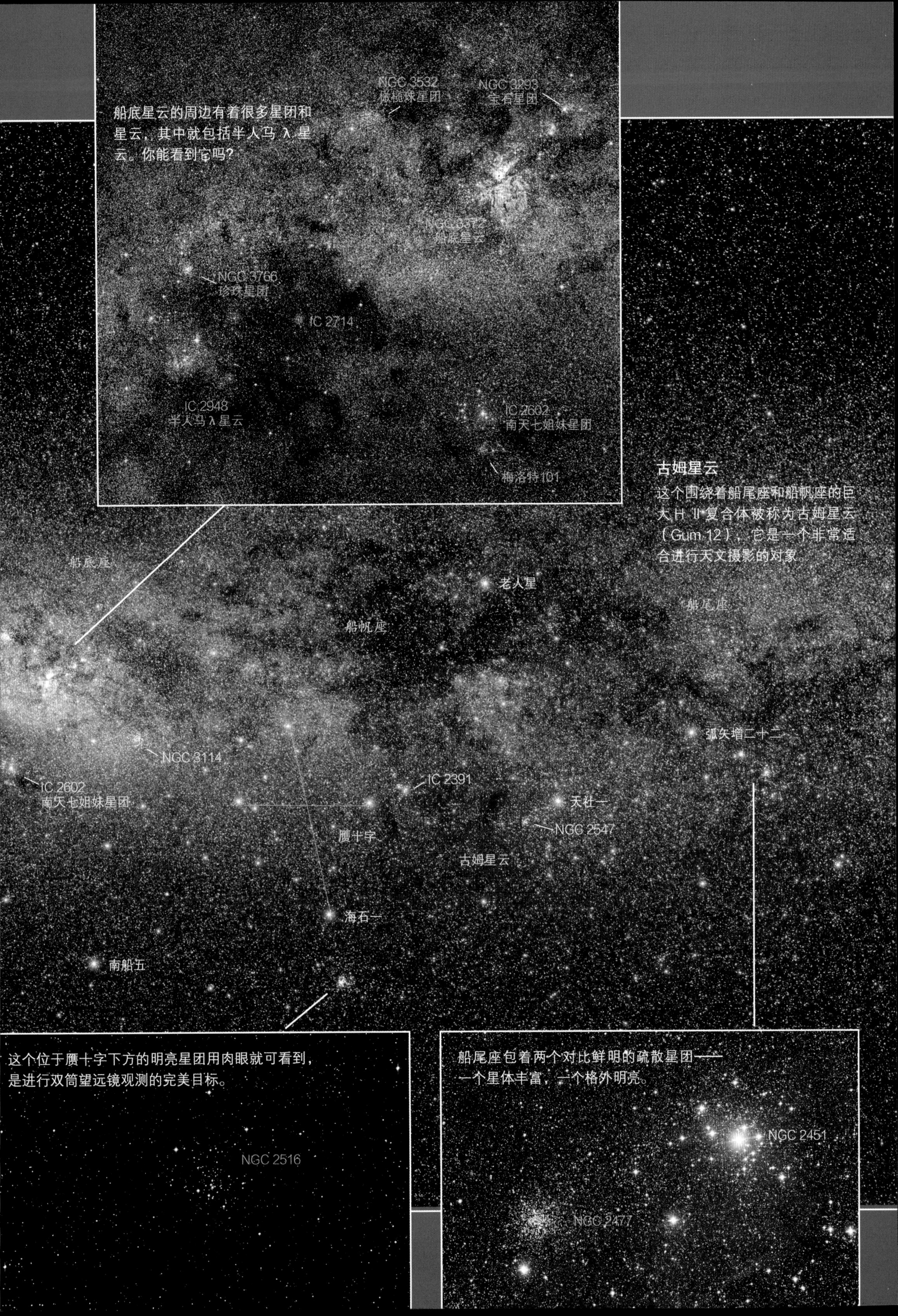
船底星云的周边有着很多星团和星云，其中就包括半人马 λ 星云。你能看到它吗？
NGC 3532
橄榄球星团
NGC 3293
宝石星团
NGC 3372
船底星云
NGC 3766
珍珠星团
IC 2714
IC 2948
半人马 λ 星云
IC 2602
南天七姐妹星团
梅洛特 101
古姆星云
这个围绕着船尾座和船帆座的巨大 H Ⅱ 复合体被称为古姆星云（Gum 12），它是一个非常适合进行天文摄影的对象。
船底座
老人星
船帆座
船尾座
弧矢增二十二
NGC 3114
IC 2602
南天七姐妹星团
IC 2391
天社一
NGC 2547
赝十字
古姆星云
海石一
南船五
这个位于赝十字下方的明亮星团用肉眼就可看到，是进行双筒望远镜观测的完美目标。
NGC 2516
船尾座包着两个对比鲜明的疏散星团——一个星体丰富，一个格外明亮。
NGC 2451
NGC 2477

第十六章

天文望远镜的天空之旅

让我们将天文望远镜派上用场，用它们寻找一些天空中最美妙的景象，以此作为本节天文望远镜天空指南的结尾。我们的导游依然是肯·休伊特－怀特，他在前面已经设计了16次北半球天空之旅。肯在本章中选择了一些他最喜欢的目标，包括一些作为代表的双星、疏散星团和球状星团、发射星云和反射星云。在那之后，作者戴尔会带着我们去往南半球的天空，领略他所选择的南天中的绚丽景色。

这些旅程中的许多都能够在靠近城市的郊区进行，但是远离城市光污染的黑暗地点会有益于你对星云和星系的观测。我们选择的所有观测对象都适合小型天文望远镜，不过球状星团、星云和星系在更大型的光学设备中看起来总是会更好的。

虽然GoTo望远镜能够直接把你带到许多旅程的目的地，但我们还是鼓励你使用星桥法来寻找目标，以便能更加熟悉天空，以及欣赏目标的位置和背景。好了，开始我们的旅程吧！

球状星团，例如位于武仙座的梅西叶13（见旅程9），在目镜中看起来能够和在照片中一样壮观。这张由凯茜·沃克（Kathy Walker）拍摄的M13的精彩照片捕捉到了这个顶级球状星团的美丽光辉。

瞄准银河

辅助你进行星桥法的一种方式是使用安装在天文望远镜上的激光指示器，前提是当地没有禁止或不鼓励使用激光，并且在暗夜下使用效果才最好。我们在第九章中探讨的任意一种寻星辅助工具都能帮助你完成我们的天文望远镜之旅。

天文望远镜之旅示例——肯·休伊特－怀特

欢迎来到我们的第二组天空之旅——这次使用的是天文望远镜。在第六章中我们使用双筒望远镜进行观测，而本章中这些简单的观星活动是进阶版。我们将再次应用第四章中介绍过的星桥法，但这次会讲解得更加详细。我们的天文望远镜探索之旅将说明宽带滤光片和窄带滤光片（见第九章和第十五章）的价值，并强调观测技巧的重要性，例如眼角余光法（见第十五章）的应用。但不要对高科技的部分太过介意。最重要的是，我们的夜空漫游是基于一个目标设计的：激励你带着天文望远镜来到户外进行观测。

在郊区观测天空

我们这个为期一年的观测计划起源于一个普普通通的郊区小院——我的院子！我居住在北纬 49.2 度，位于加拿大不列颠哥伦比亚省南部的一个小城市（人口只有 9 万）的北边。当地的光污染现象是非常明显的，尤其是在市中心的位置。在没有任何设备辅助的情况下，我的肉眼能看到最低 4 等或 5 等亮度的恒星，这取决于我所面对的方向——北方还算不错，但是南方天空的低处十分糟糕。在最晴朗的夏日夜晚，凝视头顶上方的高空，我能够勉强探测到贯穿北十字的那部分银河。

幸运的是，我那被光污染的后院并没有阻挡我探索天空。我可以观测到的天体数量着实令人惊讶，其中大部分我至少能够探测到，而在某些情况下，通过简陋的天文场地所观测到的景象会让我真正沉迷其中。当我在家里使用天文望远镜时，需要采取一些“遏制”措施，比如架设一个可移动的幻灯片投影屏来挡住讨厌的门廊灯，在头上罩兜帽以阻挡来自屋内的强光（厨房里的一盏荧光灯正对着我的院子），选择烟囱烟雾的上风处进行观测或者躲避附近的运动感应安全灯的刺眼光束，那些灯只要检测到轻微的动作就会亮起来。夜间的微风当然会成为一个问题，但夜间的“流浪者”也是如此，比如浣熊和负鼠，甚至是我养的两只猫！但我还是会走到院子里进行观测，而且经常是在午夜之后，那时附近的环境会更暗一些。

我的天文望远镜

我有 9 架天文望远镜（最后一次统计），但为了这个项目把它们都部署上显然是不现实的。我选择了其中两架：一架 100 毫米 f/6.5 消色差折射式镜，安装在赤道仪支架上；一架 200 毫米 f/6 牛顿反射式镜，安装在多布森式支架上。现今用于业余天文学观测的典型的口径就是 100 至 200 毫米。如果你所拥有的天文望远镜比我的折射式镜要小，你仍然能够看到列出的天体中的很大一部分。而如果你的光学设备比我的反射式镜还要大，那么我描述的几乎所有景象，你在观测时效果会更好。

我有许多目镜，从 32 毫米焦距（低倍

率）到 5 毫米焦距（高倍率）的都有，这就导致了许多不太寻常的放大倍率，所以我把它们整合了一下。在小型折射式镜上，我基本上使用 25 倍、50 倍、75 倍和 100 倍这四个依次倍增的放大倍率。在大型反射式镜上，我最高会使用 175 倍——不会再高了。正如在第七章中所解释的那样，极端的放大倍率很少会奏效。

关于计算机控制的天文望远镜，我选择的大部分目标都能够在 GoTo 望远镜的数据库中找到。其余的那部分（主要是双星）也能够编入数据库。自动寻星很有趣，我自己就有一架 GoTo 望远镜，但是运用星桥法能够让你更深入地感知夜空。而且，星桥法还能让你看到更多。

旅程

实话说，我以前秉持的天文学方针是"看一眼就走"。我会找到一个星团或星云，对着它看一会儿，然后就离开去寻找下一个。后来，我开始探索目标周围的区域。当我花时间来检阅星图并慢慢应用星桥法时，能够在那一片相对较小的天域中看到的东西之多令我惊讶。我在这里集合的这些非正式的天文望远镜短途旅行就像是在天体的乡间开车漫游。我们边开边游览，在一些主要的"旅游景点"停车细看。

我们的旅途按照季节划分，每个季节会有四个旅程，再加上作者戴尔为南半球观测而特别设计的一组游览。全部加起来的话，我们"品尝"了将近 100 个天空中的奇观。它们并不都是很容易就能捕获的；我们在其中列举了一些具有挑战性的项目。

诚然，那些难以捕获的天体，比如缥缈的星云和星系，在黑暗的乡村会更容易欣赏到，但是此处几乎所有目标都是在城市的天空中也能观测到的。事实上，像疏散星团和双星这类对观测条件没那么敏感的天体，在城市中看起来也不差。我希望能够证明一点，即以城市为基地开展天文学探索并不意味着会失败。

肯的天文望远镜

作者肯·休伊特－怀特主要从他位于郊区的后院里进行观测，偶尔也会在较暗的乡村地区进行观测。他使用 100 毫米 f/6.5 折射式镜和 200 毫米 f/6 牛顿反射式镜规划了所有的北半球天空之旅，并描述了目镜汇总的景象。许多的旅程中都附带了圆形的视场图像，就像下方的这个梅西叶 13 天体，它用来模拟一个天体在中等口径（150 至 200 毫米）的天文望远镜目镜中所呈现的样子。

我们将去往哪里

这些旅程基本上都会采用短距离星桥法。每段都会从一颗肉眼可见的恒星开始，逐渐进展到能够在光学寻星镜（6 × 30 的规格即可；8 × 50 的规格更好）中看到的更暗淡的恒星，并在沿途遇到各种各样的深空天体。

我们给每次旅程都提供了一张星图。每张星图会涵盖 15 至 30 度宽的一片天空区域。红色的圆圈代表大多数寻星镜的 5 度视场宽度。5 度也是北斗七星的斗勺中指极星之间的距离，如第四章所示。

你可以通过下一页中的识别索引图来定位进行星桥法的区域，这些索引图所显示的内容和第四章开头介绍的四季星图是一致的。当你想要找到一个区域时，首先使用这些四季星图（或类似于活动星图、移动应用程序的辅助工具）来识别其中的主要星座和明亮的恒星是很有帮助的。

文字介绍和星图都采用了我们在第六章的双筒望远镜之旅中使用过的命名术语（M 和 NGC、希腊字母、斯特鲁维双星编号、天体分类等）。其中每种都能在第十五章中找到解释和定义。

北半球冬季的天空
323—325页
双子座
旅程 3
猎户座
旅程 1 和 2
船尾座
旅程 4
北半球春季的天空
326—329页
旅程 7
猎犬座
巨蛇座
旅程 8
后发座
旅程 6
狮子座
旅程 5
北半球夏季的天空
330—333页
旅程 10
天琴座
武仙座
旅程 9
旅程 11
狐狸座
旅程 12
人马座
北半球秋季的天空
334—337页
旅程 15 和 16
仙后座和英仙座
仙女座
旅程 14
飞马座和
宝瓶座
旅程 13
南半球的天空
338—341页
旅程 20
半人马座
旅程19
船底座
旅程 18
大麦哲伦云
旅程 17
小麦哲伦云

索引图

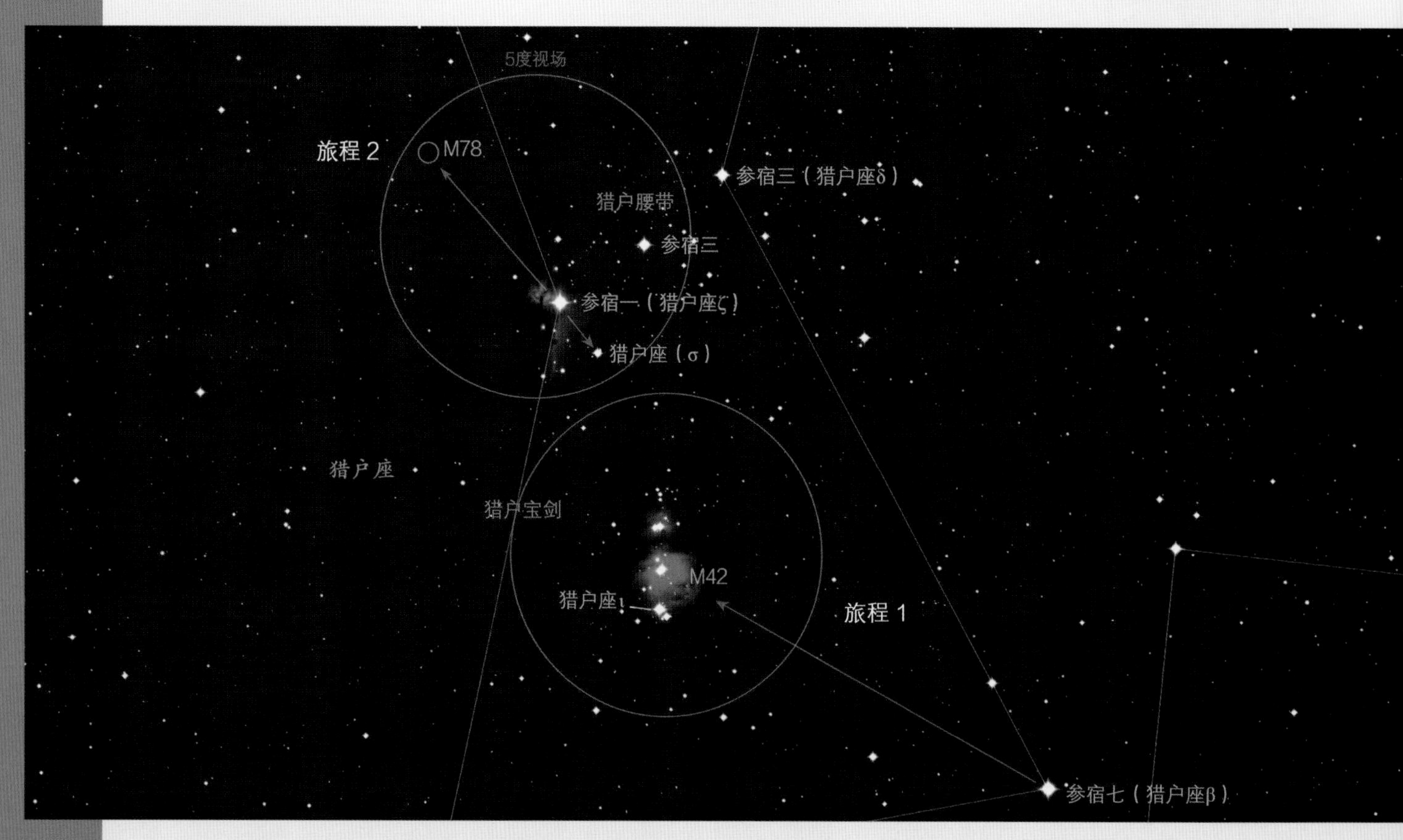

5度视场
旅程 2
M78
参宿三（猎户座δ）
猎户腰带
参宿三
参宿一（猎户座ζ）
猎户座（σ）
猎户座
猎户宝剑
M42
猎户座ι
旅程 1
参宿七（猎户座β）

北半球冬季的天空

旅程 1 猎户座温床

猎户座中到处都是等待天文望远镜来探索的宝藏。我们的第一个行程便来探索这个星座的南部，从 0 等亮度的参宿七（也称猎户座 β）开始，它位于沙漏形状的猎户座的西南角上。使用高倍率观测这颗蓝宝石般的明亮恒星，看看你是否能在主星的亮光中发现一颗暗淡的伴星。这颗 6.8 等的小点位于参宿七以南仅 9.5 角秒处。我的 100 毫米折射式镜能够在 100 倍放大倍率下捕捉到它（前提是大气层像磐石一样稳定），而 200 毫米反射式镜在 125 倍放大倍率下也能够轻松做到。

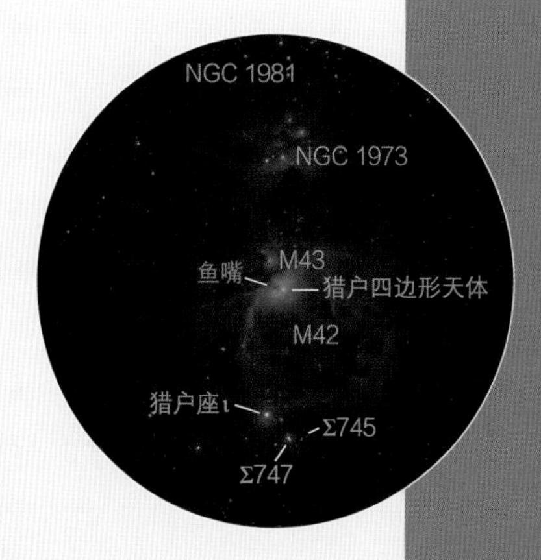

参宿七的东北方向便是猎户宝剑，这是一道由恒星和星云状物质构成的长达两度的条纹，在低倍率视场中非常耀眼。这把剑上最大的亮点是猎户星云 M42，一个位于 1300 光年之外的壮观的发射星云。使用我的小型天文望远镜在 50 倍放大倍率下观测，M42 呈现出一团不规则的雾气，其中笼罩着一个 20 角秒宽的四边形，其中的四颗恒星亮度在 5 到 8 等，它们被称为猎户四边形天体。这个年轻的四星组加热了星云，使它发出荧光。将放大倍率提升到 75 倍后，这片区域就更加突显了。起源于发光核心的星云状物质构成的双翼向东边和西边弯曲着延伸出去，跨度超过了半度。在两翼之间，一个绰号为“鱼嘴”的黑暗楔状物戳进 M42 内部，几乎到达上述四边形的位置。鱼嘴的北面是 M43，一个暗淡许多的星云，围绕着一颗 7 等亮度的恒星。在相同的放大倍率下，这些细节在我的 200 毫米望远镜中也都十分抢眼。

在主星云以南半度的地方，2.7 等的猎户座 ι 有一个距离它 11.3 角秒的随从，后者的亮度为 7 等。我的 100 毫米望远镜需要采用至少 50 倍的放大倍率才能“分割”开猎户座 ι。猎户座 ι 的西南方是一对很容易看到的双星——Σ747，其 4.7 等和 5.5 等的恒星相距 36 角秒。更西边的是 Σ745，它的 8.4 等和 9.4 等的恒星相距 28 角秒。这片包含了 M42 的天域已经非常令人惊奇，而这三对双星算得上意外之喜。

旅程 2 在腰带上施展星桥法

我们的第二个旅程从 2.4 等的猎户座 δ，也就是参宿三开始，它位于猎户座腰带三星的西端。参宿三有一颗 6.8 等的伴星，在其北方相距几乎 1 角分。我的小型望远镜能够在 25 倍放大倍率下显现出这颗迷你参宿三。在腰带的另一端是 1.7 等的猎户座 ς，也就是参宿一，它也在其北方相距一段宽度的位置上有一颗伴星，但这个 8.5 等的小点在参宿一的强光下很难看到，即使我把放大倍率提升了一倍。

参宿一下方是一个有趣的多星系统，以 3.7 等的猎户座 σ 为中心。猎户座 σ 东北方向 42 角秒处的一颗 6.3 等的恒星，以及另一颗亮度相近的在猎户座 σ 同一侧但距离比前者近三倍的恒星都是在低倍率下就能观测到的。提升放大倍率能够将猎户座 σ 拆分开，显现出它西南方向不到 12 角秒处的一颗 8.8 等的成员。在这个四人组的西北方向接近 3 角分处，有一个细长的三角形构造，名为 Σ761，由 8 等和 9 等亮度的恒星组成。这是一片非常有吸引力的区域！

将天文望远镜向着东北方向缓慢移动（在低到中倍率下），从猎户座 σ 星开始扫过差不多 1 度的天空即可到达参宿一，再经过 2.5 度就会到达 M78，一个微小的反射星云。反射星云不是通过被加热然后自身发光，而是其内部含有的尘埃颗粒反射了附近的一颗或多颗恒星的光。M78 的外表特征是其内部的两颗恒星，亮度分别为 10.2 等和 10.6 等，相距接近 1 角分。周围的雾气大约 8 角分宽，在我的 100 毫米折射式镜中显得飘忽不定。不过我的 200 毫米牛顿式镜在 50 倍放大倍率下可以立马展现出 M78。在 100 倍放大倍率下，这个星云的北部边缘会显现得非常清晰（在恒星对旁边），但其扇形的南部却部分融进天空的背景中。

需要承认，M78 对城市天空来说是一个很难找到的目标。一个宽带的抗光害滤光片（不是窄带的星云滤光片）可以改善视场。黑暗的乡村天空也可以！

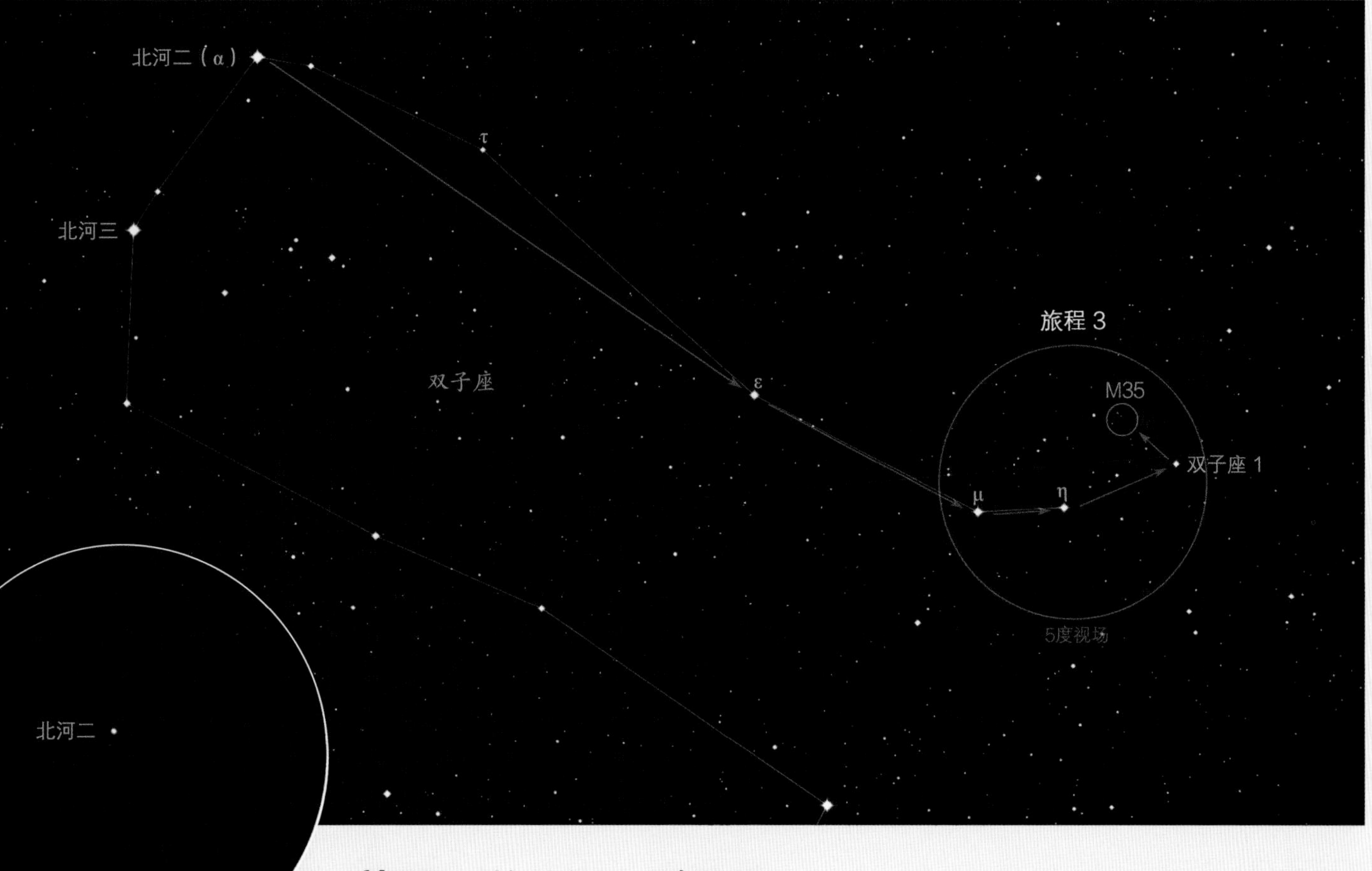

旅程 3 从北河二到星团

在双子座中，我们从双子座 α，即北河二开始这次旅程。我的 100 毫米折射式镜需要施加至少 75 倍的放大倍率才能将蓝白色的北河二拆分成亮度分别 1.9 等的 A 和 3 等的 B，因为它们之间的距离目前只有 5.2 角秒（不过正在慢慢扩大）。北河二 C 是一颗 9.8 等的红矮星，在南边 71 角秒处闪烁，其炽热色调并不明显，但是是存在的。

从北河二出发，我们沿着双子座的矩形星座图案往下方的西南方向看去，经过 3 等的 ε、μ 和 η，到达暗淡一些的双子座 1。在北河二西边的"脚"上是 M35，一个距离地球 2800 光年的疏散星团。M35 的亮度为 5.6 等，直径几乎有 0.5 度。我的折射式镜在 25 倍放大倍率下能够将这个突出的斑块分解成独立的恒星，但星团北部的一个颗粒状的光弧可能除外。将放大倍率调到 50 倍后，至少能够显示这串天体构成的项链上的九颗紧密排列的珠子。一颗 8.2 等的恒星固定住了项链的西端，而东端则装饰有一对双星，名为 OΣ 134，其 7.4 等的黄色主星和 9.1 等的蓝色伴星之间相距 30 角秒。在 75 倍放大倍率下，我能数出大约 50 个低至 10 等的成员。多么华丽的目标！

对于那些视力绝佳的人，在 M35 旁边还潜藏着一道"附加题"——一个名为 NGC 2158 的疏散星团。虽然其中挤满了恒星，但 NGC 2158 距离我们有 M35 的将近 5 倍那么远。它的亮度只有 8.6 等，宽度也只勉强达到 5 角分。在 100 毫米望远镜的 50 倍视场中，我感觉它像是 M35 西南方向上一缕捉摸不定的幽光。我的 200 毫米反射式镜能够在 125 倍放大倍率下将这片微型雾气分解成非常暗淡的恒星。

旅程 4 两个星团，一个灰蒙蒙的甜甜圈

大犬座的标志性天体是亮度达到 −1.4 等的闪耀的大犬座 α，也就是天狼星。从天狼星开始向东出发，曲折行进几度的距离，经过 ι 和 γ，然后进入邻近的船尾座（神话中的亚尔古舟的尾部），进而来到红色的变星船尾座 KQ，最后到达两个外观对比强烈的疏散星团。

距离我们大约 1600 光年的 M47 是一个 0.5 度宽的由几十颗恒星组成的散点。在我的折射式镜的 25 倍视场中，这个 4 等的目标是不会被错认的。M47 中充斥着许多成双成对的恒星。其中形态最佳的是 Σ1121，它有着两颗亮度相当的 7 等恒星，二者间隔 7.4 角秒，在 50 倍放大倍率下能够分开一道小缝。

M47 的东南方间隔 1 度的位置是 M46，这个星团与我们的距离大约比 M47 还要远 3 倍，亮度上也要低几乎 2 等。M46 的大小和 M47 相当，但拥有更多的恒星；不幸的是，其中除了一颗 8.7 等的异类，没有一颗能亮于 10 等。使用我的小型天文望远镜在 25 倍放大倍率下观测，这个星团呈现出颗粒状的混沌外观；在 50 倍放大倍率下，这片混沌中会显现出一些小点；而 75 倍放大倍率则能够让一些暗淡的恒星显形。

值得庆幸的是，M46 提供了一个额外奖励——一个环形的行星状星云，看上去好像镶嵌在星团中。实际上，NGC 2438 位于 M46 的前方。在使用星云滤光片的前提下，这个 10.8 等亮度、75 角秒宽的"斑点"会在 75 倍放大倍率下显现出来。滤光片会使得 M46 的成像缩减为几个暗淡的针尖状小亮点以及位置奇怪的斑点。我的 200 毫米反射式镜能够在 125 倍放大倍率下将这个斑点变成一个灰蒙蒙的甜甜圈。

M46 以东 1 度的位置上是船尾座 4 和船尾座 2。更暗淡的船尾座 2 是一个精巧的双星，其 6 等和 6.7 等的成员之间相隔 16.6 角秒。还有一颗 5 等的橙色恒星位于 M46 的西南方向 0.5 度处。你能够找到这个星团吗？盯着由船尾座 4、船尾座 2、M47 和那颗橙色恒星构成的浅浅的三角形——M46 就在其中！

船尾座 2 东南偏南 1.5 度的地方有一个在低倍率下十分有吸引力的双星，叫作诺特 4，我们此次的旅程也在这里终结。诺特 4 有着两颗几乎一模一样的 6 等恒星，泛着玫瑰红葡萄酒一般的光泽。

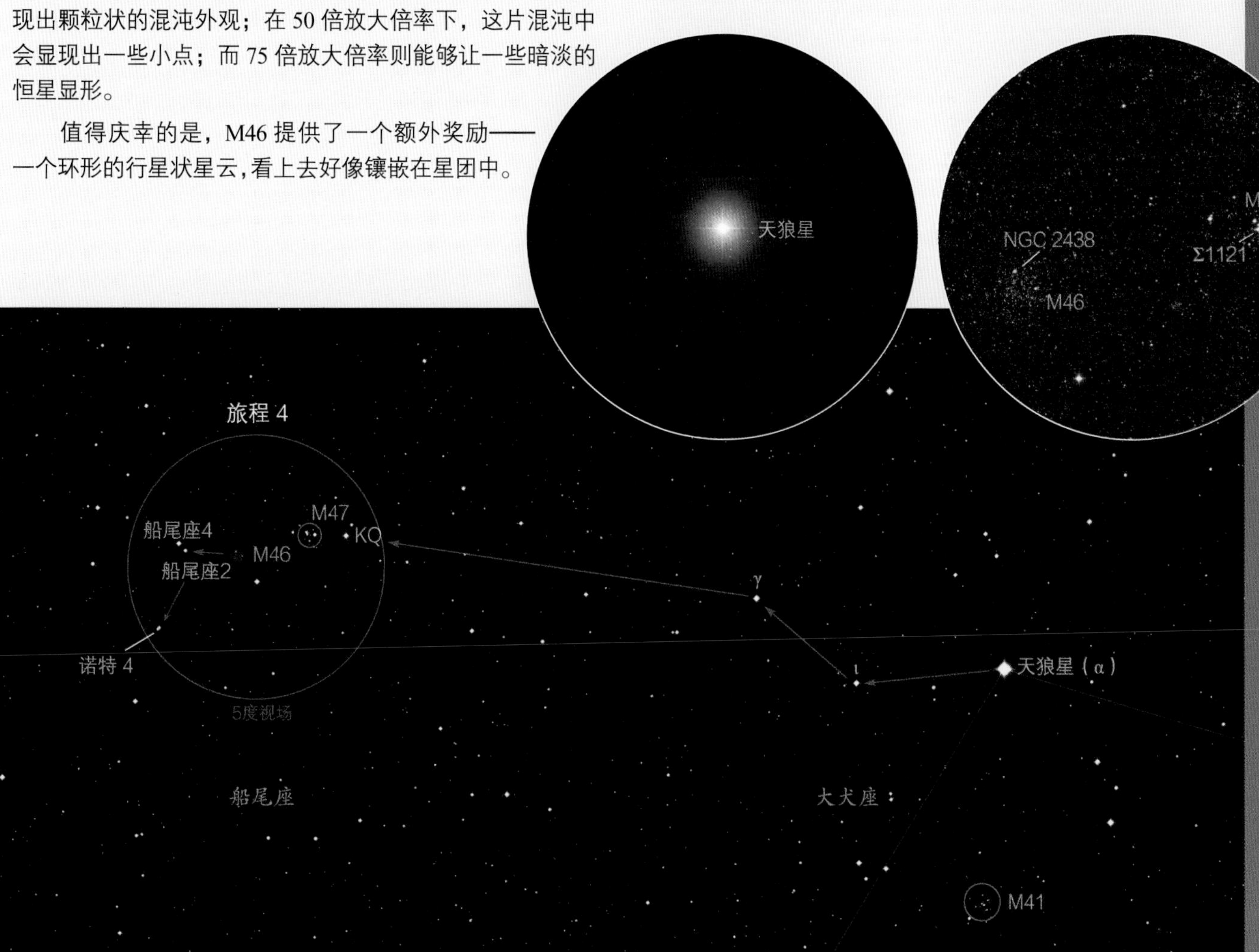

旅程 5 天空中的镰刀

狮子座最容易识别的部分就是那把“镰刀”。镰刀由 6 颗恒星组成，整齐地勾勒出这头狮子巨大的头部。在镰刀的底部闪耀着蓝白色的狮子座 α，即轩辕十四，它的亮度为 1.4 等。轩辕十四有一颗橙黄色的伴星，亮度为 8 等，在其西北方向上，间隔较宽。

从轩辕十四开始，我们的视线沿着镰刀上升，来到狮子座 γ，也就是轩辕十二。金色的轩辕十二是一个标致的双星，两颗恒星的亮度分别为 2.4 星等和 3.6 星等，相距 4.8 角秒，在折射式镜的 75 倍视场中堪堪分离开。我喜欢将轩辕十二与北河二进行比较——北河二中的一对恒星稍微亮一些，但轩辕十二的色彩更加丰富。

轩辕十二的上方是 3.4 等的狮子座 ς，即轩辕十一，它是一条 0.5 度长的弯曲连线上的四颗恒星中最亮的那颗。亮度都在 6 等的狮子座 35 和 39 分列轩辕十一的两侧，附近还有一颗 8 等的恒星。一些更加暗淡的恒星散落在它们周围。使用最低倍率观测时，轩辕十一及其附近的恒星看上去几乎像个星团。

绕过镰刀的顶部，我们向西来到 4.3 等的狮子座 λ。在其以南 1 度的地方是一颗 7.5 等的恒星（忽略它西边的 6.9 等的邻居），再向南 20 角分就到达了棒旋星系 NGC 2903。NGC 2903 的大小是 12 角分 ×6 角分，亮度为 9 等，与狮子座中几个更为知名的梅西叶星系相比也毫不逊色。

光污染对星系很不友好。即便如此，NGC 0903 还是能够在郊区天空中看到。在 50 倍放大倍率下，我的反射式镜展现出了一片南北向拉长的微小而弥散的云雾。在 125 倍放大倍率下，它模糊的脚印接近 4 角分 × 2 角分，“脚”的中间部分更亮。提升到 150 倍放大倍率后，云雾会被拉长。在折射式镜上施加 100 倍率，可以看到它中间明亮的部分，其他部分则几乎不可见。不过，在远离城市灯光的地方，NGC 2903 是一个“赢家”。

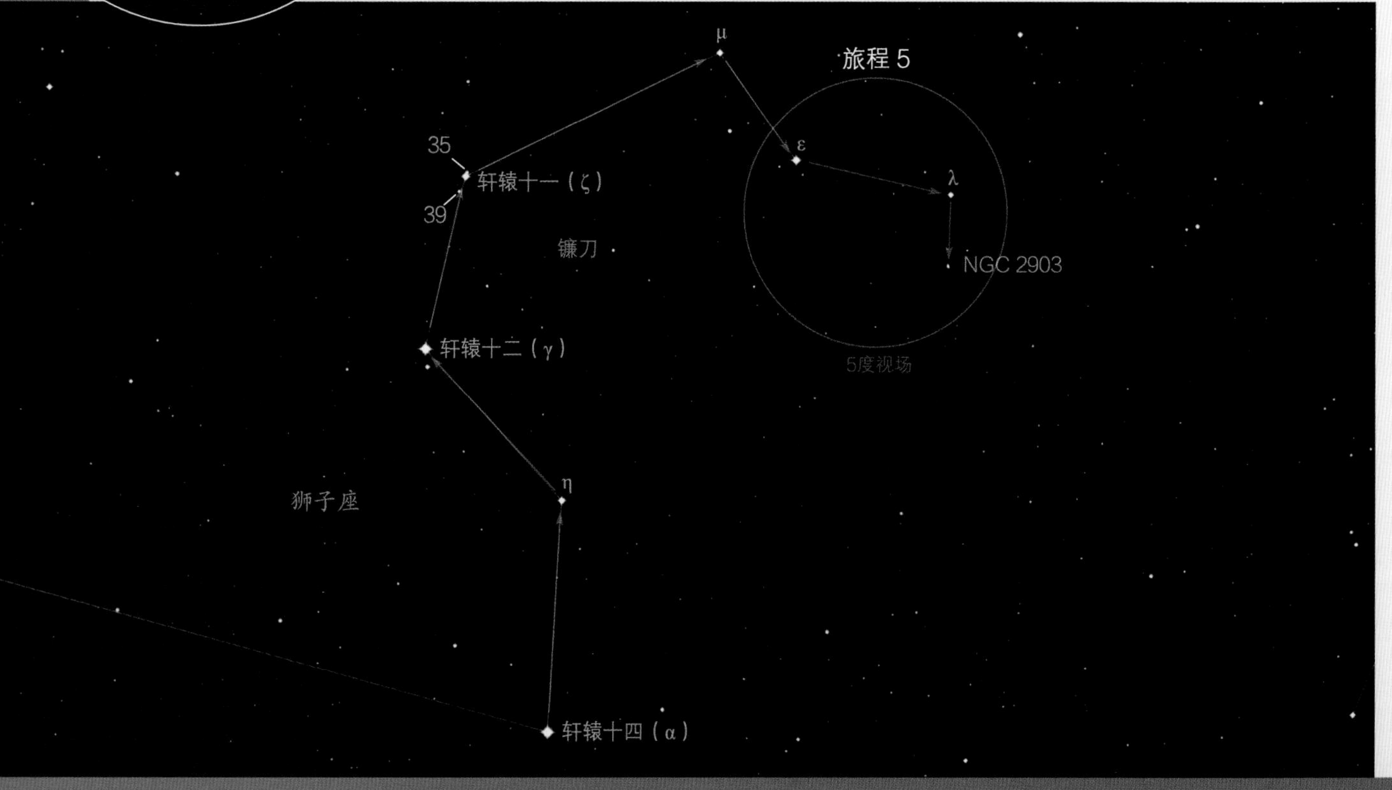

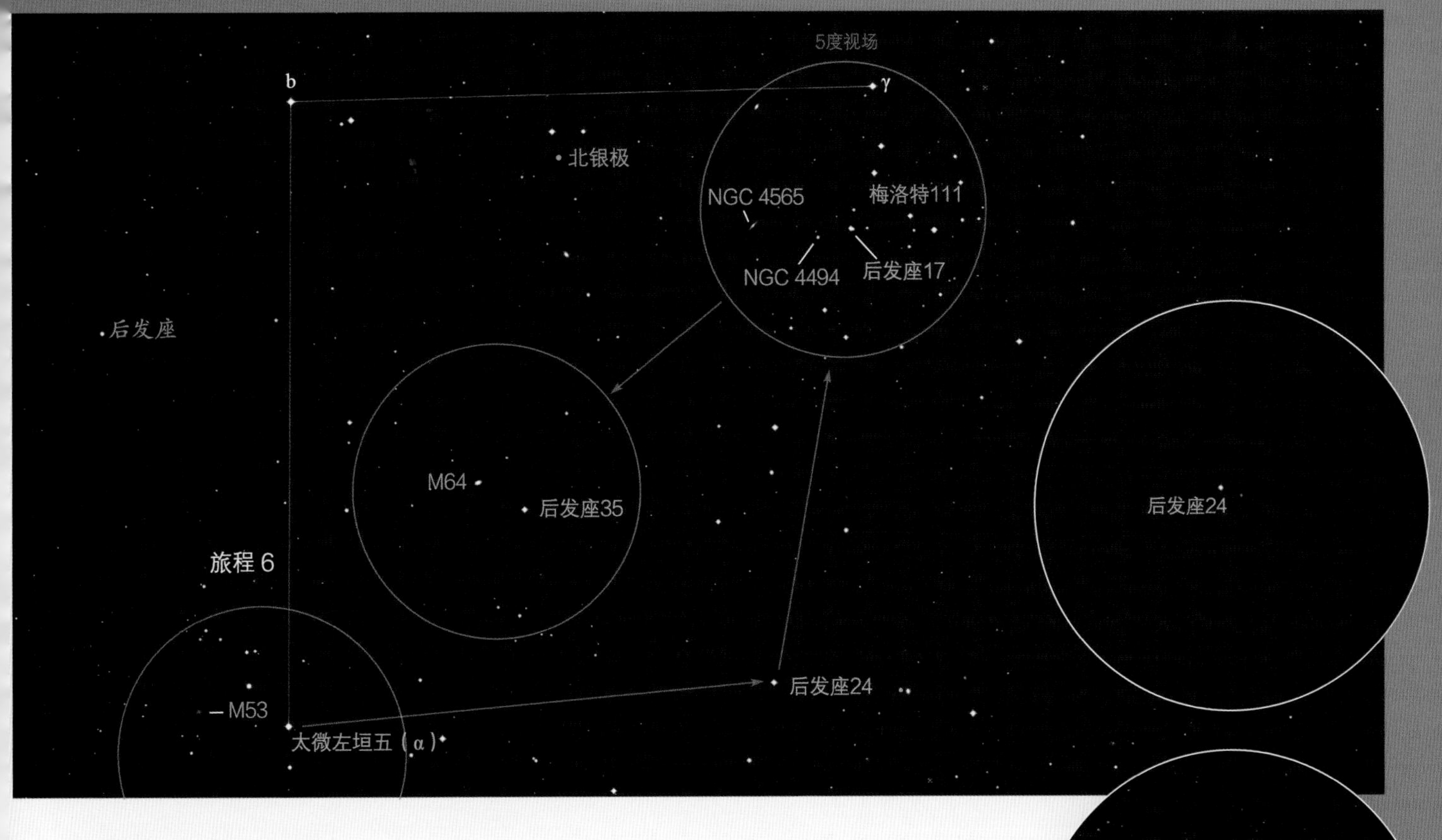

旅程 6 梳一梳女王的秀发

狮子座和牧夫座之间是不显眼的后发座，代表着贝伦尼斯王后的头发。“梳理”一下女王的卷发可以显现出大量的深空目标。

我们从 4.3 等的后发座 α 开始，它又名太微左垣五，位于后发座的东南部。在太微左垣五的东北方向 1 度的位置，有一个 7.6 等的球状星团 M53。尽管 M53 的外观算不上顶级，但它的宽度有 12 角分，在低倍率下很容易捕获到，且能够和太微左垣五出现在同一个视场中。

太微左垣五以西 8 度是后发座 24——一个绝对华丽的双星，分别为红色和蓝色，亮度为 5.1 等和 6.3 等，相距 20 角秒。再向北走 8 度，我们会看到一个 5 度宽的星团，被称为梅洛特 111。光学寻星镜就可以扫到梅洛特 111 中的 20 多颗恒星。在它的东部边缘，5.3 等的后发座 17 因为一颗距它稍远的 6.6 等的伴星而在星群中脱颖而出。

在后发座 17 的东面是一颗 8 等的恒星和一个微小但明显的 10 等星系（NGC 4494）。在 NGC 4494 的东北方向有两颗较暗的恒星，这两颗恒星能够帮助我们指向东边更远处的一个梦寐以求的奖品：暗淡但奇妙的针状星系（NGC 4565）。针状星系是一个教科书般的侧向星系，尺寸为 16 角分 × 2 角分。来自这个 10 等的天体的光线被一道尘埃带一分为二。使用 100 毫米折射式镜在 25 倍放大倍率下观测，我能看到一个圆形的模糊斑点——这个星系的中央隆起。在 75 倍放大倍率下耐心地观测，我能察觉到两边延伸出来的结构。在黑暗的天空下，我的 200 毫米反射式镜能够捕捉到整个针状星系，包括其中线形的尘埃带。非常精美！

NGC 4565

我们继续向东南方向蜿蜒前行，回到太微左垣五，为这个三角形的旅程画上句号。沿途我们会遇到 5 等的后发座 35（它有一颗距离较宽的 9.8 等的伴星），在它东北方向不到 1 度的地方，是黑眼睛星系 M64。这个 9 等的梅西叶星系大小为 10 角分 × 5 角分，是一个容易找到的目标，尽管想要看清它的“黑眼”（一条宽阔的尘埃带）还是有些棘手。使用我的 200 毫米望远镜在 175 倍放大倍率下观测，我能看到一片卵状的云，越靠近中间越亮。耐心地盯着它看能够让这片弥散的云“长开”，显现出它东侧的一颗暗淡的恒星。面向这颗恒星的那一面被一个模糊而昏暗的斑块（M64，来自宇宙的闪光点）弄得“伤痕累累”。

M64

旅程 7 高空漫步

在春天的夜晚，北斗七星高悬夜空。北斗七星斗柄的“弯折”处是 2 等的北斗六，这是一个形态极佳的双星，包括一颗 2.2 等的主星和一颗 3.9 等的副星，相距 14 角秒。不要错过北斗六及离它有些远的伴星开阳增一。

斗柄的末端是 1.8 等的北斗七。从那里开始，我们向西移动两度，便来到了猎犬座中 4.7 等的猎犬座 24。以猎犬座 24 为起点，向西南方向采用星桥法，将 M51 置于视场中央，它是一个离地球 2800 万光年的 8 等正向旋涡星系。事实上，那里存在着两个星系，其范围大约是 11 角分 × 7 角分。

在城市中使用 200 毫米反射式镜在 50 倍放大倍率下观测，我能看到并排的略有差异的隆起。更突出的那个隆起便是 M51，而相邻的那个斑块是其没有旋臂的畸形邻居：NGC 5195。在 100 倍至 150 倍放大倍率下，较亮的隆起周围环绕着一个纤细的圆形光环——M51 的正面圆面。遗憾的是，它们两个的“旋涡”都不明显。想要看到难以捉摸的旋涡状图案的关键是口径和黑暗程度：如果你拥有一架 250 毫米或更大口径的天文望远镜且远离城市灯光，M51 会张开双臂欢迎你。

猎犬座 α（也称常陈一）是一个非常漂亮的双星。两颗分别为 2.9 等和 5.6 等的恒星相距 19 角秒。从常陈一出发，向东“搭桥”走 2.75 度，便来到了 6 等的猎犬座 15 和 17，再向北走 3.75 度（经过一组构成三角形的恒星），可到达葵花星系 M63。这个 9 等的旋涡星系距离我们 2600 万光年，大小为 13 角分 × 7 角分。我的 200 毫米望远镜在 100 倍放大倍率下展现出了一个椭圆形的，包裹着一个稍微亮一点点的卵状核心。在 M63 的西边，有一颗 9 等的恒星与它相伴。

常陈一西北偏北方向 3 度的地方是一颗紧密缠绕的旋涡星系 M94。M94 距离地球只有 1640 万光年，它的大小与 M63 相似，但更加明亮。我的反射式望远镜展现出了一个紧凑的绒毛球，边缘有些弥散，中间非常灿烂。很容易就能看到！

旅程 8 盘桓的巨蛇

我们对巨蛇头的探索从 3.7 等的巨蛇座 β 开始，这是一个差异非常巨大的双星。它的小伙伴亮度只有 10 等，但二者相距 31 角秒，所以在任意一架天文望远镜中都很明显。旁边是 6.7 等的巨蛇座 29，在巨蛇座 β 东北方向 7 角分。向南 6 度，巨蛇座 δ 是一个豪华的双星，成员分别为 4.2 等和 5.2 等，相距只有 4.0 角秒。我的 200 毫米多布森式镜能够在 125 倍放大倍率下将它展现无遗。

向南更远的地方是 2.6 星等的巨蛇座 α，又名天市右垣七，是巨蛇的脖子。橙色的天市右垣七是我们访问 M5 的中转站，那是一个 26,000 光年外的顶级球状星团。找到 M5 需要采用星桥法"跳过"8 度的距离。α 和较暗的 ε 构成了一个 6 度长的等腰三角形的底边。这个等腰三角形指向西南方向，顶点是 5 等的巨蛇座 10。从那里，我们向西"搭桥"来到同样亮度的巨蛇座 5，它如同一个守卫，在其西北方向三分之一度便是我们的奖品。这颗恒星（5.1 等）和这个星团（5.7 等）在我的 8 倍的寻星镜中是一对亲密的好朋友。

我使用 100 毫米折射式镜在 25 倍放大倍率下观测时，M5 和巨蛇座 5 能够在同一个视场中闪耀。这个球状星团的直径为 17 角分，有一个紧凑的、轮廓清晰的核心，笼罩在核心周围的暗淡光环越靠外越消融于周围的天空背景中。在 75 倍放大倍率下能看到其外围的一些暗淡的恒星。我的更大的那架望远镜在 125 倍放大倍率下能够将 M5 分解成无数的小点。在 M5 的西南部有一个特别的针尖状亮点，格外醒目。这是一个"星团变星"，每隔几周亮度都会波动，随之出现或消失在视场中。

在离开前，再次将目光聚焦到巨蛇座 5 上，因为它是另一个十分不均等的双星。它与其 10.1 等的随行者之间相隔 11.4 角秒——比我们之前提到的巨蛇座 β 要小得多。这有些棘手，但是我的 200 毫米望远镜在 125 倍放大倍率下出色地完成了这项挑战。

北半球夏季的天空

旅程 9 恒星大吊灯

“H”形的武仙座中包含着拱顶石，这是一个由四颗 3 等或 4 等的恒星组成的整齐的星群。从 0 等的大角到亮度相当的织女星之间连一条线，在这条线的三分之二处便是拱顶石。

拱顶石中有着著名的武仙座星团 M13，它可以说是中北纬地区所能观测到的形态最佳的球状星团——虽然位于巨蛇座的 M5（见旅程 8）也是这一头衔的有力竞争对手。M13 位于从 2.8 等的武仙座 ς 到 3.5 等的 η 的三分之二处，在拱顶石的西侧。M13 距离我们大约 21,000 光年，亮度为 5.8 等，直径接近 17 角分。和 M5 一样，它也是通过寻星镜就能看到的。

在我的折射式望远镜的 25 倍视场中，M13 是一个朦胧的球体，中间宽阔明亮，周围是弥散的光环。这个“小绒球”的东边 15 角分处有一个 6.8 等的橙色恒星，西南边差不多距离处则是一颗 7.3 等的白色恒星。在 75 倍视场下，这个景象令人印象深刻；耐心地盯着多看一会儿，就能看到遍布整个星团的针尖般的小亮点，它们是单独的恒星。尽管天空中存在光污染，但我的 200 毫米望远镜在 125 倍放大倍率下仍然能够将 M13 分解成一个由恒星组成的“吊灯”。顺便提一下，在 M13 的东北方向 0.5 度的位置还有一个 NGC 6207 星系，亮度为 11.6 等。这个小小的椭圆绒球对城市里的天文望远镜来说是个挑战，但在远离城市的地方很容易观测到。

前面提到的武仙座 η 构成了拱顶石的西北角。在它东北方向 12.5 度是 3.8 等的武仙座 ι，连接其与 η 的连线正好擦过一个精巧的球状星团 M92。相比于 M13，M92 更远（26,000 光年）、更暗淡（6.4 等）也更小（11 角分），无法与前者的辉煌相媲美。使用折射式镜在 75 倍放大倍率下观测，M92 的外观非常致密，无法分辨开。不过在我的反射式镜中，能够看到它表面的一些非常暗淡的恒星。

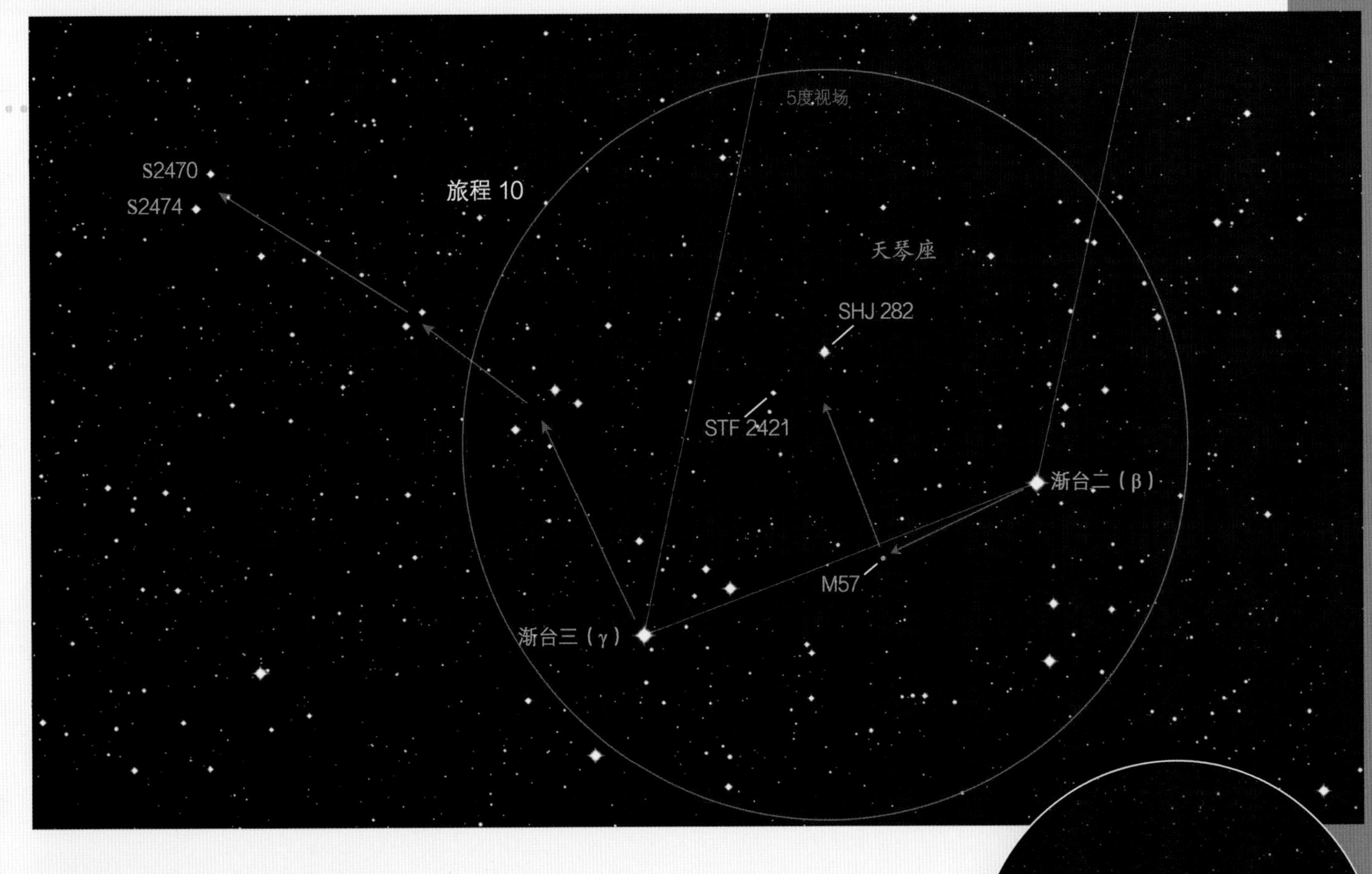

旅程 10 指环的研究

天琴座的平行四边形结构由中等亮度的恒星群组成，它的南端是引人注目的指环星云 M57 的所在地。这枚标志性的指环是一个完美的行星状星云，由一颗濒死的恒星喷射出来的碎片形成，距离地球 2000 光年。这个区域中还有好几个漂亮的恒星组合。

其中最亮的是天琴座 β，也就是渐台二。天琴座 β 是一个著名的食双星，以 12.9 天为周期，亮度规律地在 3.3 等到 4.4 等变化。其东南方向 46 角秒处有一颗 6.7 等的恒星，北面则有一对相距较远且不相关的恒星，亮度都在 10 等。它在低倍率下看起来像一个聚星系统。

从渐台二到 3.3 等的天琴座 γ，即渐台三这段路途的五分之二处便是 M57。我可以让渐台二、渐台三和 M57 一起出现在我的折射式镜的 25 倍视场中。但是低倍率下看到的景象非常无趣。M57 的亮度（8.8 等）和大小（80 角秒 × 60 角秒）都只是中等水平，因而在 25 倍放大倍率下只呈现出一个微不足道的灰色圆面，而且直视时还会直接消失。倍率提升到 50 倍后，M57 就变成了一个超小的甜甜圈。在我的反射式镜的 125 倍视场中，这枚指环呈明显的椭圆形，两边更亮，两端更暗。不过在更高的放大倍率下，这个膨胀的灰色环状物便开始逐渐消融进头顶灰色的郊区天空中。

在 M57 东北方向不到 1 度的位置，有两对容易观测的恒星。相距较远的一对，即 SHJ 282，亮度分别为 6 等和 7.6 等，相距 45 角秒。在 SHJ 282 东南方向 18 角分处是 STF 2421，它的两颗恒星为 8.1 等和 9.3 等，相距 24 角秒。这两对恒星（以及 M57）能够装进我的折射式镜的同一个低倍率视场中。

这次旅程的终点是位于渐台三东北方向不到 3 度的一个“双星对”。Σ2474 拥有相距 15.8 角秒的 6.8 等和 7.9 等的恒星，而在它西北方 10 角分处的 Σ2470 拥有相距 13.6 角秒的 7 等和 8.4 等的恒星。我的折射式镜在 50 倍放大倍率下能够将这两对双星都分离开。请查看我们的星图，了解如何通过星桥法经过连续的几对恒星到达这个令人愉悦的“二重奏”。

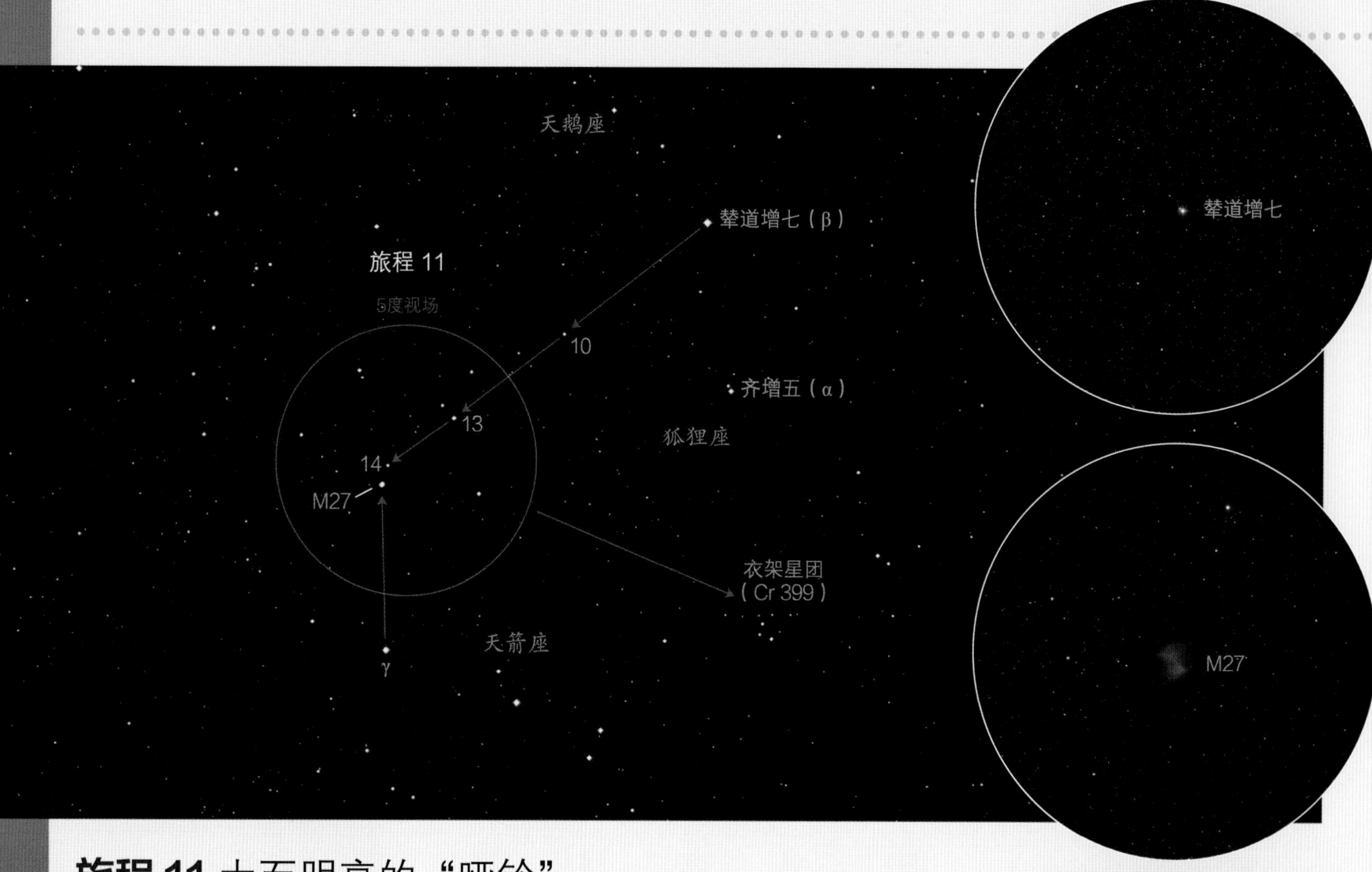

旅程 11 大而明亮的“哑铃”

我们的这次行程从天鹅座开始，它的头部位置上是天鹅座 β，即辇道增七。（辇道增七也是著名的北十字的一部分。）辇道增七是一个特别的双星，由 3.1 等（橙色）和 5.1 等（蓝色）的两颗类似太阳的恒星构成，它们之间相距 35 角秒，位于一片丰富的银河星域中。辇道增七的这两颗色彩斑斓的宝石是无可匹敌的——使用任意型号的天文望远镜在低倍率下就能欣赏到它们。

从辇道增七出发，视线向东南方向滑动，便进入不显眼的狐狸座，然后继续沿着一串恒星前进，这串恒星长 8 度，由 5 等的狐狸座 10、13 和 14 组成。最后者守护着哑铃星云 M27，M27 是一个距离地球 1200 光年的行星状星云。从邻近的天箭座开始再次应用星桥法向南行进，这次距离较短。从 3.5 等的天箭座 γ 开始，我们向北“跳过”3.25 度来到 M27。这个 7.3 等的星云，大小约为 8 角分 × 6 角分，能够显示在我 8×50 规格的寻星镜中，但较为暗淡。

当一颗年迈、干瘪的恒星将它的外层脱落，形成一个膨胀的气态外壳时，像 M27 或 M57（旅程 10）这样的行星状星云便诞生了。在 M27 的例子中，由于我们是从它的侧边观测的，这个外壳显现出两极结构。向北和向南的呈扇形的三角形瓣片形成了“哑铃”（大多数观测者会看到沙漏或苹果核的形状），这个形状能够显现在我的折射式镜视场中，前提是使用了窄带星云滤光片。在乡村的天空下（或者使用更大的天文望远镜），我能观测到充满这两个瓣片之间纤弱的星云状物质，这使得哑铃星云变得好像一颗漂浮在太空中的幽灵行星。

使用宽视场天文望远镜的观测者还能得到一个额外福利：科林德 399（Cr 399），一个宽 1.5 度的星群，更广为人知的名字是衣架星团。它由 10 颗 5 到 7 等的恒星组成，衣架的形状是上下颠倒的——但天文望远镜（和光学寻星镜）的视场也是上下颠倒的，所以它会显示为正向。你会在天箭座 γ 以西大概 8 度和辇道增七以南相同距离的地方找到衣架星团。千万不要错过这个吸引眼球的“衣架”！

旅程 12 茶壶中的宝藏

独特的茶壶星群位于人马座，可以引导我们去往好几个优秀的深空天体。

茶壶的壶盖顶端是 2.8 等的人马座 λ。在其东北方向 2.5 度的地方，是人马座星团 M22，距离我们 10,000 光年。M22 的亮度为 5.1 等，直径将近 0.5 度，在乡村地区不需要使用光学设备的辅助就能观测到。在我的折射式镜的 25 倍视场中，M22 是一个朦胧的闪光球；更高的放大倍率能够将其分辨出来。使用我的反射式镜在 100 倍放大倍率下观测，M22 看上去像一个灿烂的“针垫”。

从 2 等的人马座 σ 出发引一条线到人马座 λ（途经小型的球状星团 M28），并将这条线延伸出去，便来到了距离我们 5100 光年的礁湖星云 M8，位于茶壶嘴的上方。M8 是一个标致的发射星云，漂浮在一串松散的 5 至 7 等的恒星中。这片 0.75 度宽的星云状物质被一条蜿蜒的小路（所谓的“礁湖”）一分为二：丝状的部分拥抱着一个疏散星团 NGC 6530，西部明亮的部分则由一颗 6 等的恒星所主导。这个星云 / 星团组合在低倍率下观测就足够令人惊喜。如果再加上一个窄带星云滤光片并提高放大倍率的话，你就可以看到周围纤细的丝状结构了。

在 M8 上方 1 度多一点的位置就是精致的三叶星云 M20。它是一个由两部分组成的天体，尺寸约为 30 角分 × 20 角分，在南北方向上延展。其南边的一半（在照片中呈现出粉红色）是一个三瓣的发射星云，围绕着一个 8 等的双星。一个窄带星云滤光片能够增强这株苍白的深空花朵的对比度，凸显出相互交错的尘埃带。与这片三叶草的北面毗邻的是一个蓝色的反射星云，它的光辉来自一颗 7.5 等的恒星。我的滤光片不能增强反射星云的对比度，但是在一个黑暗的乡村观测点，我的两架天文望远镜都能在不使用滤光片的情况下探测到它幽幽的光芒，以及旁边的三叶草。

两颗镶嵌在 M20 中的恒星也是一条星链的一部分，这条弯曲的链子向着东北方向延伸，直达 6 等的 M21，一个中等的疏散星团。被链条“串”起来的 M20 和 M21 在低倍率目镜中的成像令人非常愉悦。

旅程 13 球状星团之争

本次旅程会重点关注球状星团 M2 和 M15。它们都是 6 等亮度、12 角分宽的由恒星组成的球状天体。但它们并不是一模一样的双胞胎。

飞马座的头部标志是 2.4 等的飞马座 ε，又名危宿三。危宿三是我们通往 M15 的门户，它呈橙黄色，有一个相距较远的 9 等伴星。我们能在危宿三西北方向 4 度的位置找到 M15 星团，就在一颗 6 等恒星的西边。这个位于飞马座的球状星团距离地球有 34,000 光年。

M15 中最亮的成员也只有 12.6 等。大多数成员的亮度还要再低 3 个星等，所以 M15 在业余天文望远镜中并不会呈现出一团针尖状亮点。在我的 100 毫米望远镜的 25 倍视场中，M15 是一团轮廓清晰的圆形雾气，越靠近中间越明亮。在 50 倍放大倍率下，这个星团纤弱的外围显现出一个暗淡的光环。在 75 倍放大倍率下，可以看出光环中的几颗恒星，而 100 倍放大倍率能使更多恒星显现出来。我的 200 毫米望远镜在 125 倍放大倍率下则能够分辨出许多恒星，以及一个充满能量的核心。事实上，M15 的中心异常致密。尽管在 175 倍放大倍率下连周围辐射状的恒星链都显现出来，但 M15 那拥挤的核心看上去仍然是一个明亮的结——就好像"没有"分解开一样!

我们的第二个球状星团 M2 在 M15 以南 13 度处，位于宝瓶座中。从危宿三到 2.9 等的宝瓶座 β（即虚宿一）这段路程的十分之七处便是 M2。这个宝瓶座星团在大约 40,000 光年之外，看起来比它北边的"表亲"要暗淡一些。M2 中最亮的恒星只有 13.1 等（超出了 100 毫米望远镜的观测极限），而大部分其他成员要再暗淡 3 等。在 125 倍放大倍率下，我的反射式镜展现出了一团略微椭圆的雾状物质，其中一部分被分解成了恒星，朝着中间柔和地逐渐变亮。在 175 倍放大倍率下，分辨率有了非常 大的提升。

在这两个星团中，M2 可能在整体上更为集中。但是 M15 给我的印象是更值得一试的目标，因为它有一个紧凑得让人难以置信的闪亮核心。

旅程 14 深空中的贵族

一个由恒星组成的细长“V”形勾勒出了仙女座的轮廓。在这个星座的最东端是仙女座 γ，即天大将军一，一个优秀的双星系统。2.1 等的橙黄色主星与其 5.4 等的蓝色伴星相距 10 角秒。我的 100 毫米望远镜在 50 倍放大倍率下可以分辨出这对色彩鲜艳的可爱组合！

把我们的视线向西南方向滑动，来到 2.1 等的仙女座 β（也叫奎宿九）。再转向西北方，应用星桥法先来到 3.5 度外的仙女座 μ，亮度为 3.8 等，再通过 4.5 等的仙女座 ν 来到宏伟的仙女星系 M31。它距离地球约 250 万光年，是离我们最近的大型旋涡星系。

仙女星系十分庞大。这个椭圆形天体的尺寸为 3 度 × 1 度，长轴沿着东北—西南方向。亮度的官方数据是 4.3 等，但它大部分的光都集中在星系的中央隆起部分。在郊区天空下使用我的 100 毫米望远镜在 25 倍放大倍率下观测，这个隆起就像一个没有分解开的球状星团。它细长的盘面（M31 相对我们处于一个倾斜的角度）则比较暗淡；我需要提高放大倍率才能捕捉到中央隆起两侧的“翅膀”。星系的西北边缘由于被外侧的尘埃带遮挡而呈现不自然的尖锐状。

M31 有两个 9 等的“矮”卫星系。M32 位于其母星系的明亮中央以南 24 角分处。在低倍率下，M32 看起来好似一颗模糊的恒星。在高倍率下，它则“长”出了一圈光环——此处也是，看起来像一个未分解的有一个恒星状中心的球状星团。M110 则漂浮在中央西北方稍远一点的位置。它比 M32 要大，呈非常扁平的椭圆形，但星体不够密集。在最好的形态下，M110 也只是一道浅浅的光芒。

在乡村的天空下观测，这三个星系都非常闪耀，尤其是 M31。在我的 200 毫米望远镜的 50 倍视场中，M31 尖锐的西北边缘被分解为两条平行的尘埃带——几乎具有三维立体的视觉效果。

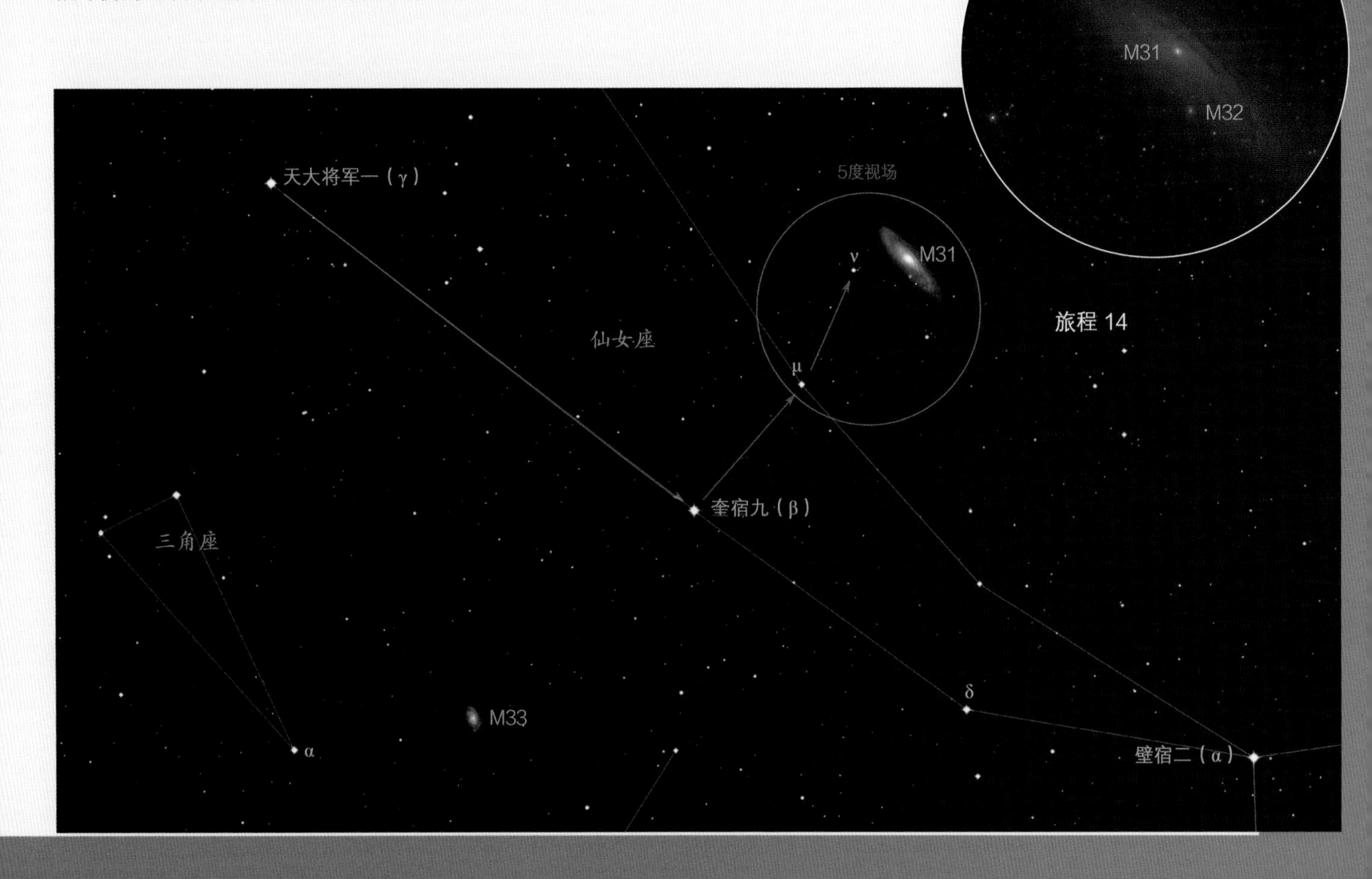

旅程 15 宇宙邻居

向仙后座这位女王致敬。我们的旅程开始于2.2星等的仙后座 α，也就是王良四，它是仙后座“W”形中最亮也是最靠南的一点。王良四散发着橙色的光芒，有一颗距它较远的 9 等伴星。

从王良四出发，我们首先向东北方向移动 1.75 度，来到 3.5 等的仙后座 η（王良三）。黄色的王良三距离我们只有 19.4 光年，保护着西北方向 13.4 角秒处的一颗 7.5 等的红矮星。不管使用哪种型号的天文望远镜，这一对漂亮的恒星都是不容错过的！

回到王良四。从王良四开始引一条线到仙后座 β（王良一），然后将这条线继续向西北延伸 6 度距离便来到了 M52，一个 6.9 等、0.25 度宽的疏散星团。（一颗 5 等的橙红色恒星仙后座 4 就位于 M52 的北面，对采用星桥法的人很有帮助。）M52 距离地球大约 4600 光年，包含了大约 200 颗蓝白色的恒星，其中最亮的有 10 等。在它的西南边缘处有一颗 8.3 等的橙黄色恒星。在 100 毫米望远镜的 25 倍视场中，我能看到那颗突出的边缘恒星，以及一团暗淡、斑驳的物质之上的微粒；75 倍放大倍率则显现出更多恒星，并使得这个星团从周围背景中脱离出来。我的 200 毫米望远镜能够将 M52 分解成几十个小点。

如果我们回到王良一，向西南方向移动 2.5 度，便来到了 4.5 等的仙后座 ρ。在其以南相似亮度的地方是 4.9 等的仙后座 σ，这是一个双星系统，其 7.2 等的副星与它只间隔 3.2 角秒。我的 200

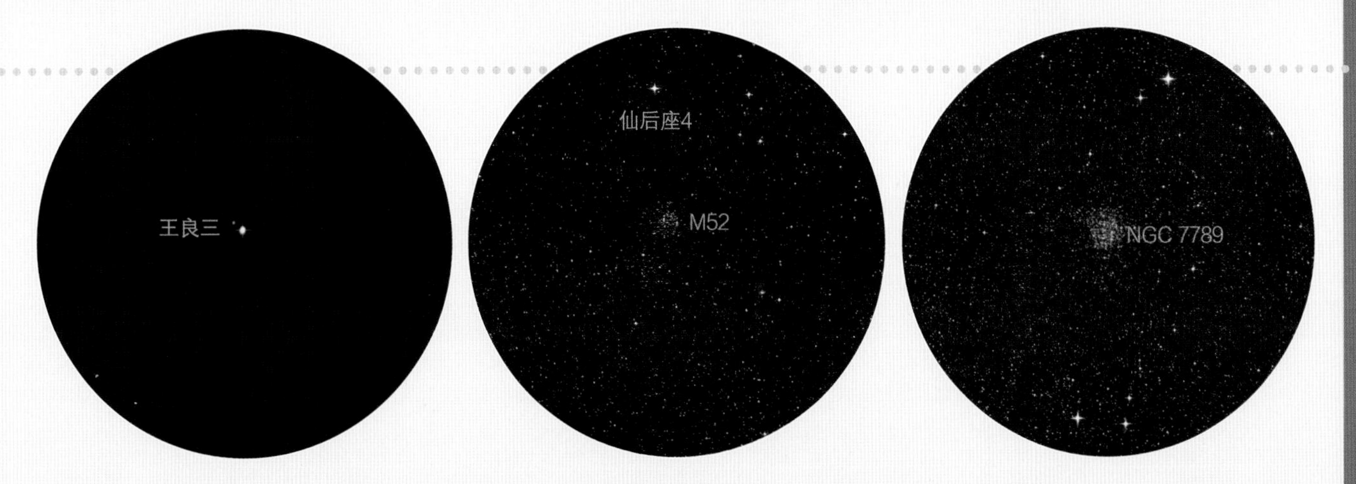

毫米望远镜能够在 135 倍放大倍率下将仙后座 σ 干脆地分解开。

NGC 7789 大致位于仙后座 ρ 和仙后座 σ 的正中间，它有时会被称为“卡罗琳的玫瑰星团”，名字来源于 1783 年发现它的卡罗琳·赫歇尔。NGC 7789 是一个丰富的星团，离我们至少比 M52 远一半，官方亮度为 6.7 等。然而 NGC 7789 实际上看起来更暗一些——它的成员都很暗淡，且分布在比 M52 更宽广的区域内。在 25 倍放大倍率下，我的折射式镜只能展现出颗粒状的雾气之上的几颗暗淡的恒星，再多就很难做到了。使用 200 毫米望远镜和 100 倍的放大倍率，并且专注地凝视，我能够看到覆盖在雾气之上的无数颗暗淡的恒星。

旅程 16 双重星团的三重奏

在最后一个北天旅程中，我们从仙后座“W”形的南部滑向英仙座的北部，它代表了拯救仙女座的英雄珀尔修斯。在这里，我们会发现两个并排的疏散星团 NGC 869 和 NGC 884，它们更广为人知的名字是双重星团，距离我们分别为 7000 和 8000 光年。这两个星团各自约为 0.5 度宽，在大部分星图上是重叠在一起显示的，不过在天文望远镜视场中它们是分开的，而且不仅在目镜中如此，在太空中也是这样。它们呈东西方向排列，加起来几乎跨越了 1 度的天空。简单来说，它们是适合低倍率观测的美丽景象。

西边的那个是 NGC 869，它离我们更近，以 5 等亮度闪耀，包含几十颗年轻的蓝白色恒星。一对 6.6 等的恒星，相距 2.4 角分，非常突出：一个在星团的核心，另一个在中心的东北方。（在 NGC 869 以西的 Σ25 也是类似的结构，它的两颗恒星亮度为 6.5 等和 7.4 等，相距 1.7 角分。）更远的 NGC 884 比 NGC869 暗了将近 1 个星等，其中的恒星少一些，分布也更不集中。它的核心包含了两个三角形的 8 到 9 等的恒星团。

6 等的英仙座 7 和 8 是起始于 NGC 869 的星链中最突出的成员，这条星链向西北方向弯曲前进，到达一颗 6.4 等的恒星，然后转向北方进入仙后座，在那里我们会发现一个隐晦的星团——斯托克 2。斯托克 2 星团距离我们只有 1000 光年，但远不像双重星团那么突出，它的范围有 1 度宽，由大约 100 颗比 7.5 等还要暗淡的恒星组成。这个粗糙的集合向东北方向扩展，在那里有一个名为 Σ26 的双星，由相距 63 角秒的 6.9 等和 7.2 等的恒星组成，它们指回了斯托克 2 星体最密集的位置。就亮度和倾斜角度而言，Σ26 与 Σ25 相似，NGC 869 内部的一个双星也和它们类似。

斯托克 2 星团确实是既暗淡又疏散，但使用我的折射式镜能够在丰富的银河星域中看到它。事实上，在这片 3 度宽的天空中，我们可以看到三个星团。使用任意短焦广角天文望远镜在低倍率下观测，这一片星域都令人惊叹。

南半球的天空

旅程 17 恒星组成的大球

大小麦哲伦云是南半球天空的橱窗展示品。这两个庞大的天体首次被绘制在星图中是在 16 世纪，那时它们被标注为“大星云”和“小星云”，一直到 19 世纪它们才被命名为麦哲伦云（来自 16 世纪的全球探险家费迪南·麦哲伦）。即使是著名的法国天文学家尼古拉－路易·德·拉卡耶（Nicolas-Louis de Lacaille），在 1756 年写的文章中也只是简单地称它们为“大的星云”和“小的星云”。大麦哲伦云距离我们 16.3 万光年，而小麦哲伦云比前者还要远大约 4 万光年。它们曾经被认为是不规则星系，但现在已经被正式归类为棒旋星系。

我们没有列出这两个星系的寻星星图，因为它们都是在黑暗的天空中肉眼可见的目标，并且已经出现在我们第四章的四季星图中。9 月到翌年 3 月是观测大小麦哲伦云的最佳时节，那时它们在南半球天空中处于最高位。

虽然大麦哲伦云的内容更为丰富，但最好还是先观测小麦哲伦云，因为它只包含少量星团和星云，并且会更早降落到地平线下。小麦哲伦云中最明亮的星云是椭圆形散发辉光的 NGC 346，在它南边是紧凑的 NGC 330 星团；北边则是较松散的 NGC 371 星团。这三个天体一起构成了一个对比强烈且精致的天文望远镜视场。

小麦哲伦云所在区域中最壮观的景象看上去是它的一部分，实则完全不属于这个星系。NGC 104，或称杜鹃座 47，这个前景中的天体距离我们“只有”13,000 光年，称得上是天空中形态最棒的球状星团。它的核心非常致密，但因为直径达到了 0.5 度，所以任何天文望远镜都能将这个令人印象深刻的星团分解成单独的恒星。

NGC 362 也是一个位于小麦哲伦云外围的球状星团，它的距离是杜鹃座 47 的两倍，尺寸更小，但是不要忽略它。在足够的放大倍率下，NGC 362 作为一个精致的、同样致密的球状星团，也能够展现出美丽的景象——一个“迷你杜鹃座 47”。

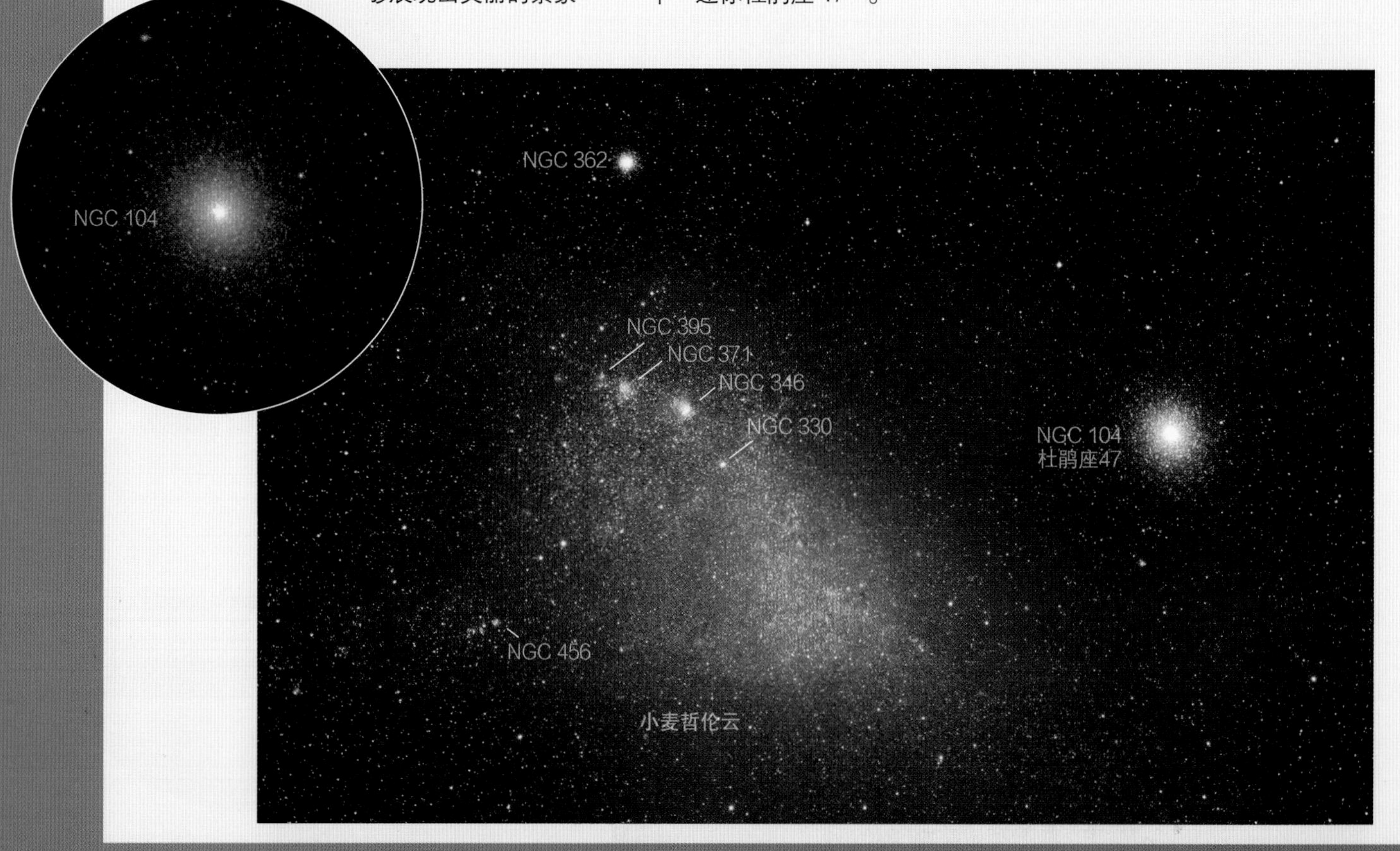

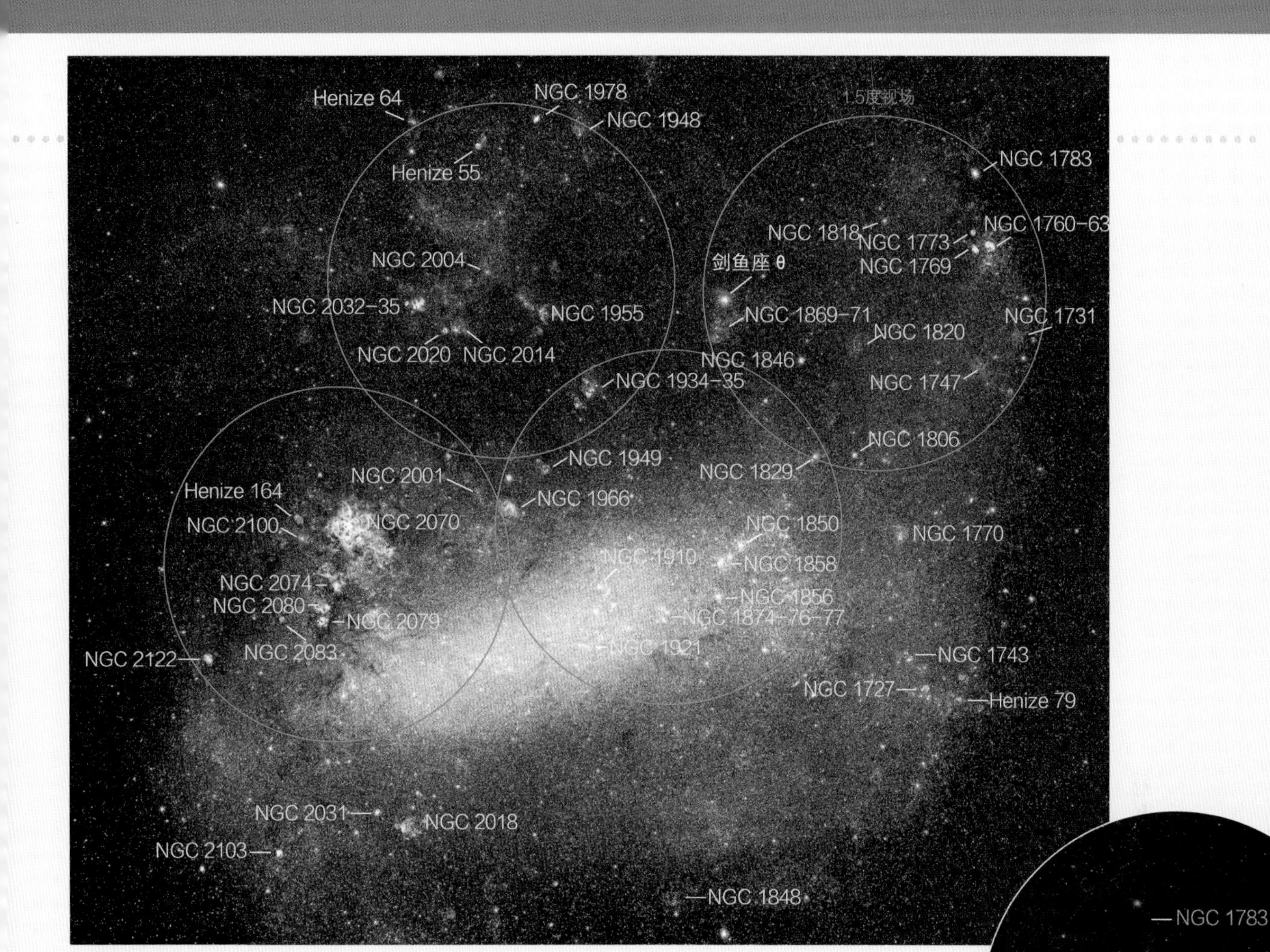

旅程 18 大麦哲伦云宇宙

通过大麦哲伦云，你可以窥视到另一个星系的中心，领略一个又一个充满星团和星云的领域。诀窍在于弄清楚每个看起来模糊的物体都是什么！大麦哲伦云许多星团看起来很像星云，但在星图上并没有被标记为星云，然而它们又会对星云滤光片有反应。相反地，被标记为星云的天体也可能看起来像星团。在大麦哲伦云中，疏散星团和球状星团之间的区别也很模糊——由于我们之间的距离太过遥远，每个星团看起来都很微小。我们的一些分类可能是错误的，因为没有任何两个出处是对每个天体的身份都达成了一致的（我们使用《星际深空星图集》作为主要指南）。

你可以花上数个夜晚来逐个区域观测大麦哲伦云。图中的每个红圈都表示了一个低倍率天文望远镜目镜的 1.5 度视场。照片中粉色和青色的星云大部分也能目视观测到，尤其是在使用了滤光片的情况下。人们经常会错过大麦哲伦云中排名第二的那片星云区域，因为它位于西边天空的远处。布里斯班的观测者格雷格·汤普森（Gregg Thompson）将豆状的 NGC 1760 称为大麦哲伦云礁湖。它与 NGC 1769 和 NGC 1773 一起形成了一个紧密的三角形。

然而大麦哲伦云的标志（甚至用肉眼就能直接看到）是 NGC 2070，蜘蛛星云。这是一个巨大的发射星云。如果它和猎户星云离我们一样近的话，它将横跨大约 30 度的天空。尽管蜘蛛星云远在 16.3 万光年之外，但它能够显示出的结构比银河系内的大多数星云都要多。每架对准蜘蛛星云的设备，从双筒望远镜到巨大的多布森式天文望远镜，都能展现出显著的景象。即使不使用滤光片，也能观测到它周边喷射出的丝丝缕缕、蜿蜒曲折的星云状物质，像是主结构上的附属物。两个巨大的气体环围绕着黑暗的空腔，看上去像一个头骨。这片区域都散布着暗淡的星云状物质。而一个星云滤光片能够展现出更多的结构细节。不可思议！

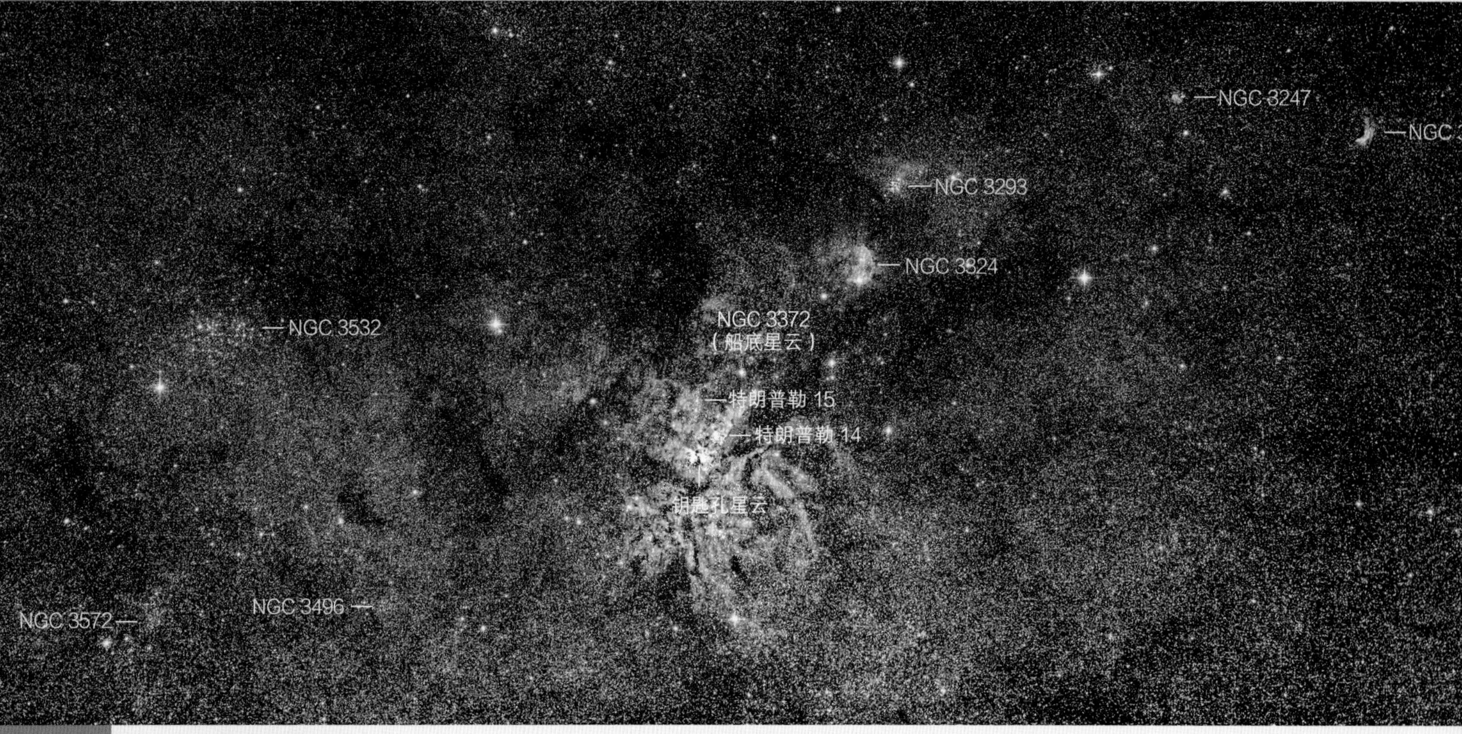

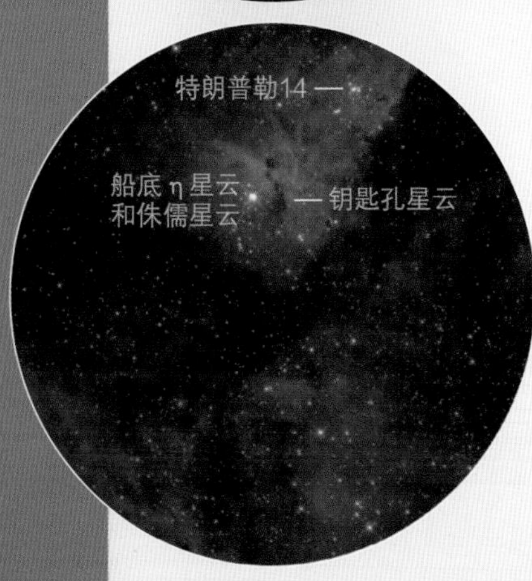

旅程 19 船底座的特写

我们在第六章的双筒望远镜之旅 10 中带你领略了船底座中的奇观胜景。如果你有一架天文望远镜，那么这个区域是非常值得再去一次的。主星云的东面是疏散星团 NGC 3532，19 世纪的天文学家约翰·赫歇尔将它称为“我所见过的这一类别的天体中最杰出的”。你很可能会非常赞同。热爱橄榄球的澳大利亚人把它称为橄榄球星团。它还有一个名字是“黑箭星团”，因为中间有一条将其一分为二的箭头状的暗带。

在船底星云的西边，有一个叫作 NGC 3199 的沃尔夫－拉叶星，即南蛾眉。100 毫米天文望远镜可以将它展现为一弯苍白的蛾眉月，在 200 毫米望远镜中也很明显，即使不使用滤光片。一个窄带的 O-III 型滤光片可以让它变得更加突出。

在船底星云的北边是被称为宝石星团的 NGC 3293，它是南部天空中又一个丰富多彩的星团。一颗红宝石色的恒星镶嵌在一片蓝色的钻石中。

无论是否使用滤光片，船底星云都能为我们呈现出一幅美丽的光影画。尘埃带雕刻出明亮的三叶状发射星云 NGC 3372，其中还包含了各种隐晦的星团。整个天体有时会被称为钥匙孔星云；然而这个名字只适用于它靠近超新星候选星船底座 η 的那一小片区域。试着找一下微小的、黑暗的特征——“钥匙孔”，尽管它可能只有在较大口径的天文望远镜中才比较明显。

船底座 η 本身也值得一番探索。它应该会呈现出金黄色，有一些模糊不清。将放大倍率提高到 200 倍或更高，并且在视宁度稳定的条件下观测，侏儒星云应该能够进入视场。它是一个明亮但微小的沙漏状星云，是船底座 η 在 19 世纪 40 年代那次爆发的遗迹。在大口径天文望远镜中，它绝对是你能在深空中看到的最精致、最不寻常的景象之一。

旅程 20 半人马座的奇观

半人马座的这片星域位于足够远的北方，因而北半球低纬度地区的观测者也能够在春季夜晚看到它。不过我们的星图是假设你位于赤道以南，所以它使用了半人马座 α（本身就是令人印象深刻的明亮而接近的双星，间隔 5.6 角秒）以及南十字座来三角定位到北方的半人马 ω 球状星团。其用肉眼就能观测到，但它并不是一颗恒星！

半人马 ω 球状星团在任何光学设备中都会显现为一个模糊的光点。尽管它的官方分类是天空中最大的球状星团，但它实际上可能是 15,800 光年外的一个矮星系的核心。这个 150 光年宽的星团中包含了大约 1000 万颗恒星。它还被称为 NGC 5139。天文望远镜显示它是一个由恒星组成的均匀球体，看起来像一堆白砂糖。难怪观测者将它称为半人马“哦我的上帝”（Oh my god 和 ω 谐音）。波动的视宁度条件会使恒星群看起来闪烁不定。

如果这些对你来说还不够，那么在北面仅 4.5 度的地方（在双筒望远镜或寻星镜的一个视场范围内）有着 NGC 5128，汉堡星系。它的亮度为 6.8 等，是天空中最亮的星系之一，也是最奇怪的星系之一。NGC 5128 也被称为半人马射电源 A，可能是与一个较小的旋涡星系发生碰撞后的产物。横跨这个球形巨物中部的黑暗、弯曲的小道可能就是证据，表明了那个被吸收的星系。这条暗带就像是汉堡中的肉饼。大型天文望远镜在高倍率下能显示出一条跨过肉饼的星光细线——汉堡里的“生菜”！

NGC 5139 西南 4 度是 9.3 等的 NGC 4945。知名的美国观测者斯蒂芬・奥马拉将这个侧向棒旋星系称为镊子星系。还有些人则把它称为金元星系。在小型天文望远镜中，它看起来是一道被拉长的雾霾，但更大的口径会显示出更多的暗色斑纹和内部结构。 这三个星系体现了南半球天空的非凡辉煌。

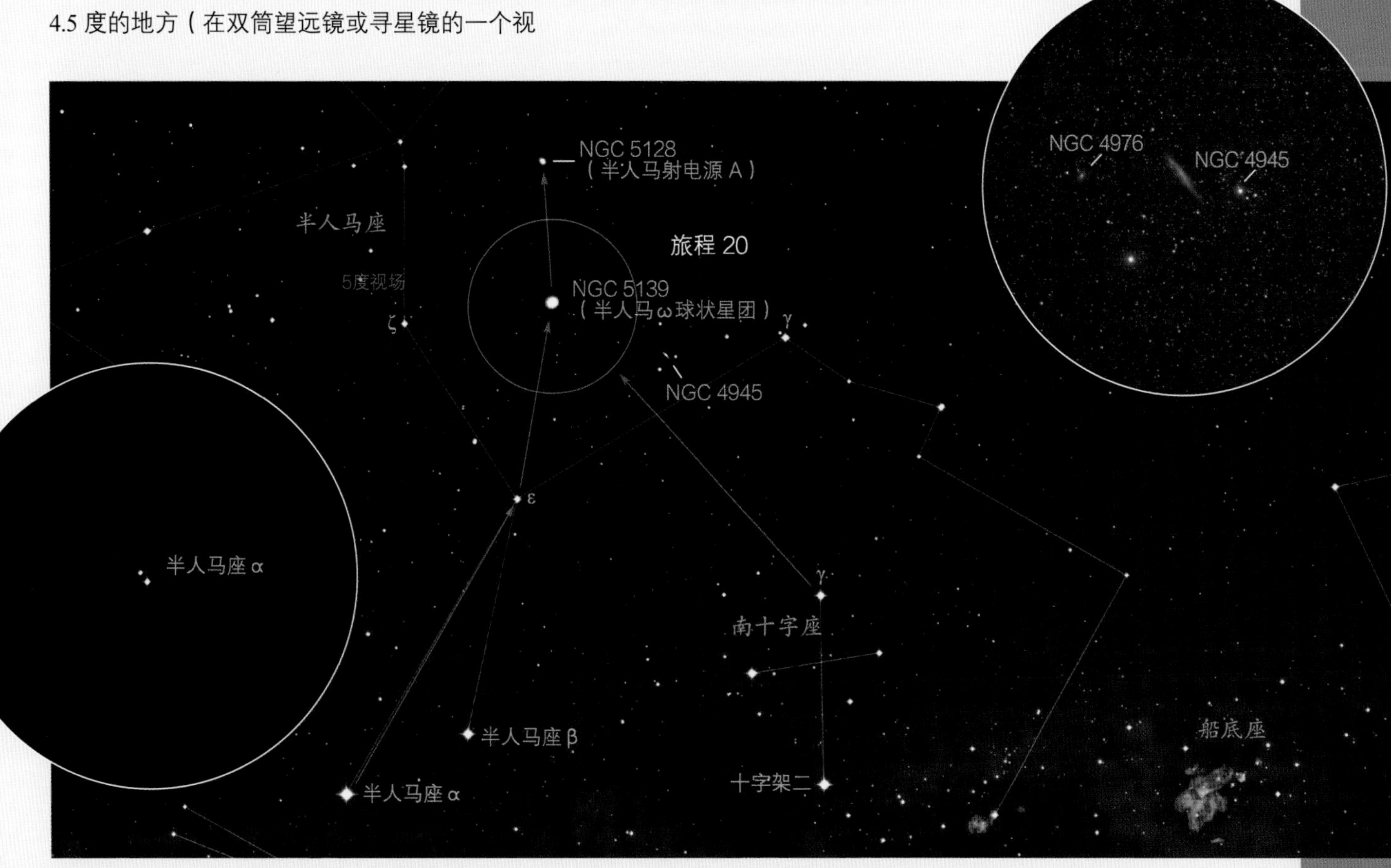

第十七章

拍摄天空

在在数字时代，捕捉美妙的夜空图像比 20 世纪使用胶片时要容易得多。你可以即时看到结果，这会让你更满足于付出的努力，学习的过程也不会那么痛苦。但是，还有很多东西需要学习！

在我们的教程中，我们要强调两个关键理念：(1) 保持简单；(2) 一步一步来。我们经常看到有新手会一个猛子扎入高阶天体摄影，购买那些在 YouTube 上看到的专家所使用的复杂装备，然而他们最终就算没有全然失败，也必定要经历一番艰难挣扎才能让所有的花费和努力换来一个体面的结果。我们建议在花钱买器材之前先学习基础知识，并使用你可能已经有的设备。

因此，关于天体摄影的第四部分中使用的设备都是高质量的、可更换镜头的相机，你在任意一家相机商店里都能买到它们。它们能够提供无穷无尽的可能，让你的整个摄影生涯都不会无聊。它们对我们来说就是如此！

对于有抱负的深空摄影师，最受欢迎的目标之一便是仙女星系（M31）。这里的图像是用 9 张照片堆叠而成的，使用的摄影设备是本章（第 359 页）展示的几种组合之一：猎户 ED80T 折射式天文望远镜，安装在星特朗 AVX 支架上，一套不错的入门级系统。关于该图像的后期处理过程会在第十八章中进行展示，见第 382 页。

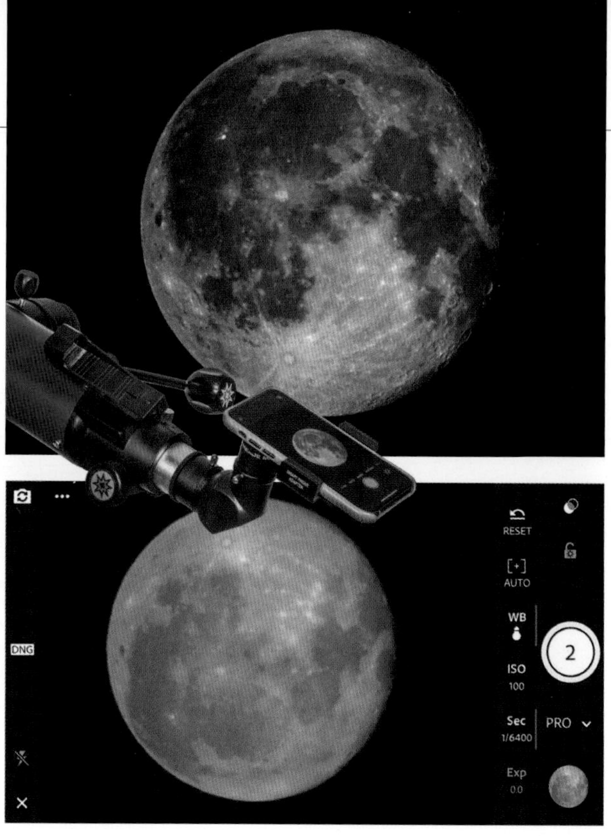

开始：手机摄影

苹果手机拍摄的照片

左图（上图和下图）：当智能手机检测到光照不足以支持正常模式的操作时，它们可能会自动切换到夜间模式。或者你也可以手动进入夜间模式并调节曝光时间和镜头光圈。这张照片是使用安装在三脚架上的 iPhone 11 拍摄的银河；如果拍摄者想要获得最清晰的图像和最长的曝光时间，那么三脚架是必要的设备。

右图（上图和下图）：任何手机相机都可以通过任意天文望远镜来拍摄图像。首先将天文望远镜对焦，然后将手机夹在目镜上。这里显示的手机适配器包含在米德 StarPro 折射式天文望远镜的自带配件中（见第 147 页）。使用第三方应用程序（我们用的是 Lightroom）可以控制更多设置和选项，比如将图片保存为原始的 DNG 格式。

你该如何迈入天体摄影领域？可能在你的口袋里就有一部相机，性能居然完全够用。截至 2019 年，苹果、谷歌、华为和三星等公司的智能手机上都配备了具有先进的“夜间模式”的相机，能够在拍摄低亮度的场景时提高感光度并减少噪声。

拍摄夜景

手机的摄像头使用非常小的图像传感器，单个像素只有 1 或 2 微米宽（详细解释见第 346 页的“解码相机参数”部分）。由于微小的像素在特定的曝光时间内不能收集足够多光子，因此在低亮度下拍摄的图像会显现出很强的颗粒感，或者说“噪声太多”。手机摄像头之所以能够在夜间工作，秘诀在于巧妙地使用了计算摄影技术，而使之成为可能的是现代手机中功能强大的计算机。

手机相机会拍摄多张照片，然后在内部将它们快速堆叠，以平均化或者说平滑化画面中的随机元素——噪声，同时搭建出你想要看到的画面内容。

处理的结果各不相同，并且会随着手机型号的年度升级而逐渐完善。然而，尽管你可能会在网上看到一些比较，声称手机与单反相机相比也毫不逊色，但对于夜空的长曝光摄影，这是远远不够的。这种在相机内部进行的处理过程是有上限的，并不能改写物理规律或者克服小像素无法收集足够光子的限制。话虽如此，你仍然可以用手机获得很多乐趣。

通过一架天文望远镜拍摄

通过任意一架天文望远镜，即使是型号比较旧的手机的相机也可以用来拍摄月球，这也是一个很适合孩子进行尝试的活动。事实上，现在许多入门级的天文望远镜上都附带适配器，能够将手机夹在望远镜的目镜上。

月球非常明亮，所需要的曝光时间也就很短，你甚至不需要给天文望远镜安装追踪马达。一架安装在经纬仪支架或者多布森式支架上的天文望远镜就够用了，虽然你得时不时地轻轻推动镜筒，以保持月球位于视场中心。根据月球在相机视场中的大小，你可能需要点击月球的图像，让相机能够正确地设置曝光时长，以及自动对焦到月球上。要拍摄很多张照片，因为它们中有些会更清晰。这些照片接下来会通过相机的照片应用程序进行处理，然后你就能将它们分享给全世界了。

选择一款 DSLR 或 DSLM 相机

我们所有的天体照片都是用数码单反相机（DSLR）或者数码无反相机（DSLM）拍摄的，且后者的使用频率在逐渐增加。我们认为它们是用来学习天文摄影的最佳相机。与专门的天体相机不同，DSLR 和 DSLM 相机不需要通过电脑和复杂的软件来运行，也不需要连接外部电源。它们很容易就能安装到天文望远镜上并进行设置和对焦。而且它们还可以用来拍摄风景优美的夜景、星像迹线和银河全景图。因此我们的教程侧重于使用单反相机或无反相机。我们只用过这两种相机。而且你可能也已经拥有一部了。

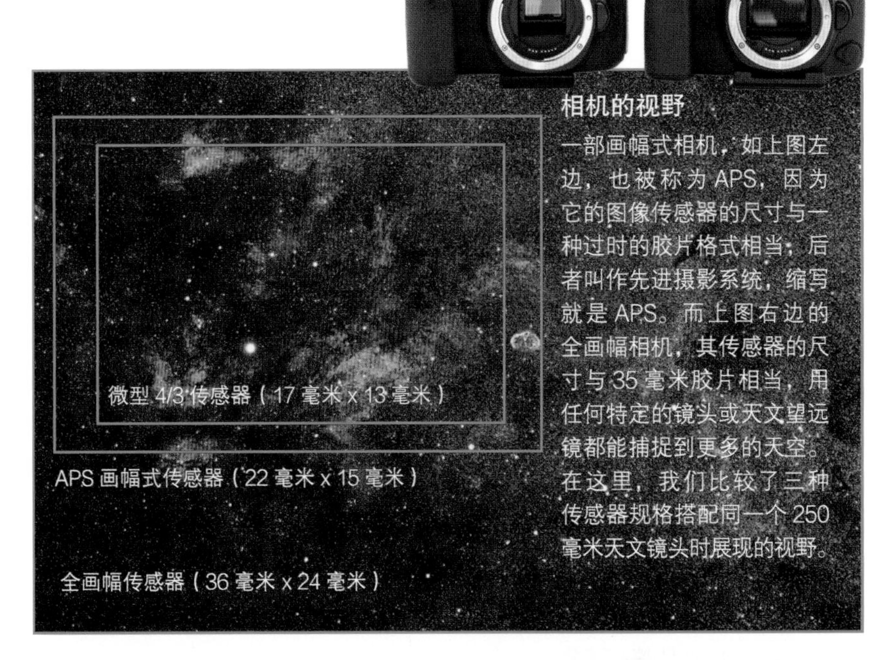

相机的视野

一部画幅式相机，如上图左边，也被称为 APS，因为它的图像传感器的尺寸与一种过时的胶片格式相当；后者叫作先进摄影系统，缩写就是 APS。而上图右边的全画幅相机，其传感器的尺寸与 35 毫米胶片相当，用任何特定的镜头或天文望远镜都能捕捉到更多的天空。在这里，我们比较了三种传感器规格搭配同一个 250 毫米天文镜头时展现的视野。

裁切还是全画幅

如果你正打算购买一部相机，你的预算可能会将选择范围限制在画幅式相机。这些相机的价格最低为 400 美元，比起全画幅相机更实惠，后者的价格从 1000 美元起步。画幅式相机能够很好地工作，当安装在天文望远镜上时，可以提供比全画幅相机更紧凑的视场，适合拍摄小型的深空天体。

但一个定则是，画幅式相机的像素（典型的 2400 万像素的画幅式相机的像素约为 4 微米）比全画幅相机要小，只有最高像素的全画幅相机是例外。这意味着噪声更多。我们更喜欢 2000 万至 3000 万像素范围内的全画幅相机（截至 2021 年），它们的像素宽度约为 6 微米。

与天文望远镜和目镜相比，相机的型号更替要频繁得多，所以无论我们推荐哪一款相机，它都很快就会过时。我们给出的通用建议是购买最新型号的相机，而不是老式或二手的。几乎每代相机的噪声都会比上一代的少。除非你的预算非常紧张，否则我们并不建议你购买一部旧的佳能 Rebel T3i——此处只是随便列举一个型号。

在选购一部新的画幅式相机时，请购买你能负担得起的最高档的那款，原因同样是因为在品质更高的相机中传感器噪声也通常更低。对全画幅相机而言情况则正好相反：低端、低像素相机的像素更大，因此噪声更低，比那些顶级的 4500 万至 6000 万像素的同类还要低。在大多数天文摄影情境中，最重要的不是高分辨率而是低噪声。

噪声比较

在这里，我们比较了两部相似年份的佳能相机在三种 ISO（感光度）下的噪声情况，两部相机分别是全画幅 6D 和画幅式 60D，后者的像素更小，但噪声更多（4.3微米对比6.5微米）。画幅式相机的噪声比全画幅相机高一档。

DSLR 还是 DSLM

两种类型的相机都能具备很高的性能。但我们可以肯定地说，未来是属于无反相机的，因为制造商在开发新的单反相机上的投资变得越来越少。佳能、尼康和索尼都有一流的数码无反相机，不过它们中大部分是全画幅的。如果你的预算有限，那么一部画幅式的数码单反相机会是你最好的选择。

解码相机参数

拜耳阵列 所有消费类数码相机（只有少数例外）的像素上都覆盖着一个微小的红色、绿色或蓝色滤光片，这些滤光片以拜尔彩色滤光片阵列（CFA）的形式排列，如上图所示，以发明该系统的布赖斯·拜耳(Bryce Bayer）命名，他在柯达公司工作。每个像素都记录了一幅单色但经过过滤的图像。相机从每个像素中提取数据，并将其与周围像素的数据相混合，从而创建一幅彩色图像。这种解码被称为“去拜耳”。

暗帧 大多数相机都有一个长时间曝光降噪（LENR）选项。当它被启用时，相机会在快门关闭时进行第二次曝光，这次曝光的时长与实际曝光相等。这个“暗帧”所记录下的只有噪声，相机通过内部运算将这些噪声从主要曝光中减去，从而消除长时间曝光中的热像素热噪声。热噪声会增加图像的整体颗粒感（见下方图片）。

动态范围 这个值用来衡量相机能够记录最大范围内的细节，包括从明亮的高光到黑暗的阴影。在拍摄时使用14位而不是12位的比特深度，可以增加动态范围，有利于记录阴影中的细节。

ISO速度 一部数码相机可以调整ISO设置来提高其传感器的增益，此时的ISO设置与应用于胶片乳剂上的类似。将ISO加倍，记录物体所需要的曝光时间会减半，但代价是噪声也会加倍，如下方的图片所示。

JPG（或JPEG）图像 一种基于联合图像专家组（Joint Photographic Experts Group）的图像文件格式，将图像数据进行压缩以减少文件的大小。由于JPG是8位的，所以它会无可挽回地丢失一些数据。JPG正逐渐被HEIF（High Efficiency Image File Format，高效率图像文件格式）所取代。

低通滤光片 传感器上会覆盖有一个滤光片，该滤光片可以屏蔽镜头无法聚焦的红外光。在大多数相机中，另一种“消锯齿”低通滤光片能够将锯齿状的像素柔化。

百万像素 一个拥有6000×4000像素阵列的传感器有2400万像素。传感器拥有的像素越多，像素也就越小，从而分辨率也更高。

微米 像素的大小或间距，是以微米为单位的（1微米=1/1000毫米）。在一部典型的相机中，每个像素的宽度为4至8微米。虽然小像素能够提供更清晰的细节，但大像素的噪声更少，因为它们可以收集更多的光子。

像素 数字传感器中的最小光敏单位，更正确的叫法应该是“图像位点”，但往往被称为像素。

原始图像 所有高质量的相机都可以设置为以原始格式记录图像，保留全部数据，不会因为压缩、处理或减噪造成数据丢失。为了获得最多的细节和动态范围，所有天文图像都应该以原始格式拍摄。

单反相机 vs. 无反相机

数码单反相机，如顶图，使用反射镜将光线导入光学取景器，就像胶片相机一样。而大多数数码无反相机，如上图，都有一个与眼睛齐平的取景器，它显示的电子图像和后部液晶屏上显示的图像相同。

比较相机

针对用于天体摄影的相机进行的测试并不多，但 DPReview 对数百种相机的相对噪声水平进行了比较。进入任意一款相机的完整评论，选择“图像质量”和“低光”。在“原始图像”下挑选相机和 ISO 速度。

佳能，尼康，还是索尼

它们是天文摄影领域的三巨头。宾得的粉丝喜欢其特有的天体追踪功能，它可以缓慢地移动传感器来跟踪恒星，在延长曝光时间的同时避免出现星像迹线的现象——理论上是这样的。在实际测试中，我们发现这个功能时灵时不灵，还经常会增加星像迹线。我们建议避开使用微型 4/3（MFT）传感器的相机。虽然它们在拍摄视频时表现很好，但是就我们的使用目的而言，它们的图像噪声太多了。

佳能最早确立了其在天文摄影领域的领先地位，但近些年来，尼康在长曝光性能上达到了与佳能相当的水平。尼康和索尼一样，拥有“ISO 不变性”传感器，这使它们对曝光不足的容忍度高于许多佳能的数码单反相机，能够在阴影被调亮时表现出更少的噪声，这一特性非常有利于夜景的拍摄。

从 2014 年开始，索尼的无反相机强势崛起，促使佳能和尼康着手开发自己的无反系列，也就是佳能 EOS R 系列和尼康 Z 系列。索尼阿尔法系列在拍摄夜景和极光的低光视频方面表现出色。然而，在我们对索尼 a7 III 的测试中，它在长时间的深空曝光时会表现出奇怪的边缘发光现象。在那些对设备性能要求最苛刻的情境中，我们建议使用佳能或尼康。

选择镜头

用于天体摄影的优质相机有一个共同点，那就是镜头可拆卸，这样无镜头的相机机身就可以直接连接到天文望远镜上。但在进行许多形式的天文摄影时，我们确实会使用到镜头，而且必须是优质的镜头。

与摄影白天的风景一样，拍摄夜景也需要用到广角镜头，焦距在 10 到 24 毫米。它们也适用于追踪拍摄银河。想要拍摄银河中上镜的星域，85 到 200 毫米的长焦镜头效果很不错。这和天文望远镜的情况一样，没有哪一款镜头是全能的。

虽然适马（Sigma）、腾龙（Tamron）和图丽（Tokina）制造了一些优秀的变焦镜头，但我们都更喜欢“原始”的定焦镜头，因为后者的光学质量更高，速度也更快。幸运的是，手动对焦的镜头比自动对焦的要便宜许多，反正我们在天文摄影中也不需要自动对焦这种功能。Irix、Rokinon/三阳（Samyang）和金星劳瓦（Venus Laowa）的手动对焦镜头都能具备出色的光学质量，价格在 300 到 900 美元。如果你希望镜头在光学质量上能够媲美或者超越那些相机品牌的顶级镜头，那么我们很乐意推荐适马的艺术系列。但是它们是自动对焦镜头，比手动对焦镜头更加昂贵。

裁切 vs. 全画幅镜头

一些镜头，如 Rokinon 的快速 16 毫米 f/2（左），只适用于画幅式相机，不能照亮全画幅传感器，不像 Rokinon 的更流行且更低价的 14 毫米 f/2.8（右）。

适配镜头

用于无反相机的镜头，不论是来自与其同一品牌还是来自适马等第三方品牌，选择性都在增加。不过，为单反相机制造的镜头，如适马 14 毫米艺术系列镜头，也可以通过镜头适配器连接到无反相机上。你很可能需要这样一个适配器，将无反相机连接到天文望远镜上。

第一步：拍摄夜景

新智慧星和极光

你只需要一部安装在三脚架上的相机便能开始。作者戴尔使用佳能 6D Mark Ⅱ 和 35 毫米镜头，以 f/2.5 和 ISO 3200 拍摄了一张天空的无跟踪 20 秒曝光照片，以 ISO 1600 拍摄了 6 张地面的 2 分钟曝光照片，并将它们叠加以柔和噪声，如第 380 页所述。

光圈挡

镜头的参数设置包括光圈挡：f/1.4、f/2、f/2.8、f/4、f/5.6 等。每提升或降低一个挡位，镜头收集的光量就会减半或翻倍。

在你正式进入最高阶的深空摄影之前，最好先磨炼好相关技能，方式就是用安装在三脚架上的相机拍摄和处理夜景。这将教会你如何在夜间手动设置和对焦相机，这可是不小的成绩，尤其是如果你到目前为止所拍摄的都是白天的场景，而且大概率使用的是自动曝光（AE）和自动对焦（AF）模式的话。

不要觉得只有初学者才会进行这种形式的天文摄影，我们在这个领域中的许多同事就是通过拍摄静止的夜景图像谋生的。作者戴尔还写了一本详尽的电子书，内容就是关于拍摄夜景和延时摄影（见链接列表 63 条目的网站）。

准备开始

你确实需要一部好相机，但是也不要在三脚架上吝啬。脆弱的便携式三脚架并不适用于长时间曝光拍摄。你要预备好为三脚架花费 200 至 400 美元。我们使用的款式来自曼富图（Manfrotto），但也有其他许多优秀的品牌。

如果你有一个焦距范围在 18 至 55 毫米的变焦镜头，那么用它就可以。它能够很好地应对晨昏时分或月光下的明亮场景。但是想要在黑暗、无月光的场景中拍摄银河，你就需要一个快速广角镜头，如 14 毫米 f/2.8 或 24 毫米 f/1.4。

你还需要一个遥控相机释放器，或者更好的选择是一个定时控制器（50 美元以上），如上图所示。要确保定时控制器能够接入相机上的遥控端口，因为即使是同一品牌的相机，其端口的规格也可能是不同的。备用电池也是一个好主意，特别是对于电池寿命较短的老款相机。

月光下的场景

拍摄夜景还是比较容易的，但是不要一开始就挑战在黑暗的地点拍摄银河。先试着拍一拍暮色中的城市天际线吧。或者在月色明亮的夜晚拍摄一个景色优美的地方。月光会照亮繁星点点的蓝色夜空下的风景。

虽然自动对焦和自动曝光功能可能在月光下依旧能用，但关键在于学会不依赖它们。将你的相机切换到手动模式（M），不要依靠相机，而是根据自己的判断来设置快门速度、镜头光圈和 ISO 速度。

那么，多大的曝光是最好的？选择的 ISO 值不要高于使图像尽可能向右曝光（ETTR）时的所需值，详情见第 351 页。高 ISO 比低 ISO 有着更多的噪声和更小的动态范围。在有月光的夜晚，先使用 ISO 800，然后尝试 400。如果有必要的话也可以调高些。降低 ISO 需要延长快门速度或增大光圈，也可能二者都需要。提高 ISO 则可以缩短快门速度或者减小光圈。

在 f/1.4 至 f/2 下光圈“大开”的镜头尽管也能够用于拍摄，但镜头的光圈较大时会表现出更多的像差。整个画面中的星体看起来都会很柔和，而且四角处还会扭曲变形。你可能需要将镜头光圈缩小一到两个挡位（f/2.8 或 f/4）。较小的光圈也能提供更多的景深，这样前景和星体就都能聚焦了。

500 法则

最好不要使用不必要的高 ISO 或者在镜头大开的情况下进行拍摄。但是在拍摄夜景时，快门速度会受限于地球的自转。所谓的“500 法则”是指，在恒星开始显现出星像迹线之前所能允许的最大曝光时间为：500÷ 镜头的焦距。所以 50 毫米镜头的极限是 500 ÷ 50 = 10 秒。不管你拍摄的是画幅式还是全画幅，这个法则都适用。

那些拥有高像素相机的人，如果希望图像更精细，可以采用更严格的 300 法则。不过在实践中，一点点星像迹线是很难看到的，特别是在 Instagram 上！

银河

一张标志性的夜景照片总是这样的：下方是优美的风景，上方是闪耀的银河。最大光圈为 f/5 的变焦镜头是无法胜任这项工作的。在这种时候，你就必须有一个快速且广角的镜头。由于 500 法则或者更严格的 300 法则将曝光时间限制在了 15 至 40 秒，因而在无月光的夜空下，你别无选择，只能将镜头光圈打开到 f/2.8 或 f/2，并将 ISO 提高到 3200，甚至最高达到 12,800。相机的质量差异在此时就会变得明显。性能较差的相机不会在 ISO 1600 以上有良好的表现。

当使用大光圈并在天空聚焦时，前景

月光下的夜景

在月光明亮的夜晚，拍摄所需的曝光时间较短，你也能够看清你在做什么和拍摄什么。天空是蓝色的，就像白天时一样，因为月光就是经过反射的太阳光，只不过暗了很多。这张图片是两张照片混合生成的，一张是在 ISO400 下对地面进行了 2 分钟曝光，一张是在 ISO1600 下对天空进行了 30 秒的曝光，它们使用的光圈值都是 f/2.8。

离轴像差

当使用广角镜头时，即使是顶级的镜头也会在边角出现彗差和像散，以及使边角变暗的渐晕现象。将光圈下调到 f/4 可以消除大多数这些缺陷，但 f/2 或 f/2.8 往往是最好的折中办法。

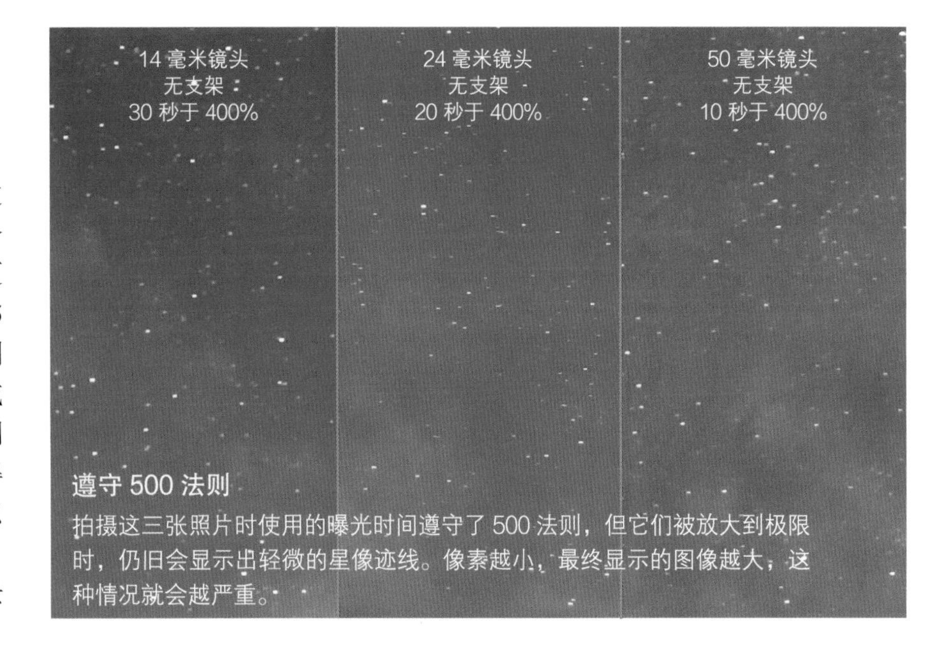

遵守 500 法则

拍摄这三张照片时使用的曝光时间遵守了 500 法则，但它们被放大到极限时，仍旧会显示出轻微的星像迹线。像素越小，最终显示的图像越大，这种情况就会越严重。

被星光照亮

将三张在 f/5.6 下拍摄的 4 分钟曝光照片混合，堆叠照片能够使噪声柔和下来，同时为前景提供景深，而一张在 f/2 下拍摄的 20 秒曝光天空照片最大程度上减少了星像迹线。所有照片都是用适马 24 毫米艺术系列镜头和尼康 D750 相机在 ISO 6400 下拍摄的。

曝光设置

有三种方法能够调节曝光时长：

曝光设置

更长的时间 = 更多的光线 = 更明亮

镜头光圈

更宽（即更小的 f）= 更多的光线 = 更明亮

ISO 速度

更高 = 信号增强 = 图像更亮

就会失焦。一种技巧是分别拍摄一张天空和地面的照片，拍摄后者时要将光圈调低，因为较小的光圈会产生更大的景深。这两张照片随后通过后期处理融合在一起。

计算曝光

快门速度、光圈和 ISO 都是相互作用的。提升其中一项，你就可以减小另外两项。翻倍的 ISO 可以使快门速度减半或使镜头下调一个光圈挡位——例如，从 f/2.8 调到 f/4。高 ISO 的代价是增加噪声。

以银河为例：假设我们发现在 f/2 和 ISO 3200 下曝光 30 秒能够很好地拍摄出银河，但为了使前景对焦，镜头必须下调到 f/5.6，这就是从 f/2 到 f/2.8 到 f/4 到 f/5.6，下调了三个挡位。每一挡都会带来两倍的光量差异。因此，为了弥补光线的损失，曝光时间必须延长，从 30 秒到 60 秒到 120 秒到 240 秒，也就是三次翻倍。拍摄地面时的曝光时长必须有 4 分钟。如果你还想在 ISO800 下拍摄黑暗的地面以减少噪声，那就相当于又损失了两挡，相差 4 倍。地面曝光时长必须要有 16 分钟！

对于任何一个对象，我们都没法告诉你最佳曝光时长是多少，因为这会随着场景和天空质量的变化而变化。你需要学习

曝光时长建议

曙光 / 暮光场景
- 1—8 秒
- f/2.8—f/5.6
- ISO 100—200

极光
- 4—30 秒
- f/2—f/2.8
- ISO 800—1600

夜光云
- 2—10 秒
- f/2—f/2.8
- ISO 400—800

月光下的夜景
- 5—15 秒
- f/2.8—f/5.6
- IS0400—1600

无月的夜景
- 20—40 秒
- f/2—f/2.8
- ISO 3200—12,800

星像迹线 / 延时摄影
- 50 至 300 张照片
- 曝光参考其他对象
- 每张照片间隔 1 秒拍摄

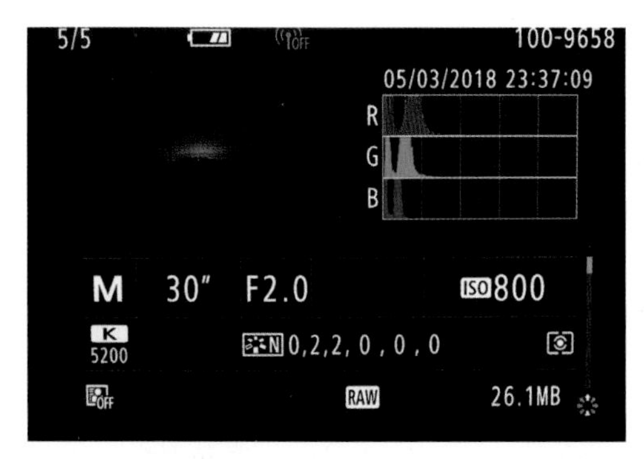

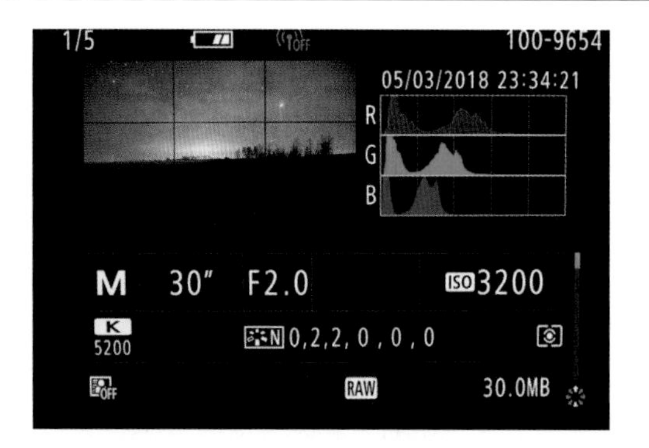

向右曝光

为了最大限度地提高信号和减少噪声，拍摄夜景时的基本规则是向右曝光。使用相机的直方图来对曝光进行判断。峰值不应该堆积在左边，这表示曝光不足，应该将其向右延伸，即使这需要使用更高的 ISO，图中就是这么做的。

如何在它们之间进行权衡，才能正确地设置好这三项：快门速度（避免出现星像迹线）、光圈（在最大限度减少镜头像差的同时收集最多的光线）和 ISO（确保不会曝光不足的同时尽量减少噪声）。积累这些实地经验能够在以后拍摄深空目标时给你带来很大的帮助。

极光

拍摄极光是一种特殊的情况，因为我们拍摄的是一种快速变化的现象，如果发生了亚暴，亮度也可能会在短短几秒内就发生很大变化。拍摄明亮、快速变化的极光时，在 ISO400 至 3200 下使用不超过 1 至 3 秒的快门速度，并将镜头光圈调大。而将 ISO 设置为 1600，曝光时间设置为 30 秒或更长时，那些肉眼几乎看不到的微弱极光在相机中会显示得很清楚，当然，还要将镜头光圈调大。

无反相机甚至可以拍摄明亮极光的实时 4K 视频，但需要镜头光圈在 f/2 或更快，且 ISO 高达 51,200。拥有 8 微米像素的索尼 a7S 系列是拍摄低光视频的大师。

全景图

全景图是相对容易拍摄的。你拍摄的不是单一一张照片，而是一系列照片，在拍摄每两张照片时将相机移动约 30 至 45 度，通常从左到右移动。有两个因素很关键：将三脚架和相机调平，并预留出 30% 至 50% 的重叠，这足以让拼接软件识别两张照片的共同特征，从而将它们对齐并融合。对所有的照片使用相同的曝光，以避免天空中出现带状和不均匀。

有些夜景拍摄者甚至会在拍摄全景图时拍摄多行照片，以覆盖整个天空。高级软件，如微软的 Image Composite Editor（免费）和 PTGui（150 美元），能够进行复杂的拼接操作。

星像迹线

如果你能对一个场景拍出一张准确曝光的照片，那么拍几十张甚至几百张也不是什么难事。关键在于使用定时控制器来自动启动快门，且曝光间隔不超过 1 秒。这样快门关闭后，会马上再次打开以拍摄

超大的图片

一张全景图捕捉了艾伯塔省雷德迪尔河上空拱起的银河和极光。这张全景图通过 6 张照片拼接成，它们是用尼康 D750 和 Rokinon 12 毫米鱼眼镜头以横向拍摄的。每帧都在 f/2.8 和 ISO 3200 下进行了非跟踪 45 秒曝光。

令人愉悦的轨迹

拍摄星像迹线，比如在犹他州拱门国家公园的这一月光明亮的场景中，需要一个定时控制器。许多相机都有一个内置的定时控制器，但是它们的间隔时间必须比快门长两到三秒，例如，30 秒的曝光需要间隔 33 秒。外置的定时控制器则各不相同。对于 1 秒的间隔，有些可以直接设置为 1 秒；有些则必须设置为曝光时间加 1 秒。在进行重要的拍摄前一定要测试！

下一张照片。间隔再长一点，你就会在恒星的星像迹线中看到空隙。专门的程序，如 StarStaX（免费），可以将照片堆叠起来，效果相当于一张进行了数分钟或数小时曝光的照片。

延时摄影

如果你有一组用于堆叠起来生成星像迹线图像的照片，那么你也可以将它们串起来，形成一个显示天空转动的延时视频。一般来说，至少需要 300 张照片。虽然 Photoshop 能够从一个图像文件夹中直接创建视频，但是通常的做法是使用专门的编辑程序，如 TimeLapse DeFlicker 或高级延时摄影处理软件 LRTimelapse。

认真的延时摄影者会使用在拍摄过程中自动平移、倾斜或滑动相机的设备。这些运动控制器可从 Dynamic Perception、Edelkrone、eMotimo、Syrp、Radian 和 Rhino 等品牌购买，其中一些品牌作者戴尔已经用过。由于我们这本书的读者也可能对天空追踪器感兴趣，所以我们推荐 Sky-Watcher 的 Star Adventurer 2i 和 Star Adventurer Mini，二者都可以通过 Wi-Fi 进行编控，执行简单的运动控制延时，同时还可以作为一个传统的极轴校准的追踪器使用。

运动控制

Star Adventurer Mini（猎户的 StarShoot CAT 与它相似）可以被设置成水平转动来进行延时摄影，同时相机随着天空的移动而转动。通过 Wi-Fi 连接一个应用程序，可以对转弯角度、间隔和帧数进行设置。

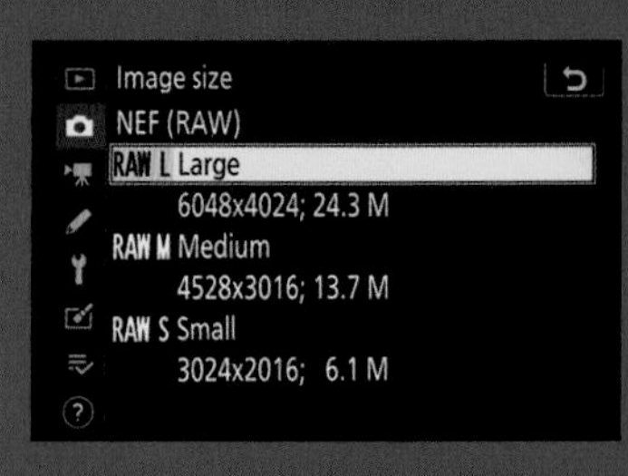

文件格式

对于天文摄影，永远以 RAW 格式拍摄，而不以 JPG 格式拍摄，并且要选择最大尺寸（不是 RAW S）。如果你愿意，可以拍摄 RAW 格式和 JPG 格式，但这只会占用内存卡更多的空间。

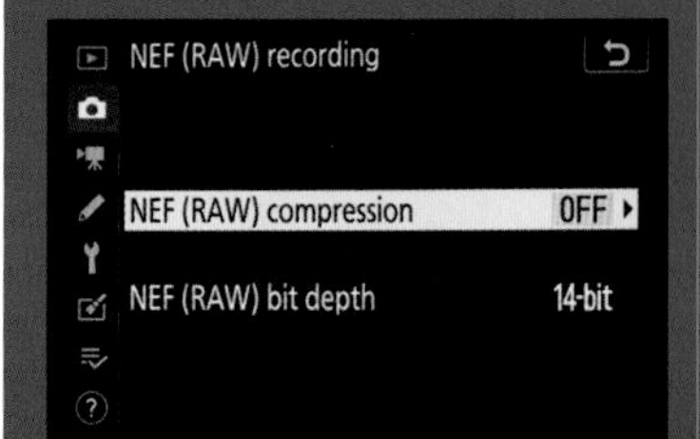

RAW 选项

许多相机提供 RAW 质量的选项。为了获得最广泛的动态范围，在 14 位（而不是 12 位）和无压缩模式下拍摄。（这是尼康的屏幕。）

长时间曝光降噪

曝光时间超过 1 秒后，相机会拍摄一个暗帧。除了在拍摄星像迹线和延时摄影时，我们都推荐使用这个功能，特别是在温暖的夜晚。

针对天文摄影的相机设置

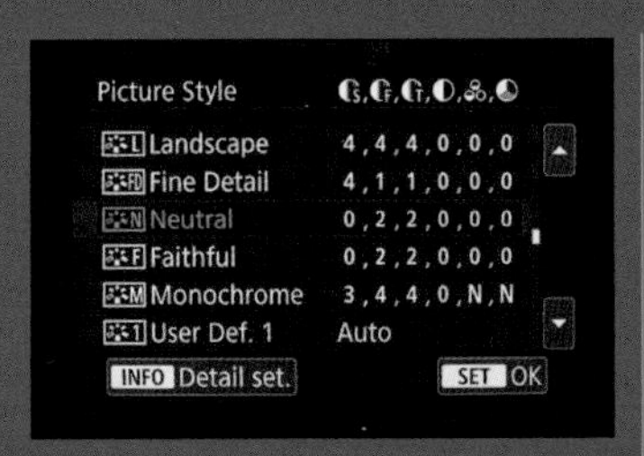

照片风格或照片控制

这个选项并不会影响原始图像，只影响 JPG 格式。然而，为了使预览图像与最终的原始文件最相似，将其设置为中性。

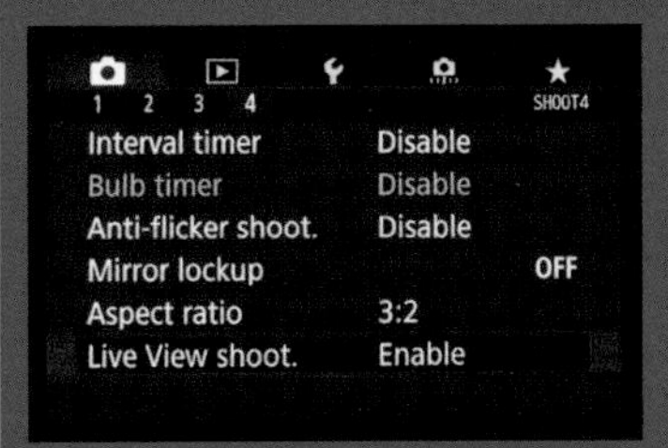

实时取景

数码单反相机始终处于实时取景状态，每时每刻都将图像从传感器输送到视屏上。无反相机有一个实时取景开关，但有时实时取景必须是开启状态的。

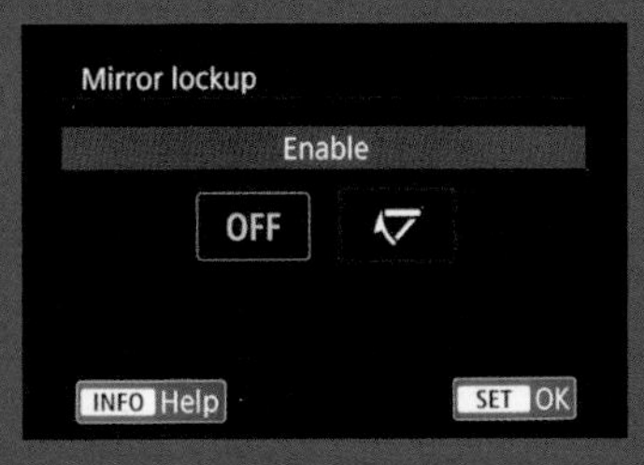

反光镜锁定（仅用于单反相机）

在拍摄月球时使用这个功能。进行深空摄影时应该是不会用到它的，但对于佳能相机，启用这个功能并使用 2 秒自拍功能，可以将反光镜翻转起来，然后按动快门。

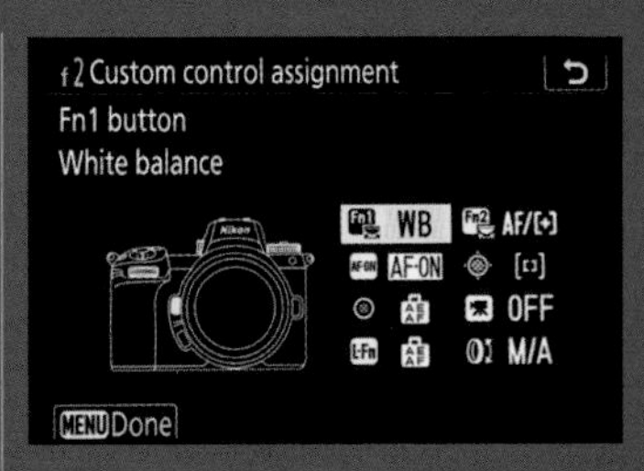

自定义按钮的分配

许多相机有自定义或多功能按钮或转盘。将它们设置为你经常使用的功能，以便在夜间能够快速访问。此处显示的是尼康 Z6 的自定义页面。

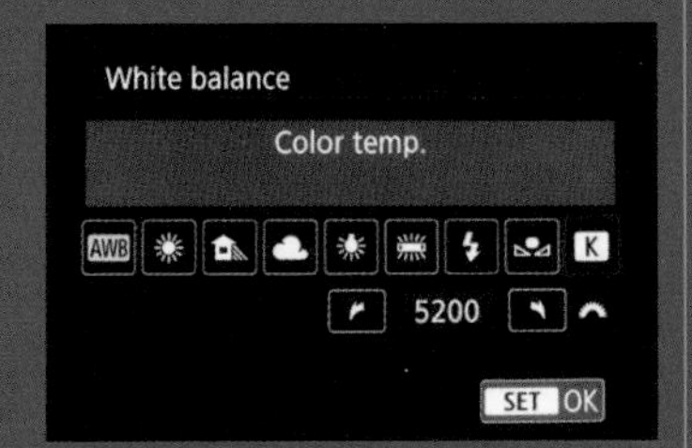

色温

自动白平衡（AWB）效果就不错。但为了确保各帧之间的一致性，将白平衡设置为固定的 5200 开尔文。

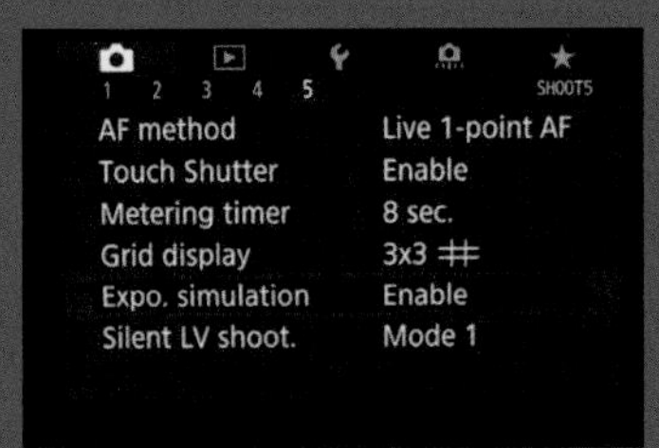

曝光模拟

这提高了实时取景图像的亮度，使其更容易取景和对焦。当实时取景被关闭时，这个选项可能会藏得很深，甚至不会出现。

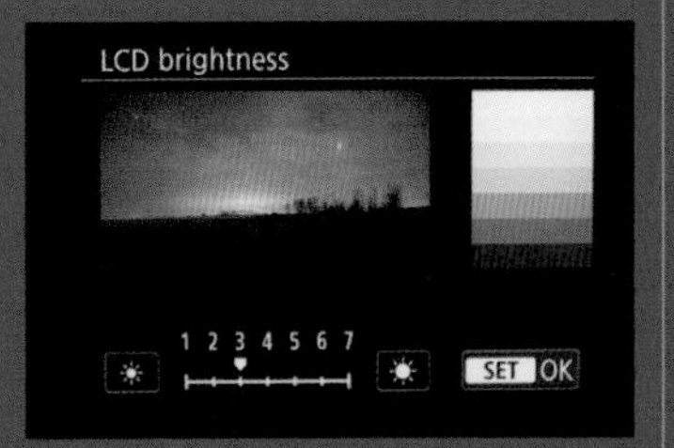

显示屏亮度

天文使用时要将其调低。在夜晚，如果显示屏太亮，会让人无法正确判断照片的曝光程度。

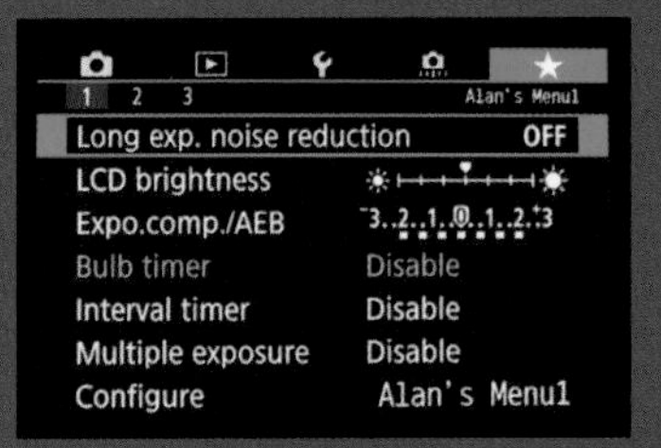

我的菜单

所有相机都有一个“我的菜单”，你可以用分布于不同屏幕上的命令来填充。相机还提供可定制的快速菜单或“i”屏幕。

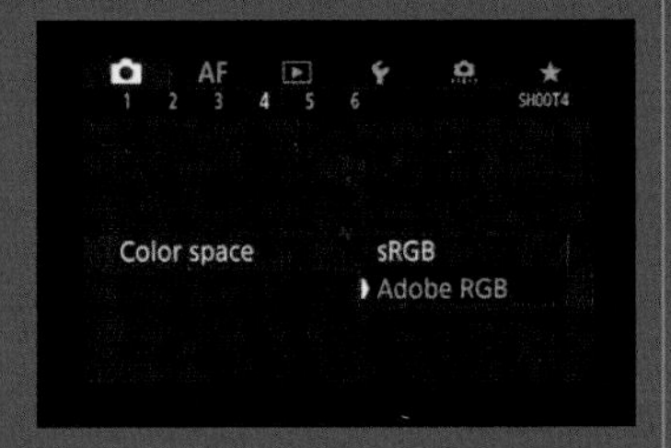

色彩空间

虽然这只影响到 JPG 格式，但最好将色彩空间设置为 Adobe RGB，而不是 sRGB，以便相机记录最广的色域。

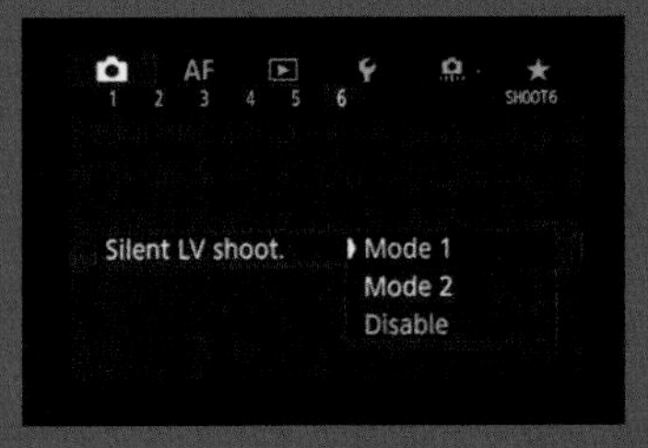

静音 LV 拍摄

这个功能让你可以使用电子快门来开始曝光。关闭它。机械快门将确保以 14 位拍摄照片，从而达到最大的动态范围。

屏幕信息设置

你可以选择在预览和回放图像时显示哪些信息。调整这个选项，使直方图显示出来，同时确保页面简洁。

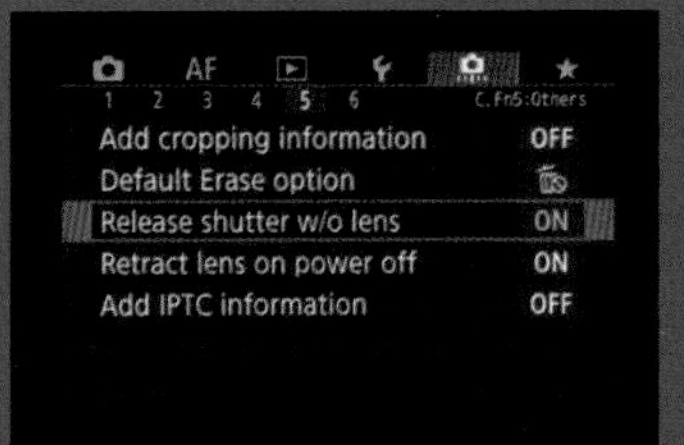

隐藏但关键的选项

例如，佳能 EOS R 系列就有这个“有 / 无镜头释放快门”选项。如果它是关闭的，那么当相机连接到天文望远镜时，它的快门就不会启动！

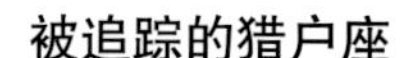

被追踪的猎户座

拍摄星座肖像是追踪器的主要工作领域。使用适马 50 毫米镜头和安装在 SkyGuider Pro 追踪器上的佳能 EOS Ra，在 f/3.5 和 ISO 800 下拍摄 8 张 2 分钟曝光照片，将它们进行堆叠后，生成了左侧这张照片。通过 Kenko Pro Softon-A 滤光片额外增加的曝光使得恒星的光芒更加耀眼。

第二步：跟踪天空

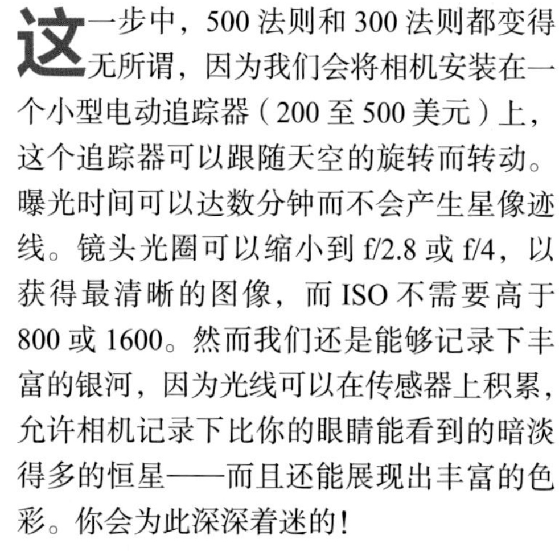

这一步中，500 法则和 300 法则都变得无所谓，因为我们会将相机安装在一个小型电动追踪器（200 至 500 美元）上，这个追踪器可以跟随天空的旋转而转动。曝光时间可以达数分钟而不会产生星像迹线。镜头光圈可以缩小到 f/2.8 或 f/4，以获得最清晰的图像，而 ISO 不需要高于 800 或 1600。然而我们还是能够记录下丰富的银河，因为光线可以在传感器上积累，允许相机记录下比你的眼睛能看到的暗淡得多的恒星——而且还能展现出丰富的色彩。你会为此深深着迷的！

SkyGuider Pro 追踪器

艾顿 SkyGuider Pro（450 美元）的追踪精度足以确保使用最高 200 毫米焦距的镜头拍摄 2 分钟曝光照片时，其中绝大部分都不会出现星像迹线。它的可充电锂电池可以维持很多个夜晚。

跟踪对象

通常追踪器的使用场景是拍摄银河的广角照片、星座肖像、银河系星域的长焦特写，甚至是拍摄大型深空物体，如仙女星系和麦哲伦云。所以追踪拍摄能让你通过一种相对容易的方式进入深空成像的复杂领域。

在拍摄夜景时，我们也可以使用追踪器。开启追踪器马达拍摄天空，然后关闭它拍摄地面的风景，这样追踪器的运动就不会使地面变得模糊（或者先拍摄未跟踪的照片）。这两张照片会在后期处理过程中进行融合。在这些情况下，最好保持跟踪拍摄的照片曝光时间不超过 1 至 2 分钟（如果你要堆叠几张照片，那么每张照片都是如此）。地面拍摄时的曝光时间可以是任意时长，就像上一节中的例子一样。

极轴校准

在拍摄夜景时，你需要知道如何设置相机。而在使用追踪器时，你还要学习一项新的技能：极轴校准。追踪器必须进行校准，以使其旋转轴指向天极。我们在附录中介绍了这些步骤。所有的追踪器都内置有一个小型的极轴镜，上面有发光的标线，在北半球，这个标线会指示你如何在视场中设置北极星，在南半球则是南极座中的一个恒星图案。在你有了一点经验之后，这个过程只需要几分钟，但在南半球需要十分钟！

以电池为动力的追踪器，在设置为恒星速时，会跟随着恒星的运动而旋转。如果极轴校准不准确，那么长时间曝光照片中就会产生星像迹线，尤其是使用了长焦镜头的情况下。不过，造成星像迹线的主要原因是小驱动齿轮的误差，镜头的焦距越长，这种缺陷就越明显。

追踪器的选择

在过去，想要进行这种类型的摄影，我们必须将相机及其镜头安装到天文望远镜上，这被称为“背负式摄影”。而现在，有各种各样专门的天空追踪器供我们选择，它们都足够小巧，可以装进相机包里，带着它乘车或乘飞机去往暗夜观测点完全没有问题。在我们测试过和拥有过的所有追踪器中，艾顿 SkyGuider Pro 和 Sky-Watcher Star Adventurers 是我们推荐的。

它们都带有一个弯角附件头，可以用螺栓固定在无头的相机三脚架上。使用追

踪器头上的调节装置可以轻松地将其极轴对准天极。然后你需要在追踪器上安装一个坚固的球头，以固定相机。和购买三脚架时一样，不要在这上面吝啬。一个轻飘飘的球头会在相机的重量下移位，尤其是如果这个相机还连接了一个沉重的镜头的话，这会导致出现更多星像迹线。

最长能有多少

镜头的焦距越长，你的照片中就越容易出现星像迹线。我们发现大多数追踪器在实际应用中的极限是 135 至 200 毫米焦距的快速镜头，且曝光时间不超过 2 至 3 分钟。如果使用了这样的焦距，记得拍摄大量的照片，因为其中一部分（通常多达一半）照片会出现一定程度的星像迹线。许多新手都想要把一个 600 毫米的镜头（它们更适合拍远处的野生动物）安到一个小型追踪器上。不要这样做，我们会给你更好的选择。

广角镜头的宽容度要高得多，所以曝光时间可以更长，也许能有 4 至 6 分钟。ISO 也可以更低。但广角镜头对离轴像差几乎无能为力，当你的拍摄对象只有光点的时候，这种光学畸变会变得非常明显。你需要降低光圈挡位来得到最清晰的图像。具体使用哪个挡位取决于镜头的质量，这点你很快就能发现。

哪些地方可能出错

Facebook 小组中有很多来自新手的求助，因为在寻找北极星或者其他选定的目标（如仙女星系）时遇到了重重阻碍。他们在试图使用追踪器拍摄深空天体时，都没有像我们在第一部分中建议的那样，先做到真正了解天空。

但是，即便你能将追踪器正确地校准和瞄准，你还是可能会犯一些愚蠢的错误，比如错误地设置了实时控制器，导致曝光时间不对；或者撞到了镜头，导致失焦；或者忘记事先检查电池，导致相机或追踪器在拍到一半时就没电；或者……这样的错误不胜枚举！欢迎来到天文摄影的世界。

选择你的镜头

每款镜头都能在天空中找到它的目标。一个 35 毫米的镜头拍摄了天鹅座中蜿蜒的暗带（左图）；而 135 毫米的长焦镜头搭配经过滤光片修正的相机，拍到了银河中的一些区域，比如天鹅座中丰富的星云状物质（右图）。这两张图片都是多张照片堆叠而成的，它们都在 f/2.8 和 ISO 1600 下拍摄，曝光时间为 3 至 4 分钟。

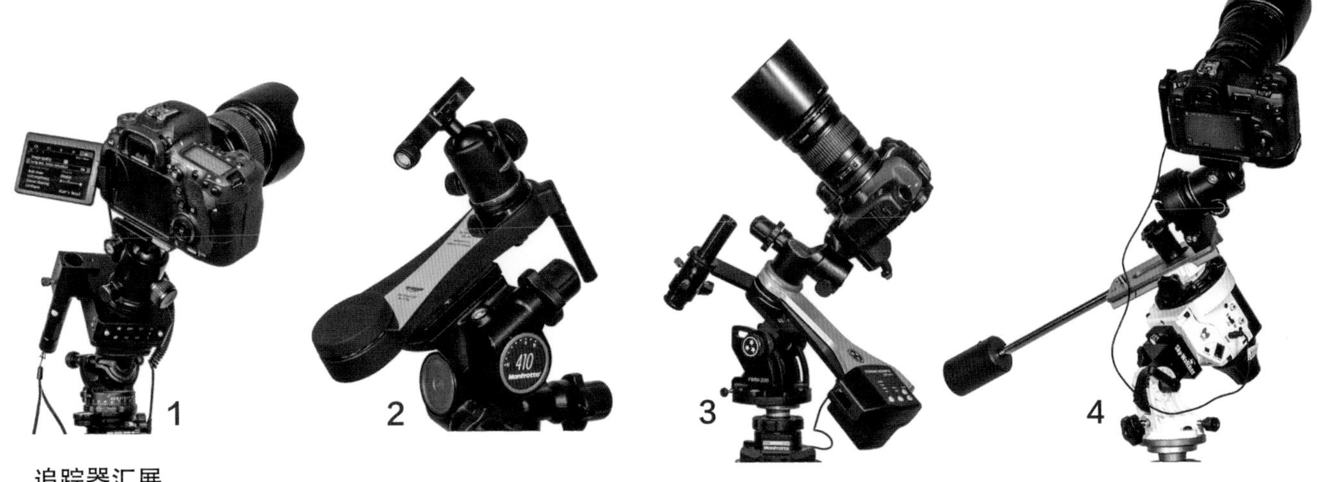

追踪器汇展

1. Move Shoot Move（MSM）旋转器（200 美元）售价低，结构小巧，但只适合广角镜头。2. 机械式 Omegon MiniTrack（190 美元）使用发条式扇形驱动器，但也只适用于广角镜头，而且不能想关就关，在拍摄夜景时很不便利。3. Fornax LighTrack（1000 美元）属于高端产品，也使用扇形驱动，对长焦镜头和小型天文望远镜来说，跟踪效果很好。4. Sky-Watcher Star Adventurer 2i（400 美元）是最受欢迎的选择之一，它可以配置一个赤纬支杆和配重，如图。2i 可以控制相机快门，并通过 Wi-Fi 连接应用程序，对延时摄影和追踪拍摄的参数进行设置。

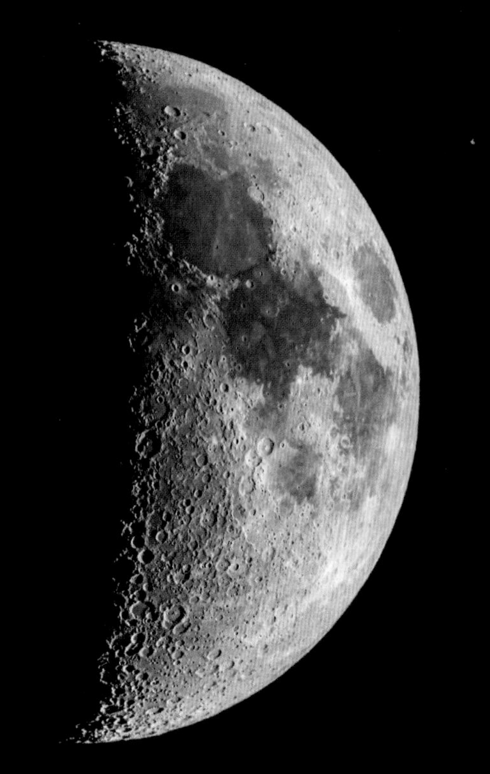

月球肖像

使用小型天文望远镜时，可能需要一个巴罗透镜来放大月球的图像，以显示出令人印象深刻的细节。拍摄这张照片用到了一架 130 毫米 f/6 折射式天文望远镜，搭配 2 倍巴罗透镜使焦距达到 1600 毫米，使用的相机是佳能 60Da，ISO 为 100，曝光时间为 1/30 秒。你能看到月球上的字母 X 和 V 吗？

使用行星相机

在拍摄月球和行星的高倍率图像时，我们面临的最大挑战就是地球大气层中的湍流导致成像模糊，换句话说就是视宁度不佳。为了与之对抗，行星拍摄者会拍摄短片，一次性捕捉数百帧画面，其中有些画面会比其他的更加清晰，这就是“运气成像”的精髓所在。为拍摄短片而选择的工具是专门的行星照相机，它能够通过有线高速连接将视频流直接输入电脑。

我们在第十二章至第十四章中介绍的由成像大师罗伯特·里夫斯和达米安·皮奇拍摄的惊人的月球和行星照片正是用这种高速相机拍摄的。星特朗（如图所示）、The Imaging Source、猎户、QHYCCD 和 ZWO 的行星相机都很受欢迎。

诸如埃米尔·克莱坎普（Emil Kraaikamp）的 Windows 系统程序 AutoStakkert（网址见链接列表 64 条目）或科尔 · 贝雷耶茨（Cor Berrevoets）的 RegiStax（网址见链接列表 65 条目）等软件只将质量最好的帧从视频中抽取出来，然后将它们堆叠并对齐以减少噪声。用“小波”锐化过滤器进一步处理，能够展现出的细节甚至比眼睛在目镜前看到的还要多得多，产生的图像可以与哈勃望远镜拍摄的图像媲美。

第三步：连接天文望远镜

接下来的一步会有一些复杂，我们需要将相机安装到天文望远镜上，让望远镜成为相机的镜头。通过一架多布森反射式天文望远镜在不加追踪的情况下拍摄月球是有可能实现的，但是其他所有形式的天文望远镜摄影，都需要使用追踪马达。行星可以通过安装在经纬仪支架上的 GoTo 望远镜拍摄，但是对深空天体的长时间曝光摄影必须要用到赤道仪支架。

想要确保成功，你应该知道如何设置你的天文望远镜，包括极轴校准，就像我们对追踪器做的那样，以及之后如何校准它的 GoTo 系统，如第十一章中介绍的。

连接一部相机

如果你想拍摄令人印象深刻的充满整个画面的月球图像，请将你的相机与焦距在 800 至 1600 毫米的天文望远镜配合使用。而要做到这一点，你需要一个转接器来将相机机身连接到所谓的天文望远镜主焦系统。

有些天文望远镜的聚焦器需要使用特定的转接器；在其他情况下，一个通用型号的转接器就行，它可以像目镜一样插入聚焦器。虽然有些入门级的天文望远镜的聚焦器上带有螺纹，可以连接 T 形转接环，但我们测试时发现，对于牛顿式镜，单反相机旋入其聚焦器的距离有限，无法聚焦，除非搭配巴罗透镜和鼻镜转接器使用。折射式望远镜更适合提供充足的调焦距离。

关键部分是 T 形转接环，它一头连接相机镜头卡口，另一头通过通用的 M42 或更宽的 M48 螺纹连接相机转接器或聚焦器。这些都能在天文望远镜经销商那里买到。无反相机也需要一个特定的镜头适配器，因为 T 形环通常适用于佳能和尼康单反相机使用的佳能 EF 和尼康 F 镜头卡口，而不是它们的无反相机使用的 RF 和 Z 镜头卡口，后者要宽得多。

索尼用户应该能够找到用于索

月球特写

使用施密特－卡塞格林式望远镜和巴罗透镜后，只有一部分月球会进入相机的画幅。在Photoshop中可以对一组部分重叠的照片（本例中为3张）进行拼接，以创建出一张全景图或高分辨率的马赛克照片。拍摄这些照片使用的器材是星特朗C9.25、2倍巴罗透镜和佳能60Da。插图：要将巴罗透镜插入施密特－卡塞格林式望远镜的光路，可能需要使用一个标准款鼻镜适配器和一个延焦筒。

捕捉地照

想要捕捉到一弯月牙上微弱的地照光需要几秒钟的曝光，通常会使明亮的月牙部分曝光过度。在这张照片中，用一张曝光时间较短的照片来混合，可以保留住眼睛看到的景色。拍摄地照光的较长曝光照片时，将望远镜的驱动器设置为月球速率。

尼E镜头卡口的T形环。关于所有相机品牌的T形环，请访问链接列表66条目的网站。

拍摄月球

使用实时取景功能，你可以聚焦到月球的边缘或环形山的明亮外缘和中央山峰上。或者，你可以将望远镜回转并聚焦到一颗明亮的恒星上，也许可以使用一块鱼骨板来辅助对焦（见第358页）。

在曝光设置方面，由于月球很明亮，所以ISO设置为100即可。即便如此，曝光也只需要几分之一秒。毕竟月球算得上是一块明亮的、被太阳光照耀的岩石。正确的曝光时长取决于望远镜的焦比、天空的透明度以及月球的高度和相位。在拍摄细细的新月时，尝试1/4秒曝光时长，拍摄弦月时用1/30秒，拍摄满月时用1/250秒。曝光时间不能太短，不然黑暗的明暗交界处会曝光不足；但也不能太长，以免月面其余明亮的部分曝光过度。

提升倍率！

拍摄月球的近距离特写或者行星，需要使用更大的放大倍率。很多人都爱用的一种方法是使用巴罗透镜，将它插入天文望远镜和相机之间，可以使望远镜的有效焦距增加一倍或两倍。例如，一架200毫米f/10的施密特－卡塞格林式望远镜的焦距是2000毫米，但如果使用2倍的巴罗透镜，其光学系统的焦比就会变成f/20，焦距变成4000毫米，适合用3到4微米的像素来分辨出最小的细节。不过，此时曝光时间必须延长到原来的4倍，或者将ISO增加到原来的4倍。并且为了减轻这种焦距下的振动，数码单反相机的用户需要启用反光镜锁定功能，而无反相机的用户要切换到电子前帘快门，或者静音拍摄。

相机适配器

施密特－卡塞格林式望远镜需要一个特殊的T形适配器（顶图），而通用的32毫米（上图）和50毫米鼻镜适配器可以接入所有聚焦器。这两种类型的适配器都需要一个相机专用的T形环。

将相机对焦

尽管良好的曝光很重要，但我们有时可以在后期处理过程中对不良的曝光进行修复。但是不良的对焦是修复不了的，所以精准对焦是至关重要的。新手总是被这项挑战给吓到。在夜间，仅仅是能够在取景器中看到任何东西就足够艰难了，更不要说对焦到某个物体上。

使用实时取景功能

对许多数码单反相机来说，光学取景器可能为取景提供最明亮的视野。然而为了准确对焦，你必须使用实时取景（有时在数码单反相机上表示为LV），将来自传感器的视频信号传送到后部的液晶显示屏。（无反相机一直处于实时取景模式。）首先，确保镜头处于手动对焦（MF）状态。然后瞄准远处的亮光或一颗明亮的恒星，将覆盖框移到亮光或亮星上。按下“+”按钮，将图像放大到最大，然后手动调整镜头的焦距，直到该光点尽可能地微小和清晰。这一步是必需的，因为即使是标有距离刻度的镜头，在设置为无限远（∞）时，对天空的聚焦通常也不是最清晰的。

增强取景图像显示

提高实时取景图像的亮度，能够使我们更容易找到需要对焦的目标，以及对场景进行取景。打开曝光模拟（佳能）或者曝光预览（尼康）功能，可以使显示的电子图像变亮。将镜头的光圈开到最大以及提高快门速度，可能也有所帮助。但尼康相机在使用“B门”时，实时图像会变暗。通常情况下，数码无反相机的实时取景图像比单反的要亮，而全画幅单反相机的图像通常比画幅式相机的要亮。

对焦辅助

有一种独特的对焦辅助工具被称为“鱼骨板”。它在明亮的恒星上创造了一个衍射图案，这样在实时取景中就容易成功对焦。在拍摄深空图像时，它在天文望远镜上的使用是不可或缺的。在拍摄星域的跟踪图像时，它也适用于长焦镜头。

蚀刻塑料形式的鱼骨板在出售时宣称可用于夜景拍摄，但我们发现这些挡板没有什么效果——当与广角镜头一起使用时，其衍射图案太小了。

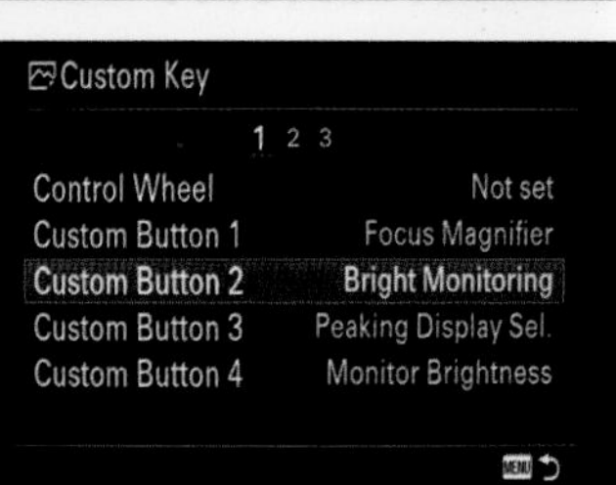

隐藏的菜单

尼康将其曝光预览选项隐藏在顶部的“i”菜单下。索尼的“亮屏显示”（上图）甚至不在菜单中，只能通过将其分配给一个自定义按钮来访问。但当它启用时，银河会在实时取景中显示出来——这对夜景的取景非常有帮助。

成功对焦

上图：失焦会使恒星看起来很柔和，并显示出一种青色调。更好的对焦使恒星更清晰，但它们可能仍然被色差造成的彩色光晕所包围。在最好的对焦下（通常使用的是长焦镜头），恒星是无色的。

鱼骨对焦板

左图：把一片简单的鱼骨板放置在长焦镜头或天文望远镜前，就能为明亮的恒星增添衍射尖峰。当中央的尖峰恰好位于两侧尖峰的正中间时，光学器件就处于聚焦状态，这样就避免了通过目测判断焦点的不确定性。

保持简单

将杂乱无章保持在最低限度。电缆会被卡住，连接器会断裂。你拥有的这些外接装置越多，可能且一定会出错的地方就越多。

试拍

我们在“一套优秀的入门级系统”（第 364 页）中推荐了一套深空设备，图中正在使用这套设备拍摄仙女星系 M31（照片见第 365 页）。

选择深空设备

现在我们要开始花钱了！为了将成本维持在合理范围内，我们会着重于为你配备一套良好的入门级深空设备，总价格低于 3000 美元。如果你是一名高阶用户，正在寻求一套可以用到退休的梦想系统，那么这份购物清单并不适合你。

我们首选的天文望远镜

我们认为，开始进入深空摄影领域时，最佳的选择是复消色差折射式天文望远镜，口径大约在 80 毫米，焦比在 f/5 至 f/7。光学镜筒的价格从 1000 美元起步。

它的优点很多：速度够快，因而可以在保持较短曝光时间的同时提供一个光照均匀的视场，且边缘处的成像也很清晰；镜筒小而轻，所以它可以很好地与小型支架相匹配，便于携带，且价格便宜；它的短焦距也能够容忍不那么完美的极轴校准和自动导星。

此外，其 400 到 560 毫米的焦距也足以用来对较大型的深空天体拍摄令人印象深刻的特写：星云、疏散星团和大型星系，如仙女星系和麦哲伦云。不过它不能很好地分辨小型深空天体，例如大多数行星状星云、球状星团和星系。这些天体需要 800 到 2000 毫米的焦距。

小一些的：天体照相仪

近年来流行的一类设备是天体照相仪。许多天体照相仪都是折射式的，口径只有 50 到 70 毫米。这听起来挺小的，但天体照相仪最与众不同的是，它并不是为目视观测设计的。把这种尺寸的天体照相仪看作一流的镜头，具有比长焦镜头更精确的对焦机制和更清晰的光学效果，同时它们的部件也更适合安全地安装在支架上以及连接自动导星装置。

即使天体照相仪的尺寸较小，它仍然

新手装备

这是另一套不错的入门级装备，作者戴尔用它拍摄了第 343 页的 M31。星特朗的 AVX 支架和猎户的 ED80T 折射式镜，以及一个 StarShoot 自动导星器。对于小型复消色差望远镜，还可以选择 APM、Astro-Tech、Explore Scientific、艾顿、Lunt、Omegon、Sharp-Star、Sky-Watcher、Star-wave、Stellarvue 和 William Optics 等品牌的产品。

小巧的天体照相仪

William Optics 的 51 毫米 f/5 RedCat（上图，750 美元）能够精确地对焦和旋转相机。另一个性能极佳的产品是米德的 70 毫米 f/5 Astrograph（下图，1200 美元）。Askar/SharpStar、Borg/Astro Hutech 和 OPT/Radian 也有类似的小型天体照相仪。

流行，但问题很多

我们不建议将 RedCat 这样的小型天体照相仪安装在 SkyGuider Pro 这样的追踪器上，尽管这种组合很受欢迎。后者缺乏精确的赤纬调整，使得瞄准和取景都非常困难。请使用德式赤道仪支架来架设这类天体照相仪。

可以花掉你 1000 美元。刚开始接触这个领域的人可能更适合使用一款优质的可同时用于观测和摄影的天文望远镜，而不是这款专门用于成像的设备。

更大一些的

认真的新手可以将装备升级到 100 毫米复消色差折射式镜。它们中很多焦比在 f/5.5 到 f/7，拥有双合或三合的 ED 镜片和长达 700 毫米的焦距，在能够分辨出小型深空目标的同时仍然能够提供一个宽广的视场。光是光学镜筒的价格就在 1500 到 4000 美元不等，所以一套完整的带支架的系统，会超出我们对入门级的 3000 美元的预算。

反射式镜的表现如何

我们更喜欢折射式镜，因为其图像质量好，而且不需要费心准直的问题。另外，除了专门的天体照相仪，折射式镜不管是用于目视观测还是用于天文摄影，效果都很不错，而反射式镜通常做不到这点。

然而，折射式镜能够以非常合理的价格提供快速的长焦距，这个优点让它能够产生惊人的效果。例如，Sky-Watcher 的 Quattro 200P 能够在 f/4 的焦比下具备 800 毫米的焦距，这样的组合几乎没有折射式镜能够与之媲美，即使有，价格也绝不会像 Quattro 一样在 1000 美元左右。它的缺点是需要进行十分精确的准直，还需要一个笨重的支架。

星特朗的 Rowe-Ackermann Schmidt Astrograph（RASA）系列的焦比达到了无与伦比的 f/2。作者戴尔测试了 RASA 11（3500 美元），他非常喜欢其图像的清晰度，但不喜欢其重量。尽管 200 毫米的 RASA 可谓小巧，但只适用于画幅式的 DSLM 或冷却后的 CMOS 相机。

施密特－卡塞格林式又如何呢？星特朗的 EdgeHD 和米德的 ACF 系统，它们的光学系统能够使视场显得平坦，是专为成像设计的。它们的长焦距（星特朗的 200 毫米型号在使用 f/7 减焦镜后焦距为 1400 毫米）非常适合用来捕捉星系、球状星团和行星状星云。但它们需要在无风的夜晚和稳定的视宁度下使用。我们不推荐新手使用。

选择支架

大多数天文摄影家的首选是德式赤道仪支架（GEM）。具备长时间曝光所需的精确追踪功能的结实 GEM 的起步价格在 800 美元，这个价格能买到的是轻量级。如果你想用 600 毫米长焦进行拍摄，这样一款支架是最基础的，当然，对任意一款天文望远镜来说也是如此。GoTo 功能和双轴运动模式能够让你很容易找到目标并取景，这都是追踪器做不到的。

GEM 很容易进行极轴校准，不像叉臂支架那样容易产生振动，而且可以适配多种型号的镜筒组件。一个结实的 GEM 是天体摄影设备系统的基础，所以通常建议在支架上的花费

更大的复消色差望远镜

将复消色差望远镜的口径提升到 100 毫米，将得到一架在目视观测方面性能非常好的望远镜，且非常便捷。在我们测试过的设备中，有两款值得推荐：Sky-Watcher f/5.5 Esprit 100（顶图）和 Explore Scientific 的 f/7 FCD100（上图）。

高级的 100 毫米型号

Tele Vue 的 NP101is（“is”代表成像系统）售价 4000 美元，是 100 毫米级别中更昂贵的选择之一。但它确实表现非常好，无论是在目视观测上还是在 f/5.4 的摄影上。我们在这里展示了它安装在 Sky-Watcher HEQ5 支架（1200 美元）上的状态。

最多。把太重的望远镜放在太轻的支架上会带来无尽的麻烦，我们也是基于这个原因才不建议把大的长焦镜头安装在小的天空跟踪器上。话虽如此，也不必过度消费，不然你可能得到这样一款支架，它能够支撑你在将来拥有的更大型的天文望远镜，但也因其非常笨重，让你根本不想用它。

我们主要展示了 Sky-Watcher 的轻型和中等重量的支架，因为这些是我们近年来有机会测试的型号。但也有许多来自星特朗、艾顿、Losmandy、米德和猎户的支架质量优秀，价格低于 3000 美金。

反射式天体照相仪

SharpStar 的 150 毫米 HNT（2000 美元）是一款 f/2.8 的“双曲”牛顿式镜，它的聚焦器中内置了一个校正镜。虽然它可以连接一个目镜用于准直，但这个设备仅能用于拍照，其图像在整个画幅内都很清晰。

用于摄像的牛顿式镜

用于天文摄影的牛顿式镜，如这台 Sky-Watcher Quattro 200P，都具备超大的副镜来为全场提供充足的照明，以及全面遮挡的镜筒以获得最大的对比度。Quattro 镜筒的尺寸和质量需要一个中等重量的支架。

施密特 - 卡塞格林式镜套装

星特朗的小巧而结实的 AVX 支架正好可以支持 200 毫米 EdgeHD 的镜筒。然而任意一款施密特 - 卡塞格林式镜的长焦距都对极轴校准和自动寻星的精度要求颇高，并且要在无风的夜晚使用，以保持图像的稳定和清晰。

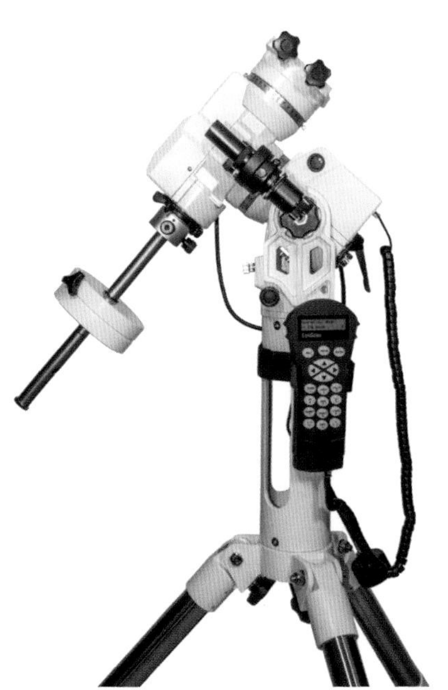

多功能的轻量级支架

Sky-Watcher AZ-EQ5（1500 美元）可以设置为目视观测使用的经纬仪支架，也可以设置为成像用的赤道仪支架。它是 80 毫米或轻型 100 毫米折射式镜的良配。

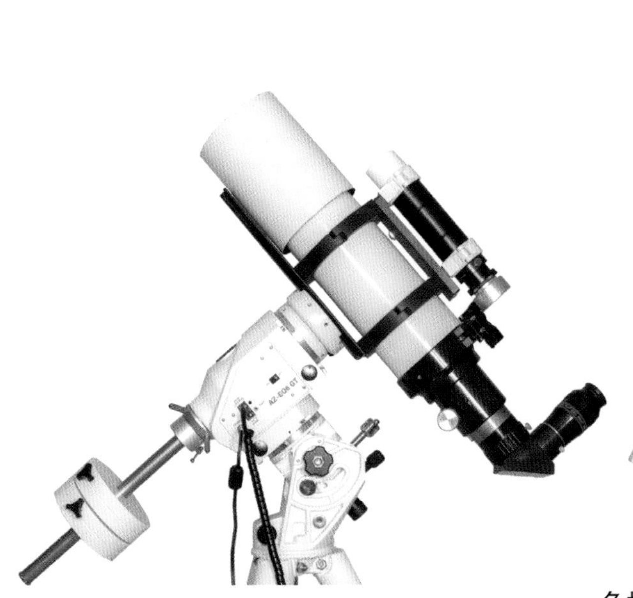

多功能的中量级支架

Sky-Watcher AZ-EQ6（2200 美元）也可用作经纬仪或赤道仪支架，是支持较大的复消色差折射式镜（如这台 Astro-Physics 130 毫米 f/6）的理想选择。

负担得起的中量级

对于像 Tele Vue 的 NP127is 这样的 125 毫米复消色差望远镜，我们喜欢搭配中等重量的 Sky-Watcher EQ6-R。它的价格为 1600 美元，这对其重量级来说是可以承受的，并且能够支持许多型号的天文望远镜。

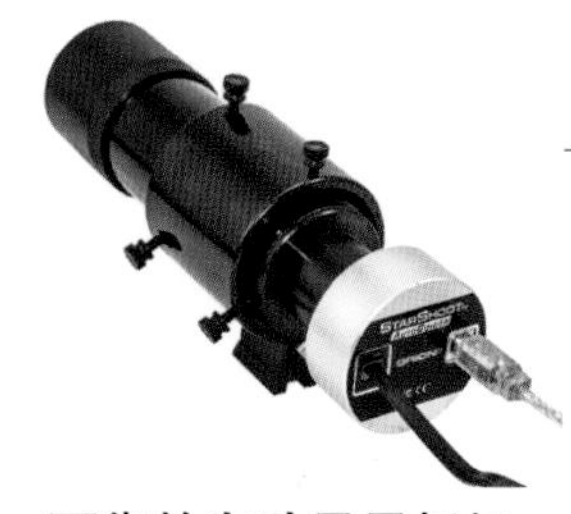

可靠的自动导星相机

猎户 StarShoot AutoGuider（300 美元）因其灵敏度高而长期以来一直是一个受欢迎的选择。在这里，它与一个被改变了用途的50毫米寻星镜搭配使用。

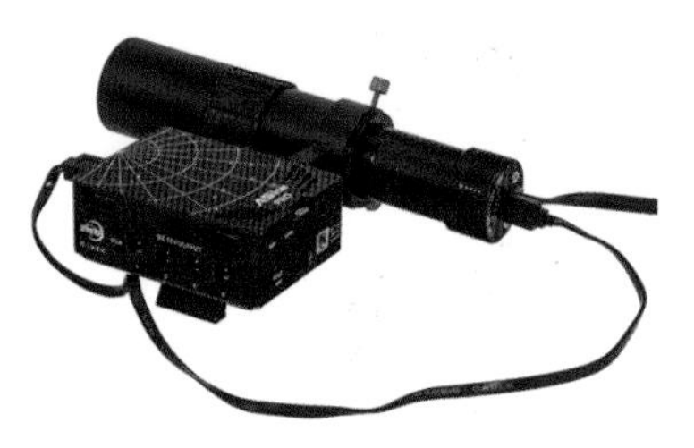

无线自动导星装置

ZWO 的 ASIAIR Pro 设置了一个本地 Wi-Fi 网络，用于控制 GoTo 望远镜、成像相机和自动导星相机（此处它连接在 ZWO 的30毫米迷你导星镜上）。它的效果非常好。类似的设备包括 StellarMate 和 PrimaLuceLab 的 Eagle Core。

独立式导星装置

Lacerta 的 MGEN-3（800美元）是与数码单反相机一起使用的理想选择，它是一个独立的自动导星装置，有一个小型导星相机，可以安装在任何导星镜上。它也很好用，可以在几十颗恒星上进行导引，并控制相机快门以防抖。

平场器

天文摄影用的牛顿式镜需要一个彗差校正镜，以消除所有快速牛顿式镜中的主要像差：离轴彗差。大多数复消色差折射式所需的主要附件是平场器，以补偿其折射镜产生的弯曲的聚焦平面，它会使周边区域失焦变形。当使用全画幅相机时，这一点尤其关键，因为全画幅相机可以拍到望远镜的整个视场。

一些平场器同时也是减焦镜，通常能够将有效焦距缩短到原来的 0.8 倍，将速度提升近一个挡位，并将曝光时间缩短近一半，这些永远都是加分项。但任何一款减焦镜都有一个缺点，即总是会带来更多的渐晕——视场角落的物体变暗。这点可以在 raw development 中进行纠正，但是如果严重的话，就需要与平场帧较一番劲了，后者在第 368 页中介绍。

自动导星

与天空追踪器一样，所有天文望远镜支架都会出现某种程度的驱动误差，使支架从东向西跟踪时在赤经上来回晃动。这种误差可能具有规律的周期性，由主驱动齿轮的旋转速度决定；也可能是随机的晃动，来自齿轮加工过程中的不规则误差。

这些误差，加上由于不精准的极轴校准或大气折射造成的任何向南或向北的偏差，都可以通过自动导星来抵消。自动导星相机是一个连接到导星镜上的小型专用相机，用来观测目标周围的星域。它监测一颗（或多颗）引导星的位置，以亚角秒的精度检测其移动。当引导星移动时，软件会向支架发送脉冲，使其向反方向点动以进行补偿。这些修正每隔几秒就会发生一次，以确保恒星图像不会产生星像迹线。你拍摄时使用的焦距越长，自动导星的准确性就越关键。

所有具有天文摄影能力的支架都带有自动导星相机的接入端口，以接受来自任何导星相机的校正脉冲。这些端口通常以“ST-4”标准配置，ST-4 也是第一款自动导星相机的名字，它由圣芭芭拉仪器集团（SBIG）在 1990 年代初推出。

多年来，市场上也出现了一些能够独立运行的自动导星装置，比较出名的有星特朗的差劲、不敏感的 NexGuide 和 SBIG 的性能极佳但已停产的 SG-4。不过，大多数自动导星装置都只是相机，并且必须通过在笔记本电脑上运行的外部软件才能工作。最常见的选择是优秀且免费的程序 PHD2 Guiding（网址见链接列表 67 条目）。

选择滤光片

在刚入门时不用特别纠结于滤光片。不过对更高级的工作来说，星云滤光片可以让发射星云、行星状星云和超新星遗迹的细节显现出来。它可以很大程度上减少光污染的影响，使得在受光污染的后院中拍摄到优质的发射星云图像成为可能。

宽带滤光片可以减少光污染的影响，增强星云的呈现效果。窄带滤光片能够使星云进一步凸显出来，因为它只允许绿色的 O-III 和 H-β 以及红色的 H-α 和 S-II 发射线附近几纳米带宽内的波长通过。尽管这些滤光片在单反相机和无反相机上的使用效果非常好，但必须首先对相机进行“滤光片改装”，使滤光片发挥出最大的功效。

原装还是改装

你用现成的单反或无反相机就能拍摄很多东西。这些相机在拍摄星团和星系的时候性能很好。多年来，佳能已经出售了好几款用于天文摄影的“a”系列相机：20Da（2005 年）和 60Da（2012 年）是画幅式单反相机，EOS Ra（2019 年）是一款全画幅无反相机。2015 年，尼康也推出了其精湛但现在已经停产的 D810A。

这些相机的传感器前都有一个滤光片，能够阻挡红外线，同时不会牺牲氢原子发出的 656 纳米（即 H-α 线）的深红色可见波长。原装的普通相机只能浅浅地记录下这种深红色的光线。一些摄影师声称，通过积极的后期处理，可以使原装相机拍摄的星云图像与改装过的相机的图像相匹配。我们还没见识过这种情况。替代佳能或尼康的“a”系列相机的方法是购买一部原装的单反或无反相机，然后自己对其进行改装，或直接从专业公司购买改装后的版本，这类公司如 Astro Hutech（网址见链接列表 68 条目）或 Spencer's Camera & Photo（网址见链接列表 69 条目），后者有一个详尽的清单，列出了经过滤光片改装后效果良好的相机。

虽然原厂改装过的“a”相机可以很好地作为日间相机使用，但经过第三方改装的相机会使色彩平衡强烈地偏向粉红色。虽然这可以通过自定义白平衡进行部分修正，但对正常使用来说，颜色永远不会准确。第三方改装的单反或无反相机是你指定专门用于天文摄影的相机。

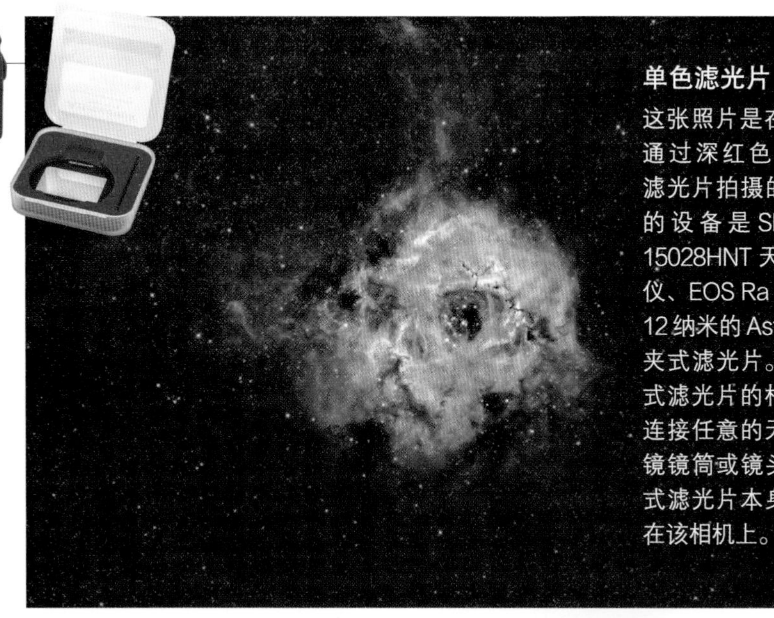

单色滤光片

这张照片是在月光下通过深红色的 H-α 滤光片拍摄的。使用的设备是 SharpStar 15028HNT 天体照相仪、EOS Ra 相机和 12 纳米的 Astronomik 夹式滤光片。使用夹式滤光片的相机可以连接任意的天文望远镜镜筒或镜头，但夹式滤光片本身只能用在该相机上。

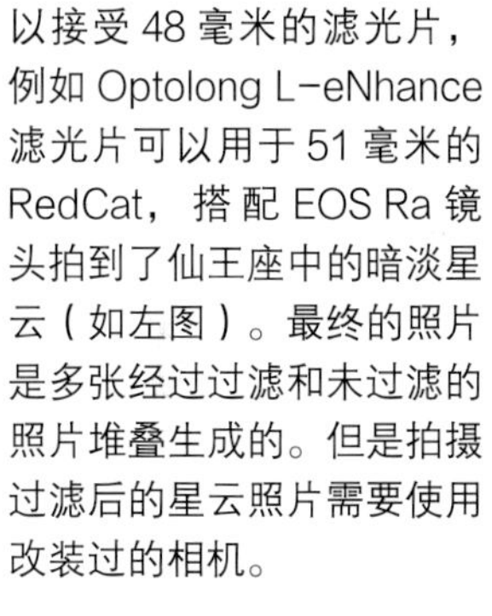

增强星云效果

许多适配器和聚焦器都可以接受 48 毫米的滤光片，例如 Optolong L-eNhance 滤光片可以用于 51 毫米的 RedCat，搭配 EOS Ra 镜头拍到了仙王座中的暗淡星云（如左图）。最终的照片是多张经过过滤和未过滤的照片堆叠生成的。但是拍摄过滤后的星云照片需要使用改装过的相机。

原装 vs. 改装

在这里，我们将北美星云未经过后期处理的图像进行对比，它们分别通过以下设备拍摄：原厂佳能 EOS R、原厂改装的 EOS Ra、第三方改装的 5D Mark II 以及老式的 60Da。原厂相机记录下的星云都十分暗淡，不过 Ra 的表现比 60Da 好一点。Ra 在实时取景中也有 30 倍的变焦，可以精确对焦。

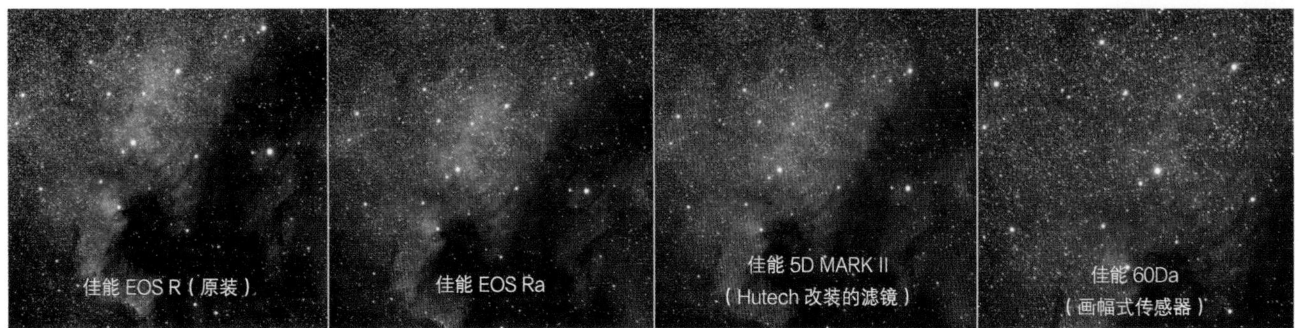

一套优秀的入门级系统

下面这套设置是一个示例，是基于我们使用过并认为值得推荐的设备。其核心是一架短焦复消色差折射式天文望远镜，安装在一个坚固而便携的德式赤道仪支架上。此处显示的所有设备，不包括主相机和平板电脑，总价格大约是 2800 美元。

1 复消色差折射式望远镜 此处展示的是76毫米的SharpStar EDPH折射式镜，但选择很多，通常焦比在f/5到f/7。另一个选择是天体照相仪，如William Optics的Red-Cat。此处大约需要1000美元。

2 德式赤道仪支架 对一架小型复消色差式镜来说，Sky-Watcher EQM-35效果很好，具有良好的跟踪、寻星和双轴自动导星能力。但也有其他选择。价格为800到1500美元。

3 极轴镜
大多数支架甚至追踪器都有内置的极轴镜，用于快速且方便地进行极轴校准。

4 平场器和T形转接环 复消色差折射式镜通常需要一个平场器或减焦镜。一个相机专用的T形转接环也是必要的。价格为150至300美元。

5 自动导星相机
这部小型ZWO ASI120MM CMOS相机可以观测一颗（或多颗）引导星以便进行精确跟踪，它属于众多选择之一。价格为150到350美元。

6 迷你导星镜
对于灵敏的导星相机，一个30毫米口径的导星镜就够用了，不需要再配备可调节的导星镜环。大约需要100美元。

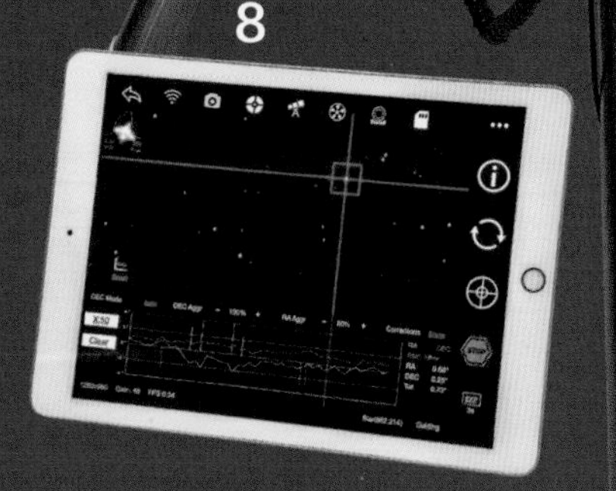

7 相机控制器（可选）
一台ZWO ASIAIR Pro可以连接到自动导星相机，并设置一个Wi-Fi节点，这样就可以连接平板电脑来执行自动导星。通过其USB端口，它还可以控制一部成像相机和一个GoTo支架。需要300美元。

8 平板电脑或手机 平板电脑或智能手机用来运行自动导星软件；在这种情况下运行的是ASIAIR应用程序，它使用了PHD2 Guiding的一个版本。另一种方法是将笔记本电脑通过USB直接连接到自动导星相机上。

9 成像相机 可以使用无反相机，不过我们在此展示的是一部单反相机，它的显示屏向外翻转，这一功能在天文望远镜上非常有用。我们不会买一部显示屏不能调节的相机！价格为400至3000美元。

10 定时控制器 虽然ASIAIR和其他Wi-Fi控制器可以控制特定的数码单反相机，但我们通常使用并推荐可靠的定时控制器。价格约50美元。

11 GOTO手控器 除了小型追踪器，用于天文摄影的支架都是有GoTo功能的，这对于在天文望远镜中寻找并瞄准目标至关重要。

12 电池 虽然相机的内置电池维持两到三小时的使用没有问题，但支架和导星装置需要连接12伏的电源。且要使用大容量的锂电池。价格约250美元。

用入门级设备拍摄的仙女星系

此处的图像是用我们在左页介绍的入门级系统拍摄的，拍摄方式和曝光设置如下所述。这张照片是 16 张 4 分钟曝光的子帧的堆叠，拍摄的设备是佳能 60Da。当你设置相机和天文望远镜要用到视场指示器时，可以使用如 Stellarium 或 Starry Night 这类天文程序，如下图所示，它们在规划拍摄内容和取景构图时是非常有帮助的。

第四步：使用深空设备

我们学习了基础的知识，也获得了适合的设备，现在终于做好准备去拍摄星云和星系了。等一下。不要立马就前往你的暗夜观测点然后试图把一整套流程都搞定。这对新手来说太复杂了。首先在家里设置和使用你的设备，熟悉如何极轴校准支架和瞄准它的 GoTo 系统。然后学习如何通过目视观测找到目标。当你能够做到这些时，先在你的后院进行拍摄，不用管光污染的影响。你只需做到精确地对焦并跟踪恒星，这就是一个很了不起的成就了。

对焦和取景

在进行最后的对焦之前，一定要先让温热的天文望远镜冷却下来。即使如此，随着夜晚温度降低，焦点也会发生轻微的偏移。最佳的做法是在整个晚上都持续对焦点进行调整。对焦时，回转到一颗明亮的恒星上，并在实时取景中使用鱼骨对焦板。如果没有鱼骨板，就选择一颗中等亮度的恒星，慢慢对焦，使其图像尽可能地紧密。

现在回转到你的深空目标上。选择一个明亮的目标，例如 M13、M31 或 M42。将 ISO 值一直提升到 25,600。拍摄一张 15 秒曝光的照片。这只是为了看到这片天域的情况。使用支架的方向按钮来调整取景的构图。一定记住在取景完成后要将 ISO 调低！

快而简单的拍摄

在你头几次外出拍摄时，不管你是在家

取景和判断曝光时长

左图：在瞄准对焦目标后，在超高 ISO 下进行多次短曝光拍摄来获得最合适的取景，最佳的构图并不总是让目标死板地固定在图像中心。

上图：一定要采用向右曝光。令直方图的曲线移到右边。使背景的天空明亮起来，而不是一片漆黑。曝光不足会使噪声恶化。

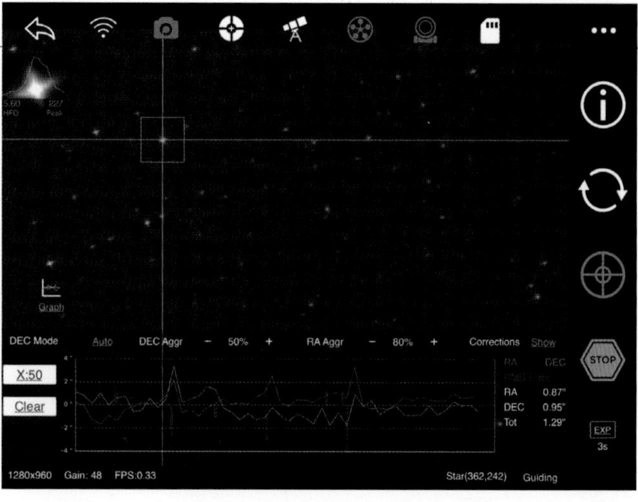

让自动导星开始工作

自动导星装置（如图所示为ASIAIR应用程序）会将支架先在东西方向上点动，然后在南北方向上点动，以此来完成校准。然后便会开始导星。将曝光时长设置为2至3秒。

附近还是在黑暗的观测点，都不用担心自动导星的问题。大多数物有所值的支架都能在不使用自动导星功能的情况下维持30到60秒的追踪，至少在短焦距的天文望远镜上是这样。使用定时控制器拍摄二三十张短曝光的照片，这时将ISO设置得高一些，可以到6400。和使用天空追踪器时一样，有些照片会出现星像迹线。删掉它们。将剩余的照片堆叠起来（见第378页），可以柔和噪声。最终你会得到令人满意的第一张天文照片。欢呼吧！

最佳实操：自动导星

花费几个晚上练习快速而简单的拍摄后，你将学会如何设置装备、极轴校准、对焦、寻找拍摄对象和取景，以及配置曝光序列。这是很重要的！

然而为了获得最佳效果，你需要在较低的ISO下拍摄几分钟曝光的照片，这意味着使用自动导星功能——最好是在黑暗的地方，但首先在家里进行练习。输入所需的信息，例如导星镜的焦距。使用导星相机中的循环图像对导星镜进行聚焦，这一步是非常重要的。然后锁定对焦，之后就千万不要碰它了！启动导星过程，等待一分钟让振荡平息下来，然后开始曝光序列。但相机的参数该如何设置呢？

最佳实操：向右曝光

和拍摄夜景时一样，使用直方图来判断曝光是否合适。你会希望曲线的主峰推向右边，使得天空看起来很明亮，即使你处于黑暗的场所。由于天文望远镜的焦比是固定的，你只能通过两种方法来影响曝光：快门速度和ISO。而在快速而简单的拍摄阶段，曝光时长是有限制的，所以需要提高ISO，直到得到一个适宜的向右曝光直方图。

不过在自动导星功能下，曝光时间可以延长到你需要的长度，ISO值因此可以更低，从而获得更少的噪声和更宽的动态范围。可以用高ISO下拍摄的取景照片作为参考，以判断最佳设置。比如，在ISO 25,600下拍摄的15秒曝光取景图像看起来不错，直方图的曲线也在理想位置。对于大多数相机，我们倾向于在ISO不高于1600的情况下拍摄，这就比ISO 25,600慢了4个挡位（2^4=16）。

想要在ISO 1600下获得与你在高ISO取景拍摄时相当的曝光量，需要15秒×16=240秒，即4分钟。实际使用的ISO和快门速度的组合取决于天空的亮度、相机的质量以及你希望在拍摄某一个目标时花费多少时间，因为最好的做法不是拍摄单独一张照片，而是拍摄多张子帧用于后续叠加处理。

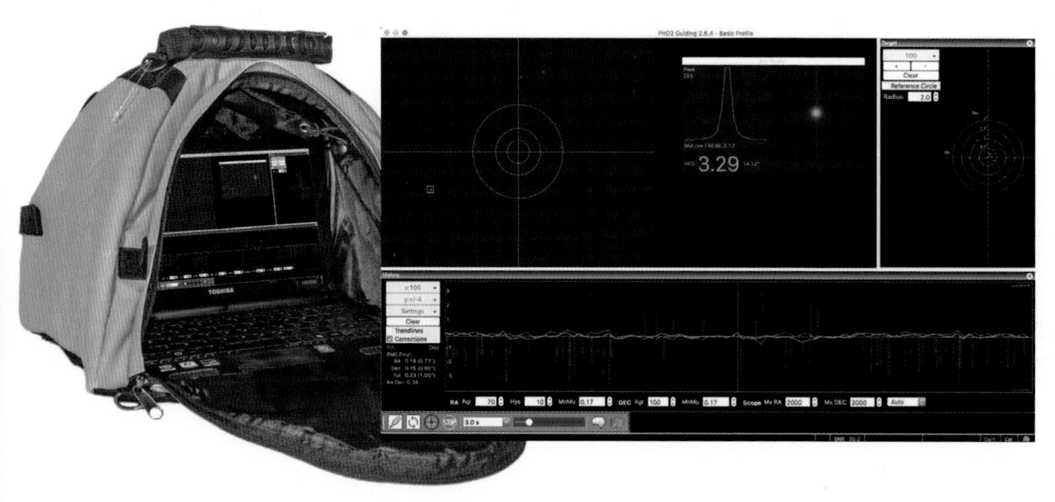

自动导星进行中

用于导星的笔记本电脑最好放置在一个遮蔽物中，比如这个小帐篷，一方面是在观星聚会上防止它的光亮影响其他人，另一方面是防止其表面凝结露水。在导星开始后，你会希望看到如此处展示的图像。

最佳实操：叠加

将照片进行叠加并不是为了增加有效曝光时间，而是为了减少噪声。新手往往认为图像叠加后可以消除所有的缺陷，特别是曝光不足。不是的。每张单独的照片仍然要有良好的曝光。即使是在快速简单的测试阶段。我们也要使用高 ISO 来对每张照片进行适当的曝光。在这里，在自动导星功能的辅助下，我们能够以更低的 ISO 拍摄曝光时间更长的照片，同时依旧能够得到相当良好的曝光效果。然后我们将这些照片进行叠加，进一步减少噪声。

最佳实操：暗帧

叠加照片可以平滑两种形式的噪声，它们被称为散粒噪声和读噪声，会使在高 ISO 下拍摄的照片看起来有颗粒感。但是叠加不能减少热噪声，相机温度越高，这种噪声越明显，照片中会散布大量明亮的彩色像素点。

解决方式是暗帧，即在与亮帧相同的 ISO 和曝光时长下拍摄一张照片，但此时镜头是关闭的。传统的做法是在夜晚结束时拍摄 8 张或更多的暗帧照片，将它们平均化生成一个“总暗帧”，在后期处理时将这个总暗帧从照片中减去。

我们不采用传统做法。在无数次测试中，我们发现相机自带的暗帧程序，即长时间曝光降噪（LENR）功能的效果总是优于单独拍摄暗帧，能够消除更多的热噪声。

原因在于，在像单反或无反相机这样的非制冷型相机中，传感器的温度是不断变化的。因此，夜晚结束拍摄暗帧时的热噪声与实际拍摄图像时的热噪声是不一样的。即使

长时间曝光降噪 vs. 暗帧

关于二者孰优孰劣是最有争议的。但在一次又一次测试中，我们得到的都是相同的结果：顶图中，在一个夏季的温暖夜晚，不使用长时间曝光降噪功能的图像中充满了微小的热像元；而使用后，这些热像元就不见了。将在夜晚结束时拍摄的 8 张暗帧平均化后得到“总暗帧”，在校正软件中把它从图像中减去，确实消除了一些热像元，但留下了许多暗点和彩色斑点。这里使用的软件是 Starry Sky Stacker，但是用 PixInsight 和 Nebulosity 对同样的图像进行校正，也得到了同样的结果。也就是说，长时间曝光降噪的效果更好。

考虑 LENR 的时间

当使用 LENR 功能拍摄时，间隔时间必须满足 LENR 暗帧的长度加上主曝光。使用这个 Satechi 定时控制器，6 分钟的“长”曝光，如顶图，加 LENR，将需要总计 12 分钟的“间隔”，如上图。

用笔记本电脑控制相机

将流行的Windows系统程序Astro Photography Tool（左）或Backyard-EOS（右）通过USB端口连接到相机上，都能提供高级控制功能，如包含各种曝光时间和ISO速度的脚本序列。但为了保持简单可靠，我们还是建议只使用定时控制器来控制相机。我们一直是如此做的。

减去的是一个平均化后的总暗帧，其结果要不就是某些热像元没有被去除，要不就是画面上出现很多暗点。

没错，使用LENR功能确实意味着获取一组图像的时间延长了一倍，但是得到的效果也更好。不过在冬季的时候，大自然便提供了充足的冷却，可能根本就不需要使用暗帧了。测试一下！

还有，佳能全画幅数码单反相机的用户可以利用这些相机特有又鲜为人知的暗帧缓冲：打开LENR，拍摄3张、4张或者5张（具体数量取决于相机型号）照片，然后暗帧就会启用并锁定相机。这个暗帧会在内部自动应用到之前拍摄的每张亮帧上。没有菜单命令来开启这个功能；你只需要在前一张照片完成后再次按下快门。

但是，只有在使用定时控制器通过远程快门端口操作相机时这个功能才是有效的，用电脑通过USB端口控制相机时无效。在实时取景开启时，它也同样不起作用，所以没有反光镜的佳能EOS R机型中是没有这个暗帧缓冲功能的。遗憾！

平场和偏置场

平场是对照明均匀的屏幕拍摄的图像。也可以是通过罩在天文望远镜镜头前的漫射布料，如白色T恤，拍摄的黄昏/黎明时的天空。它们能够表现出天文望远镜对画面照明的不均匀处。在后期处理过程中的校正阶段应用平场，能够让暗角变亮，使画面看起来照明均匀。对于容易出现渐晕的快速反射式天文望远镜，平场是必要的，尤其是在你追寻几乎与天空背景融为一体的微弱星云状物质时。但如果使用焦比为f/6左右的复消色差折射式镜，我们发现大部分的天体拍摄都不是必须应用平场，这就简化了后期处理的工作流程。

偏置场的拍摄时间非常短（1/4000秒）。虽然很容易拍摄，但对于CMOS传感器（所有单反相机和无反相机），它们是没有必要的，如果你拍摄时开启了LENR就更没必要了。甚至连制冷型CMOS相机的制造商也建议偏置场是非必要的。它们属于CCD（电荷耦合器件）相机的遗留物，用于“缩减”在不同时间段拍摄并储存在库中的暗帧。

是的，这个建议会与你在其他地方看到的相反，所以我们建议你自己测试一下。我们发现在使用我们推荐的设备并基于向右曝光设置相机参数后，偏置场和总暗帧甚至平场都是不必要或者无效的。所以，保持简单。

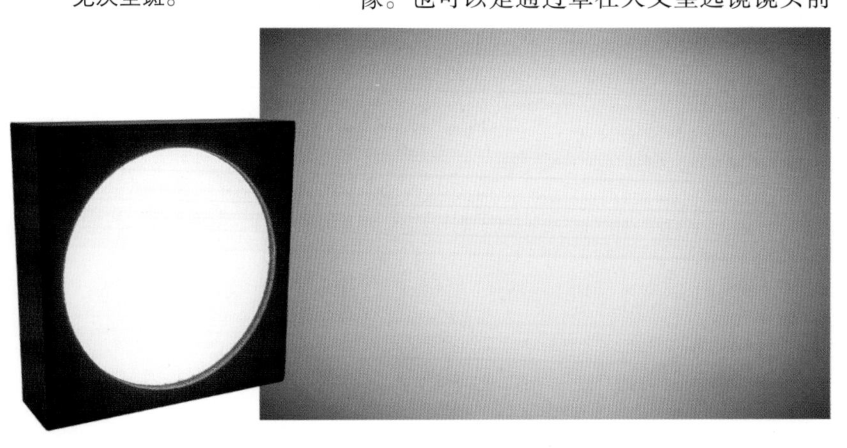

平场

来自星特朗279毫米RASA的“平”场图像显示了其视场非常“不平”，全画幅传感器上有很多地方没有被完全照亮。拍摄平场时最好使用一个灯箱，它能提供均匀稳定的光源。平场也可以去除灰尘斑，但最好的方式是清洁相机传感器，从根源上避免灰尘斑。

高阶技巧：抖动拍摄

这种广受欢迎的技术需要使用电脑或Wi-Fi控制器来操作相机。当控制软件完成一次曝光后，它会与导星软件或设备进行通信，后者随后会将天文望远镜的支架随机地移动几个像素，然后恢复导星。支架稳定下来后，控制软件就会开始新的曝光，并重复这一过程直到流程结束。

将抖动拍摄的帧叠加，使它们与恒星的位置对齐。这样热像元就会分布在图片的各个位置，进而被平均化。抖动拍摄让我们能够在不拍摄暗帧的情况下消除热噪声的最坏影响。它确实有效，但需要一个更加复杂的相机控制系统，并且为了达到效果，需要进行 8 到 12 次曝光。

高阶技巧：使用滤光片

除非滤光片是直接安置在镜头之前，不然在光路中插入滤镜总是要重新进行对焦。那可能意味着需要回转到一个明亮的对焦恒星（因为经过过滤后的实时取景视图会变暗），然后返回到目标或者原视场中央处对应的赤经和赤纬坐标上，重新取景构图。如果你打算后续将未经过过滤和经过过滤的图像进行合并，那么后者的取景需要与前者相同。如果聚焦器上带有一个滤光片插槽，那么不用取下和移动相机就能很容易地插入滤光片，但即便是许多天体照相仪上都不具备这样的插槽。

一个窄带滤光片可以吸收多达 3 个挡位的光线，曝光时间可能需要 8 至 16 分钟，ISO 也要提升到 3200，进而需要拍摄更多子帧来减少噪声。这意味着大量的曝光时间！当通过滤光片拍摄时，快速的 f/2.8 到 f/4 天体照相仪就能发挥出它们独特的优势。

抖动拍摄演示

单张不使用 LENR 功能的照片显示出大量的噪声斑点。8 张由 MGEN-3 自动导星装置引导抖动拍摄的照片在叠加和对齐后，噪声变得柔和。第三张未对齐的图层面板展现了导星装置是如何移动图像的。

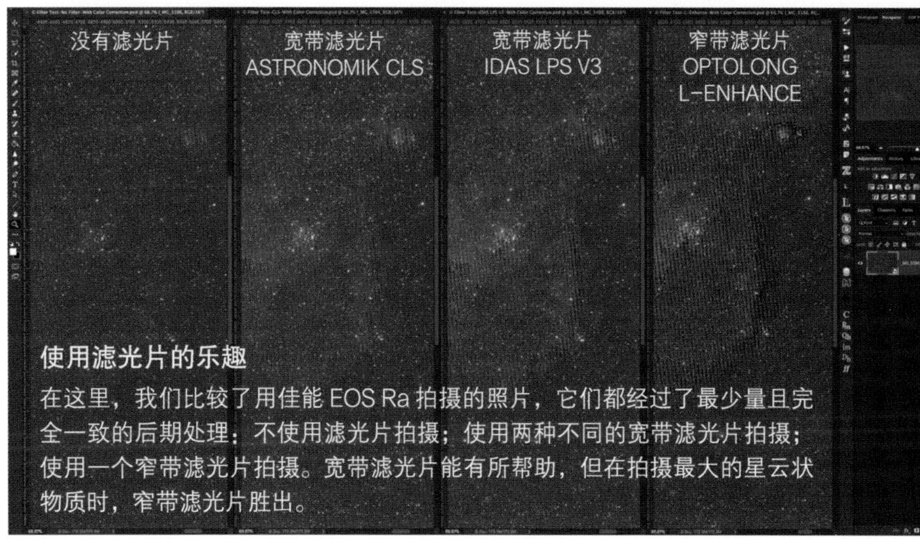

使用滤光片的乐趣

在这里，我们比较了用佳能 EOS Ra 拍摄的照片，它们都经过了最少量且完全一致的后期处理：不使用滤光片拍摄；使用两种不同的宽带滤光片拍摄；使用一个窄带滤光片拍摄。宽带滤光片能有所帮助，但在拍摄最大的星云状物质时，窄带滤光片胜出。

打败阻碍导星的小精灵

尽管自动导星有其神奇之处，但是偶尔也会出现一些不好的图像，而且往往无法解释。不过如果恒星的星像迹线表现出一些规律，那么此处列出了一些常见的原因。PHD2 Guiding 网站（网址见链接列表 70 条目）中也给出了一些有用的提示，可用于避免奇怪的导星行为。

每颗恒星都有重影 天文望远镜被无意中碰撞了，使得自动导星装置选择了另一颗引导星。

在赤经方向上出现星像迹线（东—西） 驱动器的齿轮误差可能太大，超出了自动导星装置的补偿范围。如果一个支架过于平衡，它也可能前后晃动。试着使支架稍微失衡，有向东倾倒的趋势，保持齿轮啮合和接触。

在赤纬方向上出现星像迹线（南—北） 如果导星在赤纬方向上出现振荡，则应降低自动导星装置的主动性或支架的消齿隙补偿。但如果支架在导星时看上去偏离了赤纬方向，就需要增加主动性或支架的消齿隙补偿。

围绕引导星旋转 恒星的星像迹线呈现出弧形，表明支架的极轴校准不精确。这种影响在接近天体两极的天域中会更加严重。

没有明显原因的星像迹线 导星镜可能在其支架中发生移动。对于施密特－卡塞格林式望远镜，其主镜本身就能移动；避免会跨越子午线的曝光序列。

高级天文摄影

IC 410 的小蝌蚪

在 NASA 的每日天文照片（APOD）网站上，特雷弗·琼斯使用“SHO”假彩色拍摄了这张惊人的照片，展现了 IC 410 星云中的恒星形成特征。这是多张照片的组合，包括用 Sulfur-II 滤光片拍摄的 9 张曝光照片，H-α 的 60 帧（5 小时）和 O-Ⅲ 的 16 帧，曝光时长都是 5 分钟。特雷弗使用了一部 Starlight Xpress Trius SX-694 单色相机，通过安装在 EQ8-R 支架上的 Sky-Watcher Esprit 150 折射式镜进行拍摄。

我们喜欢单反相机和无反相机，但随着制冷型天文相机的价格不断下降，以及在 YouTube 的推动下，许多新手都跃跃欲试地想要进入先进技术的领域。我们不太建议由此入门，但对于热爱高科技的人，它也可以发挥作用。

制冷型天文相机

在前几年里，比单反相机更进一步的是使用 CCD 传感器的制冷型相机。现在芯片制造商们都已经停止或即将停止生产 CCD，他们正在转向带有 CMOS 传感器的制冷型相机，通常与消费型相机使用的相同，不过它们往往会经过滤光片改装以用于天文学中。

但最大的区别是，专用的 CMOS 天文相机中的传感器是经过电子冷却的，通常会比环境空气温度低 35 摄氏度，这就减少了热噪声。这种制冷是必不可少的，因为 CMOS 相机缺少单反相机和无反相机中神奇的内部信号处理流程，如佳能的 Digic 和尼康的 Expeed 固件。

进行制冷和相机操作需要一个 12 伏的电源和一台外接电脑来对焦、设置曝光、传输并保存一连串图像。流行的控制软件包括 Astro Photography Tool（APT）、Voyager 或免费的开源软件 N.I.N.A.（Nighttime Imaging 'N' Astronomy），这些都是仅适用于 Windows 系统的程序，能够控制许多设备。另外，ZWO 的 ASIAIR Pro Wi-Fi 盒子，如第 362 页所示，可以通过平板电脑应用程序控制 ZWO 的设备。

随着制冷型相机改用更便宜的 CMOS 芯片，它们的成本也已经下降；QHYCCD、ZWO 和其他公司的入门级相机起价为 800 美元。在这个价格上，你得到的是一个比 APS 格式的画幅式更小的传感器，通常是微型 4/3（17 毫米 ×13 毫米）或 25 毫米（13 毫米 ×9 毫米）。一个小的、高分辨率的传感器（像素大多有 3 到 4 微米）具备一定优势，如便于取景和分辨小型目标，但它们不适合拍摄宽视场图像。

升级到 APS 格式的传感器（22 毫米 ×15 毫米）花费约 2000 美元，远高于画幅式单反相机的价格，但它具有为天文学设计的制冷型相机的所有优点。如果你想使用全画幅（36 毫米 ×24 毫米），预计要花费 3500 到 6000 美元，比滤光片改装过的单反相机或无反相机（如佳能 EOS Ra）要多。然而其结果可能非常惊人，而且价格在以后可能会下降。

彩色相机或单色相机

在选择相机时，你可以选择彩色相机（OSC），其中每个像素上都覆盖着按照拜耳阵列排列的 RBG 滤光片，和你的数码单反相机相同。OSC 相机可以与窄带滤光片一起使用，用于抑制光污染和增强星云的显示。但额外使用滤光片以及像素上覆盖的滤光片本身就会损失大量光线。曝光时间会很长，图像的噪声可能很多。

另一个选择是使用单色相机，每个像素都会记录下全光谱的光线。将这种相机

户外拍摄

一套用于高级成像的设备包括计算机、电缆、大型电源和工作站。想要在黑暗场所成功架设设备，这些是必要的保障。右图：金伯利·西伯德（Kimberly Sibbald）使用安装在星特朗CGEM II支架上的SharpStar 140毫米折射式镜和ZWO ASI1600MM Pro单色相机成功捕获了位于仙王座的巫师星云（即NGC 7380）。在这一序列中，她使用Sulfur-II滤光片拍摄了5张照片，用H-α拍摄了9张照片，用O-Ⅲ拍摄了5张照片，每张用时20分钟，总共拍摄时长为6.3小时。然后，她使用流行的哈勃调色板将它们组合起来，将Sulfur-II分配到红色通道、H-α分配到绿色通道、O-Ⅲ分配到蓝色通道。

与窄带H-α滤光片相配合，是捕捉最深层、最丰富的星云状物质的首选方法。

生成一张全色照片需要使用带有宽带R、G和B滤光片的电动滤光片轮，自动拍摄一系列经过红、绿、蓝过滤的照片，以及一张全光谱的L（光亮度）照片，以便后续合成自然色图像。另一个选择是通过深红色的Sulfur-II、红色的H-α和绿色的O-III窄带滤光片进行拍摄，以生成类似于哈勃照片的假彩色图像。一套滤光片可能要花费1000美元或更多，更不用说滤光片轮的价格。

单色相机可能更有效率，但通过各种滤光片获取所有图像可能需要拍摄很多个小时。想要收集到足够的数据，使图像能够与最好的照片竞争，往往需要在同一个目标上花费好几个晚上的时间。对此我们还没有足够的动力！

远程成像

如果你能在天文望远镜前用电脑控制望远镜，那为什么不能在你温暖的房子里用电脑控制它呢？或者把天文望远镜放在离你很远的天空晴朗的地方，在你睡觉的时候通过远程自动控制它埋头苦干一整晚？软件可以自动完成所有需要的功能：操控相机、滤光片轮、望远镜指向、使用图像识别算法对目标取景，甚至控制观测台的开闭。

主控制程序，如Sequence Generator Pro可以协调运行所有设备的子程序。然后脚本便能够忠实地执行一整夜，控制所有的设备，摄影师可以安睡一整夜，醒来时便发现硬盘里装满了数据——假设所有的设备都正常工作！

相比于拥有一整套属于自己的远程梦幻天文望远镜，一个更能负担得起的选择是租用别人的设备。商业运作的范围包括从每年100美元的面向新手的slooh网站（网址见链接列表71条目），到高端的远程运作，如澳大利亚的iTelescope网站（网址见链接列表72条目），其价格根据所选择的天文望远镜、预订时长和月相而有所不同。

第十八章

天文图像的后期处理

虽然大部分的辛苦工作都是在相机或天文望远镜上进行的，但是只有经过良好的后期处理才能得到最终的图像。继续秉持我们一贯的原则：保持简单。我们提供的教程中，工作流程都保持应用 Adobe Photoshop 系列程序。尽管也会建议一些替代方案，但我们认为最恰当的订阅支出，是为一个功能强大的软件支付一小笔费用，同时这个软件是大多数天文摄影家在编辑工作流程中的某个阶段都会用到的。

我们遵循了专业技术的非破坏性处理原则，因此任何时候都可以对任一步骤进行更改。你永远不必说“我希望我没那么做”！如果你看着一张完成后的照片然后心生后悔：“我当时在想什么呢？”你也不需要被迫重做许多步骤来重新处理它。

我们的教程假定你已经对 Photoshop 中的图层和蒙版操作很熟悉了。如果你需要复习一下，可以在 Photoshop 的帮助菜单中寻找官方教程。虽然我们使用 Photoshop 作为演示，但是许多技术也适用于所展示的其他程序，特别是 Affinity Photo

此处是第十七章开篇图上的 M31 星系图像的幕后视角，显示了它在 Photoshop 中的内容，包括图层、智能对象、智能滤镜和调整图层，它们都可以随时进行编辑。永远将这种分层图像保存为 PSD 或 PSB 文件，它们可以导出适合打印或网络的图片格式。

Adobe Photoshop 2020
Layers
Kind
Pass Through
Opacity: 100%
Lock:
Fill: 100%
Sharpening
Smart Filters
High Pass
1 Minute Exposure
Levels 2
1 Minute
Stack Mode: Mean
Smart Filters
Reduce Noise
2 Minute Exposure
Global Adjustments
Levels 1
Selective Color 1
Vibrance 1
Brightness/Contrast 1
Curves Layers
Curves 5
Curves 4
Curves 3
Curves 2
Curves 1
Local Adjustments
_MG_4099.CR2
Stack Mode: Median

之前和之后
优秀的后期处理过程可以将一个几乎没怎么被记录下的深空天体（右图）转变成一张宏伟壮观的照片（下图）。

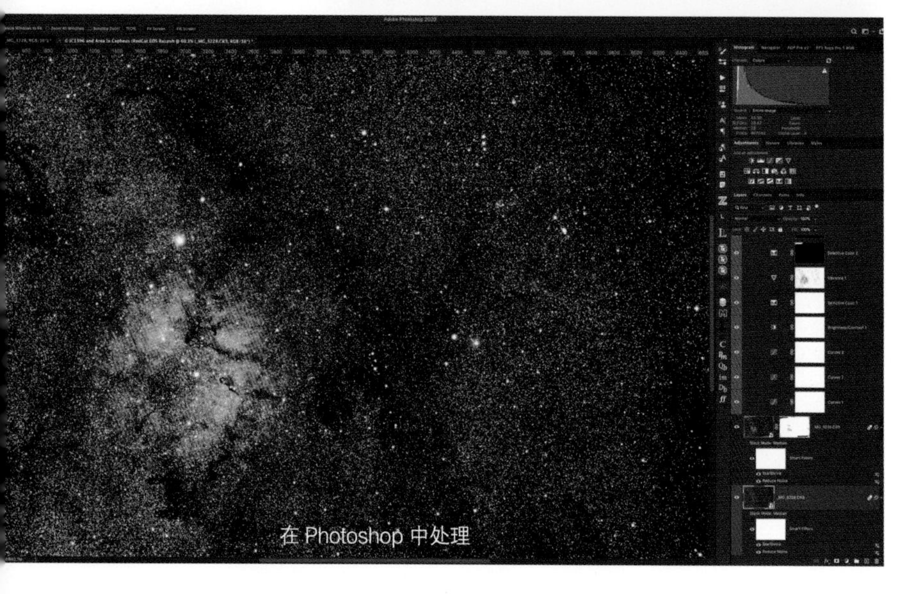

我们的工作流程

我们展示的工作流程是在原始图像（RAW）上进行尽可能多的调整，因为这时我们可以看到它们的全部动态范围。然后将“显影”后的原始图像导入 Photoshop 中。本书中所有的天文图片都是使用这个工作流程进行处理的。

Photoshop 的禁忌功能

在进入 Photoshop 后，一句永恒的箴言就是：永远，永远，不要合并图层！合并图层是 Photoshop 中的禁忌，也是 Photoshop 的“五大禁忌功能”之一，其他禁忌包括删除、擦除、融和和光栅化。这些操作都会彻底改变像素，导致无法挽回的信息丢失。使用 Photoshop 的专业方法是采用非破坏性的调整图层、图层蒙版和智能滤镜等功能。

在各种 Photoshop 教程中，我们看到许多天文摄影师对图像进行破坏性的编辑方式，造成像素永久性的改变。如果你是一个永远不会犯错、永远不会改变想法的人，那没问题。但非破坏性的方法允许你在几个月后仍能看到当初是如何对图像进行编辑的，并能够在任何时候对任何一项编辑进行修改。

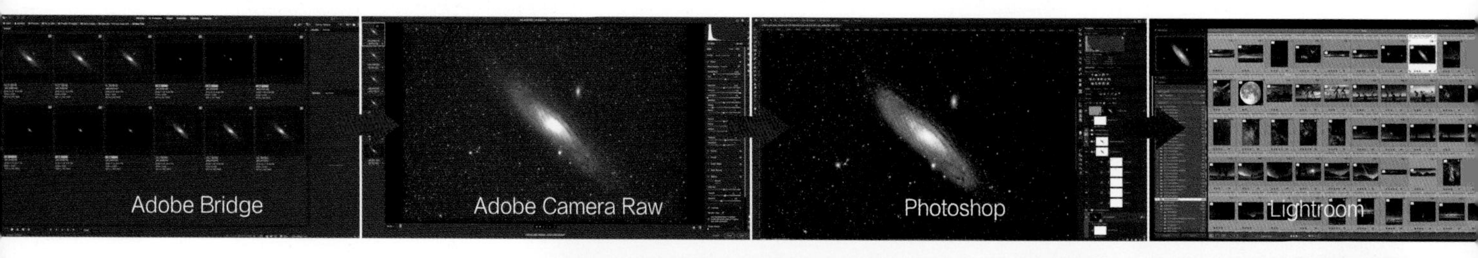

好的工作流程和差的……

上图：我们的工作流程是使用 Adobe Bridge 将图像导入 Adobe Camera Raw 进行原始显影，然后导入 Photoshop 进行叠加。最终的图像在 Lightroom 中进行编辑。

右图：使用 Photoshop 的旧方法是复制下方的图层，对新图层进行破坏性调整，再复制它，然后对副本进行破坏性编辑，如此反复。是的，原始图像确实是被保留下来了，但想要更改任何一项编辑都意味着要重做大部分工作。而且如果图层被合并了，就不能再进行任何修改了。

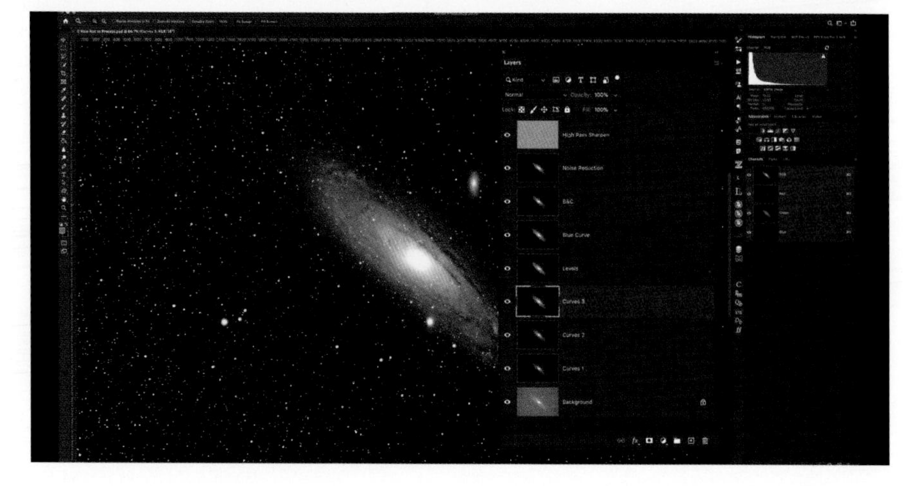

其他的工作流程

Adobe Photoshop 是一个基于图层的程序，可以对齐和叠加图像，这对天文摄影至关重要。我们在工作流程中用这一个软件就足够了，因为我们通过使用 LENR“在相机中”便应用了暗帧，正如我们在第十七章中描述的。Camera Raw 中的光学面板则可以为一个更简单的工作流程提供基本的平场处理。

Adobe 的竞争对手

我们针对满足天文摄影需求这一点对许多非订阅的 Photoshop 替代品进行了测试。所有的软件都有其局限性，但右边这三种是最优秀的。其他没有在此显示的程序，如 RawTherapee 是一个免费的原始图像显影程序，但使用起来非常复杂；GIMP 是一个免费的基于图层的程序，但是截至 3.0 版本，其编辑过程都十分老派，会破坏像素。

Starry Sky Stacker（只适用于 Mac 系统 / 付费）

DeepSkyStacker（只适用于 Windows 系统 / 免费）

Astro Pixel Processor（Mac、Windows 系统均可用 / 付费）

DXO PHOTOLAB
这款原始图像显影软件的降噪功能非常出色。将它搭配 Affinity Photo 使用。

SERIF AFFINITY PHOTO
它可以调整图层，对图像进行叠加、对齐和平均化操作，同时不会破坏像素。

ON1 PHOTO RAW
基本功能是原始图像显影，同时可以添加多个图层和蒙版。

校准和叠加

左图：如果你觉得图像需要应用单独的暗帧和平场，PixInsight（见第 385 页）可以执行初始校准（这个过程就叫这个名字）和叠加。或者你可以选择使用一个专门的叠加程序，它可以读取原始文件并应用暗帧和平场。Affinity Photo 易于使用的“天文图像叠加”功能（未显示）也可以应用校准文件，然后对亮场进行对齐和叠加。

Lightroom 选项

我们展示的所有步骤也可以在 Lightroom 的显影模块中完成，它与 Adobe Camera Raw 完全相同。

第一步：原始图像的显影

我们工作流程的第一步是“显影”原始文件，这里使用 Adobe Camera Raw（12.4 版本）。所有的调整都是非破坏性的。只有当你需要导出原始文件或将其发送到基于图层的编辑器如 Photoshop 或 Affinity Photo 中时，你才会锁定这些设置。

夜景图像的显影

使用原始文件可以恢复仅由星光照亮的风景的阴影细节。通过调节几个滑块，图像在几分钟内就能达到出版水平。

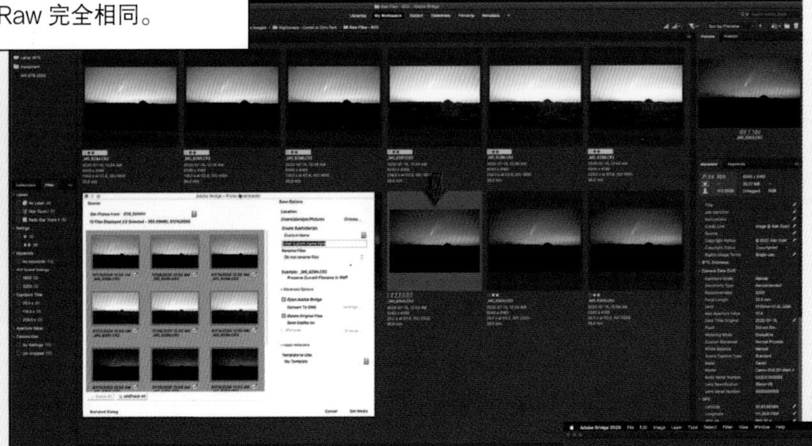

1 在Bridge中导入和选择

Bridge的“照片下载”工具可以导入图像，然后对图像进行分类。双击，在Adobe Camera Raw（ACR）中打开图像。

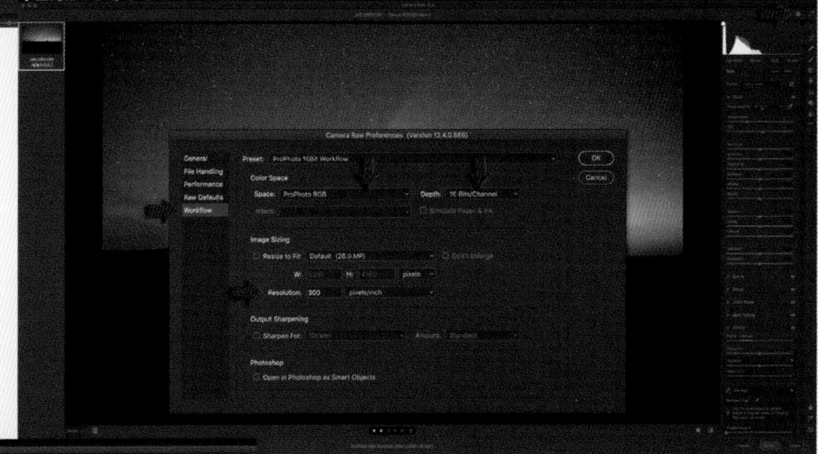

2 相机原始数据首选项

右图：在ACR的“首选项”（齿轮图标）中，将“工作流程”设置为“空间”>“ProPhoto RGB”，“深度”设置为“16位/通道”。这些都是关键的一次性设置。

3 光学和细节面板

左图：在“光学”（Lightroom中称为镜头校正）面板下，ACR可以去除镜头的渐晕。在“细节”面板中，将“减少明亮度杂色”提高到30至50，锐化>蒙版提高到75。

4 基本面板

右图：将“阴影”值调到最高。试着改变“曝光”“对比度”“高光”“自然饱和度”和“去除薄雾”的值。在“配置文件”下，Adobe Landscape 效果很好。然后在 Photoshop 中“作为对象打开”。

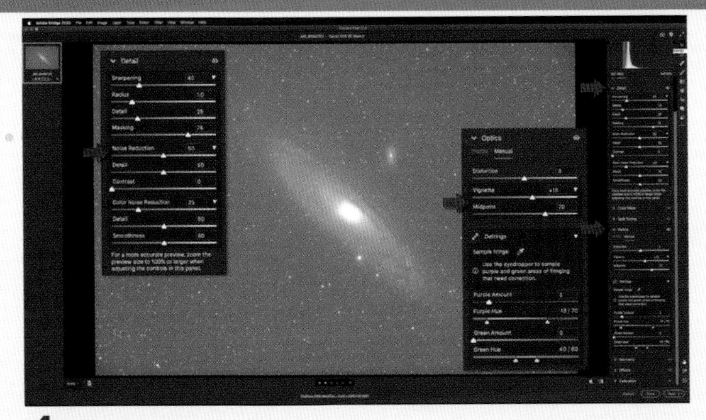

1 光学和细节

在“细节”下，将“减少杂色”设置为 40 至 50。在“光学”下，在“手动”选项卡中提亮暗角。通过眼睛观察确定“渐晕”和“中点”的值。这就是我们对图像进行“平场”的地方。

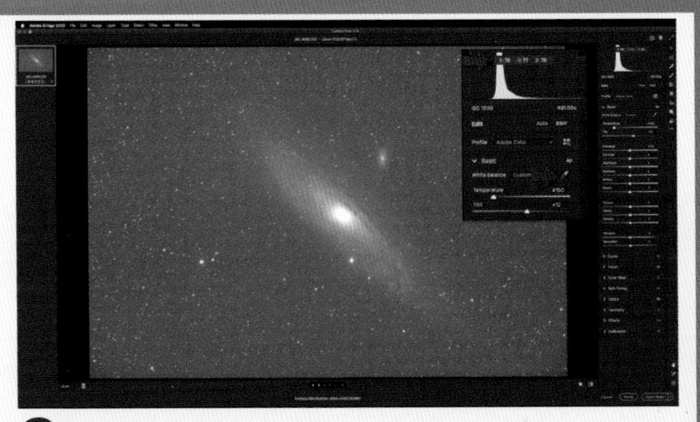

2 白平衡

使用“白平衡”下的“滴管”工具，点击 / 拖动到一片应该是中性的天空区域。通常每张照片都需要进行这一步骤。

深空图像的显影

与夜景相反，深空物体的对比度往往很低，需要在很大程度上提升对比度，这种方式之所以能起作用，是因为只有在这里我们才能获得相机的全部 14 位原始数据。

3 基本面板

在“基本”下，选择一个配置文件。将“对比度”提高到 +100。在这里，减少“高光”可以恢复 M31 明亮核心的细节。应用“清晰度”和“去除薄雾”，但不要过度。

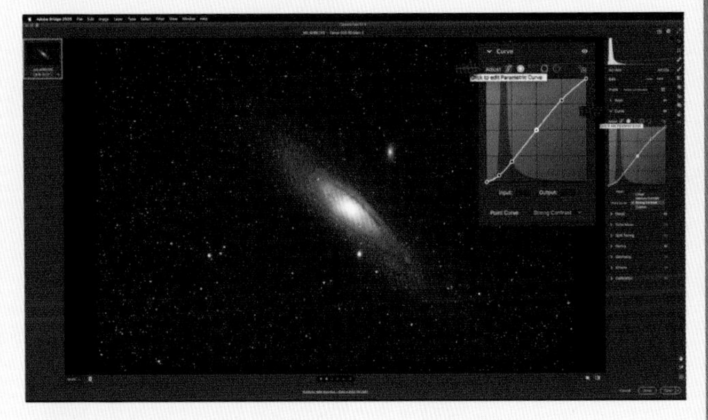

4 曲线面板

“曲线”也可以提高对比度。使用带有预设的“点曲线”，或选择“参数曲线”来绘制一条自定义曲线，也可以在每个颜色通道中绘制一条曲线，以进一步调整颜色平衡。

5 通道混色器（原HSL）

这是另一个参数化调整功能，用于提高或降低特定的颜色。使用“目标调整工具”，在你想改动的区域上拖动。

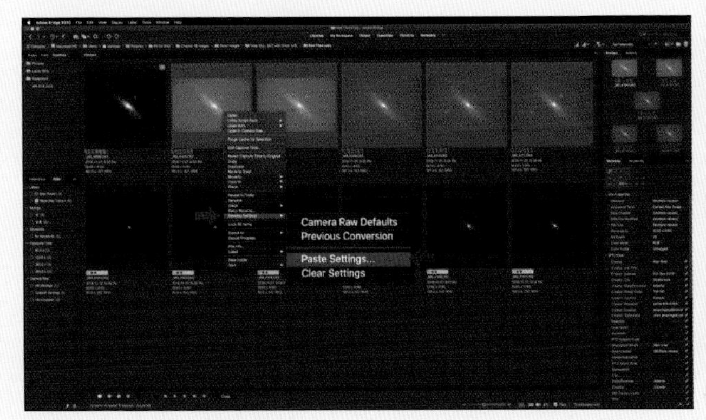

6 复制和粘贴设置

在 Bridge 中，选择显影后的图像。右键单击选择“显影设置”>“复制设置”。选择该组中的其他图像。右键单击“粘贴设置”。

第二步：在 Photoshop 中叠加图像

大多数天文照片在叠加多张照片后都能得到更好的效果。这样做可以减少噪声、展现更多细节，还能在增加照片对比度的同时不放大噪声。

叠加 4 张照片能够将噪声减少到原来的一半，相当于以一半的 ISO 拍摄。叠加 9 张图像能够使噪声减少为原来的三分之一。叠加 16 张照片能使噪声减少到四分之一。即使如此，叠加照片也不能弥补不良的曝光。事实上，如果原始照片的质量很差，它可能会导致出现伪影，如我们在下方所示。永远记得要采用向右曝光！

叠加高 ISO 图像

上方左图是在 ISO 6400 下拍摄的一张无导星 1 分钟曝光照片；上方右图是 16 张照片的叠加，每张都是按照无导星的快速简单的方法（见第 365 页）拍摄的。噪声变柔和了。但是……

叠加低 ISO 图像

最右边的是同样的在 ISO 6400 下拍摄的 16 张照片的叠加。与 16 张 ISO 1600 及自动导星下拍摄的 4 分钟曝光照片相比，它的对比度较低。

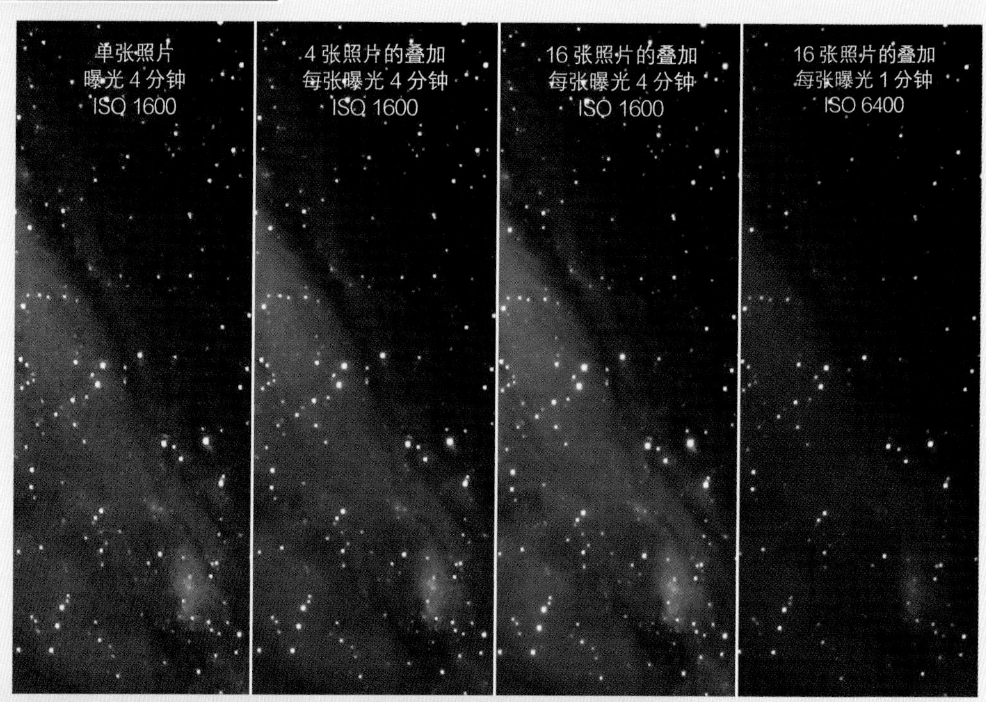

行走的噪声

一连串噪声的出现是由于曝光不足（不遵守向右曝光），随后叠加的过程放大了这一缺陷。抖动拍摄并不总能解决这个问题；但良好的曝光可以。消除大多数噪声的最好方法就是良好的曝光。给传感器提供大量的信号。

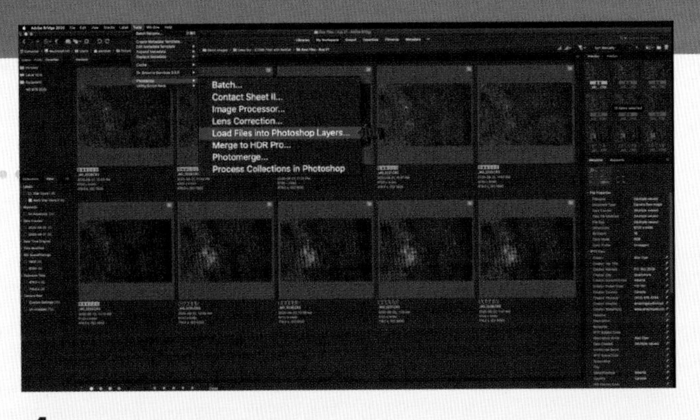

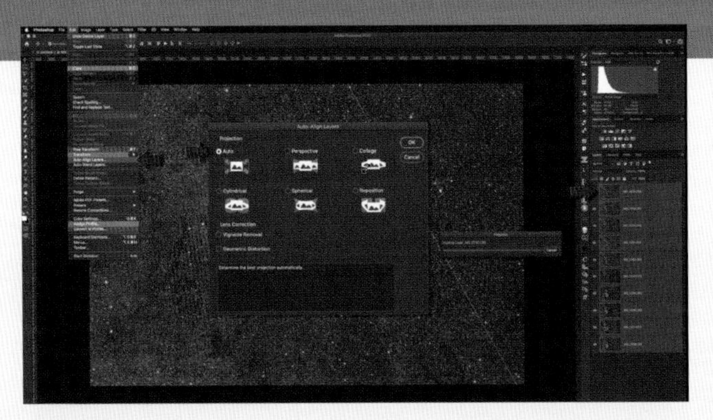

1 载入图层

在Bridge中，选择图像并选择“工具”>“Photoshop”>“加载文件到Photoshop图层”。

2 对齐图层

选择所有图像层，并选择“编辑”>“自动对齐图层”。“投影”>“自动”的效果不错。

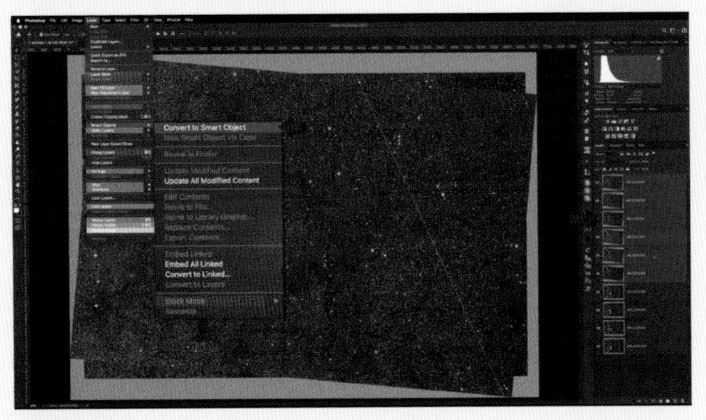

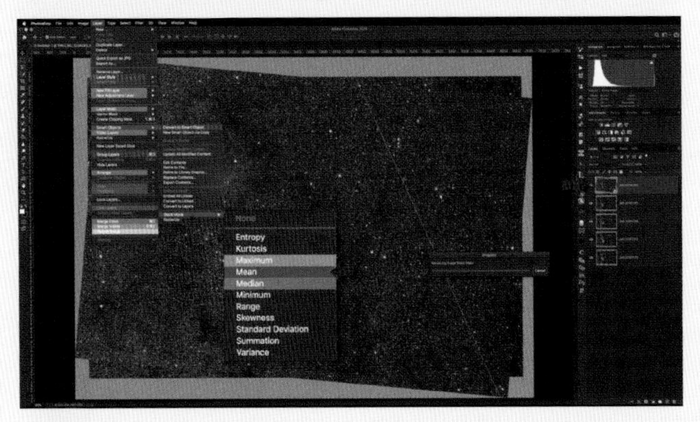

3 将一组图层转换为一个智能对象

选择“图层”>“智能对象”>“转换为智能对象”。

4 选择一个堆栈模式

选择“图层”>“智能对象”>“堆栈模式”，要么选择“平均值”，要么选择“中间值”。“最大值”适用于星像迹线。

方法一：多步骤方式

上方：在 Photoshop 中，这是叠加和对齐图像的多步骤方法。Photoshop 能够对齐抖动拍摄的图像和那些在拍摄两组图像之间旋转了相机的图像，如此处所示。如果图像太暗，包含的恒星数量太少，Photoshop 可能无法对齐。只要遵循了向右曝光原则，这种情况极少发生。在这里，需要用这种方法来对齐和叠加分别经过过滤和未经过滤的图像。

方法二：一键完成

下方：在“文件”>“脚本”下，“统计”一次就完成了分层、对齐、转换为智能对象和应用“堆栈模式”的工作。旧版本的 Photoshop（CS6 标准版和更早的版本）中没有“脚本”或“堆栈模式”。

1 文件>脚本>统计

打开所有要叠加的图像，并选择“添加打开的文件”。勾选“尝试自动对齐”。瞬间就完成了！

2 改变堆栈模式

如果一些图像中出现了卫星痕迹，在叠加后将“堆栈模式”从“平均值”改为“中间值”。

第三步：处理夜景图像

在进入深空图像处理领域开展冒险前，我们先用一张具有挑战性的夜景图对将会使用到的技术进行说明。我们先前从这组图中显影出了单张照片。在这里，我们可以生成更好的版本，将一张 20 秒曝光的天空照片与 4 张 2 分钟曝光的地面照片叠加起来。

许多天文摄影师使用 Starry Landscape Stacker（适用于 MacOS 系统）或 Sequator（适用于 Windows 系统），这两个程序可以将静态的地面和移动的天空分别叠加和对齐。这是非常智能的技术，但我们发现它们会在地平线位置处留下边缘伪影。因此我们从来不用。

1 载入图层

上图：在Bridge中选择地面曝光图像，然后使用“工具”>“Photoshop”>“加载文件到图层中”，将它们导入Photoshop。不需要对齐图层。

2 转换为智能对象

右图：选中所有图层。在“滤镜”下选择“转换为智能滤镜”。这会将图像嵌入智能对象“容器”中。这里应用的所有滤镜都是非破坏性的。

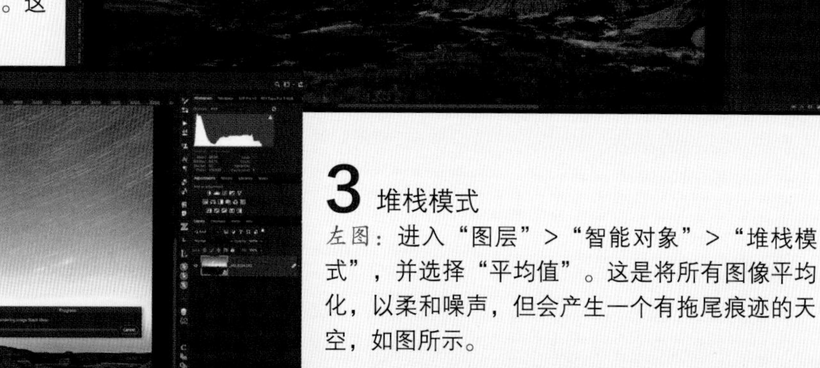

3 堆栈模式

左图：进入“图层”>“智能对象”>“堆栈模式”，并选择“平均值”。这是将所有图像平均化，以柔和噪声，但会产生一个有拖尾痕迹的天空，如图所示。

4 放置天空图像

右图：回到Bridge中，并选择“文件”>“放置……在Photoshop”。短时间曝光的天空图像会作为一个智能对象出现，可以重新编辑其原始文件。

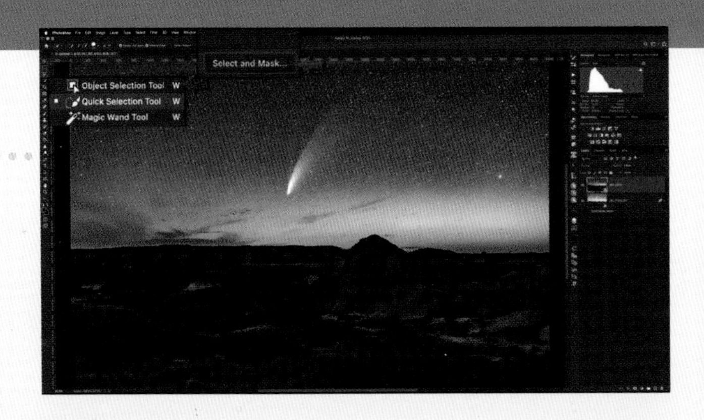

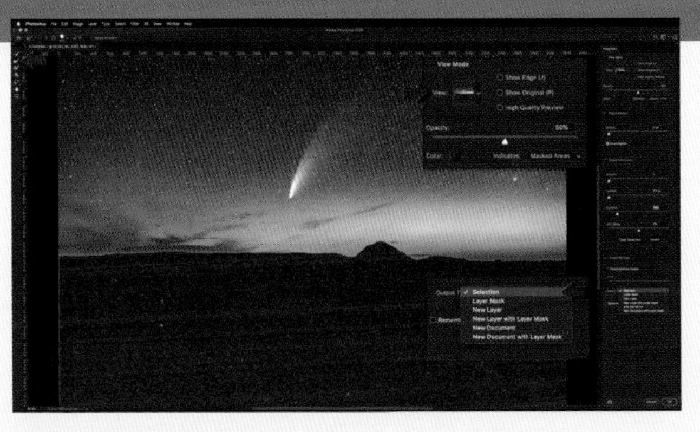

5 选中天空区域

将天空图像移动到图层的顶层。使用“选择”>“天空”（Photoshop 2021）或“快速选择工具”，在天空区域上拖动以选中它。然后选择“选择和蒙版”。

6 细化选区

使用“选择和蒙版”及其左侧的“细化边缘工具”，刷过地平线、任何树木和复杂的形状，以自动选择它们周围的区域。选择“输出到选区”。

7 对天空施加蒙版

在“蚂蚁线”选区激活后，点击“添加图层蒙版”按钮。该蒙版隐藏了短时间曝光的地面，露出下方的长时间曝光堆栈中的地面。

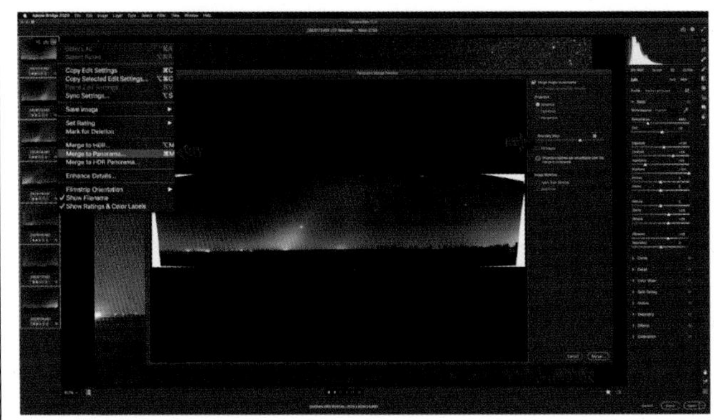

缝合一张全景图

虽然 PTGui 等专业程序可以缝合全景图，但可以尝试使用 Adobe Camera Raw 和“合并为全景图”功能。选项允许对场景进行扭曲变形和填充空白区域。

8 添加颜色和对比度，调整图层

按住 Option 键（Mac 系统）或 Alt 键（Windows 系统），将天空的蒙版拖动到调整图层上。如果需要的话，可以反转蒙版。或者以无损的方式羽化蒙版边缘。

输出用于星像迹线和延时摄影的图像

通过在 Bridge 中选择一组已显影的原始图像来创建 TIFF 或 JPG 格式的图像。使用“工具”>“Photoshop”>“图像处理器”导出，根据需要调整大小。使用这些图像来叠加形成星像迹线照片或组合成视频。

第四步：处理深空图像

我们在这里对一组图像进行处理，拍摄它们的设备是我们在第十七章中展示的入门级系统之一，安装在星特朗 AVX 支架上的猎户 ED80T。主要的照片由佳能 6D Mark II 拍摄，是 6 张 ISO 1600 下拍摄的 8 分钟曝光照片。对仙女星系图像的处理过程展现了在 Photoshop 中编辑深空天体图像时会用到的基本技术。

在教程中应用的 Photoshop 第三方插件，如 Astronomy Tools actions（网址见链接列表 73 条目）、拉塞尔·克罗曼（Russell Croman）的 StarShrink 和 GradientXTerminator 滤镜（网址见链接列表 74 条目），这些都非常实用。

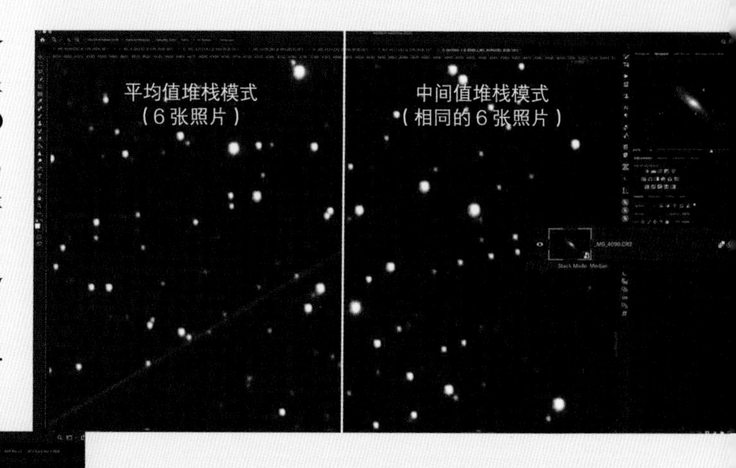

1 平均值 vs. 中间值堆栈

上图：使用“平均值堆栈模式”可获得最佳的噪声平滑效果。如果某些帧出现了卫星痕迹，则使用“中间值堆栈模式”，如图。帧数越多，效果越好。

2 添加智能滤镜

上图：在“滤镜”>“噪声”下，“降噪”可以使天空变得平滑，同时不会抹去恒星。“阴影/高光”，如右图所示，可以恢复明亮核心中的更多细节。

3 添加曲线，调节图层

上图：想要使微弱的星云和星系旋臂显现出来，需要借助“曲线”功能。在你想要加强的区域上拖动“目标调整工具”。

4 改变混合模式

左图：添加更多的曲线图层，每个图层都带来更微妙的提升。为了避免颜色过于强烈，将“混合模式”从“正常”改为“明度”。

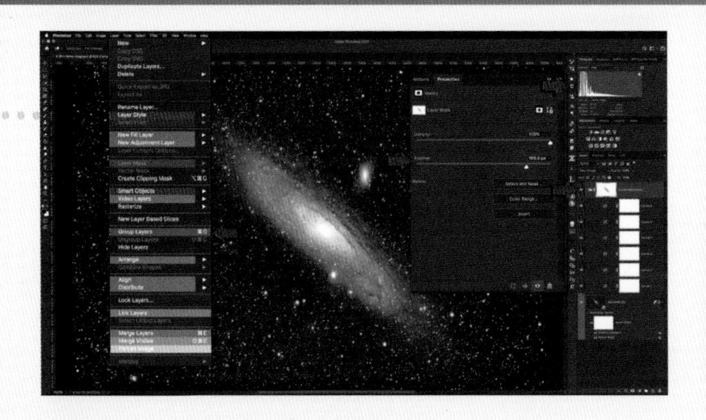

5 图层组

将图层放入图层组中以便于管理。可以对一个图层组增添蒙版，这样一个蒙版就能施加到组内的每个图层中，如图所示，以保护星系的核心。

6 可选颜色

“可选颜色”是一种用来精确调整颜色的模式。此处，我们还应用了拉塞尔·克罗曼的GradientXTerminator和StarShrink作为智能滤镜，在底部注明。

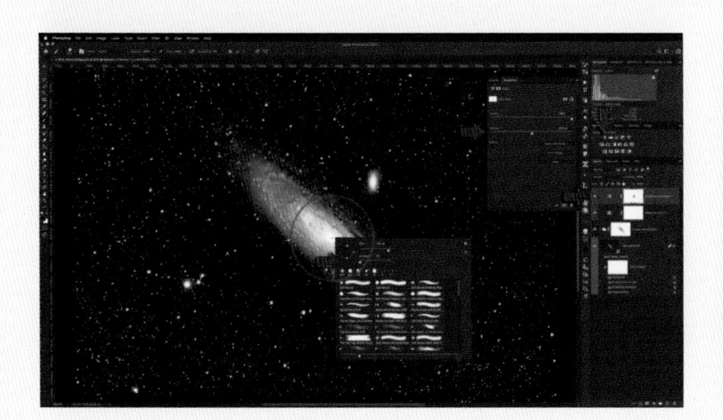

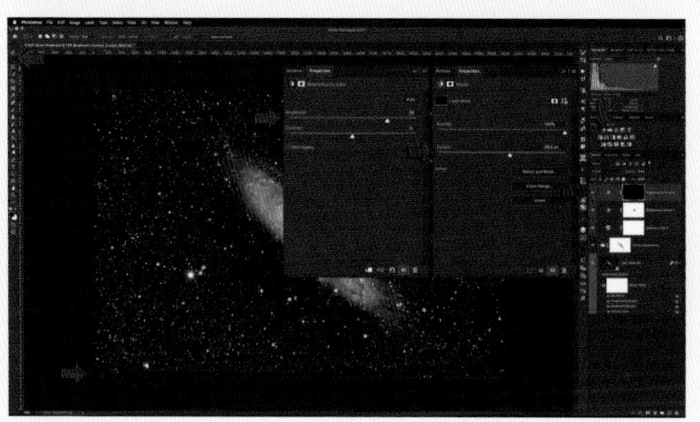

7 使用蒙版调节亮度/对比度

我们使用一个边缘柔和的黑色画笔在蒙版上涂抹，以防止做出的调整影响到银心。在使用蒙版时，黑色部分会被遮盖，白色部分则会显现。永远不要使用擦除功能；使用蒙版来隐藏。

8 清除单反图像中的反光镜阴影

使用“选择”工具沿着底部画一个矩形。添加一个“亮度/对比度”图层。在“蒙版属性”下，对其进行羽化。根据需要提高亮度。

9 创建一个高光“恒星”蒙版

切换到“通道”面板。按住Command/Control键并单击RGB通道。这将选中高光部分。添加到任何图层的蒙版都会应用这个“明度蒙版”。

10 反转蒙版

如果你想让蒙版显示并影响除高光部分以外的所有内容，选择蒙版并按住Command/Control键+I键来反转蒙版。步骤5中提到的蒙版就是这样创建的。

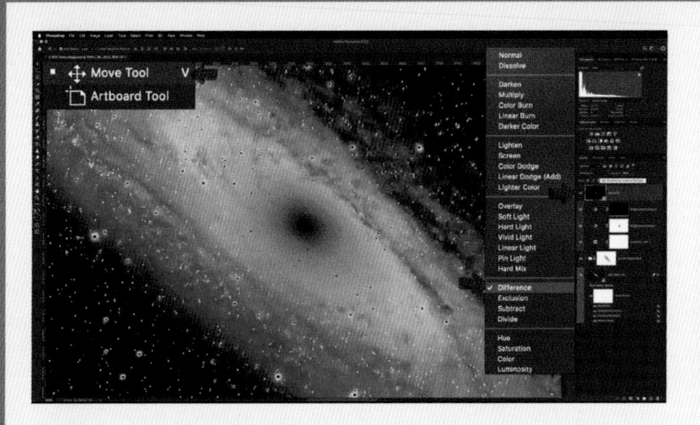

11 为核心部分添加一个短时间曝光图像

我们将一张一分钟曝光的照片从Bridge中导入图像堆栈。将"混合模式"改为"差值"。使用"移动"工具和方向键来将其对齐，因为此时自动对齐功能可能不起作用。

12 核心处的混合

将"混合模式"改为"正常"。选中短曝光图像图层，按照步骤9创建一个高光蒙版。将图层蒙版添加到短曝光图层上。根据需要进行羽化。

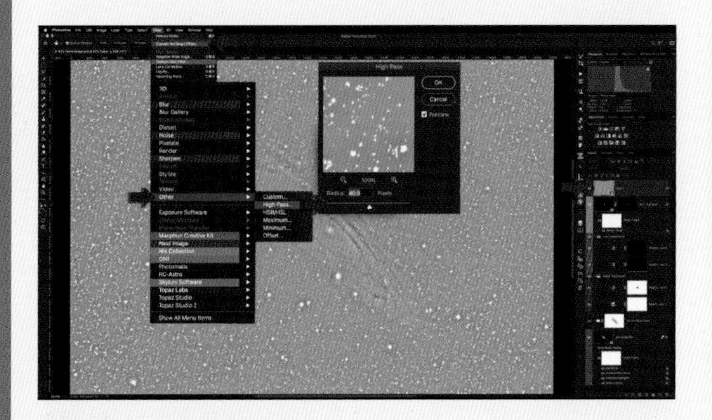

13 高通锐化

使用 Command 键 +Option 键 +Shift 键 +E 键或 Control 键 + Alt 键 +Shift 键 +E 键对下方所有图层创建一个"图章"副本。把它转换为智能对象。应用"滤镜">"其他">"高反差保留"。

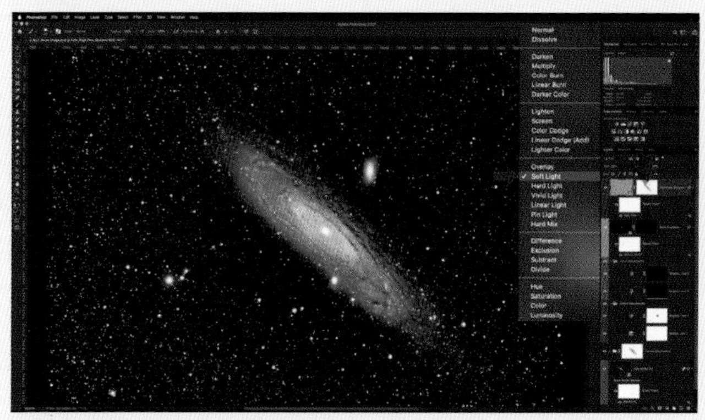

14 非破坏性滤镜

现在将"混合模式"改为"柔光"。添加一个反转的高光蒙版，以防止锐化效果影响恒星。将其羽化。锐化图层的每个方面都可以进行调整。

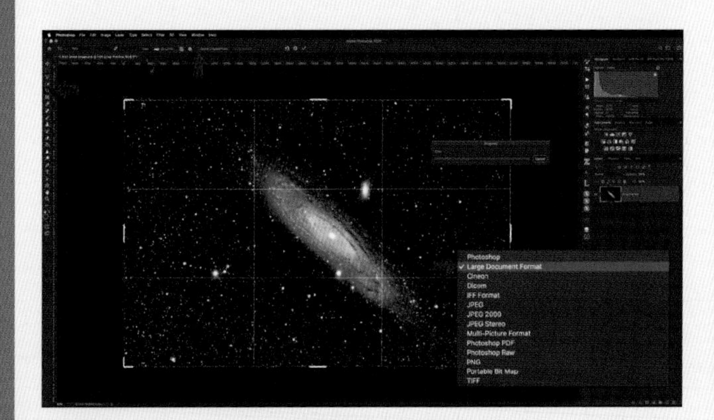

15 裁剪以美化和构图

"裁剪"在这里是一个收尾的步骤，是无损的（取消勾选"删除裁剪的像素"）。将主图像保存为分层的 PSD 或大文件 PSB 格式。不要合并图层！

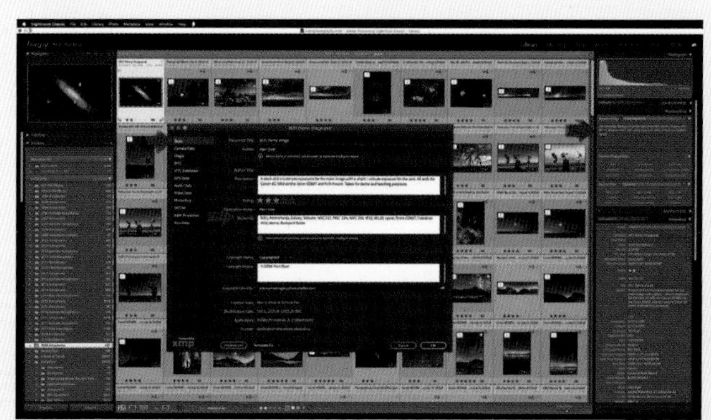

16 最后一步：关键字和目录

在 Photoshop 中的"文件">"文件信息"（嵌入框）或在 Lightroom 中（背景）为图像添加关键词。对最终图像进行编目，以便你通过关键词进行搜索。

进阶深空图像处理

当你深入深空成像领域，你很快就会遇到PixInsight（网址见链接列表75条目）。各种用于深空图像校准和处理的专业程序会在一段时间内流行起来然后又渐渐失宠，但PixInsight在过去几年内一直是最受欢迎的。截至2021年，它的价格为230欧元，不过为了学习如何使用它，很多人会再花差不多的钱在书籍、视频和研讨会上。最好的书面参考资料之一是分为上下两册的《精通PixInsight》，作者是PixInsight大师罗赫略·贝尔纳尔·安德烈奥（Rogelio Bernal Andreo，可见链接列表76条目的网站）。

PixInsight的工作方式与你曾经使用过的其他任何图像处理程序都不同。菜单命令和程序（有很多！）都以晦涩的数学术语命名。例如，一种降噪模式被称为MultiscaleMedian-Transform（多尺度中值变换）。

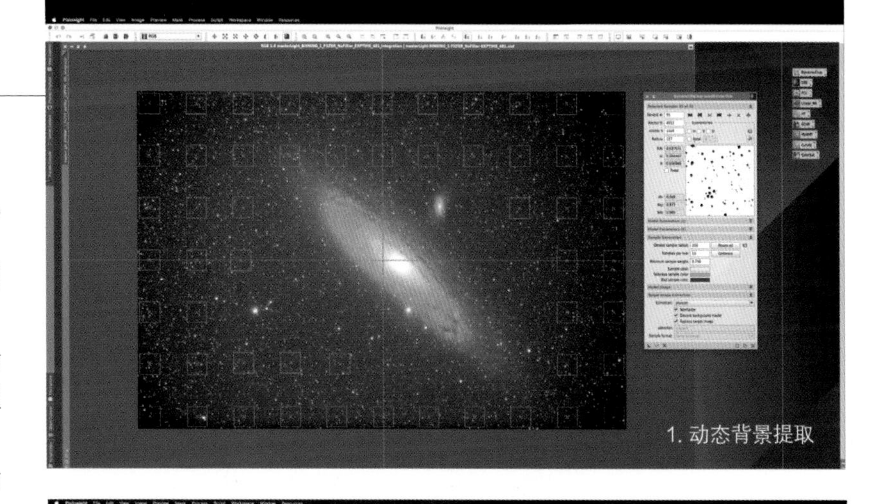
1. 动态背景提取

2. 直方图调整

PixInsight的面板示例

1 “动态背景提取”可以使渐变和渐晕处变得均匀。
2 这个过程将图像永久地拉伸，以显现出物体。
3 蒙版在单独的窗口中调整，在应用完成后就会被舍弃。
4 曲线可以带出模糊的结构。所有的预览都在单独的窗口中。

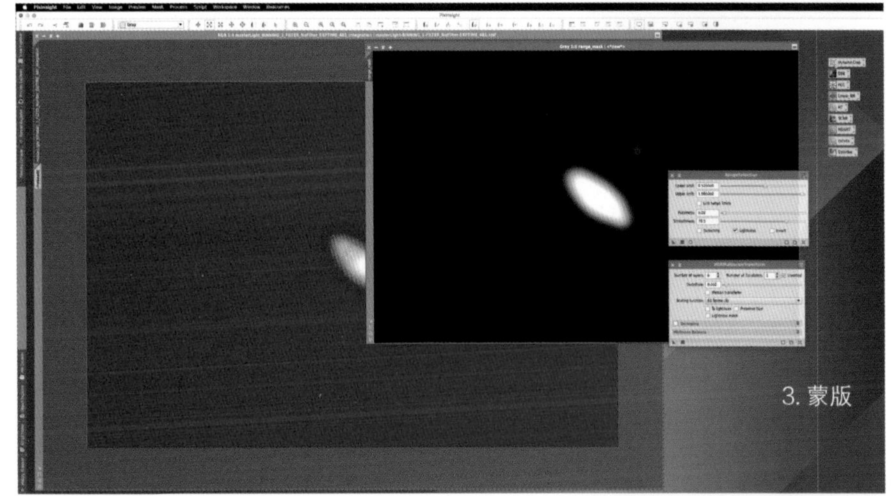
3. 蒙版

对话框也极为复杂；忘记勾选一个复选框（这里有多个复选框！）会让整个功能失效。PixInsight也不会生成可以直接看到图层和调整的文件，尽管它确实在历史资源管理器中记录了项目的处理步骤，让你可以重新编辑，但是也只能从早期状态开始。

当你精通了这个软件后，就能发挥其威力：展现出深空天体中的最多细节和最微弱的结构。PixInsight唯一的目标就是处理深空图像，而它在这点上做得非常好。但是学习曲线也会非常曲折！

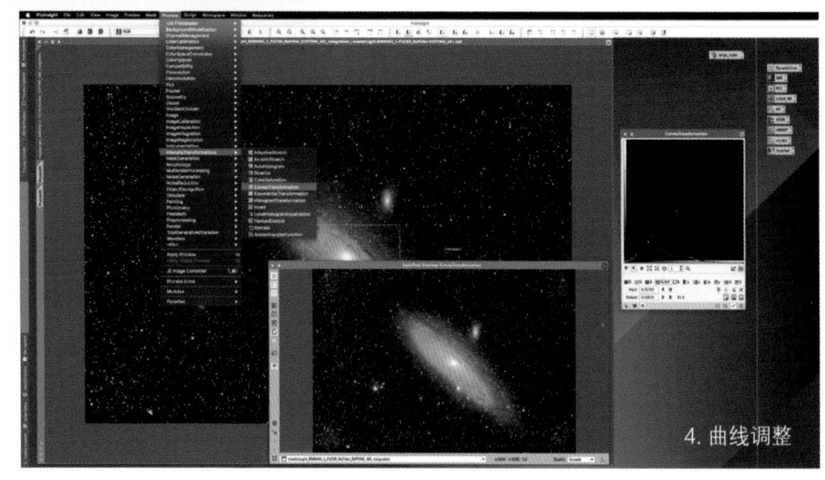
4. 曲线调整

撤退战略

一位柯博山信徒架设好了她“即拿即用”的折射式天文望远镜，准备观星。

每年8月，一群热忱的天空观测者都会在不列颠哥伦比亚省南部的柯博山上走过12英里（19千米）的曲折道路，希望找到完美的天空。有时，他们会有所收获。天气好的时候，天空的黑色画布上画满了银河的精致笔触（右页）。但在其他年份，这支观测者队伍会被隔绝在一座6000英尺（约1829米）高的山上，无奈地等待惊雷暴雨席卷而过。还有一年，他们甚至被迫中途撤离，因为附近的森林大火肆虐，他们担心唯一的退路会被切断。

然而，即便条件变得非常糟糕，每个人在离开柯博山星空聚会时都会说：“明年见！”因为他们知道，他们还会回来。每个星空聚会和业余天文学家的聚会都是如此。业余天文学的伟大之处在于，它可以延伸到比你的后院遥远广阔得多的地方。仅仅在你居住的地区，就可能有着数百名志同道合的天空爱好者。有可能，当你追寻对星空的兴趣时，会发现自己也成了这个社群的一部分。你也可能会发现一处地方，它就像柯博山，或是得克萨斯州星空聚会，或是Stellafane，抑或世界上其他许多暗夜圣地。

另一种情况是，属于你个人的理想世界可能永远不会超出后院的范围，而你的观星社群或同好也只限定在家人和朋友之间。这不重要。无论你如何观测，当我们抬起头，看到的都是同一片天空，我们希望这本书能够帮助你探索这片天空。

天空为先

在这版和之前每版的《夜观星空：大众天文学观测指南》中，我们关注的是其他指南中经常忽略的休闲天文学的各个方面。例如，我们提供了有关设备和品牌的具体细节，这样做是因为我们从初学者那里收到的大多数咨询都是同一个问题的变体：“我应该买什么？”我们对硬件的强调可能会导致这样的印象：业余天文学不过是收集设备。对一些人来说，确实是如此。但是收集者很少能维持对这个爱好的热情。这就来到了我们最后想要讲述的话题，也是一个在业余天文学文献中很少讨论的话题：为什么人们会对天文学失去兴趣？

在第一章时我们就说过，单靠花钱是无法进入这个爱好的。但是有些新手会这样尝试。他们购买了市面上最好的设备，却从未投入必要的时间来学习如何正确使用这些设备。他们是业余天文学家吗？在我们看来不是。即使是在计算机化的天文望远镜时代，如果不学习在天空中寻找目标的技能，不了解天空是如何运转的，你就无法真正全面地欣赏宇宙。我们在书中囊括了能够对你有帮助的信息，但只有当你亲自手握简单的星图，在星空下度过一段时间后，这些知识才能真正留在你脑海中。你需要在实践中学习。

自1991年这本书的第一版出版以来，业余天文学的设备一直在以令人难以置信的速度发展。高科技的设备很诱人。然而，即使在这个最新的版本中，也许还有以后的版本中，我们的建议仍然是：人们对天文学失去兴趣的主要原因是他们被设备吸引了注意力，而忽略了头顶的星空。对他们来说，天空从未成为一个亲切的地方；他们无法辨认恒星的图案，也找不到天空中美景的所在；太过复杂的仪器使得架设设备成为一项繁重的工作。天文学原本可以成为他们的终生兴趣，但最终只成了其生命中的过客。

还有其他原因让人对天文学失去兴趣。有些人还没有学会如何游泳便一跃而入直达游泳池的深处，而有些人也许才试着拍摄了月球或一个星座，就急不可耐地装上高端的天文成像设备。但现实是，许多刚刚对这个爱好有所了解的业余天文学家都表现出了对拍摄天体照片的兴趣。正因如此，书中有两章内容是关于成像技术的。

然而，过去也有一段时间，我们都放弃了天文摄影。在以前的胶片时代，得到的结果往往不值得花费时间和金钱，直到设备有了改进——它们现在当然是改进很多了。

即便如此，尽管数码相机使用起来很容易，我们仍然建议从简单的开始，慢慢来。不同于YouTube上的那些大师给你的感觉，实际的天文摄影要复杂得多。我们见识过太多这样的初学者，他们还不能瞄准猎户座，就试图模仿专家拍摄马头星云的长时间曝光图像，最后只让自己变得沮丧无比。

夏天的银河在柯博山的蒿丛上方闪耀。

保持动力

发展观星技能需要时间，需要有比许多人都多的空闲时间。似乎闲暇时间越多，我们就越是要用高要求的活动来填满它们，而这些活动却远非休闲活动。在我们看来，在星空下寻找目标不是时间多少的问题，更多的是态度问题。生活就像行走在一条快车道上，对我们来说，追求这一爱好就是停车休憩的安静时光。而且业余天文学并不一定要你独自努力。让你的家人一起参与进来，会使你的天体探索之旅更有意义。

我们还发现，在最初的新鲜感消退后，许多业余爱好者会因为缺乏目标而渐渐远离这个爱好。为了重新点燃兴趣，我们建议开展一个项目，朝着一个目标努力，比如观测所有的梅西叶天体、绘制行星的素描图或者拍摄星座肖像，抑或是将一处暗夜所在地规划到下一次旅程中，在那里度过几个夜晚。

每隔一段时间，我们都需要重新注入一剂动力。有时，偶然观测到的行星连珠或一个特别清朗的夜晚，就足以提醒我们天空是多么的美妙。即使已经从事这个爱好五十余年，我们也一直能够从天空向我们展示的新的奇迹中获得惊喜，而这些奇迹起码每年都会出现。想要保持住你作为一名“夜间自然主义者”的兴趣，至关重要的一点就是持续关注将要发生的天文事件。

其他时候，动力来自集体的情感治疗，如星空聚会、俱乐部会议上的激励性谈话，或与观天的朋友们联系（无论是当面还是在线上）。然而，虽然在由特殊兴趣论坛和 Facebook 小组创建的虚拟俱乐部中可以找到一些特定问题的答案，但我们发现这些网络小组中也充斥着错误信息和不成熟的观点。我们避开了其中的大多数。它们不能真实地反映那些使业余天文学家群体壮大起来的伟大人物。

就像其他的休闲追求一样，天文学可以是严肃的，也可以是随意的。这完全取决于你。我们的任务是提供有关可用工具的建议，以及对天空观测技术的介绍。掌握了这些信息，你就准备好去探索一种爱好和一个宇宙，它可以为你提供一生的惊奇和乐趣。欢迎来到业余天文学。

我们的网站

有关本书的更新和支持内容，请访问我们建立的网站（网址见链接列表 77 条目）。

附录

天文望远镜的维护和更多知识

在最后这一章中，我们将介绍如何对大多数天文望远镜进行日常的基本维护：清洁光学器件和准直反射镜。但是在准直前，你应该先评估光学器件的质量。你必须能够分辨出差的准直和差的光学器件之间的区别，前者可以修复，而后者可能无法修复。为了帮助你进行这一评估，我们编制了一个“光学像差图集”。

极轴校准这项任务初看似乎非常艰巨，但只要稍加练习，就会变得快速而简单。事实上，对于大多数的业余观星活动，极轴校准只需要将支架安置好，使它的极轴倾斜到正确的角度（你所在的纬度）并瞄准正确的方向（北半球为正北，南半球为正南），这对目视观测来说就足够准确了。不过天文摄影需要更加精确的极轴校准，所以我们会提供几种方法。

在最后，我们会向你推荐可以了解更多信息的资源途径——书籍、杂志和网站。

这张长时间曝光的照片显示了在北半球，支架的极轴（在此处，使用的是 Sky-Watcher Star Adventurer 追踪器）必须指向北极星附近的北天极，可以通过北斗七星斗勺中的指极星找到它。天空围绕着这个点旋转，所以你的支架也必须如此。在极轴校准方面有困难的人，往往都没有事先学习识别北极星等恒星的基本知识就贸然进入天文摄影领域。

北极星
小北斗
指极星
北斗七星

附录A

极轴校准

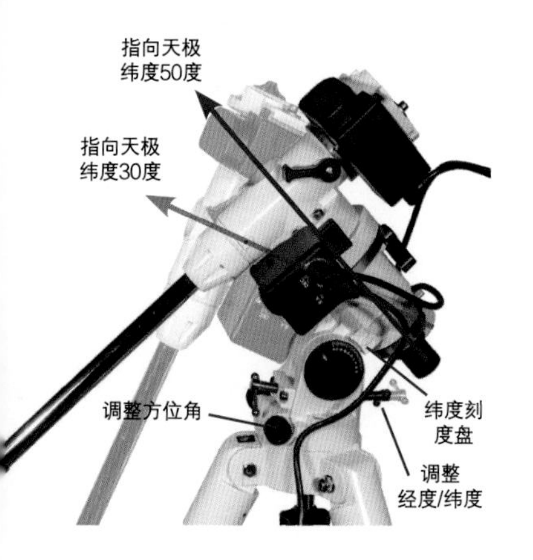

瞄准北极星

如果支架已经被设置为你的纬度并调平，那么当它指向正北（而不是磁北）时，它应该瞄准到北极星附近。

天空追踪器、德式赤道仪支架和楔杆支撑的叉臂支架天文望远镜都需要进行极轴校准。

对天文望远镜进行极轴校准时，调整支架的高度（即纬度）和方位角，使北极星位于极轴镜中十字准线的中心，这样极轴便对准了北极星。这种校准的精度就足以满足目视观测的 GoTo 寻星功能和追踪功能了。使用赤道仪 GoTo 支架时，一定要先进行极轴校准，然后按照第十一章（第 216—217 页）的说明进行两星或三星的 GoTo 校准。

天文摄影则需要更精确的极轴校准，因为截至 2020 年，北极星的位置实际上距离真正的北天极有 0.65 度（39 角分）的偏差。镜头或望远镜焦距越长，曝光的时间越长、次数越多，那么你就需要越精准地接近真正的北天极（或南天极，如果你在南半球的话）。对于我们在第十七章中推荐的天文摄影设备，校准的精度达到距真北天极 1 至 5 角分就足够了。

简单的校准方式（北半球）

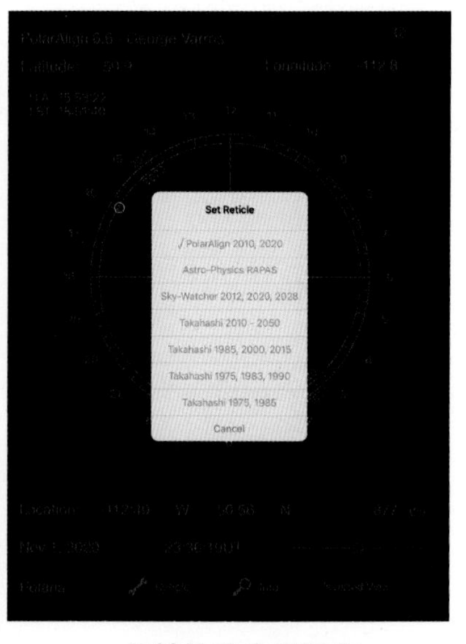

极轴校准应用程序

诸如乔治·瓦罗斯（George Varros）的 PolarAlign 等应用程序让使用者能够选择准线的图案。请确保为你的支架选择正确的一种。使用一个应用程序时，只需按照指示将北极星放置在准线的相应位置上。不要自作聪明，无视应用程序的指示把北极星放在 180 度以外，因为视图是倒置的。

以下是使用追踪器和德式赤道仪支架上典型的极轴镜进行极轴校准的步骤：

1 根据你所在的纬度设置支架，并将其调平。确保三脚架的支腿不会在地上滑动。

2 放置支架，使极轴尽可能指向正北（朝向北极星）。借助北斗七星或仙后座来识别北极星。

3 一些德式赤道仪支架需要将赤纬（南北）轴转动90度，确保其不会遮挡向上和通过极轴观测的视场。

4 通过极轴镜观察。有些极轴镜会为十字准线配备一个内部的照明光源，有些则没有。如果没有，可以使用昏暗的红光照入极轴中。

5 北极星有可能直接位于视场中。如果没有，就通过极轴尽可能地进行观测，将其瞄准该区域中最亮的那颗恒星。一个常见的错误是瞄准到了北极二，它与北极星在亮度上很相似。

6 现在，转动极轴镜（有些极轴镜可以独立于支架转动）或整个极轴，使其中一条径向的准线（哪一条都可以）指向小熊座的另一颗亮星北极二。

7 调整支架的高度和方位角（而不是赤经轴和赤纬轴）来移动北极星在视场中的位置，使其落在准线的圆形图案上，即位于朝向北极二方向的径向线上的一个“时钟位置”。这是关键所在！

8 将支架锁定，确保其位置不会发生偏移。

9 这就完成了。现在你已经完成了极轴校准，其精度足够让你在长达1000毫米的焦距下进行数小时的曝光。这就是我们极轴校准的方式。经过练习之后，整个过程只需30秒。

寻星星图：北天极

北斗七星中的两颗指极星指向了北极星，后者也是其所在的那片天域中最明亮的恒星。如果北斗七星位于你的地平线以下，例如在低纬度地区的秋天，就使用仙后座“W”形来帮助定位北极星和小熊座（又称小北斗）。北极星位于小北斗的手柄末端。

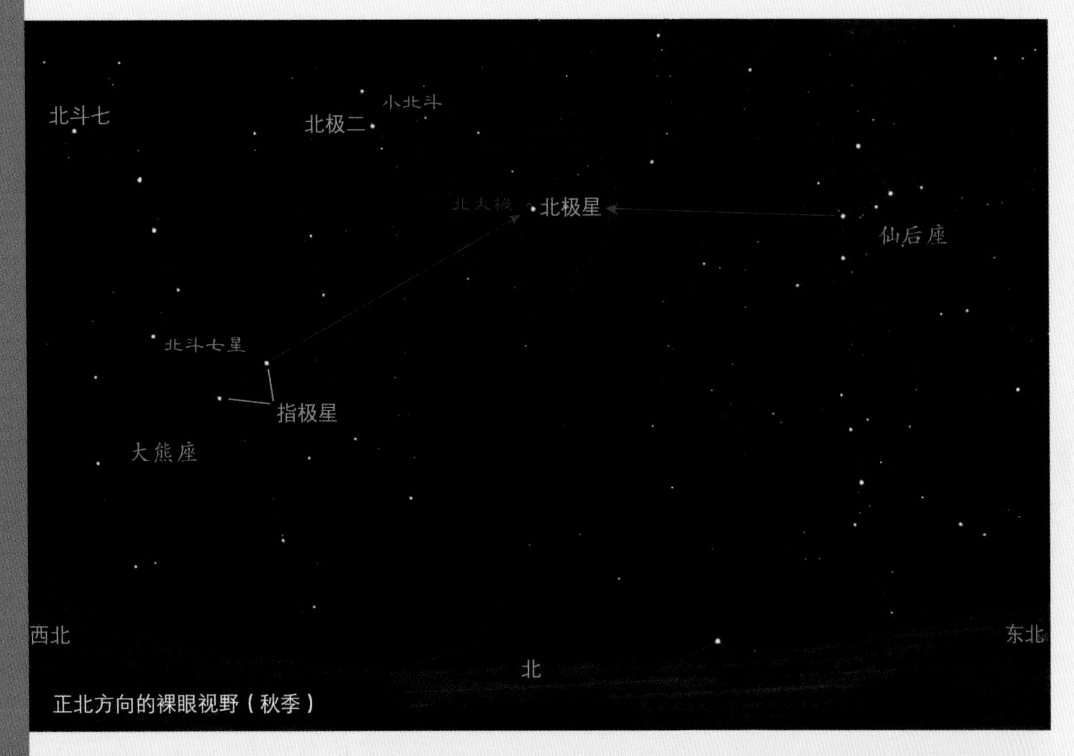

正北方向的裸眼视野（秋季）

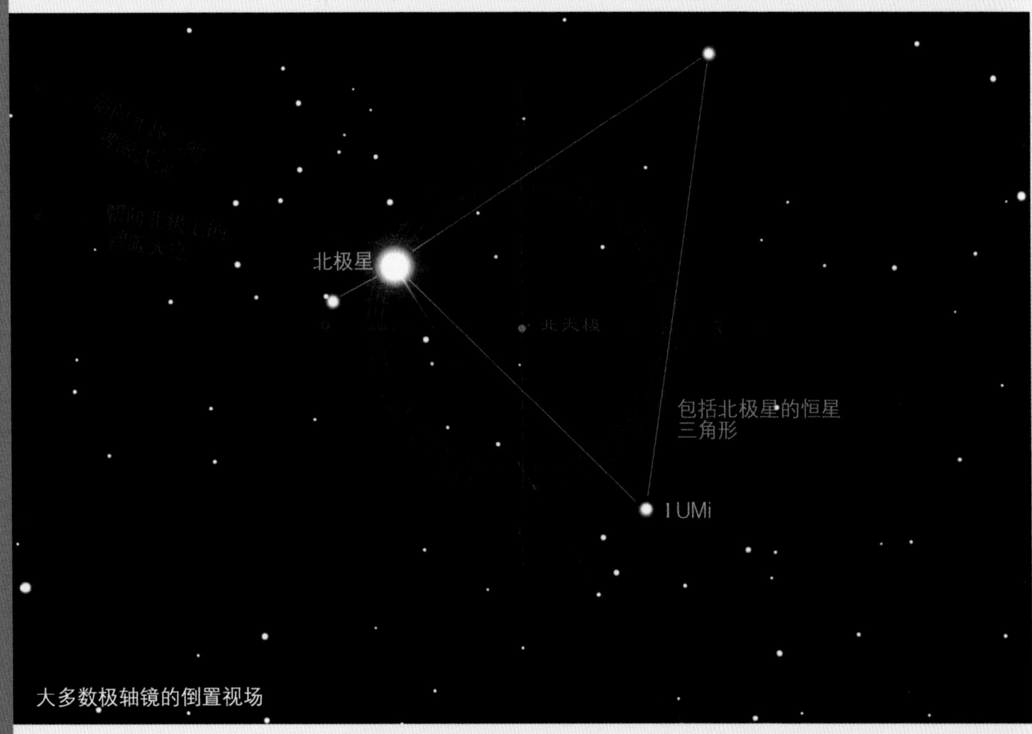

大多数极轴镜的倒置视场

到达北天极

极轴校准的关键在于认识真正的北天极，其位于北极星和北极二之间的一条连线上。从北极星到北斗七星的北斗七的一条连线也从离北天极很近的地方经过。

下方的特写视图模拟了通过一个典型的极轴镜所能看到的视场，它是倒置的。你很快就会对这片天域熟悉起来，其中北极星和另两颗较暗的恒星形成了一个三角形；第四颗恒星位于三角形的对侧。北天极就位于这个三角形内部。

校准时，将北极星置于准线的圆圈上（在2021年，是中间的圆圈），这个圆圈位于指向北极二的那条准线上。在这个例子中，北极星位于“10点”位置上，但它具体的位置取决于时间和日期。在一个视场倒置（大多数都是）的极轴镜中，北极星总是位于裸眼看到的天空中朝向北极二的一侧。即使你把相机的直角取景器夹在极轴镜上（很多人喜欢这么做，能够拯救颈椎），这一点仍然适用。

寻星星图：南天极

定位南天极绝对是一项挑战。它位于南半球天空中最空旷的区域之一，附近没有一颗明亮的“南极星”。一条垂直于连接半人马座 α 和半人马座 β（这两颗星被称为指极星）的线和另一条来自南十字的线相交，交点在南极座，与天极接近，明亮的水委一在天极的另一边。下方的星图描绘了秋季的天空。在春天，天空的方向旋转了 180 度，而水委一在南天极的上方。

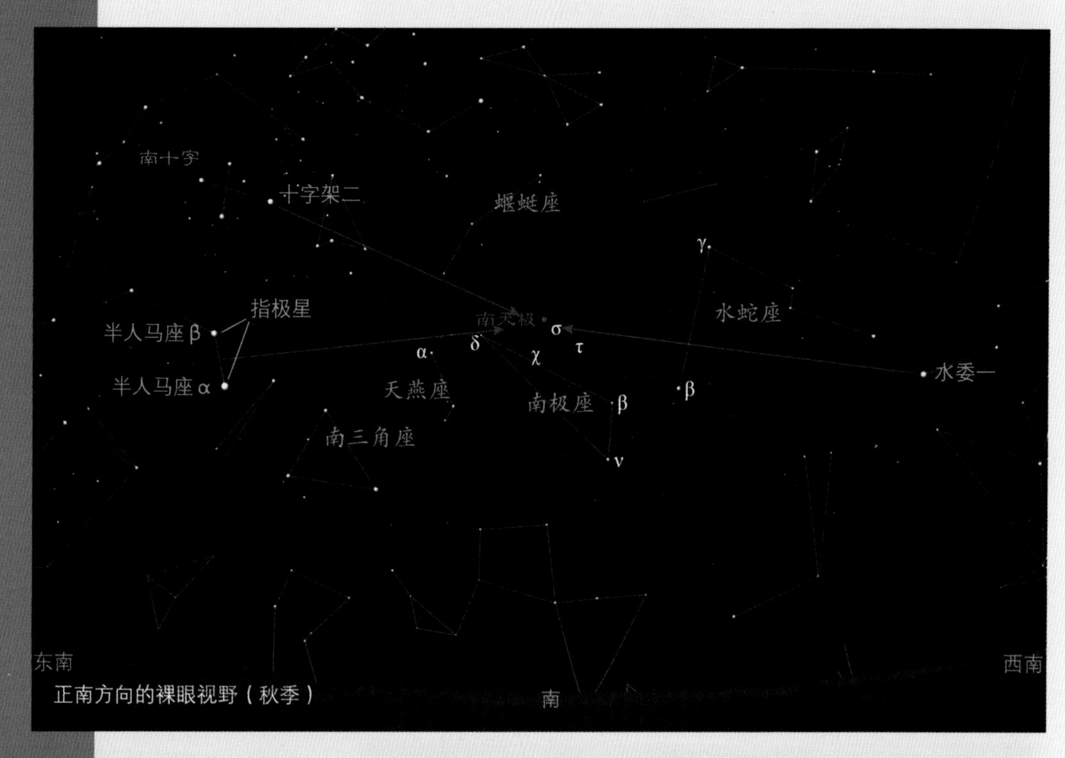

正南方向的裸眼视野（秋季）

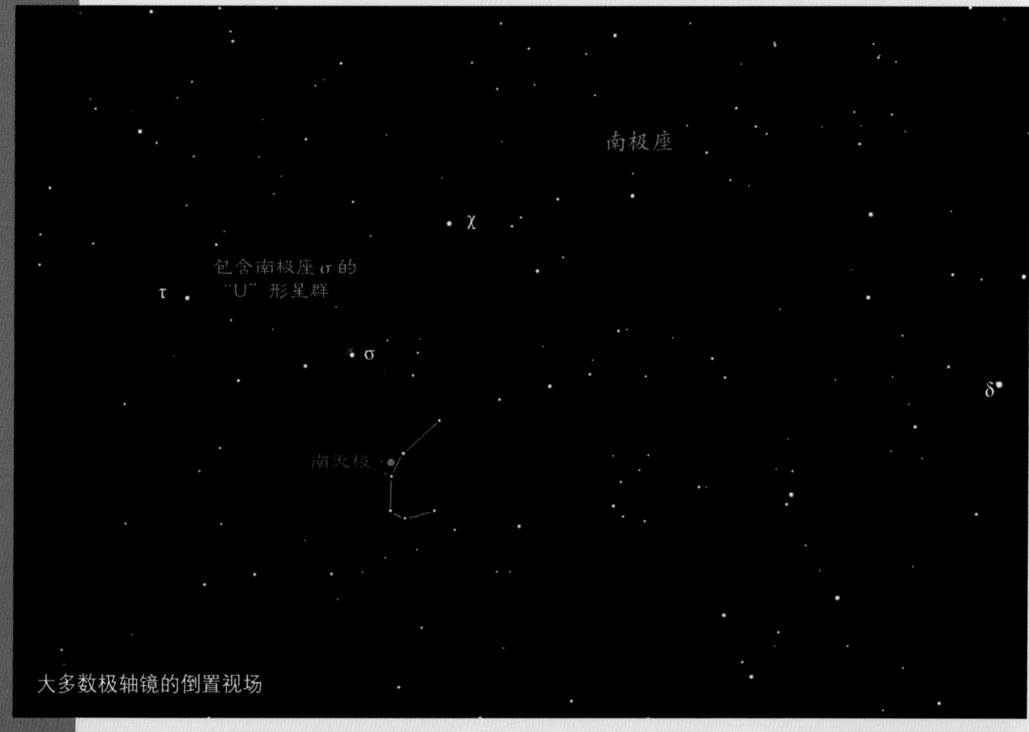

大多数极轴镜的倒置视场

到达南天极

包含南天极的区域位于昏暗的南极座三角形的一侧，其中最显著的是 4 等的南极座 β 和 δ。为了确定方向（在一年中的其他时间，这片天域相比于此处的南半球秋季视野旋转了一定角度），寻找天燕座的独特图案和明亮的水蛇座 β，它们都位于天极周边的区域。

将支架和极轴镜尽可能地瞄向靠近 5 等的南极座 σ 的区域，南极座 σ 是靠近天极的区域中最亮的一颗星。在极轴镜中，寻找一个由恒星构成的宽阔的“U”形，其中包括 σ、更暗淡的 χ 和 τ。在你成功一两次后，再次辨认这片星域就会变得容易些了，因为这个星群还是比较特别的。

一些极轴镜的准线中标示了那个“U”形，如右页顶部右图所示。将其中的恒星放置在相应的位置，校准就完成了。南天极同时还位于另一个更小、更暗的星环上。

南半球的极轴校准

对于生活在南半球的人，当你了解到天极在天空中的位置，并逐渐熟悉那片天域后，极轴校准会变得容易一些。

首要任务是将包含南极座 σ 的“U”形星群置于极轴镜的视场中，然后在倒置的视场中将它识别出来。在支架的极轴上安装一个红点寻星镜有助于将极轴对准该区域。

我们在这里介绍了一些高科技的极轴对准方案，但如果你是一名北半球居民，到南半球（或反过来）进行一次难得的旅行来拍摄异域的天空，我们建议你一定要带一个具备光学极轴镜的支架或追踪器。不要依赖数字化方式作为极轴校准的唯一手段。不然一旦它发生故障，你将无法极轴校准，那你的摄影之旅就完全白费了。

极轴校准模式

正如右上图的 Polar Scope Align Pro 应用程序所展示的那样，一些极轴镜的准线会包括南天极附近的星群，这是在南半球进行校准的关键。其他极轴镜，如右图，会包括北半球（红色）和南半球（蓝色）的关键校准星的散乱标记。

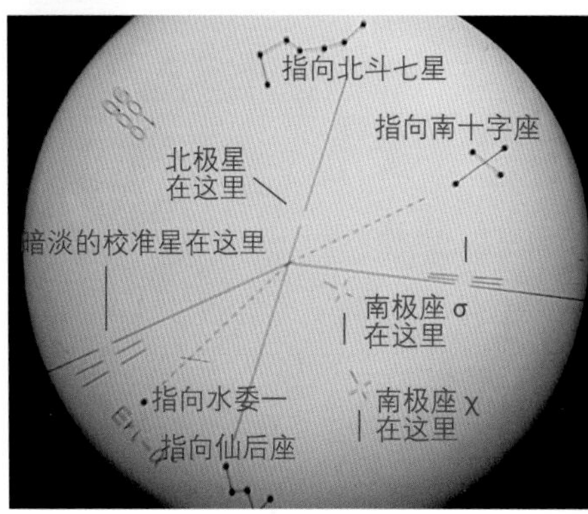

数字化极轴校准：ASIAIR

在南半球（对某些使用者来说，甚至是北半球）进行极轴校准非常困难，这促使很多人转向了新一代的数字辅助设备。ZWO 公司的 ASIAIR（在第十七章中介绍，如右图所示）便具有极轴校准功能。

它校准的过程相当快，而且结果非常准确。应用程序使用主成像相机来完成这个操作，所以如果你在 ASIAIR 上只连接了一个小型导星相机，你就必须临时将其指定为主相机，并输入导星镜的正确焦距，以便该应用程序能够知道图像的尺寸。这个过程才能顺畅地进行。它的校准精度在 4 角分以内，主要的限制在于你调整支架时的精度。

正在极轴校准的 ASIAIR

ASIAIR 的使用步骤

1 在数字化极轴校准时，软件将实际的视场与数据库中的恒星位置相匹配，这个过程被称为“图形解析”。

2 ASIAIR 还可以连接并控制 GoTo 支架，这样它就可以自动操作支架进行必要的旋转。

3 该应用程序能够显示极轴的旋转与真正的极点相距多远。这样你就可以调整支架，使黄色标记到达中心位置。

4 一旦你接近目标位置（这里的精确度为 1 角分），屏幕上就会“放烟花”作为奖励！

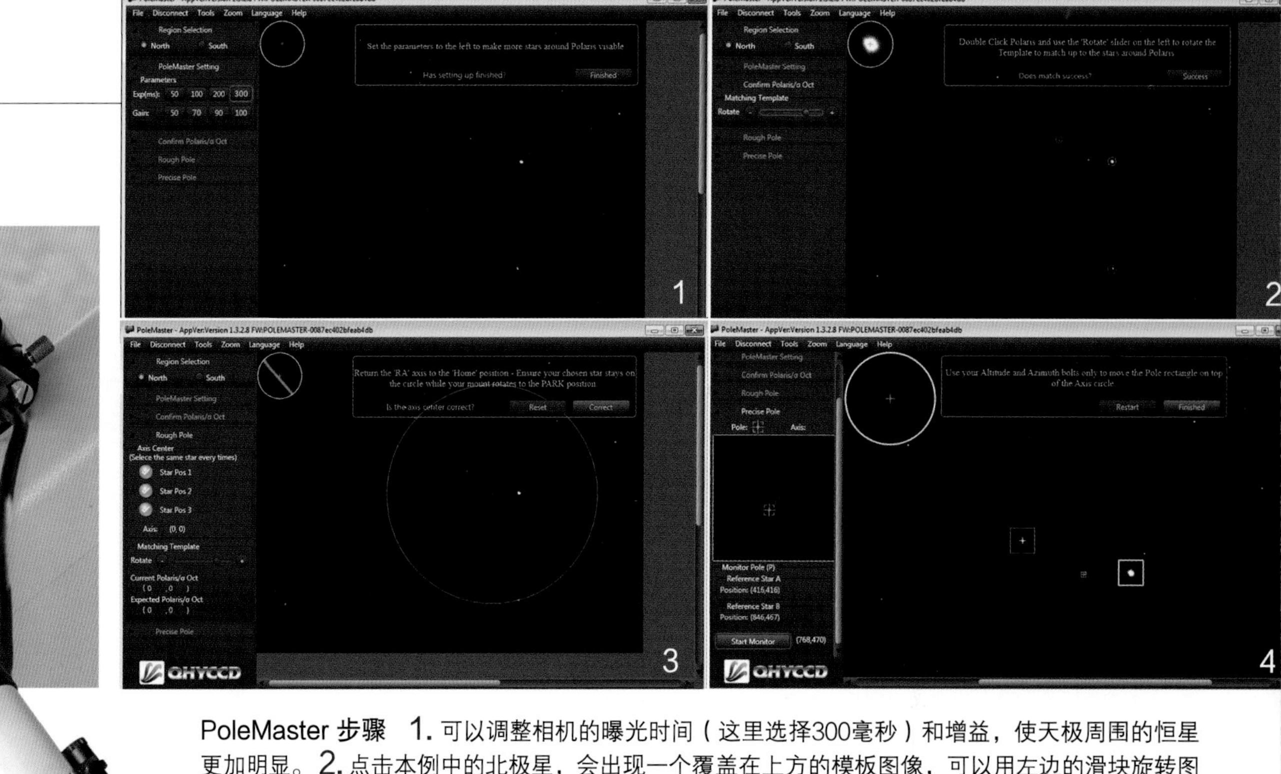

PoleMaster 步骤 1. 可以调整相机的曝光时间（这里选择300毫秒）和增益，使天极周围的恒星更加明显。2. 点击本例中的北极星，会出现一个覆盖在上方的模板图像，可以用左边的滑块旋转图像，使模板的圆圈与实际的恒星图案相匹配。3. 当你绕着极轴转动支架时，点击周围的一颗恒星数次，以便软件确定旋转轴。4. 物理调整支架极轴的高度和方位角，使北极星位于开放的圆圈内。软件会从“粗略极点模式”切换到“精确极点模式”（如图所示），对支架进行最后的物理移动，使绿色的极点框对准红色的极轴框。

数字化极轴校准：PoleMaster

安装方式

PoleMaster 可以用一个燕尾适配器安装在支架极轴镜的镜头上，用来进行目视观测或摄影皆可，这种燕尾适配器有多种型号。另外，PoleMaster 也可以使用 ADM 配件公司生产的支架来安装到一个燕尾槽导轨上，如上图所示（网址见链接列表 78 条目）。对于没有极轴镜的叉臂支架，这种安排是必要的。

QHYCCD（网址见链接列表 79 条目）出品的 PoleMaster 是市场上最早出现的数字化极轴校准辅助工具之一，并且直到现在还是最受欢迎的工具之一。（艾顿的 iPolar 和它很类似。）PoleMaster 是一部具有 11 度 × 8 度视场的相机，安装在你的支架上，其唯一的作用就是极轴校准。需要使用一台笔记本电脑运行 PoleMaster 程序（Windows 系统和 MacOS 系统），来显示其实时传输的图像。

像 ASIAIR 一样，这个过程分为几个步骤，要求你先将实际的星域与软件内置的模板相匹配，内置模板包括了围绕北极星或南极座 σ 的已知恒星。将支架围绕其极轴旋转，软件就能分析出支架的旋转极与实际的天极有多少偏移。然后便能根据校准标记，调整支架的高度和方位角，使旋转极与天极对齐。

熟练后，这个过程只需要几分钟。配套的软件会在屏幕上显示很有帮助的提示。我们对 PoleMaster（和 ASIAIR）的测试仅限于北半球，所以不能确定这两款产品在你去澳大利亚或智利的特殊旅程中能提供多大帮助。

你首先要将支架的极轴瞄准在极点附近，偏差最多不超过几度，这样才能确保北极星或南极座 σ 在 PoleMaster 的视场内。因此，最好还是拥有一个传统的光学极轴镜，特别是在 PoleMaster 由于某些原因失效的情况下。如果你在开始校准程序前没有将支架的极轴大致瞄准极点，或者你点到了错误的恒星又没有发现它不是北极星或南极座 σ，那么软件将永远不能成功将实际星域和内置的图案相匹配。

PoleMaster 的效果非常好。然而，随着像 ASIAIR 这样能够提供类似功能（使用的装置也是你的望远镜上本来就带有的）的设备越来越多，一款专门用于极轴校准的设备将变得不那么受欢迎。

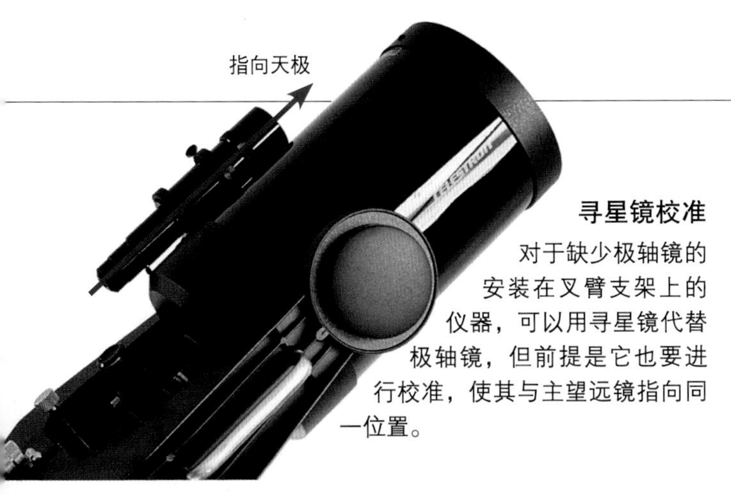

寻星镜校准

对于缺少极轴镜的安装在叉臂支架上的仪器，可以用寻星镜代替极轴镜，但前提是它也要进行校准，使其与主望远镜指向同一位置。

校准赤纬刻度盘

有时，安装在叉臂支架上的镜筒转到了赤纬刻度盘显示90度的位置，但实际并没有指向90度赤纬。为了确保指向精确，可以在低倍率下通过主望远镜观测，并围绕赤经轴旋转望远镜。如果望远镜确实指向赤纬90度，目镜的视场应该围绕其中心旋转。如果没有，就在赤纬方向移动望远镜，直到达到这个效果。松开赤纬刻度盘的制紧，将其转到读数90度的位置，然后锁定。

叉臂支架望远镜的极轴校准

要做到极轴校准，支架的极轴（即“叉子”绕着旋转的轴）和叉齿必须对准天极。这就需要使用楔杆。以下是传统光学校准的步骤。

1 调整楔杆的角度以匹配你所在的纬度。

2 放置天文望远镜，使支架的叉口指向正北（如果在南半球，则是指向正南）。大致调平三脚架。

3 在赤纬方向上移动镜筒，直到镜筒侧面的赤纬刻度盘上读数为90度，锁定这个位置。

4 移动天文望远镜，使北极星（南半球则是南极座σ）位于寻星镜的视场中。通过移动整个三脚架或调整楔杆的方位角和高度来做到这一点。

5 使用第391或392页上的星图来瞄准望远镜的楔杆，此时寻星镜的中心位于真正的天极位置。

双星漂移校准法

随着数字化技术的出现，老式的“漂移”校准方法正在逐渐被废弃。然而，当搭建一个永久性的观测站或从赤道附近的地点进行极轴校准时，这种方法还是很有用的。

将天文望远镜对准天赤道正南方向的一颗恒星。用一个准线被照亮的目镜仔细观察这颗星。忽略它在赤经上向东或向西的任何漂移，只需要注意它在赤纬上向北或向南的漂移。

- 如果这颗恒星向北漂移，说明极轴被调得太靠西了（在北半球，它实际在极点的左边）。
- 如果这颗恒星向南漂移，说明极轴被调得太靠东了（在极点的右边）。
- 沿着方位角的方向适当移动支架，再观察漂移情况是否有所改善。然后将望远镜对准天赤道上的另一颗恒星，不过这颗星要正在东方升起。观察一段时间，其在赤经方向上的任何漂移都可忽略。
- 如果这颗恒星向北漂移，说明极轴被调得太高了（在极点的上方）。
- 如果这颗恒星向南漂移，说明极轴被调得太低了（在极点的下方）。
- 如果是在南半球使用漂移校准法，则将上方步骤中的“北”都改成“南”、“南”改成“北”。

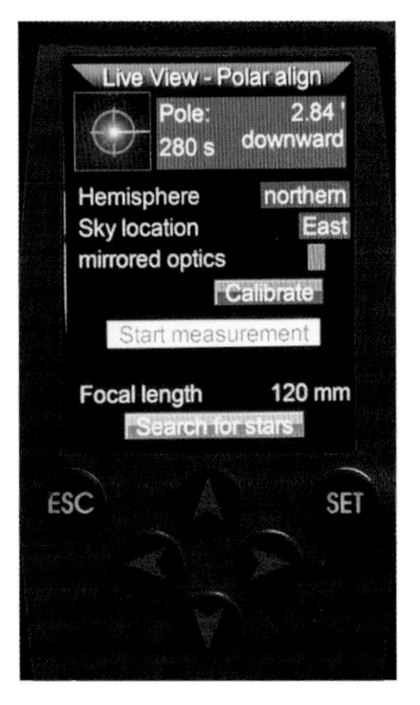

漂移校准

在第362页中介绍过的Lacerta公司的MGEN-3自动导星，能够进行双星校准。它使用自动导星相机实时传输的图像来测量天赤道附近恒星的漂移量。

附录B

清洁光学系统

在寒冷的夜晚进行观测后，一定要先盖上主光学器件、聚焦器和目镜的盖子。然后将光学器件搬到室内，让它们温暖起来。这能防止光学器件上形成冷凝水并留下丝状残留物。

或早或晚，光学器件上总会沾染灰尘和污垢。此处的规则是：只有在绝对必要时才清洁光学器件。清洁力度太大会划伤光学器件和表面涂层，造成的伤害要远远大于一些灰尘和露痕。不过当灰尘确实在光学表面上积聚时，要在它还是灰尘的时候就赶紧清除掉，以免某个露重的夜晚过去，这些灰尘变成泥巴。

你可以自己调配镜头清洁液：将蒸馏水与异丙醇按照 50 : 50 的比例混合。加入几滴洗洁精（不是洗碗机用的洗涤剂），刚好够解除表面张力就行，这种表面张力会导致水—酒精混合物在抛光的镜片表面形成水珠。

清洁目镜和镜头

目镜是最常需要清洁的。目镜的镜片会从睫毛和放错位置的手指上沾染油脂。在折射式和折反式天文望远镜中，前镜片或校正板上也会积聚灰尘。如果这些表面上会凝结露水，那么丝状的残留物也会累积起来。以下是清洁步骤：

1 首先，用吹耳球或一罐压缩空气吹去镜头外表面的松散灰尘和污垢。（要小心：如果你把罐子倾斜，一些推进剂可能会溅射出来，使光学器件沾上化学垃圾。）

2 使用柔软的骆驼毛刷或镜头笔（望远镜商店有售）轻轻地刷去松散的斑点。当你进行下一个步骤时，任何残留的斑点都可能会划伤表面。

3 对于目镜，用棉签沾上几滴清洁液。对于较大的镜头，可使用浸湿的棉球。

镜头清洁技巧

- 不要使用清洁眼镜的清洁液或清洁布。它们会留下化学残留物。
- 相机镜头清洁剂可用于小型光学器件，如目镜。对于较大的镜头，请使用自制的配方。
- 不要将镜头清洗液直接涂在镜头上；它可能会渗入镜头框架和目镜内部。
- 切勿将目镜拆开。你可能无法把它正确地组装回去。
- 一些折射式镜的镜片可以从镜筒中取出，如右图所示。这一步可能是必要的，因为这样才能清洁到镜头内侧表面上积聚的丝状物。千万不要把双合或三合镜片拆开。在把镜头的固定组件重新装回镜筒时，要始终确保它的方向与你最初看到的相同。

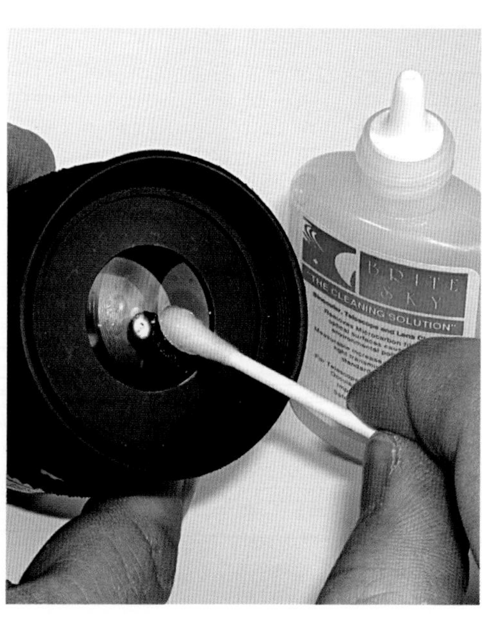

4 轻轻擦拭镜头。不要用力按压。如果污渍很顽固，就换一个新的棉棒或棉球。有时，在镜片上轻轻地呼气有助于去除污渍。

5 用干棉签或棉球对潮湿的地方进行最后的清洁，再用吹耳球或者压缩空气吹掉那些不可避免的棉花残留物。也许还会遗留少数污点，呼一口气，用镜片表面的轻度凝结进行最后的抛光，便能恢复镜片的原始外观了。

对于施密特-卡塞格林式望远镜，前面的校正板连同附带的副镜，可以从镜筒的前端取出。但是要特别小心，校正板是非常薄的。如果望远镜的内部被灰尘或湿气所污染，可能还需要对校正板的内表面进行处理。

重要的是：在重新安放校正板的固定件时，必须与最初的位置朝向完全一致。

清洁镜片

在一架牛顿式天文望远镜的大部分使用时间里，主镜和副镜只需要偶尔用压缩空气吹一下，用骆驼毛刷几下即可。镀铝的表面很容易被划伤，而充满细微划痕的镜片比散布有几个灰尘斑点的镜片要差得多。只有在镜面上出现厚厚的灰尘或污垢时，才需要清洗它。遵循这些步骤：

1 将镜片固定框架从镜筒的末端取出，在此过程中你可能得撬动一些部位，然后松开三个夹子，将镜片从框架中取出。

2 取出镜片后，将它安全地放置在桌面的毛巾上，然后用吹气和刷的方式尽可能多地清除灰尘。

3 将镜片放置在一条折叠的毛巾上，安置在水槽的边缘，防止其滑落。

4 用冷水冲刷镜片正面，以洗掉更多的污垢。别担心，这不会冲掉表面的铝涂层。

5 在水槽中注入温水，并加入几滴性质温和的洗涤液。

6 将镜片平放在水槽中的毛巾上，浸没在大约12毫米深的水中。用无菌棉球轻轻地擦拭镜片。棉球擦过表面时要呈直线。切勿揉搓镜片或在表面打圈。用新的棉球重复这一动作，但此时的擦拭方向与第一次时垂直。

7 放掉水槽里的水，然后用凉水冲刷镜片。

8 用蒸馏水进行最后一次冲洗（自来水会留下污渍）。

9 将镜片竖立起来让它自然干燥。这次清洁应该能维持镜片在接下来多年的使用。

镜片清洁技巧

- 将镜片从固定框架中取出（左上图），它是用硅胶固定在框架中的。
- 将镜片放在水槽中的毛巾上。
- 如果手上戴了戒指等首饰，要全部摘下。
- 清洁镜面时，用棉球自身的重量作为唯一的压力，不要额外施力（右上图）。
- 用蒸馏水冲洗镜片。把它竖起来，让它自然风干（左下图）。
- 将镜片重新装回固定框架时（右下图），将夹子拧紧，使其刚好接触到镜片即可。过度紧固会挤压镜片，造成像散。
- 拆卸和更换镜片后一定要重新校准光学器件。

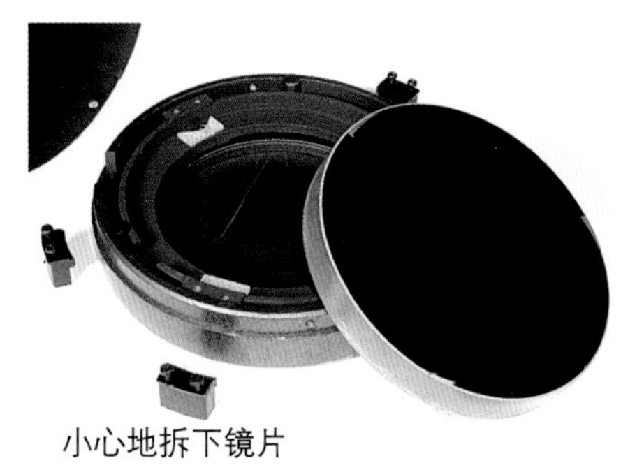
小心地拆下镜片

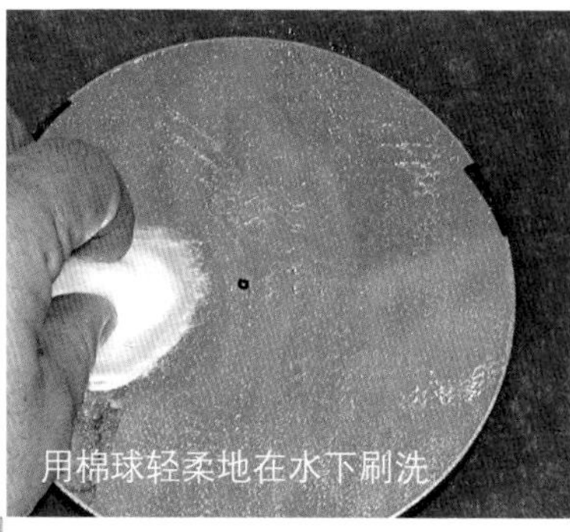
用棉球轻柔地在水下刷洗

用蒸馏水冲洗并风干

不要把夹子夹得太紧

附录C

光学系统的准直

好的、差的和特别差的
这些插图模拟了施密特－卡塞格林式镜在高倍率下观测到的恒星图像，从上到下分别是：

- 轻微失准导致的 1/4 波彗差；
- 不良准直导致的 1/2 波彗差；
- 严重失准导致的 1 波彗差。

底部的两架天文望远镜会产生模糊的图像。

反射式天文望远镜的拥有者必须时不时地进行一项必要的维护工作：准直。这包括调整镜面的倾斜角度，以确保射到主镜面的光线是在轴上的，能够在目镜的确切中心处形成图像。如果光学器件失准，图像就不能达到最大的清晰度。事实上，很多时候被认为出问题的光学器件，其实只是失准了。

为了测试光学器件有没有失准，可以在高倍率下观测一颗明亮的恒星，然后慢慢地让它失焦。如果恒星扩大的圆面不对称，那就是有问题了。在反射式镜上很容易进行测试，因为由副镜投下的中心阴影应该位于失焦形成的模糊圆圈的正中心。

折射式镜和马克苏托夫－卡塞格林式镜通常不需要准直，甚至无法进行准直。不过，如果你有一架牛顿式镜或施密特－卡塞格林式镜，那么准直就可能是必需的，尤其是在一段颠簸的公路旅行之后。

施密特－卡塞格林式镜的准直

施密特－卡塞格林式望远镜是最容易进行准直的天文望远镜。所有的调整都是通过副镜构架上的三个小螺钉完成的。（在一些型号中，这些螺钉隐藏在一个保护性质的塑料盖下面，要把它撬开才能看到准直螺钉。）使用这些螺钉来调整副镜的倾斜度，让其能够将光束顺着望远镜的正中心射出。

在大多数施密特－卡塞格林式镜中，副镜会将焦距延长到原来的 5 倍。因此准直是至关重要的。即使非常细微的调整不当也会大大降低其性能。进行准直时下手一定要轻——有时一个轻微的转动就足够了。以下是对施密特－卡塞格林式镜进行准直的步骤：

1 在一个能观测到稳定的恒星图像的夜晚，架设好天文望远镜，让它冷却到与户外的温度相当。这个过程可能会花上一个小时，但是它非常重要，因为热流对成像的影响可能会被误认为是准直不良。

2 将天文望远镜瞄准一颗位于地平线以上的2等星。北极星是一个不错的选择，因为它在整个准直过程中都不怎么移动位置。使用一个中等放大倍率（100倍）的目镜，不过如果允许的话，尽量不要使用天顶棱镜，因为它本身就可能存在准直问题。

3 使恒星位于视场的正中央，然后慢慢让其失焦，直到它变成一个相当大的圆团。如果天文望远镜是失准的，那么副镜的阴影就会偏离圆团的中心。

4 使用支架的慢动控制移动望远镜，恒星的图像离开视场中心，向着使中央阴影看起来更居中的方向位移。

施卡的准直

左图：在对施密特－卡塞格林式望远镜进行准直时，要提前注意以下两点：

- 不要过度拧紧三颗准直螺钉。如果它们挤压扭曲了副镜，你看到的恒星图像会有像散。
- 有些副镜框架（此处这个不是）上有一个中央螺钉。不要松开它，它是用来将副镜固定在原位的。

f

5 现在转动准直螺钉，将失焦的恒星图像移回视场中心。这一过程需要不断试错和反复试验。记住，每次调整都是非常微小的。

6 如果恒星图像仍然不对称，重复步骤4和5。只转动一个螺钉可能是不够的。可能需要同时转动两个。如果一个螺钉拧得太紧，就松开另外两个螺钉，达成的效果是一样的。在整个过程结束时，所有三个螺钉都应该用手指拧紧。

7 在中等倍率下完成这项工作后，就转换到高倍率（200到300倍）。步骤6之后可能还会有一些残留的准直误差没有校正，高倍率会将其显现出来，尤其在你只将恒星略微失焦的时候。再次执行步骤4和5，做更精细的调整。

你在白天也能进行这个流程，达到相当高的精确度。观察一个远处的电线杆绝缘子或者一片镀铬装饰物。寻找它们反射的太阳光——可以将其看作恒星的替代。做最后的调整时，需要在晚上观测一颗恒星。

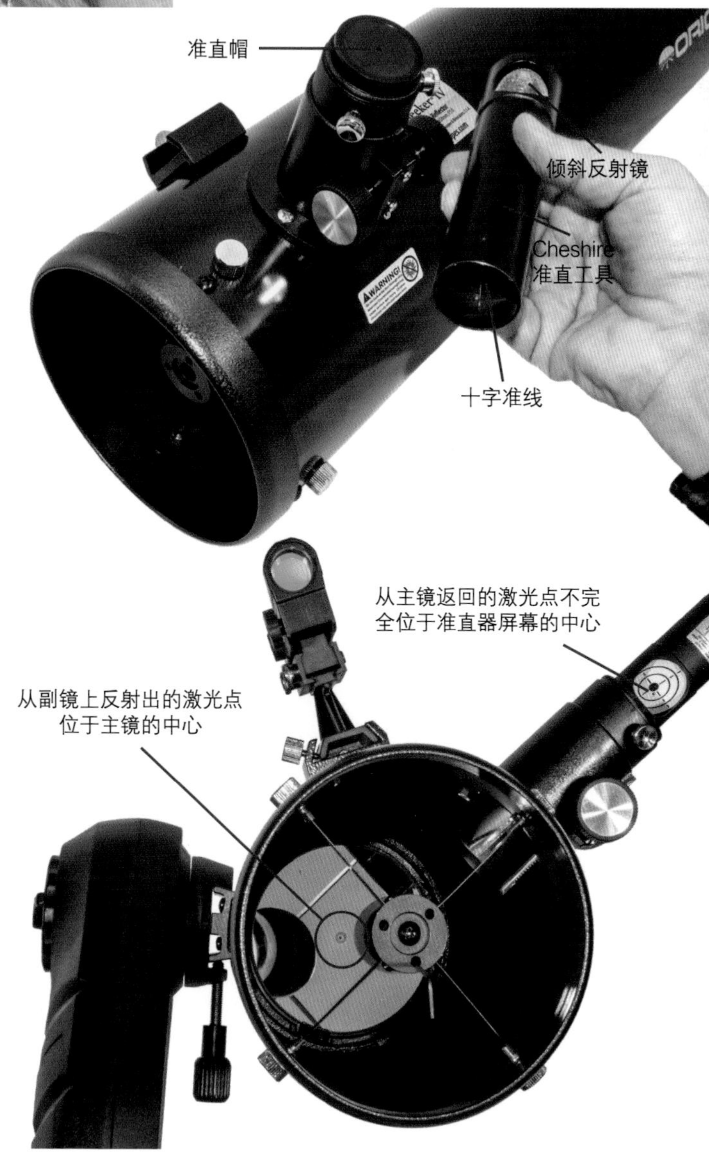

牛顿式镜的准直工具

右上图：天文望远镜的聚焦器里内置了一个简单的准直帽。一种更先进的工具是 Cheshire 目镜，它有一个窥视孔，镜筒里有十字准线，还有一个用于照亮副镜的倾斜反射镜。右图：这是一个正在工作的激光准直器。副镜已经被调整过，能够使激光点反射到主镜的中心位置。但是主镜仍然需要调整，才能将激光点反射到准直器屏幕的中心。

牛顿式天文望远镜的准直

圈中之圈

当通过 Cheshire 目镜观察时，十字准线和副镜的支杆应该在各处反射的中心相交，如下图所示。图中这架天文望远镜需要进行准直，正如左下角的恒星失焦照片所显示的那样，副镜的阴影偏离了中心。大多数主镜都会在中央处标记一个圆点或圆圈，如右下图，在对牛顿式镜进行准直时非常有帮助。

在牛顿式天文望远镜中，主镜和副镜可能都需要进行调整，这就使准直过程变得复杂。但是你在室内就可以完成较为精确的准直，方法是通过聚焦器观察各处反射像的表现。要做到这一点，需要制作一个“准直帽”。在聚焦器的塑料防尘罩的正中心钻一个孔。这个简单的瞄准工具能让你的视线保持在聚焦筒的中心。另一种方法是使用 Cheshire 准直工具，如上页所示，它有十字准线和用来照亮副镜的反射镜。

激光准直器，同样在上一页中进行了展示，它的价格虽然较高，但是效果很好，可以让你不必站在星空下就能进行精确的准直。使用激光准直器时，首先调整副镜的倾斜角度，使激光点落在主镜的正中心，这个中心通常会有一个点或圈来标记。然后调整主镜的倾斜角度，使激光点反射回准直器，打到其倾斜的屏幕的中心。

要使用准直帽或 Cheshire 目镜进行“眼球”准直，遵循以下步骤：

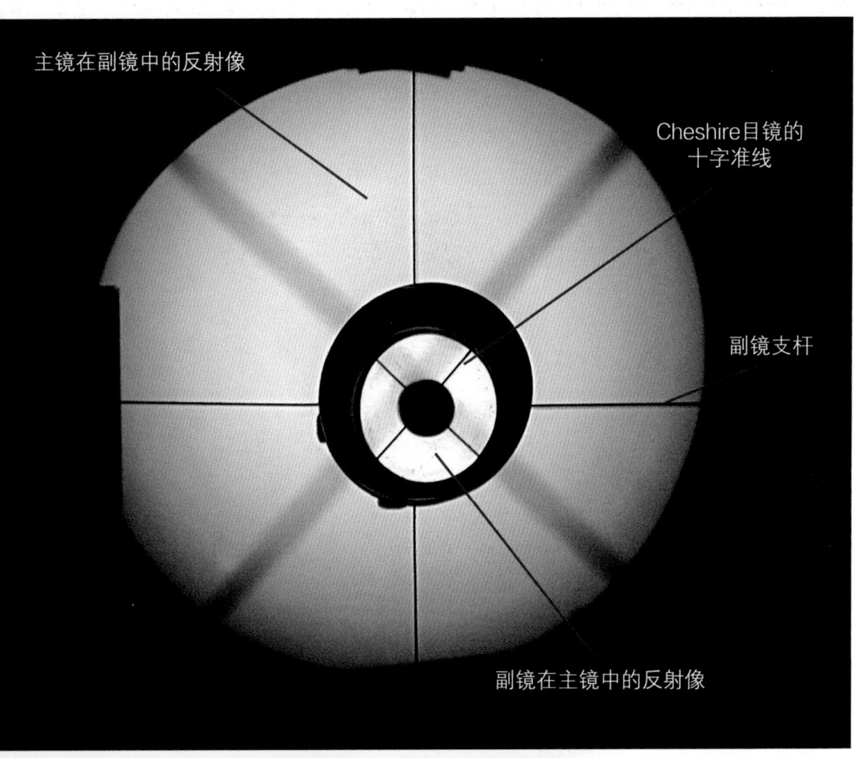

1 如果光学器件曾被拆开过，并且位置有很大的偏差，你可能需要先将副镜放在镜筒的中心。调整副镜的支杆，使它们的长度相等。

2 为了使副镜直接位于聚焦器的下方，转动副镜固定框连接的螺纹杆，这会使副镜沿着镜筒长轴方向移动。转动副镜固定框，使副镜直接朝向聚焦器。通过准直目镜观察，判断副镜是否在聚焦器口径的中心。不用担心副镜上的成像偏离中心，只要将副镜本身定位好就行。商业销售的天文望远镜很少需要进行步骤1和2，除非它们被拆开过。

3 大多数使用者的准直流程是从这一步开始的。首先，调整副镜的倾斜角度。调节副镜固定框上的三个准直螺钉，使主镜的反射像精确地位于副镜的中央。暂时忽略副镜支杆和副镜本身的反射像，这一步只需要专注于使主镜的边缘与副镜的轮廓“同心”。

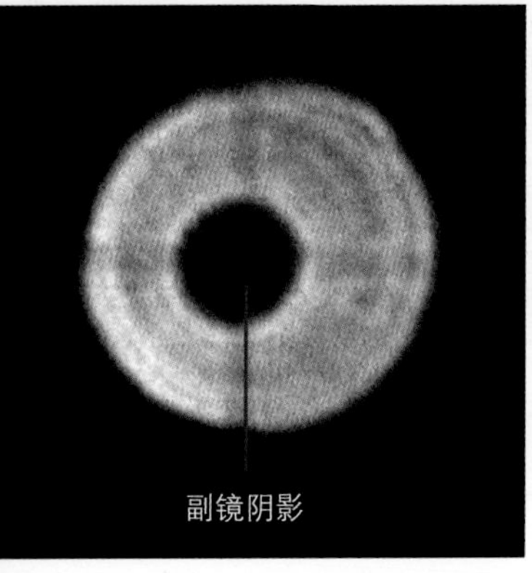

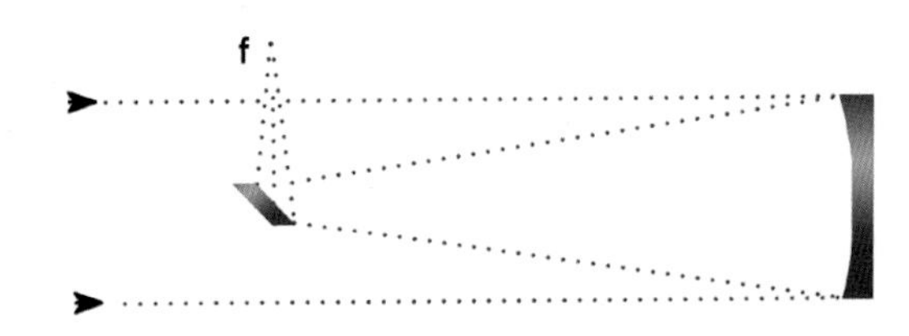

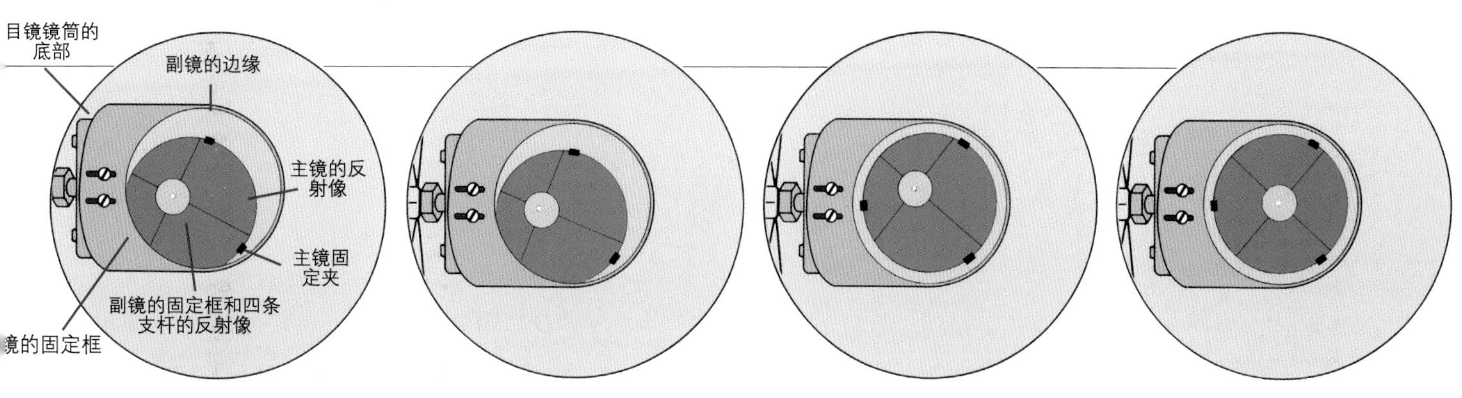

牛顿式镜的准直

这些插图描绘了通过牛顿式天文望远镜的聚焦器观察的情况。在当前情况下，主镜和副镜的准直度都很差，副镜也没有在聚焦器的中心。

首先，手动对副镜进行定位。调整副镜支杆的长度，并转动对角角度的副镜，使其在聚焦器的口径内居中，如图所示。

调整副镜的三个角度调节螺钉。这一步可能需要用到一个内六角扳手。我们的目标是使主镜的反射像居中，令最终的视图看起来像这样。

调整主镜的三个角度调节螺钉。松开两个螺钉可能需要紧固第三个。使副镜的反射像位于主镜反射的中心，看起来像这样。

4 此时主镜中副镜的支杆和固定框的反射像很可能是偏离中心的。为了让它们居中，你需要调节主镜框架上的三个准直螺钉。深色的副镜轮廓最终应该位于主镜的反射像的中心，同时主镜的反射像本身又在副镜的中心位置。

5 完成粗略的机械调整后，在晚上将天文望远镜架设到户外，检查恒星图像是否失焦。在望远镜就绪之后，接下来的步骤基本和准直施密特-卡塞格林式镜时类似，但有一点不同：在用放大的恒星图像进行最后的微调时，调节的是主镜框架上的三个准直螺钉，不要调节副镜。将来，通常只有主镜是需要调节的。

镜子碎了！

在进行这些调整时，要确保镜筒始终处于水平位置，以避免工具顺着镜筒砸到主镜上。

在猎户天文望远镜和双筒望远镜的YouTube频道（网址见链接列表80条目）中有一个很不错的教程，展示了如何对牛顿式天文望远镜进行准直。进入其主页并搜索“Collimation”。

触到主镜

此处显示的天文望远镜中，准直螺钉位于一块盖板的后面，必须先把盖板拆下来。

附录D

检测光学器件

准直的最后一步往往需要在高倍率下观测一颗恒星，包括在聚焦状态和失焦状态。这个测试非常敏感，还可以揭露光学器件的缺陷和瑕疵。

聚焦状态下的衍射图样

在高倍率下，一颗恒星看起来就像一个明显的圆点，周围环绕着一系列同心环，最靠内的环是最明亮且最明显的。这就是所谓的衍射图样。中间的圆点被称为艾里斑。如果一架天文望远镜声称是“受衍射极限限制”，那么它必须能够呈现出一个与此非常相似的图案。你的天文望远镜可能不能展现出一个如我们描述的一样完美的靶心图案。很少有望远镜能够做到这一点。想要看到一个完美的衍射图样，将你的天文望远镜镜头部分遮住，使口径减少到 25 至 50 毫米。然后将望远镜瞄准一颗在地平线以上很高处的明亮恒星，使用 100 倍到 150 倍的放大倍率。此时你应该能看到一个经典的衍射图样，它可以作为天文望远镜测试时的一个比较标准。

完美的图像

在这里，我们比较了两类流行的天文望远镜的成像：

100 毫米折射式镜

当聚焦于一颗明亮的恒星时，一架无遮挡的天文望远镜会产生一个明亮的艾里斑，周围有一个暗淡的内部衍射环（假设光学系统如教科书一般完美）。在失焦的情况下，图像会扩大成一个被填满的衍射圆面，且在焦点内外看起来都是一样的。

200 毫米施密特 - 卡塞格林式镜

由于口径较大，这架施密特 - 卡塞格林式镜在聚焦状态下产生的艾里斑较小，但有一个较亮的第一衍射环——这是口径受阻碍导致的效果。但这两幅焦外图像仍旧是相同的，虽然看起来更像是甜甜圈。

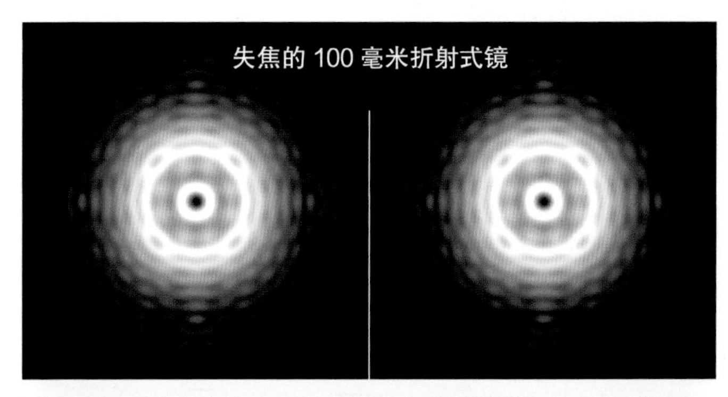

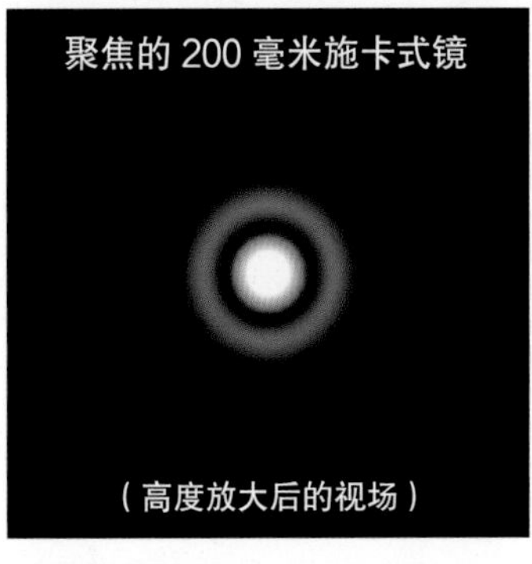

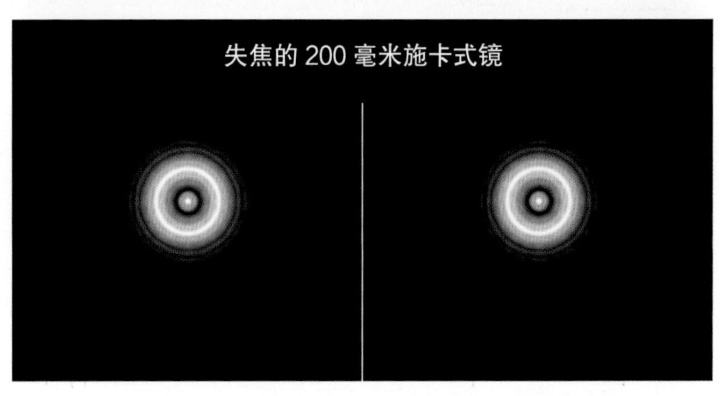

失焦状态下的衍射图样

在降低天文望远镜有效口径的前提下，慢慢地使恒星失焦。你会看到一个不断扩大的环状图样出现。调整望远镜的聚焦，直到显现出四到六个环。除了最外部的环格外宽，光线应该大致均匀地分布在各个环之间。然后反向调节聚焦到焦点另一侧相同的位置。此时显现的图样看起来也应该是相同的，光线均匀分布在各个环中。

在一架无遮挡的天文望远镜中，如一架折射式镜，失焦的图案是会被填满的。在一架有阻碍的天文望远镜中（有一面副镜的反射式镜），失焦的图案看起来更像一个甜甜圈。检视一个失焦的恒星图像的外观（它们统称为焦外图像，无论是因为调焦距离不够还是焦距过长），是进行恒星检测的本质所在。

光学像差图集

此处的像差“四巨头”代表了业余天文学家可能会遇到的主要光学缺陷，这些缺陷有时会相伴出现。本附录中显示的所有星体测试模拟图像都是使用 Aberrator 制作的，这款免费的软件由科尔·贝雷耶茨（Cor Berrevoets）出品，可在链接列表 81 条目的网站上下载 Windows 版。

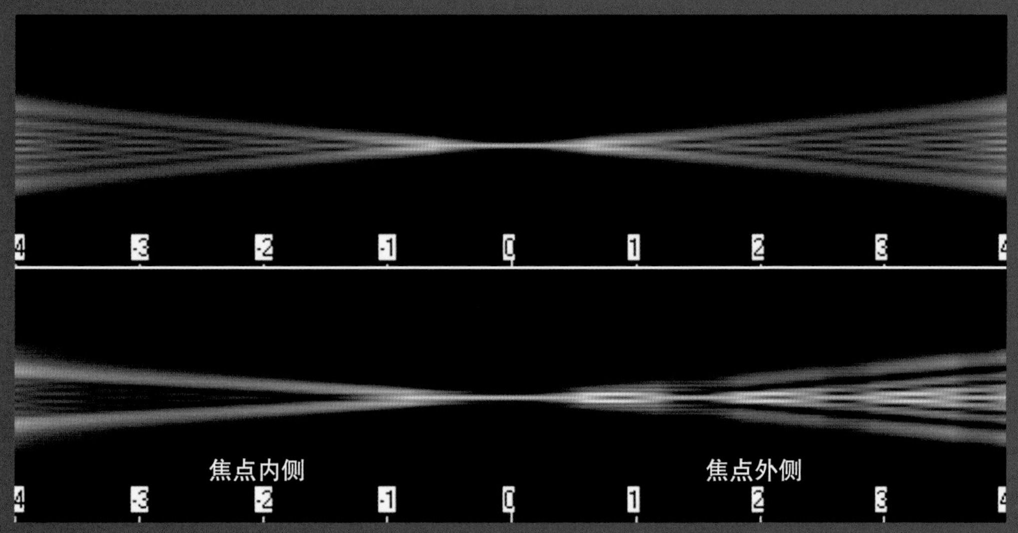

完美的光学系统 在完美的光学系统中，会聚光锥和发散光锥（此处看到的是侧面轮廓）包含了相同的光束。光线汇集在一个清晰的焦点上。

不完美的光学系统 在有球差时，来自透镜或镜面的周边的光线与来自其中心的光线不能聚焦在同一个点上。其结果就是不对称的光锥和一个模糊的焦点。

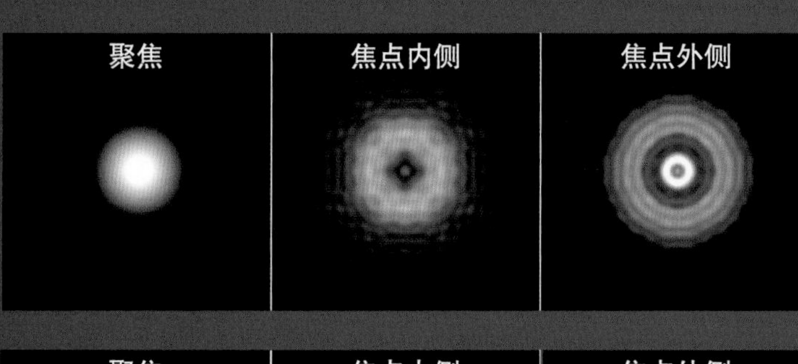

1. 球差 星体测试的基础是检视失焦的恒星图案，有效地划分焦点两侧的光锥。在存在球差的情况下，这个图案在焦点一侧的部分看起来很模糊，但在另一侧却非常清晰。在聚焦时（最左边的图片），第一道衍射环看起来更亮。

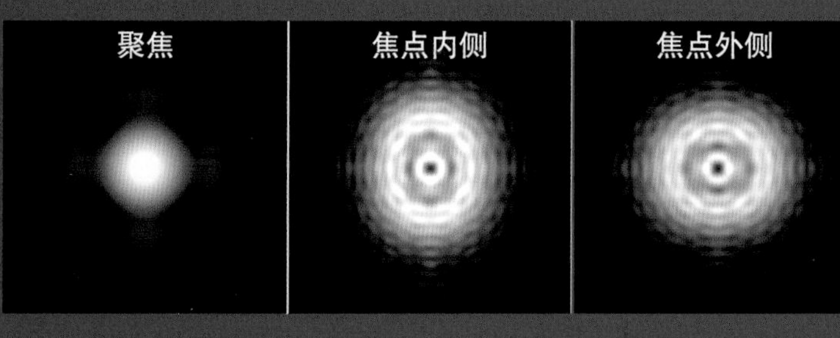

2. 轴上像散 如果棱镜或镜面有磨损，导致它们不能旋转对称，那么焦外衍射盘看上去可能就会呈椭圆形。当分别位于焦点两侧相同位置时，这个椭圆的轴线会旋转 90 度。在聚焦时（如最左图），恒星的图像总会隐隐约约显现出交叉状。光学器件如果被挤压也可能会产生类似的效果。

3. 色差（纵向） 不是所有颜色都聚焦到同一个焦点上时，就会产生这种色差，该现象只存在于折射式镜中。此处的图中描绘了一架 100 毫米 f/8 折射式镜所展现的聚焦下的恒星图像，分别有 0.6 波的色差（右图）和 1 波的色差（最右图）。后者是标准 f/6 到 f/8 的消色差折射式镜的典型情况。虽然蓝色的光晕令人分心，但这种像差并没有像其他缺陷那样会严重降低图像质量。

4. 离轴彗差 彗差是许多反射式天文望远镜固有的像差，会使视场内偏离中心的恒星看起来向一边倾斜。图像离视场中心越远，彗差现象就越严重。在更快的光学设备中，彗差也变得更加严重，快速的 f/4 或 f/5 牛顿式镜的无彗差视场面积比 f/8 的设备要小得多。由于这个原因，针对快速的牛顿式天文望远镜的准直是至关重要的，否则所有的图像都会变得模糊不清。

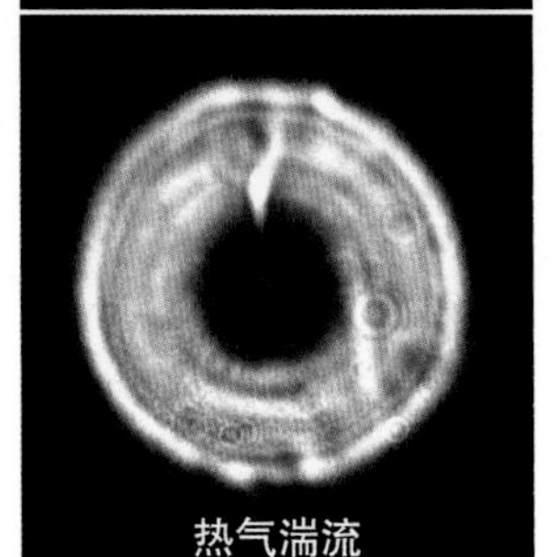

糟糕的视宁度

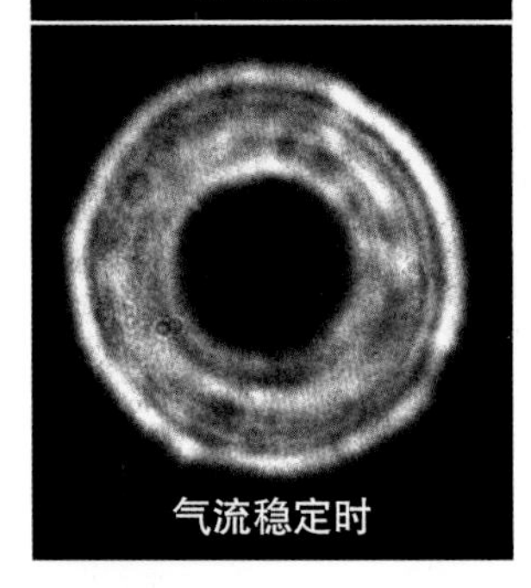

热气湍流

气流稳定时

让气流稳定下来

有效的星体测试需要在视宁度优良的夜晚进行。如果空气是紊乱的，失焦的衍射盘会因此而扭曲和模糊，如顶图。如果温暖的空气还留在望远镜镜筒内，上升的气流会产生羽状图案，使星体图像变形，如中间图。但是天文望远镜的气流稳定下来后，当一颗恒星失焦时，你会看到一个平滑而均匀的衍射盘，如底图。这些图片是恒星失焦的真实照片。

你可能会看到什么

很重要的一点是，恒星图像可能会被光学器件质量以外的因素所破坏，一定要记住这点，不然你可能会因为天文望远镜并不存在的缺陷而责备它。在进行星体测试时，要使用天文望远镜的全口径和一个优质的目镜（例如普洛目镜）。并且要确保恒星图像位于视场正中央。如果可以的话，不要使用任何天顶棱镜，这样你就能够直接通过光学系统观察（廉价的天顶棱镜可能会产生类似于准直不良的效果）。

注意：在右图和前后几页的图中，聚焦情况下的艾里斑相比失焦的衍射盘，前者图像的放大程度远远高于后者。这两种图像并不是按照相同的比例绘制的。

天文望远镜的准直

一架失准的天文望远镜很可能无法通过星体测试。此时失焦的衍射图样看起来就像一个从尖头那端看过去的有条纹的、倾斜的圆锥体。如果你的天文望远镜展现出来的图像质量很差，首先要怀疑的就是准直不良。首先遵循附录 C 的指示进行准直，再进行星体测试。光学器件的质量可能没有问题，只是准直不良而已。

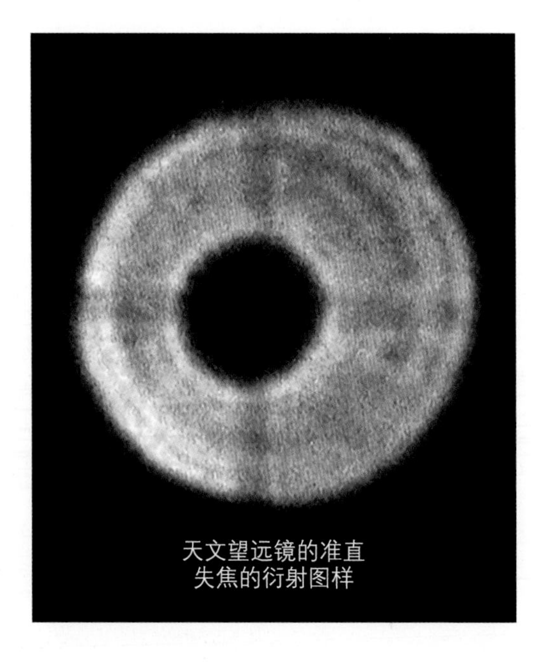

天文望远镜的准直
失焦的衍射图样

需要准直

右图：一架失去准直的天文望远镜（此处是一架牛顿反射式镜）在对一颗恒星进行散焦测试时产生了一个倾斜的衍射盘。

镜筒中的暖气流

天文望远镜镜筒内缓慢移动的暖气流也可能导致图像质量降低，让人怀疑是镜片玻璃有永久性的缺陷。衍射图样看起来会摊平或向外扩张。当将天文望远镜从温暖的室内带到夜晚的空气中，或者当太阳下山后室外的气温迅速下降时，这种会扭曲图像的气流就会产生。在进行星体测试前，一定要让天文望远镜、目镜甚至是天顶棱镜都充分冷却。将一个温暖的目镜插入低温的望远镜中，也会导致热气流。做好准备等待一个小时或更长的时间，尤其是在寒冷的夜晚。

大气湍流

在视宁度不佳的夜晚，在天文望远镜上方（有时在许多英里之上）搅动的大气湍流会使视场变得一团糟，图像好像在翻涌。这时就不必再费心去测试或者准直了。大型天文望远镜在观测时透过的空气量比小型望远镜更多，受此问题的影响也更大，因此总是很难找到一个条件好的夜晚来测试大型设备。即便如此，在视宁度不佳的夜晚，小型天文望远镜可能成像更清晰。但在视宁度条件好且光学器件质量优秀的前提下，大型天文望远镜总能展现出相同或者更多的细节。

挤压变形的光学器件

光学器件如果安装得不对，会产生不寻常的衍射图样。对牛顿式镜来说，最常见的是六面星芒或扁平的图案（取决于你在焦点的哪一侧）。如果固定主镜的夹子太紧就会出现这种情况。想要放松夹子，需要将主镜和固定框从镜筒中拆下来。胶粘在固定框上的副镜和天顶棱镜也有可能受挤压而变形。将固定副镜的螺钉放松一些。折射式镜的主透镜也可能在固定框中受挤压。如果固定框上有螺钉，就把每个螺钉都松一松。

非光学器件导致的问题

此处的一系列模拟图演示了各种问题对视图产生的效果，这些问题都不是由光学器件导致的，但也会使图像变得模糊。左侧是恒星聚焦时的视图放大后的图像。右侧是模拟出的在焦点两侧分别看到的焦外衍射盘图案。

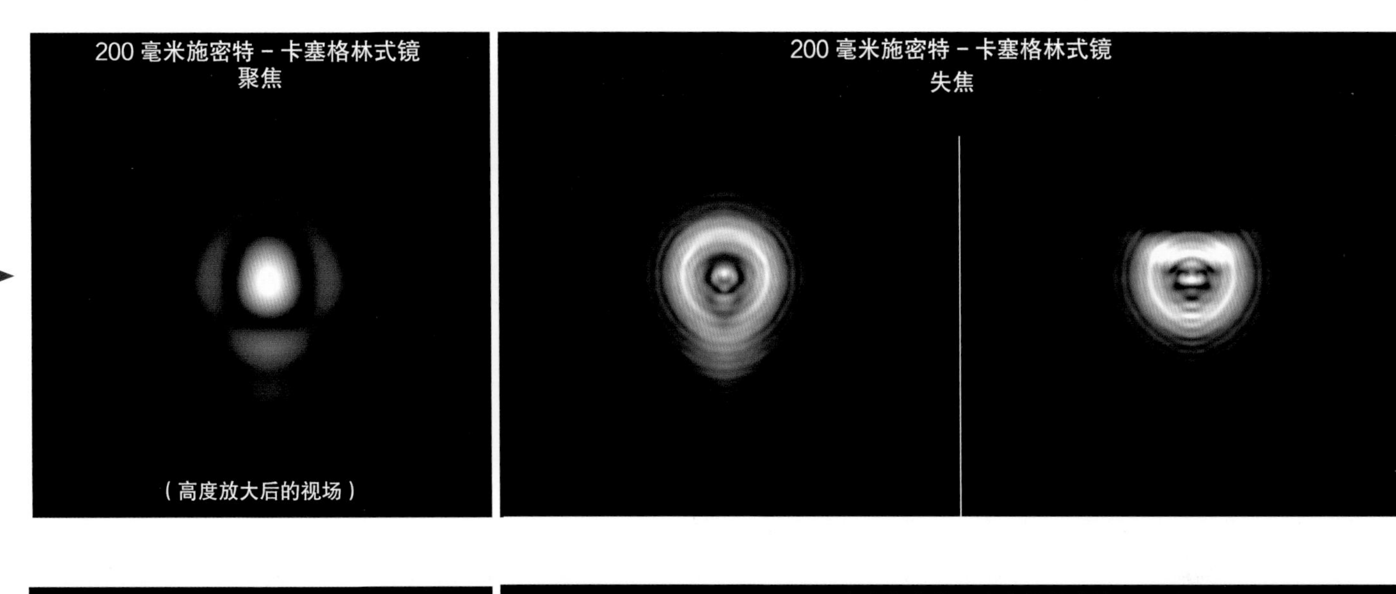

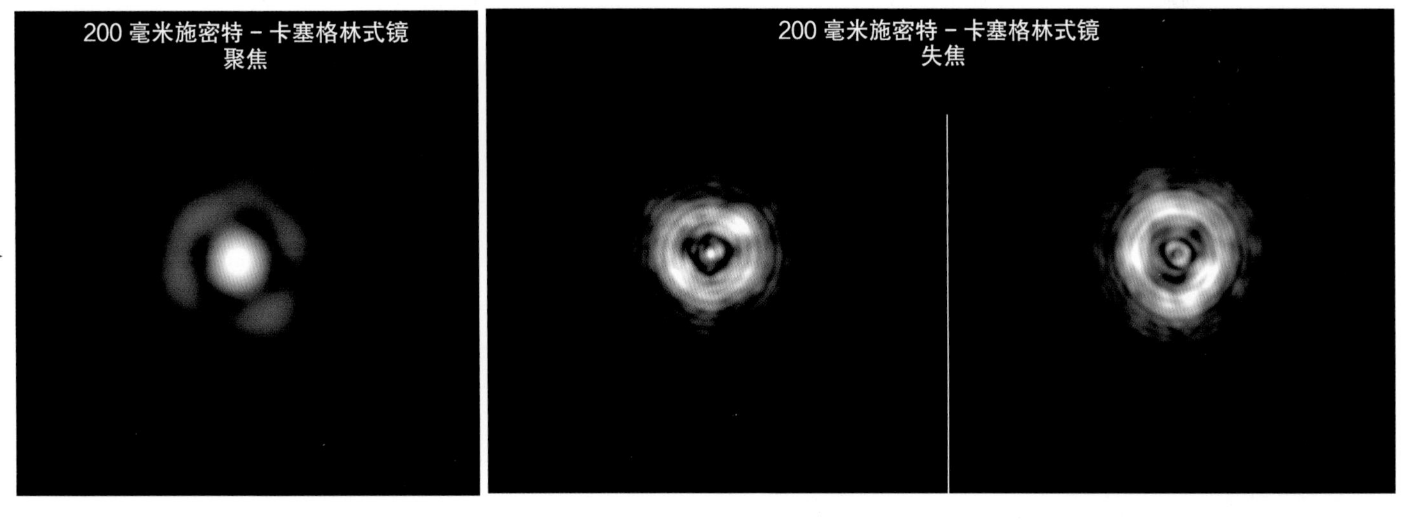

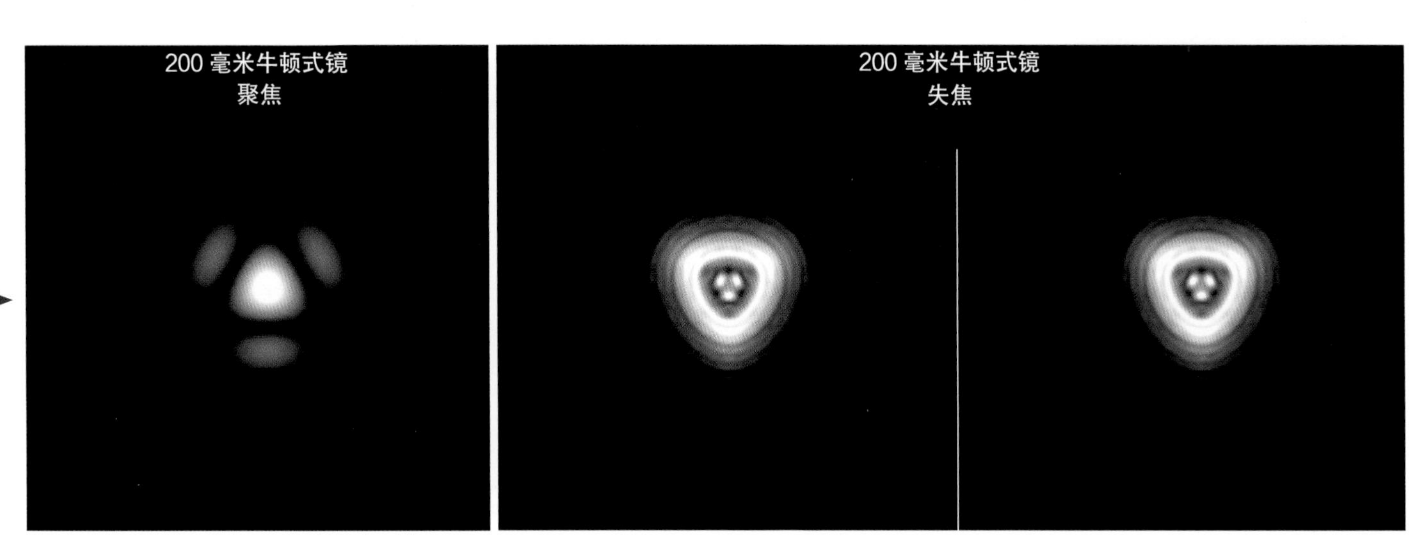

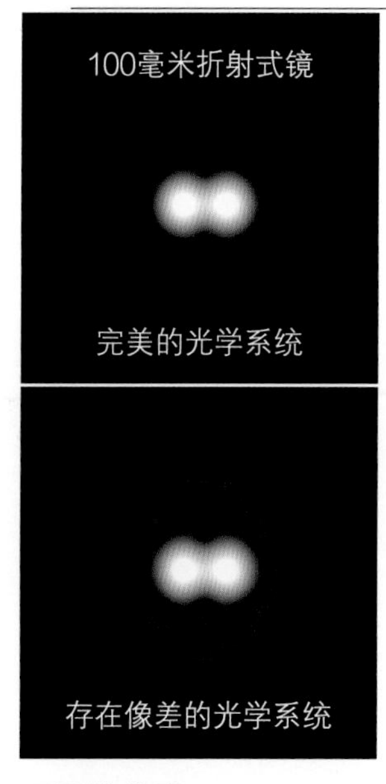

双星的传说

一个持续流传的传说是，分开两颗接近的双星能够很好地测试光学系统。上方的图是一架 100 毫米口径的折射式镜的视图；下方是一架 200 毫米口径的施密特－卡塞格林式镜的视图。在每组图片中，顶图描绘了完美的光学系统，底图则是同样规格但有球差的光学系统。请注意，双星仍然能够被很好地分开，但是糟糕的光学系统使恒星被过于明亮的衍射环所包围。艾里斑的图案也不够清晰。

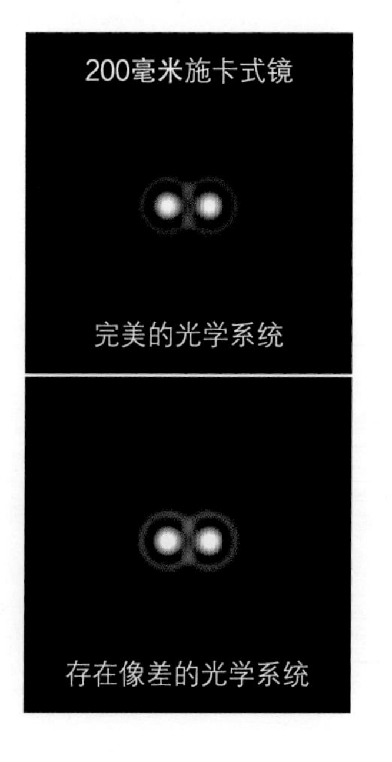

你不想看到什么

现在就要开始确定是不是光学器件本身存在缺陷了。光学器件表面上的缺陷被分为几类。你所看到的可能是两种或多种缺陷的组合。然而最常见的缺陷还是球差，它在一定程度上存在于所有光学器件中，除了那些最为优质的器件。避免这种像差的一种办法是购买较慢的 f/8 牛顿式镜或 f/11 至 f/15 折射式镜，因为快速的透镜和镜面通常都很难有好的表现。这也是一句箴言，或者说传说的主要来源，即慢焦比的天文望远镜最适合用于行星观测。这曾经是一个很实用的经验法则，但今天，不管哪种焦比下都能够找到优质的光学器件，尽管价格很高。不是焦比本身，而是光学器件的质量决定了一架天文望远镜能否被用来执行这项最严苛的任务：展现微妙的行星细节。

划伤区域

划伤区域是指小的刻画痕迹，通常是由粗糙的机器抛光造成的。大多数商业销售的光学器件上都有着不同程度的划伤区域。严重的情况下，会导致图像质量明显下降。为了检查是否有刻痕，在星体测试时可以将图像比通常情况下更大程度地失焦。在焦点的一侧或另一侧，你可能会注意到一个或多个环看起来有些飘忽。

在对反射式望远镜进行星体测试时要小心，不要与副镜造成的中央阴影相混淆。重点在于焦点两侧的衍射图样应该是相同的。

粗糙的表面

这种缺陷经常出现在大规模生产的光学器件中，表现为衍射光环之间的对比度减弱，以及光环上出现尖锐的附属物。不要将这些尖芒与副镜支杆的衍射相混淆——支杆的衍射间隔是有规律的。一组天鹅绒般光滑的光环表明光学器件表面的粗糙度没有问题。我们在第七章中推荐的天文望远镜很可能基本不会有粗糙的表面。

球差

球差是所有光学缺陷中最为常见的，当透镜或镜面的校正不足时，就会产生球差，导致来自透镜或镜面周边的光线比来自中心的光线聚焦在更近的地方。在焦点内侧，衍射图样显现出一个过于明亮的外环；在焦点外侧，外环微弱且轮廓模糊。相反的模式，在焦点内侧呈现出一个模糊的圆球，在焦点外侧则是一个甜甜圈状的图样，这是过度校正的结果。无论是哪种错误，都会导致图像模糊不清；恒星和行星永远无法聚焦；行星盘看起来很模糊。

像散

透镜或镜面如果研磨得不对称，会使星体图像看起来像是一根很粗的线或一个椭圆，当你将聚焦从焦点一侧变化到另一侧相同位置时，这个图像会翻转 90 度。在最佳的聚焦状态下，图像会隐约显现出交叉状。检测像散最简便的方法是快速来回拨动聚焦器。轻度的像散可能只会在三个环可见时显现出来，这时恒星刚刚失焦；这种程度的像散会使行星图像变得不那么清晰，艾里斑变得模糊。同样，你会无法到达一个干脆利落的焦点。这种缺陷有时会出现在折射式镜中，也可能来自变形的天顶棱镜。

多种像差的组合

更为常见的情况是天文望远镜会同时存在好几种缺陷。这些图像模拟了同时存在镜筒暖流、彗差、球差和像散时的视场。如果在经过仔细的测试并咨询了他人的意见后，你确信你的光学器件是真的存在缺陷，请联系经销商或制造商。

这些插图改编自《天文学》杂志 1990 年 5 月刊的“试用你的天文望远镜”部分的图片，是经过许可使用的。想要了解更多的细节，可参阅哈罗德·理查德·索特（Harold Richard Suiter）编写的《天文望远镜的星体测试》（维尔曼－贝尔出版社，1994 年），它是进行星体测试的“圣经”，现在已经绝版。

光学器件上的缺陷

此处的一系列模拟图演示了各种像差对视图产生的影响，这些像差来自光学器件本身。左侧是恒星聚焦时的视图放大后的图像。右侧是模拟的在焦点两侧分别看到的焦外衍射盘图案。

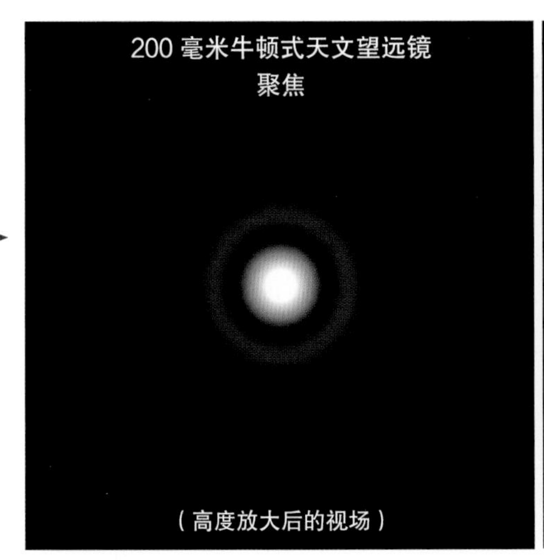

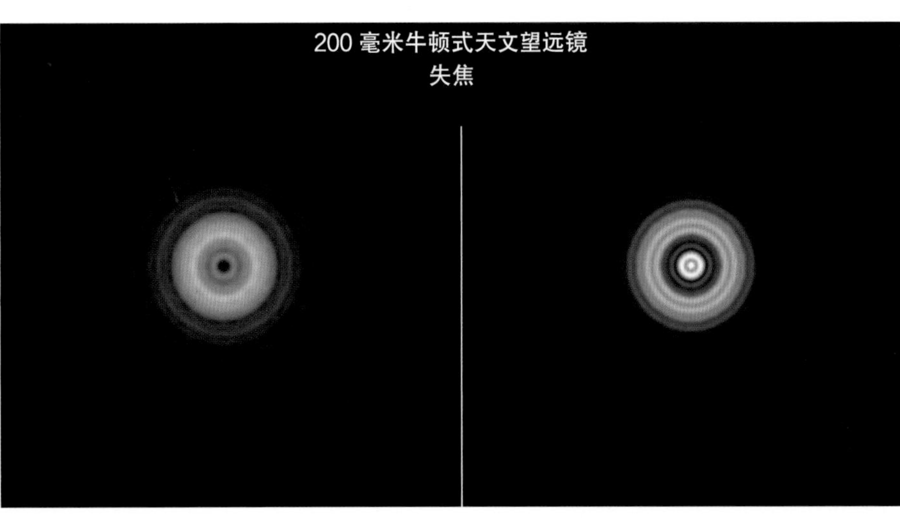

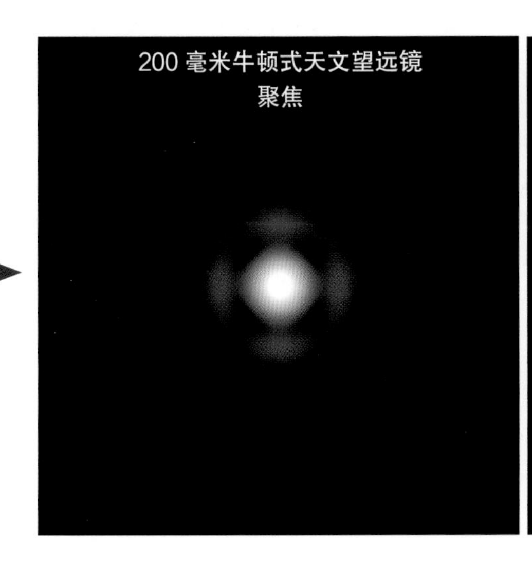

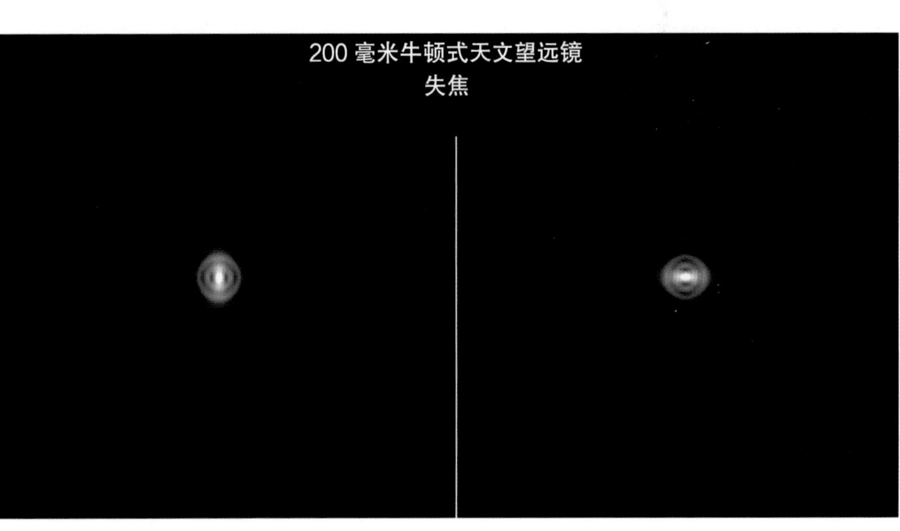

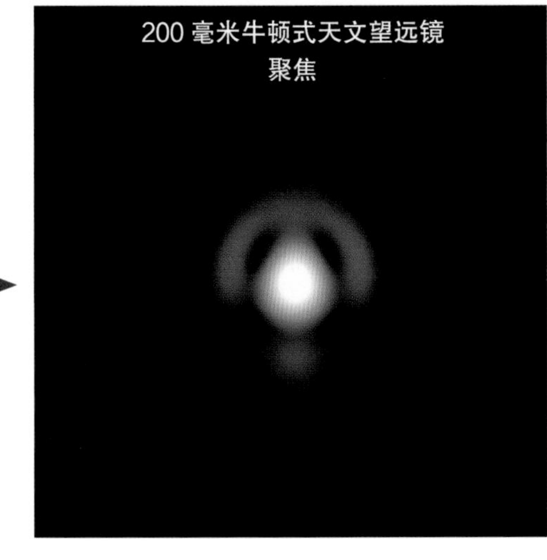

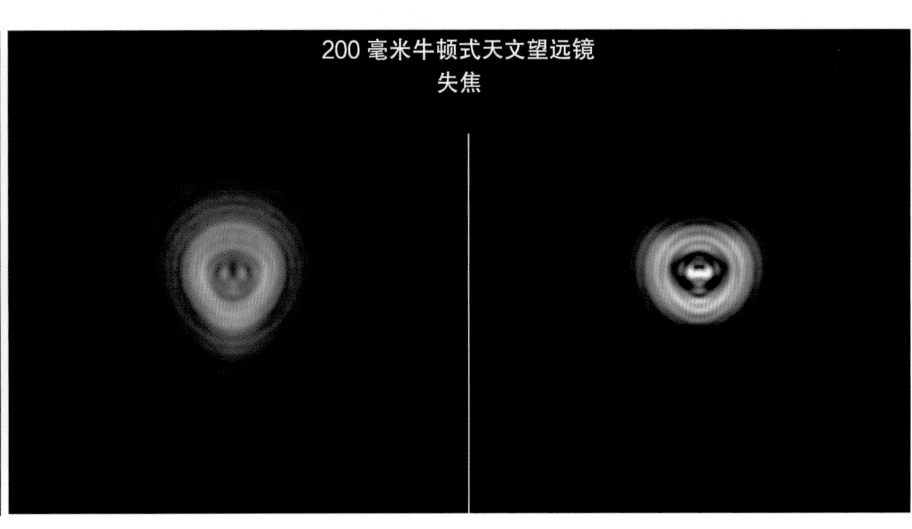

附录E

了解更多

在本书中，我们已经展示了我们使用过的多本指南和星图集。在这里，我们提供了一份我们认为值得推荐的其他书籍的清单，它们可以帮助你了解更多关于各个章节的主题的知识。我们在这个书目中强调的是实用的观测指南。

注意：在2020年底，天文出版社维尔曼－贝尔关闭了，所以它的一系列优秀书籍将很难找到，或者可能通过其他出版社获得。

第一章 天文学启蒙和入门

Ultimate Guide to Viewing the Cosmos by David Dickinson (Page Street Publishing; Salem, MA; 2018). 一本优秀的观星指南，来自网站universetoday.com 的编辑们。

Seeing in the Dark by Timothy Ferris (Simon & Schuster; New York; 2003). 一位一流的科学作家对业余天文科学家领域的考察之作。

Starlight Nights: The Adventures of a Star-Gazer by Leslie C. Peltier (Sky Publishing; Cambridge, MA; 1999). 想找到这本书可能会花费一番精力，但值得！这部精彩的作品记录了作者佩尔蒂埃在业余天文学领域感人至深又鼓舞人心的冒险。

第二章 裸眼天文学

普适的裸眼观测指南

Night Sky With the Naked Eye by Bob King (Page Street Publishing; Salem, MA; 2016).

Wonders of the Night Sky You Must See Before You Die by Bob King (Page Street Publishing; Salem, MA; 2018).

The 50 Best Sights in Astronomy and How to See Them by Fred Schaaf (Wiley; New York; 2007).

Firefly Planisphere: Latitude 42□N by Robin Scagell and Wil Tirion (Firefly Books; Richmond Hill, Ontario, Canada; 2018).

大气现象

其中一些书早已绝版，但作为经典的参考书，它们值得寻找一番。

Rainbows, Halos, and Glories by Robert Greenler (Cambridge University Press; Cambridge. MA; 1980).

Sunsets, Twilights, and Evening Skies by Aden and Marjorie Meinel (Cambridge University Press; Cambridge, MA; 1983).

Light and Color in the Outdoors by Marcel Minnaert (Springer; London; 1993).

极光

Auroras: Fire in the Sky by Dan Bortolotti, with photographs by Yuichi Takasaka (Firefly Books; Richmond Hill, Ontario, Canada; 2018).

How to Photograph the Northern Lights by Patrick J. Endres (self-published e-book; available on Apple Books; 2016).

The Aurora Chase by Adrien Mauduit (self-published e-book; available on Apple Books; 2021).

Aurora: In Search of the Northern Lights by Melanie Windridge (William Collins; London; 2016). 极光科学领域最受欢迎的书籍。

流星和陨石

Meteor Showers: An Annotated Catalog by Gary W. Kronk (Springer; Berlin; 2014).

Field Guide to Meteors and Meteorites by O. Richard Norton and Lawrence Chitwood (Springer; Berlin; 2008).

第三章 你的观测地点

Light Pollution: Responses and Remedies
by Bob Mizon (Springer; Berlin; 2012).

Stars Above, Earth Below: A Guide to Astronomy in the National Parks by Tyler Nordgren (Springer-Praxis; New York; 2010). 作者帮助建立了许多美国国家公园作为暗夜保护地。

Urban Astronomy: Stargazing from Towns &
Suburbs by Robin Scagell (Firefly Books;
Richmond Hill, Ontario, Canada; 2014).

Dark Skies: A Practical Guide to Astrotourism by Valerie Stimac (Lonely Planet; Oakland, CA; 2019). 其支持网站：spacetourismguide.com。

Astronomy Adventures and Vacations by Timothy Treadwell (Springer; Berlin; 2017).

第四章 了解天空

Observer's Handbook (The Royal Astronomical Society of Canada; Toronto; rasc.ca). 我们的书桌上永远都放着这本不可或缺的年度天文事件指南。有加拿大版和美国版。

1001 Celestial Wonders to See Before You Die by Michael E. Bakich (Springer; Berlin; 2010).

Go-To Telescopes Under Suburban Skies by Neale Monks (Springer; Berlin; 2010).

50 Targets for the Mid-Sized Telescope by John A. Read (self-published; available through Amazon; 2017). 50 Things to See With a Small Telescope (rev. 2017) also available.

100 Things to See in the Night Sky and 100 Things to See in the Southern Night Sky by Dean Regas (Adams Media; New York; 2017).

第五和六章 选择和使用双筒望远镜

The Complete Star Atlas: A Practical Guide to Viewing the Night Sky by Michael E. Bakich (Kalmbach Books; Waukesha, WI; 2020).

Turn Left at Orion, 5th Edition, by Guy Consolmagno and Dan M. Davis (Cambridge University Press; Cambridge, MA; 2019). 扩容和修订的螺旋装订版。强烈推荐！

Touring the Universe through Binoculars by Philip S. Harrington (John Wiley & Sons; New York; 1990).

Night Sky Atlas by Robin Scagell and Wil Tirion (Firefly Books; Richmond Hill, Ontario, Canada; 2017).

Stargazing With Binoculars by Robin Scagell and David Frydman (Firefly Books; Richmond Hill, Ontario, Canada; 2014).

Discover the Night Sky through Binoculars by Stephen Tonkin (BinocularSky Publishing; London; 2018). 一本优秀的自费出版的双筒望远镜天文学指南。

第七到十一章 选择和使用天文望远镜及其附件

The NexStar Evolution and SkyPortal User's Guide by James L. Chen (Springer; Berlin; 2016).

Building a Roll-Off Roof or Dome Observatory by John Stephen Hicks (Springer; Berlin; 2016).

Choosing and Using a New CAT by Rod Mollise (Springer; Berlin; 2020).

Choosing and Using Astronomical Eyepieces by William Paolini (Springer; Berlin; 2013).

The NexStar User's Guide II by Michael Swanson (Springer; Berlin; 2017).

第十二和十三章 观测太阳、月亮和日月食

月亮

Moon Observer's Guide by Peter Grego (Firefly Books; Richmond Hill, Ontario, Canada; 2016).

Sketching the Moon: An Astronomical Artist's Guide by R. Handy, D. Kelleghan, T. McCague, E. Rix and S. Russell (Springer; Berlin; 2012).

The Telescopic Tourist's Guide to the Moon by Andrew May (Springer; Berlin; 2017).

Observing the Moon: The Modern Astronomer's Guide, 2nd Edition, by Gerald North (Cambridge University Press; Cambridge, MA; 2007).

Mapping and Naming the Moon: A History of Lunar Cartography and Nomenclature by Ewen A. Whitaker (Cambridge University Press; Cambridge, MA; 1999).

太阳

Sun, Earth and Sky by Kenneth R. Lang (Springer; Berlin; 2006). About the science of the Sun.

How to Observe the Sun Safely by Lee Macdonald (Springer; Berlin; 2012).

Observing the Sun with Coronado Telescopes by Philip Pugh (Springer; Berlin; 2007).

日月食

21st Century Canon of Solar Eclipses and 21st Century Canon of Lunar Eclipses by Fred Espenak (Astropixels Publishing, astropixels.com/pubs/index.html or available through Amazon; 2016 and 2020).

Fred Espenak's Road Atlases for 2023 and 2024 Eclipses (Astropixels Publishing; Portal, AZ; 2017 and 2018).

Totality: The Great American Eclipses of 2017 and 2024 by Mark Littmann and Fred Espenak (Oxford University Press; New York; 2017).

Being in the Shadow: Stories of the First-Time Total Eclipse Experience by Kate Russo (self-published; available through Amazon; 2017).

Total Addiction: The Life of an Eclipse

Chaser by Kate Russo (Springer; Berlin; 2012).

Atlas of Solar Eclipses: 2020 to 2045 by Michael Zeiler and Michael E. Bakich (self-published; available at greatamericaneclipse.com; 2020).

第十四章 观测太阳系

行星

Visual Lunar and Planetary Astronomy by Paul G. Abel (Springer; Berlin; 2013).

Astronomical Sketching: A Step-by-Step Introduction by R. Handy, D. B. Moody,
J. Perez, E. Rix and S. Robbins (Springer; Berlin; 2007).

Observing the Solar System by Gerald North (Cambridge University Press; Cambridge, MA; 2012).

Planets & Perception: Telescopic Views and Interpretations, 1609-1909 by William Sheehan (The University of Arizona Press; Tucson, AZ; 1988). 现已绝版。

Planetary Astronomy: Observing, imaging and studying the planets edited by
Christophe Pellier. 私人出版；可在 planetary-astronomy.com 获得。非常全面。

Mars: The Lure of the Red Planet by William Sheehan and Stephen James O'Meara (Prometheus Books; New York; 2001). 现已绝版。

Jupiter by William Sheehan and Thomas Hockey (Reaktion Books; London; 2018).

Saturn by William Sheehan (Reaktion Books; London; 2019). 两本书都对相应的行星历史做了优秀描述。

彗星

Comets! Visitors from Deep Space by David J. Eicher (Cambridge University Press; Cambridge, MA; 2013). 由《天文学》杂志的编辑编写，对彗星的历史进行了通俗的介绍。

Hunting and Imaging Comets by Martin Mobberley (Springer; Berlin; 2011).

Atlas of Great Comets by Ronald Stoyan (Cambridge University Press; Cambridge, MA; 2015).

第十五和十六章 观测深空

恒星和星座

Star Names: Their Lore and Meaning by Richard Hinckley Allen (Dover Publications; New York; 1963). 经典的权威指南，介绍了恒星名字的来源。

An Anthology of Visual Double Stars by Bob Argyle, Mike Swan and Andrew James (Cambridge University Press; Cambridge, MA; 2019).

Double Stars for Small Telescopes: More Than 2,100 Stellar Gems for Backyard Observers by Sissy Haas (Sky Publishing; Cambridge, MA; 2007).

The Cambridge Double Star Atlas, 2nd Edition, by Bruce MacEvoy and Wil Tirion (Cambridge University Press; Cambridge, MA; 2016).《剑桥星图集》的专业版。

深空天体

Deep Sky Observer's Guide by Neil Bone (Firefly Books; Richmond Hill, Ontario, Canada; 2005). 一本袖珍的指南，对超过 200 个双星和深空天体进行了介绍。

The Backyard Astronomer's Field Guide: How to Find the Best Objects the Night Sky Has to Offer by David Dickinson (Page Street Publishing; Salem, MA; 2020).
与我们的书和作者特伦斯·迪金森没有关系，是一本关于深空目标的优秀指南。

Deep Sky Observing: An Astronomical Tour, 2nd Edition, by Steven R. Coe (Springer; Berlin; 2016).

Cosmic Challenge: The Ultimate Observing List for Amateurs by Philip S. Harrington (Cambridge University Press; Cambridge, MA; 2019).

Astronomy of the Milky Way: Observer's Guide to the Northern Sky, 2nd Edition (2017), and Astronomy of the Milky Way: Observer's Guide to the Southern Sky, 2nd Edition (2018) by Mike Inglis (Springer; Berlin).

Celestial Harvest: 300-Plus Showpieces of the Heavens for Telescope Viewing and
Contemplation by James Mullaney (Dover Publications; New York; 2012).

第十七和十八章 天文摄影

夜景

How to Photograph & Process NightScapes and TimeLapses by Alan Dyer (self-published; available on Apple Books and as PDFs from amazingsky.com; 2018).

Notes from the Stars: Ten Nightscape Master Classes by Ten World-Class Night Photographers edited by Rogelio Bernal Andreo (self-published; 2018; available from deepskycolors.com/books.html).

The Complete Guide to Landscape Astrophotography by Mike Shaw (Routledge; New York; 2017). 有关该主题的最佳印刷书籍。

Creative Nightscapes and Time-Lapses by Mike Shaw (Routledge; New York; 2019).

The World at Night by Babak Tafreshi (White Lion Publishing; London; 2019). 一部夜景图片集，收录了来自世界各地的鼓舞人心的照片。

主要包括深空成像和后期处理

The Deep-sky Imaging Primer, 2nd Edition, by Charles Bracken (self-published;
available through Amazon; 2017). 包含优秀的 PixInsight 教程。

Digital SLR Astrophotography, 2nd Edition, by Michael A. Covington (Cambridge University Press; Cambridge, MA; 2018).

Imaging the Southern Sky by Stephen Chadwick and Ian Cooper (Springer; Berlin; 2012).

Guide to Affinity Photo; Guide to Deep Sky Stacker; Guide to Photoshop Astrophotography (3-volume set) by Dave Eagle (self-
published; available through Amazon; 2018 to 2021).

Inside PixInsight by Warren A. Keller (Springer; Berlin; 2018).

The 100 Best Astrophotography Targets by Ruben Kier (Springer; Berlin; 2009).

Astrophotography by Thierry Legault (Rocky Nook; Santa Barbara, CA; 2014).

Astrophotography is Easy! Basics for Beginners by Gregory I. Redfern (Springer; Switzerland; 2020).

Shooting Stars II: The New Ultimate Guide to Imaging the Universe by Nik Szymanek (Pole Star Publications; Tonbridge, UK; 2019). 图文并茂的后期处理教程；由 Astronomy Now 杂志出版。

Astrophotography: The Essential Guide to Photographing the Night Sky by Mark Thompson (Firefly Books; Richmond Hill, Ontario, Canada; 2015).

最受欢迎的期刊杂志

这些是我们推荐的主要英文杂志。这些杂志都有印刷版和电子版，并且都可在社交媒体订阅。

北美洲

《天文学》Astronomy: astronomy.com

《天空与望远镜》Sky & Telescope: skyandtelescope.org

SkyNews: skynews.ca

英国和澳大利亚

Astronomy Now: astronomynow.com

Sky at Night: skyatnightmagazine.com

《天空与望远镜澳大利亚版》Australian Sky & Telescope: skyandtelescope.com.au

自主出版的期刊

《业余天文学》Amateur Astronomy: amateurastronomy.com

一本季刊，有印刷版和电子版，内容包括天文爱好、采访和观星聚会故事。

《业余天文摄影》Amateur Astrophotography: amateurastrophotography.com

纯数字期刊，涵盖所有形式的天文摄影。

《今日天文科技》Astronomy Technology Today: astronomytechnologytoday.com

纯数字期刊，对天文学相关硬件和软件进行评价。

十个最佳网站

我们这本书的网站是 backyardastronomy.com。关于观测和天文摄影的信息，以下是我们最喜欢的网站：

astrobackyard.com

特雷弗·琼斯（Trevor Jones）的个人博客，包括天文摄影教程和评论。也可以订阅其广受欢迎的 YouTube 频道：youtube.com/c/AstroBackyard

astrobin.com

天文照片库，可进行站内搜索，供图者来自世界各地。

astrogeartoday.com

关于天文设备的评论，写作和编辑都十分专业。

astronomy.tools

实用的在线计算器，可满足各种天文需求。

cloudynights.com

天文设备的同行评议论坛，用户非常活跃。

eclipsewise.com

由“日食先生”弗雷德·埃斯佩纳克提供的日月食相关信息。

heavens-above.com

预测国际空间站、星联天文网络和其他卫星在你所在地的经过情况。

in-the-sky.org

提供即将举办的天文活动的相关信息。

spaceweather.com

对太阳和极光活动的预测，有详尽的照片库。

The World at Night (twanight.org)

来自世界各地的鼓舞人心的夜景图片。

索引

N

O

P

Q

R

S

T

致谢

贡献者：所有未另外注明来源的天文照片均由艾伦·戴尔或特伦斯·迪金森拍摄。其他供图摄影师如下，按姓氏的字母顺序排列：
照片 © Brett Abernethy/brettabernethy.com, 34
照片 © Ron Brecher/astrodoc.ca, 300（右）
照片 © Debra Ceravolo和Peter Ceravolo/ceravolo.com, 313（上）
照片 © Rainee Colacurcio/fineartamerica.com/profiles/rainee-colacurcio, 234
照片 © Monika Deviat/monikadeviatphotography.com, 41（下）
照片 © Fred Espenak/MrEclipse.com, 236（下）
数字绘画 © Edwin Faughn/edwinfaughn.com, 261, 266, 269, 273, 276
照片 © Lynn Hilborn/nightoverontario.com, 308 （上）
照片 © Trevor Jones/astrobackyard.com, 307 （上）, 370
照片 © Kerry-Ann Lecky Hepburn/weatherandsky.com, 7（下左）, 296 （上）, 310 （上）
照片 © Christoph Malin/christophmalin.com, 53（中间两张）
照片 © Jack Newton/JackNewton.com, 236（上）
照片 © Damian Peach/damianpeach.com, 6（上右）, 261, 263（金星）来自T1M Pic du Midi/Damian Peach等, 264（上）, 266-267（上）, 267（下）, 268（上和中）, 269, 270, 271（上）, 272, 273（下）, 274-275, 276（左）
素描 © Jeremy Perez/perezmedia.net, 286
照片 © Robert Reeves, 228（下）, 230-231, 232（天平动对比）, 242-243, 246-257
照片 © Lynda Sawula, 113, 321
照片 © Gary Seronik/garyseronik.com, 142 （LX65天文望远镜）
照片 © Kimberly Sibbald/spacepaparazzi.com, 371
照片 © Yuichi Takasaka/blue-moon.ca, 23 （顶部右）
照片 © Kathleen Walker/hallsharbourobs.ca, 318-319
地图 © Michael Zeiler/GreatAmericanEclipse.com, 240
其他来源： 第二章：27（侧边栏）NASA；28（晨昏蒙影图表）© TWCarlson—Own work, CC BY-SA 3.0；40（太阳黑子图表）SILSO, Royal Observatory of Belgium, Brussels； 43（(NGC 891）Robert Gendler, NAOJ, HST/NASA, Adam Block； 44（银河系地图） NASA/JPL-Caltech/R. Hurt (SSC/Caltech)。第三章：52-53（夜晚的地球）NASA/Goddard Space Flight Center；52（从国际空间站看到的卡尔加里）NASA；52-53（照明装置）International Dark-Sky Association/darksky.org；59（光污染地图）DarkSkyFinder.com； 59 （暗夜计量仪）© Unihedron/unihedron.com；60-61（天空星图）Simulation Curriculum/starrynight.com。第四章：67-81（全天星图）Stellarium/stellarium.org； 82-89（天空运动示意图）Simulation Curriculum； 87（黄道图表）Stellarium； 91（银河）NASA。第六章：114（星图）Stellarium； 115-119（星图）Simulation Curriculum。第七章：122 NASA/JPL/Hubble STScI；123（土星图像）Simulation Curriculum；125-127（旧广告图）courtesy Sky & Telescope；128（eVscope）Unistellar；142（CPC8）Celestron International；147（三种赤道仪折射式）Celestron International, Meade Instruments, Orion Telescopes。第八章：177（滤镜图表） ©Astronomik/Gerd Neumann。第九章：187（移动推车）Farpoint/FarpointAstro.com；191 StarSense Celestron International。第十章：197（星图）Simulation Curriculum。第十二章：228-229（月相系列）Moon Globe app/MidnightMartian/appadvice.com； 229（赫维留地图）Wikimedia Commons；235（伽利略手绘图）Wikimedia Commons。第十三章：246-256（小月面）Moon Globe app/MidnightMartian。第十四章：271 （舒梅克-列维9号彗星撞击）NASA/Hubble STScI； 280（多纳提彗星画作）Wikimedia Commons。第十五章：285（银河系地图）Stellarium； 289（赫歇尔天文望远镜，梅西叶）Wikimedia Commons； 290（德赖尔肖像）Wikimedia Commons；290（年鉴封面）Willmann-Bell, Inc.；291（威廉·赫歇尔和卡罗琳·赫歇尔）Wikimedia Commons； 293（威廉·道斯肖像）Wikimedia Commons；294（恒星颜色示意图）European Southern Observatory； 295（测天图）Wikimedia Commons； 303（哈佛计算员和星盘）Wikimedia Commons；309 （哈勃分类图表）NASA/ESA/Hubble STScI； 311（第三代罗斯伯爵的手绘图）Wikimedia Commons； 315（约翰·赫歇尔肖像和桌山素描）Wikimedia Commons。第十六章：322（星图）Stellarium； 322-341（星图）Simulation Curriculum。第十七章：346（拜耳阵列）Wikimedia Commons；356（Skyris）Celestron International。附录：391-392（天空星图）Simulation Curriculum/skysafariastronomy.com；402-407（星体测试）Aberrator/aberrator.astronomy.net。

关于作者

特伦斯·迪金森从5岁开始对天文学着迷，当时他在多伦多家门口的人行道上看到了一颗明亮的流星。这个孩童时期的兴趣很快成为迪金森一生的代名词，并促使他成为加拿大最受喜爱的业余天文学作家之一，他以向人们揭露并解释宇宙的奥秘而闻名。迪金森在20世纪60年代成为加拿大皇家天文学会的成员，随后在两个重要的天文馆担任天文学工作人员。他出版了14本天文学书籍，撰写了数百篇相关文章，朴实易懂的文风使他成为最畅销的作者之一。1994年，他参与创立*SkyNews*，即加拿大的全国性天文学杂志。他获得过数个国际和国内奖项，其中包括加拿大皇家学院的桑福德·弗莱明奖章，以表彰他在促进公众对科学的理解方面的成就。作为加拿大勋章的获得者，他还获得了安大略省金斯顿的皇后大学和安大略省彼得伯勒的特伦特大学的荣誉博士学位。他和妻子苏珊生活在安大略省东部乡村的黑暗天空下。

艾伦·戴尔曾为加拿大温尼伯、埃德蒙顿和卡尔加里的剧院创作天文学剧目，在多年的工作后，他现在已经快乐地退休了。偶尔，人们仍然会让他进入卡尔加里的Digistar系统，享受编排演出的乐趣。戴尔在20世纪90年代初曾是《天文学》杂志的编辑，现在则定期为*SkyNews*和《天空与望远镜》杂志供稿。他是数本电子书的作者，包括《如何拍摄并处理夜景和延时摄影》。他的天文照片和视频曾经出现在spaceWeather网站（网址见链接列表82条目）、NASA的《每日天文图片》《福布斯》《今日宇宙》《国家地理》《时代周刊》、NBC新闻和CBS新闻上。他是“世界之夜”独家摄影小组（网址见链接列表83条目）的成员。2018年，加拿大邮政在纪念加拿大皇家天文学会成立100周年的邮票上使用了他拍摄的一张北极光的照片。戴尔自1979年2月第一次追逐日全食后，他已经走遍了全世界，看到了16次日全食。主带小行星78434就是以他的名字命名的。你可以通过网站（网址见链接列表84条目）联系他，上面还有他在其他社交媒体主页的链接。

肯·休伊特-怀特从小便对天文学产生了浓厚的兴趣，那是五十多年前，从那时起他便一直在观察夜空。从十几岁开始，他便对描述自己的无数次天文望远镜探索有着无限激情，这种激情一直不曾减弱。休伊特-怀特在加拿大不列颠哥伦比亚省温哥华的麦克米伦天文馆担任了20年的节目制作人和主持人，之后，他转向全职写作。他的获奖作品包括一部电视系列纪录片、两本书和无数篇杂志文章。他和妻子林达住在不列颠哥伦比亚省南部靠近山区的地方，他们每年夏天都会进入山区观星。

致谢

特伦斯·迪金森和艾伦·戴尔想要感谢《夜观星空：大众天文学观测指南》前三版的众多读者，他们有见地的评论和问题为新版做出了大量贡献。只有通过一个专业团队的不懈努力才能使得如此规模的工作最终取得成果。如果没有苏珊·迪金森——迪金森在所有事上的无畏伙伴，以及萤火虫图书出版商莱昂内尔·科夫勒（Lionel Koffler）——一个同样忠诚且专业的伙伴，这个项目从一开始就不能得以开展。我们要特别感谢才华横溢、不知疲倦的艺术总监珍妮丝·麦克莱恩（Janice McLean），感谢她在这次对原书的全面修订中发挥的核心作用，该书首次出版于前数字时代。在这个版本中，戴尔以优雅和活力承担了新的责任，撰稿人肯·休伊特-怀特将他的专业技能和热情风格带到了最后几页，甚至主动站出来为我们制作索引。也感谢特雷西·C.里德（Tracy C. Read）作为联络人和传声筒所发挥的作用。戴尔感谢All-Star Telescope（网址见链接列表85条目）的贝夫（Bev）和肯·弗罗姆（Ken From）的协助，如果没有他们，一些章节的设备照片和购买建议就会有所欠缺。也非常感谢加拿大其他优秀的天文望远镜经销商的工作人员，他们协助提供设备，使之成为本书的内容。戴尔还感谢罗斯尼天体物理观测站的工作人员，萨斯喀彻温省夏季星空聚会的组织者和加拿大皇家天文学会卡尔加里中心，他们的活动促成了许多珍贵图片的诞生。